图 1.3-14

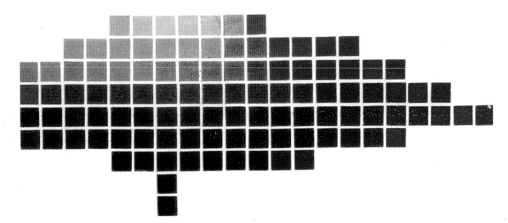

图 1.3-15

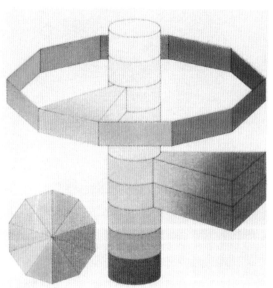

图 1.3-16

建筑工程 1000 问系列

室内装饰设计 1000 问

沈百禄　编著

机械工业出版社

本书共有三篇二十章：其中，室内装饰设计篇有5章，分别为室内设计风格、室内设计原理、视觉效应与装饰设计、采光、照明与环境设计、建筑防火、防水、防污染工程的设计原理和规范；建筑装饰材料篇有11章，分别为建筑装饰材料概述、建筑装饰石材、建筑装饰陶瓷、建筑装饰玻璃、建筑装饰塑料、建筑装饰石膏、装饰水泥砂浆、装饰混凝土及其制品、建筑木材及其装饰制品、建筑涂料、建筑装饰纤维织物与制品、金属装饰装修材料、建筑装饰功能性材料；建筑基础知识篇有4章，分别为民用建筑设计基础、民用建筑构造知识、建筑装饰构造知识、建筑物理基础知识等内容。

本书的内容包含了室内设计和建筑装饰装修中常见的基本概念和规范要求，新的室内设计知识和基本的建筑设计知识，各种装饰装修材料的概念和建筑物理基础知识的介绍。因此，本书不仅可以作为室内装饰装修人员、室内设计专业人员的工作工具书，也可以作为大、中专和职业高中相关专业学生的教学辅导书。

图书在版编目（CIP）数据

室内装饰设计1000问/沈百禄编著. —北京：机械工业出版社，2012.10（2014.3重印）

（建筑工程1000问系列）

ISBN 978 - 7 - 111 - 39510 - 2

Ⅰ.①室… Ⅱ.①沈… Ⅲ.①室内装饰设计 – 问题解答

Ⅳ.①TU238 – 44

中国版本图书馆 CIP 数据核字（2012）第 195470 号

机械工业出版社（北京市百万庄大街22号　邮政编码100037）

策划编辑：薛俊高　责任编辑：薛俊高

版式设计：姜　婷　责任校对：张莉娟　胡艳萍

封面设计：马精明　责任印制：刘　岚

北京京丰印刷厂印刷

2014 年 3 月第 1 版·第 2 次印刷

169mm × 239mm·37.25 印张·2 插页·730 千字

标准书号：ISBN 978 - 7 - 111 - 39510 - 2

定价：68.00 元

凡购本书，如有缺页、倒页、脱页，由本社发行部调换

电话服务　　　　　　　　　网络服务

社服务中心：(010) 88361066　教材网：http://www.cmpedu.com

销售一部：(010) 68326294　机工官网：http://www.cmpbook.com

销售二部：(010) 88379649　机工官博：http://weibo.com/cmp1952

读者购书热线：(010) 88379203　**封面无防伪标均为盗版**

前　言

　　《建筑装饰设计 1000 问》出版已有四年了，这些年我一直关心着它。每次在书店看到有些读者在翻阅它时，我总希望大家能喜欢它。这本书也已多次印刷出版，说明能受到许多建筑装饰和室内设计专业方面的人士的欢迎，本人感到能为大家提供帮助，心中深感欣慰。但根据从书店和各类院校反馈的信息分析，此书的主要读者应该是室内设计专业、建筑装饰专业或建筑学专业方面的设计师、工程师或师生们。这样，就让我感到此书的第三篇——建筑装饰施工不那么受人欢迎了，因为它太偏重于施工操作了。相反，从室内设计师应具有的基本知识和素养来看，建筑设计和环境设计的基本知识、建筑结构与构造知识及声、光、热等建筑物理基本知识等，正是本书需补充且强调的。再者，近年来，国家对建筑装饰和室内设计专业人员的执业资格要求更规范了，出台了一系列政策和制度规定，如"建造师执业资格制度"等。经过较长时间的思考和准备，我感到需要补充建筑设计和构造方面、建筑装饰构造与建筑物理学方面的一些基础知识。这样，我感到书名也应往室内设计方面转向，改为《室内装饰设计 1000 问》。对此增减优劣与否，诚请各位读者评议。

　　这次对原书作了以下四方面的修改：

　　1. 最主要、最大的修改是删除了原书第三篇《建筑装饰施工》，原因已在前面陈述。新增补的第三篇《建筑基础知识》内容涉及民用建筑设计基础、民用建筑构造、建筑装饰构造和建筑物理基本知识等。

　　2. 对第一篇《建筑装饰设计》中许多设计风格的介绍作了较大的修改。原书中各种设计风格谈得较繁琐、较抽象，使人难于把握。现将内容在概述性介绍的基础上突出设计元素和要点，使读者对各种风格的理解加深了，实践运用方便了。

　　3. 原书共有 654 页（不计目录页），显得较为厚重，不便携带。对此，作了以下两方面的修改：一是精简内容，把一些不太重要的文字、数字、表格删除；二是把一些显示不够明了或表达不够确切的图删去。另外，在新增的内容中，一些可有可无的图也就省略了。

　　4. 对原书中的一些错误与重复作出了修改。

　　但由于编者本人能力和经验有限，本书的不足与错误在所难免，谨请各位读者批评指正。

沈乃禄

2012 年 7 月于上海

目　　录

第二章　室内设计原理

第三章　视觉效应与装饰设计

第四章 采光与照明设计

第五章　建筑防火、防水、防污染工程的设计原理和规范

第二篇　建筑装饰材料

第一章　建筑装饰材料概述

第二章 建筑装饰石材

第三章 建筑装饰陶瓷

第四章 建筑装饰玻璃

第五章　建筑装饰塑料

第六章 建筑装饰石膏、装饰水泥砂浆、装饰混凝土及其制品

第七章 建筑木材及其装饰制品

第八章　建　筑　涂　料

第九章 建筑装饰纤维织物与制品

第十章 金属装饰装修材料

第三篇　建筑基础知识

第一章　民用建筑设计基础

第二章　民用建筑构造知识

第三章　建筑装饰构造知识

第四章　建筑物理基础知识

第 一 篇

室内装饰设计

第一章　室内设计风格

1. 室内设计风格主要有哪些?

（1）传统风格　传统风格的室内设计，是在室内布置、色调、家具、陈设的造型等方面，吸取传统装饰"形""神"的特征。例如我国建筑室内的藻井天棚、挂落、雀替的构成和装饰，明、清家具造型和款式特征。又如西方传统风格中仿罗马风格、哥特式、文艺复兴式、巴洛克、洛可可等。此外，还有印度传统风格、伊斯兰传统风格、北非城堡风格，等等。传统风格常给人们以历史延续和地域文脉的感受，它使室内环境突出了民族文化渊源的形象特征。

（2）现代风格　现代风格起源于1919年成立的包豪斯学派，强调突破旧传统，创造新建筑，重视功能和空间组织，注意发挥结构构成本身的形式美，造型简洁，反对多余装饰，崇尚合理的构成工艺和材料的性能，讲究材料自身的质地和色彩的配置效果，发展了非传统的以功能布局为依据的不对称的构图手法。包豪斯学派重视实际的工艺制作操作，强调设计与工业生产的联系。

包豪斯学派的创始人W·格罗皮乌斯认为"美的观念随着思想和技术的进步而改变"。现时，广义的现代风格也可泛指造型简洁新颖，具有当今时代感的建筑形象和室内环境。

（3）后现代风格　后现代风格是对现代风格中纯理性主义倾向的批判，后现代风格（如戏谑的古典主义、传统现代主义等）强调建筑及室内装潢应具有历史的延续性，但又不拘泥于传统的逻辑思维方式，探索创新造型手法，讲究人情味，常在室内设置夸张、变形的柱式和断裂的拱券，或把古典构件的抽象形式以新的手法组合在一起，即采用非传统的混合、叠加、错位、裂变等手法和象征、隐喻等手段，以期创造一种融感性与理性、传统与现代、大众与行家于一体的建筑形象与室内环境。对后现代风格不能仅仅以所看到的视觉形象来评价，需要我们透过形象从设计思想来分析。

（4）自然风格 自然风格倡导"回归自然"，美学上推崇自然、结合自然，才能在当今高科技、高节奏的社会生活中，使人们能取得生理和心理的平衡，因此室内多用木料、织物、石材等天然材料，显示材料的纹理，清新淡雅。此外，由于其宗旨和手法的类同，也可把田园风格归入自然风格一类。田园风格在室内环境中力求表现悠闲、舒畅、自然的田园生活情趣，也常运用天然木、石、藤、竹等材质质朴的纹理。巧于设置室内绿化，创造自然、简朴、高雅的氛围。

此外，也有把20世纪70年代反对千篇一律的国际风格的如室内采用木板和清水砖砌墙壁、传统地方门窗造型及坡屋顶等称为"乡土风格"或"地方风格"，也称"灰色派"。

（5）混合型风格 近年来，建筑设计和室内设计在总体上呈现多元化，兼容并蓄的状况。室内布置中也有既趋于现代实用，又吸取传统的特征，在装潢与陈设中融古今中西于一体，例如传统的屏风、摆设和茶几，配以现代风格的墙面及门窗装修、新型的沙发；欧式古典的琉璃灯具和壁面装饰，配以东方传统的家具和埃及的陈设、小品，等等。混合型风格虽然在设计中不拘一格，运用多种体例，但设计中仍然是匠心独具，深入推敲形体、色彩、材质等方面的总体构图和视觉效果。

2. 中国传统建筑室内风格的特点是什么?

中国的传统建筑与欧洲建筑、伊斯兰建筑共称为世界三大建筑，中国传统建筑是以独特的木构架体系结合砖石结构而著称于世，如典型的木斗拱结构（图1.1-1）。中国建筑的传统风格体现着庄重对称的特征。就住宅设计来说，中间是客厅，客厅两侧有书房和卧室（南方地区称为厢房），客厅前一般是院子（南方叫天井），院内迎门处设有砖砌影壁。二门通常是造型和装饰华丽的垂花门，是宅院中最富美感之处。室内的布置，在客厅北面的墙面一般挂有中堂画，画的两边配置对联，下侧有八仙桌或长方形桌子，桌子左右有高靠背

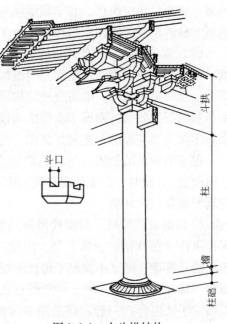

图1.1-1 木斗拱结构

椅。门口的两侧摆有靠背椅、茶桌供客人饮茶之用。书房中有书柜及博古架，架上摆有古玩、瓷器等。书案上配置文房四宝。

中国的传统风格现多以明清建筑样式为代表，大型的建筑，室内有木柱，空间分隔以雕花格扇漆画屏风、落地罩等实施，其门窗花式较多，随主人的地位和富有程度而变。地面铺以方砖或木地板，天花、梁枋用彩画装饰。室内陈设包括字画及手工艺品、精美的瓷器等。

明代的家具以简洁素雅著称，雕刻处理主要集中在辅助构件上，雕刻图案题材广泛，有取之于古代青铜器、汉代浮雕等，也有取之于民间的民俗喜好等。清代的家具虽继承了明代的传统，但又吸收了工艺美术的成果，出现了雕漆、描金的漆家具品种；木家具的雕饰更为精细，并利用玉石、珐琅釉瓷片、贝壳等进行镶嵌。在色彩的运用上，北方地区色调偏暖，如大红的门柱、深棕色的家具。而南方的色调一般较为素雅、清新。

3. 斗拱的构造是怎样的？

斗拱由五种基本构件组成，即斗、拱、翘、昂、升。一组完整的斗拱称为攒。

"斗"形似旧时的量米容器"方形斗"，它是组成斗拱的各层分件的联系基座，如图1.1-2①所示，在斗拱最下面的一只斗称为大斗或坐斗，它是承受第一层拱翘的基座，斗面开凿卡字槽口，卡住第一层拱木和翘木。

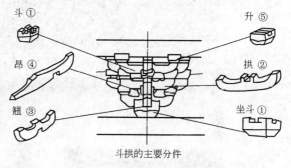

斗拱的主要分件

图1.1-2 斗拱的五种基本构件

"拱"为一弓形曲木，形似倒立拱状，中间拱脚开槽叫卯口，如图1.1-2②所示。它是承受其上各分件的主要受力构件。

"翘"是与拱形状相同而其方向与拱垂直相交的弓形曲木，如图1.1-2③所示。它根据斗拱层数（或出踩的多少）有单翘、重翘或多翘之分。它是一根由斗拱中心向房屋里外两边伸出，用以支承上一层拱件的支承木。

"昂"是其方向与翘相同，但向外一端的端头特别加长，并使端头面斜向下垂；向里一端的端头有做成如翘的，如图1.1-2④所示。其功用与翘相同，只是端头更具有装饰效果。

"升"与斗形状相同，只有大小不同，一般在各层拱或翘或昂的两端，用来承托上一层拱或枋，起着分散压力的垫块作用，如图1.1-2⑤所示。

4. 古建筑中的彩画共分为哪几类?

古建筑中的彩画,均以梁枋大木和一些面积较大的构件为主作构图基础,其他部位则随大木彩画作相应配合,在这些构图作品中,以清式彩画为主,总的归纳为三大类,即"和玺"、"旋子"和"苏式"。而和玺和旋子多用于宫殿,故合称"殿式"。

和玺彩画是使用等级最高的一种,多用于宫殿、坛庙的主殿、堂门等处。在构图上以龙凤为主题,梁枋上的各部位用 Σ 形线条作分段线,各主要线条均沥粉贴金,案底以青、绿、红等作底色,衬托金色图案,显得非常华贵。

旋子彩画在等级上次于和玺彩画,多使用于官衙、庙宇的主殿、坛庙的配殿和牌楼建筑等处。它的主要特点是:在藻头内画有带旋涡状的几何图形,叫"旋子"或旋花。苏式彩画起源于苏州,故而得名,它由图案和绘画两部分组成,常用于园林和住宅建筑。图案多画各种回纹、万字、夔纹、汉瓦、连珠、卡子、锦纹等。装饰常绘叶花、异兽、流云、博古、竹梅等,图案与画题互相交错,形成灵活多变的画面。见图 1.1-3。

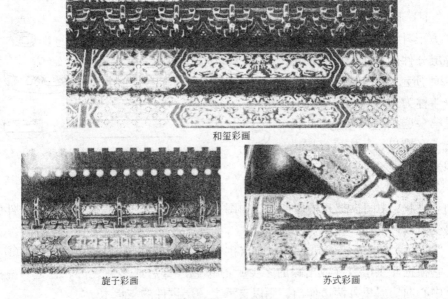

和玺彩画

旋子彩画   苏式彩画

图 1.1-3 彩画构图

5. 古代中国建筑中的隔扇构造及窗棂是如何的?

隔扇有一个外框,立为边梃,横为抹头。常用的隔扇有四抹头、五抹头、六抹头等数种,抹头将隔扇分为心屉、绦环板和裙板三部分,如图 1.1-4 所示。

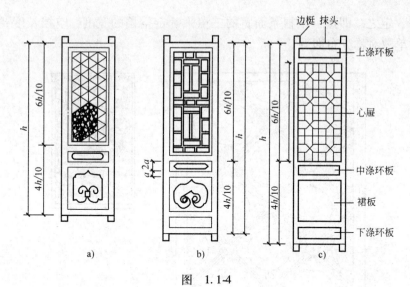

图 1.1-4

a) 一四抹头菱花锦格扇 b) 一五抹头步步锦格扇 c) 一六抹头龟背纹格扇

窗棂中的心屉与裙板的长短有一定比例，即心屉占隔扇全高的十分之六，裙板占十分之四。综环板按抹头高的二倍定之。隔扇全高依位置不同而定，在檐柱之间，按檐柱高减去檐枋和下槛高定之。心屉四周有仔边，仔边厚按边梃十分之七，宽按十分之五定之。仔边之内用棂条做成各种花纹芯，如步步锦、灯笼锦、龟背纹等。

6. 何谓双交四椀菱花和三交六椀菱花心屉？

双交四椀菱花是指一束花组由四个花瓣组成，或者一个圆内有四个花瓣，而每个花瓣由两个圆相交而成，如图 1.1-5 所示。后来经过发展，均以四边形（每两个边相交）为骨架雕凿的菱花，统称为双交四椀菱花。

三交六椀菱花是由三个同径圆相交得出六个交点，再以每个交点为圆心（即两个圆的交点），以同径画圆，即可组成一个花瓣（即画一个花瓣需三个圆），而每束花或每个圆内，由六个花瓣组成，如图 1.1-6 所示。以后发展为以三角形为基础，组成六边形骨架配以菱花的均称为三交六椀菱花。

7. 灯笼锦心屉和步步锦心屉为何形式？

灯笼锦是用棂条拼做成长筒形灯笼状，并于四周辅以花卡子固定，如图 1.1-7 所示。

步步锦又称步步紧，它是由横直棂板拼成同宽对称的长方形空档花格子，外围空档多，中心空档少，由外及里层层缩紧，如图 1.1-8 所示。空档宽度按"一椓三空"定之,即按一根椓条面宽的三倍来确定空档的宽度,空档长度要求使空档成单数对称分布即可。

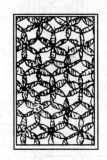

双交四椀菱花槛窗

图 1.1-5

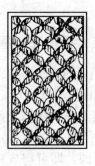

灯笼锦

三交六椀菱花槛窗

图 1.1-6 图 1.1-7

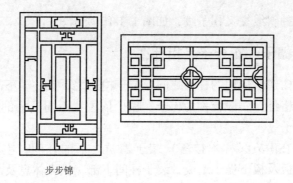

步步锦

图　1.1-8

8. 何谓正万字拐子锦、斜万字心屉、龟背锦、冰裂纹、盘肠纹心屉？

用棂条拼成卍形花纹的心屉叫万字心屉，可以将万字正放卍，也可斜放卐，但都必须用棂条与仔边连接起来，拐弯连接的棂条称为拐子，如图 1.1-9 所示。

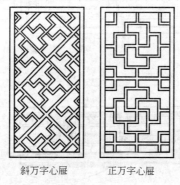

斜万字心屉　　　　正万字心屉

图　1.1-9

龟背锦有似乌龟背上六角花纹的拼接图样，如图 1.1-10 所示。冰裂纹有似于冰冻裂纹的图案，如图 1.1-10 所示。

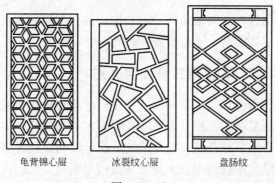

龟背锦心屉　　　冰裂纹心屉　　　盘肠纹

图　1.1-10

盘肠纹是一种斜线交叉拐子纹，如图 1.1-10 所示。

9. 坐凳、倒挂楣子、花牙子是指什么?

在走廊和亭榭建筑周边的柱子之间，位于檐枋之下或柱子下部，常装有一种装饰性很强横花格件，一般统称为楣子。楣子依位置不同分为倒挂（也称吊挂）楣子和坐凳的楣子。

倒挂楣子（在南方又称木挂落）装于檐枋之下的柱间，主要起装饰作用。坐凳楣子由坐凳板及板下楣子组成，装于柱间下部，供人休息及起围栏作用。

楣子由棂条组成各种花纹，如步步紧、灯笼锦、盘肠锦、金钱如意、正斜万字、龟背锦和冰裂纹等。倒挂楣子由边框和棂条组成，分软樘和硬樘两种结构。软樘是指楣子的边框是由一种大边围成，框内为棂条。硬樘是指楣子除有大边外，在大边框内还有一道仔边框，在仔边内装做棂条，如图 1.1-11 所示。

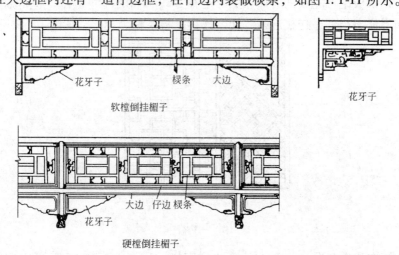

图 1.1-11

花牙子是用于倒挂楣子两端角的一种装饰构件，有用棂条拼结而成，也有用木板雕刻而成，形似如雀替，不过较雀替轻巧。

10. 寻杖栏杆、花栏杆和直档栏杆如何区别?

寻杖也作巡杖，指圆形的扶手横杖，寻杖栏杆是最早出现的一种栏杆，寻杖以下的装饰由简单到复杂。花栏杆最上面一根横木不为寻杖，多为带圆角的矩形截面，其下由棂条拼成各种花纹，如冰裂纹、拐子纹和直板式等。

直档栏杆最简单，是在横木装上若干垂直档木而成，比较讲究的是用圆木旋成外围花瓶式样作垂直档木，故有的称为西洋瓶式栏杆，见图 1.1-12。

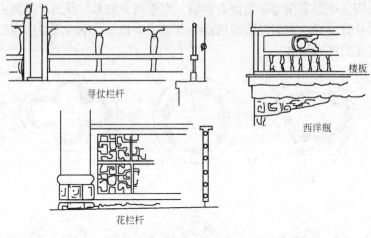

寻仗栏杆

西洋瓶

楼板

花栏杆

图 1.1-12

11. 何谓鹅颈靠背、什锦窗的桶座和贴脸？

鹅颈靠背又称美人靠或吴王靠，依其靠背侧面图形似鹅颈而得名，是廊亭建筑内的一种围栏之坐凳的靠背，如图 1.1-13 所示。

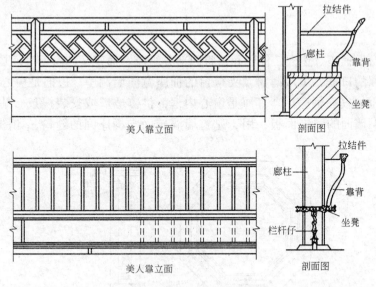

美人靠立面

剖面图

拉结件

廊柱

靠背

坐凳

美人靠立面

剖面图

拉结件

廊柱

靠背

坐凳

栏杆仔

图 1.1-13

什锦窗是指院墙和围墙上一种装饰性的牖窗，有各种各样外形，如扇形、月洞、双环、三环、五角、梅花、寿桃、海棠等。一般分为直折线型和曲线型两大类，如图 1.1-14 所示。什锦窗有三种类型：即镶嵌什锦窗、单层漏窗和夹樘灯窗。镶嵌什锦窗又叫盲窗，它是镶嵌在墙壁的一面，不透通墙厚，主要是起装饰、点缀作用。单层漏窗是墙上留有窗洞，窗框居中安装，既通风透境，也起装饰作用。夹橙灯窗是在窗洞的贴墙两面各安装一个窗心，中间安置照明灯，窗心镶嵌玻璃或糊贴诗画纸纱。

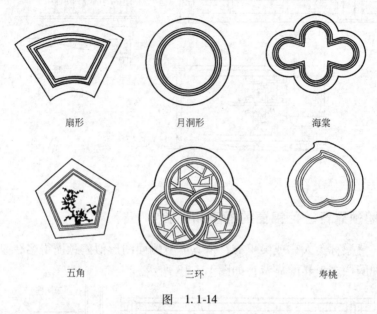

扇形　　　　　　　月洞形　　　　　　　海棠

五角　　　　　　　三环　　　　　　　寿桃

图　1.1-14

什锦窗由桶座、边框、仔屉和贴脸四部分组成。桶座又称筒子口，是什锦窗最外层一圈的口框，单层漏窗及夹橙窗的桶座宽同墙洞厚。边框是窗心（即窗扇）的外框，安在桶座内。仔屉是窗心内框，供镶玻璃或安装棂条。贴脸是窗洞外口紧贴墙面的装饰面板，用于遮盖墙洞砖面与桶座间的缝口，如图 1.1-15所示。

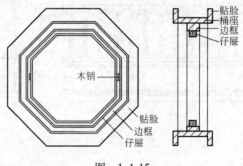

图　1.1-15

12. 什么是卡子花？

卡子花又称花卡子，多用于内檐装修的心屉上，卡在棂条间的一种装饰件，用木块雕成花草卡在棂条间，既有装饰效果，又可加强心屉棂条整体强度，如灯笼锦常配以卡子花作为连接装饰件。卡子花有雕凿成圆形的称为团花，有雕凿成上下线为平直的卡子，如图 1.1-16 所示。

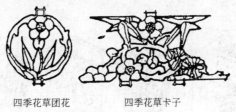

四季花草团花　　　　　四季花草卡子

图 1.1-16　卡子花

13. 什么是挂落？

中国传统建筑中额枋下的一种构件，常用镂空的木格或雕花板做成，也可由细小的木条搭接而成，用作装饰或同时划分室内空间。挂落在建筑中常为装饰的重点，常做透雕或彩绘。在建筑外廊中，挂落与栏杆从外立面上看位于同一层面，并且纹样相近，有着上下呼应的装饰作用。而自建筑中向外观望，则在屋檐、地面和廊柱组成的景物图框中，挂落有如装饰花边，使图画空阔的上部产生了变化，出现了层次，具有很强的装饰效果。

14. 什么是雀替？

雀替是中国古建筑的特色构件之一。宋代称"角替"，清代称为"雀替"，又称为"插角"或"托木"。通常被置于建筑的横材（梁、枋）与竖材（柱）相交处，作用是缩短梁枋的净跨度从而增强梁枋的荷载力；减少梁与柱相接处的向下剪力；防止横竖构材间的角度之倾斜。其制作材料由该建筑所用的主要建材所决定，如木建筑上用木雀替，石建筑上用石雀替。

15. 古埃及的室内建筑装饰风格的特点是什么？

古埃及创造了人类最早的杰出的建筑艺术及室内装饰艺术。古埃及金字塔前的雕像，出土的墓室随葬品、壁画、艺术品都可以作为古埃及的风格运用于室内设计。古埃及的柱式是其建筑设计中最伟大的功绩，也是室内空间艺术中最富表现力的部分，见图 1.1-17。在其新王国时期的神庙建筑中，其立柱采用高大的神像石柱，天花板上绘有神鹰。墙壁和其他建筑构件运用精美的雕刻或绘画。古埃及的家具由直线组成，直线占优势，家具腿多用兽爪，如狮爪、鹰爪、雄牛爪和鹰嘴造型。古埃及装饰风格的主要设计元素有：古埃及柱式、浮雕和壁画。柱式前面已介绍，浮雕和壁画有其艺术独特奇异的风格，这种风格特征是：

（1）正面律：表现人物姿势必须保持直立，双臂紧靠躯干，正面直对观众，眼和肩为正面，头部及腰部以下为正侧面；面部轮廓写实，有理想化修饰，表情庄严。

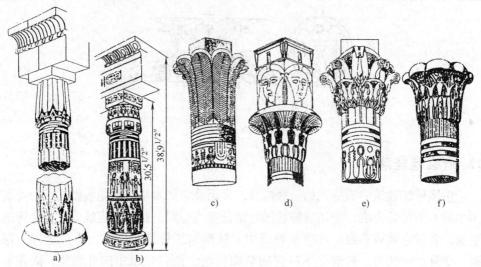

图 1.1-17　古埃及的柱式

（2）横带状排列结构，用水平线划分。

（3）根据人物的尊卑安排比例大小和构图位置。

（4）固定的色彩程式：男子皮肤为褐色，女子为浅褐或淡黄，头发为蓝黑，眼圈为黑色。雕塑着色，眼圈描黑，有的眼球用水晶、石英材料镶嵌，以达到逼真的效果。

（5）象形文字和图像并用。始终保持绘画的可读性和文字的绘画性这两大特点。

16. 古西亚（波斯）的室内建筑装饰风格的特点是什么？

其建筑特点是采用粘土砖、琉璃砖和木结构，室内装饰豪华艳丽，有壁画、有浮雕。宫殿往往和神庙结合成一体，以中轴线为界，分为公开殿堂和内室两个部分，中间保持着一个露天庭院。最著名的就是萨尔贡王宫。宫殿中有四座方形塔楼夹着三个拱门，在拱门的洞口和塔楼转角的石板上雕刻着象征智慧和力量的人首翼牛像，正面为圆雕，可看到两条前腿和人头的正面，侧面为浮雕，可看到四条腿和人头侧面，一共五条腿。因此各个角度看上去都比较完整，并没有荒谬的感觉（图 1.1-18）。宫殿室内的铬黄色的釉面砖和壁画成为装饰的主要特征。雪花石膏墙板上布满了浅浮雕，主要内容是战争功绩、狩猎活动和祭祀活动。

图 1.1-18 萨尔贡王宫拱门人首翼牛像

古波斯装饰风格的主要设计元素有：

（1）陶工艺制品：古西亚是世界上最早出现陶工艺的地区之一，它的陶工艺大多都装饰有致密的几何纹和风格化的牛头、奔鹿、山羊、驴马和水禽等变形动物纹，其色彩主要有红、绿、青等。另外，彩色的马赛克也是建筑墙面壁画的主要用材，其画面有多种变形动物如雄狮、野牛、蛇首龙等，色彩为大面积的深蓝点缀金黄色、白色、绿色和赭石色等。

（2）金属工艺制品：作品的造型大都为牦牛、翼狮、羊、鹿等。另外其金银制品善于以动物形态与器皿相结合，其中以翼狮形黄金角杯最具代表性。

（3）染织工艺制品：波斯的织锦最先用亚麻和羊毛，后来传入了中国的丝绸，但其织法与中国的平纹组织和经线起花不同，是斜纹组织和纬线起花，以联珠纹组成饰带并配以动物纹样最为常见。另外，波斯羊毛或丝绸织毯更是世界闻名，其图案多为圣树、云朵、鲜花、飞鸟及各类动物等。

17. 古希腊的室内建筑装饰风格的特点是什么？

（1）三种柱式——多立克、爱奥尼克、科林斯是希腊风格的典型设计元素，科林斯柱式用毛茛叶作装饰，形似盛满花草的花篮式柱头，规范而细腻，充满生气，其柱高、柱径比例、凹槽都同于爱奥尼克柱式。多立克柱式粗犷、刚劲，基座有三层石阶，柱身由一段段石鼓构成，呈底宽上窄渐收式。柱头由方块和圆盘构成，无纹饰。爱奥尼克柱式整体造型风格坚挺娟秀，比多立克多一个柱础，纵向有凹槽 24 条，各凹槽的交接棱角上设计一部分圆面，最具特色的是它的柱头，左右各有一对华丽、精巧、柔头的卷涡式装饰，如图 1.1-19 ~ 21 所示。

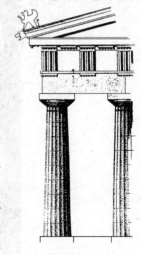

图 1.1-19 陶立克式柱

（2）装修风格和色调：风格崇尚简约、和谐，讲究对称之美，色调以明亮的白色或蓝色为主，可点缀复古的元素，如铁艺的莨苕叶和涡卷等花草，其修饰特质由曲线和非对称线条组成，如花梗、花蕾、葡萄藤、昆虫翅膀以及自然界各种优美、波状的形体图案等，也可用绿色植物做装饰陪衬。另外可用古希腊的黑色与血色来修饰背景和渲染气氛。

（3）同时也可用古瓶、竖琴、花环等作为饰物。体现在墙面、栏杆、窗棂和家具等修饰上。线条有的优美风雅，有的遒劲而富于节拍感，整个平面形状都与层序显明的、有节拍的曲线融为一体。

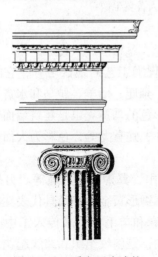

图 1.1-20 爱奥尼克式柱

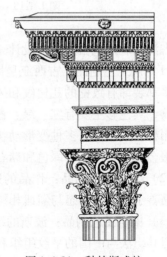

图 1.1-21 科林斯式柱

18. 古罗马的室内建筑装饰风格的特点是什么？

古罗马文化受古希腊文化的影响，在此基础上又有所创新，吸收了古埃及和东方波斯的艺术。古罗马建筑的重要特征是其建筑广泛采用券拱技术。并运用柱式与拱券相结合的方法，使建筑空间更加丰富。柱子及柱头的造型式样比，比希腊的柱身及柱头更加丰富。如罗马式的爱奥尼克式和科林斯式，比希腊式在线脚与雕饰上更为丰富与细腻；因古罗马的建筑比希腊的高大，柱子也就高大，另外，塔司干柱式用一组线脚代替陶立克式的一个线角，使其更有层次，更耐看。

券柱式就是贴在墙上的装饰性柱式，并把券洞套在柱式的开间里，这一方面可增加对上部的支撑，同时又可美化墙面。见图1.1-22、图1.1-23。古罗马室内装饰主要元素除了上述的"古罗马柱式"和"拱券结构"外，还有：

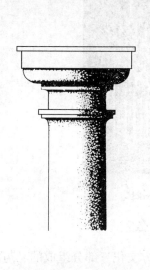

图1.1-22　塔司干柱式　　　　　　　　　　图1.1-23　券柱式

（1）家具：主要是青铜与大理石家具、木材家具。其特点：一是兽足形立腿；二是各种动植物图样的纹形，如雄鹰、翼狮、忍冬草、桂冠等。

（2）在室内装饰色彩上，古罗马人用红、黑、绿、金等色彩表现了华丽的风格。墙上绘有壁画。还能用色彩模拟大理石的效果，用细致的笔触画出窗口及窗外的风景。

19. 早期基督教的室内建筑装饰风格的特点是什么？

古代基督教堂需容纳众多的教徒，来进行宗教礼拜活动。因此，早期的基督教外部形象是相当朴素的，而室内空间不仅高大宽敞而且装饰豪华，主要设计元素有大理石墙壁、镶嵌壁画、马赛克地坪或穹顶以及从古罗马继承的华丽的柱式，主要用材为砖、石，室内常用彩色云石装饰。

一座引人注目的巴西利卡式教堂是罗马城外的圣保罗教堂，其空间形式也是主廊两侧有二组侧廊（图1.1-24），无论是墙壁还是天花拱顶，都充满与宗教思想内容相结合的镶嵌壁画，其中人物往往表现为正面严肃古板的形象，强调对称和平面构图。另外，还有一些诸如混合式柱头与科林斯式柱头等许多装饰细部。人在教堂里，高侧窗射进来的微弱光线能照到圣坛附近。室内大采光只靠颤动的烛光，照在布满镶嵌画的墙壁和天花上与彩色闪耀的画面相辉映，就像进入一个让人眩目的幽灵世界。教堂完全被这种神秘的气氛所笼罩。

图 1.1-24 圣保罗教堂室内

20. 拜占庭的室内建筑装饰风格的特点是什么？

拜占庭的文化是由古罗马遗风、基督教和东方文化三部分组成的、与西欧文化大相径庭的独特的文化。在建筑及内部设计上，最大的成就是创建了一种新的建筑型制——集中式型制。其特点是把穹顶支承在四个或更多的独立支柱上的结构形式，并以帆拱作为中介的连接（图 1.1-25），同时可以使成组的圆顶集合在一起，形成广阔而有变化的新型空间形象。

在室内墙面上往往铺贴彩色大理石，拱券和穹顶面不便贴大理石，就用马赛克或粉画。为保持大面积色调的统一，在玻璃马赛克后面先铺一层底色，最初为蓝的，后来多为金箔做底。玻璃块往往有意略作不同方向的倾斜，以造成闪烁的效果。在一些规模较小的教堂，墙面抹灰处理之后由画师绘制一些宗教题材的彩色灰浆画。柱子具有拜占庭独特的特点：柱头呈倒方锥形，并刻有植物或动物图案，一般常见的是忍冬草。

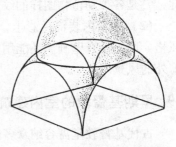

图 1.1-25 帆拱结构示意图

圣索菲亚大教堂可以说是拜占庭建筑的代表，如图 1.1-26、图 1.1-27 所示。教堂中央穹隆距地近 60 米，东西两侧逐个缩小的半穹顶造成步步扩大的空间层次。在穹隆的底部有一圈密排着 40 个圆窗洞凌空闪耀，使大穹隆显得轻巧透亮。由于这是大殿中唯一的光源，在幽暗之中形成一圈光晕，使穹隆仿佛悬浮在空中。另外，教堂内柱墩和墙面用彩色大理石贴面，并由白、绿黑、红等色组成图案。柱子大多是深绿色的，也有深红色的。柱头都是贴着金箔的白色大理石，柱头、柱身和柱础的交接处都包有一环一环的金箍。穹窿和帆拱全部采用玻璃马赛克描绘出君王和圣徒的形象，闪闪发光，酷似一粒粒宝石。地面也用马赛克铺装。

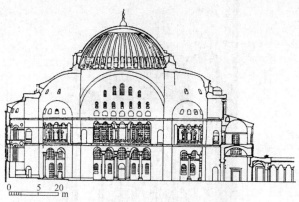

图 1.1-26　圣索菲亚大教堂纵剖面图

图 1.1-27　圣索菲亚大教堂室内

在家具方面，这个时代的椅子或桌子都是以希腊、罗马的形式为基本样式，其中有许多已由曲线形式转变成直线形式。拜占庭的宫殿或教堂中所见的家具风格，已有明显的东方色彩。家具的材质多为木材、金属、象牙，并常以金、银、宝石装饰，也有以玻璃马赛克镶嵌或雕刻作表面装饰。留下来的有著名的马克西米安的主教坐椅。这个高靠背的宝座是木制的，象牙板完全将木胎包起来。宝座的前后左右全部雕成带有情节的宗教内容。造型华贵庄重，工艺细腻精致，成为这一时期家具中的典范作品（图1.1-28）。

图 1.1-28　马克西米安坐椅

21. 罗马式（罗马风或罗曼建筑）时期的室内建筑装饰风格的特点是什么？

这一时期的主要特点是其结构来源于古罗马的建筑构造方式，即采用了典型罗马拱券结构。拱顶在这一时期主要有筒拱和十字交叉拱两种形式，十字交叉点往往成为整个空间艺术处理的重点，由于两个筒形拱顶相互成十字交叉形成四个挑棚，以及它们结合产生的四条具有抛物线效果的拱棱，这种结构造型给人的感觉冷峻而优美。在它的下面有着供教士们主持仪式的华丽的圣坛。教堂立面由于支承拱顶的拱架券一直延伸下来，贴在支柱的四面形成集束。教堂空间向狭长和高直发展，尤其以高直发展为主，以强化基督教的精神，给人以一种向上的力量，好像身躯都一齐向上升腾，离开苦难的人间，奔向天堂。典型的教堂如图1.1-29所示。

罗马式室内主要装饰元素：

（1）雕刻和绘画：主要表现民间寓言或讽刺性题材，也用历史性题材和动植物题材。

（2）在装饰和陈设上也很丰富，吊灯、饰着珠宝的十字架、圣物箱、镀金的家具和彩色的雕塑等也增添了许多富丽的光彩。

（3）在家具方面，罗马式家具除了模仿建筑的拱券，最突出的是旋木技术的运用，简朴平实，如桌椅甚至全部采用旋木，而且罗马式家具特点在于整体构造的表现而很少刻意地装饰。橱柜的造型比较简单，往往在顶端用两坡尖顶形式，表面附加铁皮构件、帽钉。皇室家具多为木雕，而且采用连续拱的形式。

图 1.1-29 勒·芒大教堂室内

22. 哥特式的室内建筑装饰风格的特点是什么？

这种风格其实是在罗马式基础上发展起来的一种基督教的建筑风格，其建筑以尖拱、尖塔、飞扶壁等为结构，外形上显示出纤细而高耸的特征，有种向上升腾飞跃的气势。建筑细部的窗格花式、彩色玻璃、柱头、亚麻布装饰等都营造了一种神秘的宗教气氛。从结构上看，它比罗马式建筑有一些进步，但是拱顶依然很厚重，造成中厅跨度较小，且窗子狭小。而哥特式的十字尖拱减薄了顶部，有的在侧廊上方采用了独立的飞券，使侧廊的拱顶不再承担中厅拱顶的侧推力，见图 1.1-30。

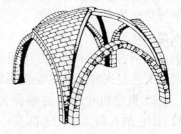

图 1.1-30 肋拱穹顶示意图

法国的巴黎圣母院就是哥特式建筑的代表作，整个大厅有四排纵向柱子。中厅立面为连续尖券置于仿科林斯柱式的粗大圆柱上，圆柱向上又分出承壁柱直至屋顶，再支承六分尖拱顶的肋拱。整个立面有种明显的上升趋势，而且所有造型都形体细长、轻巧，从而表现出显著的哥特式建筑特征，见图 1.1-31。

哥特式家具从形体到装饰都受教堂的影响很深，造型一般细高，以强调垂直线的对称为主，并模仿建筑上的某些特征，如采用尖顶、尖拱、细柱等。结构方式为框架式，一般在框中插入布满各种花纹浅雕或透雕的镶板。

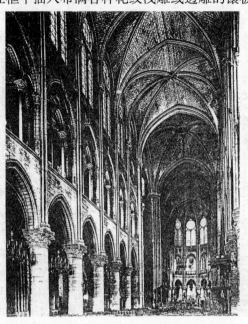

图 1.1-31 巴黎圣母院室内

23. 文艺复兴的室内建筑装饰风格的特点是什么？

14 世纪意大利人文主义精神冲破了欧洲宗教一统天下的局面，强调一种以理性取代神权的人本主义思想，在建筑及室内装饰设计上，这一时期最明显的特征就是抛弃中世纪时期的哥特式风格，而在宗教和世俗建筑上重新采用体现着和谐与理性的古希腊、古罗马时期的柱式构图要素。此外，人体雕塑、大型壁画和线型图案锻铁饰件也开始用于室内装饰，并参照人体尺度，运用数学与几何知识，分析古典艺术的内在审美规律进行创作，因此将几何形式用作室内装饰的母题是文艺复兴时期的主要特征之一。

15 世纪初叶所建的被誉为早期文艺复兴代表的佛罗伦萨主教堂（图 1.1-32），它的八角大厅的上部是一个直径达 42.5m 的八角面穹窿，表面绘满彩色壁画。其他天花有着与早期中世纪风格一样的十字拱顶。连续尖拱廊的柱式上下分为两段，下面的为带有两道凹角的方柱，上面是带有一道凹角的半壁柱，而且各有细密精致的柱头，在尖拱的顶端有一道横贯整个教堂室内的檐部线脚，其上是一排秩序感很强的圆形窗，产生了丰富有趣的几何形效果，同时又加强了同圆形穹顶的呼应。整个空间失去了哥特时期那种高狭的空间和脉络分明的骨架，却保留了哥特式轻巧、飞翔的特点。意大利文艺复兴反映在艺术上以古希腊罗马风格为基础，同时掺进东方和哥特式艺术来装饰建筑外部与室内。室内陈设单纯，细部装饰糅合进了莨苕、植物蔓藤、天使、怪兽、假面等雕饰作为家具的装饰，在庄重中显出优雅华丽的特点。文艺复兴风格虽具有古代的装饰特点，但通过重新的组织，变为一种新的设计式样。

图1.1-32　佛罗伦萨主教堂

意大利文艺复兴初期的家具线型纯美，比例适度。雕刻虽不多，但雕技精良，所雕纹样是浅平的，形象精美、构图匀称。文艺复兴盛期的家具造型比例更加完美，式样喜欢采用古代建筑式样如柱廊、门廊、山花、旋涡花饰。往往采用各种颜色的木片镶嵌成各种图案，甚至组成栩栩如生的神话故事。还有在家具表面常做有很硬的石膏花饰并贴上金箔，有的还在金底上彩绘。

24. 文艺复兴盛期的建筑最突出的特点是什么?

世界上最大的大教堂圣彼得大教堂是文艺复兴时期最宏伟的建筑工程，在其十字交叉处的顶部是个球面穹窿，内顶高123.4m，使其内部空间显得气度不凡；内墙和柱子均采用各色的大理石和出自名家的雕像壁画，整个室内富丽堂皇，见图1.1-33。

盛期文艺复兴的建筑最突出的特点是世俗建筑占有重要的地位，如由建筑师帕鲁齐设计的罗马麦西米府邸，其室内装饰设计充分代表着16世纪世俗建筑的最高成就。麦西米府邸整个内部空间充满着从引导、激发、高潮直至结束，形成一个有张有弛的完整而流动的连续空间序列。在内部装饰上与教堂不同而自成一格。下面就看一下大厅室内装饰的特点，大厅的长方形天花是一组井子格，简洁大方，造型用各种饰线装饰，层次分明。四周是一圈复合型的檐口线，把墙面分成上下两部分，上边部分是一幅幅长方形构图的浮雕，下边部分每个墙立面均被四个爱奥尼式半壁方柱分成三个长方形，并以两道线脚装饰。两个横立面每侧各开两扇门，门两侧各有一对带有基座的雕塑，其中一个横立面正中是个大壁炉。地面处理仍以各色大理石拼花装饰。整个界面装饰处理比例匀称、朴素典雅而且细部装饰精致细腻。

图 1.1-33 圣彼得大教堂神亭

25. 巴洛克的室内建筑装饰风格的特点是什么？

16 世纪下半叶，文艺复兴运动开始从繁荣趋向衰退，产生于意大利的巴洛克风格，以热情奔放、追求动态、室内装饰上注重过多的装饰，体现浪漫的装饰效果。室内地面铺以华美的地毯，墙面装有大理石、石膏灰泥、大形镜面、雕刻墙板，悬挂精美的壁毯或大型的油画。高阔的天花采用绚丽的模塑装饰，天花中央绘有油画。整个室内用雕塑、绘画、工艺品进行装饰和陈设。家具以直线和曲线进行处理，造型巨大优美。室内用色以酒红、叶绿、宝石蓝等表现富贵华丽，并以金色加以协调。巴洛克（Baroque）这个名称，有奇特、古怪的意思。

巴洛克的设计风格有一些共同的特点：

其一，在造型上采用曲线与曲面等极富生动的形式，突破了古典及文艺复兴的端庄严谨、和谐宁静的规则，着重强调的是变化和动感。其次，打破了建筑空间与雕刻和绘画的界限，使它们互相渗透，强调艺术形式的多方面综合。室内中各部分的构件如天顶、柱子、墙壁、壁龛、门窗等综合成为一个集绘画、雕塑和建筑的有机体，主要体现在天顶画的艺术成就。其三，在色彩上追求华贵富丽，多采用红、黄等纯颜色，并大量饰以金银箔进行装饰，甚至也选用一些宝石、青铜、纯金等贵重材料以表现奢华的风格。此外，巴洛克的室内装饰设计还具有平面布局开放多变，空间追求复杂与丰富的效果，装饰处理强调层次和深度。

巴洛克时期是家具大发展的阶段。这一时期，意大利的家具在功能上开始追求舒适性，流行带有饰柱的大型衣柜和衣橱。法国的巴洛克家具则更趋于成熟，在形式上突破文艺复兴古典式的直线形，倾向豪华奔放，家具外形是以端庄的形体与含蓄的曲线相结合而成。

26. 凡尔赛王宫的室内装饰属于哪一种风格?

法国巴黎的凡尔赛王宫是欧洲最宏大辉煌的宫殿，见图1.1-34。它位于巴黎的近郊，整个王宫布局十分复杂而庞大，南翼是王子亲王的寝宫，北翼为宫廷王公大臣的办公机构及教堂剧院等，东面正中面对三合院的一间是路易十四的卧室。整个王宫有一系列大厅，如马尔斯厅、镜厅、阿波罗厅等。王宫建筑的外部是明显的古典风格，内部则是典型的巴洛克风格，装饰异常豪华，彩色大理石装

图 1.1-34 凡尔赛王宫

饰随处可见，壁画雕刻充满各个房间，支形灯、吊灯比比皆是。其中最豪华的是镜厅，它是凡尔赛宫最主要的大厅，凡重大仪式均在此举行，许多国际条约也是在此签订的。

大厅西面有 17 扇高大的拱形窗子朝向花园，东面应地安装了 17 面拱形大镜子，因此得名镜厅。厅内用白色和淡紫色大理石贴面，壁柱采用绿色大理石，科林斯式柱头与柱础均为铜铸镀金，因为路易十四当时被尊为"太阳王"，故柱头以上饰以展开双翅的太阳作为装饰母题，檐壁上塑着金色的花环和天使。镜前排列着柱式的镀金烛台。拱顶上画着九幅为国王歌功颂德的史迹图，整个大厅金碧辉煌，尤其是到了晚上，舞会开始后，贵族男女珠光宝气，厅内灯光闪烁，十分瑰丽壮观。其他诸如征战厅、和平厅、礼拜厅以及国王厅等室内装饰设计也十分瑰丽豪华。

27. 洛可可的室内建筑装饰风格的特点是什么？

洛可可风格是法国巴洛克风格之后发展起来的设计风格，18 世纪中后期在欧洲盛行。洛可可（Rococo）一词来源于法语，是岩石和贝壳的意思，意在表明装饰形式的自然特征。与巴洛克风格的厚重相比较，洛可可风格趋向于纤巧柔和的装饰形式。其特点为造型多用曲线、转折、旋转等形态进行装饰，装饰繁琐、华丽、具有女性化的特征。室内空间与家具的体积缩小，墙壁以植物叶、飞禽、蚌纹等装饰，具有流动、轻快的特征。家具造型曲线优美，制做精细、装饰豪华。色彩以金色、黑色布置于色彩之中，增加色彩的对比度。

具体的装饰特征有四个方面：

（1）在室内设计中排斥一切建筑母题　如过去用壁柱的地方改用镶板或镜子，四周用细巧复杂的边框围起来。圆雕和高浮雕换成色彩艳丽的小幅绘画和薄浮雕，并且浮雕的轮廓融进底子的平面之中，线脚和雕饰都是又细又薄的。总之，装饰呈平面化而缺乏立体感。

（2）装饰题材趋向自然主义　最常用的是千变万化的、舒卷着纠缠着的草叶，此外还有贝壳、棕榈等。为了模仿自然形态，室内部件往往做成不对称形状。但有时也流于矫揉造作。

（3）惯用娇艳的颜色　常选用嫩绿、粉红、玫瑰红等色彩，线脚多为金色，天花往往画着蓝天白云的天顶画。

（4）喜爱闪烁的光泽　墙上大量镶嵌镜子，悬挂晶体玻璃或水晶的吊灯，常陈设各种瓷器，壁炉用磨光的大理石围护，喜欢在镜前安装烛台，造成摇曳不定的迷离效果。如图 1.1-35 的巴黎的苏比兹公馆。

图 1.1-35 巴黎的苏比兹公馆客厅

28. 新古典主义的室内建筑装饰风格的特点是什么？

新古典主义也被称为历史主义。主要是运用传统美学法则并使用现代材料与结构进行室内空间设计，追求一种端庄、典雅的设计风格，反映出现代人们的怀旧情绪和传统情结。

在建筑及内部设计上，新古典主义虽然以古典美为典范，但重视现实生活，认为单纯、简单的形式是最高理想。强调在新的理性原则和逻辑规律中，解放性灵，释放情感。具体在室内装饰设计上有这样一些特点：首先是寻求功能性，力求厅室布置合理；其次是几何造型再次成为主要形式，提倡自然的简洁和理性的规则，比例匀称，形式简洁而新颖；然后是古典柱式的重新采用，广泛运用多立克、爱奥尼、科林斯式柱式，复合式柱式则被取消，设在柱础上的简单柱式或壁柱式代替了高位柱式。

巴黎的圣日内维也夫教堂又名巴黎万神庙。万神庙设计中，整个空间虽然有侧廊的层层划分，但通透性较强，造成隔而不断的流动感。天花分别是五个穹顶，它们之间以筒形拱过渡连接，使空间开合有度。在装饰上，各界面构件造型，如帆拱、筒形拱顶均采用规整的几何形，严谨而有分寸，细部极其精致。各部位的线脚、檐壁涡形浮雕图案等都清晰明确。浮雕、壁画、圆雕合理分布在恰当的位置。地面的蓝灰色大理石呈放射状镶嵌，紧紧与天花相呼应，整个内部结构严密紧凑，空间形象优雅壮丽（图 1.1-36）。

新古典主义时期的家具通常用镀金的铜作镶嵌或装饰件，色调华丽。另外，路易十六式的风格也比较盛行，特点是家具仍然以直线作为造型构图基调，即使是曲线也只是比较规矩的圆、椭圆或圆弧。装饰逐渐向简洁、严正和单纯的方向发展。有的借鉴中国的回纹和窗格图案；又更多的保持着富丽、典雅的古典风格。

图 1.1-36　巴黎的圣日内维也夫教堂

新古典主义的具体特征如下：

（1）追求典雅的风格，并用现代材料和加工技术去追求传统的风格特点。

（2）对历史中的样式用简化的手法，且适度地进行一些创造。

（3）注重装饰效果，往往会去照搬古代家具、灯具及陈设艺术品来烘托室内环境气氛。

29. 浪漫主义的室内建筑装饰风格的特点是什么？

浪漫主义建筑思潮主张发扬个性，提倡自然主义，反对僵化的古典主义，追求中世纪的艺术形式和趣味非凡的异国情调。因它更多地以哥特式建筑形象出现，又称为"哥特复兴"。

如英国议会大厦（图1.1-37），被誉为具有古典主义内涵和哥特式的外衣。其内部设计更多地流露出玲珑精致的哥特风格，尤其是立面，通过对于体积、比例上的精巧平衡以及轮廓明晰的细节，传达出一种哥特式设计风格所特有的艺术魅力。

19世纪初，一些浪漫主义建筑运用了新的材料和技术，这种科技上的进步，对以后的现代风格产生了很大的影响。最著名的例子是由拉布鲁斯特设计的巴黎国立图书馆。该图书馆采用新型的钢铁结构，在大厅的顶部由铁骨架运用帆拱式的穹窿构成，下面以铁柱支撑。铁制结构减少了支撑物的体积，使内部空间变得宽敞和通透，结构也显得灵巧轻盈。圆的穹顶和弧形拱门起伏而有节奏，给人以强烈的空间感受。同时，为了保留对传统风格的延续，在适当的部位做了古典元素的处理，如铁柱的下部加了水泥柱基；在拱门上做了一圈金属花饰环带。

图 1.1-37　英国议会大厦

30. 折中主义的室内建筑装饰风格的特点是什么？

折中主义风格的特点是：任意模仿历史上的各种风格，或对各种风格进行自由组合。不讲求固定的法式，只讲求比例均衡，注重纯形式美。代表作有巴黎歌剧院，见图 1.1-38。剧院立面仿意大利晚期巴洛克建筑风格，并掺进繁琐的雕饰，到处是巴洛克雕塑、绘画和装饰，它对欧洲各国的建筑有很大影响。

这种风格用日常用语来描述，是不拘泥于一种风格的"混搭风"，便可称之为 Eclecticsm（随意主义），但折中主义本身追求的是最终的美感与平衡。由于时代的进步，折中主义追求的是创新的愿望。

如果你只是想体验一下折中主义，那么，可以现代室内设计风格为主线，加入一些巴洛克或洛可可风格的华丽装饰作为点睛之笔，同样也可用中国古典元素与现代风格相结合，创造出一些个性鲜明的折中主义作品。

a)

b)

图 1.1-38 巴黎歌剧院

31. 印度的室内建筑装饰风格的特点是什么？

与其他许多亚洲国家的室内设计相比，印度的设计风格显得较为明快，其家具、装修材料、纺织品及辅料有一种迷人的颓废感。可以在一个角落里用印度风格装饰一个货架或窗口，如组成一个家庭照片装帧或有着华丽雕刻的艺术收藏品的框架。

（1）色调和模式　印度的色调充满活力。明亮的橘黄色来映衬倒挂金钟，并通过各种小装饰品穿接起来，如金属的金丝线、小贝壳串珠、条纹和小镜片贴花。宝石色调如翡翠色、蓝宝石色、祖母绿色、红宝石色和紫水晶色与花的图案一起显现。一个奶黄色的房间可能具有用芒果色或橙色来强调的墙。地板可用简单的赤土砖或普通的木板，但通常是用有质感的地毯和竹席覆盖。

（2）家具及配件　印度家具通常是由实木和雕刻艺术组成，如绘修金画、板面雕刻、瓷砖插图、壁龛和手绘边框和图案。因为用了打磨过的五金和画成深红色的门，并再镶上钴蓝色的边条，一个简单的木制衣柜便成为一个艺术作品。与有些装饰风格不同，许多印度室内装饰都服从一个"more is more"的原则。因此，一个单件家具，就是一个亮点。室内到处是色彩艳丽的纺织品，散放的枕头和各种华丽的陈设。在一个明亮的手绘墙上布置着印度式面具或一些提线木偶，或使用印度纱丽作为窗帘、覆盖物或床罩。

（3）建筑元素　更具戏剧性的是印度装饰件中的一些建筑元素。一个家庭内部可能采用大篷架床，在壁炉、窗户、古式木刻门或金属门上的石膏浮雕拱门。在其外部空间会有一个在木雕梁和瓦顶下的传统的印度式露台。由石柱和混凝土长梁构成的门廊或入口。如在壁灯、工艺品或塑像的基座加上小型雕塑，显示出一种庄严。

32. 日本的室内建筑装饰风格的特点是什么？

（1）墙壁和色彩　日本室内装饰是选择色调柔和的中性色调和自然的色彩。不要选择明亮的白色作为其中性色，而应是温暖、柔和的米色、棕色和灰色色调。保持墙壁既朴素，又简单，可用大量有序排列的图片。

镶嵌着稍透亮的白纸皮的深色木方格墙体，是一种用来作为四周墙壁，或用于划分成更小的空间的非常典型的日本风格。画面是要寻找不同的风格和设计的格子。

（2）窗户　如果可能的话，选择圆形窗口。这是一个非常有效的和正宗的日本风格——"月亮"窗口。或尝试用简单的圆镜子，会有一种令人轻松的感觉！一般说来，窗帘应该较小。而百叶窗是最适合这种风格的。如果选择了窗帘，应用朴素和中性的材料和色彩。白色薄纱总是会很好看，给房间柔和、宽松和清洁的感觉。

（3）照明　选择实用、简约的照明：如竹灯罩、现代风格的简单射灯或纸灯笼，既朴素又有装饰性。

（4）地板　硬地板是必不可少的，无论是硬木地板或竹地板、剑麻等天然材料地板。另外，特殊脚垫或地垫是很典型的日本风格。如被称为"榻榻米"的垫，它们是由草类和布组成的，见图1.1-39。

（5）家具　在日本室内装潢中，空间是非常重要的，用大量的空间和最小的陈设。使用一些非常普通的家具。如一个矮茶几，地板垫子作为座位，是理想的。一个蒲团是另一种典型的日本小家具。用灵活的移动屏风，来改变室内空间，例如，为了隐私，用之封闭一个睡眠区。这在日本室内装饰中是一个非常重要的概念。一般选择深色的木质家具，可给人一种可靠的感觉，这种深色像黑漆或抛了光，或像黑色花岗岩。对于较小的房间，淡色的木制家具，可以帮助建立空间和安宁，这也是一种非常重要的日本感觉。

图 1.1-39 日本的民居

（6）配件 典型的日本配件是一些美丽的古董、和服和其他精细的刺绣等，还有日本茶道用具，或阳伞。不要忘记在日本室内装潢中的配件也非常重视"自然"的。如典型的日本的植物，像盆景、竹子和兰花等。

33. 伊斯兰的室内建筑装饰风格的特点是什么?

伊斯兰风格在继承古波斯的传统上，吸取了西方希腊、罗马、拜占庭和东方的中国与印度的文化艺术，创立了自己独一无二的光辉灿烂的建筑风格。其建筑风格之一：有在立方体房屋上覆盖穹窿，有形式多样的叠涩拱券、彩色琉璃砖的镶嵌与高耸的邦克楼等。之二：建筑以拱门、尖塔、拱形圆顶为特点，且以花草、书法和抽象的几何图案装饰室内外。

由于伊斯兰教不崇拜偶像，所以其室内设计不用人物与动物图案装饰，室内整体装饰效果主要表现为两大类：一类是多种花式的拱券和与之相适应的各式穹顶。拱券的形式有双圆心的尖券、马蹄形券、海扇形券、复叶形券、盖层复叶形券等。它们具有强烈的装饰效果，如复叶形券和海扇形券在叠层时具有蓬勃升腾的热烈气势。另一类是内墙装饰。往往采用大面积表面装饰，采用种种不同的手法，如在墙面上作粉画：在厚灰浆层上趁湿模印图案，具有很强的立体感和肌理效果；用砖直接砌出图案花纹。在清真寺的经坛、隔板和围栏中雕以精美的木雕，有时壁龛也用木雕；住宅中的门窗也往往是木雕的。另外，也有石膏板、大理石的雕花和透雕。墙面挂毯，地面铺地毯。室内喜欢用蓝、绿、红、紫等色彩（图1.1-40）。

如图1.1-41所示，装饰的图案是伊斯兰建筑室内中大量使用的装饰语言。一般而言装饰图案可分为三种：一种是以曲线为基础的图案，源于藤蔓的曲线，以波浪或卷涡形为其主要特征。第二种是以直线为基础的几何形图案。装饰中的几何形图案，反复连续排列，千变万化，并富有视觉美感。第三种是花体书法，它是以阿拉伯字母为基础进行变化，用字母的笔划组成富有节奏和韵律的图案。如阿尔汗布拉宫正殿的室内装饰色彩绚丽，以蓝色为主要色调辅以金黄和红色。墙面图案精巧细腻，并模仿伊朗的玻璃贴面效果。狮子院是后妃们生活区，尤其以券廊引人注目，纤细的大

图1.1-40 伊斯兰建筑

理石柱子排列的比较自由，上端的木制发券极富层次，而且雕饰也纤丽而华贵，如图1.1-42所示。

图1.1-41 伊斯兰的装饰图案

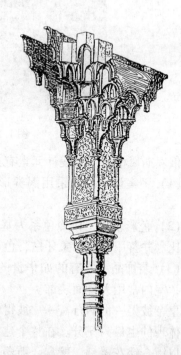

图1.1-42 阿尔汗布拉宫中的钟乳装饰柱

34. 俄罗斯的室内建筑装饰风格的特点是什么？

在 15 世纪末，伊凡三世统一了周边邻国，召集俄罗斯和意大利最优秀的建筑师和艺术家，修建了由许多教堂和宫殿组成的克里姆林宫。法西茨宫是供沙皇接见贵族和各界要人的地方，这里的天花为拱顶结构，内有许多枝型吊灯和描写圣经故事、历史故事的壁画，整个大厅装饰雍容华贵，是克里姆林宫最大的接见室。圣母升天大教堂庄严宏伟，室内的两颗绘有五层圣像的立柱格外引人注目，同时也将圣坛与中殿分开。这里从 16 世纪中叶起，历任沙皇均在此举行加冕典礼。特里姆宫是皇室成员的寝宫，室内装饰各具特色并具有统一的格调，其中沙皇皇后的寝室，是一间蓝色安静幽雅的房间，内有一张雕饰华丽、带有顶盖的寝床和镶装彩色瓷砖的壁炉，如图 1.1-43 所示。

图 1.1-43　克里姆林宫

俄罗斯风格的主要设计元素有：

（1）图案设计：常采用涡券形曲线，大量运用花环、花束、弓箭及贝壳图案。

（2）色彩设计：以冷色系为基调，地面与大块量体分割采用深胡桃色与深色对比。并善用金色和象牙白，色彩明快、柔和。

（3）装饰品：常有的如华贵的皮草、带滚边的刺绣、彩色宝石、项链、别针等，室内常用大镜面装饰。

皇帝彼得一世的行宫——彼得宫，是最具规模和豪华的宫殿，在室内装饰设计上体现的也最为充分。在整个建筑内部空间中，正厅的楼梯最富丽，洁白的墙面饰以镀金镂花雕刻，壁龛、雕塑、柱式比比皆是，尤其是雕花楼梯栏杆更是极尽豪华高雅。如图 1.1-44 所示。

图 1.1-44　彼得宫

35. 工艺美术运动的室内建筑装饰风格的特点是什么?

19世纪中叶以后,伴随着工业革命的蓬勃发展,建筑及其室内设计领域进入了一个崭新的时期。一方面,工业革命后,建筑大规模地发展造成设计上的千篇一律,格调低俗,从而出现了工艺美术运动和新艺术运动。另一方面是工业革命后机器化大生产与缺乏艺术性产品的矛盾,同时也丧失了先辈艺术家的审美性。诗人和艺术家莫里斯提倡艺术化的手工制品,反对机器的产品,强调古趣,提出了"要把艺术家变成手工艺者,把手工艺者变成艺术家"的口号。1859年,他邀请原先做哥特风格设计的事务所的同事韦伯为其设计住宅——红屋,这个红色清水墙的住宅,融合了英国乡土风格及17世纪的意大利风格,平面根据功能需要布置成L形,而不采用古典的对称格局,力图创造安逸、舒适而不是庄重、刻板的室内气氛(图1.1-45)。

随着"红屋"之后,这种审美情趣逐步扩大,使工艺美术运动蓬勃发展起来。1861年,莫里斯事务所设计的家具就采用拉斐尔前派爱用的暗绿色来代替赤褐色,壁纸织物设计成平面化的图案(图1.1-46)。

室内装饰上,木制的中楣将墙划分成几个水平带,最上部有时用连续的石膏花饰,或是贴着镏金的日本花木图案的壁纸。陈设上喜爱具有东方情调的古扇、青瓷、挂盘等装饰。

图 1.1-45 红屋外观

图 1.1-46 莫里斯壁纸

36. 新艺术运动的室内建筑装饰风格的特点是什么?

新艺术运动不同于工艺美术运动,它主张艺术与技术相结合,在室内设计上体现了追求适应工业时代精神的简化装饰。主要特点是装饰主题模仿自然界草本形态的流动曲线。霍塔设计的布鲁塞尔都灵路 12 号住宅,即塔塞尔住宅,是新艺术运动的最早实例。该住宅外装修较节制,室内装饰却热情奔放,铁制龙卷须把梁柱盘结在一起,尤其是那令人难忘的楼梯及立柱上面的铁制线条所具有的韵律感,既整体又和谐。这里可以看出,他把铁看成一种有机的线条,从而把这种新的结构材料与其装饰的可能性充分结合起来。天花的角落和墙面也画上卷腾的图案，灯具和马赛克地面，都是这一图案，如图1.1-47所示。

范埃特韦尔德府邸的圆顶沙龙也是霍塔更为成熟的作品。室内由八个金属支柱形成的环形拱券架起了一个金属肋玻璃圆顶，结构轻盈而且具有很强的形式感，同时也为室内提供了明亮柔和的光线。楼梯扶手、栏杆都是植物形的曲线，产生一种律动的美感，整个空间华美、幽雅、和谐（图1.1-48）。霍塔的设计用模仿植物的线条，把空间装饰成一个通敞、开放的整体。另外，他在色彩处理上也轻快明亮，这些也蕴含了现代主义设计的许多思想。新艺术运动的家具同样以表现自然曲线作为家具的装饰风格，模仿自然形态，处处满布枝干曲线和花叶的装饰纹样，蜿蜒起伏完全像植物一样富有活力。

图1.1-47　都灵路12号住宅

图1.1-48　范埃特韦尔德府邸的圆顶沙龙

37. 现代主义的室内建筑装饰风格的特点是什么?

20 世纪初, 在欧洲和美国相继出现了艺术领域的变革, 这场运动的影响极其深远, 它完全彻底地改变了视觉艺术的内容和形式, 出现了诸如立体主义、构成主义、未来主义、超现实主义等一些反传统而富有个性的艺术风格。所有这些都对建筑及室内设计的变革产生了直接的激发作用。现代主义建筑风格主张设计为大众服务, 改变了数千年来设计只为少数人服务的立场, 它的核心内容不是简单的几何形式, 而是采用简洁的形式达到低成本的目的。

现代主义设计先驱之一路斯在其著作《装饰与罪恶》中提出了自己反装饰的原则立场。他认为, 重视功能而内容简单的设计作品, 才能符合现代文明。在 1898 年, 他做的维也纳一家商店的室内设计, 就毫无一点可称为装饰的东西, 而是完全依靠高质量的材料组合, 以及各种构件边界线条的比例和节奏, 并十分准确地表现了功能的纯洁形式。

"现代主义" 建筑是功能至上的, 导致的结果是形式上简单明确, 反对增加成本的装饰性, 采用新的工业建筑材料, 特别是钢筋混凝土、平板玻璃、钢铁构件等和采用预制件的施工方式, 等等。建筑上强调功能性、理性原则, 美学上发展出以机械美为中心的机械美学, 最后发展到极端的 "少就是多" 的原则。

38. 包豪斯与现代主义有什么关系?

包豪斯学院是由德国著名建筑家、设计理论家格罗庇乌斯创建的。他被称为现代建筑、现代设计教育和现代主义设计最重要的奠基人, 在 1919 年任包豪斯设计学院院长。

继任包豪斯设计学院院长的密斯为巴塞罗那世界博览会设计的德国馆充分体现了密斯 "less is more" 的著名理念和原则: 清晰的结构体系, 精湛的节点处理, 以及高贵而光滑的材料运用。密斯以纤细的镀铬柱衬托出光滑的大理石墙面的富丽, 大理石墙面和玻璃墙自由分隔, 寓自由流动的室内空间于一个完整的矩形中。室内的椅子是采用扁钢交叉焊接成 X 形的椅座支架, 配以黑色柔光皮革的坐垫, 就是其著名的 "巴塞罗那椅" (图 1.1-49)。

图 1.1-49　巴塞罗那椅

39. 柯布西埃与现代主义有什么关系?

柯布西埃是现代主义建筑运动的大师之一。从 20 世纪 20 年代开始, 直至去世为止，他不断地以新奇的建筑观点和建筑作品，以及大量未实现的设计方案使世人感到惊奇。他后期的设计已超越一般的现代主义设计而具有跨时代的意义。1925 年，柯布西埃在巴黎装饰艺术展览上，展出了一个居住单元的设计，这个单元可以拼合成更大的居住体，它有两层，从二层的室内阳台可以俯瞰底层两层高的起居空间，这对于狭小的基地而言，无疑是提高了空间的质量和效果。室内墙面也不做装饰，只挂着现代装饰画。

柯布西埃建筑遵循六条原则：

1）结构形式——用柱支撑结构而不是传统的承重墙结构；

2）空间构成——建筑下部留空，使底部暴露，形成六个面的建筑，而不是传统的五个面；

3）上人屋顶——主张设计平台屋面，使之成为花园式屋顶，供人休憩；

4）流动空间——室内尽量敞开，尽量减少墙面分割；

5）剔除装饰——制造完全无装饰的立面；

6）窗户独立——窗户在结构上独立，使之与建筑本身的承力结构无关。

萨伏伊别墅就是他早期作品的代表，这一作品的内部空间比较复杂，各楼层之间采用了室内很少用的斜坡道，坡道一部分隐在室内，一部分露于室外，这样既加强了上下层的空间连续性，也增强了室内外空间的互相渗透。但空间序列安排的十分合理，各种曲线的形体进一步增加了空间的节奏与变化。整个室

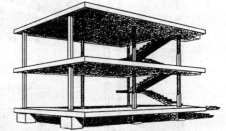

图 1. 1-50　柯布西埃住宅的基本构架

内好像一部复杂的机器，正如柯布西埃所作的形象比喻"建筑是居住的机器"。如图 1. 1-50 所示。

40. 赖特、流水别墅与现代主义有什么关系？

赖特是美国最重要的建筑师之一。1936 年他设计了著名的流水别墅，其设计是把建筑架在溪流上，而不是小溪旁。别墅是采用钢筋混凝土大挑台的结构布置，使别墅的起居室悬挂在瀑布之上。在外形上仍采用其惯用的水平穿插，横竖对比的手法，形体疏松开放，与地形、林木、山石、流水关系密切。室内外空间连续而不受任何因素破坏。起居室的壁炉旁一块略为凸出地面的天然巨石被原样保留着，地面和壁炉都是就地选用的石材砌成。赖特对自然光的巧妙利用，使室内空间生机盎然，光线流动于起居室空间的东、西、南三侧，从北侧及山崖上反射进来的光线和反射在楼梯的光线，显得朦胧柔美。另外，流水别墅的空间陈设的选择、家具样式的设计与布置也都匠心独具，如图 1. 1-51、图 1. 1-52 所示。

图 1.1-51 流水别墅

图 1.1-52 流水别墅起居室

与流水别墅同年动工的约翰逊制蜡公司办公楼中，赖特开始使用占主导地位的曲线要素。室内是林立的细柱，其中心是空的，由下而上逐渐增粗，在顶部以阔而薄的圆板为柱头而结束。许多这样的柱子排列在一起，圆板之间的空当用玻璃覆盖，形成带天窗的屋顶。这座建筑结构特别，形象新奇，仿佛是未来世界的建筑。约翰逊大楼是对日益扩张的长方形国际风格的一种挑战，赖特把自己的作品称作有机建筑。赖特的这种有机理论及与环境相联系的动态空间概念，为现代主义建筑同室内设计谱写了不朽的篇章。

41. 国际主义风格的室内建筑装饰风格的特点是什么？

第二次世界大战结束后，西方国家在经济恢复时期开始进行了大规模的建筑活动，这一时期是国际主义风格逐渐占主导地位的时期。国际主义风格运动阶段，主要是以密斯的国际主义风格为主要建筑特征而形成的，具体特征是采用"less is more"，即"简洁就是丰富"的减少主义原则，强调简单、明确、结构突出，强化工业特点。如在巴塞罗那世博会的德国馆，用几片大理石墙面在室内的平行错动，各种材料间干净利落的交接，就达到了这一效果。在国际主义风格的主流下，现了各种不同风格的探索，从而以多姿多彩的形式丰富了建筑及室内设计的风格和面貌。国际主义风格时期的建筑与室内设计，作品风格虽不相同，但都注重功能和建筑工业化的特点，反对虚伪的装饰。具体在室内设计方面的特征，还具有空间自由开敞，内外通透；内部空间各界面简洁流畅；家具、灯具、设施以及绘画、雕塑等质地纯洁、工艺精细等诸多特点。

42. 什么是地中海风格？

空间设计上着重体现地中海风格所蕴涵的自由精神，材料设计上着重体现自然气质，表现崇尚自然、亲近自然、感受自然的生活品位，软装设计上着重体现浪漫情怀，配套家具上着重体现休闲感受。而这四条：自由精神、自然气质、浪漫情怀、休闲感受正是地中海风格所蕴含的灵魂，目前比较一致的看法就是"蔚蓝色的浪漫情怀，海天一色、艳阳高照的纯美自然"。独特的锻打铁艺家具，也是地中海风格独特的美学产物。

同时，地中海风格的家居还注意环境绿化，爬藤类植物是常见的居家植物，小巧可爱的绿色盆栽也常看见，通常"地中海风格"的家居，会采用这么几种设计元素：白灰泥墙、连续的拱廊与拱门，陶砖、海蓝色的屋瓦和门窗。"地中海风格"的建筑特色是，拱门与半拱门、马蹄状的门窗。建筑中的圆形拱门及回廊通常采用数个连接或以垂直交接的方式，在走动观赏中，出现延伸般的透视感。此外，家中的墙面处（只要不是承重墙），均可运用半穿凿或者全穿凿的方式来塑造室内的景中窗。这是地中海家居的一个情趣之处。

"地中海风格"对中国城市家居的最大魅力，恐怕来自其纯美的色彩组合。西班牙蔚蓝色的海岸与白色沙滩，希腊的白色村庄在碧海蓝天下简直是制造梦幻，南意大利的向日葵花田流淌在阳光下的金黄、法国南部熏衣草飘来的蓝紫色香气、北非特有沙漠及岩石等自然景观的红褐、土黄的浓厚色彩组合。具尽量采用低彩度、线条简单且修边浑圆的木质家具。地面则多铺赤陶或石板。

马赛克镶嵌、拼贴在地中海风格中算较为华丽的装饰。主要利用小石子、瓷砖、贝类、玻璃片、玻璃珠等素材，切割后再进行创意组合。

在室内，窗帘、桌巾、沙发套、灯罩等均以低彩度色调和棉织品为主。素雅的小细花条纹格子图案是主要风格。

43. 室内设计有哪些流派？

流派，这里是指室内设计的艺术派别。现代室内设计从所表现的艺术特点分析，也有多种流派，主要有：粗野主义、典雅主义、有机功能主义、高技派、光亮派、白色派、新洛可可派、超现实派、解构主义派以及装饰艺术派等。详情看后面介绍。

44. 什么是粗野主义？

以保留水泥表面模板痕迹，采用粗壮的结构来表现钢筋混凝土的"粗野主义"，是以柯布西埃为代表人物的，追求粗鲁的、表现诗意的设计是国际主义风格走向高度形式化的一种发展趋势。柯布西埃在法国一个山区设计的朗香教堂，是其里程碑式的作品。粗糙而古怪的形状，无论是墙面还是屋顶几乎找不到一根直线。内部空间长约25m、宽约13m，一半空间设置了坐椅，一半空着，分别供坐着和站着的祈祷者使用。祭坛在大厅的东面，墙面仍是向内弯曲的弧线形，窗户大小不均、上下无序成为一个个透光的方孔，当光线射进室内时便组成奇

图 1.1-53 朗香教堂

特的光的节奏，圣母像就安置在墙上的窗洞中，天花棚顶下坠，光线昏暗神秘，迫使人们只能把视线向祭坛方向延伸，造成一种"唯神忘我"的宗教感受（图1.1-53）。

柯布西埃的另一个粗野主义作品是圣玛丽修道院，整个内部空间像个神奇的迷宫，走廊上采光窗以模度划分，形成形式上的节奏感。中厅是由浑厚粗糙的钢筋混凝土三面围绕，充满着令人迷幻和神秘的气氛。

45. 什么是典雅主义？

典雅主义讲究结构精细，简洁利落。其代表人物是曾设计纽约世界贸易中心的日裔美国建筑师雅马萨奇。针对单纯强调功能的现代主义建筑，雅马萨奇提出设计要满足心理功能，即秩序感等美的因素以及使人的生活增加乐趣和令人欢娱

振奋的形态，而不仅仅是实用这个功能要求。1955 年，他在底特律设计的麦克格里戈纪念会议中心，就是努力探索典雅主义室内设计的代表作品，它是在国际主义风格的基础上进行的细部处理，改变了现代主义风格单调、刻板的面貌，赋予建筑空间以形式的美感（图 1.1-54）。

图 1.1-54　麦克格里戈纪念会议中心

　　国际主义风格的命名者约翰逊也是后现代主义大师，成为横跨两个时代为数不多的人物。这一时期的代表作就是接受密斯的邀请与其合作进行西格拉姆（The Seagram Building）大楼的内部设计，这一作品开始有意识地引用典雅主义手法，使国际主义风格较为丰富和典雅。另外，约翰逊早在 1949 年为自己设计的"玻璃住宅"，就已在室内设计中流露出典雅主义倾向。起居室中布置的密斯巴塞罗那钢皮椅子，其精致的形式和建筑空间极为协调，同时运用油画、雕塑和白色的长毛地毯等室内陈设品丰富了建筑过于简练的结构形式，说明这一时期已充分考虑到使用者的心理需求（图 1.1-55）。

图 1.1-55　玻璃住宅

46. 什么是有机功能主义？

有机功能主义是以粗壮的有机形态，用现代建筑材料和结构设计大型公共建筑空间，其最突出的代表人物是美国建筑师沙里宁，他被称为是有机功能主义的主将。有机功能主义风格是采用有机形态和现代建筑结构结合，打破了国际主义建筑简单立方体结构的刻板面貌，增加建筑内外的形式感。肯尼迪国际机场的美国环球航空公司候机大楼是沙里宁有机功能主义的重要建筑。外观造型酷似一只振翅欲飞的大鸟，内部空间层次丰富、功能合理。更重要的是由于结构的因素产生一种全新的空间形象。它集象形特质、应力形态与功能性于一体，充分实现了结构、形式和功能的统一。

被称为建筑史上最经典的抒情建筑悉尼歌剧院也应属于这一风格的作品，尤其是最小一组壳片拱起的屋面系统覆盖下的餐厅内部，更有一种前所未有的视觉空间效果。

47. 什么是波特曼空间？

20 世纪 60 年代以后，现代主义设计继续占主导地位，国际主义风格发展得更加多样化。与此同时，环境的观念开始形成，建筑师思考的领域扩大到阳光、空气、绿地、采光照明等综合因素的内容。室内外空间的分界进一步模糊，高楼大厦内开始出现街道和大型庭院广场，公共空间中强调休闲与娱乐等更富有人性化的氛围。美国著名现代建筑师约翰·波特曼以其独特的旅馆空间成为这一时期杰出的代表。他以创造一种令人振奋的旅馆中庭：共享空间——"波特曼空间"而闻名。共享空间在形式上大多具有穿插、渗透、复杂变化的特点，中庭共享空间往往高达数十米，成为一个室内的主体广场。波特曼重视人对环境空间感情上的反应和回响，手法上着重于空间处理，倡导把人感官上的因素和心理因素融汇到设计中去。如采用一些运动、光线、色彩等要素，同时引进自然、水、人看人等手法，创造出一种宜人的、生机盎然的新型空间形象。

如亚特兰大海特摄政旅馆。建筑的立面布满阳台，楼顶是一个旋转的餐厅。内部中庭是一个 22 层 66m 高的巨大共享空间，大厅里设有咖啡厅、酒廊、喷泉和雕塑，而且室外街道的很多因素也包括在其中，淡化了室内外空间的概念，为入住者提供既是城市街区又是内部空间的感受。大厅一侧是一列挺拔青翠的树木，与各层外廊栏板上藤蔓植物相映成趣。大厅中最让人注目的是四部观光电梯，装饰着华灯的透明玻璃梯厢在巨大柱形体量中上下运行。自下而上，人们首先看到的是透视关系不断发生位移的中庭，是一连续的动态画面。进入 22 层以后，电梯进入了狭小的梯井，眼前突然一片明亮，人们看到的是整个城市，如图 1.1-56 所示。

在加拿大多伦多的伊顿中心也创造出一个极富生活气息的城市商业环境。内部空间布局是以横向与纵向的步道廊作为交通网络，在十字路口处开辟了小广场，形成一个个景点。其中最让人流连忘返的是气势宏大、魅力无穷的中央大厅，在长达 131m 的拱形天窗下，悬挂着 60 只飞翔的海鸥造型，不仅解决了大空间过于空旷的问题，而且让人仿佛置身于辽阔的大海中，海鸥下边井然有序地分布着天桥、阶梯平台、自动扶梯、直升电梯、喷水池、树木、街灯等设施和景点，组成一道美妙绝伦的风景。中央大厅下的各楼层都有多个通道与地铁出口和城市街道相连接，如图 1.1-57 所示。

图 1.1-56　海特摄政旅馆　　　　　　图 1.1-57　伊顿中心

48. 美籍华裔著名建筑大师贝聿铭的设计风格是怎样的?

始终坚持现代主义建筑原则的美籍华裔著名建筑大师贝聿铭设计的华盛顿国家美术馆东馆位于一块直角梯形的用地上，贝聿铭运用一个等腰三角形和一个直角三角形把梯形划分为两部分，从而取得了同老馆轴线的对应关系。内部的空间处理更是引人入胜，其中巨大宽敞的中庭是由富有空间变化纵横交错的天桥与平台组成，巨大的考尔得黑红两色活动雕塑由三角形母体的采光顶棚垂下，使空间顿感活跃，产生了动与静、光与影、实与虚的变幻。还有一幅米洛挂毯挂在大理石墙上，使这堵高大而单调的墙面生色不少。中庭还散落一些树木和固定的艺术构件，与空间互相渗透，相映生辉，如图 1.1-58 所示。

贝聿铭的另一个力作是中国北京的香山饭店，它位于北京著名的香山公园内。因为考虑到这里是幽静、典雅的自然环境，还有众多的历史文物，因此设计时把西方现代建筑的结构和部分因素，同中国传统的语言，特别是园林建筑和民居院落等因素结合起来，形成一幢体现中国传统文化精华的现代建筑。饭店分成五个区域，中央区域的中心也是一个带有采光玻璃顶棚的中庭，是整个饭店主要的公共活动部分。

图 1.1-58 华盛顿国家美术馆东馆

粉墙翠竹、山石水池组织在一起形成一个真正的中国式的中庭，再加上重复使用的中国传统符号特征的墙面图案，越发加强了中国文化的魅力。从中央区域伸展出的客房区，内部设计也是别具匠心，客房及走廊的窗子就像中国园林中常见的漏窗那样成为一个个可以观看室外景色的画框，这种借景入室的手法比比皆是，从而构成了室内丰富的观赏景致，如图 1.1-59 所示。

图 1.1-59 北京的香山饭店

巴黎的卢浮宫扩建工程和柏林的德国历史博物馆工程都是贝聿铭在退休后设计的杰出建筑，前者是以一个玻璃三棱锥体而闻名于世，后者被"柏林日报"评为"极其高雅的水晶体"。总的说来，贝聿铭设计公共建筑的基本要素是：通透感、运动和光线。

49. 什么是后现代主义时期的室内设计？

20世纪60年代末在建筑中产生的后现代主义，主要是针对现代主义、国际主义风格千篇一律、单调乏味的减少主义特点主张，以装饰的手法来达到视觉上的丰富，设计讲究历史文脉、引喻和装饰，提倡折中处理的后现代主义在70、80年代得到全面发展，产生了很大的影响。后现代主义这个词含义比较复杂，从字面上看，是指现代主义以后的设计风格。早在1966年，美国建筑师文丘理发表了具有世界影响意义的后现代主义里程碑式的著作《建筑的复杂性与矛盾性》，他认为形式是最主要的问题，提出要折中地使用历史风格、波普艺术的某些特征和商业设计的细节，追求形式的复杂性与矛盾性来取代单调刻板、冷漠乏味的国际主义风格，这不仅继承了现代主义设计思想，而且更重要的是拓宽了设计的美学领域。美国建筑师斯特恩提出后现代主义建筑有三个特征：采用装饰；具有象征性或隐喻性；与现有环境融合。"less is bore"（太简单让人厌烦）较能体现这一理念。

50. 什么是戏谑的古典主义？

戏谑的古典主义是后现代主义影响最大的一种设计类型，它是用折中的、戏谑的、嘲讽的表现手法来运用部分的古典主义形式或符号同时，用各种刻意制造矛盾的手段，诸如变形、断裂、错位、扭曲等把传统构件组合在新的情境中，以期产生含混复杂的联想，在设计中还充满一种调侃、游戏的色彩。

被称为后现代主义室内设计典范作品的奥地利旅行社，旅行社营业厅有个独特的饶有风味的中庭。中庭的天花是拱形的发光天棚，它仅用一颗植根于已经断裂的古希腊柱式中的白钢柱支撑，这体现了设计师对历史的理解而采用这种寓意深刻的处理手法。钢柱的周围散布着9棵金属制成的摩洛哥棕榈树，象征着热带地区，金色的树干树叶让人想起热带眩目的太阳。闪烁的自然光和灯光在金属间相互衬映反射，暗示出一种贵族趣味的场所。当人们从休息亭回头观望时，会看到一片倾斜的大理石墙面与墙壁相接，使人很自然联想到古埃及的金字塔。所有这些历史的、现代的、不同地域的、不同国家的语言、符号，恰如其分地体现着文丘理的"含混"、"折中"和"复杂"，如图1.1-60所示。

图 1.1-60　奥地利旅行社中庭

51. 传统现代主义的室内建筑装饰风格的特点是什么？

传统现代主义，其实也是狭义后现代主义风格的一种类型。它与戏谑的古典主义不同，没有明显的嘲讽，而是适当地采取古典的比例、尺度、某些符号特征作为发展的构思，同时更注意细节的装饰，在设计语言上更加大胆而夸张，并多借鉴折中主义手法，因而设计内容更加丰富、奢华。位于肯塔基州的休曼纳大厦是最为突出的现代传统主义代表作品。内部设计更堪称后现代主义之经典。首先，通过气派非凡的敞廊进入长方形入口大堂，大堂空间非常精练而威严，既现代又很有传统的内涵，墙面左右两侧和正前方都是深绿色的大理石洞口，从而使空间顿然开敞，天花是带有古典意味的拱顶，虽没有线脚却极有层次感，大堂最醒目的就是彩色大理石镶嵌地面，图案是非常简洁有力的正圆形和正方形。沿着轴线穿过洞口，便步入一层圆厅，圆厅中心是一个极其简洁的紫红色大理石环廊，让人很自然地联想到古罗马的圆形柱廊，既凝重又不失古典的浪漫。圆厅的尽端是绿色的壁龛衬映下的一尊洁白的石雕，左右两个入口便是这个空间的结束——两个电梯厅，这里为了形成视觉上的连续，设计仍保持同大堂的统一。整个形象运用了现代的空间和手法，没有明显的古典语汇，但通过引喻与暗示却给人一种浓浓的传统的那种高雅而华贵的氛围，如图 1.1-61 所示。

后现代主义是从现代主义和国际主义风格中衍生出来并对其进行

图 1.1-61　休曼纳大厦

反思、批判、修正和超越。然而，后现代主义在发展的过程中没有形成坚实的核心，也没有出现明确的风格界限，有的只是众多的立足点和各种流派不尽相同的风格特征。

52. 什么是高技派风格的特点？

高技派风格在建筑及室内设计形式上主要是突出工业化特色、突出技术细节，强调运用新技术手段反映建筑和室内的工业化风格，创造出一种富有时代情感和个性的美学效果。具体风格有如下特征：内部结构外翻，显示内部构造和管道线路，强调工业技术特征；表现过程和程序，表现机械运行，如将电梯、自动扶梯的传送装置都做透明处理，让人们看到机械设备运行的状况，强调透明和半透明的空间效果，喜欢采用透明的玻璃、半透明的金属格子等来分隔空间。

以充分暴露结构为特点的坐落于巴黎市中心的法国蓬皮杜国家艺术中心，其建筑外观像一个现代化的工厂，结构和各种涂上颜色的管道均暴露在外。

在室内空间中，所有结构管道和线路同样都成为空间构架的有机组成部分。主体空间是跨度达48m的极端灵活的大空间，可以根据需要自由布置，而电梯、楼梯、设备

图 1.1-62　法国蓬皮杜国家艺术中心

等辅助部分被放置在建筑外面，以保证内部空间的绝对灵活性。

作为高技派的代表作，蓬皮杜艺术中心反映了当代新工业技术的"机械美"设计理念，如图 1.1-62 所示。

53. 什么是解构主义？

解构主义是对具有正统原则的现代主义与国际主义风格的否定与批判。其作品极度地采用扭曲错位和变形的手法，使建筑物及室内表现出无序、失稳、突变、动态的特征。设计特征可概括为：刻意追求毫无关系的复杂性，无关联的片断与片断的叠加、重组，具有抽象的废墟般的形式和不和谐性；反对一切既有的设计规则，热衷于肢解理论，打破了过去建筑结构重视力学原理的横平竖直的稳定感、坚固感和秩序感；无中心、无场所、无约束，具有设计者因人而异的任意性。解构主义的出现与流行也是因为社会不断发展，以满足人们日益高涨的对个性、自由的追求以及追新猎奇的心理。

被认为是世界上第一个解构主义建筑设计师的弗兰克·盖里，早在 1978 年

就通过自己的住宅进行解构主义尝试。在盖里这个住宅的扩建中，他大量使用了金属瓦楞板、铁丝网等工业建筑材料，表现出一种支离破碎、没有完工的特点。内部的厨房和餐厅是其扩建的精华所在，餐厅转角处倾斜的透明玻璃似乎随时都可以滑落，而厨房的天窗也造成一种摇摇欲坠、跌落成斜角的效果，而且这样处理也有扩大采光面积与采光角度的功能。这两个窗同墙上漏窗在同一立面上，构成了充满矛盾、强烈对比的形象。然而这种破碎的结构方式、相互对撞的形态只是停留在形式方面，而在物质性方面不可能真的解构，像厨房中操作台、橱柜等都是水平的，以至于各种保温、隔声、排水等功能就不能任意颠倒，如图 1.1-63、图 1.1-64 所示。

图 1.1-63　盖里住宅

图 1.1-64　盖里住宅室内厨房

54. 什么是极简主义？

极简主义是对现代主义的"少就是多"纯净风格的进一步精简和抽象，发展成"less is all"，抛弃在视觉上多余的任何元素，强调设计的空间形象及物体的单纯、抽象，采用简洁明晰的几何形式，使作品整体简洁、有序而有力量。

极简主义的室内设计一般有如下特征：

1）将室内各种设计元素在视觉上精简到最少，大尺度、低限度地运用形体造型。

2）追求设计的几何性秩序感。

3）注意材质与色彩的个性化运用，并充分考虑光与影在空间中的作用，如图 1.1-65 所示。

图 1.1-65 法国拉皮鲁兹酒店

55. 什么是新洛可可派？

洛可可原为 18 世纪盛行于欧洲宫廷的一种建筑装饰风格，以精细轻巧和繁复的雕饰为特征，新洛可可仰承了洛可可繁复的装饰特点，但装饰造型的"载体"和加工技术却运用现代新型装饰材料和现代工艺手段，从而具有华丽且略显浪漫、传统中仍不失有时代气息的装饰氛围。新洛可可派的装饰特点：

1）大量采用表面光滑和反光性强的材料。

2）重视灯光效果，特别喜欢用灯槽和反射灯。

3）常采用地毯和款式新颖的家具，以营造一种华丽、浪漫的气氛。

4）家具及室内墙面的色彩都体现一种女性文化的特点，家具上的线条与装饰图案爱采用弧线、S 线、花草、贝壳等柔性线条；墙面色彩爱用嫩绿、粉红等鲜艳的淡色。

56. 什么是风格派？

风格派起始于 20 世纪 20 年代的荷兰，以画家 P·蒙德里安等为代表的艺术流派，强调"纯造型的表现"，"要从传统及个性崇拜的约束下解放艺术"。风格派认为"把生活环境抽象化，这对人们的生活就是一种真实"。风格派主要追求一种终极的、纯粹的实在，追求以长和方为基本母题的几何体，把色彩还原回三原色，界面变成直角，无花饰，用抽象的比例和构成代表绝对、永恒的客观实际。他们对室内装饰和家具经常采用几何形体以及红、黄、青三原色，间或以黑、灰、白等色彩相配置。风格派的室内，在色彩及造型方面都具有极为鲜明的特征与个性。建筑与室内常以几何方块为基础，对建筑室内外空间采用内部空间与外部空间穿插统一构成为一体的手法，并以屋顶、墙面的凹凸和强烈的色彩对块体进行强调。

57. 什么是装饰艺术派或称艺术装饰派？

装饰艺术派起源于 20 世纪 20 年代法国巴黎召开的一次装饰艺术与现代工业国际博览会，后传至美国等各地，如美国早期兴建的一些摩天楼即采用这一流派的手法。装饰艺术派善于运用多层次的几何线型及图案，重点装饰于建筑内外门窗线脚、檐口及建筑腰线、顶角线等部位。上海早年建造的老锦江宾馆和和平饭店等建筑的内外装饰，均为装饰艺术派的手法。近年来一些宾馆和大型商场的室内，出于既具时代气息，又有建筑文化的内涵考虑，常在现代风格的基础上，在建筑细部饰以装饰艺术派的图案和纹样。

58. 什么是新地方主义？

新地方主义与现代主义趋同的"国际式"相对立，新地方主义主要是强调地方特色或民俗风格的设计创作倾向，提倡因地制宜的乡土味和民族化的设计原则。新地方主义一般有如下特征：

1）由于地域的差异，因此就没有严格的一成不变的规则和确定的设计模式，设计时发挥的自由度较大，以反映某个地区的艺术特色。

2）设计中尽量使用地方材料和做法。

3）注意建筑室内与当地风土环境的融合，从传统的建筑和民居中汲取营养，因此具有浓郁的乡土风味，如图1.1-66 所示。

图 1.1-66　日本伊豆今井庄

59. 什么是超现实主义？

超现实主义在室内设计中营造一种超越现实的充满离奇梦幻的场景，通过别出心裁的设计，力求在有限的空间中制造一种无限的空间感觉，创造"世界上不存在的世界"，甚至追求一种太空感和未来主义倾向。超现实主义室内设计手法离奇、大胆，因而产生出人意料的室内空间效果。超现实主义一般有如下特征：

1）设计奇形怪状的令人难以捉摸的内部空间形式。

2）运用浓重、强烈的色彩及五光十色、变幻莫测的灯光效果。

3）陈设与安放造型奇特的家具和设施。

60. 什么是孟菲斯派？

1981 年，以索特萨斯为首的设计师们在意大利米兰结成了"孟菲斯集团"，他们反对单调冷峻的现代主义，提倡装饰，强调手工艺方法制作的产品，并积极从波普艺术、东方艺术、非洲拉美的传统艺术中寻求灵感。孟菲斯派对世界范围的设计界影响是比较广泛的，尤其是对现代工业产品设计、商品包装、服装设计方面都产生了广泛的影响。孟菲斯派的室内设计一般有如下特征：

1）室内设计空间布局不拘一格，具有任意性和展示性。

2）常用新型材料、明亮的色彩和新奇的图案来改造一些传统的经典家具，显示其双重译码，既是大众的，又是历史的；既是传世之作，又是随心所欲的。

3）在设计造型上打破横平竖直的线条，采用波形曲线、曲面和直线、平面的组合，来取得室内意外效果。

4）常对室内界面进行表层涂饰，具有舞台布景般的非长久性特点，如图 1.1-67 所示。

图 1.1-67 孟菲斯家具

61. 什么是白色派？

在室内设计中大量运用白色，构成了这种流派的基调。由于白色给人以纯净的感觉，又增加室内的亮度，而且在造型上又有独特的表现力，使人能感到积极乐观或产生美的联想。白色派的室内设计一般有如下特征：

1）空间和光线是白色派室内设计的重要因素，往往予以强调。

2）室内中墙面和天花一般均为白色材质，或带有一点色彩倾向的接近白色的颜色。通常在大面积白色的情况下，采用小面积的其他颜色进行对比。

3）地面色彩不受白色的限制，一般采用各种颜色和图案的地毯。

4）选用简洁、精美和能够产生色彩对比的灯具、家具等室内陈设品，如图 1.1-68 所示。

图 1. 1-68　瑞士苏黎士公司

62. 什么是光亮派？

光亮派竭力追求丰富、夸张、富有戏剧性变化的室内气氛。在设计中强调利用现代科技的可能性，充分运用现代材料、工艺和结构，去创造一种光彩夺目、豪华绚丽、交相辉映的效果。光亮派室内设计一般有如下特点：

1）设计时大量使用不锈钢、铝合金、镜面玻璃、磨光石材或复合光滑的面板等装饰材料。

2）注重室内灯光照明效果，惯用反射光照明以增加室内空间丰富的灯光气氛。

3）使用色彩鲜艳的地毯和款式新颖、别致的家具及陈设艺术品。

63. 什么是新表现主义？

新表现主义的室内作品多用自然的形体，包括自然动物和人体等有机形体，运用一系列粗俗与优雅、变形与理性的相对范畴来表现这种风格。同时以自由曲线、不等边三角形及半圆形为造型元素，并通过现代技术成果创造出前所未有的视觉空间效果。新表现主义的室内设计有如下特征：

1）运用有机的富有雕塑感的形体以及自由的界面进行处理。

2）高新技术提供的造型语言与自然形态的对比。

3）时常用一些隐喻、比拟等抽象的手法，如图 1.1-69。

图 1.1-69 罗尔顿酒店

64. 新现代主义的室内建筑装饰风格的特点是什么？

新现代主义是指现代主义自 20 世纪初诞生以来直至 20 世纪 70 年代以后的发展阶段。新现代主义继续发扬现代主义理性、功能的本质精神，但对其冷漠单调的形象进行了不断的修正和改良，突破早期现代主义排斥装饰的极端做法，而走向一个肯定装饰的、多风格的新阶段，同时随着科技的不断进步，在装饰语言上更关注新材料的特质表现和技术构造的细节，而且在设计上更强调作品与人文环境与生态环境的关系。

迈耶的一个典范性作品是亚特兰大海伊艺术博物馆，如图 1.1-70 所示。当人们通过精心设计的一系列内外空间序列来到四层高的中央大厅时，眼前豁然开朗，呈现出一种纯净澄明的景象，阳光透过具有装饰性的放射形顶梁光棚洒向墙面，产生了极有节奏的光影，大厅一侧水平的楼板和垂直的圆柱以及突出的正方形墙面形成一种很规矩的虚实关系，也为空间注入了很强的现代感和力量感。与此对应的大厅另一侧的环形坡道则成为空间的活跃元素，打破了过于沉静的感觉，从而产生了一种强烈的视觉效应。这种环形坡道也是赖特古根海姆博物馆螺旋坡道的延续和发展，避免了倾斜的地面不利于人们驻足观赏的缺点，从而使坡道与展厅分开布置。

图 1.1-70 亚特兰大海伊艺术博物馆

第二章 室内设计原理

65. 室内设计有哪些主要内容和相关因素？

现代室内设计涉及的面很广，但是设计的主要内容可以归纳为以下三个方面：

（1）室内空间组织和界面处理。

室内设计的空间组织，包括平面布置，首先要了解原有建筑的总体布局、功能分析、人员流动方向以及结构体系等，并予以完善、调整或再创造。同时对室内空间各界面围合进行设计。

室内界面处理，是指对室内空间的各个围合——地面、墙面、隔断、平顶等各界的使用功能和特点的分析，界面的形状、图形线脚、肌理构成的设计，以及界面和结构的连接构造，界面和风、水、电等管线设施的协调配合等方面的设计。

当然，界面处理不一定要做"加法"。一些建筑物的结构构件，也可以不加装饰，作为界面处理的手法之一，这正是单纯的装饰和室内设计在设计思路上的不同之处。

室内空间组织和界面处理，是确定室内环境基本形体和线形的设计内容，设计时以物质功能和精神功能为依据，考虑相关的客观环境因素和主观的身心感受。

（2）室内光照、色彩设计和材质选用。

室内光照是指室内环境的天然采光和人工照明，光照除了能满足正常的工作生活环境的采光、照明要求外，光照和光影效果还能有效地起到烘托室内环境气氛的作用。

色彩是室内设计中最为生动、最为活跃的因素，室内色彩往往给人们留下室内环境的第一印象。色彩最具表现力，通过人们的视觉感受产生的生理、心理和类似物理的效应，形成丰富的联想、深刻的寓意和象征。

光和色不能分离，除了色光以外，色彩还必须依附于界面、家具、室内织物、绿化等物体。室内色彩设计需要根据建筑物的性格、室内使用性质、工作活动特点、停留时间长短等因素，确定室内主色调，选择适当的色彩配置。

材料质地的选用，是室内设计中直接关系到实用效果和经济效益的重要环节。饰面材料的选用，同时具有满足使用功能和人们身心感受这两方面的要求，例如坚硬、平整的花岗石地面，平滑、精巧的镜面饰面，轻柔、细软的室内纺织品，以及自然、亲切的木质面材等。室内设计毕竟不能停留于一幅彩稿，设计中的形、色，最终必须和所选"载体"——材质相统一，在光照下，室内的形、色、质融为一体，赋予人们以综合的视觉心理感受。

（3）室内内含物——家具、陈设、灯具、绿化等的设计和选用。

家具、陈设、灯具、绿化等室内设计的内容，相对地可以脱离界面布置于室内空间里，在室内环境中，实用和观赏的作用都极为突出，通常它们都处于视觉中显著的位置，家具还直接与人体相接触，感受距离最为接近。家具、陈设、灯具、绿化等对烘托室内环境气氛，形成室内设计风格等方面起到举足轻重的作用。

室内绿化在现代室内设计中具有不能代替的特殊作用。室内绿化具有改善室内小气候和吸附粉尘的功能，更为重要的是，它能给室内环境带来自然气息，令人赏心悦目。

66. 室内设计有哪些分类？

室内设计和建筑设计类同，从大的类别来分可分为：居住建筑室内设计，公共建筑室内设计，工业建筑室内设计，农业建筑室内设计。

各类建筑中不同类型的建筑之间，还有一些使用功能相同的室内空间，例如：门厅、过道、电梯厅、中庭、盥洗间、浴厕，以及一般功能的门卫室、办公室、会议室、接待室等。当然在具体工程项目的设计任务中，这些室内空间的规模、标准和相应的使用要求还会有不少差异，需要具体分析。

由于室内空间使用功能的性质和特点不同，各类建筑主要房间的室内设计对文化艺术和工艺过程等方面的要求，也各自有所侧重。例如对纪念性建筑和宗教建筑等有特殊功能要求的主厅，对纪念性、艺术性、文化内涵等精神功能的设计方面的要求就比较突出。

67. 室内设计主要有哪些依据？

（1）人体尺度以及人们在室内活动所需的空间范围。

首先是人体的尺度和动作区域所需的尺寸和空间范围，人们交往时符合心理要求的人际距离，以及人们在室内通行时，各处有形无形的通道宽度。这是我们确定室内诸如门扇的高宽度、踏步的高宽度、窗台阳台的高度、家具的尺寸及其相间距离，以及楼梯平台、室内净高等的最小高度的基本依据。另外，还要顾及满足人们心理感受需求的最佳空间范围。故可归纳为：①静态尺度；②动态活动范围；③心理需求范围。

（2）使用、安置家具、灯具、设备、陈设等时所需的空间范围。

室内空间里，除了人的活动外，使用、安置家具、灯具、设备等必需的空间范围之外，应注意的是，此类设备、设施，由于在建筑物的土建设计与施工时，对管网布线等都已有一整体布置，室内设计时应尽可能在它们的接口处予以连接、协调。诚然，对于出风口、灯具位置等从室内使用合理和造型等要求，适当在接口上作些调整也是允许的。

（3）室内空间的结构构成、构件尺寸，设施管线等的尺寸和制约条件。

室内空间的结构体系、柱网的开间间距、楼面的板厚梁高、风管的断面尺寸以及水电管线的走向和铺设要求等，都是组织室内空间时必须考虑的。有些设施内容，如风管的断面尺寸，水管的走向等，在与有关工种的协调下可作调整，但仍然是必要的依据条件和制约因素。例如集中空调的风管通常在板底下设置，计算机房的各种电缆管线常铺设在架空地板内，室内空间的竖向尺寸，就必须考虑这些因素。

（4）符合设计环境要求、可供选用的装饰材料和可行的施工工艺。

由设计设想变成现实，必须动用可供选用的地面、墙面、顶棚等各个界面的装饰材料，采用现实可行的施工工艺，这些依据条件必须在设计开始时就考虑到，以保证设计图的实施。

（5）业已确定的投资限额和建设标准，以及设计任务要求的工程施工期限。

室内设计与建筑设计的不同之处，在于对同一个项目，不同方案的土建单方造价比较接近，而不同建设标准的室内装修，可以相差几倍甚至十多倍。可见对室内设计来说，投资限额与建设标准是室内设计必要的依据因素。

此外，原有的建筑总体布局和建筑设计总体构思也是室内设计时重要的设计依据因素。

68. 室内设计主要有哪些要求？

（1）具有使用合理的室内空间组织和平面布局，提供符合使用要求的室内声、光、热效应，以满足室内环境物质功能的需要。

（2）具有造型优美的空间构成和界面处理，宜人的光、色和材质配置，符合建筑物性格的环境气氛，以满足室内环境精神功能的需要。

（3）采用合理的装修构造和技术措施，选择合适的装饰材料和设施设备，使其具有良好的经济效益。

（4）符合安全疏散、防火、卫生等设计规范，遵守与设计任务相适应的有关定额标准。

（5）随着时间的推移，考虑具有适应调整室内功能、更新装饰材料和设备的可能性。

（6）室内环境设计应考虑室内环境的节能、节材、防止污染，并注意充分利用室内空间。

69. 室内设计师应具有哪些知识和素养？

（1）建筑单位设计和环境总体设计的基本知识，特别是对建筑单体功能分析、平面布局、空间组织、形体设计的必要知识，具有对总体环境艺术和建筑艺术的理解和素养。

（2）具有建筑材料、装饰材料、建筑结构与构造、施工技术等建筑材料和建筑技术方面的必要知识。

（3）具有对声、光、热等建筑物理、风、光、电等建筑设备的必备知识。

（4）对一些学科如人体工程学、环境心理学等，以及现代计算机技术具有必要的知识。

（5）具有较好的艺术素养和设计表达能力，对历史传统、人文民俗等有一定的了解。

（6）熟悉有关建筑和室内设计的规范标准、规章和法规。

70. 方案设计有哪些步骤？

（1）功能分析 功能分析分为使用功能和精神功能两种，而其主要应解决在各室内空间中使用功能及交通人流与功能分区的矛盾。如果在室内空间中对使用功能划分不当，就会造成空间上的浪费，如果交通人流设计不好，就会造成活动的妨碍。图 1.2-1 是居室功能分析图，从图中可以看出各居室功能的使用要求，以及各居室之间的相互关系。

精神功能要根据顾客的喜好、生活习性和周围环境来分析，通过室内的色彩、家具和环境布置等来解决。

（2）空间分析 为了调整使用面积的大小、形状，研究空间交通的序列，分析各空间操作的性质，各空间所需家具、设备以及各空间的人流路线等；分析窗口大小、位置、光照方向、强度、窗外景观以及因季节的不同而提供的通风、光照量的大小变化。图 1.2-2a 为活动功能分析图，将家人的活动范围进行归类，将活动性质按静、动两个区域划分，确定公共区域和个人使用的区域，将要求静的区域、私密性强的区域放在不受干扰的地方，将公共的、动的区域放在靠近交通路线的地方。图 1.2-2b 是该居室的交通功能分析图。

（3）平面规划图 根据功能分析、空间分析的结果，经过分析、比较、调整，确定出平面规划图。并需用立面图进行配合，以增强空间视觉艺术效果的传达。有时还需模型配合。图 1.2-3 是居室平面规划图，是经过以上功能分析后作出的。

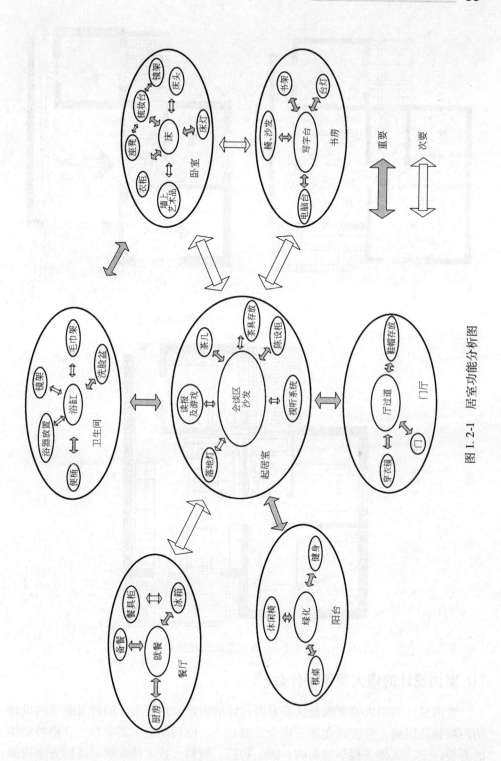

图 1.2-1 居室功能分析图

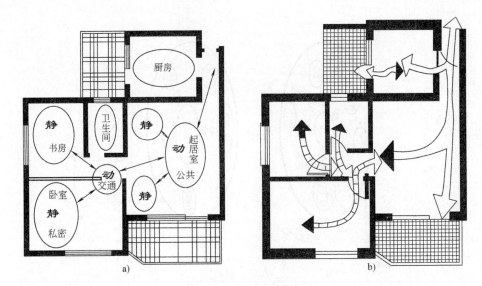

图 1.2-2

a）活动功能分析图 b）交通功能分析图

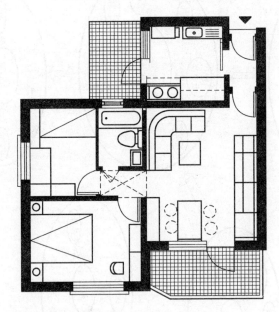

图1.2-3 居室平面规划图

71. 室内设计的四大要素是什么？

室内设计的四大要素既是从事室内设计的四项基本要求，同时又是室内设计的四项制约因素，它表现在如下几个方面：一、使用功能的需要；二、精神功能的需要；三、人体工程学的制约；四、物质、材料、技术的发展。这四方面构成了室内设计的基本要素，只有明确了它们之间的功能与关系，才能真正体现出室内设计"为人而设计"的根本宗旨。

使用功能是设计里最基本的层次，任何一项设计都与它的使用功能分不开。室内设计除了满足人的物质生活需求外，还要满足人的精神生活需求，例如：起居室如果单从使用功能上来讲，2m 高度足够了，但是，这个高度从视觉感觉上会给人以很大的压抑感，现在把高度放在 2.60m 以上就是要消除这种压抑感、满足精神功能的需要。

72. 使用功能有哪些基本要求？

使用功能的基本要求可以用一句话来概括：即"室内空间的舒适化、科学化和绿色化"。室内空间的舒适化是指：所设计的空间、家具、陈设符合人体工程学，符合人的生理、心理要求，使人能活动方便，使用舒适。室内空间的科学化是指：所设计的空间、家具、陈设能更好地满足人的各种活动要求，空间安排合理，室内环境符合环境物理的要求，能为人的生活提供科学服务。绿色化是指绿色环保的意思，不仅在用材上要"绿色化"，在各种生活内容上都要"绿色化"，如节能设计的应用等。

对于室内的交通流向，应考虑房间经常通行的线路，交叉行动路线等，还应考虑在室内布置时是否有妨碍流通的情况。

73. 精神功能与人的认识规律有什么关系？

人是通过感官来感知世界的，进而产生情感和意志。认识—情感—意志这三个过程是密切相关的，客人走进酒店，首先看到的是迎宾墙、前台所反映出的该酒店的经营宗旨和风格，进而对这个酒店有了一个初步的印象。在这个基础上，酒店的服务和环境，使客人有了进一步的感觉，这就由认识过程上升到情感过程，其后顾客会对这家酒店作出评价，以后还来不来的意愿判断。这样，人的心理就由情感过程进入到意志过程。反过来说，顾客在酒店逗留的过程越长，越会对酒店的经营宗旨、设计风格等有进一步的了解，对酒店的认识会更加全面和完整，意志过程又会促使前两个过程的深化和发展。

人的认识不是千篇一律的，由于每个人的兴趣、能力、气质、性格不同，在审美上会出现不同的差异。例如：有人喜爱动，喜欢热闹的设计；有人爱静，喜欢淡雅、清静的设计，这些特点反映了因个性不同所要求的设计也不同。心理过程表现在一个人身上的典型的、相对稳定的特点，在心理学上称为个性。重视对人的个性特征研究，有助于满足不同层次、不同性格的人的不同的精神生活需求。所以，使用功能多是满足人在共性上的需要，而精神功能则多是满足人在个性上的需要。

74. 精神功能与人的情感意志有什么关系？

　　人的情感是人对客观事物的一种态度，是对事物好恶的一种倾向。能够满足人的需要的事物，就会引起积极的态度，使人产生肯定的情感，如愉快、满意、喜欢等，反之就会引起相反的态度。意志是人自觉地确定目标并达到实现目标决心的一种心理活动。室内设计的精神功能就是要通过种种手段，来反映人们的情感和意志以至影响人们的行动。

　　在中外古代建筑中，宫殿、庙宇及其室内装饰体现的是统治阶级的情感意志。例如太和殿的内部装饰是以严格的中轴线对称形式而设计的，皇帝的宝座放在正中，高高在上，使文武大臣都在皇帝脚下，两旁的蟠龙大柱高耸而立，体现了皇权的至高无上。在色彩的运用上，用金色、棕色加上殿内光线较暗，造成一种光怪陆离的神秘气氛（图 1.2-4）。通过这种气氛的渲染，起到了威慑作用。这种设计完全是统治者在精神功能方面的需要。

图 1.2-4　故宫太和殿

　　现代的室内设计完全是为了满足现代人的精神生活需求，是为了满足健康的心理需要，陶冶人的情操，起到净化心灵的作用。在物质生活极大丰富以后，人们对于精神生活质量的要求提高了，会利用一切现实可行的手段，去追求自然美、艺术美，追求和谐的艺术气氛，追求有意境的设计效果。从这一点上来说，室内设计人员研究人的情感意志的形成规律就显得更为重要。

75. 室内设计与审美感有什么关系？

审美感，即人对美的主观感受、体验与评价，是一种赏心悦目和怡情的心理状态，是构成审美意识的基础和核心，同时美感又是创造美的心理基础。审美感认识和其他认识一样，都是以感性认识为基础的。人要认识对象的美，必须以直接的方式去感知对象。如感知对象的形体、色彩、韵律、线条、质地等。因为美的事物都有一定的可感知的外貌特征与形象。但美感又不同于一般的感性认识，它还包含着理性认识的内容。因为美的事物不仅具有感性形象和漂亮的形式，而且还有丰富的内在本质和一定的生活内涵。

室内设计的空间环境是否给人以美感，首先要看这项设计是否符合空间的用途和性质。美的空间必须具备合适的形态比例、相宜的空间尺度、合适的材料、使用方便的设备以及光源和色彩的和谐。美和用是联系在一起的，不符合用的设计是很难感到美的，这就是美的实用性所致。其次要看设计的空间环境是否符合形式美的原则。室内设计要给人以美的感受，关键在于室内的各种形式要素要符合形式美的原则。实践证明，一件好的设计作品必须是形式与内容的统一，对于室内设计来说就是功能与形式美的统一。功能是内容，形式是内容的外在表现。如用符合使用功能，符合人体工程学、生理学、心理学的原则指导设计；用对比、韵律、节奏、形、光、色、线、材质等手段处理外在形式。同时注重空间的节奏、形式风格的统一、陈设品的选择、布置等，只有这样才能创造美的空间环境，满足人的生理及心理的需求，给人以美的感受。

76. 室内设计与意境有什么关系？

意境是客观（室内环境）与主观思想、情感相熔铸的产物，意境是情与景、意与境的统一。意（情）属主观范畴，境（室内环境）属客观范畴。在意境中主观与客观具体表现为情景交融，这是审美过程的高级阶段。一项优秀的室内设计作品只有创造出具有个性特色的、优美的室内环境才能唤起使用者的情感共鸣，才能达到意与境的统一。在意境形成的过程中，境是基础。这里所说的"境"，不仅仅指室内环境，还应是与室内环境相配套的整个生活环境。如室外环境、与环境相结合的各种物业服务，乃至整个周边环境，只有这些因素都能达到审美的要求，才能唤起使用者的"情"，从而达到"意"（情）与"境"的统一。

在意境的形成过程中，"境"虽然是基础，但"意"却是起主导方面的作用。因为"意"虽然在境中产生，但这时的"境"也全然浸透着艺术家的审美感受，因此它往往以一种概括、含蓄的形式，给人以强烈的情感上的影响。这里须注意的是，意境之所以能引起人的共鸣，首先是它有生动的艺术美的造型形象，意境中的形象（室内环境）集中了现实美的精髓，也就是抓住了生活中那些能唤起某种情感的特征。如设计者想营造一间具有自然风格的房间，在主要墙面上以乱石墙组成墙面，体现回归大自然的追求，将翠竹和小喷泉引入了房间，以及木井字梁都体现了浓郁的自然风情和朴素的自然美。在设计的室内环境中，寄托了设计师本人的情感，室内环境成了设计师的情感化身。

77. 什么是人体工程学？

人体工程学是探讨人与环境尺度之间关系的一门学科。它是通过对人类自身生理和心理的认识，将有关知识应用于各项工业设计中，从而使环境适合于人类的行为和需求。

对室内设计来说，人体工程学的最大课题是尺寸，这不仅涉及人体尺寸（有静态的构造尺寸和动态的功能尺寸）、家具尺寸、建筑尺寸，还涉及人体的活动作业范围、人的视觉心理空间等。

78. 家具与人体工程学有什么关系？

家具的主要功能是实用，要满足人的使用需要，设计家具时必须以人体工程学为指导，使家具符合人体的基本尺度和人从事各种活动所需要的尺寸。

（1）设计椅、沙发椅、凳这类家具时注意以下几个关键部位：

1）确定座板高度（座高），是这类家具最重要、最基本的尺寸。座高与人的小腿长度有关，座板过高会使双腿悬空，影响下肢血液循环；座板过低会使大腿的重量靠小腿来支撑，也会引起疲劳。因此座高应保持大腿与小腿弯屈角呈90°左右。

2）确定合理的背高。合理的背高能使人保持平衡，稳定的坐姿可以分担一部分身体的重量。以休息为主要用途的沙发，其靠背可高至颈部或头部，使坐者可以保持半坐半躺的姿态。椅子靠背高度宜在肩胛骨以下，使人的背部肌肉能够休息，并有利于上肢的活动。

3）确定合理的座深。座深主要是靠大腿的长度决定的，一般情况下，可以比大腿的长度短几厘米，座深过浅时会使大腿前部悬空，座深过大时，使小腿内侧肌肉受压。

4）确定座板与靠背的角度。座板为前高后低，与水平线构成一定角度。因为座板过平时不能稳妥地支撑身体的重量，容易使人体前移。一般来说夹角的大小，由座椅的用途决定，工作椅、沙发为105°~115°，椅子为95°~105°。

（2）床的设计

床的高度可参考椅来确定，便可以达到可坐可睡的目的。床面的材料应以三层材料组成，上层质地柔软，中间质地较硬，下层由弹性材料组成，这样可以符合人体休息时的需要。一种错误的观点认为，愈软的材料愈好。如图 1.2-5 所示：a 图是睡在较硬而有弹性的床上，它很好地顺应了脊柱的变化；b 图是睡在较软的床上的骨骼变化，使背部和臀部下沉，腰部凸出呈 W 形，这使骨髓肌肉的韧带处于紧张而收缩的状态，时间长了就会感到很累。

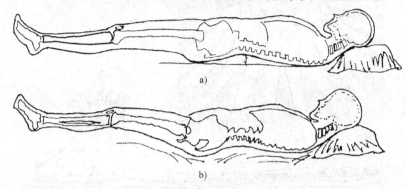

图 1.2-5　在不同软硬床上的骨骼变化
a）人睡在较硬的床上　b）人睡在较软的床上

床的宽度也可以造成睡眠不实感，过窄的床易使人产生心理上的紧张感，一般单人床以 90cm 为宜，双人床的宽度以 135～150cm 为宜。

79. 室内设计与物质材料和技术有怎样的关系？

室内设计是艺术与技术的结合，设计师的设计创意必须通过物质材料、技术这一媒介来付诸实施。在古希腊时期，建筑之所以是石柱林立，很重要的原因就是受建筑材料、技术的制约。罗马时代发展起来的拱券技术和天然混凝土的使用，从而创造出像万神庙这样尺度比例适度的内部空间，成为罗马穹隆顶技术的最高代表。到 20 世纪初，钢筋混凝土开始在建筑上广泛使用，钢架结构的应用，使空间的建造迅猛发展。现代建筑由于采用新型框架结构、悬挑结构、充气结构，并大量采用强度高的轻型材料，使室内空间不断扩大，形式多样，室内设计真正进入到空间设计和环境设计。

在装饰材料和技术不断发展的同时，人们对处理室内设计材料与技术的关系上，一直存在着不同认识。第一种是无视材料、技术的制约作用，刻意追求新材料、新工艺的形式主义。以大量的高档材料充斥整个空间，认为材料高贵，室内气氛必然高贵，盲目攀升造价，使整个空间成了材料的展销店。第二种是强调

"工业美"，认为结构、材料、技术本身就很美，把材料和结构形式暴露在人们的眼前，人们自然而然地就会得到美的享受，否定艺术加工的必要性。第三种看法是"坚持技术和艺术的统一，努力使艺术形式与新材料、新技术的特点相一致，给人以美的享受"。如意大利设计师尼迈亚设计的巴西利亚菲特教堂（图1.2-6）。

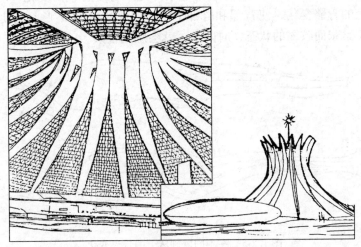

图 1.2-6　巴西利亚菲特教堂的内外景

另外，随着科技与社会的发展，人们对环境的材料与技术的要求越来越高，不仅要求材料是"绿色的"，而且，对建筑室内外的光、电、声、热等各种理化方面的要求也越来越高。

80. 什么是室内设计的形式原理？

室内设计的形式原理是创造室内空间美感的重要法则，是艺术创作原理在室内设计中的直接应用，是创造室内空间美感的重要依据。室内设计的形式原理，是审美感受在室内设计上的体现，是许多艺术家从自然美的规律中总结出来的艺术美法则。它体现了视觉审美的一切要求，解决了从形体到色彩、从材料到肌理的使用规律，完善了从整体到局部、从局部再回到整体的室内空间创作的整个过程，具有很强的实用性。它与"比例、尺度、平衡、韵律、和谐与对比以及突出重点"等概念有关。

81. 比例与室内设计有什么关系？

比例可解释为整体与部分之间、部分与部分之间的完美关系，这些关系可以表现为数值的（长、短），数量的（多、少），量度的（轻与重）关系。如图

1.2-7，它们之间搭配恰当时能产生出优美的比例效果，如人体比例、黄金分割比等。在室内空间形式中，所有的问题都与比例有关，可以归纳成下列三个重点：

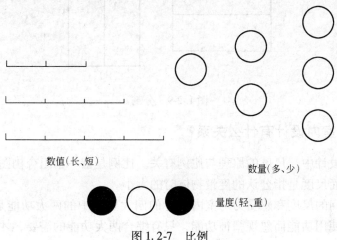

数值(长、短)　　　　　　　　　数量(多、少)

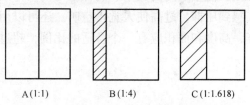

量度(轻、重)

图 1.2-7　比例

1）如何利用比例的法则，使造型、结构的比例表现得更完美；

2）如何利用不同的比例，创造错视的效果；

3）如何将面或体的造型和色彩要素进行最完美的组织。

可以这样说，同一个正方形采用不同的比例分割，会产生不同的比例效果，能使空间造型大为改观。

分析下列图：在图 1.2-8 中，A 图以相等的比例分割，使人感到平均、稳重但不生动，形与形之间缺乏变化，没有差异性。B 图以 1:4 的比例分割，形成轻、重两个面，造成视觉上的强烈对比，若辅以不同明度的颜色，则可造成鲜明的对比效果。但处理不当，也容易造成不平衡感，引起视觉上的不舒服。

A(1:1)　　　B(1:4)　　　C(1:1.618)

图 1.2-8　比例分割

C 图以 1:1.618 黄金分割比分割，使人感到优美，视觉感很舒服，既有变化又有协调。黄金分割比一直被认为是最符合审美的比例分割，广泛应用到所有造型领域，在室内空间中应用更广。

再看下列两个图形（图 1.2-9），是两个同等大小的图形，一个采用平行分割，一个采用垂直分割，结果产生完全不同的视觉效果，使扁的更扁，长的更长。这种错视的视觉效果是由于人的习惯视觉造成的，如同样大小的物体在明亮的背景下就显大，在暗背景下就显小。室内设计中往往利用错视的手法来处理空间的不足，收到意外的视觉效果。

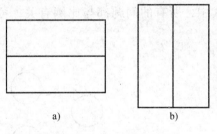

a)　　　　　　　　　　　b)

图 1.2-9　分割

82. 尺度与室内设计有什么关系？

在室内设计中，尺度的原理与比例有关。比例是指一个组合构图中各部分的相对关系，而尺度是指公认的度量物体时的大小。

室内空间的尺度和感受力与室内设计的四大要素中的两大功能是分不开的，不能只满足使用功能而忽视精神功能，只有综合两大功能的需要，才能正确确定所需空间尺度。同时，不同的空间尺度给人的感受力也是不同的（图 1.2-10），在居室里，过大的空间将难以造成亲切的气氛，相反，小一些的居室倒是很容易造成亲切感，但对于公共建筑，过小过低的空间会使人感到局促和压抑，而面积大的空间能给人一种宏大的气氛，面积越大，壮观的气势越强。同样，空间的高度对人的感受力影响也很大，公共空间一般要求较高，住宅空间要求较低。另一方面，衡量空间的大小、高低还与衡量标准有关。一般是以人为对比物，过低使人感到压抑，过高使人觉得空旷。还可以用面积和高度的关系，来衡量不同的高度，高度和面积应有一个合适的比例，超过这个比例，就会使人感觉不适。

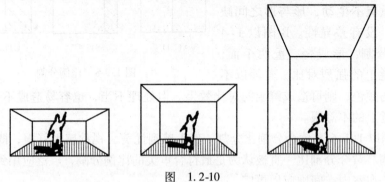

图　1.2-10

83. 平衡与室内设计有什么关系？

平衡是指室内空间中，不同的造型、色彩和材质、肌理等要素引起不同的视觉重量感，而这些重量感在视觉效果上，能够保持均衡状态时，即是平衡。平衡有两种不同形式：

1）对称平衡；

2）非对称平衡。

对称平衡是指视觉中心的两边具有相同的量，它包括"左右平衡"和"辐射平衡"。由于它左右对称，它所形成的视觉特点是平稳庄重。

非对称平衡是指在视觉中心的两个部分，虽形状不同，但因量的感觉相似而形成的平衡现象。非对称平衡所造成的效果可以避免呆板，可以取得灵活多变的视觉效果。

84. 和谐与对比与室内设计有什么关系？

和谐可定义为协调，或定义为体现在构图中各部分之间或各部分组合当中的悦目统一性。和谐是形式因素中的高级形式。

和谐的原则应包括对视觉要素的精心选择，它们应有一种相互联系的共性，如在造型上的，在色彩、肌理、材料上的。正是由于某种共性的重复，在室内众多成套陈设、家具的要素中，产生统一感与视觉上的和谐一致。

对比是强调形式要素中质和量的差异性，对比可以借助质与量的差异，相互烘托陪衬取得变化，达到视觉上的统一感（见图 1.2-11）。

图 1.2-11　楼梯弧线与空间的直线形成对比中的和谐

量对比：大—小、多—少、轻—重、高—低、厚—薄、宽—窄、粗—细、长—短等；

质对比：软—硬、干—湿、尖—钝、角—圆、直线—曲线等都属质的对比。

在室内设计中，处理好和谐与对比的关系，会使人们得到视觉上的快感。

85. 韵律与室内设计有什么关系？

韵律是指静态形式在视觉上所引起的律动效果。是造型、色彩、材质、光线等形式要素在组织上合乎某种视觉和心理上的节奏时的感觉。造成韵律的办法是单元重复，无论是有形态上的差异，还是质量上的差异，组合成的一个单元，只要沿直线或曲线或上下或左右四个方向重复，就都会产生韵律。这种重复，也可以说是循环。在循环的过程中，还可以强调单元中的某些点，或循环的路线，产生的韵律会是优雅的和流畅的，会使视觉效果清新、动荡。

如有一组弧线的家具与陈设，由于家具的曲线与天花小吊顶的曲线形成呼应，使整体造型形成优雅、流畅的风格。

86. 在室内设计中为什么要"突出重点"？

突出重点的原则是将所有视觉因素统一在一个规范之下，有组织地强调某一重点，使其能够成为一个主体，起到支配其他要素的作用，从而形成一个统一中有变化的视觉中心。

没有重点的空间显得平淡无味，有很多重点的空间又会杂乱无章，只有有组织、有计划地形成重点，才能形成视觉中心，形成鲜明活跃的视觉效果。

形成重点的形式因素很多，形体、色调、质感、明暗、材质都可以形成重点，关键是如何把握，其中最主要的原则就是运用对比与和谐的手法，在整体和谐的效果中，寻求少量的对比因素出现，追求重点突出、层次分明、以少胜多的视觉效果。

87. 空间的形状对人的感受有什么影响？

所谓空间的形状是指长、宽、高三者的比例关系，不同的空间形状会使人产生不同的感受。因此在设计空间的形状时必须把使用功能要求与精神功能要求统一起来考虑，使之既具备使用功能又能按一定的艺术意图给人以某种精神感受。正方形的房间，其空间的长度与宽度相等，通常具有拘谨正统的性质，给人以既不平常又高贵不俗之感。圆形空间，它空间形状是内聚的，有自我向心的收拢感（图1.2-12）。如哥特式教堂，其窄而高的内部空间，十分细长的尖旋窗，高耸挺拔的钟塔，空灵的飞扶壁，这一切使教堂产生一种强烈的向上感，从而形成宗教的崇拜。而中国历史博物馆的门廊则利用高直而宽广的形状来获得崇高雄伟的艺术感受力。

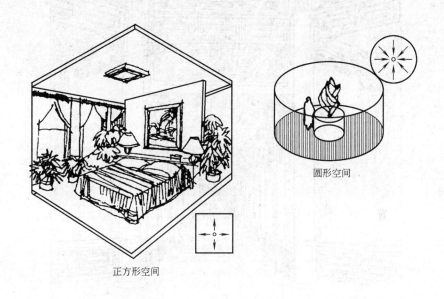

圆形空间

正方形空间

图 1.2-12　正方形和圆形空间

颐和园的长廊自东而西环绕万寿山的南麓，由于它的空间十分细长，给人以无限深远的感觉和极强的诱惑力，把游人自东向西一直引入园的纵深部位，据此可以感受到设计者的独具匠心之处（图 1.2-13）。一般来讲，低而宽的空间会使人产生侧向广延的感觉。利用这种空间可以形成开阔博大的气氛，但如果处理不当，很容易使人产生压抑感。

88. 空间的其他特征对人的感受有什么影响？

空间除了尺度、形状对人的感受力有影响外，空间还具备触觉的、听觉的、嗅觉的、温度的特征，这些特征直接影响着人们对空间的感受以及人们在空间中的行为。人们在空间中是通过感官去感知室内空间的，人们通过视觉感觉到空间尺度的大小与空间中的形状差异，人们还可以通过触觉感官（手、脚、肌肤）去感知空间不同的质感带给我们的感受。通常在室内空间中人经常接触的地方，应充分考虑到触觉所带给人的心理感受，要以光滑、圆润、柔软、舒服为准则去设计室内陈设及家具（图 1.2-14）。

图 1.2-13 颐和园的长廊

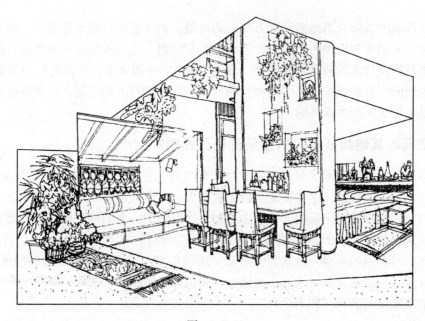

图 1.2-14

在室内空间中，人们还可以通过听觉系统去感知室内空间的变化。隔声效果好，会使人感觉到封闭空间的乐趣；将室外轻风掠过的响动、小鸟的啼鸣引入到室内，可以使人们享受到开敞空间的舒畅。在室内空间中所散发的气味可以直接影响人们的嗅觉感官，清新的气味、花草的香味、大自然的气味都可以给人们带来愉悦的心理感受，如果通风不畅，空气混浊则会影响人们的情绪。室内的温度感是保证人在室内正常生活的前提条件。温度变化直接和人的生理变化、心理变化结合在一起，所以设计好室内温度是很重要的工作。

89. 室内空间有哪些类型？

建筑内部的空间可以分为固定空间和可变空间两大类。在固定空间内用隔断、隔墙、家具把空间再次分成不同的空间，这就是可变空间。这种空间的二次创造，丰富了空间的视觉层次。内部空间又可以分为实体空间和虚拟空间两大类。实体空间的特点是空间范围明确，有明确的界限，私密性较强；虚拟空间的特点是空间范围不明确，私密性弱。处在实体空间内的空间又叫"空间里的空间"，它是凭借一些器物、色彩的暗示，使其能够为人所感觉，所以对这类空间又称做"心理空间"。

从围合程度上来分，又可分为封闭空间与开敞空间。和外部联系较少的是封闭空间，和外部联系较多的称为开敞空间，其主要特点是墙少，大部分空间与空间的联系是大玻璃隔墙或空廊。从空间的动与静上来分析，又可以分为动态空间与静态空间。如有瀑布、喷泉的空间称动态空间，没有动态因素的称之为静态空间。

90. 开敞式室内空间有哪些特性？

室内的开敞与封闭在很大程度上会影响人的精神状态，开敞的程度取决于有无侧界面，侧界面的围合程度、开敞的大小及启闭的控制能力等。开敞空间是外向性的，限定度和私密性较小，强调与周围环境的交流、渗透，与大自然或周围的空间融合。开敞空间与同样面积的封闭空间相比要显得大些，心理效果表现为开朗、活跃，性格特征是接纳性的。

开敞空间经常作为室内外的过渡空间，有一定的流动性和很高的趣味性，是开放心理在环境中的反映。以下是范斯沃斯住宅，是间置于田园诗般环境中的精巧玻璃盒子，用钢架做结构，四周用厚玻璃围合而成，视线极为开阔（图1.2-15a、b、c）。

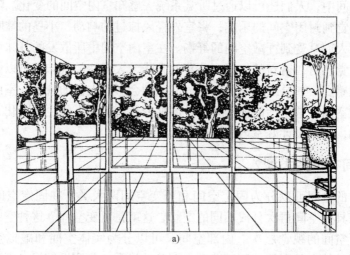

a)

b)

c)

图 1.2-15

a）从起居室看门厅与阳台 b）从起居室看门厅 c）从卧室看外面

91. 封闭式室内空间有哪些特性？

用限定性比较高的围护实体（承重墙、轻体隔墙等）包围起来的空间，无论是听觉、视觉、小气候等都有很强的隔离性的空间称为封闭空间，其性格是内向的、拒绝性的，具有很强的领域感、安全感和私密感，与周围环境的流动性差。随着围护实体限定性的降低，封闭性也会相应减弱，而与周围环境的渗透性相对增强。但与虚拟空间相比，仍然是以封闭为特色。在不影响特定封闭机能的原则下，为了打破封闭的沉闷感，经常采用灯窗、人造景窗、镜面来扩大空间感，增加空间的层次（图1.2-16、图1.2-17）。

图 1.2-16　小面积套房，有很强的私密性和亲切感

图 1.2-17　起居室墙上开一灯窗使空间有了活力

92. 动态室内空间有哪些特性？

从空间的动与静上来分析，又可以分为动态空间与静态空间。如有瀑布、喷泉的空间称动态空间，没有动态因素的称之为静态空间。动态空间是引导人们从"动的角度观察周围的事物，把人们带到一个由空间和时间相结合的四维空间"。动态空间有以下几个特色：

1）利用机械化、电动化、自动化设施，如电梯、自动扶梯、旋转地面、可调节的围护面、各种管线、活动雕塑以及各种信息展示等，加上人的各种活动，形成丰富的动感。

2）引入流动的空间系列，方向性明确。

3）空间组织灵活，人的活动路线不是单向的而是多向的。

4）利用对比强烈的图案和有动感的线型。

5）引进自然景物，如瀑布、花木、小溪、阳光乃至禽鸟。

6）楼梯、壁画、家具，使人时停、时动、时静（图1.2-18）。

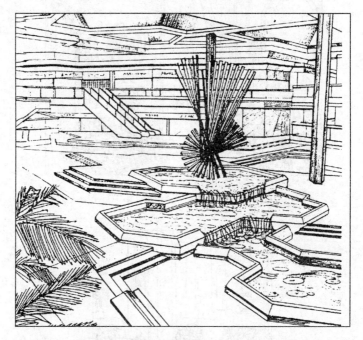

图1.2-18　厅内的流水，高低错落，给人别样的感觉

93. 静态室内空间有哪些特性？

人们对于静态空间的需要也和动态空间一样，是为了满足心理上对动与静的交替追求，静态空间一般有下列特点：

1）空间的限定性较强，趋于封闭型；

2）私密性强；

3）多为对称空间，除了向心以外，较少有其他的倾向，达到一种静态的平衡；

4）在空间处理手法上多采用弱对比，使空间尺度与陈设的比例协调，色泽光线等因素很协调，没有明显的视觉转换因素（图1.2-19）。图上表示出室内空间与陈设的适宜比例，绝对对称的平稳构图和舒缓的线型，淡雅的色调柔和的灯光，平静得似乎空间都凝固了。

94. 流动室内空间有哪些特性？

流动空间就是三度空间加时间。具体来说就是若干空间是相互连贯的、流动的，人随着视点的移动可以得到不断变化的透视效果，在这种活动中产生不同感受的空间叫流动空间，它采取追求连续性的运动空间的手法，把空间在水平和垂直方向用象征性的手法分隔，而得到最大限度的交融和连续。要做到视线通透、交通无阻隔，多采用极富于动感的，有方向性、引导性的线型（图1.2-20）。

图1.2-19 静态室内空间

图1.2-20 流动室内空间

95. 什么是虚拟室内空间?

虚拟空间是一种既无明显的界面，又缺乏较强的限定度，只是靠部分形体的启示，依靠联想和"视觉完形性"来划定的空间，所以又称"心理空间"。这是一种简化装修而获得理想空间感的空间，它往往处于母空间中，与母空间流通而又具有一定的独立性和领域感。虚拟空间的处理手法可以借助各种隔断、家具、陈设、绿化、水体、照明、色彩、材质、结构构件及改变标高等因素形成（图1.2-21、图1.2-22）。

图1.2-21 圆形灯池给定了舞厅的休闲空间

图1.2-22 用楼梯转折给定一个休闲空间

96. 什么是共享室内空间？

共享空间是为了各种频繁的社会交往的需要，它往往处于大型公共建筑内的公共活动中心，含有多种多样的空间要素和设施，是综合性的灵活空间。它的空间处理是小中有大，大中有小，外中有内，内中有外，相互穿插交错，极富有流动性。通透的空间充分满足了人人共享的心理要求。共享空间改变了人们对空间的"内"与"外"的看法，内外空间的划分强调了空间的流通、渗透、交融、使室内环境室外化、室外环境室内化（图1.2-23）。

97. 什么是母子室内空间？

母子空间是在原空间（母空间）中，用实体性或象征手法再限定出的小空间（子空间）。这种做法类似我国传统建筑中的"楼中楼"、"屋中屋"的做法，既能满足功能要求，又丰富了空间层次。许多子空间（如在大空间中围起办公的空间，或在大餐厅中分隔出的小包厢座），往往因为有规律地排列而形成一种重复的韵律，它们既有一定的领域感和私密性，又与大空间有相当的沟通，是闹中取静、很好地满足群体与个体能在大空间中各得其所、融洽相处的一种空间类型（图1.2-24）。

图1.2-23　共享室内空间

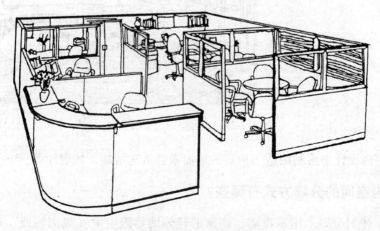

图1.2-24　母子室内空间

凹入与外凸空间是母子空间的另一种常见类型。凹入空间是在室内某一墙面或角落局部凹入的空间，通常只有一个面或两个面开敞，具有一定的私密感，可作为休憩、交谈、进餐、睡眠等用途的空间。相反，外凸空间是室内凸向室外的部分，可以和室外空间很好地融合，视野非常开阔。

98. 什么是下沉与上升室内空间？

室内的地面局部下沉，可限定出一个范围比较明确的空间，称之为下沉空间。这种空间底面标高较周围低，有较强的围护感，体现出一种内向的情景。处于下沉空间中，视点降低，环顾四周，别有情趣。

上升空间也称地台空间（图1.2-25），是将地面局部抬高限定出的一定空间，表现出一种外向的情景。处在地台上的人们有一种居高临下的优越方位感，视野开阔，情趣盎然。

地台空间

图1.2-25 地台空间与下沉空间

在室内设计中可利用适当抬高的地面来创造这情趣，如餐厅等。

99. 室内空间的分隔方式有哪些？

（1）绝对分隔 用承重墙、到顶的轻体墙等限定度（隔离视线、声音、温度、湿度等程度）高的实体界面分隔空间，称为绝对分隔。特点是有非常明确的界线，流动性小，安静，私密性和抗干扰性强，属封闭空间。如饭店中的雅间，一般就需要较强的封闭性。

（2）局部分隔　用片断的面（屏风、翼墙、不到顶的隔断和较高的家具等）划分空间，称为局部分隔。限定度的强弱因界面的大小、材质、形态而异。其特征是介于绝对分隔与象征性分隔之间，有时界线不大分明。可以归纳为四种分隔形式：L形垂直面分隔空间；平行垂直面分隔空间；U形垂直面分隔空间；一字形分隔空间（图1.2-26、图1.2-27）。

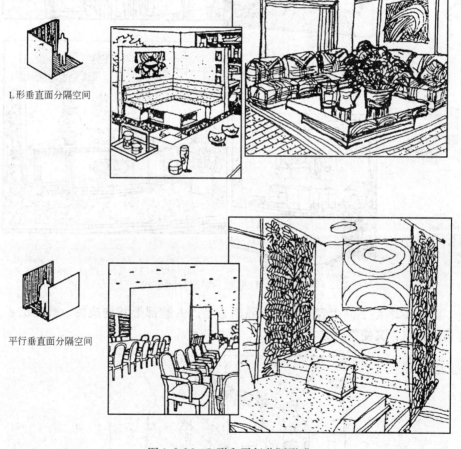

局部分隔的四种形式

L形垂直面分隔空间

平行垂直面分隔空间

图1.2-26　L形和平行分隔形式

（3）象征性分隔　用片断、低矮的面、罩、栏杆、花格、构架、玻璃等通透的隔断，用家具、绿化、水体、色彩、材质、光线、高差、悬重物、音响、气味等因素分隔空间，属于象征性分隔。这种分隔方式的限定度很低，空间界面模糊，但能通过人们的联想和"视觉完形性"而感知，侧重心理效应，具有象征性意味。

图 1.2-27　U 形和一字形分隔形式

图 1.2-28 是一间美容店的装饰隔断，是以人脸部形状构成的，既突出了美容店的特点，又使空间独具创造性。

图　1.2-28

（4）弹性分隔　利用拼装式、直滑式、折叠式、升降式等活动隔断和帘幕、家具、陈设等分隔空间，可根据要求而分或合、或大或小。这种分隔方式称为弹性分隔（图1.2-29）。

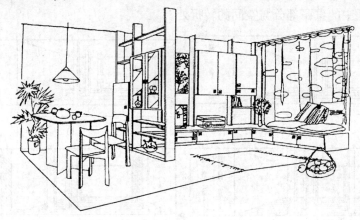

图1.2-29　弹性分隔

100. 什么是室内空间的列柱式分隔？

空间的宽度如果超出了结构允许的限度就需要设置柱子，这对功能会产生影响。如处理得好既可满足功能的要求，又可以丰富空间的变化；否则有可能妨碍使用要求或有损于空间的完整统一。列柱设置会形成一定的分割感，柱距越近，柱身越粗，其分隔感越强。

列柱分隔的类型：

1）单排列柱把空间分为两个部分，主次不分，有损于统一（图1.2-30a）。

2）列柱偏于一侧，主次关系清楚（图1.2-30b）。

3）双排列柱等分三个部分，主次不分，有损于整体（图1.2-30c）。

4）两头小中间大以分清主次（图1.2-30d）。

5）四根柱等分正方形为九个部分，主次不分（图1.2-30e），把柱子移向四角，可以形成回廊，使中间部分扩大并且主次分明（图1.2-30f）。

101. 什么是室内空间的水平型分隔？

在室内设计中，如果室内空间环境过分高大，或因功能需要，可以将室内空间高度按水平方向分隔。经过水平方向的空间分隔可以增加空间的丰富性。

水平型分隔的方法有：利用吊顶、地台、阶梯、挑台、夹层等。

（1）吊顶分隔空间　利用吊顶的方式对室内天花做不同程度的分隔。吊顶是以高低变化、凹凸曲折变化来满足不同功能上的需要。吊顶有以下几种方式：

1）平顶式。天花表面平整，无凹凸面。这种吊顶构造简单，装修便利，风格简洁，经济造价低，适用于普通室内装修用。

2）凹凸式。天花表面有凹凸造型变化，有单层也有复层，也称"退台"。其造型富有变化，多以几何形变化为主，效果华丽，适宜于舞厅、宴会厅，及较大室内空间中的重要部分与空间的转折处。

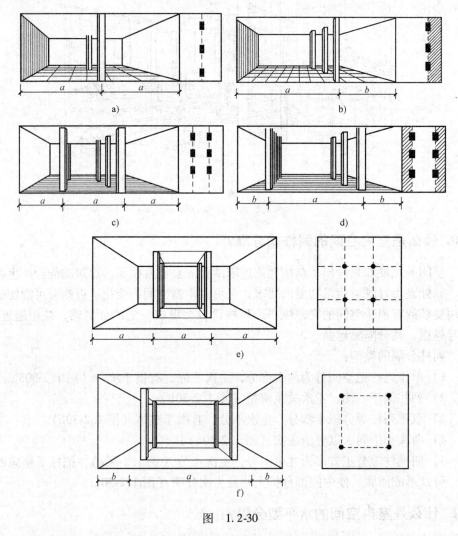

图 1.2-30

3）悬吊式。在屋顶承重结构下悬吊各种形式的吊顶，如纤维织物、有机玻璃，来满足声学、光学及视觉美观方面的需要，与室内其他设计手段结合，创造出富有个性的艺术效果。

4）结构式。利用屋顶现有的结构、设备，进行局部处理，以不同造型、颜色将现有的构件经艺术加工，重组成艺术空间。

（2）夹层分隔空间　夹层往往用于公共建筑中，因层高较高，可用夹层分隔出上下两个部分，以供使用、储物等功能需要。与此同理还有挑台、地台等分隔空间的方法。

102. 如何用建筑结构、隔断、色彩、材质来分隔空间？

最常应用的建筑结构有钢框架、混凝土柱、旋转楼梯、楼间夹层等分隔方法（图 1.2-31）。

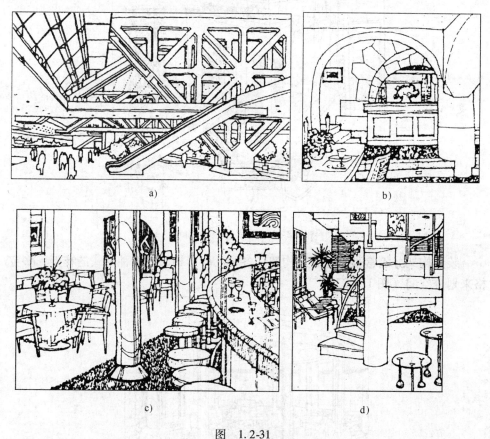

a)　　　　　　　　　　　　　　　b)

c)　　　　　　　　　　　　　　　d)

图　1.2-31
a）用建筑结构分隔空间　b）用柱子分隔空间　c）用旋转楼梯分隔空间
d）用旋转楼梯分隔空间

常用的隔断有砖隔断、轻钢龙骨石膏板墙、活动隔断、铝合金玻璃隔断、各种屏风等。

运用色彩鲜艳的地毯、地砖来分隔地面，用不同材质、不同色彩来分隔墙壁和天花。同一块墙壁上也可以使用不同质地的材料来分隔不同区域。

103. 如何用家具、装饰构架和照明来分隔?

家具中常采用高低柜、沙发、带隔板的办公桌、各种台面和搁架来分隔空间。
图 1.2-32 是借用低柜台面、座椅和沙发分隔出休闲区域和会客区域。

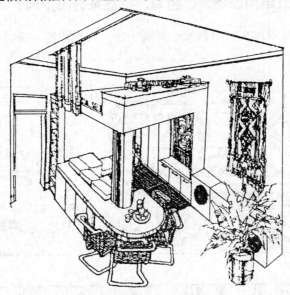

图 1.2-32 用家具分隔空间

装饰构架分隔常采用柱廊式构架、各种几何形构架、各种形式的花架、多宝格来划分空间（图 1.2-33）。

图 1.2-33 用装饰构架分隔空间

照明分隔是采用不同形状和色彩的光柱、光带，各种不同的灯饰、灯帘来划分空间（图 1.2-34）。

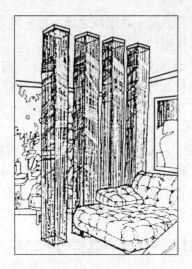

图1.2-34 用垂直的灯饰柱体分隔空间

104. 如何用综合手法来分隔？

如各种花盆架、装饰织物、绿化植物，配以发光顶棚，以照明、音响不同组织来分隔空间。图1.2-35a 是一个理发店，用花木限定了等候区域，用立柱限定了理发区域，使空间分隔清晰。图1.2-35b 则利用花罩、花盆架分隔出就餐空间。

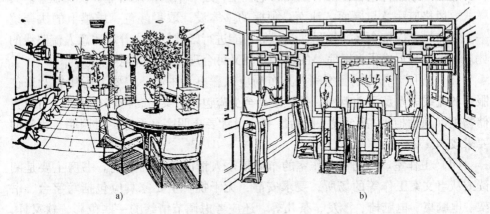

a)   b)

图   1.2-35

105. 什么是"玄关"？

玄关在佛教中被称为入道之门。正如唐朝大诗人白居易的诗中所云："无劳别修道，即此是玄关"。而在住宅结构中，玄关则特指居所的外门，是进出房屋的必经之地。

现代家居中，玄关是开门第一道风景，室内的一切精彩被掩藏在玄关之后。

在室内和外界的交界处，玄关是一块缓冲之地，也是风、阳光和温情的通道。

玄关有以下三方面的作用：

（1）内外缓冲作用 玄关对户外的视线产生了一定的视觉屏障，不至于开门见厅。它注重人们户内行为的私密性及隐蔽性，保证了厅内的安全性和距离感，在客人来访和家人出入时，能够很好地解决情感调节和心理安全问题，使人们出门入户过程更加有序。

（2）较强的使用功能 玄关在使用功能上，可以用来作为简单地接待客人、接收邮件、换衣、换鞋、搁包的地方，也可设置放包及钥匙等小物品的平台。

（3）保温作用 玄关在北方地区可形成一个温差保护区，避免冬天寒风在开门和平时通过缝隙直接入室。玄关在室内还可起到非常好的美化装饰作用。

106. 住宅空间设计中对各种厅室有怎样的要求？

（1）门厅（含玄关） 门厅设计在空间尺度满足使用要求的前提下，应注重上题所提及的三个方面作用。

（2）起居室（客厅） 起居室是家庭活动的中心，一般也是面积最大的房间。因此起居室的设计是住宅设计的关键。起居室的设计应随主人的喜好具有其个性，在满足实用性的前提下，应重点注重空间艺术环境的创造。就其实用性而言，起居室家具应包含沙发、茶几、电视柜，还可依条件设酒柜、装饰柜等。其样式、风格应注意与墙面、地面、顶棚的整体设计取得颜色、质感上的协调统一。在布局上应按会客、娱乐、学习等功能进行区域划分，着重注意人流路线的处理，做到既形成了自己完整的起居空间又可合理地联系其他空间。

（3）餐厅 作为用餐空间，其布局应以餐桌为中心，主要考虑用餐及来往服务的流线关系及活动范围。餐厅家具至少应包括餐桌、餐椅。有条件还可设置储物柜（兼酒柜），甚至设一吧台。餐厅设计要求明亮、舒适，对照明、色彩的要求较高。

（4）工作室、书房 工作室的布局依个人情况不同而不同。书房主要是阅读或从事文案工作等的场所，要求安静，无干扰。主要家具应包括写字台、书架、电脑桌、电脑椅、沙发、茶几等。还应考虑调节情绪的一些色彩、软家具、装饰画等。

（5）卧室 卧室的布局应以床为中心，条件允许的情况下，一般分为睡眠、梳妆、储藏、阅读和休闲等区域。各分区根据各自不同的功能设置不同的家具，分区应注意睡眠区的位置要相对比较安静。

（6）厨房 包括操作区和储藏区。操作区的布局应按操作流程合理安排。厨房设计一是要注意流线的设计，二是要注意通风，并减小对其他房间的污染，尤其是开放式布置的厨房，应注意厨餐分割线处不能有较大的穿堂风，否则会将厨房内的油气吸到餐厅去。

厨房在装饰材料的选择上应注意选用容易清洁的材料。一般墙面选择瓷砖，地面选择地砖。地砖最好选择表面光滑、无凹凸的样式，比较容易清洁。

（7）卫生间 卫生间的设计布局应根据其面积大小的具体情况进行合理设计。卫生间的面积大小以 4~6m² 为宜，一般应浴厕分开。除了必要的卫生洁具之外，摆放洗漱用品、化妆用品的化妆台及梳妆镜必不可少。兼更衣、化妆用的卫生间还应设置存放内衣的橱柜。对于放置洗衣机在内的卫生间最好设置相应的杂储柜。面积较大的卫生间，从其舒适性考虑还可设置坐椅、茶几等。卫生间是用水最多的地方，空间中免不了有潮气，因此在卫生间的设计中，通风是首先要考虑的问题。卫生间内设置通风窗最好，如果没有设置，则应在室内设置排风扇。装饰材料和设备的选择上应主要考虑防潮、美观、实用等。

107. 办公室的顶棚设计有哪些内容和原则？

办公室的顶棚在一定程度上会左右办公空间室内设计的风格和氛围，同时，作为现代办公空间的顶棚设计，要考虑到与照明、空调、消防等技术要求较高的专业工种的配合和谐调。

（1）办公室顶棚上的设施内容

1）照明设施：基本采用暗装、半暗装、暗装等形式，需要规则布局。

2）空调风口等设施：有各种类型的送回风口和风机盘管等。

3）消防设施：有烟感报警器、消防喷淋器、吸顶式紧急照明系统、紧急广播系统、吸顶式机械排烟口、防烟分区垂幕等。

4）用于顶棚内部检修的上人孔。

（2）办公室顶棚设计的原则

1）通常在满足上述各专业工种要求的基础上，应尽量使各种设施的布局排列整齐。

2）风口的形式和色彩选择应同整体风格一致，并应同灯具浑然一体。

3）顶棚的高度应协调好空调、照明等工种的关系。

4）顶棚的材料应采用便于拆装、分块模数的装饰材料：如矿棉板、穿孔铝合金板等。

5）顶棚如不采用全部吊顶的方式，应对顶棚内的各类设施的表面色彩作统一处理，并应根据办公空间降噪要求设置局部的吸声材料，满足办公室内声环境的需要。

108. 景观办公室的室内设计有什么特点？

景观办公室这种设计理念起源于前联邦德国。其目的是要创造一个敞开的、灵活的布置，其方法是按照办公小组间的联系和工作部门之间的流程和关系，将人员和他们的工作地点组合起来——它沿袭了前人对办公空间及办公家具设计"灵活性"考虑的传统：家具的各单元可以在开放的办公空间中按需要任意组合。

景观办公室的概念是：认为办公室内的布局和划分应将人员间的相互关系和组与组之间的通信线在敞开室内组织起来。即在景观办公空间中没有了独用办公室，在管理人员和一般办公人员之间没有什么明确的界限。办公空间的设计形成了无固定隔墙和隔断的一个完整的、开放式的空间。办公家具、可移动的屏风、绿化成为划分空间的基本元素。

景观办公空间的实现需通过在顶棚上或地板下的电气管道系统自如地给工作位置提供电气设备、电话等的插座，并且大空间的敞开方式亦需要协调好照明、空调、噪声控制等技术问题，以利创造一个具有较好的物理环境和心理环境的办公环境（见图1.2-36）。

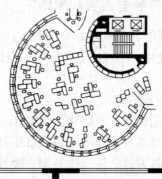

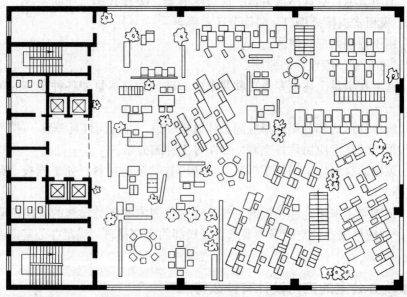

图 1.2-36

109. 办公室室内设计有哪些要点？

一个成功的办公室室内设计，需在室内划分、平面布置、界面处理、采光及照明、色彩的选择、氛围的营造等方面作通盘的考虑。

（1）平面的布置应充分考虑家具及设备占有的尺寸、员工使用家具及设备时必要的活动范围尺度、各类办公组合方式所必需的尺寸。在以工作单元办公组合的方式来布置的平面可参见图 1.2-37 的布置形式。

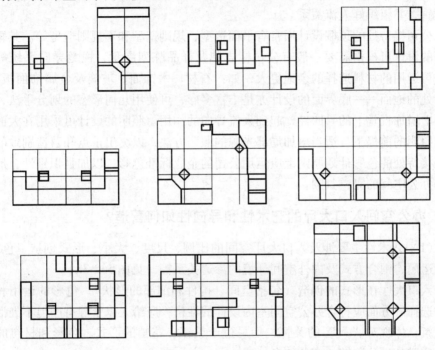

图 1.2-37　1.2m 模数系列工作单元

（2）根据空调使用、人工照明和声音方面的要求及人在空间室内中的心理需求，办公室的室内净高一般宜在 2.4～2.6m 的范围之内。普通办公室净高不低于 2.6m，使用空调的办公室净高不低于 2.4m。智能化的办公室室内净高为甲级 2.7m，乙级 2.6m，丙级为 2.5m（据上海市的智能建筑有关标准）。

（3）办公室室内各界面处理宜简洁明快，要营造一种宁静的氛围，并应考虑到便于各种管线的铺设、更换、维护、连接等需求。隔断及屏风的高度应根据工作单元及办公组团的大小规模来进行合理地选择。

110. 公司接待处的室内设计应考虑些什么？

公司接待处的平面布局及大小应根据公司的规模和整个办公空间的总体布局

等因素来通盘考虑。其通常位于公司整个办公空间的最前端，便于对外交通联系。

公司接待处的功能一般由接待台、来访人员休息区和公司样品展示区、公司标志墙及视觉导向系统等内容构成。其室内设计常依据公司所从事行业的特点来进行设计，力求通过个性化的设计手段，以恰当的室内设计氛围向来访人员传达其公司的性格及特点。

接待处的设计应合理安排好接待台、来访人员座椅、公司名称墙、导向系统等位置，并组织好人流关系。

公司接待处的顶棚设计通常有平面造型、规则造型和不规则造型等。其垂直界面的设计可根据需要一般有公司标志牌及样品陈列展示、视觉导向系统等内容，可运用的材料选择的余地更大，如：石材、木饰面、玻璃及金属饰面板等。接待处的地面——底界面的设计亦是丰富多彩，可使用几何形态的划分手法，在地面上增加视觉上的导向性，起到人流导向的作用。照明的设计可采用在大面积背景照明的前提下，适当增加局部光源的照明方法，以突出重点和营造别致的情调。接待处的色彩计划原则上应运用公司的企业标准色彩，以加强识别性，形成整个办公空间的完整氛围。

111. 办公空间入口大厅的艺术性和导向性如何营造？

（1）艺术性主要涉及入口大厅空间的比例、尺度、大小、形式创造、色彩、材质运用、围合方式及内外空间环境的渗透关系等（见图1.2-38）。

入口大厅在形式的创造（包括空间、构件和细部的形状）、色彩的运用和材质的选择等方面应符合办公空间室内设计的性格，应给人以宁静有序但不失活跃的气氛，体现对"人"的关怀，切忌过于繁锁、花哨的形式。色彩和材料的运用上应避免过分浓郁的商业气息。

入口大厅在空间围合方式上应较好地注意室内外空间的交融，恰当地处理好虚实关系，使面积有限的入口大厅能在视觉上得到延伸并增添入口大厅的独特空间氛围。入口大厅还可根据现场条件设置公共艺术品、不同形状的绿化或不同形态的水体，起到活跃室内气氛、调节人们的心理状态的作用。

（2）导向性即指如何通过在空间组织上起到引导人流和通过视觉传达的方式疏导各类人员（图1.2-39）。

入口大厅可利用室内顶棚、地面的处理及围合构件的围、透方式的不同选择来进行空间组织的导向，入口大厅还可运用图表——视觉传达的方式，来通俗明晰地传达信息，使入口大厅的导向方式得到拓展并获得形式与内容的统一，进一步烘托入口大厅室内气氛。另外根据入口大厅的特点，在其底界面和侧界面的装饰材料的选择上，应考虑到一定的耐久性。灯具的选择和设计应强调整体性，根据不同空间高度组织不同的层次，并同室内格调统一。

图 1.2-38 入口大厅艺术性示范

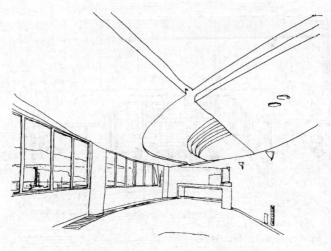

图 1.2-39 入口大厅导向性示范

112. 电梯厅的室内设计应注意些什么？

电梯厅设计应围绕其交通联系的空间功能来展开。首先电梯厅的面积一般较小，因此可在其室内侧界面上通过材质、色彩比例及划分不同等处理手法来改善空间比例, 改善视觉效果。其次电梯厅作为出入频繁公共场所, 在底、侧界面的材料选用上需考虑坚固耐久、易于清洁的材料。另外电梯厅的总体风格应该从属于整个办公空间。当然首层大厅的电梯厅设计可有别于标准层。标准层的电梯厅也需设置图表系统, 以达到明确的导向作用。

113. 会议室的室内设计应注意些什么?

会议室的布置以简洁、实用、美观为主, 会议室布置的中心是会议桌, 其形状大多为方形、圆形、矩形、半圆形, 也有三角形、菱形、六角形、八角形、L形、U形和S形等。

会议室由六个围合界面组成了基本的会议空间。在这个空间中, 占中心地位的是功能空间, 即由会议桌和会议椅组成的会议空间。会议家具的款式和造型往往决定了空间的基本风格, 空间界面应围绕这个中心来展开。顶棚的主要作用是提供照明并通过造型来形成虚拟空间, 增加向心力。地面一般作为一个完整界面来处理, 如有需要也可通过不同材质或利用不同标志来划分各区域。

在首长座的背面和正面, 一般处理成形象背景, 并可安排视听设备 (图1.2-40)。

图 1.2-40 会议室空间及界面处理

会议室的灯光具有双重功能。第一，它能提供所需的照明。第二，它还可利用其光和影进行室内空间的二次创造。灯光的形式可以从尖利的小针点到漫无边际的无定形式，应该利用各种照明装置，以主动的光影效果来丰富室内的空间。

会议室的色彩设计，主要是运用色彩构图的基本原则——统一与变化。

（1）主调 会议室色彩应有主调，或冷调或暖调。气氛都通过主调来体现。主调的选择必须反映空间的主题，即希望通过色彩的表现来传达怎样的感受，是安静还是活跃，纯朴还是奢华。

（2）注意色彩的协调 会议室主色调确定后，应注意次色调与主色调的协调，不要让次色调占据主要地位，造成本末倒置的效果。

114. 高级行政人员办公室的室内设计应注意些什么？

首先应从功能上考虑，主要有以下几项：

（1）事务处理空间 办公家具的款式与造型具有其标志性和象征性。

（2）文秘服务 主要辅助经理处理日常事务，如待客、收集资料、准备用车等。布置上可设一单独区域，一般安排在办公室外。

（3）接待空间 根据办公室大小单独设置一组家具，借助地毯、顶棚或灯光划分出一个空间，虽然是虚拟的，但具有独自的领域感和独立性。

（4）休息空间 可安排一单独休息室，也可利用现有场地灵活处理。

其次要考虑设计的重点：

（1）总经理室的室内设计 一要有总体布置，即结合空间性质和特点，组织好空间活动和交通路线，将功能区分明确。安排好空间的形式、形状，达到整体和谐的效果。二要考虑好家具布置，家具在总经理室所占比重较大。在进行家具布置时，要利用各种艺术手段，通过家具的形象来表达某种思想和含义。如总经理办公桌一般应处在室内占主导地位，其他辅助家具包括文件柜（橱）、电脑桌、装饰柜、衣帽柜等要符合使用流线。

（2）其他高级行政人员办公室的设计 在空间布置上一般较为紧凑，家具等在较总经理室简单一些外，更应突出实用和具有个性。

115. 商业空间的组成和安排有哪些内容？

在商业空间室内设计中，首先要考虑商业空间室内布局面积的分配比例，有营业厅和商业辅助空间部分，包括商品库房、工作人员办公和辅助设施等。第三为引导部分，包括广告标志橱窗、问询台、寄存处等。一般可参照表1.2-1。

其次应遵循空间组织与安排的原则，即以流线组织设计为原则，使柜台布置所形成的通道形成合理环路流动形式，通过通道的宽幅变化、与出入口的对位关系、垂直交通工具的设置、地面材料组合等形成区分顾客主要流线与次要流线的水平流线。为顾客提供明确的流动方向和购物目标。多层或高层商业空间则围绕主要楼梯扶梯，电梯形成垂直流线，能迅速地运送顾客和疏散顾客人流。与每层平面流线交相呼应。

表 1. 2-1　商业空间室内布局面积分配比例

建筑面积/m²	营业(%)	仓储(%)	辅助(%)
>15000	>34	<34	<32
3000~15000	>45	<30	<25
<3000	>55	<27	<18

第三要考虑商业空间组织与安排的形式：

商业空间组织与安排的形式有封闭空间、半开敞式空间、开敞式空间和综合式空间等形式（图 1. 2-41）。

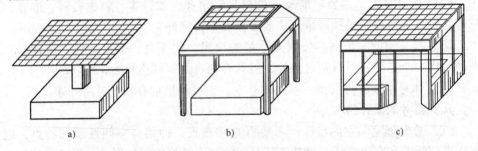

图　1. 2-41

a) 开敞式　b) 半开敞式　c) 封闭式

开敞的空间组织形式适合于超级市场、自选市场等。半开敞式和综合式组织形式无论是空间组织形式还是心理效果都是界于封闭式和开敞式空间之间，空间在水平和垂直方向都采用象征性的分隔，保持最大限度的交融和连续。

116. 大型超市、百货商场营业厅室内设计应考虑些什么？

大型超市、百货商场是现代商业空间中面积最大、商品品种最多、人流量最大、服务功能最齐全的商业空间，由前厅、营业厅、仓储、辅助用房构成。

前厅除了应留有一定的空间方便顾客、手推车的流动外，还应设置服务区间、存包区间、休憩区间等。服务区间一般有主服务台、副服务台、宣传、活动区间等。

营业厅设计的主要内容是指厅内的货柜布置、商品展示与通道形式。根据货柜的布置，营业厅的通道相互交错形成顾客流向的通道网，它与出入口位置、楼梯及电梯等上下交通设施的位置紧密相连形成商场的大动脉。

（1）营业厅的主要布置形式有直线形、酒瓶形、放射形、岛形、自由流通形等形式，随着营业厅经营内容的变化而变化，所以通道形式的设计一般采用不固定形式。

（2）多层营业厅的设计原则　大型超市、大型百货商店营业厅层数为二层及二层以上时，应设乘客电梯或自动扶梯；商场如只设单向自动扶梯时，附近应设置相配套的楼梯。形成垂直顾客流线，各层营业厅的配置布局与垂直流线和各层平面流线的人流有着密切的关系。

（3）营业厅顶棚高度设计原则　大型超市、百货商店营业厅层高的确定，与建筑物室内的空间比例、自然通风换气、空调设施、给水排水、烟感报警、自动喷淋、电气设备以及灯具布置、吊顶装修风格等都有着密切的关系，见表1.2-2。

表1.2-2　营业厅的净高　　　　　　　（单位：m）

通风方式	自 然 通 风			机械和自然通风相结合	系统通风空调
	单面开窗	前面开窗	前后开窗		
最大进深与净高比	2:1	2.5:1	4:1	5:1	不限
最小净高	3.20	3.20	3.50	3.50	3.00

一般情况下，首层大厅的层高稍高，其他层面稍低一些，大型商品展示空间顶棚宜高，小型商品、精品屋顶宜稍低。

（4）营业厅内顾客通道宽度的设计原则　顾客通道的宽度是根据经营商品的品种、柜台长度、顾客的人流量来确定的，设计时应加以计算和分析，避免过宽或过窄，确保人流安全、便捷地通过，又不至于浪费面积造成空旷的感觉。普通营业厅通道最小净宽见表1.2-3。

表1.2-3　普通营业厅内顾客最小净宽

通 道 位 置	最小净宽/m
大型超市敞开柜台之间	1.5
在柜台与墙或陈列窗之间	2.20
在两平行柜台之间，两柜台长<7.50m	2.20
一柜台长7.5~15m，另一柜台长<7.5m	3.0
柜台长均为7.5~15m	3.70

（续）

通　道　位　置	最小净宽/m
柜台长均>15m	4.0
通道一端设有楼梯	上下两段之和加1m
柜台与开敞楼梯最近踏步间距	4.0，且小于楼梯间净宽

（5）大型超市、百货商店自选营业厅设计原则　自选厅的面积指标可按每位顾客 $1.35m^2$ 计算，如用小车选购按 $1.70m^2$ 计算。厅前应设置顾客衣物寄存、进厅闸位、供选购用盛器堆放位及出厅收款包装位等，其面积总数不宜小于营业厅面积的 8% 。自选营业厅内通道最小净宽度视该厅容纳人数而定。

自选营业厅及精品屋、货架宽度为 0.40~0.45m，高向分三四格不等，两个货架背靠背或面对面成组排列，并空出顾客取货通道。在货台或货区的范围内，由于商品选择性强弱会影响顾客滞留时间的长短，所以周围留出的通道宽度宜酌情加宽。

117. 店面装饰中有些什么基本要求？

（1）店面的立面造型与周围建筑的形式和风格应基本统一；墙面划分与建筑物的体量、比例及立面尺度的关系较为适宜；店面装饰的各种形式的组合，应做到重点突出，主题明确，对比变化富有节奏和韵律感。

（2）入口与橱窗是店面的重点部位，其位置、尺寸及布置方式要根据商店的平面形式、地段环境、店面宽度等具体条件确定。商店入口和橱窗与匾牌、广告、标志及店徽等的位置尺度相宜并有明显的识别性与导向性。

（3）充分利用并组织好店面的边缘空间，如商店前沿骑楼、柱廊、悬挑雨篷下的临街活动空间等。这些边缘空间，既是商店室内空间的向外扩展，又是室外商业街道的向内延伸，是商场内部与外部环境的中介空间，也是人流集散、滞留和街巷人行步道系统的空间节点。这种空间应具有开敞、灵活、方便购物并可供人休息及观览的功能特点。

（4）店面装饰的色彩处理，应充分运用色彩的对比与和谐，以达到加强造型的艺术特点。在一般情况下，店面的色彩基调以高明度暖色调为宜，突出的构件或重点部位可依其形体特点及体现商业建筑装饰气氛的需要，配以相应的对比色彩。为突出商店的识别性，店面的牌、标徽图案及标志物等，还可采用高纯度的鲜明色彩，给人以醒目的展示。

（5）适用于店面装饰的材料种类繁多，应正确地运用材料的质感、纹理和自然色彩。同时，店面装饰基本上同于建筑外墙及屋面装饰，应考虑其材质坚固耐用。

118. 店面入口处装饰造型有哪些形式？

临街中小型商店，为吸引和招徕顾客，利用有限的识别和诱导手段及有限的立面面积与入口空间，进行尽可能新颖、鲜明和独特的装饰处理。如用灯箱或霓虹灯店牌及代表商店经营特色的标志物等。使购物者建立起初步的视觉反应和认知信息；而后即是其诱导空间的创造，特别是店面入口处的凹入变化呈现一种对顾客的容纳感。其形式通常是：

（1）店面沿建筑红线适当退后，与临街连续店面形成相对凹入的入口空间环境并妥善进行绿化和美化，形成人流集散、顾客驻足、休息等多功能使用的前沿诱导空间。

（2）底层店面凹进，以骑楼或柱廊形成前沿诱导空间。

（3）对入口处作重点装饰并作局部凹进处理，与橱窗形式相结合布置导向入口。

（4）在入口与橱窗部位将底层与二层店面贯通，以新颖的造型和突出的特色增强商店的识别性与诱导性。

（5）近年来，以柱体作门面装饰重要造型的做法很为普遍，甚至采用巨型柱式，以追求自己的独特风格。这些柱体的处理，可以是方柱、圆柱或多角柱；可以靠墙、靠门或自成体系；可以是在原有的建筑柱体的基础上予以装饰美化。

119. 广告橱窗陈设设计的功能要求和基本方式有哪些？

商业空间室内陈设的分类商业空间室内陈设包括广告橱窗陈设设计，货柜陈设设计和展台、展示陈设设计三大类。

（1）封闭型橱窗陈设设计（图1.2-42） 封闭型橱窗陈设设计多见于大中型商场，有单面玻璃和多面玻璃等结构形式。单面玻璃是指橱窗的沿街一面装有透明玻璃，两侧和后壁用板材隔离的展货环境。多面玻璃是指橱窗正、侧面均为玻璃，只有靠墙面和后壁用板材分隔。封闭型橱窗陈设可使商品陈列集中又便于应变，顾客观赏商品更直观、更专一，不受环境干扰，有利于树立商品品牌、传递商品信息。

（2）通透型橱窗陈设设计（图1.2-43） 通透型橱窗是指临街面与后壁面（商场内侧）都装有玻璃，两侧与墙面结合。也有的四面都装有玻璃。此类橱窗形式上是封闭的，而通透感很强，两面、四边都可以清楚地看到商品的广告内容和商品陈列。由于橱窗空间比较宽敞，所以用来陈列大件商品：如家具、电冰箱、洗衣机、缝纫机、自行车、摩托车等。

图 1.2-42 封闭型橱窗陈设设计

图 1.2-43 通透型橱窗陈设设计

（3）敞开型橱窗陈设设计（图1.2-44） 敞开型橱窗是一种没有后壁隔离装置，内部陈设与商场购货环境有机地连在一起的一种橱窗形式。商品陈列主要是靠紧临街玻璃的一边，光线充足、视觉良好，商店内外都能看到商品。这类橱窗不但在一层可以设置，在二层也能设置，便于经常更换时令商品。适用于时装屋、古玩、字画、工艺品、旅游用品等商品的展示。

无论是封闭式橱窗还是通透式、开敞式橱窗，其平台高于室内地面不应小于

0.20m，高于室外地面不应小于 0.50m，橱窗应配套防晒、防眩光、防盗设施。封闭橱窗一般不保暖，其里壁为绝热构造，外表为防雾构造。橱窗剖面构造见图 1.2-45、图 1.2-46 为橱窗防眩光措施示意。

图 1.2-44 敞开型橱窗陈设设计

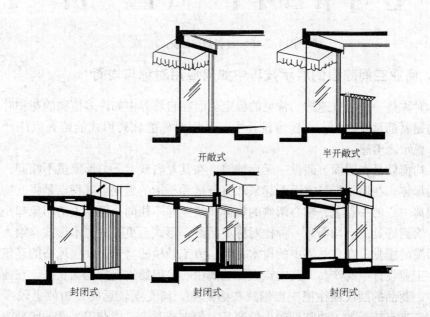

图 1.2-45 橱窗的剖面形式

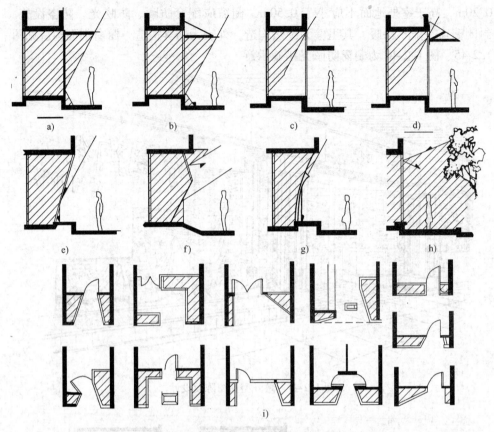

图 1.2-46 减弱橱窗眩光的措施

120. 商业空间陈设的展示技巧中如何应用对称与均衡?

对称是一种很普遍的、常见的稳定美。在自然界中如许多植物的花和叶,鸟类的翅翼都是对称的。在橱窗设计中,采用对称的陈列形式能给人以庄严、大方、稳定之美感。

均衡就是在图面上假设一无形轴线,在其左右或上下的形象虽不相同,但两方的形体,在质与量等方面看起来却有舒适和平衡的感觉。其特点是将支持点放在偏离中心的一点上,轴心两侧的物体实质上并不相同,但给人的印象却是均衡的、恰到好处的。均衡是一种比对称更活泼,形式上更美的艺术形式,给人以优美活泼的感觉。在自然界中的树木花草,人工栽植的盆景,现代风格的建筑、雕塑、工业设计中的产品,其支点大都偏离中心,但始终保持均衡状态。在商品陈设中,商品的摆放往往把支点偏放在焦点上,离支点较远的一边放上较多的商品,离支点较近的一边陈列较少的商品,但在感觉上又能获得平衡的印象。

均衡与对称是相互联系的,在商业陈设中,只有将二者有机结合,才能创造出既变化又统一，既活泼又稳定，得到广大消费者接受和喜爱的艺术形式。

121. 商业空间陈设的展示技巧中如何应用重复与渐次？

商品陈设运用重复的形式，就是把商品均等地不断地展现在消费者面前，使每个物体都能发挥其自然的性能，以加深观众的印象。例如陈列电视机，就是把不同品牌的电视机以相同的展示方法等距离地陈列。如当每台电视机里播放同一优美的画面时，整个电视展播大厅将会由许多台电视组成一幅壮观的场景，它会使消费者对商品的这种重复形式产生连续、平和与无限之美感，但布置不当或太多则易于单调和乏味。

渐次是一种等级渐变的表现形式，与重复排列相似，但不尽相同，它在运用的分量上，有渐次增加，或渐次减少的变化。如色彩上由深色逐渐到浅色，由冷色逐渐到暖色，形体上由小逐渐增大，或由大逐渐减小，给人一种生动活泼的感觉。

122. 商业空间陈设的展示技巧中如何应用疏密与虚实？

疏密与虚实原是指绘画构图中的点、线、面的构成位置和连接关系。在绘画构图中，疏与密是互相依存的，没有密集的丰实，就显不出疏处的空旷，中国传统绘画中"疏可走马、密不容针"就形象地说明了疏密的辩证美学关系。

在商品陈设与布置中，充分运用疏密的构图处理法则，就能产生较好的视觉效果。如体量大的商品较疏，体量小的商品则较密；透体商品宜密，实体的商品宜疏；色彩鲜艳的商品宜疏，色彩灰暗的商品宜密。

虚实是指画面中表现的物体量与空间之间的对比关系，两者相辅相成，对立统一。商品在橱窗或柜台内陈列过实则沉闷壅塞，过虚则淡而无味，顾客会惘然而去。因此无论是橱窗还是柜台、展台都要因地制宜，整体陈列数量不宜过多，局部处理要突出重点，画龙点睛，才能引人入胜。

123. 商业空间陈设的展示技巧中如何应用对比与调和？

对比是两种既不相同，又不相似，有着明显的差异的物体并列在一起，形成显著对比的一种艺术形式，通常表现为形体对比和色彩对比两种形式。在形体的对比中，有纵横、曲直、方圆、高低、前后的对比。在色彩的对比中有色相、明度、纯度、冷暖、明暗等对比。将有对比的物体按照一定的美学构成法则排列在一起，会相互补充、相互衬托。如橱窗泳装展示中，以蔚蓝的天空、碧蓝的大海、高大倾斜的椰子树为背景，沙滩上一群少女身着红、黄色等的泳装在水边嬉戏，形成了蓝绿与红黄的色彩冷暖对比，从而突出泳装的迷人魅力。

调和与对比相反，就是把性质、质量、色彩相近似的物体按一定的美学构成原则，排列组合在一起，给人一种融洽和舒适的感觉的一种艺术形式。在造型艺术表现形式上有形体调和、色彩调和、音律调和等。形体调和表现为外形相同或相近的物体相调和，如书本、文具盒、书包等都是长方体的，组合在一起是调和的。球类、球拍等圆形体育用品与圆形展台是调和的。色彩的调和是色相环上相邻近的颜色调和，如赤与橙、黄与绿、蓝与紫就是调和色，还有在同一色相中，若浓淡配合适当，也是调和的表现，如深蓝、淡蓝、和浅蓝色配合在一起，会觉得非常舒服和协调。形体调和与色彩调和，都具有差别小，互相类似的特点，没有显著的对比或刺激的变化。因此，调和将会产生一种融洽和柔和的效果。

调和与对比是相互联系的，不可分割的，调和之中有小的对比，对比本身又是大的调和。没有对比的调和与不调合的对比都是不美的。只有相互运用调和和对比，才能加强深刻吸引人的商品陈列效果。

124. 商业空间陈设的展示技巧中如何应用节奏与比例？

节奏又称韵律，它是根据反复、错综和转换、重叠的原理，加以适度的安排，使之产生高低、强弱的韵律。节奏在音乐上表现为一定节拍，连续发出一群音，并有高低、长短的变化，给人以悦耳的感觉。在造型设计上，表现为线、形、色的反复变化。有时表现为错综交替变化的相同形式，有时又表现为重复出现变化的相重形式。由周期性的相同与相重，构成节奏美。节奏表现为数量上和形式的律动，有时又是变换的交替，如大海的波浪、重重群山都能使人感受到大自然的节奏美。节奏的周期性的律动，可唤起人们激昂、消沉、轻快、缓慢的千变万化的情感，可以调节人们心灵上和精神上的和谐。

比例是指形体本身在整体上的长、宽、高所占分量所形成的倍数关系以及形象之间位置大小的倍数关系。符合人们习惯认识的倍数关系为正常比例。形体组合比例协调，看起来舒服，形态就美。人们在生产实践中发现 $1:1.618$ 的形体很美，被定为黄金比（又称黄金分割）。在实际运用中，$1:\sqrt{2}$、$2:3$、$5:8$、$8:13$、$13:21$ 的比值与黄金比值近似，都是良好的比例关系，具有悦目的表现力。

125. 餐厅的设计中一般有哪些要求？

（1）餐厅的面积可根据餐厅的规模与级别来综合确定，一般按 $1.0\sim1.5\text{m}^2/$ 座计算。餐厅面积指标的确定要合理，指标过小，会造成拥挤；指标过大，会造成面积浪费、利用率不高和影响经济效益。

（2）营业性的餐厅应有专门的顾客出入口、休息前厅、衣帽间和卫生间。

（3）餐厅应紧靠厨房设置，但备餐间的出入口应处理得较为隐蔽，同时还要采用合理的排风系统，以避免厨房气味和油烟进入餐厅。

（4）顾客就餐活动路线与送餐服务路线应分开，避免重叠，同时还要尽量避免主要流线的交叉。送餐路线不宜过长（最大不超过40m），并尽量避免穿越其他用餐空间。在大型的多功能厅或宴会厅应以配餐廊代替备餐间，以避免送餐路线过长。

（5）在大餐厅中应以多种有效的手段（绿化、半隔断等）来划分和限定各个不同的用餐区，以保证各个区域之间的相对独立，以减少相互干扰。

（6）各种功能的餐厅应有与之相适应的餐桌椅的布置方式和相应的装饰风格。

（7）室内色彩应建立在统一的装饰风格基础之上，如西餐厅的色彩应典雅、明快，以浅色调为主；而中餐厅的则相对热烈、华贵，以较重的色调为主。除此之外，还应考虑到采用能增进食欲的暖色调，或者一些能调节心情和就餐情绪的装饰画等。

（8）应主要选用天然材质，以给人自然、亲切的感觉。另外，地面还应选择耐污、耐磨、易于清洁的材料。

126. 厨房的设计要点有哪些？

（1）厨房面积同样可根据餐厅的规模与级别来综合确定，一般按0.7～1.2m²/座计算。餐厅若经营多种菜肴，所需厨房面积相对较大。

（2）厨房应设单独的对外出入口，在规模较大时，还需设货物和工作人员两个出入口。

（3）厨房的组成见图1.2-47。

（4）厨房应按原料处理、工作人员更衣、主食加工、副食加工、餐具洗涤、消毒存放的工艺流程合理布置。

（5）厨房分层设置，应尽量在两层解决，若餐厅超过两层，相应的厨房只需设备餐间。垂直运输生食与熟食的食梯应分别设置，不得合用。

（6）备餐间是厨房与餐厅的过渡空间，在中小型餐厅中，以备餐间的形式出现；而在大型餐厅以及宴会厅中，为避免在餐厅内的送餐路线过长，一般在大餐厅或宴会厅的一侧设备餐廊；若仅仅是单一功能的酒吧或茶室，备餐间则叫准备间或操作间。

（7）餐具的洗涤与消毒须单独设置。

（8）厨房的各加工间应有较好的通风与排气。若为单层，可采用机械排风。若厨房位于多层或高层建筑内部，应采用机械排风，并将排风口设置在高出屋顶1m以上。

（9）厨房各加工间的地面均应采用耐磨、不渗水、耐腐蚀、防滑和易清洁的材料，并应处理好地面排水问题，同时墙面、工作台、水池等设施的表面，均应采用无毒、光滑和易清洁的材料。

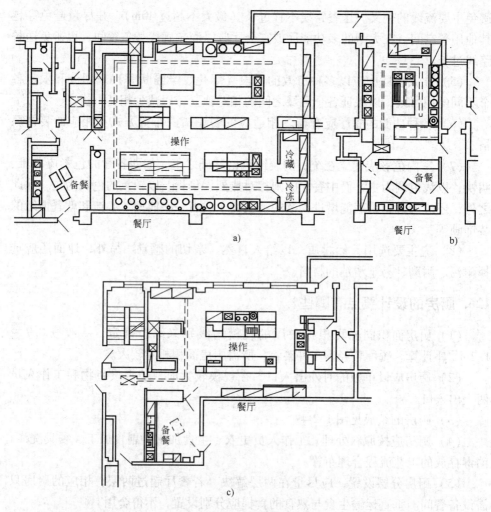

图 1.2-47　厨房的组成

127. 餐厅入口门厅与休息厅的设计要点有哪些？

　　入口门厅这是独立式餐厅的交通枢纽，是顾客从室外进入餐厅的过渡空间。这里也是留给顾客的第一印象的场所。因此，门厅装饰一般较为华丽、悦目。在门厅的正、侧立面处设店名、店标或表达企业精神的口号，以及表示企业质量和信誉的各种证明等。根据门厅的大小，一般可选择设置迎宾台、顾客休息区、餐厅和特色菜的介绍等，还可布置一些装饰小景。

　　休息厅是附属式餐厅的前室。休息厅面向走廊、楼梯或电梯间，是从公共交通部分通向餐厅的过渡空间。休息厅常设迎宾台和顾客休息等候区。休息厅与餐厅可以用门、玻璃隔断、绿化池或屏风来加以分隔和限定。

128. 独立式餐厅门面设计要点有哪些？

设计新颖别致的餐厅门面不仅具有引人注目、招徕顾客的效果，而且还是城市景观的重要组成部分。

餐厅门面的设计大致可以归纳为以下几类：

（1）突出餐厅的店徽或店名。

（2）突出餐厅的经营特色（图1.2-48）。

图1.2-48　突出餐厅的经营特色（海鲜馆）

（3）突出餐厅的标志色。

（4）以奇特的造型取胜（图1.2-49）。

图1.2-49　突出餐厅的奇特的造型

（5）以具有乡土或地方特色的材质取胜（图1.2-50）。

图1.2-50 餐厅门面的乡土或地方特色

（6）以上的几种特色兼而有之。

餐厅门面的设计应满足"亮化"的要求，做到夜晚比白天更具广告和商业效应。灯光处理常采用以下几种方法：

（1）勾勒法：用高压霓虹灯或塑料霓虹灯勾勒出字体或图案的轮廓（图1.2-51）。

（2）反射法：用各种霓虹灯或小灯泡安装在图案或字体的背后，让灯光从周边漫射出来，使图案或字体呈现出剪影的轮廓（图1.2-52）。

（3）投射法：采用投射灯或泛光灯将整个店面或局部照亮，在夜晚使顾客从远处就能受到一种刺激，一种兴奋，从而增加食欲，增加对该餐厅的好感。

（4）灯箱法：采用灯箱或灯笼的手法来达到突出店名与店标，这种方法可以兼顾到白天与夜晚（图1.2-53）。

（5）综合法：以上两种或三种方法的综合运用。

图1.2-51 勾勒法

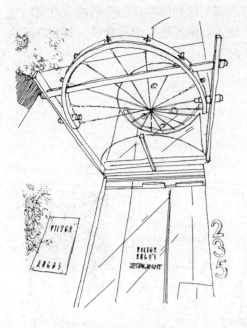

图1.2-52 反射法

图1.2-53 灯箱法

129. 中式餐厅室内设计的风格与平面布局应是怎样的?

(1) 风格与特征 中式餐厅在环境的整体风格上应体现中华文化的精髓。同时，应充分发挥地域和民俗的特色，使就餐者在就餐过程中感受中华文化的博大精深，领略各地的民风民俗。因此，中式餐厅的装饰风格、室内特色、以及家具与餐具，灯饰与工艺品，甚至服务员工的服装等都应围绕"文化"与"民俗"展开设计创意与构思。

(2) 平面布局与空间特色 中式餐厅的平面布局可以分为两种类型：以宫廷、皇家建筑空间为代表的对称式布局和以中国江南园林为代表的自由与规格相结合的布局。

1) 宫廷式。这种布局采用严谨的左右对称方式，在轴线的一端常设主宾席和礼仪台，这种布局方式显得隆重热烈，适合于举行各种盛大喜庆宴席。这种布局空间开敞，场面宏大。其装饰风格与细部常采用或简或繁的宫廷做法（图1.2-54）。

2) 园林式。这种布局采用园林的自由组合特点，将室内的某一休息区处理成小桥流水，而将结合古典园林的漏窗与隔扇巧妙地穿插在餐厅中，或将靠窗或靠墙的部分进行较为通透的二次分隔，划分出主要就餐区与若干次要就餐区，以使某些就餐区具有一定的私密性。为满足部分顾客的需要，这些就餐区的划分还可以通过地面的升起和顶棚的局部降低来达到。这种园林式的空间给人以室内空间室外化的感觉，犹如置身于花园之中，使人心情舒畅，增进食欲。其装饰风格与细部常采用园林的符号与做法（图 1.2-55）。

图 1.2-54 宫廷式布局

中式餐厅还须在空间和交通的视觉焦点，以及一些墙面的"留白"部分，常用以下一些带有中国特色的艺术品和工艺品来进行点缀，以求丰富空间感受，烘托传统气氛。

（1）传统吉祥图案 如龙、凤、麒麟、鹤、鱼、鸳鸯等动物图案和松、竹、梅、兰、菊、荷等植物图案，以及它们之间的变形组合图案等，它拙中藏巧，朴中显美，以特有的装饰风格和民族语言，带给人们对美好生活的向往和精神上的愉悦。

（2）中国字画 具有很好的文化品位，同时又是中式餐厅很好的装饰品。中国字画有三种长宽比例：横幅、条幅和斗方，在餐厅装饰中到底确定何种比例和尺寸，要视墙面的大小和空间高度而定。

（3）古玩、工艺品 古玩、工艺品的种类繁多，尺寸差异很大。大到中式的漆器屏风，小到供掌上把玩的茶壶，除此之外，还有许多玉雕、石雕、木雕等，甚至许多中式餐馆常见的福、禄、寿等瓷器。对于尺寸较小的古玩和工艺器常常采用壁龛的处理方法，配以顶灯或底灯，会达到意想不到的视觉效果。

图 1.2-55 园林式布局

（4）生活用品和生产用具 特别是那些具有浓郁生活气息和散发着泥土芬芳的用具常常可以使人浮想联翩。这种装饰手段在一些旅游饭店的中式餐厅中运用颇多，它可以使旅游者强烈地感受到当地的民风民俗。这类装饰品有的是悬挂于墙面、甚至顶棚，也有的在餐厅的角落或靠墙边一带做成一个小小的景观（图 1.2-56）。

130. 中式餐厅的家具形式与照明有怎样的特点？

中式餐厅的家具一般选取中国传统的家具形式，尤以明代家具的形式居多，因为这一时期的家具更加符合现代人体工程学。另外也可以将传统家具进行简化、提炼，保留其神韵，这种经过简化和改良的现代中式家具，在大空间的中式餐厅中得到了广泛应用，而正宗明清式样的家具则更多地应用于小型雅间当中。

中式餐厅的照明设计应在保证环境照明的同时，更加强调不同就餐区域进行局部重点照明。进行重点照明的方法有两种：

图 1.2-56　生产用具的运用

（1）采用与环境照明相同的灯具（常常为点光源）进行组合，形成局部密集，从而产生重点照明。这种方法常常应用于空间层高偏低，以及较为现代的中式餐厅。

（2）采用中式宫灯进行重点照明。这种方法常结合顶棚造型和空间的高低来确定选用竖向还是横向的灯具。这种方法适合于较高的空间以及较为地道的中式餐厅。宫灯在大餐厅中的数量要恰当，过多会造成零乱之感（图 1.2-57）。

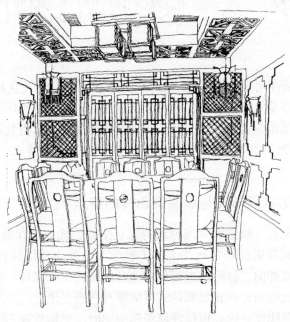

图 1.2-57　中式宫灯进行重点照明

任何一种灯具的选择都应充分注意到其显色性。显色性不好，会影响到食物的色彩，造成变色，从而影响顾客的食欲。一般来说，白炽灯的显色性比较适合于餐厅，在一些走道部分可以运用少量节能灯，与白炽灯相间隔，达到既注意显色性，又节约能源。餐厅中切忌用彩色光源。

131. 西式餐厅室内设计的风格与平面布局有怎样的特点？

（1）风格与特征　西式餐厅泛指以品尝欧、北美的饮食，体会异国餐饮情调为目的的餐厅。根据追求的风格不同，我国的西式餐厅主要有以法国、意大利风格为代表的欧式餐厅。西式餐厅与中式餐厅最大的区别是以国家、民族的文化背景造成的餐饮方式的不同。欧美的餐饮方式强调就餐时的私密性，一般团体就餐的习惯很少。因此，就餐单元常以 2～6 人为主，餐桌为矩形，进餐时桌面餐具比中餐少，但常以美丽的鲜花和精致的烛具对台面进行点缀。餐厅在欧美既是餐饮的场所，更是社交的空间。因此，淡雅的色彩、柔和的光线、洁白的桌布、华贵的线脚、精致的餐具加上安宁的氛围、高雅的举止等共同构成了西式餐厅的特色（图 1.2-58）。

图 1.2-58　西式餐厅的风格与特征

（2）平面布局与空间特色　西式餐厅的平面布局常采用较为规整的方式。酒吧柜台是西式餐厅的主要景点之一，也是每个西餐厅必备的设施。另外，一台位于餐厅的视觉中心的三脚钢琴也是西式餐厅平面布置中需要考虑的。为了加强这种中心感，经常采用抬高地面的方式。在较为小型的西式餐厅中，钢琴经常被设置于角落。由于西式餐厅一般层高比较大，因而也经常采用大型绿化作为空间的装饰与点缀。由于冷餐是西餐中的主要组成部分，因此，冷餐台也成了西式餐厅中需要着重考虑的因素，原则上设于较为居中的地方，便于餐厅的各个部分取食方便。当然也有不设冷餐台的西式餐厅，而靠服务人员送餐。

西式餐厅在就餐时特别强调就餐单元的私密性，创造私密性的方法一般有以下几种：

（1）抬高地面和降低顶棚，这种方式创造的私密程度较弱，但可以比较容易感受到所限定的区域范围（图1.2-59）。

图1.2-59 抬高地面降低顶棚创造的私密性

（2）利用沙发座的靠背形成比较明显的就餐单元，这种"U"形布置的沙发座，常与靠背座椅相结合，是西餐厅特有的座位布置方式之一。

（3）利用刻花玻璃和绿化槽形成隔断，这种方式所围合的私密性程度要视玻璃的磨砂程度和高度来决定。一般这种玻璃都不是很高，距地面在1200～1500mm之间。

（4）利用光线的明暗程度来创造就餐环境的私密性。有时，为了营造某种特殊的氛围，餐桌上点缀的烛光可以创造出强烈的向心感，从而产生私密性。

132. 西式餐厅的风格造型与装饰细部有怎样的特点？

西式餐厅的风格造型来源于欧洲的文化和生活方式，尤其是欧式古典建筑。一般在设计中可以将所有的欧式古典建筑的风格造型以及装饰细部进行筛选，选出有用的部分直接应用于餐厅的装饰设计；也可以对以下几种欧式古典建筑的元素和构成进行简化和提炼，应用于餐厅的装饰（图1.2-60）。

（1）线角 欧式线角在餐厅设计中经常使用，主要用于顶棚与墙面的转角（阴角线）、墙面与地面的转角（踢脚线），以及顶棚、墙面、柱、柜等的装饰线。装饰线的大小应根据空间的大小、高低来确定。一般来说空间越高大、相应的装饰线角也较大。

图 1.2-60 西式餐厅的风格造型

（2）柱式 西式餐厅中的重要装饰手段。无论是独立柱、壁柱，还是为了某种效果而加出来的假柱，一般都采用希腊或罗马柱式进行处理。柱式有圆柱和方柱之分，还有单柱与双柱之别（参见古希腊、古罗马柱式）。

（3）拱券 是古罗马时期的"特产"。在西式餐厅中，拱券经常用于墙面、门洞、窗洞以及柱内的连结。大型的拱券常于上部中央加"锁石"。拱券包括尖券、半圆券和平拱券（图 1.2-61）。拱券还可应用于顶棚，结合反射光槽形成受光拱形顶棚。

133. 西式餐厅的装饰品与装饰图案有哪些类型？

西式餐厅离不开西洋艺术品和装饰图案的点缀与美化。用于西式餐厅的装饰品与装饰图案可以分为以下几类：

（1）雕塑 自古以来所有西洋艺术中最伟大、最永恒的就是雕塑艺术品。根据雕塑的造型风格可以分为古典雕塑与现代雕塑。古典雕塑适用于较为传统的装饰风格，而装饰风格较为简洁的西式餐厅，则宜选现代感较强的雕塑，这类雕塑常采用夸张、变形、抽象的形式，具有强烈的形式美感。雕塑常结合隔断、壁龛以及庭院绿化等设置。

（2）西洋绘画 包括油画与水彩画等。油画厚重浓烈，具有交响乐般的表现力；而水彩画则轻松、明快，犹如一支浪漫的小夜曲。油画无论大小常配以西式画框，进一步增强了西式餐厅的气氛。而水彩画则配以简洁的木框或精细的金属框。

图 1.2-61 拱券

（3）工艺品 工艺品涵盖的范围很广，包括瓷器、银器、家具、灯具以及众多的纯装饰品。西式餐厅的室内设计常常将这些工艺品"融入"到整个餐厅的装饰以及各种用品当中，如银质烛台和餐具、瓷质装饰挂盘和餐具等，而装饰浓烈的家具既可作为雅间使用，也可在一些区域作为陈列展示之用，充分发挥其装饰功能。

（4）生活用具与传统兵器 除了艺术品与工艺品之外，一些具有代表性的生活用具和传统兵器也是西式餐厅经常采用的装饰手段。常用生活用具包括水车、飞镖、啤酒桶、舵与绳索等。这些生活用具都反映了西方人的生活与文化。除此之外，西方在传统上具有争强好胜的天性，能征善战成为人们心中的英雄。因此传统兵器在一定程度上反映了西方的历史与文化。传统兵器包括：剑、斧、刀、枪等。

（5）装饰图案 "新艺术运动"主张完全走向自然，强调自然中不存在直线，因而在装饰图案上突出表现曲线和有机形态。其装饰图案大量采用植物图案，同时也包含一些西方人崇尚的凶猛的动物图案如狮与鹰等，还有一些与西方人的生活密切相关的动物图案如牛、羊等，他们甚至将牛、羊的头骨作为装饰品。

134. 西式餐厅的家具的形式与照明有怎样的特点?

西式餐厅的家具除酒吧柜台之外,主要是餐桌椅和沙发。餐椅的靠背和坐垫常采用与沙发相同的面料,如皮革、纺织品等。无论餐厅装修的繁简程度如何,西式餐厅的餐椅造型都可以比较简洁,只要具有欧式风味即可,很少采用大面积的装饰复杂的法式座椅,这种复杂的古典家具同中式餐厅一样经常在一些豪华的雅间中使用。

西式餐厅的环境照明要求光线柔和,应避免过强的直射光。就餐单元的照明要求可以与就餐单元的私密性结合起来,使就餐单元的照明略强于环境照明,西式餐厅大量采用一级或多级二次反射光或有磨砂灯罩的漫射光。西式餐厅常用灯具可以分成三类:

1)顶棚常用古典造型的水晶灯、铸铁灯,以及现代风格的金属磨砂灯。

2)墙面经常采用欧洲传统的铸铁灯和简洁的半球形反射壁灯。

3)结合绿化池和隔断常设庭园灯或上反射灯。

135. 宴会厅室内设计要点有哪些?

(1)特征与一般要求

我国大多数宾馆饭店的宴会厅常与大餐厅的功能相结合,同时充分考虑多功能使用的可能性,如将宴会厅临时分隔后兼有礼仪、会议、报告等功能。因此,在宴会厅的室内设计中应首先考虑设置灵活隔断,并设有小型舞台。

(2)平面布局原则

1)宴会厅在建筑内的位置应方便大股人流的集散,宴会厅的宾客出入口应有两个以上,并作双向双开门,尺度比普通双开门稍大。出入口应与建筑内部的主要通道相连,以保证疏散的安全性。若宴会厅设在二层以上,其楼梯设置与出入大门都应满足建筑防火规范的要求。

2)宴会厅的室内布置应有主要观赏面与小型舞台,并设礼仪台和主背景,以满足礼仪、会议等视线要求。

3)宾客人流与服务人流应避免交叉。由于宴会厅一般较大,一个服务口难以满足使用要求,同时又不易避免人流交叉,因此在宴会厅的一侧常设服务廊,通过服务廊,可以开设二个或二个以上的服务口。

4)宴会厅的周边须配置相当的储藏空间,储藏转换不同功能时多余的家具与用品。同时还应设专门的音响、灯光控制室。

5)宴会厅的周边应有专用卫生间并满足较多人数的使用要求,档次应较高。

6)宴会厅周边的疏散空间内应适当布置座椅、沙发等,以保证宴会厅活动前宾客的休息、等候等要求。

（3）装饰与照明

宴会厅设计的主要内容是地面、墙面和顶棚，地面经常铺暖色调的地毯；墙面的处理应着重考虑色彩和材质的选择与配置面的分隔、相应的线角处理以及质感和纹理的效果，墙面多选用较为温馨的天然材质，同时应适当考虑吸声的需要，因此，宴会厅墙面多用木材、壁纸和织物软包等；顶棚的设计应根据建筑的结构来进行，如顶棚分格与藻井式处理，应当考虑梁柱的位置与大小，同时还应充分考虑到照明方式，将反射光槽、漫射光和大型主灯具有机地结合成为一个整体。

一般来讲，主灯具应选用整体感强，能显高贵华丽为宜。所有光源应尽可能选用白炽光，以增强光源的显色性，另外在礼仪台的区域设置面光以增强该区域的视觉效果。在墙面上可设置装饰壁灯以烘托环境气氛。

136. 快餐厅室内设计要点有哪些？

（1）特征与一般要求　快餐厅的设计应着重体现一个"快"字，因此，应着力于简洁、大方。

（2）平面布局　在平面布局中，就餐区的餐桌椅的安置应设计成简洁整齐的图形，以扩大就餐位。餐桌椅多选用二、四、六座的成品钢木家具。取餐区有封闭式和开放式两种。封闭式多采用半玻璃隔断，根据取餐区、取餐台的长度设置一至多个收银出口；开放式取餐区则采用先在收银台买好餐券，再到取餐台根据个人喜好取餐。取餐台的长度可按 0.20～0.25m/座计算。

（3）装饰与照明　快餐厅的装饰应便于清洁。地面多采用抛光地砖或石材，并可根据区域的不同进行分色，或拼出一定的图案。墙面多采用白色或彩色乳胶漆与成品板（或清水木纹板）组合，成品板的色彩最好与餐桌椅的色彩协调一致，以体现整体和谐的色彩关系，墙面局部可用小型装饰画进行点缀。分区可以采用半玻隔断或铸铁栏杆。顶棚则多采用 600×600 的明龙骨矿棉板与 600×600 的格栅日光灯相组合，或采用轻钢龙骨纸面石膏板与格栅日光灯、筒灯和光带组合；也可采用钢架网格喷黑漆，暴露上部结构的简洁处理（图1.2-62）。顶棚一般采用平面式，极少运用凹入式造型，也不选用吊灯或吸顶灯。

137. 风味餐厅室内设计要点有哪些？

风味餐厅的装饰风格应与就餐的饮食文化相结合，并突出"风味"。如日本料理应在日本风格的餐饮环境中就餐，而四川火锅则离不开巴蜀文化。

风味餐厅可以多种形式出现，以快餐的形式出现的风味餐厅可以大量采用具有地方特色的自然材质如木、竹、藤、瓦、砖等进行装饰（图1.2-63），也可以结合地方文化中最具特色的景点照片做成灯箱来达到体现风味的特色。

图 1.2-62　暴露上部结构的简洁处理

图 1.2-63　快餐形式的风味餐厅

在风味餐厅中常以最具特色的生活用品或用具来装饰和点缀（图 1.2-64）。如日式风味餐厅的石灯笼和油布花伞；渔家风味则离不开渔网、蓑衣、斗笠和木船等；而四川风味与串串红辣椒和竹编制品紧密相连。

图 1.2-64　渔家风味

138. 酒吧和咖啡厅室内设计要点有哪些？

酒吧和咖啡厅的主要服务功能与其他餐饮部门不同之处在于它的一种社会性和民俗性，它往往更是一个社交场所。酒吧和咖啡厅的室内设计可分为附属于宾馆和独立式两种。

附属于宾馆饭店的酒吧和咖啡厅一般在餐饮功能之外更强调一种高雅宁静，有较强的私密性，其在建筑内的位置可以是位于餐饮区的独立空间（图 1.2-65），也可在建筑的公共空间内的一层或二层的大堂空间，称为大堂吧。

大堂吧装修设计的风格特点应尽量和公共室内部分相一致，所处位置

图　1.2-65

应不被公共流线所穿越。其装修设计以通过地面的升降、顶棚的降低、家具的布置以及花坛植物的配置等空间限定和围合的手法来创造场所和区域感。若能结合大堂的景观如喷泉、雕塑、壁画等或将室外景观引入室内，将更具特色和个性。

　　具有独立空间的酒吧和咖啡厅的室内设计一般较少采用具有我国浓郁传统特色的风格，更多的是追求不同的异国情调。如中世纪的酒窖式酒吧（图 1.2-66）。酒吧应设吧台和一定数量的旋转吧椅，吧台是酒吧设计的重点。室内可以考虑小乐队和伴唱的小舞台，部分就餐区可以采用顶部伞罩或半隔断的方式来增强区域感，增加私密性（图 1.2-67）。

图 1.2-66　酒窖式酒吧　　　　　图 1.2-67　顶部伞罩增强区域感

　　酒吧和咖啡厅的室内，除吧台区域光线较亮外，其他环境的光线应较弱，甚至可用烛光代替，营造一种浓浓的温馨浪漫情调。

　　酒吧是一种外来的餐饮形式，追求异国情调，常常是酒吧装修设计的出发点。顶棚一般不设大面积采光，以深色基调为主，有的在水泥板下面再运用圆木或条木进行装饰。墙面的处理可以通过绘画、挂件和壁饰并辅以投射光源的照明来进一步增强环境的情调，有的甚至以具有异域特色的文字或浓重色彩对比的壁画来给人以强烈的感官刺激（图 1.2-68）。

　　隔断常是酒吧最重要的装饰手段之一，有采用厚重粗犷的木板，也有采用精细别致的钢结构与玻璃的结合，给人以耳目一新之感。绿化的点缀在酒吧和咖啡厅内是必不可少的，另外应结合空间的布置采用常青高大的植物并配点光源照明来突出绿化柔和的线条。

图 1.2-68 浓重色彩对比的壁画

139. 茶室室内设计要点有哪些？

茶室在空间组合和分隔上应具有中国园林的特色，"曲径通幽"可以用在对人流的组织上，应尽可能避免一目了然的处理方式，遮遮掩掩、主次分明正是茶室的主要空间特色（图1.2-69）。

由于时代的变迁，茶室的装饰风格也变化出多种多样，归结起来，主要有以下两种：

（1）传统地方风格 这种风格的茶室多位于风景旅游区和公园内，由于这类建筑本身就具有明显的地方特征，因此室内设计大多也具有相同的风格。因此多采用地方性较强的材质进行装饰，如木、竹、藤以及石材等。顶棚可根据建筑本身的屋顶来进行设计，若为坡屋顶，则应保留这一特性进行装饰，照明也采用竹编或木制灯具；若为平屋

图 1.2-69 茶室的空间组合

顶，则可以根据室内高度进行简单处理。墙面应尽可能打破单调感，可采用石材`墙面或木质梁柱等来实现，墙面可采用地方工艺品或条轴字画进行装饰。地面以青砖或仿青砖材料铺设为宜，也可采用毛面花岗石。

（2）都市现代风格　这种风格并不刻意体现传统文化的精髓，而在装饰材质和细部上更加注重时代感。如大量采用玻璃、金属材质、抛光石材和亚光合成板。顶棚也采用比较简洁的造型，结合反射光槽或透光织物进行设计，增强了空间气氛和情调。墙面装饰以带镜框的小型字画为主，再加上精美的工艺品等，一起构成了这类茶室的主要装饰品。

140. 舞厅的功能有哪些？舞厅的布局应注意些什么？

舞厅一般由以下四部分功能内容组成：一是歌舞、表演部分，二是休闲部分，三是服务配套部分，四是办公部分。其中，歌舞、表演和休闲部分是舞厅的主体。它们占据的面积大，使用功能要求高，因此，它是舞厅设计的重点。舞厅主要功能示意如图1.2-70所示。

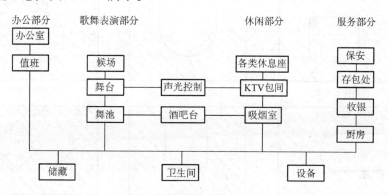

图1.2-70　舞厅的功能示意图

舞厅的布局由四个因素决定：一是原建筑平面的形状、大小等；二是舞厅本身的功能关系；三是舞厅的类别（如交谊舞厅、迪斯科舞厅、卡拉OK舞厅等）；四是舞厅表现的风格特点。这些因素的千差万别决定了舞厅布局形式的丰富多彩，各主要功能区的布局如下：

（1）舞台舞池　舞厅以举行交谊舞、迪斯科舞等娱乐活动为主。有时也举行一些歌唱、乐器演奏、舞蹈、服装等表演。舞台、舞池是进行这些活动的主要区域，舞台与舞池紧密相连，舞台的朝向、面积决定了舞池的大小和方位。而舞池的形状和大小又影响着休息区和服务区的布置形式。因此舞台与舞池的布置是舞厅设计的关键（图1.2-71）。

（2）休息座　休息座是消费者观赏歌舞、交谈休息的区域。该空间要求相对安静，具有一定的私密性，同时视线良好，不受阻碍。设计时，一般将休息座围绕舞池周围设置。

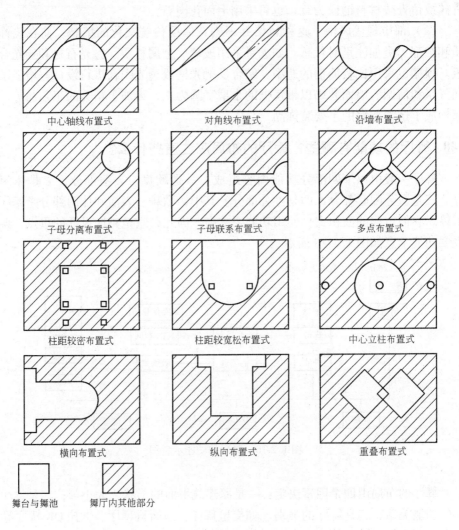

图 1.2-71　舞池的布置形式

（3）声光控制　声光控制室（也称 DJ 室）控制舞场光线和音响效果。舞厅布置时应注意 DJ 室的位置，特别是在迪斯科舞厅、卡拉 OK 舞厅中，应保证它能较全面地观察舞池中现场情绪来调整声光。有时可将它移出室内，以便直观感受现场气氛的变化来进行调控。

（4）酒吧台　舞厅中所设吧台，一般为消费者提供调配酒水，零售饮料点心等服务。考虑到营业和消费的方便，一般设在入口和休息座附近。

141. 舞厅各功能区的尺度如何设计？

（1）舞台　舞台大多与舞池紧靠在一起，其标高高于舞池，面积应满足表演，包括表演者、演奏者乐器所占面积的需要。一般最小的舞台进深应满足一个演唱者及一个人演奏打击乐器所需尺寸。乐池最少需满足两排乐手所需面积。舞台一般分平台式、宽踏步式、伸缩式等几种形式（图1.2-72）。舞台的后场一般设化妆间、休息间、候场间以及储藏室等。

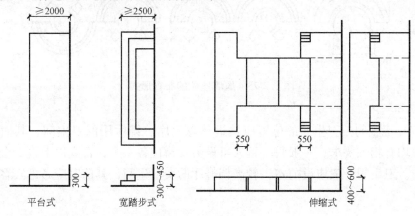

图1.2-72　舞台的形式

（2）舞池　舞厅中舞池的面积与坐席的数目是按一定比例确定的。国际标准舞需有较宽的活动场地。一般按坐席总人数（包括吧座、沙发座等）每人需舞池面积为 $0.8m^2$ 设计，迪斯科舞厅中每人所需要舞池的面积不能小于 $0.4m^2$。舞池的形状可以多种多样，但必须满足跳舞的人的活动需要。跳交谊舞的人流一般按逆时针方向旋转运动，为避免浪费空间或造成人流堵塞，必须注意舞池外形边角位置的处理，不应形成无法使用的死角。

（3）休息座　按消费者对休息形式的不同需要，休息座可分为散座、火车座、雅座等，也包括酒吧区的吧座。如面积较大，还可另设一些相对安静的包间等，见图1.2-73。通常休息座每席约需 $1.1 \sim 1.7m^2$，服务通道宽度不小于750mm。

（4）吧台区　吧台区主要分吧台、酒柜和吧凳三部分。

（5）DJ室　其面积应满足放置音控和光控设备所需面积，及调音师工作所需活动面积。

（6）存衣处　存衣处的位置应该接近舞厅的入口处，并另外设一间作为穿脱衣帽及梳妆室。与坐席区等联系方便，并避免寄存衣物者与不寄存衣物者之间的人流交叉。简单的存衣处只在内厅内用岛式、半岛式柜台，内设衣架即可。

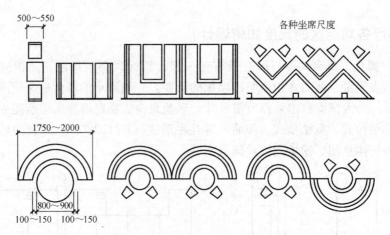

图 1.2-73　顾客座位的布置形式

（7）卫生间　卫生间的位置应接近休息坐席。舞厅用的卫生间，其面积及厕位数均有相关要求，一般每一百人可设男女蹲位各一个，百人以上设二个，依此类推。卫生间一般应设前室，较高档舞厅的女卫生间，其前室应考虑宾客化妆的需要。

142. 沐浴中心的平面布置与功能应有怎样的关系？

（1）首先要了解各浴种的基本特点：

1）桑拿浴。又称高温桑拿浴。它是以干热空气促使人的肌肉松弛，毛孔扩张，血液循环加速，汗液带动体内有毒成分排出。

2）按摩浴。使用压力喷射水柱冲击或按摩人体特定穴位，有效放松神经，缓解肌肉疲劳，恢复活力。

3）氧化浴。利用空气和急速水流产生大量氧气，供应人体中细胞氧化脂肪等需用，产生助于减肥、携走有毒物质之功能，有利于身体健康。

4）日光浴。以技术模拟日光中远红外线，并利用低温出汗原理、光按摩原理，达到扩张血管加速血液循环、增加供氧、燃烧脂肪、锻炼心脏等效果。

5）蒸汽浴。又称蒸汽桑拿浴。较高温度的水蒸气会使皮肤大量出汗，将皮层下的污垢及体内的废物排出。

（2）沐浴中心的平面布置与功能关系见图 1.2-74。沐浴中心一般由接待区、干身区、湿区、休闲区及内部工作区等几部分组成。各区的功能要求如下：

1）换鞋处一般设在入口附近。主要提供消费者换鞋、擦鞋以及小件寄存等服务。需要设置服务台、换鞋座、鞋架等设施。

2）收银台具有总服务台的功能，大多用计算机联网方式控制和掌握沐浴中心各部分的消费状况。服务台的位置设于入口处，以利经营服务。

3）等候区是供消费者相互等候的场所。一般与过厅兼用，空间较小。等待区需设休息座、小卖柜台，以供应饮料茶水等。

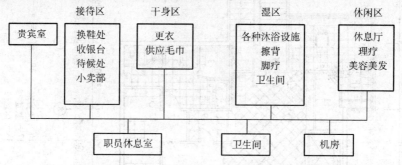

图 1.2-74　沐浴中心的平面布置与功能关系

4）干身区是一个重复使用的空间，对消费者而言流程大致如下：接待区→干身区→湿区→干身区→休息厅→干身区→休闲区。进入干身区后流线需男女分开设计。

5）湿区包括桑拿房、蒸汽房、按摩浴池等。各浴室的最小面积一般为 $0.72m^2/$人。日光浴的最小面积应大些，一般为 $2m^2/$人。湿区（包括干身区）面积一般占沐浴中心总面积的 30% 左右。湿区如设擦背、修脚等服务，应设在靠近沐浴间的位置。

6）休息厅为供消费者沐浴后休息的场所。空间较大，约占沐浴中心总面积的 40% 左右。常设电视或投影屏幕休息座位或躺椅及卖品服务台等。一般分为大厅式和单包间式两种布置形式，大厅式又分为公用电视和独用电视两种。

7）理疗间又称按摩间，每间面积应不少于 $6m^2$，设按摩床两张以上。两床之间不允许设隔墙，外门必须设观察孔。

8）贵宾室应具有独立的淋浴房、桑拿间、按摩浴缸、休息间等，见图 1.2-75。

143. 健身房的室内设计应注意些什么？

健身房集中放置以健身、健美为目的各种锻炼设备，是为人们提供健身运动的场所。

（1）练习室　以放置各类健身器械和进行健身运动为主要目的来布置平面。墙面或柱身设镜面，以便运动者观察自身动作。

（2）休息座　应设休息座，以供运动过程中短暂休息，缓解疲劳。

（3）服务台　应具有两种功能，即计时收费和供应饮料茶水。

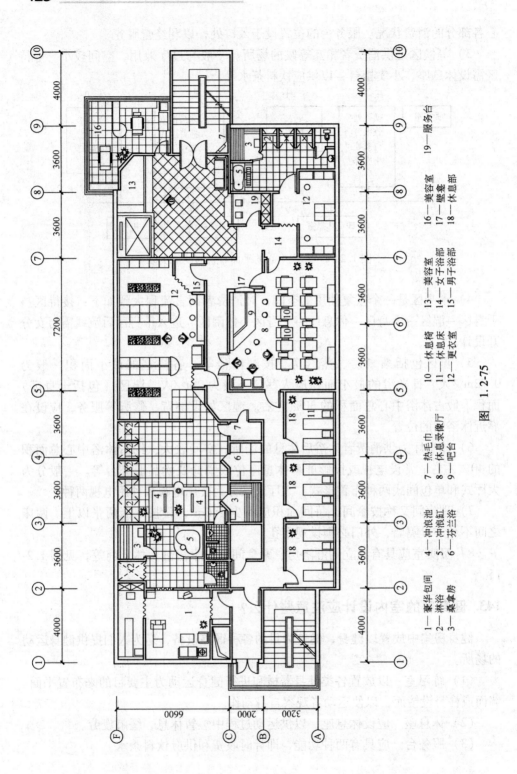

1—豪华包间　　4—冲浪池　　7—热毛巾　　10—休息椅　　13—美容室　　16—美容室　　19—服务台
2—淋浴　　　　5—冲浪缸　　8—休息录像厅　11—休息床　14—女子浴部　17—壁橱
3—桑拿房　　　6—芬兰浴　　9—吧台　　　　12—更衣室　15—男子浴部　18—休息部

图 1.2-75

（4）更衣淋浴室 为正规健身房必备。淋浴室非休闲之用，仅提供冲淋去汗功能。

（5）卫生间 一般与淋浴室相连。

144. 宾馆的各部分各有怎样的功能？

现代高层宾馆具有紧凑集中的功能特点，大量标准客房在竖向叠合，竖向交通发达。竖向一般可分为地下室、低层、顶层公共活动部分、客房部分和顶部设备用房五部分。

（1）地下室 地下室常安排车库、库房、员工更衣室与浴室、教室、活动室等。噪声较大的空调机房、泵房等设备用房置于地下室，经过顶棚、墙面的隔声措施可大大减少对地面层公共设施的干扰。在国际上，某些过去放在地面上的有危险性的设备经过多次更新改造并附设各种保证安全的装置，也可以放入地下，如干式变压器、燃煤气锅炉、用煤气厨房炊具等，其安全装置有自动切断、报警、自动灭火器等设备。

地下室室内设计需考虑功能流线互不干扰（包括人与车、人与物、清与污的区分）、安全消防与防潮等问题。

（2）低层公共活动部分 低层公共活动部分功能分区是根据宾馆所处环境、规模、等级及经营特色等差异而各有不同。在公共活动部分与客房部分之间常有设备层，以容纳为这两部分服务的各种管道系统的水平管道等。

（3）客房部分 客房层构成了现代高层宾馆的主要部分，其功能主要是供客人居住和休息。

（4）顶层公共活动部分 位于高层顶层的空中餐厅、咖啡厅、酒廊、旋转餐厅、观光层等是其独特有利的竖向功能部分，其特点是能充分利用高度，向客人提供宽阔的视野，满足人们登高望远的心理愿望。有的则在顶层设豪华套间。顶层公共部分需要良好的视线设计，以利客人俯视、远眺。

（5）顶部设备用房 高层客房楼的顶部最高处是电梯机房、水箱等设备用房。竖向分区给水方式一般在顶层设水箱，有部分生活用水和消防用水，利用重力势能给水时，水箱底标高距顶层用水点至少1m，以防止顶层用水点水压不足。

145. 宾馆的流线设计应注意些什么？

宾馆的流线设计除了需明确表现各部门的相互关系，还需体现主次关系和效率。客人用的主要活动空间位置及到达的路线是流线中的主干线。

宾馆的流线从水平到竖向，分为客人流线、服务流线、物品流线和情报信息流线四大系统。流线设计的原则是：客人流线与服务流线互不交叉；客人流线十分直接明了；服务流线短捷高效；情报信息快而准确。

(1) 客人流线 宾馆的客人流线分为住宿客人、宴会客人、外来客人三种。为避免住宿客人进出宾馆及办手续、等候时与宴会的大量人群混杂而可能引起的不快，特别是向社会开放的大、中宴会厅的现代宾馆，需将住宿客人与宴会客人的流线分开。

1) 住宿客人流线 住宿客人中有团体客人与零散客人之分，现代高级旅游宾馆为适应团体客人的集散，常在主入口边设专供团体客车停靠的团体出入口，并设团体客人休息厅。

2) 宴会客人流线 宾馆的宴会厅需单独设宴会出入口和宴会门厅，中低档宾馆不必单独设置，宴会出入口应有过渡空间与大堂及公共活动、餐饮设施相连，避免各部分单独直接对外。大型高级宾馆以三个出入口为宜，即：主要出入口、团体出入口、宴会与顾客出入口。

3) 外来客人流线 外来客人一般指进入宾馆的当地人士，国外的宾馆普遍对市民开放，除住宿之外也可让访客进入餐饮及公共活动场所，其对宾馆的收益有一定作用，多数宾馆对外来客人如同住宿客人一样，也从主入口出入，以示一视同仁。

(2) 服务流线 要将客人流线与服务流线的分开，工作人员从专用的出入口进出，便于打计时卡、集中更衣等，这是给旅客留下良好印象的基础。

(3) 物品流线 其流线应严格遵守卫生防疫部门的规定，清污分流、生熟分流。在现代宾馆中及时处理大量垃圾也是不可忽视的，从收集、分类、清洗或冷冻到处理的路线需避免对其他部门的干扰。

146. 宾馆环境室内设计的布局有哪些方式？

(1) 分散式布局 总平面以分散式布局的宾馆，基地面积大，客房、公用、后勤等不同功能的建筑可按功能分区分别建造，多数低层。其各幢客房楼可按不同等级采取不同标准，有广泛的适应性。迎宾馆性质的宾馆为接待重要人物的安全起见，常设几幢小楼。如北京友谊宾馆五栋客房楼共有客房近3000间，还有1200座的礼堂、1000多座的餐厅、会议楼等，总体为分散式对称布局，采用传统建筑形式的客房楼融于郁郁葱葱的树林中。

分散式布局也存在设备管线长、服务路线长，能源消耗增加，管理不便，服务员人数多和不够经济等问题。

(2) 集中式布局

1) 水平集中式。市郊、风景区宾馆总体布局常采用水平集中式。客房、公共、餐饮、后勤等部分在水平方向连接，按功能关系、景观方向、出入口与交通组织、体型塑造等有机结合，庭院穿插其中。用地较分散式紧凑。客房楼多数为低、多层。客房与公共部分应有良好景观与自然采光及通风条件。如北京香山饭店、曲阜阙里宾舍等，见图 1.2-76。

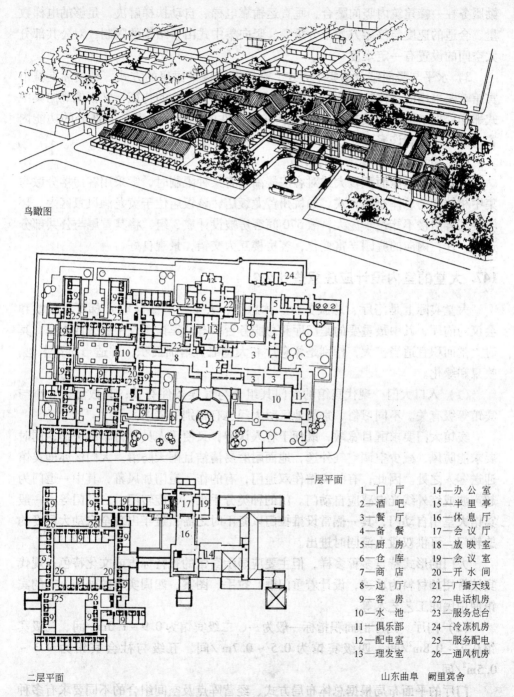

鸟瞰图

一层平面

1—门　厅	14—办公室
2—酒　吧	15—半里亭
3—餐　厅	16—休息厅
4—备　餐	17—会议厅
5—厨　房	18—放映室
6—仓　库	19—会议室
7—商　店	20—开水间
8—过　厅	21—广播天线
9—客　房	22—电话机房
10—水　池	23—服务总台
11—俱乐部	24—冷冻机房
12—配电室	25—服务配电
13—理发室	26—通风机房

二层平面

山东曲阜　阙里宾舍

图 1.2-76　山东曲阜阙里宾舍

2）竖向集中式。适于城市中心、基地狭小的高层宾馆，其客房、公共、后勤服务在一幢建筑内竖向叠合，垂直运输靠电梯、自动扶梯解决，足够的电梯数量、合适的速度与停靠方式十分重要。竖向集中式由于结构的限制，对公共部分大空间的设置有一定难度。

3）水平与竖向结合的集中方式。高层客房楼带裙房的方式，是国际上城市宾馆普遍采用的总体布局方式，既有交通路线短、经济的特征，又不像竖向集中式那样局促。随着宾馆规模、等级、基地条件的差异，裙房公共部分的功能内容、空间构成有许多变化。

（3）分散与集中相结合的布局

市郊宾馆基地面积较大或对客房楼高度有某种限制时，常采用客房楼分散与集中相结合的总体布局方式。如杭州黄龙饭店，该饭店位于黄龙洞风景区内，环境要求客房楼不能过于庞大，故570间客房被设计成3组，将其首尾与公共部分连成一片，内向的庭园丰富变化，客房楼互为交错，景观良好。

147. 大堂的室内设计应注意些什么？

大堂实际上是门厅、总服务台、休息厅、大堂吧、楼（电）梯厅、餐饮和会议的前厅，其中最重要的是门厅和总服务台。有的宾馆不设中庭或四季庭，其时大堂面积宜适当扩大，特别是休息厅和大堂吧宜增加面积，并适当布置水池、喷泉和绿化。

（1）入口大门 现代宾馆的大门其组合与气候条件有关；其数量、大小与宾馆等级有关。不同习俗、宗教地区对大门也有特别的要求。

宾馆大门要求醒目宽敞，既便于客人认辨，又便于人员和行李的进出；同时要求能防风，减少空调空气外逸，地面耐磨易清洁且雨天防滑。大门区亦即宾馆迎送客人之处。因此，有的宾馆作双道门，有的作一道门加风幕，其中一道门为超声波或红外线光电感应自动门。门的种类分手推门、旋转门、自动门等。一般宾馆大堂用自动门，其一侧常设推拉门以备不时之需；近年出现全自动大尺度的旋转门，可供双股人流同时进出。

大门的形式特点多种多样，但主要应显示宾馆的独特标志或文化特色；现代宾馆常用的材料为玻璃，设计着重门框、拉手、图案、四周实墙的处理，有的宾馆使用民间工艺艺术等。

（2）门厅 门厅的面积指标一般为一、二级宾馆为 $0.9 \sim 1.0 m^2$/间、三级宾馆 $0.7 \sim 0.8 m^2$/间、四级宾馆为 $0.5 \sim 0.7 m^2$/间、五级与社会宾馆为 $0.3 \sim 0.5 m^2$/间。

门厅的平面布局根据总体布局方式、经营阵点及空间组合的不同要求有多种变化。最常见的门厅平面布局是将总服务台和休息区分在入口大门区的两侧，楼、电梯位于正对入口处。这种布局方式有功能分区明确、路线简捷，对休息区干扰较少等优点。

门厅的空间应开敞流动，其中，总服务台、行李间、大堂经理及台前等候属一个区域需靠近入口，位置明显，以便客人迅速办理各种手续。旅行社、出租汽车呼叫处等，如不设在总台，则需有明显标志；休息等候区宜偏离主要人流路线，自成一体以减少干扰。提供饮料服务的大堂吧则在门厅中形成一个有收益区域。楼梯、电梯厅前应有足够的面积作为交通区域。

（3）大堂辅助设施　对于豪华宾馆以下设施是必不可少的：行李和小件寄存、衣帽间、珠宝或礼品店、花店、书店、邮政、银行、电话间、卫生间，辅助设施布局应适当。对于豪华饭店，大堂地面和墙面宜用高级材料装修，色彩宜沉稳、洁净。有的宾馆门厅柱子使用不锈钢贴面或圆形进口花岗石贴面，确能营造非凡气势。大堂设计有赖于对空间造型、比例尺度、色彩构成、光照明暗、材料质感等诸多因素的成功组合。

大堂内如设置有楼梯，就会自然形成空间构图中心，从而成为整座饭店最具有标志性的部位。同时，楼梯的造型、尺度、色彩、用料以及与灯具的搭配等均须精心设计。以造型端庄、色彩典雅的楼梯作为大堂的视觉中心。如果大堂中心部位没有楼梯，则大型吊灯、喷泉和水池，乃至总服务台等各种装饰形式都可能成为宾客的注目点，对它们进行精心装饰也是必要的。

148. 中庭的室内设计应注意些什么？

波特曼式中庭已流传于全世界，中庭已作为宾馆内共享空间。

（1）综合宾馆的公共活动功能　中庭使宾馆公共活动部分的功能突破了墙的界线，这个高大空间是共享多功能的综合体。中庭与门厅结合。这种综合性的门厅有接待、大堂管理、服务、休息、大堂酒吧等多种功能，有的中庭是宾馆的中心，空间序列的高潮，内常设咖啡座、音乐台、鸡尾酒廊、平台餐厅、小商亭、花店等，多层中庭的周围是各式餐饮、商店、会议、健身中心等。高层中庭的上部周围是客房。

中庭本身色彩素雅，以衬托出商店和人的色彩，中庭内除有咖啡座等，还可举办展览、文化活动、艺术表演与迎新会等。如设计天桥，则增加了空间层次并可作舞台。

（2）小中见大、大中有小的共享空间　中庭创造了空间的某种开放、自由感。它包容了休息、餐饮、娱乐等各种功能小空间，这些小空间一般作不影响视线通透的象征的空间限定，以融合在大空间中成其一部分。人们位于中庭一隅，既可感受到中庭空间的巨大、壮观，又可观察、体验到中庭内外许多活动，此谓小中见大。而中庭及周围各公共部分之间多方位的交流、交融，创造了新颖的

"共享"感。中庭底下几层往往打开墙面，上部环廊排列又常有变化，使中庭空间的界面形成虚实凹凸等多种形态，中庭空间向外围小空间的延伸也富有层次。

（3）顶棚采光与室外空间感 绝大多数宾馆中庭有顶棚天窗采光，也有的用竖向大尺度侧窗采光。天窗和侧窗向中庭倾注了大自然的感情力量，不同季节的日光、月色、阴晴雨雪，不同时刻的光影变化塑造着千变万化的视觉形象，使中庭显得明快亲切，有自然的韵味，天窗及光影图案也是中庭的重要装饰。同时，这种自上而下，部分侧前方的光线方向，具有室外光线特征，是中庭具有室外空间感的重要条件之一。

中庭空间在水平和竖向均有丰富深远的层次，形成室外空间特有的仰望、俯视等视线活动。同时，绿化的利用，地面采用室外庭园硬质材料铺地，家具、灯具及室内小品均采用室外形式加强了室外空间感。中庭四周的界面一般可用垂直绿化、悬吊织物和活动雕塑等手法加以处理。设计中庭既要营造豪华、宏丽的气势，也要讲究空间尺度感。中庭空间过于高大是不可取的。广州白天鹅宾馆的中庭"故乡水"造型活泼、尺度宜人，可谓是中庭设计的优秀范例。

149. 宾馆娱乐和健身空间的室内设计应注意些什么？

宾馆娱乐设施主要包括交谊舞厅、迪斯科舞厅、卡拉 OK 歌厅（或包房）、电子游艺室、棋牌室等。位于市郊的饭店有条件时可设室外游乐场，设置过山车、磨尺轮、迷你赛车、碰碰车等。室外游乐场应可同时对外开放，接受社会游客。交谊舞厅的舞池多作硬木拼花地板或磨光石料地面。豪华交谊舞厅的舞池，有做弹簧木地板的（地板下设大量的悬臂小搁栅）。迪斯科舞厅的舞池多由硬质材料铺设，也有用钢化玻璃铺设的，以便在其下设置彩灯，使舞厅气氛更显热烈。舞厅宜设小型舞台，供舞会主人和主宾行使礼仪用，也可供乐队伴奏用。迪斯科舞厅伴奏音量大，节奏强烈，须特别注意房间吸声、隔声，避免对其他房间产生干扰。

有条件的宾馆则可兼备保健（气功、太极、药膳）、健美、美容等项目。健身设施的配置随饭店的等级、规模和地理条件而异。特殊地区的饭店可设各种特殊的运动设施，如滑雪、水上运动、高尔夫球、跑马、温泉浴等。对于绝大多数的城市宾馆而言，主要是设置一些占地相对较小的健身设施。常备设施有：游泳池、健身房、网球场（馆）、保龄球房、台球房、壁球房、桑拿浴室等。健身设置一般多设在裙房一侧、裙房顶层、地下层或主楼顶层。室内泳池面积不必过大，应尽量采用顶部采光，墙面装饰宜模仿室外庭园环境。室外泳池面积不限，平面形状可自由灵活，如能与绿化庭园相结合，更能增添情趣。有的饭店将游泳池分隔成室内与室外两部分，水面以下有泳道和门相连通，随季节可分可合，别具风趣。桑拿浴室的规模可因饭店不同而有很大差异。高等级饭店宜备有设施齐全的桑拿浴室和贵宾包间，等级稍低的饭店则可设置基本项目。

150. 宾馆餐饮空间的室内设计应注意些什么？

餐饮空间是餐厅、宴会厅、饮料厅及厨房的总称。餐饮部分的规模随饭店的性质、等级和经营方式而异。饭店的等级越高，餐饮面积指标越大；反之则越小。我国《旅馆建筑设计规范》规定，高等级饭店每间客房的餐饮面积为 9 ~ 11m^2，比国外还大。在欧美，绝大多数旅客在饭店用早餐，但午餐和晚餐回饭店就餐者比例不高，故饭店床位与餐座比率约为 1:（0.5 ~ 1.4），而且餐座总数的 25% 以上是宴会厅座，30% 以上是饮料厅座，故真正就餐座数量并不多。而在我国，宾馆团体包餐常由饭店供应，故床位与餐座比率约为 1:（1 ~ 1.2）。

餐饮设施的布局约有以下几种：

（1）独立设置餐厅和宴会厅　总体作分散布局的宾馆多采用此种形式，如北京友谊宾馆、广东珠海宾馆等。此种布局，就餐环境优雅，餐厅与厨房均作理想化设计，但用地不经济，客人到餐厅距离较远。

（2）在裙房或主楼低层设置餐厅和宴会厅　绝大多数宾馆采用这种布局形式。这种布局用地经济，旅客就餐路线短捷，还便于组织中庭景观，但须解决好厨房运输、排烟、排气等问题。

（3）在主楼顶层设置观光型餐厅（包括旋转餐厅）　高层饭店多作此种布局，此种形式的餐厅视野宽广，就餐客人可俯览周围景色，厨房排烟排气方便；但对饭店垂直交通会带来相当大的压力，故以设置自助餐厅、咖啡厅或小型餐厅为宜，不宜设置大型宴会厅。同时，顶层餐厅与大堂宜有直达快速客梯相连。

（4）饮料厅（咖啡厅、酒吧、酒廊）　饮料厅布局比较自由灵活，大堂一隅、中庭一侧、顶层、平台及至庭园等处均可设置。

餐厅可分为中餐厅、西餐厅、风味餐厅、自助餐厅、美食街等。

151. 会议、商务空间的室内设计应注意些什么？

会议设施是现代宾馆的常备设施之一。现代大中型饭店一般都设有若干个不同规模的会议厅，以承接一定规模的会议及各种文化、商贸活动。会议厅的位置宜独处饭店一隅，使会议人流路线与宾馆客流路线分开，互不干扰，并避免会议厅噪声影响旅客休息。大小会议厅宜组成毗邻布置，但须注意隔声。一般会议厅的室内装修宜力求宁静清雅。厅内应有足够的光照和舒适的会议桌椅。对于高级会议厅，特别是国际会议厅，还须具备先进的声像设备，包括多声道的同声传译系统、摄录像和投影电视设备、幻灯机和书写投影仪、电影放映设备、音像系统、调光系统等。为了提高会议厅的利用率，多数饭店不专设大型会议厅，而改设多功能厅，使其既能满足大型会议的要求，也能改作大型宴会厅、歌舞厅或展览场地。其厅内重点部位，特别是顶棚、地面、灯具等，宜予精心装修，以满足宴会、歌舞和展览之需要。

商务中心专供商贸旅客在下榻期间进行商务活动和沟通信息之用，也是现代饭店必备设备之一。一般商务中心设有打字、复印、图文传真、电传、国际国内直拨电话、录音、录像、计算机等设备。高级饭店的商务中心还设有小型洽谈室，并提供秘书和翻译服务。商务中心一般放在饭店夜宵大堂附近。有的豪华饭店放在商务（行政）楼前，并在楼层内设置小型商务设施（打字、复印、个人电脑），这样设计自然会为商贸旅客带来极大的方便。

152. 标准层及客房的室内设计应注意些什么？

客房是宾馆中最核心的功能空间，也是宾馆经济收益主要的来源。常见的客房类型有：

单体间——饭店中面积最小的客房。房内家具、设备、装修等均宜与房间配套设计，以尽量压缩空间。宜设置小体量的盒式卫生间。

双床间——又称标准间，是饭店中最普通、数量最多的客房。

双人床间——只设置一张双人床的客房，适于夫妻或带小孩的旅客使用。此类客房的面积一般与双床间一样，由于只放一张大床，相应扩大了室内的起居空间。

两个双人床的客房——既可作为普通双床间使用，以显示饭店的豪华，也可供一家四口租用，增加了客房的灵活性和市场竞争力。客房面积应较双床间略大。我国饭店很少设置此类客房。

三床间——加大标准间的进深或开间，或就在标准间内，设置三张单人床，供家庭、团体、学生旅客使用。高等级饭店一般不设此类客房。

套间——两间以上的房间组合成一套客房，分设起居空间与卧室。有两套间、三套间、豪华套间、总统级套间等（见图 1.2-77）。豪华套间和总统级套间虽数量不多，往往是饭店等级的象征。如上海和平饭店设有 9 套不同风格的豪华套间（中国、日本、印度、美国、英国、法国、德国、意大利、西班牙），已历时 60 余年，享有盛誉。总统套间可由 6 间以上的房间组成，分设客厅、餐厅、会议室、书房、总统卧室、夫人卧室（附设化妆间）等，且至少应有两套卫生间，其中主卫生间还可分隔成小室。整个总统套间犹如一幢豪华别墅，具有最高级的设备和最精美的装修。总统套间要求高度的私密性、绝对安全、环境优美和视野良好。因此，在多高层饭店中，往往设在主楼顶层或接近顶层的走廊一端；在低层和园林式饭店中，往往设立单开别墅式套房。

客房宜有开阔的视野，且应避免两翼客房的视线干扰。风景区的饭店应使尽量多的客房朝向风景。从安全考虑，一般城市饭店的客房以不设阳台为好，以往有些高层饭店设置阳台主要是为了解决擦窗问题，现已不成问题。但风景区的饭店及度假村的客房仍可设置阳台。不过，应在建筑设计上采取措施，防止客房间相互干扰，并保证安全。一般客房空间虽小，却仍可分成几个部分：睡眠空间、起居空间、书写和阅读空间、贮藏空间、卫生间。各部分均应结合家具的数量、质量、造型和摆设，装修与装饰，设备的配置等作精心设计，以使小小空间能充分满足功能要求。

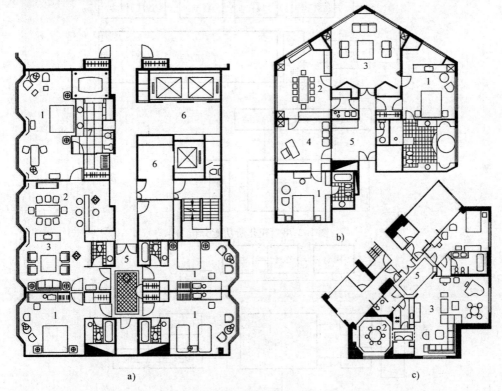

图 1.2-77　总统豪华套间客房平面

1—卧室　2—饭厅　3—起居室　4—工作室　5—进厅　6—客梯　7—卫生间

153. 托儿所和幼儿园室内设计应注意些什么?

（1）托儿所和幼儿园的功能分析如图 1.2-78 和图 1.2-79。

（2）活动室设计要点：

1）活动室一般功能较多，常兼餐室和卧室，有条件的托儿所也可分别设置。

2）活动室的门窗要求坚固耐用，确保儿童的安全。

3）室内采用软性、弹性地面，墙面的转角应作成圆角。

4）如加设采暖设备，应做好防护措施。

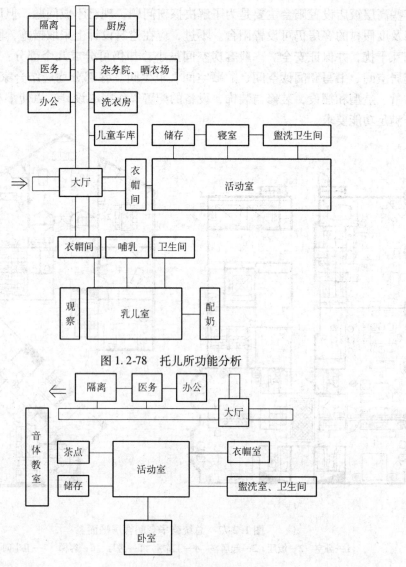

图 1.2-78 托儿所功能分析

图 1.2-79 幼儿园功能分析

（3）卧室（寝室）设计要点：

1）寝室最好与活动室相通，之间以折叠门或拉帘分开。

2）寝室应布置在朝阳好的方位，要有免晒或遮阳设施，并与卫生间临近。

3）寝室的门应设双扇平开玻璃门，并应设兼做玻璃护栏的儿童专用拉手。

4）寝室的地面应设暖、弹性地面。

5）有时也可将寝室设计在活动室空间层夹或阁楼空间内。

（4）盥洗室、卫生间设计要点：

1）盥洗室、卫生间应分间或分格，应有直接自然通风条件。

2）地面应易清洗，不渗水，且防滑，卫生洁具要适当适应儿童使用。

3）其位置应临近寝室和活动室。

（5）衣帽间设计要点：

1）衣帽间可以单独作为房间，也可利用走廊、过厅的空间设置。

2）衣帽间的位置应在各儿童活动单元的入口处。

（6）乳儿单元设计要点：

1）喂奶、配乳室应临近乳儿室，喂奶室应靠近对外出入口。

2）喂奶室、配乳室要有洗涤盆，配乳室内应有加热设备。室内应有良好的通风条件。

3）生活用房应日照方位好，满足冬日底层满窗日照不小于 3h 的要求。

4）室内的门一般为双扇平开门，其宽度应小于 1.2m，疏散通道中不要用转门、弹簧门或推拉门。

5）音体室应靠近生活用房，单独设置时，用连廊与主体建筑相连。

154. 一般设计室内地面时应注意些什么？

地面是室内空间的基面，人通过平视、俯视都会感觉到它的变化，在行走时直接体验其触觉与性质，因此地面作为承受面，它需要坚固耐久，能经受使用与磨损；同时它必须与整个空间相协调，并能引导人们的审美方向。地面的装饰材料在设计地面时应考虑以下几点：

（1）功能性　在地面设计时首先应考虑功能因素，地面的形式、形状、范围、大小都是由功能决定的。在休息大厅内为了限定一个休息空间，地面的不同划分和铺砌形式及地面的凸凹都将起到积极作用。同时不同使用空间应采用不同材料来铺砌地面（图 1.2-80）。

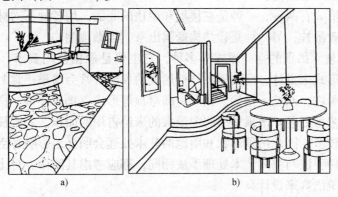

a)　　　　　　　　　　　b)

图 1.2-80
a）地面用不同材料分隔空间　b）抬高地面来分隔空间

（2）导向性 利用地面作导向性处理效果是非常好的，一般在门厅、走廊等空间内采用导向性的构图方式，使顾客根据地面的导向从一个空间进入另一个空间，特别对于一些较隐秘的空间，作用更大（图1.2-81）。

（3）装饰性 在地面设计中要注意基面与整体的一致性，往往地面与室内的陈设物是图与底的关系，地面仅起烘托气氛的作用，因此在色彩的应用方面应注意衬托作用，如家具色深，地面色彩则淡些，反之则深些。同时在设计时地面色彩不可太多，以免影响空间的整体效果。

图 1.2-81 地面材料的差别组合产生导向性

155. 一般设计室内墙体时应注意些什么？

（1）室内墙体装饰的作用 室内墙体装饰主要有三方面的作用。保护作用：通过装修使墙体不受室内温度、湿度、机械损伤等的破坏，延长其使用寿命。装饰作用：为了使空间更富情趣、更有美感，将墙体进行各种形式的美化、装饰。使用作用：为保证人们在室内正常工作、学习、生活，墙体必须具有隔热、保温、吸声作用，以满足人们的生理要求。

（2）墙体装饰的形式 墙体装饰的形式是根据空间的使用功能来决定的，墙体造型在有些环境可以复杂、华丽些，如歌舞厅、餐厅等；在有些环境要简洁、明快些，如办公空间、商场、学校和医院等。

156. 一般设计室内顶棚时应注意些什么？

顶棚是室内空间的第三个主要界面，顶棚的不同变化与艺术照明的结合又能给整个空间增加感染力。

顶棚的形式有两种，一种是在楼板和屋顶的底面，用各种不同材料直接和结构连接，或者吊挂；另一种是让结构暴露出来，当做顶棚。

（1）吊顶 吊顶的空间形式有多种，它主要是根据使用要求、艺术要求和屋顶的空间形式来设计，反映屋顶结构形式的顶棚常常会增添视觉上的趣味，一般采用的有单坡、双坡、攒尖、拱形、圆穹顶等形式（图1.2-82、图1.2-83）。

吊顶的艺术处理。吊顶是房间中最大的未经占用的面积，人们视线往往与它接触的时间较多，因此吊顶形状和质地的艺术处理会明显地影响着空间效果。吊顶的艺术处理手法与空间艺术处理手法相同，都应考虑其韵律、对比与色彩的规律，运用建筑语言来设计。

吊顶的形式及艺术处理原则：现在的室内屋顶都较低。合理地处理梁与吊顶的关系是设计师的难点。一般的原则是：较大的活动空间可将顶吊得高些，如餐厅、歌舞厅的散座、舞池等比较大的活动空间吊顶可高一些。而包厢雅座、情侣座为便于交谈，则吊顶可低一些，这样可产生亲切感。顶棚造型还应根据整体空间装饰设计进行处理，如墙壁装饰比较复杂，那么，顶棚处理就应相对简单一些。反之，顶棚造型就要复杂些。空间较高的吊顶造型可做得复杂些，而空间较低的顶棚吊顶造型变化应少一些。

图 1.2-82　双坡顶和自由形吊顶

图 1.2-83　拱形与圆穹顶结合

　　暴露结构顶棚分为两种：一种为充分暴露结构的形式，这种结构形式在进行空间组合中已充分考虑全露时的整体美观；另一种为半露，这一种形式往往将一些优美的结构形式外露，而对一些形式较差的结构在做吊顶时应将其隐蔽。

（2）调节吊顶高低的手法 顶吊的高低可通过色彩、细部处理来调节视觉上的错觉。如低矮的空间，要采用高明度的色彩，使人感觉空间开阔高远；高大的空间，则采用明度较低的色彩，以降低视觉上的高度。采用细部处理也能调节空间的高低。另外，将墙面与顶棚的交接处做成圆角，在墙面与顶棚的交接处采用相同材料和形式，或开天窗或做发光天棚，使墙与顶棚互相延伸，均能使空间增高。

利用各种线型造成视觉错觉，也可改变空间的感觉。如房间较小但较高的空间，应多用横线造型，这样会感觉空间开阔些，并使空间高度降低。反之，房间较大，高度较低，则多用竖线造型，这样会使空间感觉较高，同时也会缩小空间距离，以增加亲切感。

第三章　视觉效应与装饰设计

157. 什么是视知觉？

现代心理学研究认为视知觉应包括三个方面——属性分类、预测和感情。属性分类建立了与先前经验的联系，激起预测，同时诱发感情上的反应。接着是预测产生的影响，选择什么作为知觉所注意的下一个目标，并能引起从快乐到恐惧或者在感情上无反应，这些均取决于预测发展的性质。知觉的性质确定了人们对它的重视程度，接着是影响对它起作用的东西，并对经验进行重新审查。

一个环境中的情况若与人们的肯定的预测很符合，并能引起感情上的积极的反应时，那么，这个环境就将被人们看做是亲切的、有吸引力的或是愉快的，人们将会感到这个环境很好。但是如果这个环境与人们的肯定的预测相抵触或者证实为否定的预测时，这种环境中的情况将在感情上唤起一个消极的反应。人们会感到它是不亲切的、难看的或不愉快的。人们对于直接接触的环境的性质，常常有意识地或无意识地进行预测，故设计者必须认识到，一个视觉环境设计的成功与否，直接取决于对环境情况的处理得好不好，并且始终要保证使用者产生肯定的预测。

158. 什么是视错觉？

视错觉通常是指由于环境条件的不同，以及某些光、形、色等各种因素的干扰，再加上生理上的、心理上的原因所造成的人对物体的形状、线度、色彩等的错误判断。产生视错觉的原因很多，但主要是当我们观察物体时，一面用眼睛看，一面很灵敏地用脑子加以判断。有时眼睛还没有真正看清楚时，大脑已作出了判断，或者大脑已有先入为主的概念存在，这时，判断往往会产生错误，会把我们引入迷途，即形成错觉。

通过长期的实践，人们已经认识到视错觉是无法避免的，并积累了大量的克服与矫正视错觉的经验。时至今时，对视错觉的处理已被作为一种艺术处理手法而得到日益广泛的应用。因此，应重视对各种错视问题的研究，充分认识错视现象的艺术价值和可能的应用，把对视错觉的处理作为一种艺术处理的重要手法加以自觉地应用。

159. 几何形错觉有哪些?

几何形错觉主要有:"烟斗错觉"(即高度与宽度错觉)、视平分线错觉、粗细与轻重错觉、角度与面积大小的错觉、直线位移的错觉、马勒·莱亚图形(附加物影响产生的错觉)等。

160. 什么是"烟斗错觉"?

我们在观察尺度较大的物体时,尽管这个物体的高和宽是一样的,但总会感到高度要比宽度大一些,这就是高低错觉。这是因为人的视野是一个竖向较窄,横向较宽的椭圆形。这种视野,在对线段的长度的判断中也会发生错觉,即当观察同样长度的两条直线时,感觉上其长短是不等的。如图 1.3-1 中,a 和 b 是等长的,但看来 b 却较长。而且 b 越移近 a 的中点,这种现象越明显。一般来说,此种状况下所得的高宽比例约为 15:14。

此现象在仅对宽度进行判断时也会发生。图 1.3-2 中的两组短横线实际是等长的,两边面积亦相等,但给人的感觉是左面一组短横线似乎比右边一组的短横线要长些。这是因为,人们观察这两组线时,无形中将左右两组短横线以宽度作标准了。这就是几何学上著名的卡瓦列里定律的图解,因形似"烟斗",故又称"烟斗错觉"。

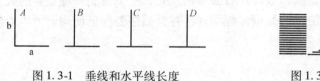

图 1.3-1　垂线和水平线长度　　　　图 1.3-2　卡瓦列里定律

161. 什么是视平分线错觉?

对视平分线位置的错误判断,实际上是由高度与宽度的错视而带来的。如果仅凭肉眼来找出其视平分线的话,一定会发现它要比实际的平分线略高一些。如图 1.3-3 所示。对平分线位置的一般矫正方法是:对于上下同形、或下小上大的物体,应将平分线上移到绝对中心(实际平分线)之上;对于上小下大的形,应将平分线作下移处理。当然,对建筑设计而言,还要估计到设计图纸上的高宽比例与实际建筑的高宽比例之间的区别,这是因为大尺度物体的高度与宽度及视平分线位置的错觉问题,比起小尺度的物体来说要更为明显得多。

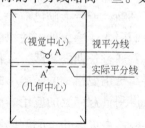

图 1.3-3　视平分线错觉

162. 什么是粗细与轻重错觉？

同一宽度的东西，横放比直放显得宽。而如果这两个物体的表面质感又相同，则直的看起来较重些，横的较轻些。这种错觉是由"像散作用"所造成的。对这种错觉，要将横物（或线）的宽度减细约 1/10 才能消除。

163. 什么是角度与面积大小的错觉？

图 1.3-4 中，A 角 B 角等大。但由于 A 角内包含一个较小的角，而 B 角内包含一个较大的角，看上去 A 角就比 B 角要大一些，这就是角度大小错觉。我们进行装饰设计时，可以利用它使同一形产生微妙变化，以达到耐人寻味的效果。

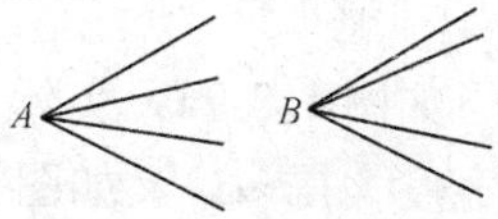

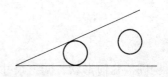

图 1.3-4　角度的大小

面积大小的错觉是由于形、色（以明度影响为主）、方向、位置等的影响，会使同面积的形给人大小不等的感觉，下面是几种主要的面积错觉：①明度的影响，图 1.3-5 中，黑白两只花瓶面积完全相等，但感到白色的面积大些。②附加线干扰影响面积大小，图 1.3-6 中两个圆是等面积的，但看来近角顶端的那个圆显得要比离角顶端远的圆面积大些。

图 1.3-5　花瓶的面积

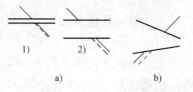

图 1.3-6　圆的面积

164. 什么是直线位移的错觉？

当一条斜线（直线）被具有一定间隙的两条线截成两段射线时，就会产生两条射线似乎不在一条直线上的错觉，这种错觉称为位移错觉。位移的大小主要与下面两个因素有关：一是与这条直线和平行线的交角有关。当线段与平行线垂直时，几乎没有错觉。二是与这两条线段被隔开的距离有关，被隔开的距离越大，位移也越大。当线段被两条直线分隔开时，位移更加明显，见图 1.3-7 所示。

图 1.3-7　直线的位移

165. 什么是马勒·莱亚图形？

如图 1.3-8 所示，①中 a 和 b 是等长的，但看来 a 比 b 长。②中的三角形角

顶间距 $AB = BC$，但好像 $BC > AB$。③中 A、B、C 三条线段的长度是相等的，但由于折线的角度不同，似乎 $A > B > C$。类似这样的现象，通常称之为马勒·莱亚图形。

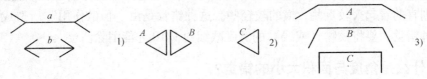

图 1.3-8　马勒·莱亚图形

166. 什么是分割错觉的影响？

如图 1.3-9a，实际上是个正方形，由于横向进行了弹簧形分割，便显得高度比宽度大得多。又如图 1.3-9b 和 c 都是正方形，c 采取横向分割，b 采取竖向分割，结果 c 显得高一些，b 显得宽一些。

图 1.3-9　分割的错觉

这种同一几何形状、同一尺寸的东西，由于采取不同的分割方法，使人感到它们的形状和尺寸都发生了变化的现象，就是分割错觉。但是，利用分割错觉增加高度和宽度是有限的，只是与没有分割前的原形相比较感觉略高或略宽一些而已。决不可滥用或死搬硬套分割错觉的原理。

167. 什么是对比错觉的影响？

对比错觉是指由同一形、色的物体处于两种差异较大的条件下时，直接影响了人们对于同一形或色的认识，以致作出错误的判断。如在图 1.3-10 中，左右两个图形中的中央两个圆是一样大的，但我们觉得 6 个大圆包围中的那个圆要小些。在建筑上，对这种错觉的矫正也是很重要的。同时，在确定许多尺度问题时，必须要考虑到因对比错觉产生的影响。例如我们住的房屋，一般高约 3m，面积 15m² 左右。但如建一个 200m² 的阅览室或会议厅，层高如果仍按 3m，则会产生强烈的压抑感，甚至引起人的不安。这与空间的相对尺度大小和顶棚材料的重量感引起的下坠倾向

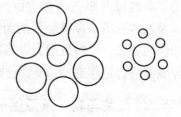

图 1.3-10　对比造成的错觉

有关。一般，对于同一高度，面积越小越显得高，空间越宽阔越显得矮。同时，下坠感也随面积大小而异，面积越小，感觉越轻微，面积越大感觉越强烈。这都是对比错觉所致。为了改变这种感觉，在影剧院、礼堂等大型公共建筑中，通常应将吊顶（即天花板）做成向上略凸的。一般情况下，起拱高度应为房间跨度的 3/1000 左右。经过这种处理，一方面可减少压抑感，另一方面可克服顶棚中部的下坠感觉。如果把天花板做成水平的，则人的感受是中部向下凸的（实际上是水平的）。

168. 什么是背景错觉的影响?

背景错觉是因光渗作用的影响而产生的一类视错觉现象。例如著名的雅典卫城的主题建筑物——帕提农神庙，其设计就充分考虑了光渗作用的影响。帕提农神庙的石柱，不是每根都一样粗的。位于两边上的较粗，而中部的柱子较细。粗柱底直径为 1.904m，而细柱底直径约缩减了 0.0254m 左右。这是因为帕提农庙两边的柱子是以天空为背景，而中部的柱子则是以殿堂为背景。倘若采用同样粗细，则人在眺望时，必然感觉到两侧的柱子较中间的柱子要细一些。所以，必须使两侧的柱子加粗一些，中部的柱子细一些，如此看起来，才会感到是一般粗细的。这种对错觉的纠正，是很重要的。一般来说，物体在明亮背景的衬托下，其图形具有收敛性，而在黑暗背景的衬托下，其图形有扩散的倾向，看来要稍为粗大一些。

169. 什么是透视错觉的影响?

所谓的透视错觉包括两类，一类是指由于透视和空气的影响，造成视物远小近大、近实远虚的错觉；另一类是指由于人们已有的透视学知识及视觉经验的影响，对所观察的物体人为地加上了透视底线，造成了对于平面图形的错误判断和感受，如图 1.3-11 所示。在装饰艺术中，既要注意克服其不利影响，又要注意利用它来表现物体的体积、空间的深度和距离等等。这种错觉的现象，在建筑装饰设计中应注意矫正。例如，遇到高大建筑物（如纪念碑等），由于透视关系，为了使碑体上的文字大小一

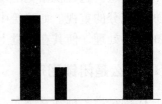

图 1.3-11　大小与远近

致，必须对上述错觉造成的影响进行必要的调整，即做上大下小的处理，以求得整体效果的完美。再如帕提农神庙，其柱上面的小间壁及所有各部位的装饰，亦不是距离相等的。庙上各部位的装饰，一般是越在高处，比例便越为加大。这些变化，都是根据观察者的视角变化而在设计上作出的反映。故虽然实际上各部大小并不一致，而映入观察者眼中的视像的大小却是十分均匀的。

170. 什么是负荷错觉的影响?

负荷错觉,在其他的艺术门类中较少有影响,基本上是建筑装饰艺术中所独有的。这种错觉,是由实体的建筑材料的体量感和重量感所引起的。在对比错觉中曾提到的顶棚的下坠感亦是如此。为了说明这种影响,我们仍以帕提农神庙为例来加以分析。在帕提农神庙正面的八根柱子中,只有中央的两根是完全垂直的,其左右的六根柱子都向内倾斜。为什么不使这些柱子全部垂直,而要照此配列呢? 这是因为在柱子的上方载有很重的石楣。实际上,下面这许多柱子是完全能够担负起石楣的重量的。但在感觉上,似乎柱子的负担是很重的。假如我们把这八根柱子都完全垂直的排列,就觉得在石楣的重压下,旁边的柱子被压得向外侧分开,使人产生危险的感觉。这当然是一种错觉。欲矫正这种错觉,只有将两旁的六根柱子的上侧向内倾斜。当然,这种倾斜是很轻微的,全长 10.36m 的柱,柱轴顶部向内倾斜仅约 7.62cm。

再如,帕提农神庙的基石不是水平的,而是中部向上凸起成弧线的。为什么呢? 这也与错视引起的感觉的有关。因为上方的石楣和石柱有很大的压力感,如基石用几何的水平直线,则看去似乎基石被压得下凹。只有将中部向上凸起,借以弥补在压力下形成的下凹的感觉,才能使人望去感觉是水平的。当然,此弧线凸起的程度,亦是微乎其微的。殿前后屋基长 30.78m,其正中比两端凸起仅 7.62cm,左右屋基长 69.19m,其正中比

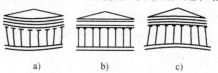

a)   b)   c)

图 1.3-12 负荷错觉的影响与纠正

两端仅凸起 10.2cm。在建筑设计时,应注意对负荷错觉予以纠正。一般,如果建筑物为 1.3-12b 图时,则会产生 a 图的错觉,要达到 b 图的效果,就必须按 c 图设计建造。这种视错觉的现象,在建筑上是很普遍的。故在建筑的装饰设计中应加以充分的重视。如建筑中的雨篷、阳台等下部的悬臂梁,设计时应作外窄内宽的倾斜处理,使其在感觉上保持水平,防止产生下坠感。

171. 什么是闭锁图形?

闭锁是指一种知觉倾向,即当人们在观看一种存在着间隙的不完全的视觉图形时,人们会产生一些联想,这是一种将间隙进行填补或者忽略的空间概念的知觉倾向。图 1.3-13 远看是一只狗,但近看则是零散的、似乎是互不关联的各种各样色块的集合。这种利用闭锁原理设计的图形既有近效果,又有远效果,并使人有回味的余地,是值得研究借鉴的。

图 1.3-13 闭锁图形

172. 什么是色彩的三要素？

色彩的三要素也就是色彩的属性，色彩基本属性有色相、明度和纯度。任何一种色彩都同时显现三要素。

（1）色相　是指色彩所呈现出的相貌，借以区分色彩的品种、类别。色相通常以循环的色相环来表示（书前彩页图1.3-14）。历史上曾有多种划分的色相环，如12色色相环、10色色相环、9色色相环、8色色相环等，常用的为10色和12色色相环。色彩又可分为无彩色和有彩色两大类。无彩色包括黑、白、灰色，有彩色包括除黑、白、灰以外的一切。

（2）明度　明度是人眼感觉到的色彩的明暗差别。明度最高的是白色，最低的是黑色。明度可用阶段图来表示（书前彩页图1.3-15）。

（3）彩度　是指色彩的强弱（或鲜浊）程度，它决定于所含光波波长是单一性还是复合性。如在绿色中，加入了白色时，虽然它仍具有绿色相的特征，但它的鲜浊度降低了。彩度亦称纯度、饱和度、鲜明度。色彩的三要素是三个纬度，可将其统一起来形成一个近于球形的色立体（书前彩页图1.3-16）。色立体展示了色彩三要素之间的变化规律。

173. 色彩按效果分有哪些类型？

（1）膜面色　最典型的例子就是天空。膜面色的特点是物体的存在位置不明确，具有面的感觉而柔和厚重，还具有能够透入的感觉。膜面色可由色相、明度、彩度及透明度表示。

（2）表面色　通常是指建筑材料或纸等不透明的物体表面的色彩。表面色的特点是物体的位置明确，表面坚硬，具有接触的感觉。表面色可由色相、明度、彩度和光泽来表示。

（3）容积色　通常的例子是冰块或容器中的液体等的色彩。容积色的特点是占有三维空间，本质上具有透明感。容积色可由色相、明度、彩度和透明度来表示。

（4）透明膜面色　通常的例子是磨砂玻璃等的色彩。它的特点是具有半透明性。透明膜面色由色相、明度、彩度、透明度和光泽来表示。

174. 色彩按成因分有哪些类型？

按照色彩形成的原因，可以区分为固有色和条件色两大类。固有色通常包括物体色和光源色。物体色是各种透明、或不透明物体的自身固有的色彩；而光源色是电灯、蜡烛等各种发光体所发出的光的颜色——即光色。条件色包括照明色和环境色。照明色是指物体色在受到一定的光照和光的反射后所显示的色彩

（这里不包括通常所说的，没有光则不能辨色的问题，仅考虑光色和照度对物体色变异的影响）；而环境色是指，当物体处于一定的色彩环境中时，受到环境色的包围、陪衬、映射所呈现出的复杂的、依一定的观察角度而变化的复合色彩效果。在上述的色彩类型中，最具重要意义的是膜面色、表面色、光源色和条件色。从美观度考虑，膜面色显得柔和，富有快感；表面色显得强劲，富有力度与质感，但一般与快感无关。从形成特定的效果考虑，光源色以最简易的方式调整物体色的色彩，并对环境进行渲染方面的作用是毋庸置疑的；而条件色，无论是照明色还是环境色，其相互辉映、五光十色的复杂的色彩变化，常使人感到有些捉摸不定。但其扑朔迷离的虚幻效果，千姿百态的生动情趣，又常常为刻意创造某种特殊环境气氛的人所追求。

175. 为什么在建筑装饰设计中应注意色彩类型的相互转换？

上述色彩的各种类型，根据周围的环境及特定的条件是可以相互转变的，如我们通过小屏上的小孔观看物体，物体的色彩并不表现为表面色，而呈现出膜面色的基本特征。在不知道物体受到照射的情况下，物体表面的照明色被认为是表面色。当光源不是太亮，且不了解光源的具体位置时，光色常可被看做是膜面色。在舞台上设置的天空背景，当在近处去看时是形状弯曲的表面色，但从观众席上看去，却是不够完全的膜面色。这样的例子很多。如从光源发出的光色是固有色，而在光源前加滤色镜后所形成的光色就是条件色了。但是，如果我们并不能直接看到光源，或虽然看到了，但我们是把上述的照明体系作为一个整体来考虑其对环境的影响，则我们仍可将上述体系发出的色光认为是固有色。在我们的建筑装饰设计中，我们应通过正确区分色彩的类型，来运用它们的特性，为我们的设计增添光彩。

176. 什么是色彩的原色、间色、中性色、复色、冷色和暖色？

（1）原色　色彩中不能分解的基本色称为原色。原色只有三种，即红、黄、蓝。

（2）间色　由两个原色混合而得的色称为间色，它也只有三种，即橙、绿、紫。间色亦称次色（图1.3-17）。

（3）复色　是由二个间色或一种原色和其对应的间色相混合而得的色（图1.3-18）。

（4）冷色、暖色　由于生理和心理反应，使人产生冷峻联想的色彩称为冷色，使人产生温暖联想的色称为暖色。

（5）中性色　黑色、白色、银色为中性色。

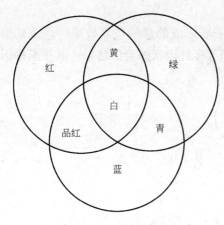

图 1.3-17　三原色和三间色

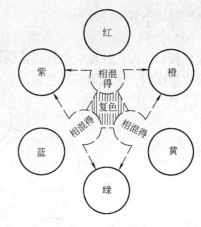

图 1.3-18　复色的形成

177. 什么是色彩的同类色、类似色、对比色？

（1）同类色　色相相同而明度不同的色称为同类色（图 1.3-19）。

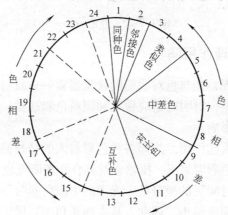

图 1.3-19　色相综合示意图

（2）类似色　色环中 90°范围内互为类似色。某色与其复色也为类似色。类似色亦称邻近色（图 1.3-19）。

（3）对比色　色环中 90°~180°内的色互为对比色（图 1.3-19）。

178. 什么是补色、补色对比和色调？

（1）补色　原色和相应的间色互为补色，如红与绿、黄与紫、蓝与橙。一对补色在色环中成 180°（图 1.3-20）。

（2）补色对比　一组补色所造成的色相对比关系称为补色对比，补色对比是色彩对比中效果最强烈的。

（3）色调 是指在一定范围内几种色彩所形成的总的色彩效果。色调的形成是色相、明度、纯度、色性以及色块面积等多种因素综合的结果。其中某种因素起主导作用，便成为某种色调。

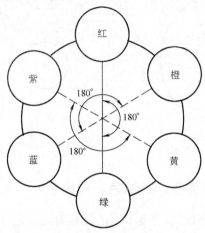

图 1.3-20 补色关系

179. 色彩能产生生理作用吗?

生理学家研究发现，光与色对我们的视觉器官——眼与脑的各种作用，以及它们的组织联系和功能。对明暗适应视觉和颜料色彩视觉，色彩辐射对人的生理和心理都会产生积极影响。

各种色彩都能对人起作用。然而各种色彩对人的精神健康和个性具有相当的影响力。著名前苏联色彩专家 E·拉勃金及其合作者研究色彩对视觉的作用时发现，如果人在大多数时间里的视野处于光谱的中段色彩时，则在其他条件相同的情况下，眼睛的疲劳程度最小。因此，从生理学角度，属于最佳的色彩有：淡绿色、淡黄色、翠绿色、天蓝色、浅蓝色和白色等。但是，任何色彩都不可能是完全适宜的，眼睛迟早总要疲劳的，而色彩性疲劳可以用调换另一种色彩来减轻。所以，必须周期性地使眼睛的视野从一种色彩变换到另一种色彩，也就是补色的合理运用，在色轮上，就是呈180°，或接近180°的两对应色。如蓝色与橙色，紫色与黄色，绿色与红色、鹅黄色与紫色，绿色与黄色等。例如用黄色、橙色和紫色搭配作室内色彩；家具则采用白色、橙色、黄色；室内织物如床单、窗帘等可选用在淡黄中点缀淡紫花饰的图案。又如房间的基调是鲜明的暖黄色，也可以用小面积淡紫色来装点，形成补色的对比，更能衬托出橙、黄的鲜明热情和生动的效果。假如采用国际流行的一组室内色彩配伍，蓝色、粉红色与浅灰色组合，这是一个冷色基调。白色的墙面，灰色的家具，蓝色的地毯，床罩、窗帘等室内织物可采用粉红色和浅蓝色等明快色彩，整个房间在宁静安谧的气氛中跳跃着生动活泼的青春气息，这样的色调是比较统一和谐的。

180. 色彩会产生哪些心理感受？

因为光波是物质的。经科学研究证实，有色光会影响人的肌肉机能和血液循环系统，从而影响人的情绪等，即产生直接的心理效果。同时人们的视觉在感受色彩的过程中，会出现一定的错觉和幻觉并与联想相结合，从而产生相应的物理效果和间接的心理效果。色彩产生的心理感受有：色彩的冷暖感、色彩的体量感、色彩的距离感、色彩的重量感、色彩的共感性等。

181. 什么是色彩的冷暖感？

造成冷暖感既有生理直觉的原因，也有心理联想的原因。色彩的冷暖感决定于色相（图 1.3-21）。由于明度不同色性也会发生变化，如绿、紫、蓝在明度高时倾向于冷色，低时倾向于暖色。由于色彩的冷暖感觉，人们对温度的主观感受可相差 3℃～4℃，因此，寒冷地区或北面少阳光的室内宜用暖色，在炎热地区或阳光充足的房间宜采用冷色。

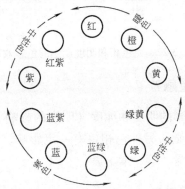

图 1.3-21 冷暖和中性色分类

182. 什么是色彩的体量感？

造成体量感的变化，主要决定于色相和明度两个因素（图 1.3-22）。暖色和明度高的色彩使物体显得大些，有扩张感，而冷色和暗色物体显得小些，有收缩感。在室内设计中，常利用色彩的体量感来改善空间和构配件的某种缺欠，以求得视觉的平衡。

183. 什么是色彩的距离感？

色彩可使人感觉物体进退、凹凸、远近的不同。色相是影响距离感的主要因素，其次是彩度和明度。一般暖色和高明度的色彩具有前进、凸出、接近的效果，而冷色和低明度的色彩则效果相反（图1.3-22）。在室内设计中常利用色彩的这一特点，来改善空间的大小和高低感觉。在对面墙壁设上冷色，则会使房间增加了深度感。

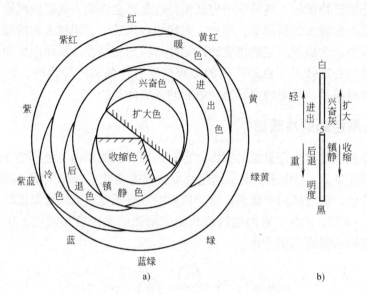

图 1.3-22　由色相和明度产生的色彩效果

184. 什么是色彩的重量感?

重量感主要决定于色彩的明度和纯度（明度的影响见图1.3-22）。一般明度和纯度高的色彩有轻的感觉。另外色相也有一定影响，色相的轻重次序排列为白、黄、橙、红、中灰、绿、蓝、紫、黑。

185. 什么是色彩的共感性?

色彩除使人有视觉感受外，同时会引起其他的感觉系统的共鸣，如在味觉、嗅觉、触觉等方面都会有共感性。在味觉方面，明色调的食物比暗色调的食物易引起食欲，从色相来说，黄色易生甘甜的感觉，红色易生苦、辣的感觉，青绿色具有酸意，白色意味着清淡，等等。在嗅觉方面，往往由色彩想到花香。通常暖色、明亮的色彩使人感到有芳香和较好的味道，而冷色、暗浊色则易使人想起腐败的气味。在触觉方面，不同的明度和彩度有不同的软硬感，明亮色令人感到柔软，彩度高的纯色和暗浊色令人感到坚硬，一般情况下，软色同时也是轻色，硬色同时也是重色。利用色彩的共感性，在室内设计中可以运用色彩来营造、烘托适于某种功能的室内氛围。

186. 色彩会产生哪些心理效果？

（1）色彩的情感性

色彩美不仅有悦目性，而且有情感性。人的情感虽各有差异，但一般来说也有共性，色彩引发的共同性情感大致可有以下几种：

1）兴奋与镇静。通常暖色易使人兴奋，冷色使人镇静（图 1.3-23）。另外，凡明度和彩度高的色也易使人兴奋。相反，比较暗灰的色易使人沉静。同时，如有几种色彩，它们的色相、明度和彩度的对比都很强烈，也易产生兴奋感，反之则有沉静感。

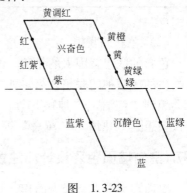

图　1.3-23

2）轻快与滞重感。一般明色有轻快感，暗色有滞重感。但若明度相同，不同的彩度也有不同感觉，一般彩度高的色要轻快些；如明度和彩度相同，则冷色要感到轻快些（图1.3-22）。

3）华丽与素雅。色相变化多、彩度高而明快的设色，能给人以华美和富丽堂皇的感觉，反之色相单调和彩度低的设色，使人感觉素雅。在明度方面，明色华丽，暗色朴素。在彩度方面，彩度高的华丽，低的朴素。金银色也是华丽的，但其中如加入黑色，则华丽中又显出素雅。

4）开朗与沉郁。明亮的色彩有开朗感，暗色则使人感到沉郁。见到红、橙、黄等暖色为主的纯度和明度高的色彩时，就显得活泼，见到以蓝、紫等冷色为主的纯度和明度都不高的色彩时，就显得沉郁。这些都是以明度大小为主，伴随着纯度的高低和色性的冷暖而产生的影响。从色彩的属性看，人对色彩的情感也有普遍性和共同性，这可归纳如表 1.3-1 所示。

表 1.3-1　人对色彩基本感受的反应

色的属性		人对色彩基本感受的反应
色相	暖色系	温暖、活力、喜悦、甜蜜、热情、积极、活泼、华丽、激进
	中性色系	稳定、平凡、折中、谦和
	冷色系	寒冷、消极、沉着、深远、理智、休息、幽静、素静、冷酷
明度	高明度	轻快、明朗、清爽、单薄、软弱、优美、女性化
	中明度	平和、保守、稳定
	低明度	厚重、阴暗、压抑、坚硬、安定、迟钝、男性化

（续）

色的属性		人对色彩基本感受的反应
彩度	高彩度	鲜艳、刺激、新鲜、活泼、积极、热闹、有力量
	中彩度	平常、中庸、稳健、文雅
	低彩度	陈旧、寂寞、老成、消极、朴素

（2）色彩的联想

色彩的联想会因人的年龄、经历、性格、性别、文化、修养等而不同，会产生物质的或精神的联想效果。如白色，有人会联想到"雪"、"白云"等，也有人会想到"纯洁"、"神秘"等；如红色，有人会联想到"红旗"、"太阳"，也有人会想到"热情"、"革命"等。

187. 室内墙面色彩设计应注意些什么？

墙面在室内占有最大面积，其色彩往往构成室内的基本色调，其他部分的色彩都要受其约束。墙面色彩通常也是室内物体的背景色。它一般采用低彩度、高明度的色彩。这样处理不易使人产生视觉疲劳，同时可提高与家具色调的适应性。对于有特殊功用的房间如医院、幼儿园等，应根据功能需要而采用恰当的色彩。设计墙面色彩时应考虑房间朝向、气候等条件，同时还应与建筑外部的色彩相协调，忌用建筑外环境色调的补色。例如室外有大片红墙面，室内墙面不宜用绿色和蓝色；如室外为大片绿荫，则室内不宜用红色或橙色。

墙裙的色彩一般应比上部墙的明度低。踢脚线应采用与墙或墙裙色的同一色相，但明度要低于墙裙并且要和地面区别开。

188. 室内地面色彩设计应注意些什么？

地面与墙面一样对其他物体起着衬托作用，同时又具有呼应和加强墙面色彩的作用。所以地面色彩应与墙面、家具的色调相协调。通常地面色彩应比墙面稍深一些，可选用低彩度、含灰色成分较高的色彩，常用的色彩有：暗红色、褐色、深褐色、米黄色、木色，以及各种浅灰色和灰色等。在运用这些色相时要注意选择较低的彩度。

189. 室内顶棚色彩设计应注意些什么？

顶棚色起反射光线的作用，一般在室内色彩中明度最高。可减轻顶棚的压抑感，增加稳定感，顶棚大多取白色、淡蓝、淡黄等色彩。但在某种情况下为营造气氛的需要，也可采取与上述相反的做法，即顶棚用低明度、较深重的色彩。例如有的娱乐场所往往采用这种处理方法。

190. 室内家具色彩设计应注意些什么？

家具在室内占有重要地位，其色彩对于室内环境的气氛、格调有着巨大影响。一般情况下家具的色彩要求与墙面协调。但家具色彩具有两重性，有的家具以墙面为背景色，被墙面衬托；有的家具特别是大面积的组合家具，又是陈设等物件的背景色，与墙面共同起着衬托作用，因此其色彩要有过渡性和中介性。在选择家具色彩时必须考虑房间的具体情况，小而低矮的房间家具色彩宜与墙面色彩接近，采用同一色或类似色，使家具与墙面融于一个层次，使人产生扩大的空间感；如房间很大且家具较少，则家具可采取与墙面成对比色的色彩，使家具成为前景，以缓和、改善室内的空旷感。

191. 室内门窗色彩设计应注意些什么？

门窗应采用和墙面不同的颜色，明度应比墙面低，彩度应比墙面高，以作明显区别。门扇面积大时，如选用的色彩过深，会使人感到过分突出，不利于整体协调。如果墙面色彩较深，门窗可选明快的浅色。如室内空间较小，为增加开阔感，门窗可选用与墙面相似的、明度高而清新明快的色彩。由于窗扇常处于逆光中，通常色彩不宜过深。

192. 室内织物色彩设计应注意些什么？

室内的织物一般用量较大，对室内色彩有着不可忽视的影响。织物有平铺的，如地毯、床罩、台布等，也有挂设的，如壁挂、帘幔、软包面等。它们具有实用和装饰两方面的作用。织物的色彩处理应在室内基本色调的控制下，做到既协调统一，又充分利用其色彩的多变性和可变性，以创造出丰富的色彩环境效果。

193. 起居室色彩设计应注意些什么？

起居室是家庭活动的中心，是住宅装饰的重点。因而起居室的色彩设计在住宅装饰中尤为重要。通常起居室的色彩应亮丽且层次丰富。在大面积的墙面、天棚、与地面中运用低彩度的色彩，并适当插入一些高彩度的色彩，使整个空间环境构成融洽、欢快的气氛。确定起居室的色调时还应考虑空间的大小，一般小空间起居室的色调以淡雅为宜，常用高明度色彩；大空间的起居室可选择中性色，也可采用低明度色。

194. 卧室色彩设计应注意些什么？

卧室是睡眠、休息的地方，要求舒适、宁静、温馨的环境气氛，因此要用柔和、偏暖的色调，中低彩度、高中明度的任何色系都是适宜的色彩。卧室是住宅中最具个性的，因此色调常常因使用者的喜好而异。如青年人追求时尚、新鲜，应采用中高彩度色系列；老年人推崇古典、沉稳，宜用中、低明度色系，儿童卧室则应选用多彩色组合处理。

195. 儿童用房色彩设计应注意些什么？

根据儿童的性格特征及其观察世界的方式，儿童用房的色彩与其他室内色彩应有很大区别，一般应采用鲜艳色彩并富有对比变化，以创造一个欢快、活泼的室内环境。因此宜多用纯色而不宜用太灰太暗的色彩。

196. 餐厅和厨房色彩设计应注意些什么？

餐厅和厨房多为中小型房间，色彩宜用亮的暖色和明快的色调，以达到扩大空间感的效果。餐厅家具的色彩可以相对活跃，采用与整体色对比的色彩。餐厅的色彩设计应满足进餐和提高食欲的要求，并且有一定的卫生、清洁的象征性色彩。所以色彩应以黄色系、橙色系及白色为主。厨房与餐厅往往共处一室，可作同一空间考虑用色。如是单独厨房，则可分开考虑。其墙面、地面的色彩应以高明度色为主，冷、暖色皆宜。在室内色彩设计中，除注意各个不同房间色彩的选择外，更要照顾全面，要达到各房间与共同组成的整体环境色彩相呼应、相协调，并能体现出不同格调的创意。

197. 商业建筑室内色彩设计应注意些什么？

商场内由于商品本身及其包装已有丰富多彩的颜色，室内界面一般宜用不强烈且具有对其他色有广泛适应性的色彩，以更好地突出商品的形象，强调商品的色泽。商场中的界面色彩明度高、彩度低。货架、柱子的色彩明度低于界面，彩度高于界面。有时为了吸引人的注意，可在局部使用浓烈、饱和的色彩，如红、黄色等。商场中每一层的色调应该有所区别，以便顾客识别。在商场中有多种商品，可根据类别（如服装、珠宝首饰、文具等），利用不同色彩来设计小环境，这些小环境要便于区别商品，又能融于整体色彩环境之中。商品的色彩设计常与灯光照明相配合，应该注意照明的色彩，不致使商品变色、失色。商场中的灯箱广告往往最引人注目，它是渲染室内环境气氛、宣传商品的最有效的方法。

198. 服装店室内色彩应如何设计？

（1）掌握颜色均衡感，因店面墙是门和橱窗，除此以外店内所有墙面既要有色彩明度上的均衡性，又要有色彩上的协调性。

（2）要考虑店面内服装颜色的搭配，这样才能吸引更多客户：

暖色系一般来说是很容易亲近的色系，如红、黄等色，这比较适合年轻阶层的店铺。同色系中，粉红、鲜红、鹅黄色等女性喜好的色彩，对妇女用品店及婴幼儿服装店等产品华丽的高级服装店设计较合适。

冷色系看来有很远很高的感觉，有扩大感，如蓝、绿等色，严寒地区顶棚很高的店铺不宜使用，否则进入店内会感到很冷清，亲切感降低，尽量避免使用才好。在夏季为了再现山峰海涛的感觉，陈列时使用冷色系，可以产生清凉感，所以当做季节性的设计应用是很适当的。

（3）可以形成色彩效果的要素是店内设计主色与墙色的调和。例如背景为黄色的墙壁，若陈列同色系的黄色商品时，不但看来奇怪，且容易丧失商品价值。如果陈列相反色系的对比色，如黑、白商品并陈，商品会更加鲜明，故一定要使用对比色。

199. 办公建筑室内色彩设计应注意些什么？

办公室空间总的要求是：不但能满足工作需要，且利于提高工作效率。通常室内界面采用彩度低、明度高且具有安定性的色彩，用中性色、灰棕色、浅米色、白色等色彩处理较为合适。办公室有小单间的封闭式和大空间的敞开式两种类型。封闭式办公室除按一般要求选色外，也体现个性化倾向，尤其是经理室、主管室等色彩可有多种选择，以体现个人风格。敞开式办公室的各办公单元色彩要求一致，以形成统一的办公环境，但也可借室内某些界面的不同颜色来划分各个区域，形成不同的工作环境格调，例如在几个主墙上分别设以蓝、绿、橙色等色彩，分出不同区域。

200. 餐饮建筑室内色彩设计应注意些什么？

大型餐厅是典型的餐饮建筑空间环境，其色彩处理一般选择红、黄、橙等暖色调，其中再加以乳白色，可使色调更为明朗、活泼。黄、橙色是欢快喜悦感的象征色，且易产生水果成熟的味觉联想，激发人的食欲，是当今餐饮业餐厅的最常用色彩。快餐厅的用色一般选用高明度的色彩与高彩度的色彩组合，以达到兴奋情趣的作用。当然创造具有独特品味的餐厅环境，也可突破常规用色，采用表现个性的色彩处理方法。表1.3-2为餐厅常用的配色方案。

各类餐厅小包间的用色比较灵活、丰富，以表格的形式难以列出，设计中应根据包间的空间大小风格特点及业务要求决定。各类风味餐厅的室内色彩具有各自的具体要求，设计中应考虑如何运用色彩表现出风味餐厅的特点。各类连锁餐饮店有各自专用的色彩，如肯德基、麦当劳、汉堡王等，室内设计时需要准确地应用它们的标准色彩。

表 1.3-2 餐厅常用的配色方案

餐厅名称	顶棚	墙面柱子	餐柜地面	餐桌椅柜	门窗	窗帘	陈设	备注
中餐厅	乳白色、浅米色	浅米黄色、深木色及其他高明度、低彩度的暖色	低明度、低彩度的色彩	木色、褐色	木色、褐色等	中明度、低彩度的暖色	彩度较高的色彩，明度很高及很低的色彩	有增进食欲的室内色彩环境
西餐厅	乳白色、浅米色及其他高明度、低彩度的暖色	乳白色、浅米色、米黄色、浅粉红色、浅玫瑰色等中明度、中彩度的暖色	暗红、深褐色及其他低明度、暖灰色	乳白色、浅米色、木色	乳白色、浅米色	中明度、彩度的暖色彩	彩度较高的色彩，明度很高及很低的色彩	有增进食欲的室内色彩环境
快餐厅	乳白色、浅米色	白色、局部用红色、蓝色、砖红及其他低明度的色彩	黑、白、砖红及其他低明度的色彩	乳白色、浅米色、木色暗红色、褐色等	白色、粉红、浅蓝、淡黄及其有别于墙面明度、彩度的色彩	高明度、中彩度的色彩	彩度较高的色彩，明度很高及很低的色彩	有增进食欲和简洁明快的室内色彩环境

201. 宾馆建筑室内色彩设计应注意些什么？

宾馆的室内形式多样，内容丰富，主要包括大堂、客房、餐饮、会议、娱乐场所等部分以及公共交通部分。大堂的设计要具有端庄、华美的风格和亲切迎宾的气氛，其色彩应以明快的暖色调为主。客房的设计应该制造出宁静、舒适、雅致的气氛。因此室内选择低彩度、中明度与低彩度、高明度的色彩组合较为适宜。商务、会议室的风格一般都以简洁、明快、庄重为好，色彩选择大都以高明度、低彩度的色彩组合。公共交通包括门厅、过厅、电梯厅等，大多采用高明度、低彩度的色彩。

202. 文化教育建筑室内色彩设计应注意些什么？

在此类环境空间内，人们以从事学习、研究活动为主，色彩的处理通常以宁静、稳定、淡雅的柔和色调为主，可采用中性色相或淡雅的冷色相。色彩的明度要高，纯度宜低。当然这类室内环境的用色还应根据使用者的具体情况进行调节，例如学校的教室，低年级和高年级学生的教室色调就应有所不同。

图书馆阅览室应有安静明亮的环境，室内色设计应注意明度和视觉要求。一般基调色多选用白色、灰白或淡灰绿、淡灰黄等高明度、低彩度的色彩。但儿童阅览室室内的色彩应丰富些、明朗些，以适应儿童的心理要求。

203. 娱乐、休闲类建筑室内色彩设计应注意些什么？

娱乐、休闲类建筑的室内形式复杂、内容丰富。下面主要介绍的有舞厅、健身房、保龄球室、桑拿中心、桌球室、棋牌室等。

（1）舞厅通常有交谊舞厅、迪斯科舞厅、卡啦 OK 舞厅、多功能舞厅。营业舞厅大都附设 KTV 包间。舞厅中部的室内色彩应以强烈而富有动感的对比色彩为基调，并配合强烈的人工照明营造跳跃性的色彩感觉，烘托室内空间的节奏感，从而激发人们投入的热情。舞厅边部的色彩应以沉静的色调配以低照度的灯光，创造出宁静休闲的环境。KTV 包间一般用宁静、典雅的色调为主，以便形成一个私密的空间。现列出舞厅的通常色彩方案，供设计者参考，见表 1.3-3。

表 1.3-3 舞厅色彩设计参考表

厅室名称	顶棚	墙面、柱子	地面	家具	装饰品	备注
交谊舞厅	浅灰色、灰色，局部黑色及其他低明度、低彩度色彩	灰色、深灰色，局部暗红、深蓝、深褐色及其他低明度中彩度色	中性灰色、暗红深蓝、深褐、蓝色及其他低明度低彩度色彩	褐色、暗红、深蓝黑色及其他低明度、低彩度的色彩	跳跃的色彩	创造出热烈、欢快、舒展的休闲气氛
迪斯科舞厅	浅灰色、黑色、深度、中彩度的色彩	深灰色、暗红、蓝色、黄色及其他低明度、高彩度的色彩	灰色、暗红、深蓝、黑色及其他低明度、中彩度的色彩	白色、浅灰、红色玫瑰色、紫色、黑色、黄色及其他高彩度的色彩	极其跳跃的色彩	创造出热烈、奔放、高强度的渲泄气氛
卡拉 OK 舞厅	浅灰色、蓝灰色黑色及其他低明度、低彩度的色彩	灰色、深灰色、蓝灰色、红灰色，局部低明度、中彩度的色彩	灰色、暗色、深蓝黑色及其他低明度、低彩度的色彩	褐色、木色、暗红、深蓝、黑色及其他低明度、低彩度的色彩	中彩度或高彩度色彩	创造出欢快美好的休闲气氛
多功能舞厅	乳白色、浅灰色，局部蓝色或木色	乳白色、木色、淡黄色、淡红色及其他高明度、低彩度的色彩	灰色，局部黑色暗红色等	木色、褐色及其他中明度、中彩度的色彩	中彩度的色彩	创造热烈且庄重的气氛

（续）

厅室名称	顶棚	墙面、柱子	地面	家具	装饰品	备注
KTV 包间	浅灰色、深灰色或中彩度的灰色	低明度、中彩度，局部高彩度的色	灰色或中彩度、低明度的色彩	深灰、黑色、暗红、深褐等	中彩度或高彩度的色彩	创造出愉快、宁静的私密气氛

（2）健身房一般包括健身厅和更衣室。其色彩应以明快色彩组成。表 1.3-4 可供参考。

表 1.3-4 健身房色彩设计参考表

室内名称	顶棚	墙面、柱子	地面	门窗	窗帘、家具
健身厅	白色、浅米色	白色、浅米色、浅绿色或蓝色等高明度、低彩度色彩	灰色、深蓝、深绿、暗红	木色或比墙面彩度高、明度低的色彩	高明度、低彩度的色彩
更衣室	白色、浅米色	白色、浅灰色	浅灰色、灰色	木色或比墙面彩度高、明度低的色彩	高明度、低彩度的色彩

（3）桌球室、棋牌室的用色应选宁静、典雅的色彩。较高档的桌球室用色较富丽，普通的桌球室与棋牌室的用色都较明快。表 1.3-5 供参考。

表 1.3-5 桌球室、棋牌室色彩设计参考表

室内名称	顶棚	墙面、柱子		家具	陈设	备注
桌球室	浅灰色等中明度、低彩度的色彩	浅灰色、淡蓝、淡绿、木色及其他中彩度、低明度的色彩	中明度、中彩度的色彩或低明度、中彩度色彩	木色、灰色、褐色、黑色，局部中彩度色彩	中彩度色彩	创造宁静、典雅的室内气氛
棋牌室	乳白色、浅米色等高明度、低彩度色彩	乳白色、浅灰色、木色及其他高明度、中彩度的色彩	低彩度的色彩	木色、褐色、灰色		创造宁静、明快、私密的室内环境

204. 银行、税务、证券和保险类建筑室内色彩设计应注意些什么？

银行、税务、证券和保险类建筑室内色彩设计的重点是在营业大厅。营业大厅的色彩设计应以表现庄重、气派、明快、大方的气氛为宜，色彩一般不宜强烈。最好以某一色相为主，再在其中配以变化较小的同类色相，局部可设置明度很低的色彩，以利于突出重点。

205. 医院建筑室内色彩设计应注意些什么？

医院建筑室内色彩设计应避免采用明暗对比强烈的色彩。一般门诊楼内宜用冷色系或中性色系的色彩；住院楼内宜按不同的病类采用不同的色彩，如内科和外科病室宜用冷色系；妇产科、儿科宜用暖色系或中性色系。

206. 人工照明对物体色彩总体效果会产生什么影响？

人工照明投射在物体上，使物体的色相、明度和彩度都发生变化。例如用白炽灯时，黄色物体的明度增高，而蓝色物体的明度降低，白天看来比较鲜艳的蓝色，在白炽灯光下则变得接近黑色。人工照明对色彩的影响参见表1.3-6。

表1.3-6 人工照明对物体色彩总体效果的影响

色 彩		变 化 情 况		
		荧 光 灯		白炽灯（100W）
		白 色	冷 白 色	
有彩色素	红	变冷，变灰	无光变冷并带紫色调	好
	橙	变冷而无光	变冷而无光	好
	黄	变灰	一般	变白
	绿	好	一般	一般
	青	好	一般	无光
	蓝	很好	好	无光，发灰
	紫	好	好	无光，带咖啡色调
无彩色素	灰	变冷	无光	变暖，带微黄色调
	白	变冷	一般	变暖，带微黄色调

207. 彩色照明对物体色彩总体效果会产生什么影响？

室内物体在室外与室内环境色的反射光作用下，会形成物体色与光色的混合，呈现出减法混色现象，在色相、明度、彩度上也都会引起变化，见表1.3-7。例如在高压汞灯照射下，室内的粉色变成了紫色，蓝色变成了蓝紫色。这是光源使物体色彩产生"变异"和"失真"。对于视觉要求较高的室内，必须选用显色指数高的光源。对于某些特定的室内环境，则可有意地利用某些光源，使室内色彩产生"良性失真"。

表 1.3-7　彩色照明对物体色彩的影响

光色	物体色	综合色调	明　度	彩　度
红	红	不变	增加	不变
	黄	黄—红	增加	不变
	绿	带咖啡色调的灰	增加	不变
	蓝	带红色调的灰	减少	不变
	紫	黄—红	增加	增加
黄	红	黄—红	增加	不变
	黄	黄	不变	不变
	绿	黄绿或绿黄	不变	减少
	蓝	灰黄	减少	增加
	紫	咖啡	减少	减少
	紫红	黄橙	增加	减少
绿	红	带赭色调的灰	减少	减少
	黄	柠檬黄	增加	减少
	绿	绿	不变	不变
	蓝	蓝—绿	不变	不变
	紫	灰赭色	不变	不变
蓝	红	红—紫	不变	减少
	黄	灰色	不变	减少
	绿	蓝—绿	不变	减少
	蓝	不变	不变	增加
	紫	发灰的色调	减少	减少

208. 色彩与材料质感有什么关系？

色彩与材料质感有着密切联系。各种材料有特定的颜色、光泽、粗细度、冷暖度和肌理等属性，会给人以相应的不同视觉感受，天然材料在这方面尤为突出。而保持材料的天然质感和色彩，已成为现代室内设计普遍追求的现象。因此材料的使用对色彩起着重要的支配作用，在室内设计中应首先了解各种材料的色彩属性。

　　色彩与材料质感有相互影响的作用。同一种色彩用在不同材料上会有不同的效果。例如光滑的材料表面因反光能力强，使色彩不够稳定，明度提高；粗糙表面反光能力弱，因而色彩稳定，看上去比光滑表面的色彩浓。再如壁纸的柔和的绿色与刷在墙面上油漆的绿色给予人的感受是完全不同的。同一种材料施以不同的色彩也会有不同的效果。例如羊毛织物一般是有温暖感的，但做成白色则产生冷的视感；又如木家具漆成黄色使人感觉柔和，而漆成黑色则给人以坚硬的感觉。在室内设计中应同时考虑上述两方面的情况，才能做到正确地用色与选材，使色彩与材质感互相协调配合，共同创造出室内环境的美感。

第四章 采光与照明设计

209. 室内自然采光的一般窗地面积比为多少?

民用建筑窗地面积比可参见表1.4-1。

表1.4-1 民用建筑窗地面积比

建筑物	房 间	有效采光面积/房间地面面积
住宅	起居室	≥1/7
旅馆（宿舍）	客房、卧室 其他起居室	≥1/7 ≥1/10
儿童、福利设施	主要活动室 其他居室	≥1/5 ≥1/10
医院、幼儿园、学校	病房、教室 其他居室	≥1/5 ≥1/10

210. 室内自然采光常用的调节方法有哪些?

所谓自然采光的调节，即人为地对室内的采光口采取一定的遮光和控光措施，使自然光透过采光口照射到室内，形成均匀照度。常用的调节手法有多种：
1）利用某种透光材料的反射、扩散和折射特性来控光。
2）利用窗帘类的各种形式可起到透光和挡光的作用。
3）利用采光口的遮阳板以及室外的绿化起到遮光和控光的作用。

211. 室内自然采光在环境中的效果是怎样的?

自然光在环境中的空间效果是指研究光的方向性的作用与效果。所谓自然光的方向性即室内采光口的位置和朝向。在室内环境中，光的方向性对室内的功能、室内的空间以及人们的心理反应有着重要的影响。在被照的室内空间中，光的不同方向、光的远近、强弱的不同等都可以产生不同的视觉效果。通过不同的处理手法如正面照射、斜向照射、逆向照射、顶部照射以及底部照射，可强化或弱化明暗对比，增强室内空间的可见度，产生丰富的立体空间感。影响室内自然光的质量除了与光的方向、强度以及物体的轮廓有关，还取决于室内表面的状况、材料表面光滑平整以及室内空间宽敞与否（见表 1.4-2）。

表 1.4-2　自然光在环境中的空间效果

光的方向性作用与效果	光与室内空间立体感	光与室内空间开敞感
（1）正面照射—轮廓明显 （2）斜向照射—对比明显 （3）逆向照射—庄重神秘 （4）顶部照射—上明下暗 （5）底部照射—下明上暗	（1）斜向照射易产生立体感 （2）对曲面形体易产生立体感 （3）对粗糙表面易产生立体感	（1）取决于采光口的大小 （2）取决于室内空间的容积 （3）取决于室内照度的高低

212. 室内自然采光在环境中的表现方法有哪些？

当利用自然光在室内环境中表现时，常常需要采用自然光的一些表现手法，最常用的是利用不同种类的透光材料以及不同的透光特性来控制室内的亮度分布，以及利用各种遮光构件来遮挡或部分遮挡光线，把自然光环境融合到室内设计之中，使室内光环境呈现出层次感，生动而富有情调（表 1.4-3）。

表 1.4-3　自然光在室内环境中的表现手法

透光	遮光和控光	滤光	混用光	材料的反光	窗的布置	绿化的布置
1. 大面积的玻璃 2. 玻璃幕墙 3. 顶部的透光玻璃	1. 透光材料 2. 遮光材料	1. 金属镀膜着色玻璃 2. 茶色玻璃	自然光与人工光的混合照明	1. 材料的光学特性 2. 材料的质感 3. 材料的色彩与造型	1. 利用各类透光材料 2. 利用各类遮光材料	绿色植物的点缀与布置

213. 室内对灯具的特性有哪些要求？

室内空间可通过不同的灯具类型改变光源光通量的空间分布或光谱分布，并提高光的利用率，避免眩光以及丰富室内空间光的气氛。同时，美观的灯具造型可以美化室内环境。灯具特性包含三个方面的内容，第一是灯具发光效率，即从灯具发出的光通量与光源发出的总光通量之比，一般在 0.3~0.8，开敞式的荧光灯具发光效率高些，嵌入式下射型白炽灯具要小些。第二是灯具的配光，即指所发出的光强在空间各个方向的分布（图 1.4-1）。第三是灯具的保护角即灯具下端和光源下端的连线和水平线的夹角（图 1.4-2）。一般灯具的保护角要求在 15°~30°之间，它可以有效地控制眩光。

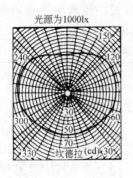

图 1.4-1　灯具配光曲线

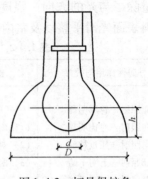

图 1.4-2　灯具保护角

214. 室内常用灯具有哪些?

灯具品种按其所在位置可分为下列各类:

(1) 天棚灯具　天棚灯具是位于天棚部位的灯具的总称。从安装在天棚上的照明灯具可分为下列数种。

1) 吊灯:吊灯的吊杆用材有杆式、链式和伸缩式三种。

①杆式吊灯是点线组合灯具。吊杆有长短之分,长吊杆突出了杆和灯的点线对比,给人一种挺拔之感,如用藤做成鸟笼的吊灯,造型具有轻巧、通透、简洁的特点。在餐室中,如用的吊灯是封闭型的圆宫灯或笠帽吊灯,会有一种浓厚的地方色彩。短杆吊灯,较适合层高较小的普通住宅,但可根据室内的装饰环境来选择适宜的各色吊灯,并应重视灯具本身的造型和质感。见图 1.4-3。

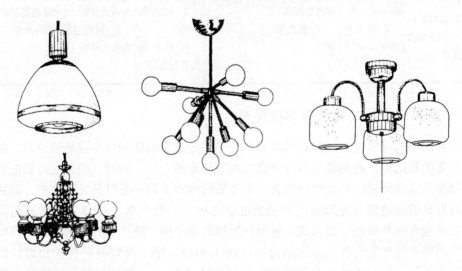

图 1.4-3　吊灯

②链式吊灯是由链条代替直杆作吊具。是一种较高级的吊灯，它由若干条金色（或其他鲜亮的色彩）链悬吊玻璃碟灯架组装成大中型吊灯。它能为环境增加富丽华贵的气质。链式吊灯也有采用短链的，以突出灯具的造型。

③伸缩式吊灯是采用可伸缩的蛇皮管作吊具。采用伸缩链作吊具，可在一定范围内调节灯具的高低。

2）吸顶灯：吸顶灯是附着于天棚内外的灯具。有凸出于天棚外的凸出型；嵌入到天棚内的嵌入型；可调方向的投射型；看不到灯具的隐藏型和可移位的移动型，见图1.4-4。

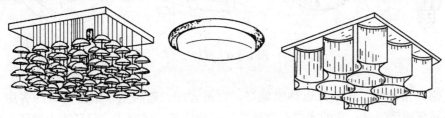

图1.4-4　吸顶灯

①凸出型吸顶灯。即灯具有座板直接安装在天棚上，灯具凸出在天棚下面。这个系列的灯具大部分用于室内净空有一定制约的环境。在高大的室内空间中，如高空间茶座、高档宾馆大厅或楼梯间均可采用大型吸顶灯。宾馆大厅中的大型吸顶灯长可达十多米。

②嵌入型吸顶灯。即将灯具嵌入到天棚内。这种灯具一般按设计图案系列布置照明，常给人一种星空繁照的感觉，见图1.4-5。

图1.4-5　嵌入型吸顶灯

③投射型吸顶灯。也是凸出型的一种，所不同的是它有特殊的方向性光源。是一种漫射点光源。

④隐藏型顶灯。这是仅仅看到灯光，而看不到灯具的顶灯。一般都是做成灯槽。灯具设在槽内的间接采光。往往给人一种立体感的照明体验。也有隐藏在靠外窗处的窗帘箱内。如上海商城总服务台处除了嵌入型灯外，沿柜台上部设有隐藏型顶灯。

⑤移动型吸顶灯。是将若干投射灯具与走轨连成整体，安装在天棚上的一种

特殊需要的方向射灯。

（2）壁灯 壁灯有贴壁灯和悬臂壁灯。很多情况下，壁灯是一种装饰用的照明设施。有柱上壁灯、悬臂壁挂灯、摇壁式壁灯等，它的特点是可以调节投光距离。壁灯是常用灯具中应用较广的一种，其花色品种繁多，千姿百态，可任意选配。见图1.4-6。

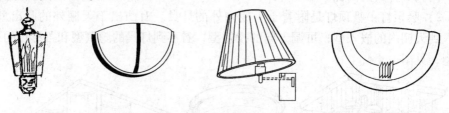

图1.4-6 壁灯

（3）落地灯 落地灯也称坐地灯。它是客厅、起居室、旅游宾馆的客房常用的局部照明灯具。它的式样有直杆式、抛物线式、摇臂式、双杆式坐地灯、伞形落地灯等。图1.4-7。

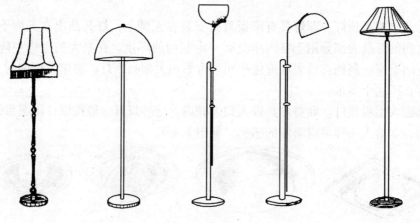

图1.4-7 落地灯

（4）台灯 是不落地的有座灯具，置于几、桌、柜等家具上作局部照明。特别是大伞形台灯，它可使大空间室内的视觉有了起伏。台灯的用途从家庭逐步发展到现代化的旅游建筑等公共场所，已作为一种装饰照明，见图1.4-8。

（5）特种灯具 所谓特种灯具，实际就是各种专门用途的照明灯具。大体上可分为下列各类：

1）观演类专用灯具。如专用于面光、台口灯光等布光用聚光灯、散灯（或泛光灯），舞台上作艺术造型用的回光灯、追光灯、舞台天幕用的泛光灯、台唇处的脚光灯、制造天幕大幅背景用的投影幻灯等。

2）迪斯科舞厅、卡拉 OK 厅、茶座里或文艺晚会演出专用的转灯（单头或多头）、光束灯、流星灯等。

图 1.4-8　台灯

3）实用性灯具。有衣柜灯、浴厕灯、标志灯等。见图 1.4-9。

图 1.4-9　特种灯具

215. 灯具选型时应注意哪些?

在室内环境设计时，灯具的设计和家具一样，应由设计师作总体构思，以取得与整体环境相配的效果。由于设计受到制作生产的周期和造价的制约，有时不能完全做到一座建筑有相应的一套灯具匹配。绝大多数的灯具都是选用市场商品，或定购已有的品种。

灯具选型的要领有如下几点：

（1）灯具的选型是否与整个环境的风格相协调。如设计一个中餐厅的灯具，设计时考虑到要适合传统文化特色，灯具选用了八角扁形挂灯，使之与餐桌等风格相融合，具有道地的民族风格。又如设计一竹园茶室，为了达到竹园星空野趣的构思，选用了簇簇点灯，构成满天星空的自然景色的环境气氛。

（2）灯具的规格大小尺度与环境的空间是否相配，有助于空间层次的变化。如一个二层空间的中庭，采用不同高度的吊灯，使中庭的空间富于层次。又如上海宾馆中庭的高空，除了周边多层走廊天棚，采用牛眼灯创造星空，中央的珠帘大吊灯，把中央空旷的中庭变得华丽而有生气。再如建国饭店进厅是长方形的二层高的玻璃天棚。为使进厅休息座具有稳定感，配置四盏大吊灯，降低了休息座处的净空高度，既丰富了空间层次，又增加环境的豪华气派，人坐休息处也显得亲切自然。

（3）灯具的质地，是否有助于增加环境艺术气质。如有一多层六角形的玻璃水晶吊灯，安装在宾馆大厅的楼梯间，使其处的共享空间显得富丽堂皇。又如一座方盘"S"型楼梯灯，它的闪闪发光晶体质地，如被选用在圆旋形楼梯的中心上空，把灯与楼梯融合一体，可以使原来造型多变的圆旋梯更加丰富多彩、绚丽多姿。

总之，对室内设计师来说，在没有时间或没有可能设计灯具时，就要选好市场的商品，概括上述要领，灯具选型要注意：

1）造型新颖，不落俗套；

2）不同风格的环境，选用类似风格的款式；

3）制造工艺精良，材料质感强烈；

4）不能一味追求豪华，要考虑价廉物美。

216. LED 与其他照明电光源相比有什么不同？

LED 光源作为新一代光源，与白炽灯、高压钠灯等传统热辐射和气体放电光源相比，有着很大的不同。

（1）发光方法不同 LED 的心脏是一个半导体的晶片，该晶片由两部分组成，一部分是 P 型半导体，在它里面空穴占主导地位，另一端是 N 型半导体。这两种半导体连接起来的时候，它们之间就形成一个"P-N 结"。当电流通过导线作用于这个晶片的时候，电子就会被推向 P 区，在 P 区里电子跟空穴复合，然后就会以光子的形式发出能量。

（2）体积小、寿命长 LED 光源与传统光源相比体积小、重量轻，可以制作成各种形状的器件，便于各种灯具和设备的布置与设计，适用范围广，且寿命长达 30000 ~ 100000h。

（3）安全稳定 LED 光源使用低压直流电就可以驱动，一般供电电压在 6 ~ 24V 之间，因此安全性能比较好，特别适用于公共场所。另外在外界环境较好的条件下，LED 光源比传统光源的光衰小、寿命长，即使频繁开关，也不影响其使用寿命。

（4）抗震、抗冲击性能好 LED 光源的基本结构是一块电致发光的半导体材料，置于一个有引线的架子上，然后四周用环氧树脂密封，在结构上没有玻璃外壳，不需要像白炽灯或者荧光灯那样在灯管内抽成真空或冲入特定气体。因此，LED 光源的抗震、抗冲击性能良好，给其生产、运输、使用各环节带来了便利。

（5）指向性强 与传统光源相比，LED 光源发出的光线是定向的，从 LED

发出的大部分光线能直接射向被照面，利用率远高于传统光源。

（6）响应时间快 白炽灯的响应时间为毫秒级，LED 光源的响应时间则为纳秒级。因此，广泛应用于交通信号及汽车信号灯领域。

（7）发光效率较高 随着 LED 照明技术的发展，LED 光源的发光效率已经由原来的不到 10lm/W 提高到 100lm/W 以上，且其发光效率仍有较大的提高潜力。

（8）光色丰富 LED 光源通过改变电流、化学修饰、单色光混合等方法，可以实现可见光波段各种颜色的发光和变色，即使对于白光，LED 也可以制作成各种色温的光源。因此，在室内装饰照明和景观照明中具有明显的优势。

（9）无闪烁、无紫外线 LED 光源采用的是直流供电，发光稳定不闪烁，且光谱主要集中在可见光区域，基本无紫外线或红外线辐射的干扰，从而可以避免频闪效应带来的不利影响，提高人眼的舒适性。

（10）亮度可调性好 根据 LED 光源的发光原理，LED 的发光亮度或输出光通量基本随电流正向变化。而其工作电流在额定范围内可大可小，具有良好的可调性，为 LED 光源实现按需照明、亮度无级控制奠定了基础。

217. 室内工作照明设计一般有哪些步骤？

（1）选择照明方式 根据室内工作性质及场所的不同，工作照明大致有如下几种方式：

1）一般照明。不考虑工作场所内的局部特殊需要，仅为照亮整体被照面而设置的照明称为一般照明，这种照明的光是均匀分布在被照场所的上空，在工作面上形成均匀的照度，因而又称均匀照明，它适合于对光的投射方向没有特殊要求，在工作面内没有特别需要提高视度的工作点和工作点很密、不固定的场所。

若房间高大，且照度要求又高，则不宜单独采用一般照明，否则会造成灯具过多，功率过大，投资、使用费用过高的现象。

2）局部照明。在工作点附近专门为照亮工作点而设置的照明称为局部明，这种照明常设置在照度要求高或对光线照明方向有特殊要求的场所，但不允许单独使用，否则会造工作点与周围环境间的亮度对比过大而不利于视觉工作。

3）混合照明。在同一工作场所，既设有一般照明以解决整个工作面的均照明，又设有局部照明，以满足个别工作点的高照度及光方向要求，这样的照明称为混合照明，这种照明实际上是一般照明与局部照明的综合，兼有两者的优点，因而较为经济，在工业建筑及民用建筑（如图书馆）中被大量采用。

（2）选择照明标准 照明方式确定后，则需根据识别物（对象）的最小尺寸以及识别对象与背景亮度对比等特征来选择照明标准，需从量与质两个方面来考虑：

1）照明数量。国家制定了各种工作场所照度的最低值或平均值的照度标准（亦即照明数量），设计时工作面上的照度值不能低于标准值，但也不应高于标准值的20%，以免造成浪费及影响视觉照度标准由国家统一制定，部分工作面上的照度标准（值）参见表1.4-4。

表1.4-4　民用建筑的照度标准

序号	房间名称	单独使用一般照明的最低照度/lx	规定照度的平面
1	设计室	100	距地0.8m的水平面
2	阅览室	75	距地0.8m的水平面
3	办公室、会议室、资料室	50	距地0.8m的水平面
4	医务室	50	距地0.8m的水平面
5	托儿所、幼儿园	30	距地0.4~0.5m的水平面
6	食堂	30	距地0.8m的水平面
7	车间休息室、单身宿舍	30	距地0.8m的水平面
8	浴室、更衣室、厕所	10	地面
9	通道、楼梯间	5	地面

2）照明质量

①限制眩光。对于直接眩光，可通过选择灯具类型及布置方式来改变光源及背景亮度，以限制眩光，若不能满足要求。则可改变灯具的挂高，使之处于眩光危害较少的区域，具体数据参见表1.4-5。对于反射眩光，主要通过改变灯具或工作面的位置，使反射影像不在观察者视线范围内。

表1.4-5　室内一般照明灯具距地面的最低悬挂高度

光源种类	灯具形式	灯泡功率/W	最低悬挂高度
白炽灯	带反射罩	100及以下	2.5
		150~200	3.0
		300~500	3.5
		500以上	4.0
	乳白色玻璃扩散罩	100及以下	2.0
		150~200	2.5
		300~500	3.0
	无罩或无反射罩	—	—
荧光高压汞灯	带反射罩	250及以下	5.0
		400及以上	6.0

（续）

光源种类	灯具形式	灯泡功率/W	最低悬挂高度
卤钨灯	带反射罩	500	6.0
		1000~2000	7.0
荧光灯	无罩	40 及以下	2.0

②照明的均匀度。视场中照度最大值或最小值接近平均值的程度称为照明的均匀度。试验表明，如果视场内照度不均匀，则极易导致视力疲劳。通常认为，室内照度最大值、最小值与平均值的差不超过 1/6 是可以接受的。因此，标准规定：一般照明的照度为该级总照度的 5%~10%，并不低于 20lx 此外，一般照明的均匀度（最低照度与平均照度之比）不小于 0.7。

③照度的稳定性。室内某点照度值接近平均值的程度称为照度的稳定性，它随供电电压波动而变化。若电压稳定，则照度亦随之稳定。因此，对于视觉要求较高的室内照明，灯具的端电压不宜低于其额定电压的 97.5%，若达不到要求，则可将动力电与照明电分开，或增设稳压装置。

④消除频闪效应。在交流电路中，气体放电发出的光通随着电压的波动而变化，进而导致发光频率（颜色）或波长亦随之变化这种现象称为频闪效应。频闪效应会使视场中的物体产生视觉失真。为了减轻这种影响，应将相邻灯管（泡）或灯具分别接到不同的相位线路上。

218. 环境艺术照明设计的一般原则有哪些？

环境艺术照明就是利用灯具的不同光分布和构图来构成艺术气氛，将照明与艺术效果有机地结合起来，环境艺术照明既强调一般的工作照明功能，又强调光对环境衬托的艺术效果。因此，设计环境照明时必须体现如下原则：

（1）照明原则

1）照度问题。为了能使人们更好地观赏建筑装饰的艺术效果，必须给建筑观赏空间提供充分的照度，在参照照度表的基础上，视环境状况而定，不要求千篇一律。

2）亮度问题。亮度分布是影响人们视觉舒适感的重要因素。长期以来，人眼习惯于接受自然环境的亮度分布——天空（高）明亮，地面（低）阴暗。因此，对需要兴奋或精力集中一些的空间，设计时可将室内顶棚的光处理得稍亮一些；反之需要安静或悠闲时，则稍暗一些。

3）眩光问题。一般住宅照明，忌讳眩光，因此要求亮度对比不能过大，但在公共建筑的环境照明中，往往喜欢通过加大亮度对比来引起人们注目，以取得华丽、生动的闪烁效果，很多艺术灯具常使用一些有光泽的材料（如晶体玻璃等）。但应注意适当控制，否则会损坏视觉。

（2）艺术原则

1）突出艺术表现力。增强照明的艺术效果方法很多，如巧妙设计光向，形成不同的阴影，显示出建筑及物件鲜明轮廓，获得丰富的雕塑感。又如，可适当改变光色，来增强艺术效果：如以红、黄色调装饰的房间。若用冷白色的荧光灯照明，便会因为日光灯发出较多的青、蓝光而使鲜艳的红、黄色蒙上一层灰暗的调子；若改用发出红色成分较多的白炽灯，则会使红、黄色装饰更加鲜明，使整个空间充满温暖、华丽。光源对色调的影响。

2）突出民族与地方特色。任何民族都对光和灯有着自己特殊的喜好，在需表达民族或地方特色时，应将能体现民族或地方风格的各种装饰元素与环境照明（灯具）结合起来，会使人产生新奇的艺术效果。

3）突出现代气息。在新光源、新材料层出不穷的今天，设计环境照明时应尽量采用，以增加现代气息。

4）突出重点。多数环境照明均有一般与重点之分。一般照明宜强调照度的均匀性，重点照明则应注意突出艺术照明效果。

219. 室内环境照明通常有哪些处理方法？

（1）以灯具的艺术装饰为主

1）吊灯。吊灯是最能体现室内装饰风格的用具之一，吊灯可采用单只或多只吊灯的组合。这种灯具常在其灯架上进行艺术处理，多用在层高较大的厅堂，层高较小的房间，一般宜采用较小型的吊灯。

2）暗灯与顶棚灯。装于吊顶里的灯称为暗灯（不易看见灯具的轮廓），紧贴在顶棚上的灯称为顶棚灯，通常多用灯具配合，构成所设计的图案，来显示适宜的照明环境。

3）壁灯。壁灯常用来提高局部墙面的亮度，并在墙上形成亮斑，以打破单调气氛。也常用于平坦的大墙面，或镜子的两侧及上方，以照亮周围环境并防止反射眩光。

（2）以灯具的组合图案为主

利用吊顶的灯具组合，结合顶棚的建筑装修，形成各种花饰图案，产生强烈的艺术感染力。许多高级宾馆、大会堂等场所均采用之。

（3）以大面积照明艺术处理为主

这种方法的特点是将光源隐蔽在建筑构件中，并与建筑构件（如顶棚、墙沿、梁、柱等）或家具合成一体，使发光体成为发光带或发光面，从而能在发光表面亮度较低的情况下，也能在室内获得较高的照度；利于消除直接眩光，减弱反射眩光；光线扩散性好，使整个空间照度均匀，几乎没有阴影。

大面积照明的艺术处理多在顶棚进行，依据处理后光线来源的不同，其照明方式可分为如下两类：一类是以透光为主的发光顶棚，另一类是以反光为主的反光顶棚，现分别介绍如下：

1）发光顶棚。发光顶棚的构建有两种方式：一种是将灯直接安装在平整的楼板下表面。然后用钢框架做成吊顶棚的骨架，再铺上扩散型透光材料；另一种是加装反光罩，使光线更集中地投射到发光顶棚的透光面上，以提高光效率。

2）反光顶棚。将光源隐于灯槽内，利用顶棚或别的表面（如墙面）来做反光面的照明设施称为反光顶棚。它具有间接型灯具的特点，又是一种大面积光源。因此，其光的扩散性很好，能使屋内消除阴影及眩光。

220. 发光顶棚的构建要满足哪三个基本条件？

发光顶棚的构建要注意满足三个基本条件：一是光效率要高；二是发光面的亮度要均匀；三是维护、打扫要方便。

顶棚的光效率主要取决于透光材料的透光系数与灯具结构，通常可采取如下措施来提高光效率：一是加反光罩，使光全部投向透光面；二是在设备层内表面加涂反光膜，提高内表面的反光系数；三是降低设备层的层高（灯至透光面的距离），使灯尽量靠近透光面。

发光表面亮度的均匀性用其最大亮度与最小亮度的比来衡量。亮度不均匀不仅会影响视觉，也会影响美观。实验表明，最大亮度与最小亮度比值小于等于1.4时，人眼便不能觉察出亮度的不均匀性。因此，若缩小灯间距（将灯装得密一些）或加大灯棚距（将灯装得高一些）均可提高发光顶棚表面亮度的均匀性。但将灯装得密一些会增加开支，将灯装得高一些会降低光效率。因此，这种照明方式只适用于照度较高的情况，对低照度时的情况不太适用，这时宜用光梁、光带或光盒来代替，它们均可视为发光顶棚的特例。

221. 什么是光带、光梁和光盒？

当发光顶棚宽度缩小成带状时，若发光面与顶棚表面齐平，这样的"发光顶棚"称为光带；若发光面凸出于顶棚表面，这样的"发光顶棚"称为光梁；若光梁或光带呈间断式排列，且间距大于计算高度（灯棚距）的1/4，这样的光带或光梁称为光盒。与光带或光梁相比，光盒的优点是可以节省开支和增加艺术构建的多样性；其缺点是照度及其均匀性相对要差一些。

应该注意的是，由于光带与顶棚处于同一水平面，因而光线无法照射到顶棚，使顶棚显得昏暗，而光梁则可部分地改变这一状况，使发光表面与顶棚表面的亮度对比相应减少。此外，光带的轴线应设计成与房间的外墙平行，这样可以使光带的光与天然光方向一致，利于减少阴影及眩光。

222. 什么是格片式发光顶棚？

发光顶棚、光带、光梁和光盒的表面与点光源相比，其亮度相对要小，但其亮度与室内照度会成比例增加，因此，当室内照度要求较高时，发光表面的亮度势必会有较大的增加，进而可能形成眩光。为了解决这一矛盾，较为常用的方法是采用格片式发光顶棚。

将发光顶棚中的透光材料改为金属或塑料格栅片即成格片式发光顶棚，其光一部分由光源穿过格栅片间空隙直射工作面，一部分则经格栅片反射或透射后进入室内空间。

格片式发光顶棚具有通风散热好（可减少设备层内灯的热量积蓄）、易维护（积尘少）、易获得定向照度分布（通过调节格片角度）及外观生动优美（利用格孔几何图形艺术装饰）等优点，在现代建筑中甚为流行。

223. 设计反光顶棚时应注意哪些问题？

（1）设计反光顶棚时应注意对灯槽位置及其断面的选择，并用反光系数很高的材料来做反光面否则，不仅会影响反光顶棚的光效率，还会影响其外观。

（2）反光面亮度的均匀性是影响反光顶棚外观的主要因素。因为亮度的均匀性是由照度的均匀性决定的。由前述可知，照度的均匀性与灯具的配光及光源与反光面的距离，或灯槽与反光面的相对位置有关。因此，灯槽至反光面的高度不能太小，且应与反光面的宽度成比例。此外，光源到墙面的距离不能大小。对于白炽灯或荧光灯而言，其值不应小于15cm。

如果房间层高较低，用反光顶棚照明则很难保证照度的均匀性（一般是中间部分照度不足），这时可在中间加装吊灯进行弥补。

（3）由于反光顶棚设施的灯槽口朝上，易于积尘，因此，设计时应充分考虑其维修、清扫的方便，否则会大大降低反光顶棚的光效率（可降至原来的40%以下）。

224. 室内照明与人的基本需求有什么关系？

在室内环境中，人的一切活动都需要有良好的配光方式与光源选择以及光量的控制。例如，在一个需较长时间工作的室内环境，常常需要配置非常充足的照明方式，其照度值约700 ~ 1000lx（照度单位：勒克斯——是指光照射于一定表面的光通密度），一个照明要求较高的环境，照度需要达到1000 ~ 2000lx，休息、会谈的区域照度则需50 ~ 100lx。因此，室内的照明方式与人的基本需求及所需活动的时间、活动的性质有着一定的联系，见表1.4-6。

表 1.4-6 室内空间照度值举例

房间名称	最低照度/lx	平均照度/lx	规定照度平面
设计室	100	200～300～500	距地 0.8m 的水平面
阅览室	75	150～200～300	距地 0.8m 的水平面
办公室	50	75～100～150	距地 0.8m 的水平面
报告厅	100	100～150～200	距地 0.8m 的水平面
医务室	50	75～100～150	距地 0.8m 的水平面
托儿所、幼儿园	30	30～50～75	距地 0.4m 的水平面
食堂	30	50～75～100	距地 0.8m 的水平面
宿舍、起居室、卧室	30	30～50～75	距地 0.8m 的水平面
厨房	50	50～75～100	距地 0.8m 的水平面
营业厅、陈列室	100	100～150～200	距地 0.8m 的水平面
休息室	20	50～75～100	距地 0.8m 的水平面
试衣间	75	150～200～300	距地 0.8m 的水平面
会议室	50	100～150～200	距地 0.8m 的水平面

225. 室内照明与人的健康有什么关系？

照明设置的合理与否直接关系到人的身心健康，不正确的照明方式则压抑人的精神，损害人的视力。因此，首先光源与配光方式要恰当，照度要合适。其次室内墙面、顶棚与工作台面不宜使用较强的反光材料，以避免眩光造成对视力的危害（参见表 1.4-7 和图 1.4-10）。

表 1.4-7 光源和眩光

光源	表面亮度	眩光
白炽灯	较大	较大
柔光白炽灯	小	无
卤钨灯	大	大
荧光灯	小	一般
高压钠灯	较大	中等
高压汞灯	较大	较大
金属卤化物灯	较大	较大
氙灯	大	大

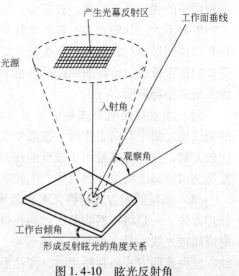

图 1.4-10 眩光反射角

什么是眩光呢？当视野中出现过高的亮度或过大的亮度对比时，会引起视觉上的不舒适，并造成视觉降低的现象。

226. 灯光配置与近视有什么关系？

首位的原因是荧光灯，20世纪七十年代末，学校教室照明的白炽灯逐渐被更明亮省电的荧光灯代替；但与此同时，国内学生视力不良率不断上升，目前全球 1/3 的近视患者在中国。大量的研究和发达国家荧光灯的发展轨迹表明，荧光灯的频闪是影响视力的一个非常重要的原因。荧光灯取代白炽灯提高了效率和照度，但同时带来照明质量下降的问题，近20多年来国内学生视力的下降与落后的荧光灯照明有着密切的关系。

其次是光污染。有关卫生专家认为，形成近视的主要原因是视觉环境，而不是用眼习惯。

近年来，不少家庭在选用灯具和光源时追求炫目多彩，而往往忽视合理的采光需要，把灯光设计成五颜六色，以求浪漫和豪华。五颜六色的灯光除了对人视力危害甚大，它还会干扰大脑中枢高级神经的功能。光污染对婴幼儿及儿童影响更大，较强的光线会削弱婴幼儿的视力，影响儿童的视力发育。

227. 室内五种照明方式的光照特征是怎样的？

从图 1.4-11 所示照明方式的分类看，主要有五种方式：

（1）直接型照明 使90%以上的光通均集中在下半球空间的照明称为直接照明，它常用反光性能良好的不透明材料（如搪瓷、镜面不锈钢等）做灯罩。这种照明的优点是光效高，投资少，维护使用费少，且室内表面的反射系数对照度的影响不大。其缺点是：首先是灯具上半部几乎无光，致使天棚很暗，易与灯具开口周围形成对比眩光；其次是光线方向性强，易形成浓重阴影，处置不当则会影响视觉效果。这种照明按照灯泡和灯罩相对位置的深浅，又可分为广照型、深照型和格栅照明。

（2）半直接照明方式是半透明材料制成的灯罩，罩住灯泡上部，60%以上的光线使之集中射向工作面，被罩光线又经半透明灯罩扩散而向上漫射，其光线比较柔和。这种灯具常用于较低的房间的一般照明。由于漫射光线能照亮平顶，使房间顶部高度增加，因而能产生较高的空间感。

（3）间接照明方式是将光源遮蔽而产生的间接光的照明方式。通常有两种处理方法，一是将不透明的灯罩装在灯泡的下部，光线射向平顶或其他物体上反射成间接光线；另一种是把灯泡设在灯槽内，光线从平顶反射到室内成间接光线。这种照明方式单独使用时，需注意不透明灯罩下部的浓重阴影，需有较强的

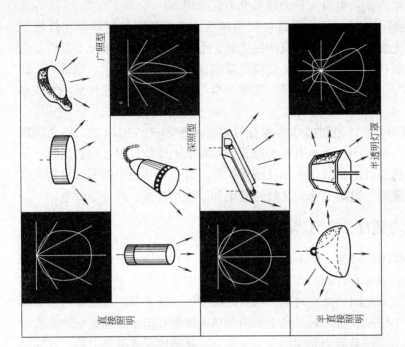

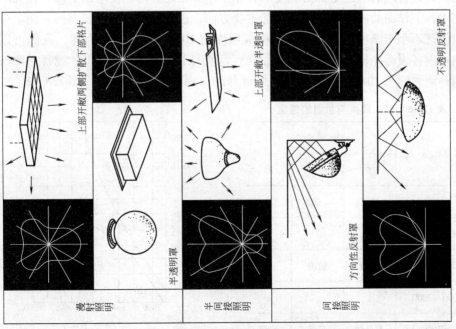

图1.4-11 照明方式

反射光照度加以调和。通常和其他照明方式配合使用，才能取得特殊的艺术效果。由于这种照明方式耗电量大，一般场合不宜采用。

（4）半间接照明方式，恰和半直接照明相反，把半透明的灯罩装在灯泡下部，60%以上的光线射向平顶，形成间接光源，小部分光线经灯罩向下扩散。这种方式能产生比较特殊的照明效果，使较低矮的房间有增高的感觉。也适用于住宅中的小空间部分，如门厅、过道等。通常在学习的环境中采用这种照明方式最为相宜。

（5）漫射照明方式，是利用灯具的折射功能来控制光线的眩光，将光线向四周扩散漫射。这种照明大体上有两种形式，一种是光线从灯罩上口射出经平顶反射，两侧从半透明灯罩扩散，下部从格栅扩散。另一种是用半透明灯罩把光线全部封闭而产生漫射。这类照明的光线性能柔和，视感舒适，最适于卧室。

228. 室内亮度与照度应有怎样的关系？

室内照明环境不但应使人能清楚地观看事物，而且应该给人们以舒适感。因此在整个视野内，需要有合理的亮度分布。而亮度的分布取决于三个因素，物体的视角、物体与背景之间的亮度对比，背景的亮度等。通常我们采用提高背景亮度、提高照度等手法来控制，如果某个室内环境的照度和谐了，那么它的亮度分布也应该是合理的。这是因为亮度的分布是建立在足够的照度基础上的。在实际应用中，工作面的照度是照明质量的主要方面，也是对照度要求较高的方面。一般应保证不小于该项工作所要求的标准照度的10%。根据这些因素，我们可以列出室内各表面亮度比的推荐值，如观察对象与工作面之间为3:1，观察对象与周围环境之间为10:1，光源与背景之间为20:1。可参见表1.4-8、图1.4-12。

表 1.4-8　室内照度与色温的感觉

照度/lx	光源的感觉		
	暖	一般	冷
≤500	愉快	一般	冷
500～1000	↑	↑	↑
1000～2000	刺激	愉快	一般
2000～3000	↓	↓	↓
≥3000	不自然	刺激	愉快

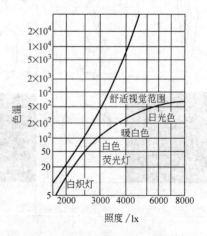

图 1.4-12　室内照度与色温

229. 室内光源应如何选择？

所谓光源的选择是指所需的光源种类，它涉及很多因素，如环境的形式、灯具的形式以及光源布局和供电网络的形式等。在选择光源时，首先应当对环境的特点及光效率作出评价，并对初始投资和运行费用做出预算。其次应对光源的光谱性质、工作特点以及可靠程度作出分析考虑。作为光源的共性特点，无论是从一些需要良好辨色工作的环境，还是从舒适的角度来考虑，都对光源、光色有一定的要求，在设计时，通常利用两种光源的混合照明来取得良好光色环境。根据目前的光源种类，我们可以对不同的环境选择不同的光源。

（1）鉴于荧光灯的光源特点，建议在需要正确辨别色彩的工作场所（如商场、车间等）、进行长时间紧张视力工作的场所（设计室、图书馆等）以及自然采光较差，而又要进行长时间工作、学习、生活的环境，应该采用荧光灯与白炽灯相结合。

（2）鉴于白炽灯的光源特点，建议在一般普通的场所或需要突出庄重、华丽以及温暖气氛的室内环境采用白炽灯。

（3）鉴于其他高强度放电光源、灯的光源特点，建议在一些大型的室内环境（展览馆、体育场等）采用。

230. 室内照明系统应如何选择？

（1）在照明设计中，为适应不同类型的照明需要，可设置两类主要的照明系统。一类为一般照明系统，它可以既作为普通照明又作为工作表面的照明，能够在整个室内产生均匀的照度。另一类是综合照明系统，它既可以提供均衡视野的亮度，又可作为工作表面的局部照明。这两者的选择应根据室内环境的具体情况来权衡。

（2）根据综合照明系统的特点，建议在正确辨别色彩的工作场所、进行长时间紧张视力工作的场所、具有方向性反射的场所以及要求垂直面与倾斜面上有较好照度的场所采用综合照明系统。

（3）根据一般照明系统的特点，建议在工作环境并不需要紧张视力的场所、照度要求不高（低于200lx）的环境采用一般照明系统。

231. 照明系统的布局方式一般有哪几种？

照明系统布局的合理与否对照明的质量有着极其重要的影响。它涉及光的投射方向、照明的均匀性、工作面的照度、眩光的限制、表面的亮度分布、安装功率以及电能耗费等方面的因素。其布局方式有均匀布置与选择布置两类。

（1）均匀布置　指的是照明灯具的行距与间距保持一致，以构成均匀的照度。各行、间之间的相对距离不大于1.4m。

（2）选择布置 主要是为了适应特殊的要求和分布，它适用于空间环境大而复杂的场所，在这个环境中运用选择布置，可以减少安装功率，并保证有较好的照明质量。其布局方式有相对的灵活性。

232. 室内顶棚空间界面照明氛围的创造手法有哪些？

室内顶棚是一个在室内空间中的特定的界面，它在室内起到空间的引导与限制作用，因而，它的亮度不宜过大，而且要简洁。灯光环境以满足其基本使用功能为前提。在顶棚照明光的设计中，顶棚界面结构形式、灯具的造型形式、照明的布局结构以及与顶棚界面的结合方式等因素相联系。首先，应注意室内空间顶棚界面的结构、形状、比例、色彩、质地等特征，并加以视觉上的调节；其次，根据所出现的问题运用灯光环境特征及灯光性质，对室内顶棚界面进行视觉调节以改变不理想的感觉。例如，可以利用照明光在顶棚设置不同的照度与光色，使顶棚形成一定的光色明暗变化，加强或减弱顶棚的视觉强度。

233. 室内立面空间界面照明氛围的创造手法有哪些？

室内的立面空间是体现室内风格的重要的视觉空间，在室内环境空间中，立面空间常常以墙面、柱面等形式出现。在这些立面界面上，照明的手法较为丰富。通常有发光壁、发光带、光槽、灯柱以及装饰照明等形式。为了造成整体的光环境气氛，立面整体的照度与亮度不宜超过顶棚区，应注意灯具在立面上的布局方式以及光的投射方向和光影范围。同时也可以利用一定的照明形式，如光的明暗效果、灯具光色特性等。对立面的形状、比例、构成要素形态特征加以调节，使整个室内的照明效果更加丰富。

234. 室内地面空间界面照明氛围的创造手法有哪些？

室内地面空间界面照明有其独特的个性特征与功能特征，它常常是以照明光作为室内地面的直接构成要素，利用透光性材料使地面呈现一种新的形态，在视觉上形成丰富的层次感，我们称之为发光地面。如舞厅中的发光地面、走道中具有引导功能的发光地面等。这些照明手法为照明光在室内环境空间中的功能、表现提供了充分的表现能力。

235. 室内空间照明氛围的创造手法有哪些？

室内照明对空间照明氛围的营造，是利用照明光的设置与布局对室内环境空间层次的创造，它通过照明光直接或间接作用于室内环境空间。以多种的创造手法对室内环境进行虚与实的表达。它对室内空间具有限定与联系的作用。利用灯光进行空间的限定与联系是照明设计的主要创造手法。它包含了围合、分隔、设置、覆盖等多种形式。围合与分隔的手法是指利用灯光在室内环境的母空间中，限定出在视觉关系上相对独立的子空间，或将母体空间划分成两个或两个以上的子空间。围合与分隔是相对而言的。对于母体空间来说，围合也是一种分隔。设置与覆盖同样也是利用灯光在室内空间中进行空间的限定。它通过灯光环境的造型、造型强度以及利用灯光环境进行覆盖，就会在空间周围形成向心性，使所限定的范围相对独立于室内环境空间形态中，从而产生视觉心理上的积极作用与丰富的空间层次。

236. 室内空间照明艺术氛围的效应有哪些?

（1）光在空间中的造型效应

在照明设计中，光的表现能力非常丰富。我们通过灵活地运用光，调整它的位置、方向、光量和光强等，就可以在空间形成不同的立体效应。通过光的运用，可以表现出室内的空间结构、室内物体的形状、大小及明暗等。例如，运用一定的集中光以及从斜方照射下来的光线可以形成适当的阴影，增强立体感觉。在设计中，主要应把握光的形式、光的方向以及适当的照度差。一般适当的照度差约在 $1:3 \sim 1:5$ 之间。

（2）光在空间中的质感与肌理效应

质感与肌理是一种视觉上的物体表面纹理，是物体表面的重要特征。利用光来表现室内环境空间中的质感和肌理，是室内环境空间视觉效应的重要体现，它对于室内环境空间形态的视觉形象和人的心理情感，具有非常强烈的作用。在室内空间中灯光是非常充分和宽泛的表现手段。它通过光的照射，直接或间接地影响材料表面的反射特征。光对质感与肌理的效应主要通过光的照射方向、光色的效果、光的明暗对比等来对质感和肌理产生某种效应。例如粗糙的表面在弱光下，质感效果表现得较为充分，在强光直射下质感效果则较弱。当灯光照射在某个同一质地而不同部分的形体上时，由于灯光的作用与投射的范围，就会在材料的表面产生明暗变化和阴影，并引起形态特征的变化，从而在视觉感受上改变了材料的质地效应。一般来说，白炽灯的光指向性强，表现阴影明显，可较好地表现材料表面的光泽。荧光灯等属于线光源或面光源，其光线柔和扩散均匀，不易产生阴影，效果较为平和，可表现出一种稳重的质感与肌理效应。

（3）光在空间中的心理揭示效应

在室内空间中应以和谐统一的光照空间作为室内照明设计的准则，同时，为了活跃照明气氛，还可通过艺术的手段来加以变化。其主要的方法是利用对比的手法来满足人们的心理需求。其中包括光的亮度对比、光影对比和光色对比等。例如，一般漫射光的亮度对比较低，给人以平和的感觉，长期处于这样的环境会产生单调的感觉。这时可提高亮度对比，给人以光亮夺目之感，产生活跃的气氛。也可通过光影对比，造成丰富的明暗效果与立体感觉。给人一种很丰富的视觉感受。同样也可采用光色的对比来协调照明效果。通过对不同光色的光源的选取。造成室内空间中不同的色彩分布。

（4）光在空间中的色彩效应

光的颜色按照视觉效果可分为冷色和暖色两种类型。这两种类型对人生理和心理的影响是不同的。因而，我们可以对某个较小的空间使用照度较高的冷色光源，在心理上扩大空间感，或对某个较大的空间，选用照度较低的暖色光源，以减少心理上的空旷感。为了满足一定的色彩效应，在相应的空间内，尽量不要过多地运用多种光色的光源，以免在人们的心理上产生不协调、不安定的感觉。光的色彩效应还应考虑照度的要求。当采用低照度时，以暖色光为好，当照度上升后，光源、色温也应增加。光源对色彩的影响见表1.4-9。

表1.4-9　光源对色彩的影响

表面色	冷光荧光灯	3500K 荧光灯	柔白光荧光灯	白炽灯
暖色：红、橙、黄	能把暖色冲淡或变灰	能使暖色暗淡并使浅色稍带黄绿	能使任何鲜艳色彩更为鲜亮	能加重暖色并使之更为鲜明
冷色：蓝、绿、黄绿	能使冷色中黄和绿成分加重	能使冷色带灰并使其绿色成分加重	能把浅色冲淡并使蓝紫色罩上粉红色	能使淡色及冷色暗淡并带灰

237. 室内装饰材料的反光特性是怎样的？

（1）定向反射　所谓定向反射是指光线射到非常光滑的不透明材料表面时发生镜面反射。其反射定律为：入射光线、反射光线与反射面的法线在同一平面上，入射角等于反射角，定向反射的特征是反射光的亮度和发光强度比入射光有所降低，部分光线被吸收或透射。在反射光线的方向上，人们可以较清晰地看到光源，但如果稍稍偏离这个方向，就看不见了。如光滑的金属表面、玻璃等均属于这种类型。

（2）扩散反射（图1.4-13、图1.4-14）　所谓扩散反射是指所使用的材料将反射光线不同程度地分散在比入射光线更大的立体角范围内。并均匀地或定向地将入射光线扩散地向室内空间反射。根据材料扩散程度的不同，通常分为均匀扩散反射和定向扩散反射。均匀扩散反射的特性是所使用的材料将入射光线均匀地向全空间反射。它在室内各个方向与角度的反射亮度完全相同，如石膏、粗糙无光泽的装饰材料、粉刷涂料、砖墙等材料都具有这类反射特性，利用这类反射材料，可以获得一个比较均匀的光环境。定向扩散反射的特性是指所使用的材料兼有定向反射和完全扩散反射两种特性，当反射光线出现时，在一定范围内或某一区域内,在定向反射方向上具有最大的亮度,但其光线的扩散范围不是全空间的。离开了某个范围或区域,就没有反射光线了。如油漆表面、较粗糙的金属表面等。

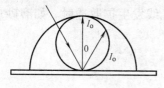

图 1.4-13 均匀扩散反射

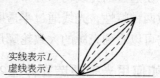

图 1.4-14 定向扩散反射

238. 室内装饰材料的透光特性是怎样的?

(1)定向透射(图 1.4-15) 当一定光线投射到很光滑的透明材料上,会发生定向透射。当所采用材料的内外两个表面相互平行时,则透过材料的光线和入射方向保持一致,但是透射后的亮度和光强将会减弱。例如我们在玻璃的一侧可以很清晰地看到另一侧的景物,但是,如果采用了厚薄不均或两个表面不平行玻璃,光线在两个表面的折射方向将会产生不一致,透射光线也就偏离了原方向。这会使光源、形象受到弯曲,显得模糊不清。当利用这种特性制成的刻花玻璃,会使得一侧的景物不被另一侧看到,同时也会保持一定光线的透射,从而满足室内的采光效果。

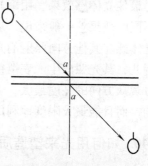

图 1.4-15 定向透射

(2)扩散透射(图 1.4-16、图 1.4-17) 扩散透射即透射光线所占的立体角比入射光线有所扩大,光线通过半透明材料使入射光线发生扩散透射。根据照明光线扩大的程度,可分为均匀扩散透射和定向扩散透射两种。均匀扩散透射是所采用的材料将入射光线均匀地向四面八方透射。其室内整个的亮度均匀。例如乳

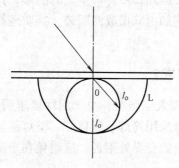

图 1.4-16 均匀扩散透射

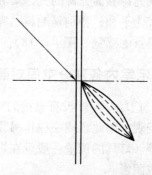

图 1.4-17 定向扩散透射

白玻璃、半透明塑料等均属于均匀扩散透射材料。透过它们看不见光源的形象，常用于灯罩及发光顶棚的透光。其优点在于降低光源的亮度，减少对视觉的强烈刺激，使透过的光线均匀分布。所谓定向扩散透射即光线经过的某种材料有定向和扩散两种特性，光线通过半透明材料使入射光线发生扩散透射。如磨砂玻璃，透过它可以看到光源的大致轮廓形象。

239. 如何用光来塑造立体感？

装饰性用光，特别是橱窗、商业、展览等场合用得较多。为了使商品对象更富魅力，需带有一定的立体感。特别是有模特儿的情况下，巧妙地、正确地利用阴影，以表现其立体感，使展品更栩栩如生，产生更强的吸引力。立体感的形式是由左右两面的明暗差形成的。如果明暗差距太小，则阴影不明显，对象就平淡。明暗差距太大，则阴影太强烈。而适当的照度差在 1:3 ~ 1:5 之间，可以获得最佳立体感效果。用聚光灯照射表现对象的立体感时，照射方向的不同会产生不同的效果。一般来说，从前斜上方照射下来的光线，可以表现为自然的表情和立体感。其他方向照射的光线，则产生的效果应根据不同要求来选择。特别是模特儿，其光照产生的表情很重要。聚光灯的照射角度为 35°时，则商品或目标面对观众方向的亮度最大，其立体面可以表现得清楚明亮，这样不但可以节省电能，而且能最大限度地利用光源。

240. 如何用光来塑造质感？

对物体的表现，不仅仅是立体感，更重要的是表现不同材质的物体所具有的不同的质感。如金属及玻璃制品、宝石、各种肌理的墙布、室内织物、木制品以及陶瓷塑料制品，等等。为了恰到好处地表现它们的质感，就需要合理地选用各种光源。一般地说，白炽灯泡等光源的光较硬，其特性是光的指向性强。因此，在照射商品时，商品的阴影较明显，可以较好地表现光亮或光泽。荧光灯的特性是属于线光源和面光源的光，柔和而均匀扩散。因此，不易产生光的阴影，其表现效果较为平和，特别是毛料、呢料等织物。例如由其做成的服装，其质地给人以一种稳重的感觉（图 1.4-18）。

241. 住宅室内各部分空间对照明有什么要求？

（1）门厅 门厅没有直接的对外采光，需要人工照明。由于门厅要求明亮、整洁、美观，因此顶棚往往作吊顶处理，灯具常选用筒灯、吸顶灯、壁灯甚至发光顶棚等。灯具的位置一般设在进门处和与室内的交界处附近，应避免在来访者脸部形成阴影。

（2）起居室 起居室的照明具有灵活、多变的特点。除自然光外，人工照明一般分为整体照明和局部照明两种。整体照明一般选用枝形吊灯或豪华吸顶灯，置于会客区的上方，以形成豪华明亮的气氛。局部照明包括落地灯、壁灯、台灯、筒灯、装饰射灯等，一般用于局部加强亮度或加强装饰效果。局部照明可按需要灵活布置。

	指向性强的光	扩散性强的光
	灯泡	荧光灯
光线的走向方式	 光线向一个方向直射	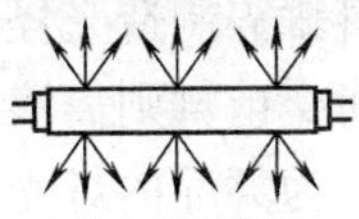 光向多方照射
光的走向	 光落到同一方向	 光落到各种方向
反射光	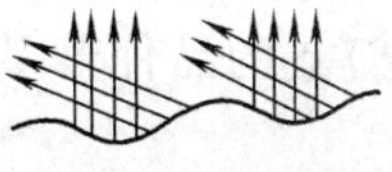 光向同一方向反射	 光向不同方向反射

图 1.4-18　光质

（3）餐厅　餐厅要明亮、舒适。一般是在用餐空间（餐桌）的上方设置吊灯（软线吊灯），以突出餐厅的效果，在其他位置适当设置筒灯作为一般照明。

（4）工作室、书房　工作室、书房照明设计应注意除了在台面设置台灯外，还应设置整体的一般照明，以避免眼球疲劳。

（5）卧室　卧室照明设计要营造出一个柔和、舒适的环境氛围。因此灯具一般选择眩光少的类型；照明方式一般选择混合照明方式。整体环境选用吊灯、吸顶灯、壁灯等直接照明，或发光顶棚、发光墙面、各种嵌入式灯具等隐蔽照明；床头柜、写字台、梳妆台等部分采用壁灯、台灯等局部照明。

（6）卫生间　卫生间的光线应明亮、柔和。除了在顶棚设置主灯外，在梳妆处还应设置局部照明。一般是在梳妆台上部顶棚处、梳妆镜上部或左右配置局部照明。局部照明配置的要点是人在梳妆时不能在脸部形成阴影。主灯一般选择吸顶灯，局部照明一般选择壁灯、下射灯。无论主灯、局部照明灯均应选择防湿、不易生锈且易清洁的类型。

242. 舞厅的灯光设计有哪些设计要点？

（1）舞厅照明的特点　舞厅大多数不采用自然照明方式。舞厅的灯光设计不仅要满足使用功能的需要，还直接关系到舞厅的类型、风格的形成。舞厅的照明为多层次照明系统，休息区、舞台背景等为低度照明，普遍照度为 30～50lx，以创造相对安静的休息气氛。

舞台、舞池部分的照明需根据舞厅类型、风格的需要进行设计。当前舞厅经营内容呈多元化发展趋势，既要满足跳交谊舞又要满足跳迪斯科的需要，且能进行表演和卡拉 OK 等。因此，可调节照度和气氛的灯光设计就显得尤为重要。通常迪斯科舞需制造光怪陆离的光影效果，让人心理上达到超脱现实，更好地宣泄情感。而交谊舞则需浪漫、温馨和柔和的灯光氛围。当前舞厅专用灯具的品种日益丰富，为舞厅的灯光设计提供了很大的选择余地。

(2) 舞厅照明的设计要点

1) 照明光源——舞厅的照明应选择白炽灯光源。因为舞厅明暗要不断变化，灯具要不断开关，对此气体放电光源是不适应的。

2) 照明灯具——舞厅照明不宜选择亮度太高的灯具，应增加灯具的数目，减小灯具的亮度，使整个舞厅照明均匀。

3) 舞厅专用灯具——舞厅专用灯具的品种繁多，功能也日新月异。舞厅常用灯具一般如各种转灯、扫描灯等。

243. 商业空间室内照明有哪些基本要求？

(1) 要有足够的照度，商店建筑照明的照度标准值见表 1.4-10。

表 1.4-10　商店建筑照明的照度标准值

类　　别		参考平面及其高度	照度标准值/lx		
			低	中	高
一般商店营业厅	一般区域	0.75m 水平面	75	100	150
	柜台	柜台面上	100	150	200
	货架	1.5m 垂直面	100	150	200
	陈列柜、橱窗	货物所处平面	200	300	500
室内菜市场营业厅		0.75m 水平面	50	25	100
自选商场营业厅		0.75m 水平面	150	200	300
试衣室		试衣位置 1.5m 高处垂直面	150	200	300
收款处		收款台面	150	200	300
库房		0.75m 水平面	30	50	75

注：我国的照度标准相对于国际照明委员会（CIE）照度标准还有较大的差距，随着经济水平和供电能力的提高，我国也将会逐步提高工业企业和民用建筑的照度标准。

（2）商业照明应选用显色性高，光束温度低、寿命长的光源，同时宜采用可吸收光源辐射热的灯具。

（3）既要考虑水平照度的设计，同时对一些货架上的商品还应考虑垂直面上的照度。

（4）在自选商场中，可采用固定的一般照明，其光源应以荧光灯为主。

（5）重点照明的照度应为一般照明照度的 3～5 倍，柜台内照明的照度宜为一般照明的 2～3 倍。

（6）对珠宝、首饰等贵重物品的营业厅宜设值班照明和备用照明。

（7）大的营业空间照明应采用分组、分区或集中控制方式。

244. 商业空间照明应进行哪些评价？

（1）外部印象　外部照明、装饰、招牌等设备充足与否，是否具备能满足顾客购买心理要求的照明而能把顾客吸引到商店里来。

（2）基本照明　从一般照明亮度的均匀性、墙面照明和展示照明加强的效果、色彩调配与光的显色性等方面进行评价。

（3）重点照明　店内重要商品和主要场地的照明效果（立体感、光泽度、显色性等），应从光源的选择是否恰当、照明方法是否合理等方面加以审查。

（4）装饰照明　应从照明灯具的造型和布置所组成的图案的装饰效果、光源、亮度、环境气氛、艺术意境以及同建筑风格是否协调等方面进行评价。

（5）节电效果　从能否尽量采用高效光源和灯具，有效地利用能源，以及能否合理布线，减少电能消耗，在可能的条件下，合理地在照明回路内装设照明开关，充分利用自然采光等方面进行评价。

245. 商业空间室内照明设计常用光源和常用灯具有哪些？

在商业空间室内照明设计中，光源的光色和显色性对整个商业空间的气氛、商品的质感等都有很大的影响。商业照明应选用显色性高、光束温度低、寿命长的光源，如荧光灯、高显色钨灯、金属卤化物灯、低压卤钨灯等。

（1）商业空间室内照明设计常用光源

光源的光色（色温）对室内空间的气氛影响很大。色温高的灯光会使人感到凉爽，富有动感；色温低的灯光会使人感到暖和、温柔、庄重、祥和，这种灯光能够突出木料、布料和地毯等的质感。除上述色温不同而影响气氛以外，色温与亮度的关系也会影响室内空间的气氛。另外，商品的特性在很大程度上取决于所表现出来的色彩，即取决于光源的显色性。靠光源显示商品的方法有两种：一种是显示商品的本色，另一种是对商品进行艺术处理。为了更好地体现商业空间室内装饰的效果，对不同的商业空间、不同的商品应选择与其相适合的光源，例如：

1）当显示在天然光下使用的商品时，宜采用高显色性（Ra＞80）光源；而显示在室内照明下使用的商品时，则可采用荧光灯、白炽灯或其混光照明。

2）对于玻璃器皿、宝石、贵金属等类陈列柜台，应采用高亮度光源；对于布匹、服装、化妆品柜台，宜用高显色性光源；对于肉类、海鲜、水果等柜台，则宜采用红色光源较多的白炽灯。

（2）商业空间室内照明设计常用灯具

为了获得更加满意的照明效果，除正确选用光源以外，灯具的造型也十分重要，商业空间室内照明常用的灯具有吊灯、吸顶灯、发光顶棚、射灯等。

246. 营业厅的照明设计应如何布局和设置？

营业厅照明宜采用光色柔和，照度较高的荧光灯，并配以白炽灯和投影灯等，其重点部位应设置装饰性强的灯具，如吸顶灯、吊灯等，以创造良好的室内环境和突出商店的特色。

不同行业的店内亮度配置是不相同的。

营业厅的照明分为一般照明、局部照明和装饰照明。

一般照明是店内全面的、基本的照明。重点在于与局部照明的亮度有适当的比例，给店内形成一种风格。这种照明不但要重视水平面的亮度，也要重视垂直面的亮度。常用荧光灯作主要光源。不同的布灯方式会产生不同的视觉效果，营业厅的主通道上应设计出具有不同特色照明效果的照明方案，以其特征来起标志作用。不同营业区可用不同光色、不同亮度、不同布灯方式等来加以区别、分隔。不同售货场地的顶棚、柱子装饰各不相同，与此相对应，照明设计也应有所区分。

局部照明是对主要商品及其场所进行重点照明，目的在于增强对顾客的吸引力。其亮度为一般照明的 3~5 倍，并采用射灯等方向性强的灯具以加强商品的质感和主体感。

装饰照明是作为商店内的装饰，以表现空间层次而使用的照明。为使光线更加悦目，可使用装饰性吊灯、壁灯、挂灯等图案统一的系列灯具，使商店的形象统一化，更好地表现具有强烈个性的空间艺术。营业灯常见的照明方式见图1.4-19。

247. 店面照明设计应如何布局和设置？

店面照明是指商店外观正表面的照明。店面照明的最基本功能是让人们在夜间能看见店面，并方便对店面的识别，以诱发人们的购物、娱乐、休闲等活动。

（1）店面照明的基本方式　店面的照明应配合店面的整体气氛效果，采用的照明方式应有明确的目的。用于娱乐场所的照明，宜渲染外观的灯光色彩与变换，追求五光十色的奇幻效果；百货商店的店面照明则应突出入口的位置和橱窗中的展品等。

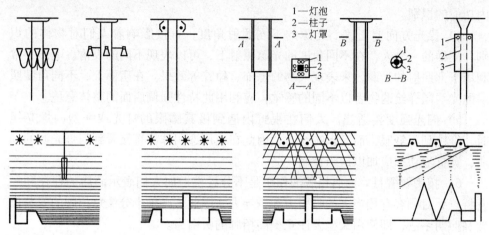

图 1.4-19　营业灯常见的照明方式

具体有以下几种方式：

1）确保亮度的照明：考虑店内照明与周围亮度，在商店入口处适当加大亮度。因此，在入口处可以采用荧光灯发出的均匀、柔和的灯光作为整体照明，为使人们看不到灯管，可在光源下设置格栅；也可以采用聚光灯向下的照明方式，这样可以表现光的强弱对比，能够促使顾客注意店面；也可在顶棚内装设小型投光灯，同样可以收到满意的效果。

2）获得闪光效果的照明：为了适应顾客的心理特点，表现一定的行业特色，采用闪烁的灯光照射店面。这样的照明，把很多本来不准备购物的人又可以作为目标，引起他们购买的欲望。可以采用简单造型的灯具，通过精心布置显得更加美观、新颖。

3）获得装饰效果的照明：为了表现商店的豪华气派，可以配置吊灯，并把它排成装饰性图案，使店面照明富有生气。在选择灯具时要根据商店特色并和周围环境相协调。

（2）店面照明设计要求

1）店面亮度比店内亮度稍大，这样会使店面装饰部分照得明亮；但也不能过于明亮，否则会产生遮帘现象，往店内的透视效果差，使人感到店内阴暗，效果反而不好。

2）适当降低店内透视度。精品店、金店、美容院等商店通常以门或玻璃挡板为界，有意地提高明暗对比，降低店内透视度，这种方法效果不错，但必须事先研究店内所需透视度后，再确定店面照明的亮度。

3）照度要均匀。店面被照物上各点的照度差不宜过大，尤其是店面较长的情况下，各处亮度差别过大，易于引起人的视觉疲劳，影响对店面的观赏和对店内功能的识别。

4）投光方向要正确。光源的不同照射角度，直接影响着人们对物体的识别。同样的一个人，在不同角度的光源照射下，可以表现不同的表情。电影中常利用下部照射的光源，来表现人物的恐怖、狰狞等效果。在店面上，不同角度照射的光线同样给购物者以不同的感觉，应利用此特性强调店面的整体意境。

5）闪光强度要适当。人们在视野内遇到极其耀眼的灯光或强烈闪烁光线时，会感到不舒服，而且影响视力，因此在使用透明球等直接看到闪烁光源的场所，其灯泡功率应加以适当控制。

6）招牌要醒目。商店招牌的作用是不分昼夜地向人们表示商店的存在和经营特点，对顾客有相当大的吸引力和诱导力。因此，必须十分注意招牌的安装位置和照明手法，即使白天也要注意提高招牌的吸引力。

248. 橱窗照明设计应如何布局和设置？

（1）橱窗照明方法

1）依靠强光使商品显眼。

2）强调商品的立体感、光泽感、材料质感和色彩等。

3）利用灯饰以引人注目。

4）使照明状态能产生悦目的变化。

5）利用彩色灯光，使商品展示显眼。

（2）橱窗照明设计内容

1）基本照明：这是为了保证橱窗内基本照度的照明。为了防止白天出现镜面反光现象，应适当提高照度水平。

2）聚光照明：这是采用强烈灯光，突出被照射商品的照明。为了重点突出某一部分商品，应选择能随意变换照射方向的灯具，采用聚光照明方式，以适应商品陈列的各种变化要求。

3）强调照明：这是采用装饰型照明灯具，或利用灯光变幻、色彩缤纷的艺术效果，来衬托商品的照明。在选择灯具时，应注意在造型、色彩、图案等方面和陈列的商品协调配合。

4）特殊照明：这是根据不同商品的特点，使之更为有效地表现出来的照明方式，表现手法包括：从下方照亮商品，以表现轻轻浮起、带飘逸感的脚光照明；从背面照射，突出玻璃制品透明感的后光照明；以及采用柔和的灯光包裹起来的撑墙支架照明方式。

图 1.4-20 为橱窗照明的构成形式。

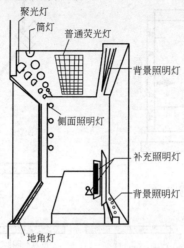

图 1.4-20　橱窗照明的构成形式

防止橱窗玻璃反射眩光的方法有二：一是橱窗前加檐；二是玻璃倾斜安装，参见图 1.2-46（119 题）。

249. 陈列架照明设计应如何布局和设置？

陈列架或展示墙的亮度特点为：它是整个室内基本照明亮度的 1.5 ~ 2 倍（指垂直面，其分布状态上下一样亮）。在强调商品的部分，同是使用聚光灯，使其为最亮。内部正面的陈列架，其亮度为整个室内亮度的 2 ~ 3 倍，以提高注意力。必须注意的是光源不要直接照射到顾客的眼内。在架上陈列的商品，可结合销售安排位置。畅销商品与非畅销商品会产生差别。特定商品，要有意识地安设层次照明。

陈列架有下列几种照明方式：

1）一般照明方式：一般照明是使全部陈列品亮度均匀，灯具设置在陈列架上部或中段。光源可采用荧光灯或聚光灯。

2）透光板照明方式：采用磨砂玻璃透光板的照明方式能给商品以轻快的感觉，采用逆光的照明方式会使玻璃制品更加富于透明感，见图 1.4-21。

3）定点照明方式：专给重点商品以足够亮度的照明称定点照明，其突出特点是使商品更加引人注目，见图 1.4-22。

4）聚光灯照明方式：要求给整个陈列面照明时，可使用均匀配光的聚光灯，如需要特别突出某一部分，则应采用聚光度高的聚光灯，见图 1.4-23。

各种货架的照明方式如图 1.4-24 所示。

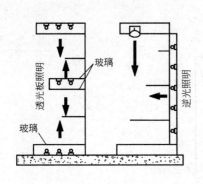

图 1.4-21 透光板照明方式

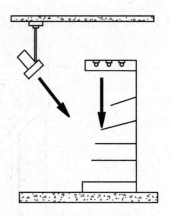

图 1.4-22 定点照明方式

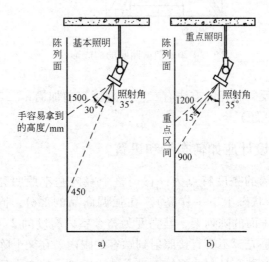

图 1.4-23 聚光灯照明方式

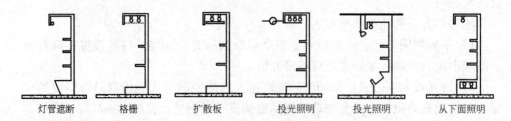

图 1.4-24 货架常用的照明方式

250. 陈列柜照明设计应如何布局和设置?

商品陈列柜照明灯具的设置,原则上应装设在顾客不能直接看到的地方。手表、金银首饰、珠宝等贵重商品需要装设重点照明。为了强调商品的光泽感而需要强光时，可利用定点照明或吊灯照明方式。对于较高的陈列柜，可在中下部装设灯具，以增强下部的照明。

商品陈列柜的基本照明手法有以下四种：

（1）柜角的照明　这是在柜内拐角处安装照明灯具的照明手法，为了避免灯光直接照射顾客，灯罩的大小尺寸要选配适当。

（2）底灯式照明　对于贵重工艺品和高级化妆品，可在陈列柜的底部装设荧光灯管，利用穿透光有效地表现商品的形状和色彩，如果同时使用定点照明，更可增加照明效果，显示商品的价值。

（3）混合式照明　对于较高的商品陈列柜，仅在上部用荧光灯照明时，有时下部亮度不够，所以有必要增聚光灯作为补充。

（4）下投式照明　当陈列柜不便装设照明灯具时，可在顶棚上装设定点照明的下投式照明装置，此时为了不使强烈的反射光耀眼，给顾客带来不适，以及难于看清商品等，应该结合陈列柜高度、顶棚高度和顾客站立位置等，正确选定下投式灯具的安装高度和照射方向。

（5）特殊照明方式　根据商品的不同对象，可以利用穿透光，从而更有效地表现商品的色彩、形状、大小。如底灯式，从下方照射可以给商品一种轻快感，并强调其透明感。同时使用定点照明，在水晶刻花玻璃上可以得到强烈的光的边缘效果，以提高商品的陈列效果。

251. 西餐厅的照明应如何设计？

代表西式休闲情调的西餐厅需要轻松、宁静的气氛，这就需要配合调光系统。西餐厅按照使用功能区域可以划分为五个部分（入口区、堂厅卡座区域、包厢区、室内艺术装饰品摆放区域、服务通道区域），每个部分需要的明暗程度及照明手法都是不同的。

（1）入口区　一家西餐厅的氛围和风格，从入口区就可以感受到。西餐厅的基础照明往往比较暗，以便保证就餐者私密的空间感觉，但入口区往往采用大片的形象墙来表达餐厅的文化涵义及风格基调，采用的灯光照明方式也要随具体情况而定。如在入口迎宾墙处采用卤钨射灯来照亮墙面，形成视觉焦点。也可以在迎宾墙上打一些大小不一、明暗相间的光斑，产生一种朦胧感。

（2）堂厅卡座区域照明设计　由于西餐厅室内的材料组成各不相同，如桌面、椅面、地板（毯）的材料等。在同样照度的条件下，各种材料表面的反射比不同，其亮度也随之不同；而表面的亮度会影响整体空间的光环境效果。如果材料表面的反射比低，照度要相应高一些，如果材料表面反射比较高，则反之。同时，需要注意的是天花、墙面以及桌面、地板间的照度，一定要有区别，否则视觉就会感觉单调。桌面的照度，有时不一定要拘泥于可调角度射灯的照明形式，也可以采用烛光创造朦胧、静谧的气氛，使环境更具遐想空间。

对于新派西餐厅，可采用了大量的 LED 元素，在保留西餐厅明暗分明的照明基调情况下，使餐厅更富有现代动感，符合年轻人的审美视角。

再者，照明设计师可以采用光色的缓慢变化（半小时左右，变换一种颜色），来烘托整体效果。使客人体会到一种变换空间的感觉，整体环境也充满了神秘、浪漫的气息。

（3）包厢区　包厢区的灯光同样也遵循基础照明低，提升桌面重点照明的原则。但在灯光的处理上则更细致。为了制造更好的私密性，灯光的设计尽量不要从顶部投射，而是安装在较低的位置。而且尽可能地采用一些装饰性灯具来提升氛围感。

（4）室内艺术装饰品摆放区域　对于艺术装饰品（如雕塑、浮雕、壁毯、水幕等）的照明处理手法一般采用重点照明。照明的灯具可不同，如照射浮雕、壁毯大面积的壁挂装饰等，可以采用色温 3000K 左右的卤素灯；水幕的处理灵活性较高，可以采用色温 3100K 的水下灯，搭配 LED 营造光色变换的微妙效果。需要注意的是，光源的隐蔽性，见光不见灯。对于装饰性物品的细节性表现，多采用直接重点照明的卤素灯具。

（5）服务通道区域　对服务通道的照明，很多时候不做特殊处理。但需要根据室内的特殊性而定，有时室内会采用台阶处理来分割区域，我们可以在台阶内侧隐藏灯带或者设计瓦数较低的侧壁灯，起到指引的作用。利用台阶下隐藏的灯带来形成光的延伸，有指引效果。同时，灯饰在西餐厅设计中起着不可忽视的作用。

252. 中餐厅的照明应如何设计？

中餐厅的照明方式包括：一般照明、混合照明以及局部照明三种方式。一般照明是对餐厅室内整体进行照明，不考虑局部照明，使就餐环境和餐桌面的照度大致均匀的照明方式。这是风格简洁，顾客群相对大众化的餐厅经常采用的照明方式。混合照明，即由照度均匀的一般照明和针对就餐面的局部照明所组合而成的照明方式。这种照明方式层次感强，并形成一个只属于该桌客人的光照空间，经常用于中高档餐厅的照明设计中。

下面将中餐厅分为几个区域进行分析：入口区、大堂就餐区、包间、过道及公共区域。

（1）入口区　入口区可以很好地展示氛围和风格，往往采用大片的形象墙来表达餐厅的文化涵义及风格基调，采用的灯光照明方式也多种多样，具体视设计情况而定。

（2）大堂就餐区　设计舒适的光环境，调动用餐者的食欲和审美心理。首先，在餐厅室内环境和餐桌台面上必须有足够的光照。我国《建筑照明设计标准》中规定中餐厅0.75m水平面处照度不可低于200lx。对于较大的中餐厅甚至是宴会厅，在照明手法处理上可采用多种照明回路结合。装饰性花灯、重点照明餐桌的卤素射灯、氛围光补充的灯槽、墙面装饰的壁灯都可以分开处理，通过不同回路的自由组合实现不同的灯光场景，以适应客流量、日光的变化需要。而一些有特色的中餐厅，桌椅也不仅限于圆形，对于长型餐桌，可利用隐藏型小射灯直接投射，其灯体颜色与天花浑然一体，且卤素类光源的高显色性可令菜看起来更色泽饱满。

（3）包间 中餐厅包间的照明设计运用功能照明与装饰照明相结合的手法。功能性照明主要体现在，选用显色性好的光源来表现菜品可口。装饰性照明主要用来衬托环境气氛。灯具的挑选方面，可以选用外形体现中国文化气息较浓的灯具，如灯笼，宫灯等。同时，尽量避免直射光的使用，由于直射光会在桌面及墙面造成光影，还容易造成眩光，使环境不和谐。可使用漫射光，配合暗藏光源及调光系统，达到"见光不见灯"的效果，还可以实现场景的转换。如年轻客人喜欢亮度高一点的热闹环境，中老年客人喜欢环境光较弱，更显惬意。

很多普通的酒楼包厢则采用卤素射灯照明桌面，LED内嵌灯槽带来装饰效果和区分效果。

（4）过道及公共区域 室内设计师多会在走道及公共区域设计装饰摆件、壁画等装饰品。照明多采用点光源局部照明来突出强化物品的装饰性。

服务通道无需做特殊的照明处理，满足功能照明即可，同时满足引导性。而为了更好地实现引导效果，可在通道末端或转弯处设置明亮的光块或光的标志。

253. 餐饮连锁店的照明应如何设计？

（1）统一性 餐饮连锁店要有统一的形象感。为此，在做照明设计的时就要把各类光照数据做到基本统一，具体到照度、色温、灯饰的造型尺寸。这样，顾客到任何一家店，他们的感觉都是一样的，从而形成一种品牌效应。

（2）简洁、明快、均匀 连锁餐饮店是属于一种快捷便利的餐厅，它的照明设计既要做到明亮、温暖和愉悦，营造一种回家的感觉；另外，要避免顾客长时间逗留，灯光的设计应创造一种兴奋感。有科学实验证明，红色包括黄色（前进色）会比蓝色等冷色（后退色）加速人的血液流动，合理运用这种处理手法可以加快人的就餐速度。例如麦当劳是用强烈的红色，红色在短时间能够刺激人的视觉，但是人的眼睛长时间接触红色是会产生厌倦感，因而顾客不会逗留太久。

（3）灯具的选择要素 出于连锁的经营性质，需考虑性价比合适和品质可靠的产品，多为荧光类灯盘及筒灯。

另外，格栅射灯高显色性的卤素光源，使食物看上去更可口诱人，其较高的照明效率成为各类快餐厅和中低档餐厅的首选灯具；反光灯槽则通过反射光使餐厅得到间接照明，它的最大特点就是餐桌上不会有明显的阴影，从而创造一个良好的就餐视觉效果；筒灯最大特点是外观简洁，隐蔽性强，单独使用就可以得到很好的整体照明，将沿墙壁的筒灯与位置居中的荧光灯进行组合对餐厅进行整体照明，不仅可以得到均匀的整体照明，还可以加强装饰墙面的照明。以上几种都是餐饮店常用的灯具，它们各有优势，但无论选用哪种灯具，都要使灯具的风格与室内陈设协调一致。

根据《建筑照明设计标准》，餐饮类建筑室内照明光源的显色指数 Ra 应不小于 80。

254. 美发店照明应如何设计？

美发店的光源来自自然采光和人工照明两个方面。

美发店的照明设计是美发店装修设计的灵魂之笔。而表达光的主要手段多半是巧妙地运用灯具，来区分空间、增加层次、突出主体、营造气氛等，以达到不同的艺术效果。

（1）顾客走进美发店，顾客从自然光中进入，灯光既要有一定的亮度，但又不能眩目，要和自然光接近（或夜晚时灯光稍亮），让人的眼睛很快适应室内光线。

（2）美发店门厅、大堂、走廊里的基本照明可采用装在房间的中心明亮的吊灯或吸顶灯作为主体灯。然后再根据需要设置壁灯、筒灯、落地灯等作为辅助灯。

（3）大厅内，不能让灯光直射在顾客休息的沙发以及起坐区里，可在沙发旁侧加壁灯或侧灯。若大堂内有壁画、化妆品陈列柜等，可设置隐形射灯加以点缀。

（4）工作台和化妆镜，要留意光线不能是强反射回来的，因为强光线会刺伤美发师及顾客的眼睛，还会产生影像扭曲变形。因此，要留意光源的方向，如能够采用投射光、内透光、轮廓光等丰富的表现手法。可以把光源放在镜子两侧、上部，工作台顶部等。

（5）不能采用那些渐变和跳跃的灯光及几个色彩组合类灯光。

255. 展览橱窗的照明有哪几种方式？

展览类的建筑如博物馆、美术馆和产品陈列馆等的展品的陈列所需的照明，不同于一般照明，是要按展品的特点，作各种特殊处理的。总的处理原则是使展品具有足够的亮度，不产生眩光。

（1）基本照明 这是为了保证橱窗内基本亮度的照明。白天，为了防止玻璃产生反光现象，所以应提高橱窗内的照明度。同时，光源应装置于栅格、百叶窗等隐蔽处，避免使观者的眼睛直接受到光照。如要强调商品时，用灯泡的下向光比较有效。

（2）聚光照明 这是用强烈的光线衬托商品，其照明方式为了使展览的重点更加明亮和突出，应采用聚光照明的方式。可选择能自由变动照射方向的聚光射灯，以适应展览变化、布置移动时能灵活调节。

（3）强调装饰照明 为了衬托商品的照明方式，可以用装饰照明灯具或光的灿烂、色彩效果等强调之。在使用装饰用照明灯具时，应选择和展览商品气氛相协调的灯具。

（4）特殊装饰照明 这是配合商品种类，采用的更有效的表现方法，以达到更引人注目的照明方式。如从下方照亮商品，可表现出其轻轻浮起感觉的脚光照明。又如从背后照明，以强调玻璃制品等的透明感的背光照明（逆光照明）。还有使用柔和的光线包容起来的撑墙支架板照明方式，光源则要安装在客人看不见的位置。

256. 美术馆的照明有哪几种方式？

美术馆的展览室与一般商业橱窗的陈列或商场展品展览的环境不同。它的照明有特殊的要求，大体有下列的几方面。

（1）基本照明 制造整个环境的空间气氛是基本照明，这是解决观赏者步行所需的最低限度的光照。通常的照明亮度在 10～100lx。

（2）展示照明 展示作品所需的光照亮度是制造展品的展示效果关键，视展品所处的地位，其所需的亮度在 50～300lx。

（3）绘画展览的照明 绘画展览的照明与墙壁面照明器具相同，照明方式也相同。荧光灯用带有倾斜角度的格栅。白炽灯采用广角投光类型。

（4）雕刻展览的照明 雕刻的展览常使用投光照明，在设置光照设备时，要防止点光源给展品强烈的阴影。主光源给投光方向以柔性的光线，既要有水平面亮度，也要有垂直面亮度。

257. 美术馆的照明应注意哪些问题？

美术馆的照明一方面要根据展品的内容、目的而采用富有魅力的照明手法；另一方面要考虑展品的保存问题，避免有害于保存作品的光源和环境。例如，紫外线会导致展品褪色。红外线所致温度变化也会给展品带来不利影响。

（1）自然光 自然光可以使物体显得更加美丽，但必须考虑到自然光中的紫外线会损害画面。因此需做到：

1）从北侧反光避免直射光线。

2）使用能屏蔽紫外线的玻璃。

3）用格栅将光分散。

（2）人工照明 人工照明能够制造出适当的展出效果和气氛，当然需要正确控制用光。但必须掌握灯的性能，以制定照明计划。选用照明光源时，要注意下列几点：

1）尽量不用退色灯（荧光灯）。

2）使用降低热量的过滤器（白炽灯）。

3）使用高演色灯，以保持原作的色彩效果。

图 1.4-25 是为光源位置选定的方法，图示的尺度是根据观赏者观赏展品的站位与展品的位置，再按光的反射规律来制定的。按图示的光源位置，可以使观赏者获得较好的视觉条件。

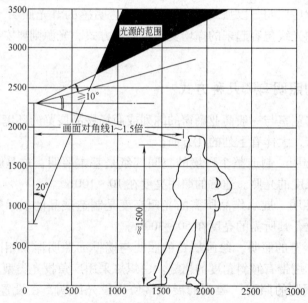

·防止光源的正反射像通过画面映入鉴赏者眼

·防止画框或油画等在画面形成强烈的阴影

图 1.4-25 光源位置选定方法

258. 什么是绿色照明？

《建筑照明设计标准》对绿色照明的定义为：绿色照明是节约能源、保护环境，有益于提高人们生产、工作、学习效率和生活质量，保护身心健康的照明。绿色照明工程还包括生产高效节能不污染环境的光源，便于回收和综合利用，能成为二次资源的照明器材。采用新技术使照明器材的废弃物不污染环境等。

第五章 建筑防火、防水、防污染工程的设计原理和规范

259. 民用建筑物的耐火等级是如何确定的？

根据《建筑设计防火规范》（GB 50016—2012）（以下简称新《建筑设计防火规范》），划分建筑物耐火等级的方法，一般是以楼板为基准。例如，钢筋混凝土楼板的耐火极限可达 1.50h，即以一级为 1.50h，二、三、四级依次降低。然后再按构件在结构安全上所处的地位，分级选定适宜的耐火极限。例如，在一级耐火等级建筑中，支承楼板的梁比楼板重要，可定为 2.00h，而柱因承受梁的重量因而比梁更为重要，则可定为 2.50~3.00h 等等。由于构件的材料还有燃烧体、难燃烧体、非燃烧体之分，因而仅用构件的耐火极限还不能完全满足对结构防火安全的要求。因此，要对房屋构件的燃烧性作规定，见表 1.5-1。

表 1.5-1　建筑物构件的燃烧性能和耐火极限（h）

构件名称		耐火等级			
		一级	二级	三级	四级
墙	防火墙	不燃烧体 3.00	不燃烧体 3.00	不燃烧体 3.00	不燃烧体 3.00
	承重墙	不燃烧体 3.00	不燃烧体 2.50	不燃烧体 2.00	难燃烧体 0.50
	非承重外墙	不燃烧体 1.00	不燃烧体 1.00	不燃烧体 0.50	燃烧体
	楼梯间、前室的墙、电梯井的墙、住宅单元之间的墙和分户墙	不燃烧体 2.00	不燃烧体 2.00	不燃烧体 1.50	难燃烧体 0.50
	疏散走道两侧的隔墙	不燃烧体 1.00	不燃烧体 1.00	不燃烧体 0.50	难燃烧体 0.25
	房间隔墙	不燃烧体 0.75	不燃烧体 0.50	不燃烧体 0.50	难燃烧体 0.25
柱		不燃烧体 3.00	不燃烧体 2.50	不燃烧体 2.00	难燃烧体 0.50
梁		不燃烧体 2.00	不燃烧体 1.50	不燃烧体 1.00	难燃烧体 0.50
楼板		不燃烧体 1.50	不燃烧体 1.00	不燃烧体 0.50	燃烧体
屋顶承重构件		不燃烧体 1.50	不燃烧体 1.00	燃烧体	燃烧体
疏散楼梯		不燃烧体 1.50	不燃烧体 1.00	不燃烧体 0.50	燃烧体
吊顶（包括吊顶搁栅）		不燃烧体 0.25	难燃烧体 0.25	难燃烧体 0.15	燃烧体

注：1. 耐火等级低于四级的原有建筑，其耐火等级可按四级确定。除另有规定者外，以木柱承重且以不燃烧材料作为墙体的建筑物，其耐火等级应按四级确定。

2. 各类建筑构件的耐火极限和燃烧性能可按 GB 50016—2012 中的附录 C 取用。

3. 住宅建筑构件的燃烧性能和耐火极限可按国家标准《住宅建筑规范》GB 50368—2005 的规定执行。

260. 防火门有哪些种类？

（1）按耐火极限分类　按耐火极限分，防火门的 ISO 标准有甲、乙、丙三

个等级。

1）甲级耐火门：耐火极限为1.2h，一般为全钢板门，无玻璃窗。甲级防火门以火灾时防止扩大火灾为目的。

2）乙级耐火门：耐火极限为0.9h，为全钢板门，在门上开一个小玻璃窗，玻璃选用5mm厚夹丝玻璃或耐火玻璃。乙级防火门以火灾时防止开口部蔓延火灾为主要目的。性能较好的木质防火门也可达到乙级防火门。

3）丙级耐火门：耐火极限为0.6h，为全钢板门，在门上开一小玻璃窗，玻璃选用5mm厚夹丝玻璃。大多数木质防火门都在这一级范围内。

（2）按材质分类 按材质耐火门分为木质和钢质两种。

1）木质防火门：在木质门表面涂以耐火涂料，或用装饰防火胶板贴面，以达到防火要求。其防火性能要稍差一些。

2）钢质防火门：采用普通钢板制作，在门扇夹层中填入页岩棉等耐火材料，以达到防火要求。国内一些生产单位目前生产的防火门，门洞宽度、高度均采用国家标准中常用的尺寸。

261. 防火门（含防火卷帘）的设置有哪些规定？

（1）防火门应具有自闭功能。双扇防火门应具有按顺序自动关闭的功能。

（2）常开防火门应能在火灾时自行关闭，并应有信号反馈的功能。

（3）防火门内外两侧应能手动开启（新《建筑设计防火规范》第6.4.11条第4款规定除外）。

（4）设置在建筑变形缝附近时，防火门开启后，其门扇不应跨越变形缝，并应设置在楼层较多的一侧。

（5）在设置防火墙确有困难的场所，可采用防火卷帘作防火分区分隔。当采用包括背火面温升作耐火极限判定条件的防火卷帘时，其耐火极限不低于3.00h；当采用不包括背火面温升作耐火极限判定条件的防火卷帘时，其卷帘两侧应设独立的闭式自动喷水系统保护，系统喷水延续时间不应小于3.00h。

（6）设在疏散走道上的防火卷帘应在卷帘的两侧设置启闭装置，并应具有自动、手动和机械控制的功能。

262. 民用建筑的最多允许层数和防火分区最大允许建筑面积是如何规定的？

（1）按照新《建筑设计防火规范》的规定，民用建筑的耐火等级、最多允许层数和防火分区最大允许建筑面积应符合表1.5-2的规定。

（2）地下、半地下建筑（室）的耐火等级应为一级；重要公共建筑的耐火等级不应低于二级。

表 1.5-2 不同耐火等级建筑的允许层数和防火分区最大允许建筑面积

名　　称	耐火等级	建筑高度或允许层数	防火分区的最大允许建筑面积/m²	备　　注
高层民用建筑	一、二级	符合表 5.1.1 的规定	<u>1500</u>	体育馆、剧场的观念厅，其防火分区最大允许建筑面积可适当放宽
单层或多层民用建筑	一、二级	1. 单层公共建筑的建筑高度不限　2. 住宅建筑的建筑高度不大于27m　3. 其他民用建筑的建筑高度不大于24m	2500	
	三级	5 层	1200	—
	四级	2 层	600	—
地下、半地下建筑(室)	一级	<u>不宜超过 3 层</u>	500	<u>设备用房的防火分区最大允许建筑面积不应大于1000m²</u>

注：建筑内设置自动灭火系统时，该防火分区的最大允许建筑面积可按本表的规定增加 1.0 倍。局部设置时，增加面积可按该局部面积的 1.0 倍计算。

（3）三级耐火等级的下列建筑或部位的吊顶，应采用不燃烧体或耐火极限不低于 0.25h 的难燃烧体。

1）医院、疗养院、中小学校、老年人建筑及托儿所、幼儿园的儿童用房和儿童游乐厅等儿童活动场所。

2）三层及三层以上建筑中的门厅、走道。

（4）当多层建筑物内设置自动扶梯、敞开楼梯等上下层相连通的开口时，其防火分区面积应按上下层相连通的面积叠加计算；当其建筑面积之和大于表1.5-2 的规定时，应划分防火分区。

（5）建筑物内设置中庭时，其防火分区面积应按上下层相连通的面积叠加计算；当超过一个防火分区最大允许建筑面积时，应符合下列规定：

1）房间与中庭相通的开口部位应设置能自行关闭的甲级防火门窗。

2）与中庭相通的过厅、通道等处应设置甲级防火门或防火卷帘；防火门或防火卷帘应能在火灾时自动关闭或降落。防火卷帘的设置应符合新《建筑设计防火规范》第 6.5.2 条的规定。

3）中庭应按新《建筑设计防火规范》第 8 章的规定设置排烟设施。

（6）防火分区之间应采用防火墙分隔。当采用防火墙确有困难时，可采用防火卷帘等防火分隔设施分隔。采用防火卷帘时应符合新《建筑设计防火规范》

第 6.5.2 条的规定。

263. 地上商店营业厅、展览建筑的展览厅的防火分区最大允许建筑面积另有何规定？

地上商店营业厅、展览建筑的展览厅符合下列条件时，其每个防火分区的最大允许建筑面积不应大于 $10000m^2$。

1) 设置在一、二级耐火等级的单层建筑内或多层建筑的首层。

2) 按新《建筑设计防火规范》第 8 章、第 9 章及第 11 章的规定设置有自动喷水灭火系统、排烟设施和火灾自动报警系统。

264. 地下商店的地下层数、防火分区最大允许建筑面积另有何规定？

地下商店应符合下列规定：

（1）营业厅不应设置在地下三层及三层以下。

（2）不应经营和储存火灾危险性为甲、乙类储存物品属性的商品。

（3）当设有火灾自动报警系统和自动灭火系统，且建筑内部装修符合现行国家标准《建筑内部装修设计防火规范》GB 50222—1995（2001 年版）的有关规定时，其营业厅每个防火分区的最大允许建筑面积可增加到 $2000m^2$。

（4）应设置防烟与排烟设施。

（5）当地下商店总建筑面积大于 $20000m^2$ 时，应采用不开设门窗洞口的防火墙分隔。相邻区域确需局部连通时，应选择采取下列措施进行防火分隔：

1) 下沉式广场等室外开敞空间。该室外开敞空间的设置应能防止相邻区域的火灾蔓延和便于安全疏散。

2) 防火隔间。该防火隔间的墙应为实体防火墙，在隔间的相邻区域分别设置火灾时能自行关闭的常开式甲级防火门。

3) 避难走道。该避难走道除应符合现行国家标准《人民防空工程设计防火规范》GB 50098 的有关规定外，其两侧的墙应为实体防火墙，且在局部连通处的墙上应分别设置火灾时能自行关闭的常开式甲级防火门。

4) 防烟楼梯间。该防烟楼梯间及前室的门应为火灾时能自行关闭的常开式甲级防火门。

265. 歌舞娱乐放映游艺场所的层数、防火分区最大允许建筑面积另有什么规定？

（1）歌舞厅、录像厅、夜总会、放映厅、卡拉 OK 厅（含具有卡拉 OK 功能的餐厅）、游艺厅（含电子游艺厅）、桑拿浴室（不包括洗浴部分）、网吧等歌舞娱乐放映游艺场所，宜设置在一、二级耐火等级建筑物内的首层、二层或三层的靠外墙部位，不宜布置在袋形走道的两侧或尽端。

（2）当歌舞厅、录像厅、夜总会、放映厅、卡拉 OK 厅（含具有卡拉 OK 功能的餐厅）、游艺厅（含电子游艺厅）、桑拿浴室（不包括洗浴部分）、网吧等歌舞娱乐放映游艺场所必须布置在袋形走道的两侧或尽端时，最远房间的疏散门至最近安全出口的距离不应大于 9m。当必须布置在建筑物内首层、二层或三层以外的其他楼层时，尚应符合下列规定：

1）不应布置在地下二层及二层以下。当布置在地下一层时，地下一层地面与室外出入口地坪的高差不应大于 10m。

2）一个厅、室的建筑面积不应大于 200m²，并应采用耐火极限不低于 2.00h 的不燃烧体隔墙和不低于 1.00h 的不燃烧体楼板与其他部位隔开，厅、室的疏散门应设置乙级防火门。

3）应按新《建筑防火规范》第 8 章设置防烟与排烟设施。

266. 民用建筑的安全出口布置有什么规定？

（1）民用建筑的安全出口应分散布置。每个防火分区、一个防火分区的每个楼层，其相邻 2 个安全出口最近边缘之间的水平距离不应小于 5m。

（2）公共建筑内的每个防火分区、一个防火分区内的每个楼层，其安全出口的数量应经计算确定，且不应少于 2 个。当符合下列条件之一时，可设一个安全出口或疏散楼梯：

1）除托儿所、幼儿园外，建筑面积小于等于 200m² 且人数不超过 50 人的单层公共建筑。

2）除医院、疗养院、老年人建筑及托儿所、幼儿园的儿童用房和儿童游乐厅等儿童活动场所等外，符合表 1.5-3 规定的二、三层公共建筑。

表 1.5-3 公共建筑可设置 1 个疏散楼梯的条件

耐火等级	最多层数	每层最大建筑面积/m²	人　　数
一、二级	3 层	500	第二层和第三层的人数之和不超过 100 人
三级	3 层	200	第二层和第三层的人数之和不超过 50 人
四级	2 层	200	第二层人数不超过 30 人

（3）老年人建筑及托儿所、幼儿园的儿童用房和儿童游乐厅等儿童活动场所宜设置在独立的建筑内。当必须设置在其他民用建筑内时，宜设置独立的安全出口。

（4）一、二级耐火等级的公共建筑，当设置不少于 2 部疏散楼梯且顶层局部升高部位的层数不超过 2 层、人数之和不超过 50 人、每层建筑面积小于等于

200m² 时，该局部高出部位可设置 1 部与下部主体建筑楼梯间直接连通的疏散楼梯，但至少应另外设置 1 个直通主体建筑上人平屋面的安全出口，该上人屋面应符合人员安全疏散要求。

267. 各种扶梯和电梯设置与安全疏散有怎样的关系？

（1）自动扶梯和电梯不应作为安全疏散设施。

（2）公共建筑中的客、货电梯宜设置独立的电梯间，不宜直接设置在营业厅、展览厅、多功能厅等场所内。

268. 哪些公共建筑的疏散楼梯应采用室内封闭楼梯间？

下列公共建筑的疏散楼梯应采用室内封闭楼梯间（包括首层扩大封闭楼梯间）或室外疏散楼梯：

（1）医院、疗养院的病房楼。

（2）旅馆。

（3）超过 2 层的商店等人员密集的公共建筑。

（4）设置有歌舞娱乐放映游艺场所，且建筑层数超过 2 层的建筑。

（5）超过 5 层的其他公共建筑。

269. 公共建筑通廊式非居住建筑中各房间疏散门的数量如何确定？

公共建筑和通廊式非住宅类居住建筑中各房间疏散门的数量应经计算确定，且不应少于 2 个，该房间相邻 2 个疏散门最近边缘之间的水平距离不应小于 5m。当符合下列条件之一时，可设置 1 个：

（1）房间位于 2 个安全出口之间，且建筑面积小于等于 120m²，疏散门的净宽度不小于 0.9m。

（2）除托儿所、幼儿园、老年人建筑外，房间位于走道尽端，且由房间内任一点到疏散门的直线距离小于等于 15m、其疏散门的净宽度不小于 1.4m。

（3）歌舞娱乐放映游艺场所内建筑面积小于等于 50m² 的房间。

（4）剧院、电影院和礼堂的观众厅，其疏散门的数量应经计算确定，且不应少于 2 个。每个疏散门的平均疏散人数不应超过 250 人；当容纳人数超过 2000 人时，其超过 2000 人的部分，每个疏散门的平均疏散人数不应超过 400 人。

（5）体育馆的观众厅，其疏散门的数量应经计算确定，且不应少于 2 个，每个疏散门的平均疏散人数不宜超过 400~700 人。

270. 居住建筑单元中各房间疏散门的数量应如何确定？另有什么规定？

居住建筑单元任一层建筑面积大于 650m²，或任一住户的户门至安全出口的距离大于15m时，该建筑单元每层安全出口不应少于2个。当通廊式非住宅类居住建筑超过表1.5-4规定时，安全出口不应少于2个。居住建筑的楼梯间设置形式应符合下列规定：

（1）通廊式居住建筑当建筑层数超过2层时应设封闭楼梯间；当户门采用乙级防火门时，可不设置封闭楼梯间。

表1.5-4　通廊式非住宅类居住建筑可设置1个疏散楼梯的条件

耐火等级	最多层数	每层最大建筑面积/m²	人　数
一、二级	3层	500	第二层和第三层的人数之和不超过100人
三级	3层	200	第二层和第三层的人数之和不超过50人
四组	2层	200	第二层人数不超过30人

（2）其他形式的居住建筑当建筑层数超过6层或任一层建筑面积大于500m²时，应设置封闭楼梯间；当户门或通向疏散走道、楼梯间的门、窗为乙级防火门、窗时，可不设置封闭楼梯间。

居住建筑的楼梯间宜通至屋顶，通向平屋面的门或窗应向外开启。

当住宅中的电梯井与疏散楼梯相邻布置时，应设置封闭楼梯间，当户门采用乙级防火门时，可不设置封闭楼梯间。当电梯直通住宅楼层下部的汽车库时，应设置电梯候梯厅并采用防火分隔措施。

271. 地下、半地下建筑（室）安全出口和房间疏散门的设置有哪些规定？

地下、半地下建筑（室）安全出口和房间疏散门的设置应符合下列规定：

（1）每个防火分区的安全出口数量应经计算确定，且不应少于2个。当平面上有2个或2个以上防火分区相邻布置时，每个防火分区可利用防火墙上1个通向相邻分区的防火门作为第二安全出口，但必须有1个直通室外的安全出口。

（2）使用人数不超过30人且建筑面积小于等于500m²的地下、半地下建筑（室），其直通室外的金属竖向梯可作为第二安全出口。

（3）房间建筑面积小于等于50㎡，且经常停留人数不超过15人时，可设置1个疏散门。

（4）歌舞娱乐放映游艺场所的安全出口不应少于2个，其中每个厅室或房间的疏散门不应少于2个。当其建筑面积小于等于50m²且经常停留人数不超过15人时，可设置1个疏散门。

（5）地下商店和设置歌舞娱乐放映游艺场所的地下建筑（室），当地下层数为3层及3层以上或地下室内地面与室外出入口地坪高差大于10m时，应设置防烟楼梯间；其他地下商店和设置歌舞娱乐放映游艺场所的地下建筑，应设置封闭楼梯间。

（6）地下、半地下建筑的疏散楼梯间应符合新《建筑设计防火规范》第6.4.4条的规定。

272. 民用建筑的安全疏散距离有哪些规定？

民用建筑的安全疏散距离应符合下列规定：

（1）直接通向疏散走道的房间疏散门至最近安全出口的距离应符合表1.5-5的规定；

（2）直接通向疏散走道的房间疏散门至最近非封闭楼梯间的距离，当房间位于两个楼梯间之间时，应按表1.5-5的规定减少5m；当房间位于袋形走道两侧或尽端时，应按表1.5-5的规定减少2m。

（3）楼梯间的首层应设置直通室外的安全出口或在首层采用扩大封闭楼梯间。当层数不超过4层时，可将直通室外的安全出口设置在离楼梯间小于等于15m处。

（4）房间内任一点到该房间直接通向疏散走道的疏散门的距离，不应大于表1.5-5中规定的袋形走道两侧或尽端的疏散门至安全出口的最大距离。

表1.5-5 直通疏散走道的房间疏散门至最近安全出口的距离（m）

名　　　称			位于两个安全出口之间的疏散门			位于袋形走道两侧或尽端的疏散门		
			耐火等级			耐火等级		
			一、二级	三级	四级	一、二级	三级	四级
托儿所、幼儿园、老年人建筑			25	20	15	20	15	10
歌舞娱乐放映游艺场所			25	20	15	9	—	—
医疗建筑	单层或多层		35	30	25	20	15	10
	高层	病房部分	24	—	—	12	—	—
		其他部分	30	—	—	15	—	—
教学建筑	单层或多层		35	30	25	22	20	10
	高层		30	—	—	15	—	—
高层旅馆、展览建筑			30	—	—	15	—	—
其他建筑	单层或多层		40	35	25	22	20	15
	高层		40	—	—	20	—	—

注：1. 建筑中开向敞开式外廊的房间疏散门至安全出口的距离可按本表增加5m。

2. 建筑物内全部设置自动喷水灭火系统时，其安全疏散距离可按本表及表注1的规定增加25%。

273. 疏散走道、安全出口、疏散楼梯的最小宽度的规定是多少？

安全出口、房间疏散门的净宽度不应小于0.9m，疏散走道和疏散楼梯的净宽度不应小于1.1m；不超过6层的单元式住宅，当疏散楼梯的一边设置栏杆时，最小净宽度不宜小于1m。

274. 对人员密集的公共场所的疏散门及门外有什么规定?

（1）人员密集的公共场所、观众厅的疏散门不应设置门槛，其净宽度不应小于1.4m，且紧靠门口内外各1.4m范围内不应设置踏步。

（2）剧院、电影院、礼堂的疏散门应符合《建筑防火规范》（GB 50016—2012）第5.5.21条的规定。

（3）人员密集的公共场所的室外疏散小巷的净宽度不应小于3m，并应直接通向宽敞地带。

275. 对人员密集的公共场所的疏散走道、疏散楼梯等有什么规定?

（1）剧院、电影院、礼堂、体育馆等人员密集场所的疏散走道、疏散楼梯、疏散门、安全出口的各自总宽度，应根据其通过人数和疏散净宽度指标计算确定，并应符合下列规定:

1）观众厅内疏散走道的净宽度应按每100人不小于0.6m的净宽度计算，且不应小于1m;边走道的净宽度不宜小于0.8m。

在布置疏散走道时，横走道之间的座位排数不宜超过20排;纵走道之间的座位数:剧院、电影院、礼堂等，每排不宜超过22个;体育馆，每排不宜超过26个;前后排座椅的排距不小于0.9m时，可增加1倍，但不得超过50个;仅一侧有纵走道时，座位数应减少一半;

2）剧院、电影院、礼堂等场所供观众疏散的所有内门、外门、楼梯和走道的各自总宽度，应按表1.5-6a的规定计算确定。

3）体育馆供观众疏散的所有内门、外门、楼梯和走道的各自总宽度，应按表1.5-6b的规定计算确定。

4）有等场需要的入场门不应作为观众厅的疏散门。

表1.5-6a　剧院、电影院、礼堂等场所每100人所需最小疏散净宽度（m）

观众厅座位数(座)			≤2500	≤1200
耐火等级			一、二级	三级
疏散部位	门和走道	平坡地面	0.65	0.85
		阶梯地面	0.75	1.00
	楼梯		0.75	1.00

表1.5-6b　体育馆每100人所需最小疏散净宽度（m）

观众厅座位数档次(座)			3000~5000	5001~10000	10001~20000
疏散部位	门和走道	平坡地面	0.43	0.37	0.32
		阶梯地面	0.50	0.43	0.37
	楼梯		0.50	0.43	0.37

注: 表1.5-6中较大座位数档次按规定计算的疏散总宽度，不应小于相邻较小座位数档次按其最多座位数计算的疏散总宽度。

(2) 学校、商店、办公楼、候车（船）室、民航候机厅、展览厅及歌舞娱乐放映游艺场所等民用建筑中的疏散走道、安全出口、疏散楼梯以及房间疏散门的各自总宽度，应按下列规定经计算确定：

1) 每层疏散走道、安全出口、疏散楼梯以及房间疏散门的每100人净宽度不应小于表1.5-7a的规定；当每层人数不等时，疏散楼梯的总宽度可分层计算，地上建筑中下层楼梯的总宽度应按其上层人数最多一层的人数计算；地下建筑中上层楼梯的总宽度应按其下层人数最多一层的人数计算。

2) 当人员密集的厅、室以及歌舞娱乐放映游艺场所设置在地下或半地下时，其疏散走道、安全出口、疏散楼梯以及房间疏散门的各自总宽度，应按其通过人数每100人不小于1m计算确定。

3) 首层外门的总宽度应按该层或该层以上人数最多的一层人数计算确定，不供楼上人员疏散的外门，可按本层人数计算确定。

4) 录像厅、放映厅的疏散人数应按该场所的建筑面积1人/m^{2}计算确定；其他歌舞娱乐放映游艺场所的疏散人数应按该场所的建筑面积0.5人/m^{2}计算确定。

5) 商店的疏散人数应按每层营业厅建筑面积乘以面积折算值和疏散人数人员密度计算。地上商店的面积折算值宜为50%～70%，地下商店的面积折算值不应小于70%。疏散人数的人员密度可按表1.5-7b确定。

表1.5-7a 疏散走道、安全出口、疏散楼梯和房间疏散门每100人的净宽度（m）

楼层位置	耐火等级		
	一、二级	三级	四级
地上一、二层	0.65	0.75	1.00
地上三层	0.75	1.00	—
地上四层及四层以上各层	1.00	1.25	—
与地面出入口地面的高差不超过10m的地下建筑	0.75	—	—
与地面出入口地面的高差超过10m的地下建筑	1.00	—	—

表1.5-7b 商店营业厅内的人员密度（人/m^2）

楼层位置	地下二层	地下一层	地上第一、二层	地上第三层	地上第四层及以上各层
人员密度	0.56	0.60	0.43～0.60	0.39～0.54	0.30～0.42

276. 对人员密集的公共场所的窗口、阳台有什么规定？

人员密集的公共建筑不宜在窗口、阳台等部位设置金属栅栏，当必须设置时，应有从内部易于开启的装置。窗口、阳台等部位宜设置辅助疏散逃生设施。

277. 对疏散用的楼梯间有什么规定？

疏散用楼梯间应符合下列规定：
（1）楼梯间应能天然采光和自然通风，并宜靠外墙设置。
（2）楼梯间内不应设置烧水间、可燃材料储藏室、垃圾道。
（3）楼梯间内不应有影响疏散的凸出物或其他障碍物。
（4）楼梯间内不应敷设甲、乙、丙类液体管道。
（5）公共建筑的楼梯间内不应敷设可燃气体管道。
（6）居住建筑的楼梯间内不应敷设可燃气体管道和设置可燃气体计量表。当住宅建筑必须设置时，应采用金属套管和设置切断气源的装置等保护措施。

278. 对封闭楼梯间有什么规定？

封闭楼梯间除应符合277题的规定外，尚应符合下列规定：
（1）当不能天然采光和自然通风时，应按防烟楼梯间的要求设置。
（2）楼梯间的首层可将走道和门厅等包括在楼梯间内，形成扩大的封闭楼梯间，但应采用乙级防火门等措施与其他走道和房间隔开。
（3）除楼梯间的门之外，楼梯间的内墙上不应开设其他门窗洞口。
（4）高层厂房（仓库）、人员密集的公共建筑、人员密集的多层丙类厂房设置封闭楼梯间时，通向楼梯间的门应采用乙级防火门，并应向疏散方向开启。
（5）其他建筑封闭楼梯间的门可采用双向弹簧门。

279. 对防烟楼梯间有什么规定？

防烟楼梯间除应符合上二题的有关规定外，尚应符合下列规定：
（1）当不能天然采光和自然通风时，楼梯间应按《建筑防火规范》（GB 50016—2012）第8章的规定设置防烟或排烟设施，应按《建筑防火规范》（GB 50016—2002）第12章的规定设置消防应急照明设施。
（2）在楼梯间入口处应设置防烟前室、开敞式阳台或回廊等。防烟前室可与消防电梯前室合用。
（3）前室的使用面积：公共建筑不应小于 $6.0m^2$，居住建筑不应小于 $4.5m^2$；合用前室的使用面积：公共建筑、高层厂房以及高层仓库不应小于 $10.0m^2$，居住建筑不应小于 $6.0m^2$。
（4）疏散走道通向前室以及前室通向楼梯间的门应采用乙级防火门。
（5）除楼梯间门和前室门外，防烟楼梯间及其前室的内墙上不应开设其他门窗洞口（住宅的楼梯间前室除外）。

（6）楼梯间的首层可将走道和门厅等包括在楼梯间前室内，形成扩大的防烟前室，但应采用乙级防火门等措施与其他走道和房间隔开。

280. 对地下室、半地下室的楼梯间有什么规定？

（1）建筑物中的疏散楼梯间在各层的平面位置不应改变。

（2）地下室、半地下室的楼梯间，在首层应采用耐火极限不低于2.00h的不燃烧体隔墙与其他部位隔开并应直通室外，当必须在隔墙上开门时，应采用乙级防火门。

（3）地下室、半地下室与地上层不应共用楼梯间，当必须共用楼梯间时，在首层应采用耐火极限不低于2.00h的不燃烧体隔墙和乙级防火门将地下、半地下部分与地上部分的连通部位完全隔开，并应有明显标志。

281. 对室外楼梯作为疏散楼梯有什么规定？

室外楼梯符合下列规定时可作为疏散楼梯：

（1）栏杆扶手的高度不应小于1.1m，楼梯的净宽度不应小于0.9m。

（2）倾斜角度不应大于45°。

（3）楼梯段和平台均应采取不燃材料制作。平台的耐火极限不应低于1.00h，楼梯段的耐火极限不应低于0.25h。

（4）通向室外楼梯的门宜采用乙级防火门，并应向室外开启。

（5）除疏散门外，楼梯周围2m内的墙面上不应设置门窗洞口。疏散门不应正对楼梯段。

282. 对建筑中的疏散用门有什么规定？

建筑中的疏散用门应符合下列规定：

（1）民用建筑和厂房的疏散用门应向疏散方向开启。除甲、乙类生产房间外，人数不超过60人的房间且每扇门的平均疏散人数不超过30人时，其门的开启方向不限。

（2）民用建筑及厂房的疏散用门应采用平开门，不应采用推拉门、卷帘门、吊门、转门。

（3）仓库的疏散用门应为向疏散方向开启的平开门，首层靠墙的外侧可设推拉门或卷帘门，但甲、乙类仓库不应采用推拉门或卷帘门。

（4）人员密集场所平时需要控制人员随意出入的疏散用门，或设有门禁系统的居住建筑外门，应保证火灾时不需使用钥匙等任何工具即能从内部易于打开，并应在显著位置设置标识和使用提示。

283. 《高层民用建筑设计防火规范》对建筑是如何分类的？

高层建筑应根据其使用性质、火灾危险性、疏散和扑救难度等进行分类。并宜符合以下规定：

（1）一类建筑

居住建筑：是指高级住宅和十九层及十九层以上的普通住宅。

公共建筑：

1）医院；2）高级旅馆；3）建筑高度超过 50m 或每层建筑面积超过 1000m² 的商业楼、展览楼、综合楼、电信楼、财贸金融楼；4）建筑高度超过 50m 或每层建筑面积超过 1500m² 的商住楼；5）中央级和省级（含计划单列市）广播电视楼；6）网局级和省级（含计划单列市）电力调度楼；7）省级（含计划单列市）邮政楼、防灾指挥调度楼；8）藏书超过 100 万册的图书馆、书库；9）重要的办公楼、科研楼、档案楼；10）建筑高度超过 50m 的教学楼和普通的旅馆、办公楼、科研楼、档案楼等。

（2）二类建筑

居住建筑：十层至十八层的普通住宅

公共建筑：

1）除一类建筑以外的商业楼、展览楼、综合楼、电信楼、财贸金融楼、商住楼、图书馆、书库；2）省级以下的邮政楼、防灾指挥调度楼、广播电视楼、电力调度楼；3）建筑高度不超过 50m 的教学楼和普通的旅馆、办公楼、科研楼、档案楼等。

284. 高层民用建筑对耐火等级是如何分类的？

（1）高层建筑的耐火等级应分为一、二两级，其建筑构件的燃烧性能和耐火极限不应低于表 1.5-1 的规定：

（2）预制钢筋混凝土构件的节点缝隙或金属承重构件节点的外露部位，必须加设防火保护层，其耐火极限不应低于表 1.5-1 相应建筑构件的耐火极限。

（3）一类高层建筑的耐火等级应为一级，二类高层建筑的耐火等级不应低于二级。裙房的耐火等级不应低于二级。高层建筑地下室的耐火等级应为一级。

（4）二级耐火等级的高层建筑中，面积不超过 100m² 的房间隔墙，可采用耐火极限不低于 0.50h 的难燃烧体或耐火极限不低于 0.30h 的不燃烧体。

（5）二级耐火等级高层建筑的裙房，当屋顶不上人时，屋顶的承重构件可采用耐火极限不低于 0.50h 的不燃烧体。

（6）高层建筑内存放可燃物的平均重量超过 200kg/m² 的房间，当不设自动灭火系统时，其柱、梁、楼板和墙的耐火极限应按表 1.5-1 的规定提高 0.50h。

（7）玻璃幕墙的设置应符合下列规定：

1）窗间墙、窗槛墙的填充材料应采用不燃烧材料。当其外墙面采用耐火极限不低于1.00h的不燃烧体时，其墙内填充材料可采用难燃烧材料。

2）无窗间墙和窗槛墙的玻璃幕墙，应在每层楼板外沿设置耐火极限不低于1.00h、高度不低于0.80m的不燃烧实体裙墙。

3）玻璃幕墙与每层楼板、隔墙处的缝隙，应采用不燃烧材料严密填实。

285. 高层民用建筑中对歌舞厅、卡拉 OK 厅等的设置有什么规定？

（1）高层建筑内的歌舞厅、卡拉 OK 厅（含具有卡拉 OK 功能的餐厅）、夜总会、录像厅、放映厅、桑拿浴室（除洗浴部分外）、游戏厅（含电子游戏厅）、网吧等歌舞娱乐放映游艺场所（以下简称歌舞娱乐放映游艺场所），应设在首层或二、三层；宜靠外墙设置，不应布置在袋形走道的两侧和尽端，其最大容纳人数按录像厅、放映厅为 1.0 人/m^2，其他场所为 0.5 人/m^2 计算，面积按厅室建筑面积计算；并应采用耐火极限不低于 2.00h 的隔墙和 1.00h 的楼板与其他场所隔开，当墙上必须开门时应设置不低于乙级的防火门。

（2）当必须设置在其他楼层时，尚应符合下列规定：

1）不应设置在地下二层及二层以下，设置在地下一层时，地下一层地面与室外出入口地坪的高差不应大于10m。

2）一个厅、室的建筑面积不应超过 $200m^2$。

3）一个厅、室的出口不应少于两个，当一个厅、室的建筑面积小于 $50m^2$ 时，可设置一个出口。

4）应设置火灾自动报警系统和自动喷水灭火系统。

5）应设置防烟、排烟设施，并应符合《高层民用建筑设计防火规范》（GB 50045—95，2005 版）的有关规定。

6）疏散走道和其他主要疏散路线的地面或靠近地面的墙上，应设置发光疏散指示标志。

286. 高层民用建筑中对地下商店的设置有什么规定？

（1）营业厅不宜设在地下三层及三层以下；

（2）不应经营和储存火灾危险性为甲、乙类储存物品属性的商品；

（3）应设火灾自动报警系统和自动喷水灭火系统；

（4）当商店总建筑面积大于 $20000m^2$ 时，应采用防火墙进行分隔，且防火墙上不得开设门窗洞口；

（5）应设防烟、排烟设施，并应符合本规范有关规定；

（6）疏散走道和其他主要疏散路线的地面或靠近地面的墙上，应设置发光疏散指示标志。

287. 高层民用建筑中对托儿所、幼儿园等儿童活动场所的设置有什么规定？

不应设置在高层建筑内，当必须设在高层建筑内时，应设置在建筑物的首层或二、三层，并应设置单独出入口。

288. 高层民用建筑中对防火和防烟分区的设置有什么规定？

（1）高层建筑内应采用防火墙等划分防火分区，每个防火分区允许最大建筑面积，不应超过表 1.5-8 的规定。

表 1.5-8　每个防火分区的允许最大建筑面积

建 筑 类 别	每个防火分区建筑面积/m²
一类建筑	1000
二类建筑	1500
地下室	500

注：1. 设有自动灭火系统的防火分区，其允许最大建筑面积可按本表增加 1.00 倍；当局部设置自动灭火系统时，增加面积可按该局部面积的 1.00 倍计算。

　　2. 一类建筑的电信楼，其防火分区允许最大建筑面积可按本表增加 50%。

（2）高层建筑内的商业营业厅、展览厅等，当设有火灾自动报警系统和自动灭火系统，且采用不燃烧或难燃烧材料装修时，地上部分防火分区的允许最大建筑面积为 4000m²；地下部分防火分区的允许最大建筑面积为 2000m²。

（3）当高层建筑与其裙房之间设有防火墙等防火分隔设施时，其裙房的防火分区允许最大建筑面积不应大于 2500m²，当设有自动喷水灭火系统时，防火分区允许最大建筑面积可增加 1.0 倍。

（4）高层建筑内设有上下层相连通的走廊、敞开楼梯、自动扶梯、传送带等开口部位时，应按上下连通层作为一个防火分区，其允许最大建筑面积之和不应超过本题第 1 条的规定。当上下开口部位设有耐火极限大于 3.00h 的防火卷帘或水幕等分隔设施时，其面积可不叠加计算。

（5）高层建筑中庭防火分区面积应按上、下层连通的面积叠加计算，当超过一个防火分区面积时，应符合下列规定：

1）房间与中庭回廊相通的门、窗应设自行关闭的乙级防火门、窗。

2）与中庭相通的过厅、通道等，应设乙级防火门或耐火极限大于 3.00h 的防火卷帘分隔。

3）中庭每层回廊应设有自动喷水灭火系统。

4）中庭每层回廊应设火灾自动报警系统。

（6）设置排烟设施的走道、净高不超过6.00m的房间，应采用挡烟垂壁、隔墙或从顶棚下突出不小于0.50m的梁划分防烟分区。

每个防烟分区的建筑面积不宜超过500m²，且防烟分区不应跨越防火分区。

289. 高层民用建筑中对防火墙、隔墙和楼板的设置有什么规定？

（1）防火墙不宜设在U、L形等高层建筑的内转角处。当设在转角附近时，内转角两侧墙上的门、窗、洞口之间最近边缘的水平距离不应小于4.00m；当相邻一侧装有固定乙级防火窗时，距离可不限。

（2）紧靠防火墙两侧的门、窗、洞口之间最近边缘的水平距离不应小于2.00m；当水平间距小于2.00m时，应设置固定乙级防火门、窗。

（3）防火墙上不应开设门、窗、洞口，当必须开设时，应设置能自行关闭的甲级防火门、窗。

（4）输送可燃气体和甲、乙、丙类液体的管道，严禁穿过防火墙。其他管道不宜穿过防火墙，当必须穿过时，应采用不燃烧材料将其周围的空隙填塞密实。

穿过防火墙处的管道保温材料，应采用不燃烧材料。

（5）管道穿过隔墙、楼板时，应采用不燃烧材料将其周围的缝隙填塞密实。

（6）高层建筑内的隔墙应砌至梁板底部，且不宜留有缝隙。

（7）设在高层建筑内的自动灭火系统的设备室、通风、空调机房应采用耐火极限不低于2.00h的隔墙，1.50h的楼板和甲级防火门与其他部位隔开。

（8）地下室内存放可燃物平均重量超过30kg/m²的房间隔墙，其耐火极限不应低于2.00h，房间的门应采用甲级防火门。

290. 高层民用建筑中对观众厅、展览厅等的安全疏散设置有什么规定？

（1）高层建筑的安全出口应分散布置，两个安全出口之间的距离不应小于5.00m。安全疏散距离应符合表1.5-9的规定。

表1.5-9　安全疏散距离

高层建筑		房间门或住宅户门至最近的外部出口或楼梯间的最大距离/m	
		位于两个安全出口之间的房间	位于袋形走道两侧或尽端的房间
医院	病房部分	24	12
	其他部分	30	15
旅馆、展览楼、教学楼		30	15
其他		40	20

（2）高层建筑内的观众厅、展览厅、多功能厅、餐厅、营业厅和阅览室等，其室内任何一点至最近的疏散出口的直线距离，不宜超过 30m；其他房间内最远一点至房门的直线距离不宜超过 15m。

（3）位于两个安全出口之间的房间，当面积不超过 $60m^2$ 时，可设置一个门，门的净宽不应小于 0.90m。位于走道尽端的房间，当面积不超过 $75m^2$ 时，可设置一个门，门的净宽不应小于 1.40m。

（4）高层建筑内走道的净宽，应按通过人数每 100 人不小于 1.00m 计算；高层建筑首层疏散外门的总宽度，应按人数最多的一层每 100 人不小于 1.00m 计算。首层疏散外门和走道的净宽不应小于表 1.5-10 的规定。

表 1.5-10　首层疏散外门和走道的净宽（m）

高层建筑	每个外门的净宽	走道净宽	
		单面布房	双面布房
医院	1.30	1.40	1.50
居住建筑	1.10	1.20	1.30
其他	1.20	1.30	1.40

（5）疏散楼梯间及其前室的门的净宽应按通过人数每 100 人不小于 1.00m 计算，但最小净宽不应小于 0.9m。

（6）高层建筑内设有固定座位的观众厅、会议厅等人员密集场所，其疏散走道、出口等应符合下列规定：

1）厅内的疏散走道的净宽应按通过人数每 100 人不小于 0.80m 计算，且不宜小于 1.00m；边走道的最小净宽不宜小于 0.80m。

2）厅的疏散出口和厅外疏散走道的总宽度，平坡地面应分别按通过人数每 100 人不小于 0.65m 计算，阶梯地面应分别按通过人数每 100 人不小于 0.80m 计算。疏散出口和疏散走道的最小净宽均不应小于 1.40m。

3）疏散出口的门内、门外 1.40m 范围内不应设踏步，且门必须向外开，并不应设置门槛。

4）观众厅座位的布置，横走道之间的排数不宜超过 20 排，纵走道之间每排座位不宜超过 22 个；当前后排座位的排距不小于 0.90m 时，每排座位可为 44 个；只一侧有纵走道时，其座位数应减半。

5）观众厅每个疏散出口的平均疏散人数不应超过 250 人。观众厅每个疏散外门宜采用推闩式外开门。

291. 高层民用建筑中对防烟、排烟和通风等设置的一般规定是什么？

（1）高层建筑的防烟设施应分为机械加压送风的防烟设施和可开启外窗的

自然排烟设施。

(2) 高层建筑的排烟设施应分为机械排烟设施和可开启外窗的自然排烟设施。

(3) 一类高层建筑和建筑高度超过32m的二类高层建筑的下列部位应设排烟设施：

1) 长度超过20m的内走道。

2) 面积超过100m²，且经常有人停留或可燃物较多的房间。

3) 高层建筑的中庭和经常有人停留或可燃物较多的地下室。

(4) 通风、空气调节系统应采取防火、防烟措施。

(5) 机械加压送风和机械排烟的风速，应符合下列规定：

1) 采用金属风道时，不应大于20m/s。

2) 采用内表面光滑的混凝土等非金属材料风道时，不应大于15m/s。

3) 送风口的风速不宜大于7m/s；排烟口的风速不宜大于10m/s。

292. 高层民用建筑中对自然排烟设置有什么规定？

(1) 除建筑高度超过50m的一类公共建筑和建筑高度超过100m的居住建筑外，靠外墙的防烟楼梯间及其前室、消防电梯间前室和合用前室，宜采用自然排烟方式。

(2) 采用自然排烟的开窗面积应符合下列规定：

1) 防烟楼梯间前室、消防电梯间前室可开启外窗面积不应小于2.00m²，合用前室不应小于3.00m²。

2) 靠外墙的防烟楼梯间每五层内可开启外窗总面积之和不应小于2.00m²。

3) 长度不超过60m的内走道可开启外窗面积不应小于走道面积的2%。

4) 需要排烟的房间可开启外窗面积不应小于该房间面积的2%。

5) 净空高度小于12m的中庭可开启的天窗或高侧窗的面积不应小于该中庭地面积的5%。

(3) 防烟楼梯间前室或合用前室，利用敞开的阳台、凹廊或前室内有不同朝向的可开启外窗自然排烟时，该楼梯间可不设防烟设施。

(4) 排烟窗宜设置在上方，并应有方便开启的装置。

293. 高层民用建筑中对应急照明和灯具的设置有什么规定？

(1) 高层建筑的下列部位应设置应急照明：

1) 楼梯间、防烟楼梯间前室、消防电梯间及其前室、合用前室和避难层(间)。

2) 配电室、消防控制室、消防水泵房、防烟排烟机房、供消防用电的蓄电池室、自备发电机房、电话总机房以及发生火灾时仍需坚持工作的其他房间。

3）观众厅、展览厅、多功能厅、餐厅和商业营业厅等人员密集的场所。

4）公共建筑内的疏散走道和居住建筑内走道长度超过20m的内走道。

（2）疏散用的应急照明，其地面最低照度不应低于0.5lx。

消防控制室、消防水泵房、防烟排烟机房、配电室和自备发电机房、电话总机房以及发生火灾时仍需坚持工作的其他房间的应急照明，仍应保证正常照明的照度。

（3）除二类居住建筑外，高层建筑的疏散走道和安全出口处应设灯光疏散指示标志。

（4）疏散应急照明灯宜设在墙面上或顶棚上。安全出口标志宜设在出口的顶部；疏散走道的指示标志宜设在疏散走道及其转角处距地面1.00m以下的墙面上。走道疏散标志灯的间距不应大于20m。

（5）应急照明灯和灯光疏散指示标志，应设玻璃或其他不燃烧材料制作的保护罩。

（6）应急照明和疏散指示标志，可采用蓄电池作备用电源，且连续供电时间不应少于20min；高度超过100m的高层建筑连续供电时间不应少于30min。

（7）开关、插座和照明器靠近可燃物时，应采取隔热、散热等保护措施。

卤钨灯和超过100W的白炽灯泡的吸顶灯、槽灯、嵌入式灯的引入线应采取保护措施。

（8）白炽灯、卤钨灯、荧光高压汞灯、镇流器等不应直接设置在可燃装修材料或可燃构件上。

（9）可燃物品库房不应设置卤钨灯等高温照明灯具。

294. 高层民用建筑中对火灾自动报警系统的设置有什么规定？

（1）建筑高度超过100m的高层建筑，除面积小于5.00m² 的厕所、卫生间外，均应设火灾自动报警系统。

（2）除普通住宅外，建筑高度不超过100m的一类、二类高层建筑的相关房间应设置火灾自动报警系统。（具体可查《高层民用建筑设计防火规范》（GB 50045—1995），2005版）

295.《建筑内部装修设计防火规范》中对顶棚和墙面用材有哪些规定？

（1）当顶棚或墙面表面局部采用多孔或泡沫状塑料时，其厚度不应大于15mm，面积不得超过该房间顶棚或墙面积的10%。

（2）图书室、资料室、档案室和存放文物的房间，其顶棚、墙面应采用A级装修材料，地面应采用不低于B₁级的装修材料。

（3）大中型电子计算机房、中央控制室、电话总机房等放置特殊贵重设备的房间，其顶棚和墙面应采用 A 级装修材料，地面及其他装修应采用不低于 B₁ 级的装修材料。

（4）无自然采光楼梯间、封闭楼梯间、防烟楼梯间的顶棚、墙面和地面均应采用 A 级装修材料。

（5）建筑物内设有上下层相连通的中庭、走马廊、开敞楼梯、自动扶梯时，其连通部位的顶棚、墙面应采用 A 级装修材料，其他部位应采用不低于 B₁ 级的装修材料。

（6）地上建筑的水平疏散走道和安全出口的门厅，其顶棚装饰材料应采用 A 级装修材料，其他部位应采用不低于 B₁ 级的装修材料。

（7）建筑物内厨房的顶棚、墙面、地面均应采用 A 级装修材料。

296.《建筑内部装修设计防火规范》中对哪些房间作了一些特殊的规定？

除了上题提及的一些特殊的规定外，还应有以下各点：

（1）除地下建筑外，无窗房间的内部装修材料的燃烧性能等级，除 A 级外，应在本规范前面规定的基础上提高一级。

（2）消防水泵房、排烟机房、固定灭火系统钢瓶间、配电室、变压器室、通风和空调机房等，其内部所有装修均应采用 A 级装修材料

（3）防烟分区的挡烟垂壁，其装修材料应采用 A 级装修材料。

（4）建筑内部的变形缝（包括沉降缝、伸缩缝、抗震缝等）两侧的基层应采用 A 级材料，表面装修应采用不低于 B₁ 级的装修材料。

（5）照明灯具的高温部位，当靠近非 A 级装修材料时，应采取隔热、散热等防火保护措施。灯饰所用材料的燃烧性能等级不应低于 B₁ 级。

（6）公共建筑内部不宜设置采用 B₃ 级装饰材料制成的壁挂、雕塑、模型、标本，当需要设置时，不应靠近火源或热源。

（7）建筑内部消火栓的门不应被装饰物遮掩，消火栓门四周的装修材料颜色应与消火栓门的颜色有明显区别。

（8）建筑内部装修不应遮挡消防设施和疏散指示标志及出口，并且不应妨碍消防设施和疏散走道的正常使用。

（9）经常使用明火器具的餐厅、科研试验室，装修材料的燃烧性能等级，除 A 级外，应在本规范前面规定的基础上提高一级。

297.《建筑内部装修设计防火规范》对单、多层民用房屋建筑作了哪些规定？

（1）单层、多层民用建筑内部各部位装修材料的燃烧性能等级，不应低于

表 1.5-11 的规定。

（2）单层、多层民用建筑内面积小于 $100m^2$ 的房间，当采用防火墙和耐火极限不低于 1.2h 的防火门窗与其他部位分隔时，其装修材料的燃烧性能等级可在表 1.5-11 的基础上降低一级。

（3）当单层、多层民用建筑内装有自动灭火系统时，除顶棚外，其内部装修材料的燃烧性能等级可在表 1.5-11 规定的基础上降低一级；当同时装有火灾自动报警装置和自动灭火系统时，其顶棚装修材料的燃烧性能等级可在表 1.5-11 规定的基础上降低一级，其他装修材料的燃烧性能等级可不限制。

表 1.5-11　单层、多层民用建筑内部各部位装修材料的燃烧性能等级

建筑物及场所	建筑规模、性质	装修材料的燃烧性能等级							
		顶棚	墙面	地面	隔断	固定家具	装饰织物		其他装饰材料
							窗帘	帷幕	
机场候机大厅、商店、餐厅、售票厅等	建筑面积 >1 万 m^2 的候机楼	A	A	B_1	B_1	B_1	B_1		B_1
	建筑面积 ≤1 万 m^2 的候机楼	A	B_1	B_1	B_1	B_2	B_2		B_2
汽车站、火车站、轮船客运站候车（船）室等	建筑面积 >1 万 m^2 的车站码头	A	A	B_1	B_1	B_1	B_1		B_2
	建筑面积 ≤1 万 m^2 的车站码头	B_1	B_1	B_1	B_2	B_2	B_2		B_2
影院、会堂、礼堂、剧院、音乐厅等	>800 座位	A	A	B_1	B_1	B_1	B_1	B_1	B_1
	≤800 座位	A	B_1	B_1	B_1	B_2	B_1	B_1	B_1
体育馆	>3000 座位	A	A	B_1	B_1	B_1	B_1	B_1	B_2
	≤3000 座位	A	B_1	B_1	B_1	B_2	B_2	B_1	B_2
商场营业厅	每层建筑面积 >3000m^2 或总建筑面积 >9000m^2 的营业厅	A	B_1	A	A	B_1	B_1		B_2
	每层建筑面积 1000～3000m^2 或总建筑面积 3000～9000m^2 的营业厅	A	B_1	B_1	B_1	B_2	B_1		B_2
	每层建筑面积 <1000m^2 或总建筑面积 <3000m^2 的营业厅	B_1	B_1	B_1	B_2	B_2	B_2		B_2
饭店、旅馆的客房及公共活动用房等	设有中央空调系统的饭店、旅馆	A	B_1	B_1	B_1	B_2	B_2		B_2
	其他饭店、旅馆	B_1	B_1	B_2	B_2	B_2	B_2		
歌舞厅、餐馆等娱乐、餐饮建筑	营业面积 >100m^2	A	B_1	B_1	B_1	B_2	B_2		B_2
	营业面积 ≤100m^2	B_1	B_1	B_1	B_2	B_2	B_2		B_2
幼儿园、托儿所、医院病房、疗养院、养老院		A	B_1	B_1	B_1	B_2	B_1		B_2

（续）

建筑物及场所	建筑规模、性质	装修材料的燃烧性能等级							
		顶棚	墙面	地面	隔断	固定家具	装饰织物		其他装饰材料
							窗帘	帷幕	
纪念馆、展览馆、博物馆、图书馆、档案馆、资料馆等	国家级、省级	A	B₁	B₁	B₁	B₂	B₁		B₂
	省级以下	B₁	B₁	B₂	B₂	B₂	B₂		B₂
办公楼、综合楼	设有中央空调系统的办公楼、综合楼	A	B₁	B₁	B₁	B₂	B₂		B₂
	其他办公楼、综合楼	B₁	B₁	B₂	B₂	B₂			
住宅	高级住宅	B₁	B₁	B₁	B₁	B₂	B₂		B₂
	普通住宅	B₁	B₂	B₂	B₂	B₂			

298.《建筑内部装修设计防火规范》对高层民用建筑作了哪些规定？

（1）高层民用建筑内部各部位装修材料的燃烧性能等级，不应低于表 1.5-11 的规定。

（2）除 100m 以上的高层民用建筑及大于 800 座位的观众厅、会议厅，顶层餐厅外，当设有火灾自动报警装置和自动灭火系统时，除顶棚外，其内部装修材料的燃烧性能等级可在表 1.5-12 规定的基础上降低一级。

（3）电视塔等特殊高层建筑的内部装修，均应采用 A 级。

表 1.5-12　高层民用建筑内部各部位装修材料的燃烧性能等级

建筑物	建筑规模、性质	装修材料燃烧性能等级									
		顶棚	墙面	地面	隔断	固定家具	装饰织物				其他装饰材料
							窗帘	帷幕	床罩	家具包布	
高级旅馆	>800 座位的观众厅、会议厅；顶层餐厅	A	B₁	B₁	B₁	B₁	B₁	B₁		B₁	B₁
	≤800 座位的观众厅、会议厅	A	B₁	B₁	B₁	B₂	B₁	B₁		B₂	B₁
	其他部位	A	B₁	B₁	B₂	B₂	B₁	B₂	B₁	B₂	B₁
商业楼、展览楼、综合楼、商住楼、医院病房楼	一类建筑	A	B₁	B₁	B₂	B₂	B₁	B₂	B₁	B₂	B₁
	二类建筑	B₁	B₁	B₂	B₂	B₂	B₂	B₂		B₂	

（续）

建筑物	建筑规模、性质	装修材料燃烧性能等级									
							装 饰 织 物				其他装饰材料
		顶棚	墙面	地面	隔断	固定家具	窗帘	帷幕	床罩	家具包布	
电信楼、财贸金融楼、邮政楼、广播电视楼、电力调度楼、防灾指挥调度楼	一类建筑	A	A	B_1	B_1	B_1	B_1	B_1		B_2	B_1
	二类建筑	B_1	B_1	B_2	B_2	B_2	B_1	B_2		B_2	B_2
教学楼、办公楼、科研楼、档案楼、图书馆	一类建筑	A	B_1	B_1	B_1	B_2	B_1	B_1		B_1	B_1
	二类建筑	B_1	B_1	B_2	B_2	B_2	B_2	B_2		B_2	B_2
住宅、普通旅馆	一类普通旅馆、高级住宅	B_1	B_1	B_2	B_1	B_2	B_1			B_1	B_1
	二类普通旅馆、普通住宅	B_1	B_1	B_2	B_2	B_2	B_2			B_2	B_2

299.《建筑内部装修设计防火规范》对地下民用建筑作了哪些规定？

（1）地下民用建筑内部各部位装修材料的燃烧性能等级，不应低于表 1.5-13 的规定。

注：地下民用建筑系指单层、多层、高层民用建筑的地下部分，单独建造在地下的民用建筑以及平、战结合的地下人防工程。

表 1.5-13　地下民、建筑内部各部位装修材料的燃烧性能等级

建筑物及场所	装修材料燃烧性能等级						
	顶棚	墙面	地面	隔断	固定家具	装饰织物	其他装饰材料
休息室和办公室等 旅馆的客房及公共活动用房等	A	B_1	B_1	B_1	B_1	B_1	B_2
娱乐场所、旱冰场等 舞厅、展览厅等,医院的病房、医疗用房等	A	A	B_1	B_1	B_1	B_1	B_2
电影院的观众厅 商场的营业厅	A	A	A	B_1	B_1	B_1	B_2
停车库,人行通道 图书资料库、档案库	A	A	A	A	A		

（2）地下民用建筑的疏散走道和安全出口的门厅，其顶棚、墙面和地面的装修材料应采用 A 级装修材料。

300. 地下室防水、防潮有哪些措施？

地下室水的主要来源为：地下水、上层土滞水、室内凝结水、设备积水。

（1）当设计最高地下水位低于地下室底板 0.30～0.50m，且地基范围内的土及回填土无形成上层滞水可能时，可采用防潮做法，否则应做防水处理。防潮的常用措施有：防水涂料涂刷、防水水泥砂浆砌筑和抹灰、弹性材料嵌缝等。

（2）特殊部位的防水处理　特殊部位一般系指金属管穿越地下室墙体、地下室变形缝等处。这些部位是引起渗漏的薄弱环节，一定要认真处理好。

1）当有金属管穿越地下室墙体时，一般应尽量避免穿越防水层，其位置尽可能高于地下室最高水位处，以确保防水层的防水效果。管线穿越地下室墙体的防水处理有两种方式：一是固定式，就是将管道和墙体固结在一起，适用于结构不变形、管道无伸缩的情况；二是活动式，就是当结构有一定变形或有热力管穿越地下室墙体时常采用的方式。因为这种方式的管道和墙体是脱开的，能适应一定的变形需要。

2）变形缝对地下室防水不太有利，应尽量避免设置。如必须设置变形缝时，应对变形缝处的沉降量加以适当控制；同时，做好墙身、地坪变形缝的防水处理。

3）窗井、穿墙管沟、埋件、变形缝及墙身角隅等处，无论地下室采用防水或防潮做法均应有严密的防水措施。

4）地下管道、地漏、窗井等处应有防止涌水、倒灌的措施。楼地面、楼地面沟槽、管道穿楼板及楼板接墙面处应严密防水、防渗漏。

（3）地下室降排水　用人工的方法降低或排出地下水，直接减小或消除地下水对地下室的影响。

1）外排水：在地下室外围，用透水性好的材料，做成汇水区，使地下水汇集到低洼处或集水坑，用水泵抽出；有盲沟排水、渗排水层排水等方法。

2）内排水：将地下水引入或渗入地下室内，通过排水系统排入集水坑，用水泵抽出。有内部沟槽排水法、防水套内排水法等。

301. 屋面防水和排水有哪些措施？

屋面防水构造系统依据"导"、"阻"相结合的原则，防水、排水同时进行。既要用足够的坡度及相应的排水设施将屋面积水迅速、顺利地排出，又要选用合适的防水材料，采取合理的构造方法，防止渗漏。

（1）屋顶的类型：分为平屋顶和坡屋顶。通常以坡度值 $i = 10\%～50\%$ 为坡屋顶，$i = 2\%～5\%$ 为平屋顶。

（2）平屋顶防水构造方案可分为柔性材料防水、刚性材料防水、涂料防水、粉状材料防水等基本方案和混合方案。

1）柔性防水常用合成高分子防水卷材、三元乙丙橡胶防水卷材、高聚物改性沥青防水卷材等。材料本身要求不透水、有延展性和弹性，可铺设、耐久、抗变形。

2）刚性防水一般用不小于 40mm 厚的 C20 混凝土，在混凝土上层内配 $\phi6@100$ 的钢筋网片，间隔 6m 设分格缝并用丙烯酸等防水弹性材料嵌缝。也可在混凝土中掺入直径 0.3mm、长 30mm 的钢纤维。

3）涂料防水是依靠生成不溶性物质来封闭基层表面的孔隙或生成不透水的薄膜附着在基层表面。要求防水涂料生成的涂膜坚固、耐久、有弹性、与基层有良好的粘合性。常用的有聚氨酯防水涂料、高聚物改性沥青防水涂料、合成高分子防水涂料等。

4）粉状材料防水是填充板缝、防渗漏较理想的材料。尤其与上人屋顶的保护层配合使用，或用于修补，效果理想。

（3）坡屋顶防水较平屋顶容易，主要采用构造防水。除传统的屋面瓦以外，玻璃纤维沥青瓦、金属屋面板都是非传统的构造做法。屋顶与高出屋顶构件交接处做泛水处理。

302. 墙面、楼地面和厨卫间如何防水？

（1）墙面防水　选用不透水材料装饰，或防水涂料涂层。

（2）楼、地面防水　先在基层上满做防水层，再做面层。防水层在踢脚板处向墙面延伸 120～150mm。楼、地面可以加做保温层以减少或避免冷凝水。

（3）厨、卫防水

1）厨、卫的地表面标高应比相邻房间地面低 20～30mm 左右，并坡向地漏，满铺防水层，沿踢脚处向墙面延伸 150～1000mm。

2）卫生间的地面宜整体现浇混凝土，且其四周的墙下部分应做成高于卫生间地面 120～150mm 的混凝土防水层。

3）地面穿管处做泛水，或沿孔洞以 C20 干硬性细石混凝土灌注捣实，用两布三涂聚氨酯防水涂料做密封、平整处理。热力管穿板时应先做套管。

303. 建筑室外消防给水系统是怎样的？

（1）室外消防给水主要取决于室外消防给水管网，管网应布置成环状管网，环状管网的输水干管及向环状管网输水的水管不应少于两条，如其中一条发生故障，其余干管应能通过 70% 的用水总量，且应满足消防用水量。

（2）环状管网应用阀门分成若干独立管段，每段内消火栓数量不宜超过 5个。室外低压给水管道的水压，当生产、生活、消防用水量达到最大时应保证不小于 10m 水柱。

（3）室外消防给水管的最小管径不得小于 100mm。

（4）室外消火栓应沿道路设置，道路宽度超过 60m 时宜在道路两侧设置。室外消火栓间距不应超过 120m。在市政消火栓保护半径 150m 以内如消防用水量不超过 15L/s 时，可不再设置消火栓。消火栓距路边不超过 2m，距建筑外墙不宜小于 5m。

304. 建筑室内消防给水系统是怎样的？

（1）多层建筑室内消防给水管道及消火栓的布置：消火栓超过 10 个，且室外消防用水量大于 15L/s 时，室内消防给水管道设两条进水管并成环状管网。

（2）超过六层的塔式（采用双口双阀消火栓除外）和通廊式住宅，超过五层或体积超过 10000m³ 的其他民用建筑，超过四层的厂房、库房，室内消防竖管成环状，高层工业建筑室内消防竖管成环状且管道直径不小于 100mm；设置临时高压给水系统应设消防水箱，水箱设于建筑物的最高部位；发生火灾时，消防水泵供给的消防水不能进入水箱。

（3）高层建筑室内消防给水管道及消火栓的布置：高层建筑室内消防给水管道应布置成环状；室内环状管道的进水管不少于两条；消防竖管的布置间距不宜大于 30m，直径不应小于 100mm；每个消火栓处设消防水泵启动按钮，消防电梯室前应设消火栓，建筑物的屋顶应设检验用的消火栓。

305. 建筑室内排水系统应如何设置？

（1）排水系统组成：卫生器具、器具存水弯或水封层、横支管、立管、地下排水总干管、到室外的排水管、通气管系统。

（2）管道布置与敷设：排水管道不得布置在遇水引起燃烧、爆炸的地方或易损坏原料、产品和设备的上面；架空管道不得敷设在生产工艺或卫生有特殊要求的生产厂房以及食品和贵重商品仓库、通风室和变配电间的上边。

（3）排水管道不得布置在食堂、饮食业的主副食操作间、烹调间的上方，当受条件限制不能避免时，应采取防护措施；排水立管应设在靠近最脏、杂质最多的排水点；生活污水主管不宜靠近与卧室相邻的内墙，不得穿越卧室、病房等对卫生、安静要求较高的房间。

（4）在生活污水和工业废水排水管道上应根据建筑物层高和清通方式设置检查口、清扫口；污水横管上设置清扫口，应将清扫口设在楼板或地坪上与地面平齐；污水管起点清扫口与墙面垂直距离不得小于 0.15m，设堵头时不得小于 0.4m；排水支管连接在排出管或排水横管干管上时，连接点距立管底部的水平距离不宜小于 3m。

（5）排水管穿过地下室外墙，或地下构筑物的墙壁处，应设置防水套管，穿墙或基础应预留孔洞，上部净空不小于0.15m；排水管道不得穿过沉降缝、烟道、伸缩缝，必须穿过时，应采取相应措施，管道不得穿越设备基础。排水管道外表面如可能结露，应根据建筑物性质和使用要求采取防结露措施。

（6）高层建筑的排水立管每隔2～4层设承重支座，使管道重量分散在各层，立管最底部弯头处设支墩承重支架。

306. 屋面排水管道敷设应注意些什么？

接入雨水立管的悬吊管不宜多于两根，接入一根悬吊管的雨水斗不得超过4个；雨水斗的排水连接管应牢靠地固定在建筑物承重结构上，雨水斗与悬吊管的连接应采用45°三通；悬吊管与立管连接应采用45°三通，悬吊管长度超过15m时宜在靠近墙柱的地方装设检查口；雨水立管上应设检查口，检查口中心距地面1.0m。闭式排水系统靠近立管处应设水平检查口。

307.《民用建筑工程室内环境污染控制规范》的适用范围和控制的主要污染物是什么？

（1）该规范适用于新建、扩建和改建的民用建筑工程室内环境污染控制，不适用于工业建筑工程、仓储性建筑工程、构筑物和有特殊净化卫生要求的房间。

（2）该规范所称室内环境污染系指由建筑材料和装修材料产生的室内环境污染。民用建筑工程交付使用后，非建筑装修材料产生的室内环境污染不属于该规范控制的范围。

（3）该规范控制的室内环境污染物有氡（Rn-222）、甲醛、氨、苯和总挥发性有机化合物（TVOC）。

308.《民用建筑工程室内环境污染控制规范》按控制污染的要求将民用建筑分为哪两类？

民用建筑工程根据控制室内环境污染的不同要求，划分为以下两类：

Ⅰ类民用建筑工程：住宅、医院、老年建筑、幼儿园、学校教室等民用建筑工程；

Ⅱ类民用建筑工程：办公楼、商店、旅馆、文化娱乐场所、书店、图书馆、展览馆、体育馆、公共交通等候室、餐厅、理发店等民用建筑工程。

309.《民用建筑工程室内环境污染控制规范》对民用建筑的工程勘察设计有什么要求？

（1）新建、扩建的民用建筑工程设计前，必须进行建筑场地土壤中氡浓度的测定，并提供相应的检测报告。

（2）新建、扩建的民用建筑工程的工程地质勘察报告，应包括工程地点的地质构造、断裂及区域放射性背景资料。

（3）当民用建筑工程处于地质构造断裂带时，应根据土壤中氡浓度的测定结果，确定防氡工程措施；当民用建筑工程处于非地质构造断裂带时，可不采取防氡工程措施。（土壤中氡浓度的测定方法，应符合本规范附录 D 的规定。）

（4）民用建筑工程地点土壤中氡浓度，高于周围非地质构造断裂区域 3 倍及以上、5 倍以下时，工程设计中除采取建筑物内地面抗开裂措施外，还必须按现行国家标准《地下工程防水技术规范》中的一级防水要求，对基础进行处理。

（5）民用建筑工程地点土壤中氡浓度，高于周围非地质构造断裂区域 5 倍及以上时，工程设计中除按第 4 条规定进行防氡处理外，还应按国家标准《新建低层住宅建筑设计与施工中氡控制导则》GB/T 17785—1999 的有关规定采取综合建筑构造措施。

（6）I 类民用建筑工程地点土壤中氡浓度，高于周围非地质构造断裂区域 5 倍及以上时，应进行工程地点土壤中的镭-226、钍-232、钾-40 的比活度测定。当内照射指数（I_{Ra}）大于 1.0 或外照射指数（I_r）大于 1.3 时，工程地点土壤不得作为工程回填土使用。

（7）民用建筑工程地点地质构造断裂区域以外的土壤氡浓度检测点，应根据工程地点的地质构造分布图，以地质构造断裂带的走向为轴线，在其两侧非地质构造断裂区域随机布点，其布点数量每侧不得少于 5 个。

（8）民用建筑工程地点地质构造断裂区域以外的土壤氡浓度，应取各检测点检测结果的算术平均值。

310.《民用建筑工程室内环境污染控制规范》在民用建筑设计中对装饰材料有什么要求？

（1）民用建筑工程设计必须根据建筑物的类型和用途，选用符合本规范规定的建筑材料和装修材料。

（2）I 类民用建筑工程必须采用 A 类无机非金属建筑材料和装修材料。

（3）II 类民用建筑工程宜采用 A 类无机非金属建筑材料和装修材料；当 A 类和 B 类无机非金属装修材料混合使用时，应按下式计算，确定每种材料的使用量：

$$\Sigma f_i \cdot I_{Rai} \leq 1$$
$$\Sigma f_i \cdot I_{ri} \leq 1.3$$

式中　f_i——第 i 种材料在材料总用量中所占的份额（%）；

　　　I_{Rai}——第 i 种材料的内照射指数；

I_{ri}——第 i 种材料的外照射指数。

（4）Ⅰ类民用建筑工程的室内装修，必须采用 E_1 类人造木板及饰面人造木板。

（5）Ⅱ类民用建筑工程的室内装修，宜采用 E_1 类人造木板及饰面人造木板；当采用 E_2 类人造木板时，直接暴露于空气的部位应进行表面涂覆密封处理。

（6）民用建筑工程的室内装修，所采用的涂料、胶粘剂、水性处理剂，其苯、游离甲醛、游离甲苯二异氰酸酯（TDI）、总挥发性有机化合物（TVOC）的含量，应符合本规范的规定。

（7）民用建筑工程室内装修时，不应采用聚乙烯醇水玻璃内墙涂料、聚乙烯醇缩甲醛内墙涂料和树脂以硝化纤维素为主、溶剂以二甲苯为主的水包油型（O/W）多彩内墙涂料。

（8）民用建筑工程室内装修时，不应采用聚乙烯醇缩甲醛胶粘剂。

（9）民用建筑工程中使用的粘合木结构材料，游离甲醛释放量不应大于 $0.12mg/m^3$，其测定方法应符合本规范附录 A 的规定。

（10）民用建筑工程室内装修时，所使用的壁布、帷幕等游离甲醛释放量不应大于 $0.12mg/m^3$，其测定方法应符合本规范附录 A 的规定。

（11）民用建筑工程室内装修中所使用的木地板及其他木质材料，严禁采用沥青类防腐、防潮处理剂。

（12）民用建筑工程中所使用的阻燃剂、混凝土外加剂中氨的释放量不应大于 0.10%，测定方法应符合现行国家标准《混凝土外加剂中释放氨的限量》的规定。

（13）Ⅰ类民用建筑工程室内装修粘贴塑料地板时，不应采用溶剂型胶粘剂。

（14）Ⅱ类民用建筑工程中地下室及不与室外直接自然通风的房间贴塑料地板时，不宜采用溶剂型胶粘剂。

（15）民用建筑工程中，不应在室内采用脲醛树脂泡沫塑料作为保温、隔热和吸声材料。

（16）民用建筑工程室内装修时，所使用的地毯、地毯衬垫、壁纸、聚氯乙烯卷材地板，其挥发性有机化合物及甲醛释放量均应符合相应材料的有害物质限量的国家标准规定。

第 二 篇

建筑装饰材料

第一章 建筑装饰材料概述

311. 建筑装饰材料按化学成分不同有哪些类型?

根据化学成分的不同,建筑装饰材料可分为有机高分子装饰材料、无机非金属装饰材料、金属装饰材料和复合装饰材料4大类。这是一种按材料科学学科的分类方法,除半导体和有机硅(硅胶)这两种材料外,世界上所有的装饰材料均可以分为这4类。

有机高分子装饰材料,如以树脂为基料的涂料、木材、竹材、塑料墙纸、塑料地板革、化纤地毯、各种胶粘剂、塑料管材及塑料装饰配件等;无机非金属装饰材料,如各种玻璃、天然饰面石材、石膏装饰制品、陶瓷制品、彩色水泥、装饰混凝土、矿棉及珍珠岩装饰制品等;金属装饰材料,又分为黑色金属装饰材料和有色金属装饰材料,黑色金属材料主要有不锈钢、彩色不锈钢等;有色金属装饰材料,主要有铝、铝合金、铜、铜合金、金、银、彩色镀锌钢板制品等。

复合装饰材料可以是有机材料与无机材料的复合,也可以是金属材料与非金属材料的复合,还可以是同类材料中不同材料的复合。如人造大理石是树脂(有机高分子材料)与石屑的复合;复合木地板是树脂与木屑(人造与天然有机高分子材料)的复合。

312. 建筑装饰材料按装饰部位不同有哪些类型?

根据装饰部位的不同,建筑装饰材料可分为外墙装饰材料、内墙装饰材料、地面装饰材料和顶棚装饰材料4大类。外墙装饰材料,如外墙涂料、釉面砖、锦砖、天然石材、装饰抹灰、装饰混凝土、玻璃幕墙等;内墙装饰材料,如墙纸、内墙涂料、釉面砖、天然石材、饰面板、织物(软包)等;地面装饰材料,如木地板、复合木地板、地毯、地砖、天然石材、塑料地板、水磨石等；顶棚装饰材料，如轻钢龙骨、铝合金吊顶材、纸面石膏板、矿棉吸声板、超细玻璃棉板、顶棚涂料等。

313. 建筑装饰材料按材料主要作用不同有哪些类型？

（1）装修装饰材料　装修装饰类材料，其虽然也具有一定的使用功能，但是它们的主要作用是对建筑物的装修和装饰，如地毯、涂料、墙纸等材料。

（2）功能性材料　在建筑装饰工程中使用这类材料，其主要目的是利用它们的某些突出的性能，达到某种设计功能，如各种防水材料、隔热和保温材料、建筑光学材料、吸声和隔声材料等。

314. 建筑装饰材料的综合分类有哪些类型？

对建筑装饰材料的以上各种分类存在着在概念上和分类上模糊的缺陷，如磨光花岗岩板既可以作内墙装饰材料，也可作外墙装饰材料，还可作室内外地面装饰材料，究竟属于哪一类装饰材料，很难准确进行分类。

采用综合分类法，则可解决这一矛盾。综合分类法的原则是：多用途装饰材料，按化学成分不同分类；单用途装饰材料，按装饰部位不同分类。如磨光花岗岩板是一种多用途装饰材料，其属于无机非金属材料中的天然石材；覆塑超细玻璃棉板是一种单用途装饰材料，其可直接归入顶棚类装饰材料。

315. 建筑装饰材料按装饰材料的燃烧性能分类有哪些类型？

按装饰材料的燃烧性能不同分类，可分为 A 级、B_1 级、B_2 级和 B_3 级 4 种。A 级具有不燃性，如嵌装式石膏板、花岗岩等；B_1 级具有难燃性，如装饰防火板、阻燃墙纸等；B_2 级具有可燃性，如胶合板、墙布等；B_3 级具有易燃性，如油漆、酒精等。

316. 建筑装饰材料有哪些主要性能？

（1）材料的颜色、光泽、透明性　颜色是材料对光谱选择吸收的结果。不同的颜色给人以不同的感觉，如红色、粉红色给人一种温暖、热烈的感觉，绿色、蓝色给人一种宁静、清凉、寂静的感觉。光泽是材料表面方向性反射光线的性质、用光泽度表示。当为定向反射时，材料表面具有镜面特征，又称镜面反射。不同的光泽度，可改变材料表面的明暗程度，并可扩大视野或造成不同的虚实对比。透明性也是与光线有关的一种性质。既能透光又能透视的物体称为透明体，能透光而不能透视的物体称为半透明体，既不能透光又不能透视的物体称为不透明体。利用不同的透明度可隔断或调整光线的明暗，根据需要，造成不同的光学效果，也可使物像清晰或朦胧。

（2）材料的质感　质感是材料的表面组织结构、花纹图案、颜色、光泽、透明性等给人的一种综合感觉，各种材料在人的感观中有软硬、轻重、粗犷、细腻、冷暖等感觉。相同组成的材料，当其表面不同时，可以有不同的质感，如普通玻璃与压花玻璃，镜面花岗石与剁斧石。相同的表面处理形式往往具有相同或类似的质感。但有时也不尽相同，如人造大理石、仿木纹制品，一般均没有天然的花岗石和木材亲切、真实，虽然如此，但有时也能达到以假乱真的效果。

（3）材料的形状和尺寸　对于砖块、板材和卷材等装饰材料的形状和尺寸，以及表面的天然花纹、纹理及人造花纹或图案都有特定的要求和规格。利用装饰材料的形状和尺寸，并配合花纹、颜色、光泽等可拼镶出各种线型和图案，从而获得不同的装饰效果，以满足不同建筑形体和线型的需要。

（4）立体造型　预制花饰和雕塑制品，多在纪念性建筑物和大型公共建筑物上采用。这些材料的选用应考虑到造型的美观。

（5）耐沾污性、易洁性与耐擦性　材料表面抵抗污物作用并能保持其原有颜色和光泽的性质称为材料的耐沾污性。材料表面易于清洗洁净的性质称为材料的易洁性。材料的耐擦性实质是材料的耐磨性，分为干擦（称耐干擦性）和湿擦（称耐洗刷性）。耐擦性越高，则材料的使用寿命越长。

材料还具有其他性质，如强度、耐水性、耐火性、耐腐蚀性等。

317. 建筑装饰材料与质量有关的物理性质主要有哪些？

（1）密度　密度是指材料在绝对密实状态下，单位体积的质量。密度（ρ）可用下式表示：

$$\rho = m/v$$

式中　ρ——材料的密度（g/cm^3）；

m——材料的质量（g）；

v——材料在绝对密实状态下的体积（不包括内部任何孔隙的体积，cm^3）。

（2）体积密度　体积密度是指材料在自然状态下单位体积的质量（旧称容重）。体积密度（ρ_0）可用下式表示：

$$\rho_0 = m/v_0$$

式中　ρ_0——材料的体积密度（g/cm^3 或 kg/m^3）；

m——材料的质量（g 或 kg）；

v_0——材料在自然状态下的体积（包括材料内部所有开闭口孔隙的体积，cm^3 或 m^3）。

测定材料的体积密度时，材料的质量可以是在任意含水状态下的，但需说明含水情况。通常所指的体积密度是材料在气干状态下的，称为气干体积密度，简称体积密度。

（3）密实度与孔隙率　密实度是指材料体积内被固体物质所充实的程度。密实度（D）可用下式计算：

$$D = \frac{V}{V_0} \times 100\% = \frac{\rho_0}{\rho} \times 100\%$$

式中　D——密实度（%）；

　　　V——材料中固体物质体积（cm^3 或 m^3）；

　　　V_0——材料体积（包括内部孔隙体积 cm^3 或 m^3）；

　　　ρ_0——体积密度（g/cm^3 或 kg/m^3）；

　　　ρ——密度（g/cm^3 或 kg/m^3）。

孔隙率是指材料中孔隙体积所占整个体积的比例。孔隙率（P）可用下式计算：

$$P = \frac{V_0 - V}{V_0} \times 100\% = \left(1 - \frac{\rho_0}{\rho_0}\right) \times 100\% = 1 - D$$

对于砂石散粒材料，可用空隙率来表示颗粒之间紧密程度。空隙率是指散粒材料在某堆积体积中，颗粒之间的空隙体积所占的比例。空隙率（P'）可用下式表示：

$$P' = \frac{V_0' - V_0}{V_0'} \times 100\% = \left(1 - \frac{\rho_0'}{\rho_0}\right) \times 100\%$$

几种常用建筑装饰材料的密度、体积密度见表 2.1-1。

表 2.1-1　常用建筑装饰材料的密度、体积密度

材 料 名 称	密度/（g/cm^3）	体积密度/（kg/m^3）
花岗岩	2.6 ~ 2.9	2500 ~ 2800
石灰岩	2.6	2000 ~ 2600
普通混凝土	2.6	2200 ~ 2500
烧结普通砖	2.5 ~ 2.8	1600 ~ 1800
松木	1.55	380 ~ 700
钢材	7.85	7850
石膏板	2.60 ~ 2.75	800 ~ 1800

318. 建筑装饰材料与水有关的物理性质主要有哪些？

（1）亲水性与憎水性　当材料与水接触时，有些材料能被水润湿，有些则不会。前者的材料具有亲水性，后者称材料具有憎水性。材料被水湿润的情况，可用润湿边角 θ 表示。当材料与水接触时，在材料、水、空气三相的交点处，沿水滴表面的切线和水接触成的夹角 θ，称为"润湿边角"，如图 2.1-1 所示。θ 角越小，表示材料越易被水润湿。一般认为，当润湿边角 $\theta \leqslant 90°$ 时，如图 2.1-1a 所示，水分子之间的内聚力小于水分子与材料分子间的相互吸引力，此种材料称

为亲水性材料。当 $\theta > 90°$ 时，如图 2.1-1b 所示，水分子之间的内聚力大于水分子与材料分子间的吸引力，则材料表面不会被水浸润，此种材料称为憎水性材料。当 $\theta = 0$ 时，表明材料完全被水润湿。

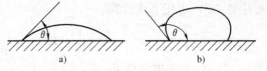

图 2.1-1 材料润湿示意图
a) 亲水性材料 b) 憎水性材料

（2）吸水性 吸水性是材料在水中吸收水分的性质。吸水性的大小，以吸水率表示。吸水率（W）由下式计算：

$$W = \frac{m_1 - m}{m} \times 100\%$$

式中 W——材料的质量吸水率（%）；

m——材料在干燥状态下的质量（g）；

m_1——材料在吸水饱和状态下的质量（g）。

在多数情况下，吸水率是按质量计算的，但是，多孔材料的吸水率一般用体积吸水率来表示。吸水性大小与材料本身的性质，以及孔隙率的大小、孔隙特征等有关。

（3）吸湿性 材料在潮湿空气中吸收水分的性质，称为吸湿性。吸湿性的大小用含水率表示。含水率就是用材料所含水的质量与材料干燥时质量的百分比来表示。含水率与吸水率的区别是：前者是指材料中所含的水分是一般状态下的，而后者所含的水分是饱和状态下的。

（4）耐水性 耐水性是指材料长期在饱和水作用下，保持其原有的功能和抵抗破坏的能力。对于结构材料，耐水性主要指强度变化，对装饰材料则主要指颜色、光泽、外形等的变化，以及是否起泡、起层（如建筑涂料的耐水性）等。而结构材料的耐水性用软化系数 K_P 来表示（材料在吸水饱和状态下的抗压强度与材料在绝干状态下的抗压强度之比）。

材料的软化系数 $K_P = 0 \sim 1.0$。$K_P \geqslant 0.85$ 的材料称为耐水性材料。经常受到潮湿或水作用的结构，须选用 $K_P \geqslant 0.75$ 的材料，重要结构须选用 $K_P \geqslant 0.85$ 的材料。

（5）抗冻性 抗冻性是指材料在吸水饱和状态下，在多次冻融循环的作用下，保持其原有的性能，抵抗破坏的能力。抗冻性用抗冻等级 F_N 表示，如 F_{15} 表示能经受 15 次冻融循环而不破坏。

对于受冻材料，吸水饱和状态是最不利的状态。如：陶瓷材料吸水饱和受冻后，最易出现脱落、掉皮等现象。

（6）抗渗性 抗渗性是指材料抵抗压力水渗透的性质，称为抗渗性。材料的抗渗性用渗透系数（K_S）表示：

$$K_S = \frac{Qd}{AtH}$$

式中 K_S——材料的渗透系数（cm/h）；

Q——渗水量（cm^3）；

d——试件厚度（cm）；

A——渗水面积（cm^2）；

t——渗水时间（h）；

H——静水压力水头（cm）。

319. 建筑装饰材料与热有关的物理性质主要有哪些?

（1）导热性 导热性是指热量由材料的一面传至另一面多少的性质。导热性用热导率（λ）表示，计算式如下：

$$\lambda = \frac{Qd}{(T_1 - T_2)At}$$

式中 λ——热导数［W/(m·K)］；

Q——传热量（J）；

d——材料厚度（m）；

$T_1 - T_2$——材料两侧的温差（K）；

A——材料传热面的面积（m^2）；

t——传热的时间（s）。

一般认为，金属材料、无机材料、晶体材料的热导率 λ 分别大于有机材料、非晶体材料；孔隙率越大，热导率越小，细小孔隙、闭口孔隙比粗大孔隙、开口孔隙对降低热导率更为有利，因为减少或降低了对流传热；材料含水，会使热导率急剧增加。通常把 $\lambda < 0.23W/(m·K)$ 的材料称为绝热材料（或保温材料），单位中的 W 是指传递的热量；m 是指材料的厚度；K 是指材料两侧的温度差。

应当指出，即使同一种材料，其热导率也不是常数，它与材料的构造、湿度和温度等因素有关。

（2）导温系数 导温系数是衡量一种材料当其两侧面有一定温差时，传递热量多少的一个热工指标。然而传递热量的快慢程度，热导率是反映不出来的，它要用导温系数来衡量。

所谓导温系数，即表示在冷却或加热过程中各点达到同样温度的速度。体积热容量等于比热 C 与表观密度 ρ_0 的乘积，其物理意义是 $1m^3$ 材料升或降温 1K 时所吸收或放出的热量。导温系数越大，则各点达到同样温度的速度就越快。

这项热工指标为建筑设计人员合理选择保温隔热材料提供了重要参考。如保温隔热材料多为轻质的，即 ρ_0 较小，相应的导温系数大，居室的冷、热变化速度快，这是人们不希望的。所以选择围护结构材料时，不但要考虑材料的热导率，还要考虑材料的导温系数。

（3）耐急冷急热性 材料抵抗急冷急热的交替作用，并能保持其原有性质的能力称为材料的耐急冷急热性，又称材料的抗热震性或热稳定性。许多无机非金属材料在急冷急热交替作用下，易产生巨大的温度应力而使材料开裂或炸裂破坏，如瓷砖、釉面砖等。

320. 建筑装饰材料与防火有关的物理性质主要有哪些？

（1）耐燃性 材料抵抗燃烧的性质称为耐燃性。耐燃性是影响建筑物防火和耐火等级的重要因素，《建筑内部装修设计防火规范》（GB 50222—1995）给出了常用建筑装饰材料的燃烧等级，见表 2.1-2。材料在燃烧时放出的烟气和毒气对人体的危害极大，远远超过火灾本身。因此，建筑内部装修时应尽量避免使用燃烧时放出大量浓烟和有毒气体的装饰材料。该规范对用于建筑物内部各部位的建筑装饰材料的燃烧等级作了严格的规定。表 2.1-2 为常用建筑内部装饰材料的燃烧性能等级划分。

表 2.1-2 常用建筑内部装修材料燃烧性能等级划分

材料类别	级别	材 料 举 例
各部位材料	A	花岗石、大理石、水磨石、水泥制品、混凝土制品、石膏板、石灰制品、粘土制品、玻璃、瓷砖、马赛克、钢铁、铝、铜合金等
顶棚材料	B_1	纸面石膏板、纤维石膏板、水泥刨花板、矿棉装饰吸声板、玻璃棉装饰吸声板、珍珠岩装饰吸声板、难燃胶合板、难燃中密度纤维板、岩棉装饰板、难燃木材、铝箔复合材料、难燃酚醛胶合板、铝箔玻璃钢复合材料等
墙面材料	B_1	纸面石膏板、纤维石膏板、水泥刨花板、矿棉板、玻璃棉板、珍珠岩板、难燃胶合板、难燃中密度纤维板、防火塑料装饰板、难燃双面刨花板、多彩涂料、难燃墙纸、难燃墙布、难燃仿花岗岩装饰板、氯氧镁水泥装配式墙板、难燃玻璃钢平板、PVC 塑料护墙板、轻质高强复合墙板、阻燃模压木质复合板材、彩色阻燃人造板、难燃玻璃钢等
	B_2	各类天然木材、木制人造板、竹材、纸制装饰板、装饰微薄木贴面板、印刷木纹人造板、塑料贴面装饰板、聚酯装饰板、复塑装饰板、塑纤板、胶合板、塑料壁纸、无纺贴墙布、墙布、复合壁纸、天然材料壁纸、人造革等
地面材料	B_1	硬 PVC 塑料地板、水泥刨花板、水泥木丝板、氯丁橡胶地板等
	B_2	半硬质 PVC 塑料地板、PVC 卷材地板、木地板、氯纶地毯等
装饰织物	B_1	经阻燃处理的各类难燃织物等
	B_2	纯毛装饰布、纯麻装饰布、经阻燃处理的其他织物等

（续）

材料类别	级别	材 料 举 例
其他装饰材料	B₁	聚氯乙烯塑料、酚醛塑料、聚碳酸酯塑料、聚四氟乙烯塑料、三聚氰胺、脲醛塑料、硅树脂塑料装饰型材、经阻燃处理的各类织物等。另见顶棚材料和墙面材料中的有关材料
	B₂	经阻燃处理的聚乙烯、聚丙烯、聚氨酯、聚苯乙烯、玻璃钢、化纤织物、木制品等

注：等级中的 A、B₁、B₂、B₃ 分别表示其燃烧性能为"不燃性、难燃性、可燃性和易燃性"。

另外，国家还规定了下列建筑或部位室内装修宜采用非燃烧材料或难燃材料。

①高级宾馆的客房及公共活动用房；

②演播室、录音室及电化教室；

③大型、中型电子计算机房。

（2）耐火性 耐火性是指材料抵抗高热或火的作用，保持其原有性质的能力。金属材料、玻璃等虽属于不燃性材料，但在高温或火的作用下在短时间内就会变形、熔融，因而不属于耐火材料。建筑材料或构件的耐火极限通常用时间来表示，即按规定方法，从材料受到火的作用时间起，直到材料失去支持能力、完整性被破坏或失去隔火作用的时间，以 h（小时）或 min（分）计。

321. 建筑装饰材料与声学有关的物理性质主要有哪些？

（1）吸声性 吸声性是指材料在空气中能够吸声的能力。当声波传播到材料的表面时，一部分声波被反射，另一部分穿透材料，其余部分则传递给材料。对于含有大量开口孔隙的多孔材料，传递给材料的声能在材料的孔隙中引起空气分子与孔壁的摩擦和粘滞阻力，使相当一部分的声能转化为热能而被吸收或消耗掉；对于含有大量封闭孔隙的柔性多孔材料（如聚氯乙烯泡沫塑料制品）传递给材料的声能在空气振动的作用下孔壁也产生振动，使声能在振动时因克服内部摩擦而被消耗掉。

（2）隔声性 隔声分为隔空气声和隔固体声。

1）隔空气声。对于均质材料，隔声量符合"质量定律"，即材料单位面积的质量越大或材料的体积密度越大，隔声效果越好，轻质材料的质量较小，隔声性较密实材料差。

2）隔固体声。固体声是由于振源撞击固体材料，引起固体材料受迫振动而发声，并向四周辐射声能。固体声在传播过程中，声能的衰减极少。弹性材料如木板、地毯、壁布、橡胶片等具有较高的隔固体声能力。

322. 建筑装饰材料的化学性质主要有哪些?

建筑材料的各种性质几乎都与其化学组成或化学结构有关。材料组成或结构的变化很可能造成某些性质的改变,从而影响或丧失工程的使用性能。

建筑材料的化学变化,主要是指材料在生产(加工)、施工或使用过程中所产生的化学变化。这些化学变化,可能使材料的内部组成或结构发生显著的改变,并导致其他性质产生不同程度的变化。例如石灰的煅烧、消化与碳化;水泥的水化与凝结;防水材料的结膜与固化等。这些多是通过材料发生化学变化实现的。在建筑装修工程中,要求材料对这些化学变化有较强的抵抗能力。

材料的化学稳定性,是指在工程所处环境条件下,材料的化学组成与结构能够保持稳定的性质。建筑工程在使用环境中可能受到(水、阳光、空气、温度等)各种因素的影响,这些因素的作用会使材料的某些组成或结构产生变化。有些变化会降低工程的使用功能,例如:金属的腐蚀,水泥及混凝土的酸类或盐类腐蚀,涂料、塑料等有机材料的老化等。为保证材料具有良好的化学稳定性,许多材料标准都对其组成与结构进行了限制规定。

材料的某些化学性质还能直接影响其在装饰工程中的使用。例如对于含有有害成分(石棉、微生物等)的材料应避免应用在居住用建筑物中;对可释放有害气体的材料,如含挥发性物质的涂料及塑料、可分解出有害物质的材料,应限制其挥发性有机物(VOC 即 Volatile Organic Compound)含量,如住宅内 VOC 含量不得高于 $2mg/m^3$;对其他可能产生污染环境或直接对人体有危害的材料必须限制使用。

323. 建筑装饰材料的力学性质主要有哪些?

(1) 材料的强度 材料的强度材料是指在外力作用下抵抗破坏的能力。建筑装饰材料的强度有抗压强度、抗拉强度、抗弯强度及抗剪强度等,还有断裂强度、剥离强度、抗冲击强度等。断裂强度是指承受荷载时材料抵抗断裂的能力。剥离强度是指在规定的试验条件下,对标准试样施加荷载,使其承受线应力,且加载的方向与试样粘贴面保持规定角度,胶粘剂单位宽度上所能承受的平均载荷,常以 N/m 来表示。对于以强度为主要指标的材料,通常按材料强度值的高低划分成若干等级,称为强度等级(如混凝土、砂浆等用"强度等级"来表示)。有的材料则用"标号"表示标号是指材料实用的经济技术指标,标号的大小根据强度值来确定。脆性材料主要以抗压强度来划分,塑性材料和韧性材料主要以抗拉强度来划分。抗压和抗拉强度或是材料的极限强度,或是屈服强度。比强度是材料强度与体积密度的比值。比强度是衡量材料轻质高强性能的一项重要指标,比强度越大,则材料的轻质高强性能越好。

（2）硬度与耐磨性　硬度是材料抵抗较硬物体压入或刻划的能力。布氏硬度、肖氏硬度、洛氏硬度、韦氏硬度都采用钢球压入法测定试样，钢材、木材、混凝土、矿物材料等多采用这些方法，但石材有时也用刻划法（又称莫氏硬度）测定；莫氏硬度、邵氏硬度通常用压针法测定试样，非金属材料及矿物材料一般用此方法测定。

耐磨性是指材料表面抵抗磨损的能力，耐磨性用磨损率（N）表示。材料的耐磨性与硬度、强度及内部构造有关，材料的硬度越大，则材料的耐磨性越高，材料的磨损率有时也用磨损前后的体积损失来表示：材料的耐磨性有时也用耐磨次数来表示。地面、路面、楼梯踏步及其他受较强磨损作用的部位等，需选用具有较高硬度和耐磨性的材料。

（3）弹性、塑性、脆性与韧性

1）弹性。材料在外力作用下产生变形，外力取消后变形即行消失，材料能够完全恢复到原来形状的性质，称为材料的弹性。这种完全恢复的变形，称为弹性变形。材料的弹性变形曲线如图 2.1-2 所示，材料的弹性变形与荷载成正比。

2）塑性。材料在外力作用下产生变形，在外力取消后，有一部分变形不能恢复，这种性质称为材料的塑性。这种不能恢复的变形，称为塑性变

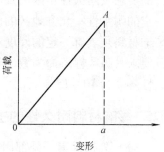

图 2.1-2　弹性变形曲线

形。非完全弹性材料在受力时，弹性变形和塑性变形同时产生，如图 2.1-3 所示，外力取消后，弹性变形 *ab* 可以消失，而塑性变形 *ob* 不能消失。

3）脆性。指材料受力达到一定程度后突然破坏，而破坏时并无明显塑性变形的性质。脆性材料的变形曲线如图 2.1-4 所示，其特点是材料在接近破坏时，变形仍很小。混凝土、玻璃、砖、石材及陶瓷等属于脆性材料。它们抵抗冲击作用的能力差，但是抗压强度较高。

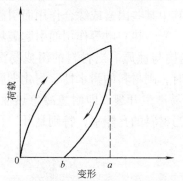

图 2.1-3　弹塑性变形曲线

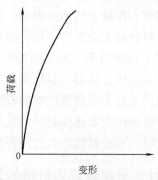

图 2.1-4　脆性材料的变形曲线

4）韧性。指材料在冲击、振动荷载的作用下能够吸收较大的能量，同时产生一定的变形而不致破坏的性质。对用作桥梁地面、路面及吊车梁等的材料，都要求具有较高的抗冲击韧性。

324. 什么是建筑装饰材料的耐久性？

材料长期抵抗各种内外破坏因素或腐蚀介质的作用，保持其原有性质的能力称为材料的耐久性。材料的耐久性是材料的一项综合性质，一般包括有耐磨性、耐擦性、耐水性、耐热性、耐光性、抗渗性、抗老化性、耐溶蚀性、耐沾污性等。材料的组成和性质不同，工程的重要性及所处环境不同，则对材料耐久性项目的要求及耐久性年限的要求也不同。如潮湿环境的建筑物则要求装饰材料具有一定的耐水性；北方地区的建筑物外墙用装饰材料须具有一定的抗冻性；地面用装饰材料须具有一定的硬度和耐磨性等。耐久性寿命的长短是相对的，如对花岗石要求其耐久性寿命为数十年至数百年以上，而对质量好的外墙涂料则要求其耐久性寿命为 10 ~ 15 年。

325. 影响材料耐久性的主要因素有哪些？

（1）外部因素　外部因素是影响耐久性的主要因素，外部因素主要有：

1）化学作用。包括各种酸、碱、盐及其水溶液和各种腐蚀性气体对材料都具有化学腐蚀作用。

2）物理作用。包括光、热、电、温度差、湿度差、干湿循环、冻融循环、溶解等可使材料的结构发生变化的作用，如内部产生微裂纹或孔隙率增加。

3）生物作用。包括菌类、昆虫等，可使材料产生腐朽、虫蛀等的破坏作用。

4）机械作用。包括冲击、疲劳荷载、各种气体、液体及固体引起的磨损与磨耗等。实际工程中，材料受到的外界破坏因素往往是两种以上因素同时作用。金属材料常由化学和电化学作用引起腐蚀和破坏；无机非金属材料常由化学作用、溶解、冻融、风蚀、温差、湿差、摩擦等其中某些因素或综合作用而引起破坏；有机材料常由生物作用、溶解、化学腐蚀、光、热、电等作用而引起破坏。

（2）内部因素　主要包括材料的组成、结构与性质。当材料的组成易溶于水或其他液体，或易与其他物质产生化学反应时，则材料的耐水性、耐化学腐蚀性较差；无机非金属脆性材料在温度剧变时，易产生开裂，即耐急冷急热性差；晶体材料同组成非晶体材料的化学稳定性高；当材料的孔隙率，特别是开口孔隙率较大时，则材料的耐久性往往较差。

326. 什么是建筑装饰材料的光学性？

在室内照明设计中，室内照明的气氛与室内材料的选用关系极大。这是因为照明光在传播过程中遇到不同的材料质地时，其入射的光通量一部分将会被吸收，一部分被反射，另一部分被透射。这三部分光通量占总的入射光通量的比例，分别称为反光系数、吸收系数以及透光系数。具体包括了定向反射、扩散反射、定向透射、扩散透射等方面。我们通过了解光线对材料的反射和透射的特性，找出照明方式在空间分布上的规律，并且根据各种装饰材料的光学性质，不同空间的使用要求，选取不同的材料，以获得理想的室内照明环境。

327. 什么是建筑装饰材料的装饰特性？

建筑装饰材料的装饰特性是指能对装饰表现的效果产生影响的材料本身的一些特性。主要包括光泽、质地、底色纹样及花样质感这四个方面的因素。

（1）光泽 光泽是由于反射光的空间分布而决定的对物体表面知觉的属性。当然，光泽的有无除了反射光的空间分布外，还要受到诸如色彩、质地、底色纹样等的影响。通常，把有光泽的表面称为光面。表示一个物体光泽的量是镜面光泽度和对比光泽度两种光泽度的指标。另外要注意色彩对光泽的影响主要是明度和彩度，而与色相无关。

（2）质地 质地是材料表面的粗糙程度。对于布类，丝绸是没有质地的，而粗花呢却有了质地。再如对纸类而言，有光泽的印刷纸是没有质地的，而马粪纸却有明显的质地等。

（3）底色纹样与花样 底色纹样是材料表面的底色的变化程度。例如，抹灰没有底色纹样，而木纹、地面瓷砖的花纹却有底色纹样。花样是材料所构成的图案。例如，没有图案的单色布就没有花样，而糊墙纸、窗板、砖砌体等却有明显的花饰图案，即花样。

（4）质感参看316题。

对上述的分类叙述必须补充说明的是，其一，象质地、底色纹样、花样这些词，可以用于日常生活的各种意义上，且一般都不是这样狭义的，而有着更广泛的含义。但在对材料装饰性能的讨论中，我们只能按上述的意义来使用这些概念；其二，在通常的说法中，对质地与质感两者是不加区别、混淆在一起的。因此，出现了诸如"粗糙的质感"，"细腻的质感"等说法，常使人不知所云。因为就材料的质感而言，确有粗糙与细腻之别，而上述的说法又显然是针对材料表面的粗糙程度而说的。因此，我们在阅读各种书籍时，应注意区别两者的不同之处，留心这种微妙的差异。

328. 什么是材料的组合与协调？

材料的协调是因时因地而异的，且还有个人喜好习惯的差别，故不可能强求一律。至于所谓"当前流行的装饰材料"之类的概念，多半是商业界人为造成的，当然也有人们心理的影响。

（1）要有秩序 即在所用的几种材料之间建立起一定的秩序。其最简单的方法是使所用的各种材料按一定的方向或顺序成等差或等比的排列。要注意，若要按照等差排列，至少需要 3 种以上的材料。而按照等比排列，则至少需要 4 种以上的材料才可。另外实际上，只有质地一项可用于表示秩序。

（2）要有习惯性 习惯性可以促使人们对协调的认同。即使是具有完全相同秩序的材料组合，人们看习惯了的就认为协调。因此，在建筑装饰中，应尽可能使用人们看惯了的材料。如前些年的一种塑料地毯，其正面是排列紧密的长约 1cm 的小刺。诚然，其脚感是很舒适的。但与人们习惯的地面材料的感觉相悖，而被认为是不适宜的。

（3）要有共性 在任何一点上有共性的材料的组合都是协调的。这种共性，可以表现在强质或弱质的类属材料上，也可以是质感、质地、光泽中任一项的相同。在这些构成共性的关系中，类属的相同，能够最明确地表示出来这是属性的相同；质地的相同，也能明确地表示出这种具有共同属性的关系；质感的相同，在多数情况下也能良好地表示这种内在的联系。而光泽的相同，虽然在理论上也是可以的，但在一般情况下却难以使用。

（4）要有明显性 明显性即强调对比。但是，这并不意味着必须使用如坚硬的钢铁与柔和的丝绸这样成鲜明对比关系的材料组合，而是说应使用其特性被明显认为不同的材料组合。另外需要注意的是，对这一方法的运用必须注意色彩及面积的影响。

329. 建筑装饰材料的选用原则是什么？

（1）考虑所装饰的建筑的类型和档次 如住宅地面的选择，纯毛手工地毯，有高雅、豪华的装饰效果，但价格昂贵；化纤地毯、混纺地毯，其防滑、消声、耐磨，装饰效果较好，但价格较高，适用于一般公共建筑和较高档的家装。木质地板舒适、保温，在卧室、起居室铺设比较合适。

装饰工程是否成功，并不完全取决于建筑装饰材料的档次，也不是贵重装饰材料的拼凑与堆砌，而是必须和建筑物的等级相适应。

（2）考虑建筑装饰材料对装饰效果的影响 建筑装饰材料的质感、尺度、线型、纹理、色彩等，对装饰效果都将产生一定影响。

材料的质感，能在人的心理上产生反应，引起联想。例如，金属能使人产生坚硬、沉重、寒冷的感觉，而皮革、丝织品会使人想到柔软、轻盈和温暖；石材可使人感到稳重、坚实和牢固，而未加装饰的混凝土则容易使人产生粗犷、草率的印象。

建筑装饰材料的色彩，应根据建筑物的规模、功能及其所处环境进行综合考虑。建筑内部的色彩，应力求合理、适宜，使人在生理和心理上都能产生良好的效果。

（3）考虑建筑装饰材料的耐久性　装饰材料对建筑物主体具有保护作用，其耐久性与建筑物的耐久性密切相关。通常，建筑物外部装饰材料要经受日晒、雨淋、冰冻、霜雪、风化、介质等的侵蚀，而内部装饰材料要经受摩擦、潮湿、洗刷、介质等的作用。

（4）考虑建筑装饰材料的经济性　从经济角度考虑装饰材料的选择，应有一个总体的观念，有时在关键性的问题上，适当增大一些投资，减少使用中的维修费用，不使装饰材料在短期内落后，这是保证总体上经济性的重要措施。例如，上海外滩的许多高楼大厦已有百多年的历史，其外墙采用的粗面花岗岩蘑菇云板，不仅耐久性好，而且其装饰效果经久不衰。

（5）建筑装饰材料的环保性　大量研究表明，除了人类活动的影响外，造成室内污染的有两大因素：通风和建筑装饰材料。由于越来越多的家庭与办公场所使用空调设备，导致室内外空气量大幅度减少，从而使建筑装饰材料释放的VOC 或 TVOC 被大量浓缩，对人体健康产生更大的威胁。VOC 包括甲醛、苯、甲苯、二甲苯和芳羟类化合物，总挥发性有机化合物（TVOC）等普遍存在于室内装饰材料中。目前，国内市场上出售的装饰涂料，有很多仍含有纯苯、甲苯、二甲苯等具有危害人体健康的化学物质，给使用者和施工者造成极大的损害。

我国生产的胶合板、地板、细木工板、有机涂料、建筑塑料等建筑装饰材料，大多数含有危害性物质。

室内外的高档装饰工程，人们喜欢选用天然石材。据测定，很多建筑装饰材料具有短期的有毒放射性物质，而一些石材却有长期的放射作用，应当引起选材者的高度重视。

330. 常用外墙装饰材料主要有哪些？它们的组成、特性与应用是怎样的？

常用外墙装饰材料的主要种类以及它们的组成、特性与应用见表 2. 1-3。

表 2.1-3　常用外墙装饰材料的主要组成、特性与应用

种类	品　　种	主要组成或构造	主　要　性　质	主　要　应　用
天然石材	花岗石普通板材、异形板材、蘑菇石、料石	石英、长石、云母等	强度高、硬度大、耐磨性好、耐酸性及耐久性很高、不耐火、具有多种颜色、装饰性好；分有细面板材、镜面板材、粗面板材（机刨板、剁斧板、锤击板、烧毛板）	大中型商业建筑、纪念馆、博物馆、银行、宾馆、办公楼等

（续）

种类	品 种	主要组成或构造	主要性质	主要应用
建筑陶瓷	墙地砖（彩釉砖、劈离砖、渗花砖等）	多属于炻质材料，多数上釉	孔隙率较低，吸水率1%～10%，强度较高、坚硬、耐磨性好，釉层具有多种颜色花纹与图案。寒冷地区用于室外时吸水率需小于3%	大中型商业建筑、纪念馆、博物馆、银行、宾馆、办公楼等
	陶瓷锦砖（马赛克）	多属于瓷质材料，不上釉	孔隙率低、吸水率小于1%，强度高、坚硬、耐磨性高，尺寸大，具有多种颜色与图案	
	大型陶瓷饰面板	多属于炻质材料，上釉或不上釉	孔隙率低、吸水率较小，强度高、坚硬、耐磨性高，尺寸大，具有多种颜色与图案	
装饰混凝土	彩色混凝土、清水装饰混凝土、露骨料混凝土等	水泥（普通或白色）、砂与石子（普通或彩色）、耐碱矿物颜料、水等	性能与普通混凝土相同，具有多种颜色或表面具有多种立体花纹与线条，或骨料外露	大型建筑
装饰砂浆	水磨石板	白色水泥、白色及彩色砂、耐碱矿物颜料、水等	强度较高、耐磨性较好、耐久性高、颜色多样（色砂外露）	普通办公楼、住宅楼、工业厂房等
	石渣类装饰砂浆（斩假石、水刷石、干枯石等）		强度较高、耐久性较好、颜色多样（色砂外露）、质感较好	普通办公楼、住宅楼、工业厂房等
玻璃	彩色玻璃	普通玻璃中加入着色金属氧化物而得	颜色分透明和不透明两种，不透明的又称饰面玻璃	办公楼、宾馆、商店等，不透明的仅用于墙面
	吸热玻璃	普通玻璃中加入吸热和着色金属氧化物而得	能阻挡太阳辐射热的15%～25%，光透射比为35%～55%，具有多种颜色	商品陈列窗，炎热地区的各种建筑等
	热反射玻璃	普通玻璃表面用特殊方式喷涂金、银、铜、铝等金属或金属氧化物而得	能反射太阳辐射热20%～40%，能减少热量向室内辐射，并具有单向透视性（即迎光面具有镜子的效果，而背光面具有透视性），具有银白、茶色、灰色、金色等多种颜色	大型公用建筑的门窗、幕墙等
	压花玻璃（普通压花玻璃、彩色镀膜）	带花纹的辊筒压在红热的玻璃上而成	表面压花、透光不透视、光线柔和。镀膜压花玻璃和彩色镀膜压花玻璃具有立体感强，并具有一定的热反射能力，灯光下更显华贵和富丽堂皇	宾馆、餐厅、酒吧、会客厅、办公室、卫生间等的门窗

（续）

种类	品　种	主要组成或构造	主要性质	主要应用
玻璃	夹丝玻璃（夹丝压花玻璃、夹丝磨光玻璃）	将钢丝网压入软化后的红热玻璃中而成	破碎时不会四处飞溅而伤人，并具有较好的防火性，但抗折强度及耐温度剧变性较差	防火门、楼梯间、天窗、电梯井等
	夹层玻璃	两层或多层玻璃（普通、钢化、彩色、吸热、镀膜玻璃等）由透明树脂胶粘接而成	抗折强度及抗冲击强度高，破碎时不裂成分离的碎片	工业厂房的天窗以及银行等有防弹或有特殊安全要求的建筑门窗等
	光栅玻璃（镭射玻璃）	玻璃经特殊处理，背面出现全息或其他光栅	在各种光线的照射下会出现艳丽的七色光，且随光线的入射角和观察的角度不同会出现不同的色彩变化，它华贵典雅、梦幻迷人	宾馆、饭店、酒店、商业与娱乐建筑等
	玻璃砖（实心砖、空心砖）	玻璃空心砖由两块玻璃热熔接而成，其内侧压有一定的花纹	玻璃空心砖的强度较高、绝热、隔声、光透射比高	门厅、通道、体育馆、楼梯间，酒吧、饭店等的非承重墙
	玻璃锦砖（玻璃马赛克）	由碎玻璃或玻璃原料烧结而成	色调柔和、朴实、典雅、化学稳定性高、耐久性和自洁性好	办公楼、教学楼、住宅楼等
	中空玻璃	两层或多层玻璃（普通、彩色、压花、镀膜、夹层等）与边框用橡胶材料粘接、密封而成	保温性好、节能效果好（20% ~ 50%）、隔声性好（可降低30dB）、结露温度低	大中型公用建筑，特别是保温节能要求高的建筑门窗等
金属装饰材料	普通与彩色不锈钢制品（板、门窗、管、花格）	普通不锈钢、彩色不锈钢	经久耐用，在周围灯光或光线的配合下，可取得与周围景物交相辉映的效果	大中型建筑的门窗、幕墙、柱面、墙面、护栏、扶手、门窗护栏等
	彩色涂层钢板、彩色压型钢板	冷轧钢板及特种涂料等	涂层附着力强、可长期保持新颖的色泽、装饰性好、施工方便	大跨度的工业厂房、展览馆等的墙面、屋面等
	不锈钢龙骨	不锈钢	强度高、防火性好	玻璃幕墙
	铝合金花纹板	花纹轧辊轧制而成	花纹美观、不易磨损、耐腐蚀	外墙面、楼梯踏板等

（续）

种类	品 种	主要组成或构造	主要性质	主要应用
金属装饰材料	铝合金波纹板	铝合金板轧制而成	波纹及颜色多样,耐腐蚀、强度较高	宾馆、饭店、商场等建筑
	铝合金门窗、花格	铝合金	颜色多样、耐腐蚀、坚固耐用,铝合金门窗的气密性、水密性及隔声性好,但框材的保温性差	各类公用建筑与住宅的门窗与护栏
	铝合金龙骨	铝合金	颜色多样、耐腐蚀,但刚度相对较小	用于吊顶等
	铜及铜合金制品(门窗、花格、管、板)	铜及铜合金	坚固耐用、古朴华贵	大型建筑的门窗、墙面、护栏、扶手、柱面、门窗的护栏
建筑塑料	塑料门窗(全塑门窗、复合塑料门窗)	改性硬质聚氯乙烯、金属型材等	外观美观、色泽鲜艳、不退色,具有良好的耐水性、耐腐蚀性、隔热保温性、气密性、水密性、隔声性、阻燃性等	各类建筑
	塑料护面板	改性硬质聚氯乙烯	外观美观、色泽鲜艳、经久不退,并具有良好的耐水性、耐腐蚀性	各类建筑的墙面及阳台护面
	玻璃钢装饰板	不饱和聚酯树脂、玻璃纤维等	轻质、抗拉强度与抗冲击强度高、耐腐蚀、透明或不透明,并具有多种颜色	各类建筑的墙面及阳台护面
	聚碳酸酯装饰板	聚碳酸酯	强度高、抗冲击、耐候性高、透明,并具有多种颜色	各类室外通道的采光罩等
建筑装饰涂料	丙烯酸系外墙涂料	丙烯酸类树脂等,分为溶剂型和乳液型	具有良好的耐水性、耐候性和耐高低温性,色彩多样,属于中高档涂料	办公楼、宾馆、商店等
	聚氨酯系外墙涂料	聚氨酯树脂等,多为溶剂型	优良的耐水性、耐候性和耐高低温性及一定的弹性和抗伸缩疲劳性,涂膜呈瓷质感、耐沾污性好,属于高档涂料	宾馆、办公室、商店等
	合成树脂乳砂壁状涂料	合成树脂乳液、彩色细骨料等	属于粗面厚质涂料,涂层具有丰富的色影和质感,保色性和耐久性高,属于中高档涂料	宾馆、办公室、商店等

（续）

种类	品 种	主要组成或构造	主 要 性 质	主 要 应 用
建筑装饰涂料	苯乙烯-丙烯酸酯乳液涂料	苯乙烯-丙烯酸酯共聚乳液	具有优良的耐水性、耐碱性、耐候性、保色性、耐光性，属于中档涂料	宾馆、办公室、商店等
	复层建筑涂料	分为基层封闭涂料、主层涂料、罩面涂料三层	花纹多样、立体感强、庄重、豪华	宾馆、办公室、商店等
	无机涂料	水玻璃等	耐水、耐酸碱、耐老化、渗透力强、无静电	

331. 常用内墙装饰材料主要有哪些？它们的组成、特性与应用是怎样的？

常用内墙装饰材料的主要种类以及它们的组成、特性与应用见表2.1-4。

表2.1-4 常用内墙装饰材料主要组成、特性与应用

种类	品 种	主要组成或构造	主 要 性 质	主 要 应 用
天然石材	大理石普通板材、异形板材	方解石、白云石	强度高、耐久性好，但硬度较小、耐磨性较差、耐酸性差；具有多种颜色、斑纹，装饰性好。一般均为镜面板材	墙面、墙裙、柱面、台面，也可用于人流较少的地面
建筑陶瓷	釉面内墙砖（釉面砖）	属于陶质材料，均上釉	坯体孔隙率较高、吸水率为10%~22%，强度较低，易清洗，釉层具有多种颜色、花纹与图案	卫生间、厨房、实验室等，也可用于台面
	陶瓷壁画	陶质或炻质坯体，上釉	表面具有各种图案，艺术性强	会议厅、展览馆及其他公共场所。炻质的可用于室外
	大型陶瓷饰面板	多属于炻质材料，上釉或不上釉	孔隙率低、吸水率较小、强度高、坚硬、耐磨性高、尺寸大，具有多种颜色与图案	宾馆、候机楼、住宅等
石膏板	装饰石膏板（平板、孔板、浮雕板、防潮板）	建筑石膏、玻璃纤维等	轻质、保温隔热、防火性与吸声性好、抗折强度较高、图案花纹多样、质地细腻、颜色洁白	礼堂、会议室、候机楼、影剧院、播音室等。防水型的可用于潮湿环境
	纸面石膏板（普通板、耐火板、耐水板）	建筑石膏、纸板等	轻质、保温隔热、防火性与吸声性好、抗折强度较高	

（续）

种类	品 种	主要组成或构造	主要性质	主要应用
石膏板	吸声用穿孔石膏板	装饰石膏板、纸面石膏板、矿物棉板等	轻质、保温隔热、防火性与吸声性好	礼堂、会议室、候机楼、影剧院、播音室等。防水型的可用于潮湿环境
矿物棉板与膨胀珍珠岩板	岩棉装饰吸声板	岩棉、酚醛树脂等	轻质、保温隔热、防火性与吸声性好、强度低	
	玻璃棉装饰、吸声板	玻璃棉、酚醛树脂等	轻质、保温隔热、防火性与吸声性好、强度低	
	膨胀珍珠岩装饰吸声板	膨胀珍珠岩、水泥或水玻璃等	轻质、保温隔热、防火性与吸声性好、强度低	
装饰砂浆	水磨石板	白色水泥、白色及彩色砂、耐碱矿物颜料、水等	强度较高、耐磨性较好、耐久性高、颜色多样（色砂外露）	普通建筑的墙面、柱面、台面
	灰浆类装饰砂浆（拉毛、甩毛、扫毛、拉条）	白色水泥、耐碱矿物颜料、水等	强度较高、耐久性较好、颜色与表面形式（线条、纹理等）多样，但耐污染性、质感、色泽的持久性较石渣类装饰砂浆差	普通公用建筑
玻璃	磨砂玻璃（毛玻璃）	普通玻璃表面磨毛而成	表面磨毛、透光不透视、光线柔和	宾馆、卫生间、客厅、办公室等的门窗、隔断
	彩色玻璃	普通玻璃中加入着色属氧化物而得	有红、蓝、灰、茶色等多种颜色。分有透明、不透明两种，不透明的又称饰面玻璃	宾馆、办公楼、商店及其他公用建筑
	压花玻璃（普通压花玻璃、镀膜压花玻璃、彩色镀膜压花玻璃等）	带花纹的辊筒压在红热的玻璃上而成	表面压花、透光不透视、光线柔和。镀膜压花玻璃和彩色镀膜压花玻璃具有立体感强，并具有一定的热反射能力，灯光下更显华贵和富丽堂皇	宾馆、饭店、餐厅、酒吧、会客厅、办公室、卫生间、活室等的门窗与隔断
	夹丝玻璃（夹丝压花玻璃、夹丝磨光玻璃）	将钢丝网压入软化后的红热玻璃中而成	防火性好，破碎时不会四处飞溅伤人，但耐温度剧变性较差	防火门、楼梯间、电梯井、天窗等
	玻璃砖（实心砖、空心砖）	玻璃空心砖由两块玻璃热熔接而成，其内侧压有一定的花纹	玻璃空心砖的强度较高、绝热、隔声、光透射比较高	门厅、通道、体育馆、图书馆、浴室、酒吧、宾馆等的非承重墙或隔断等

（续）

种类	品　种	主要组成或构造	主要性质	主要应用
玻璃	光栅玻璃（镭射玻璃）	玻璃经特殊处理,背面出现全息或其他光栅	在各种光线的照射下会出现艳丽的七色光,且随光线的入射角和观察的角度不同会出现不同的色彩变化,它华贵典雅、梦幻迷人	宾馆、酒店、商业与娱乐建筑的内墙、屏风、隔断、桌面、灯饰等
金属装饰材料	普通及彩色不锈钢制品（板、管、花格）	普通不锈钢、彩色不锈钢	经久耐用,在周围灯光或光线的配合下,可取得与周围景物交相辉映的效果	商店、娱乐建筑及其他公用建筑的柱面、扶手、护栏等
	彩色涂层钢板、彩色压型钢板	冷轧钢板及特种涂料等	涂层附着力强、可长期保持新颖的色泽、装饰性好、施工方便、防火性较好	大型建筑护壁板、吊顶
	轻钢龙骨、不锈钢龙骨、烤漆龙骨	镀钵钢带、薄钢板、不锈钢带、烤漆	强度高、防火性好	隔断、吊顶
	铝合金花纹板	花纹轧辊轧制而成	花纹美观、筋高适中、不易磨损、耐腐蚀	大型公用建筑的内墙面、楼梯踏板等
	铝合金门窗、花格	铝合金	颜色多样、耐腐蚀、坚固耐用。铝合金门窗的气密性、水密性及隔声性好	各类建筑
	铝合金波纹板	铝合金板轧制而成	波纹及颜色多样、耐腐蚀、强度较高	宾馆、饭店、商场等建筑的墙面
	铝合金龙骨	铝合金	颜色多样、耐腐蚀,但刚度相对较小	用于隔墙、吊顶等
	铜及铜合金制品（门窗、花格、管、板）	铜及铜合金	坚固耐用、古朴华贵	大型建筑的门窗、墙面、栏杆、扶手、隔断、屏风
木装饰制品	护壁板、旋切微薄木板、木装饰线条	木材	花纹美丽、线条多变,特别是旋切微薄木具有花纹美丽动人、立体感强、自然等特点	高级建筑等的墙面、墙裙、门等
	纤维板（硬质、半硬质、软质）	树木等的下脚料、树脂	各向同性、抗弯强度较高、不易胀缩、不腐朽	各类建筑的内墙、隔断、台面、家具

（续）

种类	品　种	主要组成或构造	主要性质	主要应用
木装饰制品	胶合板	木材、树脂	幅宽大、花纹美观、胀缩小	各类建筑的内墙、隔断、台面、家具
	木花格	木材	花格多样、古朴华贵	仿古建筑的花窗、隔断、屏风等
	塑料贴面板	三聚氰胺甲醛树脂、胶合板	可仿制各种花纹图案、色调丰富、表面硬度大、耐烫、易清洗,分有镜面型和柔光型	各类建筑的墙面、柱面、家具等
	不饱和聚酯树脂装饰胶合板	不饱和聚酯树脂、胶合板	表面光泽柔和、耐烫、耐磨、耐水、使用时无需修饰	
建筑塑料	塑料护面板	政性硬质或软质聚氯乙烯	外观美观、色泽鲜艳、经久不退,并具有良好的耐水性、耐腐蚀性	墙面
	有机玻璃板	聚甲基丙烯酸甲酯	光透射比极高、强度较高、耐热性、耐候性、耐腐蚀性较好,但表面硬度小、易擦毛	透明护栏、护板、装饰部件
	玻璃钢装饰板	不饱和聚酯树脂、玻璃纤维等	轻质、抗拉强度与抗冲击强度高、耐腐蚀、不透明,具有多种颜色	隔墙板、装饰部件等
壁纸与装饰织物	塑料壁纸（有光、平光、印花、发泡等）	聚氯乙烯、纸或玻璃纤维布等	美观、耐用事可制成仿丝绸、仿织锦缎等。发泡壁纸还具有较好的吸声性	各类公用与民用建筑
	纸基织物壁纸	棉、麻、毛等天然纤维的织物粘合于基纸上	花纹多样、色彩柔和幽雅、吸声性好、耐日晒、无静电、且具有透气性	计算机房、播音室及其他各类公用与民用建筑等
	高级墙面装饰织物（锦缎、丝绒等）	丝	锦缎纹理细腻、柔软绚丽、高雅华贵,但易变形、不能擦洗、遇水或潮湿会产生斑迹。丝绒质感厚实温暖、格调高雅	高级宾馆、饭店、舞厅等的软隔断、窗帘或浮挂装饰等
	麻草壁纸	麻草编织物与纸基复合而成	吸声、阻燃,且具有自然、古朴、粗犷的自然与原始美	宾馆、饭店、影剧院、酒吧、舞厅等
	无纺贴墙布	天然或人造纤维	挺括、富有弹性、色彩艳丽、可擦洗、透气较好、粘贴方便	高级宾馆、住宅等
	化纤装饰贴墙布	化纤布为基材,一定处理后印花而成	透气、耐磨、不分层、花纹色彩多样	宾馆、饭店、办公室、住宅等

（续）

种类	品　　种	主要组成或构造	主要性质	主要应用
建筑涂料	聚乙烯醇水玻璃内墙涂料	聚乙烯醇、水玻璃等	无毒、无味、耐燃、价格低廉,但耐水、擦洗性差	广泛用于住宅、普通公用建筑等
	聚醋酸乙烯乳液涂料	聚醋酸乙烯乳液等	无毒、涂膜细腻、色彩艳丽、装饰效果良好、价格适中,但耐水性、耐候性较差	住宅、办公楼及其他普通建筑
	醋酸乙烯—丙烯酸酯有光乳液涂料	醋酸乙烯—丙烯酸酯乳液等	耐水性、耐候性及耐碱性较好,具有光泽,属于中高档内墙涂料	住宅、办公室、会议室等
	多彩涂料	两种以上的合成树脂等	色彩丰富、图案多样、生动活泼及良好的耐水性、耐油性、耐洗刷性,对基层适应性强,属于高档内墙涂料	住宅、宾馆、饭店、商店、办公室、会议室等
	仿瓷涂料	聚氨酯或环氧树脂、聚氨酯与丙烯酸	涂膜细腻、光亮、坚硬,酷似瓷釉,具有优异的耐水性、耐腐蚀性、粘附力	厨房、卫生间等
	幻影涂料（梦幻涂料）	特种合成树脂乳液、珠光颜料等	涂膜光彩夺目、色泽高雅、图案变幻多姿、造型丰富,属于高档涂料	宾馆、酒吧、商店、娱乐场所、住宅等
	纤维状涂料	各色天然与人造纤维、水溶性树脂等	色泽鲜艳、品种丰富、质地各异、不开裂、涂层柔软、富有弹性、吸声	商业建筑、宾馆、歌舞厅、酒店等

332. 常用地面装饰材料主要有哪些？它们的组成、特性与应用是怎样的？

常用地面装饰材料的主要种类以及它们的特性与应用如下：

（1）天然石材　主要有花岗石普通板材、异型板材和料石等。

主要性质：强度高、硬度大、耐磨性好、耐酸性及耐久性很高,但不耐火。具有多种颜色,装饰性好。分有细面板材、镜面板材、粗面板材（机刨板、剁斧板、锤击板、烧毛板）。

主要应用：商业建筑、纪念馆、博物馆、银行、宾馆等。

（2）人造石材　主要有人造花岗岩、水磨石板、水泥花砖等。

主要性质：人造花岗岩、水磨石板强度较高、耐磨性较好、耐久性高、颜色多样（水磨石板色砂外露）。水泥花砖强度较高、耐磨性较高,具有多种颜色和图案。

主要应用：办公室、教室、实验室及室内外地面。

（3）建筑陶瓷 主要有墙地砖（彩釉砖、劈离砖、渗花砖、无釉地砖等）、大型陶瓷饰面砖、陶瓷锦砖（马赛克）等。

主要性质：墙地砖孔隙率较低、强度较高、耐磨性好，釉层具有多种颜色、花纹与图案，吸水率 1%～10%，寒冷地区用于室外时吸水率须小于 3%。

大型陶瓷饰面砖和陶瓷锦砖孔隙率低、吸水率小于 1%，强度高、坚硬、耐磨性高，具有多种颜色与图案。

主要应用：墙地砖用于室外、室内的地面及楼梯踏步；大型陶瓷饰面砖、陶瓷锦砖用于卫生间、化验室、厨房等。

（4）木地板 主要有实木地板（条木、拼花）、复合木地板等。

主要性质：实木地板弹性好、脚感舒适、保温性好，拼花木地板还具有多种花纹图案。

主要应用：办公室、会议室、幼儿园、卧室、住宅等。

（5）塑料地面材料 主要有塑料地板块、塑料地面卷材等。

主要性质：图案丰富、颜色多样、耐磨、尺寸稳定、价格较低，卷材还易于铺贴、整体性好。

主要应用：人流不大的办公室、幼儿园、家庭等。

（6）地毯 主要有纯毛地毯、化纤地毯（簇绒地毯、针扎地毯、机织地毯）等。

主要性质：纯毛地毯的图案多样、富有弹性、光泽好、经久耐用，并具有良好的保温隔热、吸声隔声等性质，手工地毯效果更佳。主要应用：化纤地毯（簇绒地毯、针扎地毯、机织地毯）的质量较轻，弹性和耐磨性好，价格低于纯毛地毯。但丙纶的回弹差；腈纶耐磨性较差、易吸尘；涤纶，特别是尼龙，性能优异，但价格相对较高。

333. 新型装饰材料和节能材料有哪些？

（1）透明隔热材料 透明的玻璃与塑料进行组合，可抑制对流传热，是一种透明隔热的好材料，符合窗体既能采光、又能隔热的要求。德国某太阳能研究所，就发明了这样一种透光隔热材料，其特点是能把阳光转变为热能，然后通过窗或墙体导入室内，同时又能保护室内的温度不向外散发。使用这种材料冬季可节约取暖能耗 80% 左右。

（2）新型涂料 法国最近研制出两种新型涂料。其一是可以随温度的变化而改变颜色的涂料。在 0～20℃ 间呈黑色，随着温度从 20℃ 上升至 30℃，涂料便顺序出现彩虹的颜色，红、黄、绿、蓝、紫等，当温度大于 30℃ 以上，涂料又变成黑色。这种涂料可用于建筑物的外墙，以增加建筑物的装饰效果。

另一种新涂料的特点是白天呈白色，像晶体一样反光；夜间则将白天吸收的光线反射出来，可自动发光。这种涂料用于高速公路的隔声屏障表面，有利于夜间行车照明。

（3）调光玻璃　这是一种具有自动调光功能的玻璃，当阳光照射在玻璃上时，玻璃内自动产生一种阴云效果，以阻挡太阳光热量的侵入，可节省夏季制冷空调的能耗。但是这种玻璃成本较高，没有得以推广使用。目前的研究进展是对这种玻璃的使用功能加以扩展，不仅能用于遮蔽太阳光的热量，也可以用于室内的间隔，还可根据需要，在内部通过微弱的电流，使玻璃形成雾状，以保持间隔空间的私密性。

（4）调节湿度材料　有一种能自动调节室内湿度的新型墙体材料，这种材料的组成是在水泥系的主材料中夹入 2～3 层由粘土系材料制成的板材，中间混入了能大量吸湿的氯化物作填充物，层与层之间的间隔为 1～5mm，可见层间的间隔相当狭窄，由微细气孔吸收和放出湿气。这种板材用于居室和厨房、浴室、壁橱等。可使室内湿度保持在最佳湿度 50% 左右。

（5）杀菌材料　杀菌材料，用于瓷砖、卫生洁具及墙体等部位，在漫长的使用过程中，杀菌材料逐步释放杀菌物质，消除室内空气中的细菌污染。这种材料尤其适用于医院病房、更衣室等容易感染细菌的部位。

（6）新型创意隔墙　它的特点是可在任何空间内作无数次重复使用。此产品采用嵌锁方式安装，仅需少量螺钉固定，施工快速、方便，且采用具有防火性能的不可燃材料制成。

（7）变色墙纸　只要轻轻按一下开关，墙壁上的墙纸就会改变颜色。这种墙纸共由三层组成，最内层为带有图案的发光体聚合物，其外覆盖透明的电极，当电流经过两个电极，可使聚合物如同电视屏幕一般，放出柔和的光，如调节电压，就能改变颜色。

（8）荧光电毯　这种地毯材质为 100% 经阻燃处理的尼龙纤维。因在织造过程中掺入了发光材料，故在灯光照射下，闪烁生辉，能把幽暗的角落变为令人神往的装饰品。

（9）防窃听墙纸　德国已开发出一种由尼龙和铜制成的防电子窃听的室内屏蔽墙纸。它比以往采用的金属屏蔽层的防窃听效果可靠得多。

（10）吸味墙纸　这种墙纸中含有某些化学物质，专门吸收和分解一些异味，并会分解成带有芳香气味的物质，适合于厨、卫间使用。

（11）调湿墙体　这种墙体具有自动调节室内湿度的功能，它会自动地根据室内的干湿程度，释放或吸收室内的水气，令人感到舒适。

334. 环保型的建筑装饰装修材料有哪些特征?

（1）能够最大限度地综合利用自然资源，最好以废料、废渣、废弃物为主要原料。

（2）采用的生产技术和工艺低能耗、无污染，有利于保护环境和维护生态平衡。

（3）产品应有利于人体的健康。

（4）产品应具有高性能和多功能的特点，有利于建筑物使用与维护中的节能。

（5）产品应可循环再利用，建（构）筑物拆除后不会造成二次污染。

335. 我国已开发和正在开发的环保建材和准环保建材主要有哪几种?

（1）利用废渣类为原料生产的建材　此类建材主要是以粉煤灰、煤矸石、尾矿、废砂、废渣、建筑垃圾、生活垃圾等为原料生产的砖、砌块、板材及胶凝材料等。或利用江河湖泊的淤泥来生产砖块。

（2）利用化学石膏生产的建材产品　以磷石膏、氟石膏或其他工业废石膏为原料代替天然石膏，生产各种建筑墙体材料与保温材料。这些产品具有与天然石膏产品相似的优良性能；此类产品消除了化工废石膏对环境的污染。只要在生产中不对环境产生明显的污染，此类产品应属于环保建材。

（3）以废弃的有机物生产的建材产品　以废塑料、废橡胶及废沥青等可生产多种建筑装修或保温材料，如防水材料、保温材料、装饰涂料及其他室外工程材料。这些再生材料消除了有机废物可能对环境的污染，还节约了石油等资源。

（4）各种代木材料　现有大部分人造木材多以农林副产品或工业废料为原料，还可开发以其他废料为原料的代木产品。目前这类材料有利用稻草或其他植物秸秆为主要原料生产的稻草板、水泥蒸压草板、植物纤维水泥板、麦秸（碎料）板、稻壳板、煎渣板、棉秆板等。

（5）以地方材料为原料，利用高科技生产的低成本健康建材。

目前，沥青、塑料、各种树脂等有机高分子材料应用十分普遍，它们会产生挥发性有机物，造成对大气的污染。环保建材的生产和使用中一般都以水为溶剂。如发展各种水乳型胶结材料或涂料等，取代传统的溶剂型有机材料。

（6）利用高科技开发的节能型建材或改善环境的建材。

随着材料技术（特别是纳米技术）、生物技术等科学技术的不断进步，具有各种功能的建筑材料将不断涌现。如以太阳能玻璃、太阳能陶瓷、太阳能金属、太阳能塑料等材料所生产的建筑材料，能使建筑材料在使用中不断收集能源，将为满足人类对能源需求做出贡献。

336. 居住建筑外饰面材料的选用原则主要有哪些?

（1）装饰效果良好

1）材料的颜色及图案。在考虑外饰面材料时，一定要根据居住建筑自身的性质及所处环境对颜色与图案作出适宜的选择。

2）材料的光学特性及质感。人们视觉上的质感往往依赖于材料的光学特性，即材料表面反射光及透射光的特性。不同的材料一般有着不同的表面质感，而相同的材料也可能会因为加工或施工方式的不同而形成不同的质感，如普通玻璃与压花玻璃、镜面石材与剁斧石、涂料的喷涂与滚涂等。

3）材料的形状及尺寸。不同的形状与尺寸，配合不同的颜色及光泽，可以拼贴出各种图案，给建筑带来丰富的装饰效果。总之，尺寸越小，不同颜色面砖之间的图案组合就越自由，既可以拼贴成具有明确形象的画面，也可以不规则地星星点点地相互交错。

（2）耐久性良好

1）耐候性。材料表面抵抗阳光、雨水、大气等气候因素的作用，保持其原有颜色及光泽的性质称为耐候性。

2）耐粘污性。材料表面抵抗污物作用保持其原来颜色及光泽的性质称为耐粘污性。

3）易洁性。材料表面易于清洗洁净的性质称为自洁性。

（3）经济性良好

1）一次性投资。这是指用于装修施工的全部费用，它由饰面材料的价格成本和施工的操作成本这两部分组成。

2）维护费用。这是指建筑物建成后在使用过程中进行定期或临时维护所需的费用，它包括清洗、修补以及材料到达使用年限后重新装修等。

第二章 建筑装饰石材

337. 什么是矿物和造岩矿物?

矿物是地壳中的化学元素（地壳中的化学元素有 90 多种）在一定的地质条件下形成的具有一定化学成分和一定结构特征的天然化合物和单质的总称。岩石是矿物的集合体，组成天然岩石的矿物称为造岩矿物。目前，已发现的矿物有 3300 多种。主要造岩矿物有 30 多种。由单一矿物组成的岩石叫单矿岩（如以方解石矿物为主的石灰岩）；由两种或更多矿物组成的岩石叫多矿岩（如由长石、石英、云母等矿物组成的花岗岩）。由于岩石形成的地质条件很复杂，因此岩石没有确定的化学组成和物理力学性质。即使是同种岩石，由于产地不同，其中各种矿物的含量、光泽、质感及强度、硬度和耐久性也呈现差异，这就形成了岩石组成的多变性，但造岩矿物的性质及含量仍对岩石的性质起着决定性作用。

338. 建筑装饰石材中的主要造岩矿物有哪些?

建筑装饰工程中常用岩石的主要造岩矿物有以下几种：

（1）石英 是结晶的二氧化硅（SiO_2）。密度为 $2.65g/cm^3$，莫氏硬度（刻划硬度）为 7，无色透明至乳白色，强度高，材质坚硬耐久，呈现玻璃光泽，具有良好的化学稳定性。但在受热至 573℃以上时，因发生晶体转变，会产生开裂现象。

（2）长石 是钾、钠、钙等的铝硅酸盐一类矿物的总称。包括正长石、斜长石（含拉长石）等。密度为 $2.5 \sim 2.7g/cm^3$，莫氏硬度为 6，呈白、灰、红、青等不同颜色。坚硬，强度高，但耐久性不如石英，在大气中长期风化后成为高岭土。长石是火成岩中含量最多的造岩矿物，常含 60% 以上。

（3）角闪石、辉石、橄榄石 是铁、镁、钙等硅酸盐的晶体。密度为 $3 \sim 4g/cm^3$，莫氏硬度 $5 \sim 7$，呈深绿、棕或黑色，常称暗色矿物。坚硬，强度高，耐久性好，韧性大，具有良好的开光性。

（4）云母 是含水的钾、铁、镁的铝硅酸盐片状晶体。密度为 $2.7 \sim 3.1g/cm^3$，莫氏硬度为 $2 \sim 3$，具有无色透明、白、黄、黑各种颜色。解理极完全（指矿物在外力作用下，沿一定的结晶方向易裂解成薄片的性质），呈玻璃光泽，存在于岩石中影响耐久性和开光性，为岩石中的有害矿物。白云母较黑云母耐久，黑云母风化后形成蛭石，为一种轻质保温材料。

（5）方解石　是结晶的碳酸钙（$CaCO_3$）。密度为2.7g/cm^3，莫氏硬度为3，通常呈白色。强度高，但硬度不大，开光性好，耐久性仅次于石英、长石。易被酸分解，易溶于含二氧化碳的水。

（6）白云石　是碳酸钙和碳酸镁的复盐晶体（$CaCO_3.MgCO_3$）。密度为2.9g/cm^3，莫氏硬度4，呈白色或灰白色，性质与方解石相似，强度稍高，耐酸腐蚀性略高于方解石。

（7）黄铁矿　为二硫化铁（FeS_2）晶体。密度为5g/cm^3。莫氏硬度6～7，呈黄色，但条痕呈黑色，无解理，耐久性差，在空气中易氧化成游离的硫酸及氧化铁，体积膨胀，产生锈迹，污染岩石，是岩石中常见的有害杂质。

339. "月光石"是一种什么石头？

月光石是拉长石的别名，拉长石是斜长石的一种，是一种"钙钠长石"，存在于某些花岗岩中。当转动含有拉长石的岩石时，拉长石晶体在其特定方向上会分别出现蓝色、绿色、紫色或金黄色等的变化色彩，故称它为"月光石"。

如巴西蓝、芬兰蓝、莫斯科红场上列宁墓用的乌克兰黑色花岗石等，它们都含有较多的美丽变彩的拉长石，"月光石"是一种极其名贵的装饰石材。

340. 什么是"暗色矿物"？它们有什么特性？

上述的"造岩矿物"中，角闪石、辉石、橄榄石和黑云母被称为"暗色矿物"。

一般花岗岩按颜色分可分为白色花岗岩、灰色花岗岩和黑色花岗岩。黑色花岗岩也是以暗色矿物为主要组成部分的一种花岗岩。

辉长辉绿岩是一种基性岩浆岩，具有石质坚硬，结构紧密、耐酸、耐腐蚀、硬度大，抗剪强度高等特点，该矿产品已经引起许多中外建筑学家、艺术家的浓厚兴趣。由于各种岩石中其暗色矿物和透明物所有比例不同，且结晶程度亦不同，结果经加工磨光后的系列产品均构织成一幅色彩鲜明、清晰、古朴典雅、晶莹光亮的画面，是当代最为理想的饰面材料。

341. 岩石按地质形成条件分为哪几类？常用岩石主要有哪些？

依据岩石的形成条件，天然岩石可分为岩浆岩（也称火成岩）、沉积岩（也称深成岩）、变质岩等三大类。

岩浆岩是地壳深处的熔融岩浆上升到地表附近或喷出地表，经冷凝而形成的。前者为深成岩与浅成岩，后者为喷出岩与火山岩。岩浆岩是地壳中的主要岩石，约占其总重量的89%。深成岩构造致密、晶粒粗大、表观密度大、抗压强度高、耐磨性好、吸水率小、耐水性好、抗冻及抗风化能力强。属于该类的岩石有花岗岩、辉长岩、闪长岩等。浅成岩为岩浆在地表浅处冷却结晶而成的岩石，其性质与深成岩相似，但由于冷却较快，故晶粒较小，如辉绿岩。喷出岩为骤冷结构物质，内部结构结晶不完全，有时含有玻璃体物质。当喷出的岩层较厚时，其性质类似深成岩，如玄武岩、安山岩。该种岩石若形成较厚的岩层，则多为致密构造；当喷出的岩层较薄时，形成的岩石常呈多孔结构，但也具有较高的工程使用价值。喷出岩硬度大，抗压强度高，但韧性较差，性脆。

沉积岩是原来露出地面的岩石经自然风化后，再由流水冲积沉淀或距地表不太深处经压固、胶结、重结晶成岩而成的。沉积岩虽在地壳中只占总重量的3%，但分布却占岩石分布面积的75%，是地表中分布最广的一种岩石。沉积岩多为层状结构，与深成岩相比致密度较差、表观密度较小、强度较低、吸水率较大、耐久性较差。沉积岩可分为砾岩、砂岩和页岩。

变质岩是由原生岩浆岩或沉积岩经过地壳内部高温、高压及运动等变质作用后，在固体状态下发生再结晶作用而形成的。在变质过程中，岩浆岩既保留了原来岩石结构的部分微观特征、又有变质过程中形成的重结晶特征、还有变质过程中造成的碎裂变形等特征。沉积岩经过变质过程后，往往变得更为致密；深成岩经过变质过程后往往变得更为疏松。因此，不同变质岩的工程性质差异较大，这与其变质过程与内部结构等有关。

变质岩是组成地壳的重要成分，虽然和岩浆岩相比稍有逊色，但是根据其占地壳总体积约27.4%的比例来看，发生在地壳中的变质作用也相当广泛。

各类岩石的分类情况及主要品种见图2.2-1。

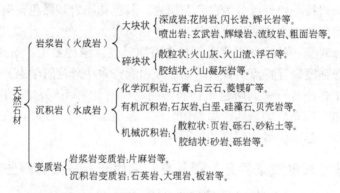

图 2.2-1 天然石材的分类情况及主要品种

342. 石灰岩的主要特性有哪些？

石灰岩为海水或淡水中的化学沉淀物和生物遗体沉积而成，主要成分为方解石，此外尚有石英、白云石、菱镁矿、粘土等矿物。石灰岩有密实、多孔和疏松等构造。密实构造的即为普通石灰岩，疏松的即为白垩（俗称粉刷大白）。颜色有灰白、灰、黄、浅红、浅黑等。密实石灰岩体积密度为 $2400\sim2600kg/m^3$，抗压强度 $20\sim120MPa$，莫氏硬度为 $3\sim4$。当含有较多 SiO_2 时，强度、硬度和耐久性都高。石灰岩一般不耐酸，但硅质和镁质石灰岩有一定的耐酸性。

由于石灰岩呈层状解理，没有明显断面，难于开采为规格石材。但某些特殊的石灰岩品种也可作为高档装饰饰面，如上海大剧院室内大厅的墙面，采用的即为产于美国明尼苏达州的著名石灰岩——黄砂石；再如德国柏林的历史博物馆室内墙面采用的是法国的石灰岩石。

343. 砂岩的主要特性有哪些?

砂岩是由直径为 $0.1\sim2mm$ 的石英等砂粒经沉积、胶结、硬化而成的岩石。根据胶结物的不同分为:

(1) 硅质砂岩　由 SiO_2 胶结而成。呈白、浅灰、浅黄。强度可达 $300MPa$，坚硬耐久，耐酸，性能类似于花岗岩。纯白色的砂岩又称白玉石，是优质的雕刻、装饰石材，人民英雄纪念碑周身的浮雕采用的即为白玉石。硅质砂岩可用于各种装饰、浮雕及地面工程。

(2) 钙质砂岩　由碳酸钙胶结而成。呈白、灰白色，是砂岩中最常用的品种。强度较大（$60\sim80MPa$），不耐酸，较易加工，应用较广。

(3) 铁质砂岩　胶结物为含水氧化铁。呈褐色，性能比钙质砂岩差。

(4) 粘土质砂岩　由粘土胶结而成。易风化，遇水易软化，应用较少。

344. 岩石的性质与矿物组成有什么关系?

岩石的性质与矿物组成有密切关系。由石英、长石组成的岩石，其硬度高、耐磨性好（如花岗岩、石英岩等）；由白云石、方解石组成的岩石，其硬度低、耐磨性较差（如石灰岩、白云岩等）；含有碳酸钙和碳酸簇的岩石，其耐火性较差，当温度达到 $700\sim900℃$ 时，开始分解；而石英含量较高的石材受热到 $573℃$ 时，因体积膨胀会使石材开裂；由石英、长石、辉石组成的石材具有良好的耐酸性（如石英岩、花岗岩、玄武岩），而以碳酸盐为主要矿物的岩石则不耐酸，易受大气酸雨的侵蚀（如石灰岩、大理岩）。

345. 什么是岩石的结构?

岩石的结构是指岩石的原子、分子、离子层次的微观构成形式。根据微观粒子在空间分布状态的不同，可分为结晶质结构和玻璃质结构，大多数岩石属于结晶质结构，少数岩石具有玻璃质结构。结晶质结构具有较高的强度、硬度、韧性、耐久性，化学性质较稳定，而玻璃质结构除有较高的强度、硬度外，相对来说，呈现较强的脆性，韧性较差，化学性质较活泼。结晶质结构按晶粒的大小和多少可分为全晶质结构（岩石全部由结晶的矿物颗粒构成，如花岗岩）、微晶质结构、隐晶质结构（矿物晶粒小，宏观不能识别，如玄武岩、安山岩）。

346. 什么是岩石的构造？

岩石的构造是指宏观可分辨（用放大镜或肉眼）的岩石构成形式。通常根据岩石的孔隙特征和构成形态分为：致密状（花岗岩、大理岩）、多孔状（浮石、粘土质砂岩）、片状（板岩、片麻岩）、斑状、砾状（辉长岩、花岗岩）等。岩石的孔隙率大，并夹杂有粘土质矿物时，强度和耐水性、耐冻性等耐久性指标都明显下降。具有斑状和砾状构造的岩石，在磨光后往往纹理绚丽、美观，具有优良的装饰性。具有片状构造的岩石，容易成层剥离，具有各向异性，沿层易于加工，具有特殊的装饰效果。

347. 天然装饰石材如何命名与标记？

（1）天然装饰石材的命名一般有以下几种方法：

1）地名加颜色。即石材产地加颜色名称。如印度红、莱阳绿、天山蓝、济南青等。

2）形象命名。即以石材的颜色、花纹的特征比喻自然界里的实物形象。如金碧辉煌、雪花、碧波、浪花、虎皮等。

3）形象加颜色。以石材花纹具有的实物形象加颜色命名。如艾叶青、琥珀红、松香红、黄金红、芝蔴白等。

4）人名（或古时的封号）加颜色。以历史人名或与古时封号相关人员的服饰特点来命名。如关羽红、将军红、贵妃红等。

（2）天然装饰石材的标记书写顺序为：石材编号、类别、规格尺寸、等级、标准号，如

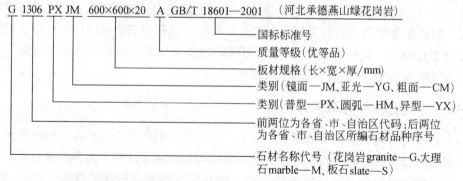

348. 什么是装饰石材的普通板、薄型板和超薄板？

普通板是指厚度在 15～30mm 左右的板材。薄型装饰石材厚度在 10～15mm

之间。

所谓超薄石材是相对于薄型石材而言的，国际上一般认定厚度在8mm以下的石材装饰薄板（矩形）是超薄石材，超薄石材现在已经开发出最薄为2mm厚的。其产品可以直接用胶粘贴到墙上，或作天花板吊顶，如果天花板里再配有灯光，其石材花纹显现得更为多姿多彩。超薄板还可与铝蜂窝、树脂、水泥、陶瓷等金属、非金属做成石材复合板。

349. 如何加工超薄板？

在加工超薄型石材前应增加石材的硬度、密度，增加的方法有真空浸胶法，将被加工的石材放在一个密封的空间里，浸入胶池中，然后抽真空，真空度逐渐加强，达到几百个大气压后，胶水慢慢进入石材内部，在控制气压十几个小时后，胶基本上将孔隙、缝隙充满，然后卸压，将石材晾干，石材硬化后就比较容易加工成超薄板。

350. 花岗岩有哪些种类？

花岗岩的种类比较多，按照所含的矿物种类可分为：黑云母花岗岩、白云母花岗岩、二云母花岗岩、角闪石花岗岩等；按照岩石的结构、构造可分为细粒花岗岩、中粒花岗岩、粗粒花岗岩、斑状花岗岩和片麻状花岗岩等。花岗岩因为结构均匀，质地坚硬，颜色美观，是一种优质的建筑材料。但有些花岗岩含有放射性元素。会使人身体受到伤害，易得不育症。一般说碱性花岗岩含有放射性矿物较多。放射性矿物的特征是具有鲜艳的颜色和油脂光泽等。在选购石材时最好不要用红色天然的花岗岩。不含放射性矿物的花岗岩呈灰白色，颜色虽然不很鲜艳，但为了安全起见最好还是选择它们，或者去选购人造花岗岩的板材。

351. 花岗岩的主要特性有哪些？

花岗岩属酸性结晶深成岩。是火成岩中分布最广的岩石，其主要矿物组成为长石、石英和少量云母。主要化学成分为 SiO_2 和 Al_2O_3，含量分别在65%和12%以上。为全晶质结构，有粗粒、中粒、细粒（分别称为伟晶、粗晶和细晶）、斑状等多种构造。一般以细粒构造性质为好，但粗、中粒构造具有良好的装饰色纹，有灰、白、黄、蔷薇色、红、黑等多种颜色。

花岗岩体积密度为 $2000 \sim 2800 kg/m^3$，抗压强度为 $120 \sim 300MPa$，莫氏硬度为 $6 \sim 7$，耐磨性好，孔隙率低，吸水率小（为0.1%~0.7%），抗风化性及耐久性好，使用年限为 $75 \sim 200$ 年，高质量的可达千年以上，耐酸但不耐火，所含石英在高温下会发生晶变，体积膨胀而开裂。花岗岩主要用于基础、踏步、室内外地面、外墙饰面、艺术雕塑等，属高档建筑装饰石材。

352. 花岗石有哪些主要品种?

常见的花岗石品种与表面特征见表 2.2-1。

表 2.2-1 常见的花岗石品种与表面特征

名 称	表 面 特 征
芝麻灰	灰色底,黑色、深灰色细点花纹,分布均匀,光泽好
粗点白麻	浅灰色底,略偏绿,粗点花为主,细点花纹分布其中
美利坚白麻	灰白色底,斑点有粗、细之分,斑点色彩有黑色、深灰色、绿色、红色
济南青	墨绿色底、深灰色细点花纹,分布均匀
中国黑	纯黑底,斑点细微、紧密,分布均匀,微晶闪烁,光泽亮丽
珍珠黑	黑底,如水迹斑点,较粗,比地更黑,分布均匀,光泽较好
黑金砂	纯黑底,颗粒状纹,粒度又分细、中和粗,色泽深沉,微晶闪烁,高雅富丽
中国红	红色底,斑点花纹,又分细点、中点,分布均匀
印度红	深红与黑斑点相间分布,斑点又分大、中、小,表面光亮如镜,微晶闪烁
南非红	大红与黑斑点相间分布,较为均匀,表面光泽好,偶尔有微晶
紫晶石	紫黑色调,斑点粗犷、紧密,表面光亮如镜,晶粒状闪烁其内
啡钻	粗犷的棕色斑点与黑色斑点组合,分布较均匀,晶粒大小不一样
蓝麻	黑底透蓝,斑点较粗、紧密,晶粒较大,表面光亮如镜,华贵美丽
金彩麻	金黄底,黑色斑点,微晶闪烁,表面亮丽
紫彩麻	紫色与黑色斑点组合,色调高雅,微晶闪烁,华贵富丽
绿星	深绿底,斑点粗大,表面晶莹闪亮

注:以上为研磨、抛光后的饰面板材表面特征。

353. 花岗石板材有哪些类型?

(1) 按板材用途不同分类 由采石场开采出来的花岗石荒料,经锯切等加工制成的花岗石板材。再根据不同的用途,用不同的工序将花岗石板材加工成以下 4 个品种。

1) 剁斧板材。经剁斧加工,表面粗糙,具有规则的条状斧纹。一般用于室外地面、台阶、基座等处。

2) 机刨板材。经机械加工,表面平整,有相互平行的机械刨纹。一般用于地面、台阶、基座、踏步、檐口等处。

3) 粗磨板材。经过粗磨,表面光滑、无光泽,常用于墙面、柱面、台阶、基座、纪念碑、铭牌等处。

4) 磨光板材。经过磨洗加工和抛光,表面光亮,晶体裸露,有的品种同大理石板一样具有鲜明的色彩和绚丽的花纹。多用于室内外墙面、地面、立柱等装饰及旱冰场地面、纪念碑、墓碑、铭牌等。

（2）按板材的形状分类 天然花岗石板材按形状可分为普型板材（PX）和异型板材（YX）两类。常用的普型板材有正方形和长方形两种，其厚度为20mm。异型板材为其他形状板材。

（3）按表面加工程度分类

1）细面板材（或亚光板材）（YG）。这是一种表面平整、光滑的板材。

2）镜面板材（JM）。这是一种表面平整，具有镜面光泽的板材。

3）粗面板材（CM）。这是一种表面平整而粗糙、具有较规则加工条纹的机刨板、剁斧板、锤击板、烧毛板等。

354. 花岗石板材有哪些等级?

天然花岗石的等级按天然花岗石板材规格尺寸允许偏差、平整度允许极限公差、角度允许极限公差及外观质量，可分为优等品（A）、一等品（B）、合格品（C）3 个等级。

国标 GB/T 18601—2001 规定的普通花岗岩板材等级标准见表 2.2-2。

表 2.2-2 普通花岗岩板材等级标准 （单位：mm）

项 目		亚光面和镜面板材			粗 面 板 材		
		优等品	一等品	合格品	优等品	一等品	合格品
尺寸允许偏差	长度 宽度	0 −1.0		0 −1.5	0 −1.0		0 −1.5
	厚度 <12	±0.5	±1.0	+1.0 −1.5	—		
	厚度 >12	+1.0	±1.5	+2.0 −2.0	+1.0 −2.0	+2.0 −2.0	+2.0 −3.0
平面度允许极限偏差 平板长度	≤400	0.20	0.35	0.50	0.60	0.80	1.00
	400~800	0.50	0.65	0.80	1.20	1.50	1.80
	≥800	0.70	0.85	1.00	1.50	1.80	2.00
角度允许极限偏差	≤400	0.30	0.50	0.80	0.30	0.50	0.80
	≥400	0.40	0.60	1.00	0.40	0.60	1.00

355. 我国对天然石材放射性是如何分类控制的?

根据《建筑材料放射性核素限量》（GB 6566—2001）国家标准规定，只对花岗石进行分类控制（对其他石材制品如大理石、板石、砂岩、合成石、水磨石、再造石等不予控制）的原则，对花岗石的控制是从两个方面执行的。

（1）花岗石作为建筑主体材料，如墙体、地基等时：

1）这时花岗石中天然放射性核素镭226、钍232、钾40 的放射性比活度同时满足 I_{Ra}（放射性内照射指数）≤1.0 和 I_r（放射性外照射指数）≤1.0 时，其花岗石生产、销售与使用范围不受限制。

2）对于空心率大于25%的花岗石主体材料，其天然放射性核素镭226、钍232、钾40 的放射性比活度同时满足 I_{Ra}（放射性内照射指数）≤1.0 和 I_r（放射性外照射指数）≤1.3 时，其花岗石生产、销售与使用范围不受限制。

如果高于以上指标，作为主体材料的花岗石就要根据建筑的类别分别使用。

（2）花岗石作为装饰装修材料时：

花岗石除作建筑主体材料外，大量地用在装饰装修上。因此，标准中根据花岗石所具有的放射性大小，强制性地规定出了 A、B、C 类，并给出了使用范围。

A 类花岗石用于装饰装修的天然花岗石中天然放射性核素镭226、钍232、钾40 的放射性比活度同时满足 I_{Ra}（放射性内照射指数）≤1.0 和 I_r（放射性外照射指数）≤1.3 时，花岗石的生产、销售、使用范围不受限制，也即可以使用在任何场合。

B 类花岗石的放射性高于 A 类，但其放射性比活度同时满足 I_R（放射性内照射指数）≤1.3 和 I_r（放射性外照射指数）≤1.9 时，为 B 类花岗石，B 类花岗石不可将其用在 I 类民用建筑物的内饰面装修，但可以用于 I 类民用建筑的外饰面装修，和其他一切建筑物的内、外饰面装修。

C 类花岗石的放射性高于 A、B 类的规定，但符合 I_r（放射性外照射指数）≤2.8 时，为 C 类装修用花岗石，C 类装修用花岗石只能用于建筑物的外饰面和室外其他用途。

I_r（放射性外照射指数）>2.8 时花岗石只可用于碑石、海岸、桥墩、道路等人类平时很少涉及的地方。

356. 辉长岩、闪长岩和辉绿岩有哪些主要特性?

辉长岩、闪长岩、辉绿岩三种岩石均为岩浆岩。由长石、辉石、角闪石等构成。三者的体积密度均较大，为 2800~3000kg/m³，抗压强度 100~280MPa，吸水率小（<1%），耐久性好，具有优良的开光性。常呈深灰、暗绿、黑灰、黑绿等暗色。除用于基础等砌体外还可用作名贵的饰面材料。特别是辉绿岩，强度高但硬度低，锯成板材和异型材，经表面磨光，光泽明亮，常用于铺砌地面、镶砌柱面等。

357. 大理石的主要特性有哪些?

大理石是石灰岩或白云岩经高温、高压的地质作用重新结晶而成的变质岩，属于副变质岩（指结构、构造及性能优于变质前的变质岩）。主要组成矿物为方解石、白云石等。化学成分主要有 CaO、MgO 和少量的 SiO_2，一般 CaO 的含量大于 50%。体积密度 $2600 \sim 2800kg/m^3$，抗压强度为 $60 \sim 110MPa$，吸水率 <1%（某些品种略大于 1%），莫氏硬度 $3 \sim 4$，耐用年限 150 年。纯大理石构造致密，密度大但硬度不大，易于分割、雕琢和磨光。纯大理石为雪白色，当含有氧化铁、石墨等矿物杂质时，可呈玫瑰红、浅绿、米黄、灰、黑等色调。磨光后，光泽柔润，绚丽多彩。大理石的颜色、光泽与所含成分间的关系见表 2.2-3。大理石常用于高级建筑的装饰饰面工程，如栏杆、踏步、台面、墙柱面、装饰雕刻制品等。

358. 大理石有哪些主要品种?

常见大理石的品种及特征见表 2.2-3。

表 2.2-3 常见大理石的品种及特征

名称及代号	俗 称	磨光面色彩花纹特征	生 产 厂 家
汉白玉（A_1）	房山白	白色底，颗粒细密均匀,石英、云母晶莹闪亮	北京、湖北黄石
晶白（A_2）	湖北白、白汉玉	白色晶粒细致而均匀	湖北黄石
雪花（A_3）	雪花白	白间淡灰色,有规则中晶,有较多黄黯杂点	山东莱州、北京
冬云（A_4）	灰花	白和灰相间	广东云浮
影晶白（A_5）	高资白	乳白色有微红至深赭的陷纹	上海等地
墨晶白（A_6）	曲阳玉、曲阳汉白玉	玉白色微晶,有黑色纹脉或斑点	北京（河北曲阳）
风雪（A_7）	云南灰	灰白间有深灰色晕带	贵阳（云南大理）、上海
冰琅（A_8）	粗精白、雪花石	灰白色均匀粗晶	北京（河北曲阳）
青白（A_9）		灰白色有深浅灰色纹脉	
黄花玉（B_1）	黄花、浅黄玉	淡黄色有较多稻黄脉络	湖北黄石
凝脂（B_2）	奶油、奶油白	猪油色底稍有深黄细脉,偶带透明杂晶	上海（江苏宜兴）
纹脂（B_3）		淡黄与淡藕褐色相渗以白色半透明杂晶间隔成曲折纹脉	贵阳
沉香玉（B_4）		深黄底满布木纹状纹脉,似沉香木断面	
碧玉（C_1）	东北绿	嫩绿或深绿和白色絮状相渗	
影云（C_2）	云彩	浅翠绿色底深浅绿絮状相渗,有紫斑或脉	沈阳,北京（辽宁连山关）
斑绿（C_3）	莱阳绿	灰白色底布有深草绿点斑状或堆状	北京等地
海绿（C_4）		豆绿深浅绿相渗,绿色多至少	北京、山东莱州市（莱阳）
海玉（C_5）		黄绿色深浅相间,有自或淡灰花斑	

(续)

名称及代号	俗　称	磨光面色彩花纹特征	生 产 厂 家
碧蓝(C_6)		蓝绿色,色泽均匀间有陷纹	
青云(C_7)		深浅灰绿相间,形成曲折条状纹缕	
云灰(D_1)	芝麻白	白或浅灰底有烟状或云状黑灰纹带	北京
晶灰(D_2)	豆青、细晶灰	灰色微褐,均匀细晶间有灰条纹或褐色斑	北京(河北曲阳)
驼灰(D_3)	猪肝	土灰色底有深黄褐色浅色疏脉	上海(江苏苏州)
裂玉(D_4)	银河	浅灰带微红色,底有红色脉络和青灰色斑	湖北黄石
海涛(D_5)	秋景	浅灰底,有深浅相隔的青灰色条状斑带	湖北黄石
象灰(D_6)	潭残玉	象灰底杂细晶斑,并布有红黄色细纹络	上海、杭州
艾叶青(D_7)		青底深灰间白色叶状斑云间有片状纹缕	北京
残雪(D_8)	雪浪	灰白色有黑色斑带	湖北黄石
螺青(D_9)	螺丝转	深灰色底满布青白相间螺纹状花纹	北京
晚霞(E_1)	白银石	石黄间土黄斑底,有深黄叠脉间有黑晕	北京
蟹青(E_2)	黄豆瓣	黄褐底遍布深灰或黄色砾斑间有白夹层	北京(河北唐山)
虎纹(E_3)	咖啡	赭色底布有流纹状石黄色经络	上海(江苏宜兴)
灰黄玉(E_4)		浅黑灰底有绛红色黄色和浅灰色脉络	湖北黄石
锦灰(E_5)	电花	浅黑灰底有红色和灰白色脉络	湖北黄石
电花(E_6)	杭灰	黑灰底满布红色间白色脉络	浙江杭州、上海
彩震(E_7)		深褐色布灰白云状花纹大至小	
斑蓝(E_8)		灰绿相间满布灰白色或斑点	
挑红(F_1)	曲阳红、玫瑰	桃红色粗晶有黑色缕纹斑点	北京(河北曲阳)
银河(F_2)		浅灰底密布粉红脉络杂有黄脉	湖北黄石
秋枫(F_3)	宁红、南京红	灰红底有血红晕脉	上海(江苏南京)
砾红(F_4)	红根	浅灰底,满布白色大小碎石块	广东云浮
桔络(F_5)	长兴红	浅灰底,密布粉红和紫红叶脉	杭州、上海(浙江长兴)
瑰红(F_6)		淡红色、布满深浅红色脉络间有白色斑纹	
岭红(F_7)	铁岭红	紫红碎螺脉杂以白斑	沈阳(辽宁铁岭)
紫螺纹(F_8)	安徽红、皖螺	灰红底满布红灰相间的螺纹	上海(安徽灵璧)
螺红(F_9)	东北红	绛红底夹有红灰相间的螺纹	北京、沈阳(辽宁金县)
红花玉(F_{10})		肝红底夹有大小浅红碎石块	湖北黄石
紫豆瓣(F_{11})	五花	绛紫底遍布深青灰色或紫色砾石	上海(苏州)、北京(向北)

（续）

名称及代号	俗　称	磨光面色彩花纹特征	生产厂家
紫英（F_{12}）		深棕红色满布乳红及浅棕色絮状斑纹	
紫云（F_{13}）		深紫色微有浅紫或白色小点	
墨晶（G_1）		墨黑色间有极少量白色浅状条纹	
墨壁（G_2）	苏州黑，苏黑	黑色杂有少量浅黑陷斑或少量土黄缕纹	北京等地
星夜（G_3）	墨玉	黑色间有少量自路或自斑	上海（江苏苏州）
黑壁 5（G_4）		黑色间有浅黑色纹带	
墨壁 6（G_5）		黑色满布深灰色连续斑点	

359. 大理石板材有哪些类型和等级？

根据所加工板材的基本形状，大理石板材可分为直角四边形的普通型板材（PX）、S 形或弧形等异形板材（HM）。《天然大理石建筑板材》（JC/T 79—2001）依据板材加工的尺寸精度及正面外观缺陷将其划分为优等品（A 级）、一等品（B 级）与合格品（C 级）三个质量等级，并要求同一批板材的花纹色调应基本一致。不同等级板材的要求见表 2.2-4、表 2.2-5。

表 2.2-4　普通大理石板材的规格尺寸及允许偏差　（单位：mm）

规　格			允 许 偏 差		
			优等品	一等品	合格品
规格尺寸允许偏差	长、宽		0 − 1.0	0 − 1.0	0 − 1.5
	厚度	< 12	± 0.5	± 0.8	± 1.0
		> 12	± 1.0	± 1.5	± 2.0
平面允许极限公差	≤400		0.20	0.30	0.50
	400 ~ 800		0.50	0.60	0.80
	≥800		0.70	0.80	1.00
角度允许极限公差	≤400		0.30	0.40	0.50
	>400		0.40	0.50	0.70

表 2.2-5　大理石板材正面外观缺陷要求

名称	规 定 内 容	优等品	一等品	合格品
裂纹	长度超过 10mm 的不允许条数（条）	0	1	2
缺棱	长度不超过 8mm，宽度不超过 1.5mm（长度 ≤4mm，宽度 ≤1mm 不计），每米长允许个数（个）			
缺角	沿板材边长顺延方向，长度 ≤3mm，宽度 ≤3mm（长度 ≤2mm，宽度 ≤2mm 不计），每块板允许个数（个）			
色斑	面积不超过 6cm^2（面积小于 2cm^2 不计），每块板允许个数（个）			
砂眼	直径在 2mm 以下	不明显	有，不影响装饰效果	

大理石的抗风化能力较差。由于大理石的主要组成成分 $CaCO_3$ 为碱性物质，容易被酸性物质所腐蚀，特别是大理石中有的有色物质很容易在大气中溶出或风化，失去表面的原有装饰效果。因此，多数大理石不宜用于室外装饰。

360. 汉白玉与白玉石、白云石是一种岩石吗？

白云石有两种不同的概念，一是作为一种造岩矿物，它是碳酸钙与碳酸镁的复盐晶体，是组成大理石的主要矿物之一；二是作为一种沉积岩中的化学沉积岩石材，它的主要化学成分是氧化镁和氧化钙（或表达为碳酸镁与碳酸钙——含量在50%以上），其外观通常与石灰石相近，但强度与稳定性好于石灰石，但比不上花岗岩。

白玉石是属于沉积岩中的机械沉积岩，是硅质砂岩的一种，因其颜色为纯白色，故称为白玉石。白玉石的强度较高，性能类似花岗岩。北京的人民英雄纪念碑浮雕就是采用白玉石。

汉白玉是大理石的一种。因为大理石是重新进行晶体组合的石灰石岩，故大理石中的主要化学成分是碳酸盐类，矿物是方解石及白云石。但是，汉白玉不同于一般的大理石，它的主要化学成分是硅酸盐类，因此，它不易被风化和腐蚀，是一种优质的装饰石材。

361. 哪些大理石可适用于室外？

在装饰工程中所指的大理石是泛指的，即既包括经高温、高压的地质作用重新结晶而成的变质岩（属石灰岩或白云岩），也包括机械沉积岩中的白玉石和砂岩等。

大多数大理石的主要成分是氧化钙，属碳酸盐类大理石，这种大理石易受大气中的硫化物和水汽的共同作用（如酸雨）生成二水石膏（二水硫酸钙），使体积膨胀，表面会变色掉粉。

但有些大理石中的主要成分是二氧化硅，或二氧化硅的比例较大，这种大理石耐酸性腐蚀能力较强，如汉白玉、艾叶青、香蕉黄、丹东绿等。这些大理石可适用于室外。

一般，在各色大理石中，对于酸性腐蚀，白色的最稳定，绿色次之，红色、暗红色的最不稳定。

362. 在市场上如何区别花岗岩与大理石？

这似乎是一个外行提出的问题，但最近发生在"中华世纪坛"的事，即号称汉白玉的中华世纪坛石碑原是冒名顶替的已经风化裂缝的糙白玉石所造，让人不得不考虑如何区别石材的此类问题。

区别花岗岩与大理石的方法有以下几种：

（1）硬度比较　花岗岩的莫氏硬度为 6~7，肖氏硬度为 80~100；大理石莫氏硬度为 3~4，肖氏硬度为 50 左右。因此，花岗岩的硬度明显比大理石大，在市场上可用玻璃或铁刀作刻划试验。试验时要求做试验的石材有一个较平滑的面，只要能刻划出明显的划痕的应是大理石。但应注意不能用钢刀刻划。

（2）石材构造比较　花岗岩是斑状构造，一般以细粒构造的材质为好，但中粗粒的装饰性较好。花岗岩的晶粒细而匀、结构紧密，一般不含有杂质；大理石一般含有杂质，其构造致密，含有的杂质一般会呈现为各种斑纹。

（3）石材色彩比较　花岗岩与大理石的色彩都很丰富，都有黑、白、青、灰、红等颜色。单听名称你不一定能说出它是哪一种石材，如济南青、莱州绿、铁岭红、莱州白等。

区别的方法主要有两点：一是大理石底色一般较纯，如汉白玉、影景白的白色较白，而花岗岩的底色不太纯，因为它的晶粒相对较粗；二是大理石的色彩中大都会出现各种杂色和斑纹，而花岗岩一般不会出现条状斑纹。

363. 石英岩的主要特性有哪些？

石英岩是硅质砂岩受地质动力变化作用而生成的酸性变质岩，也是一种副变质岩。由于砂岩中的石英颗粒及天然胶结物在高压下重新结晶。因此结构致密、均匀，强度可达 250~400MPa。硬度大，莫氏硬度为 7。耐酸性能好，耐久性优良，使用年限可达千年以上。但由于坚硬，开采加工困难，主要用于纪念性建筑的饰面或以不规则形状应用于建筑物或装饰工程中。

364. 片麻岩的主要特性有哪些？

片麻岩是花岗岩经高压地质作用重新结晶而成的变质岩，属于正变质岩（其构造、性能较变质前的原岩石差）。其矿物成分与花岗岩类似，呈片状构造，各向异性，沿解理方向易于开采和加工；垂直于解理方向抗压强度较高，可达 120~250MPa。片麻岩的结晶颗粒为粒状或斑状，外观美丽，在工程中用途与花岗岩相似，但其抗冻性较差，经冻融循环会层层剥落，在作为饰面石材时要考虑其使用的部位，以获得良好的应用效果。

365. 青石板的主要特性有哪些？

青石板系水成沉积岩，主要矿物成分为 $CaCO_3$，材质软、易风化，其风化程度及耐久性随岩体埋深情况差异很大。如青石板处于地壳表层，埋深较浅，风化较严重，则岩石呈片状，易撬裂成片状青石板，可直接应用于建筑；如岩石埋藏较深，则板块厚，抗压强度（可达 210MPa）及耐久性均较理想。可加工成所需的板材，这样的板材按表面处理形式可分为毛面（自然劈裂面）青石板和光面（磨光面）青石板两类。

毛面青石板由人工按自然纹理劈开，表面不经修磨，纹理清晰，再加上本身固有的暗红、灰绿、蓝、紫、黄等不同颜色，搭配混合使用时，可形成色彩丰富、有变化又有一定自然风格的青石板贴面。用于室内墙面可获得天然材料粗犷的质感。如用于地面，不但起到防滑的作用，同时有一种硬中带"软"的效果，效果甚佳。光面青石板是一种较为珍贵的饰面材料，可用于柱面、墙面，也可采用不规则的板块，组成有一定构成规律的自然图案，有很独特的装饰风格。近些年，在我国许多新的公共建筑中都采用了青石板。如北京动物园爬行动物馆、深圳博物馆展楼都采用青石板贴面，获得了理想的建筑装饰效果。

366. 板岩的主要特性有哪些？

板岩系由粘土页岩（一种沉积岩）变质而成的变质岩，其矿物成分为颗粒很细的长石、石英、云母和粘土。板岩具有片状结构，易于分解成薄片，获得板材。它的解理面与所受的压力方向垂直而与原沉积层无关。板岩质地坚密、硬度较大，耐水性良好，在水中不易软化；板岩较耐久，寿命可达数十年至上百年。板岩有黑、蓝黑、灰、蓝灰、紫、红及杂色斑点等不同色调，是一种优良的极富装饰性的饰面石材。其缺点是自重较大，韧性差，受震时易碎裂，且不易磨光。板岩饰面板在欧美大多用于覆盖斜屋面以代替其他屋面材料。近些年也常用作非磨光的外墙饰面，常做成面砖形式，厚度为 5~8mm，长度为 300~600mm，宽度为 150~250mm。以水泥砂浆或专用胶粘剂直接粘贴于墙面，是国外很流行的一种饰面材料，国内已有引进，常被用做外墙饰面，也常用于室内局部墙面装饰，通过其特有的色调和质感，营造一种欧美的乡村情调。

367. 什么是文化石？装饰中如何运用板岩、砂岩、石英石、云母石等？

文化石不是专指哪一种石材，是对一种用石料实施特定的建筑装饰风格的雅称。这种风格一般在酒吧、茶馆、娱乐休闲场所、家居等室内外墙面和地面、吧台立面、门牌，以及园林装饰等中采用，尤其是在室内运用，可起到一种返璞归真、重归大自然的感觉。

文化石可分为天然文化石和人造艺术石。

（1）天然文化石　天然文化石包括从天然岩体中开采出来的具有特殊的片理层状结构的板岩、砂岩、碳酸岩、石英岩、片麻岩等，以及鹅卵石、化石等种类。它们具有耐酸、耐寒、吸水率低、不易风化等特点，是一种自然防水、会呼吸的环保石材。

1）板岩。板岩也叫板石，它不是以成分划分的，是以石材在自然界中的形态来划分的，是泛指具有层叠状的岩石。板岩从外观颜色和质地分为红锈板、粉锈板、彩霞板、鱼鳞板、银棕板、绿晶板、星光板、灰纹板、紫锈板、玉锈板、水锈板等。

2）砂岩。砂岩，顾名思义是以砂聚合而成的一种可以作为建筑材料的石材，其主要成分是 SiO_2、Al_2O_3。砂岩分海砂岩和泥砂岩两种。

海砂岩表面砂质粗犷，硬度比泥砂岩大，但较脆，做工程板材就要厚一些，一般可达 20～25mm，如澳大利亚砂岩和西班牙砂岩。

泥砂岩比较细腻，花纹变化奇特，如同树木的年轮，木材的花纹，是墙地面装饰的好品种。

砂岩的色彩淡雅且为倾向色，如平板砂岩（淡黄）、绿砂岩（淡灰绿）、波浪砂岩（淡红）、白砂岩（灰白）、脂粉红砂岩（浅粉红）。

3）石英石系列。石英石系列从受光照后的变化和色泽分为变色石英石、云黑石英石、黑岩石英石、红石英石、绿石英石等。

变色石英石：受不同的光度或角度折、反射时，表面会随时改变颜色。

4）鹅卵石。鹅卵石表面光洁、圆滑，色泽丰富、素雅。常用尺寸有：小卵石为 1～3cm；中卵石 3～10cm；大卵石 10cm 以上。

5）云母石。云母石亦称梦幻石，有金、银色两种，表面呈凹凸感。在光照下，闪烁辉煌，高贵华丽。

6）化石系列

象牙石：细白螺结晶化石，白色，性能稳定，不易变色，耐候性强。

米黄石：贝壳结晶为主体的化石。有珍珠米黄、浅米黄。

深米黄：芝麻米黄等色彩。较脆，硬度不高。

（2）人造艺术石 人造艺术石是以无机材料（如耐碱玻璃纤维、低碱水泥和各种改性材料及外加剂等）配制并经过挤压、铸制、烧烤等工艺而成。其表现风格参照天然文化石。粗犷凝重的砂质表面和参差起伏的层状排列，造就逼真的自然外观和丰富的层理韵律，更能赋予表现对象光与影的变化，营造出高品位的室内环境。

人造艺术石有仿蘑菇石、剁斧石、条石、鹅卵石等多个品种。具有质轻、坚韧、耐候性强、防水、防火、安装简单等特点。人造艺术石应无毒、无味、无辐射，符合环保要求。

368. 文化石和蘑菇石的区别是什么？

文化石的概念在上题中已详述，其应用时，一般由较小块的石料有创意地排列组合而成。有的大小相间；有的长短不一；有的似一顺一丁的砖墙；有的呈自然开裂的石板，见图 2.2-2。

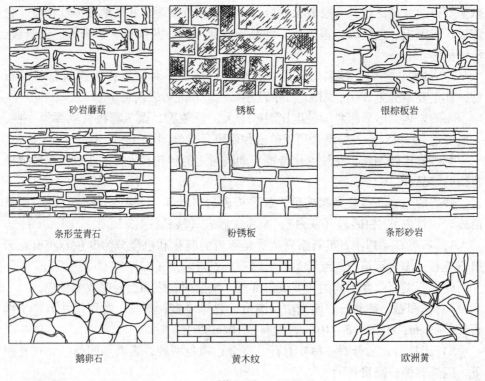

砂岩蘑菇	锈板	银棕板岩
条形莹青石	粉锈板	条形砂岩
鹅卵石	黄木纹	欧洲黄

图　2.2-2

　　而蘑菇石一般是指花岗岩长方形厚板，其装饰面的周边应打凿成宽细一致的边框，中间是凸起的散乱的蘑菇状，因此，蘑菇石的装饰一般是采用大小一致的、较大块的石材。现在已有人造花岗岩蘑菇石，由于其材料较轻，所以人造蘑菇石较薄。

　　另外，还有板岩蘑菇石，它与花岗岩蘑菇石不同。它没有四周矩形的边。

369. 什么是洞石？

　　洞石是因其表面有许多孔洞而得名，其学名是凝灰石或石灰华，商业上将其归为大理石类，但它质感和外观与传统意义上的大理石截然不同。

　　关于它的形成一般认为是在大气条件下从含碳酸盐的泉水（通常是热泉）中沉淀成的一种钙质材料。由于它的色调以黄色居多，给人一种温和的感觉。另外，由于它的质感会给建筑物增添一种文化和历史的韵味，已被建筑装饰界认可。如由贝聿铭建筑事务所设计的北京中国银行大厦的内外装饰，就选用了意大利的罗马洞石。

　　洞石除了有黄色的，还有绿色、白色、紫色、粉色和咖啡色等多种。在我国的河南也有洞石的产地。

370. 天然石材选用时应注意哪些方面?

（1）材性的多变性 这里讲的材性，不但包括石材的物理力学性能（强度、耐水性、耐久性等），也包括石材的装饰性（色调、光泽、质感等）。同一类岩石，品种不同、产地不同，性能上也往往相差很大，故同一工程部位上应尽量选用同一矿山的同一种岩石。否则往往会出现色差、花纹变化等意想不到的情况，影响装饰效果，造成难以弥补的憾事。

（2）材料的适用性 不同的石材具有不同的特点，对不同的工程部位和装饰效果应考虑不同的适用性。用于地面的石材，主要应考虑其耐磨性，同时还要照顾其防滑性；用于室外的饰面石材，主要应考虑其耐风化性和耐腐蚀性能；用于室内的饰面石材，主要应考虑其光泽、花纹和色调等美观性。

（3）材料的工艺性能 材料的工艺性包括加工性、开光性、可钻性。加工性指石材的割切、凿琢等加工工艺的难易程度。质脆粗糙、有颗粒交错结构或含有层状、片状构造的石材，都难于满足加工的要求。开光性是指岩石能磨成光滑表面的性质。致密、均匀、粒细的岩石一般都有良好的开光性疏松多孔、有鳞状构造和含有较多云母的岩石，开光性均不好。可钻性是指石材钻孔的难易程度。

（4）材料的经济性 石材因密度大、质重，所以应尽量就地取材，以减少运距，降低成本。不要一味追求高档次的石材，要选择能体现装饰风格，与工程投资相适宜的品种。

371. 人造饰面石材有哪些类型?

（1）水泥型人造饰面石材 这种人造石材是以各种水泥（硅酸盐水泥、白色或彩色硅酸盐水泥、铝酸盐水泥等）为胶凝材料，天然砂为细骨料，碎大理石、碎花岗岩、工业废渣等为粗骨料，经配料、搅拌、成型、加压蒸养、磨光、抛光而制成。这种人造石材成本低，但耐酸腐蚀能力较差，若养护不好，易产生龟裂。该类人造石材中，以铝酸盐水泥作为胶凝材料的性能最为优良。

（2）聚酯型人造饰面石材 这种人造石材多以不饱和聚酯为胶凝材料，配以天然大理石、花岗石、石英砂或氢氧化铝等无机粉状、粒状填料制成。目前，我国多用此法生产人造石材。使用不饱和聚酯，产品光泽好、色浅、颜料省、易于调色。同时这种树脂黏度低、易于成型、固化快。成型方法有浇筑成型法、压缩成型法和大块荒料成型法。

聚酯型人造石材的主要特点是光泽度高、质地高雅、强度硬度较高、耐水、耐污染、花色可设计性强。缺点是填料级配若不合理，产品易出现翘曲变形。

（3）复合型人造饰面石材 这种人造石材具备了上述两类的特点，系采用无机和有机两类胶凝材料。先用无机胶凝材料（各类水泥或石膏）将填料粘结成型，再将所成的坯体浸渍于有机单体中（苯乙烯、甲基丙烯酸甲酯、醋酸乙烯、丙烯酯等），使其在一定的条件下聚合而成。

（4）烧结型人造饰面石材 该种人造石材的制造与陶瓷等烧土制品的生产工艺类似，是将斜长石、石英、辉石、方解石粉和赤铁矿粉及部分高岭土按比例混合，制备坯料，用半干压法成形，经窑炉1000℃左右的高温焙烧而成，所以能耗大，造价较高，实际应用得较少。

（5）微晶玻璃，详见374题。

372. 人造饰面石材的主要特性有哪些？

（1）质量轻、强度大、厚度薄 某些种类的人造石材体积密度只有天然石材的一半，强度却较高，抗折强度可达30MPa，抗压强度可达110MPa。人造饰面石材厚度一般小于10mm，最薄的可达3mm，如PVC合成的石塑防滑地砖。通常不需专用锯切设备锯割，可一次成型为板材。

（2）色泽鲜艳、花色繁多、装饰性好 人造石材的色泽可根据设计意图制作，可仿天然花岗石、大理石或玉石，色泽花纹可达到以假乱真的程度。人造石材的表面光泽度高，某些产品的光泽度指标可大于100，甚至超过天然石材。

（3）耐腐蚀、耐污染 天然石材或耐酸或耐碱，而聚酯型人造石材，既耐酸也耐碱，同时对各种污染具有较强的耐污力。

（4）便于施工、价格便宜 人造饰面石材可钻、可锯、可粘结，加工性能良好。还可制成弧形、曲面等天然石材难以加工的几何形状。一些仿珍贵天然石材品种的人造石材，价格只及天然石材的几分之一。

除以上优点外，人造石材还存着一些缺点，如有的品种表面耐刻划能力较差，某些板材使用中发生翘曲变形等。

373. 什么是人造汉白玉和仿真汉白玉？

人造汉白玉是一种以天然白色石料为基本原料（占成品90%以上），采用高分子聚合物（主要是树脂）和相应的消泡剂、紫外线吸收剂等材料，配制成化学料浆，注入模具固化而成的一种复合材料，一定程度上也可认为是一种合成石制品。可因模具的不同制成多种形状的板材、护栏、罗马柱、廊柱、石狮等造型的产品。

仿真汉白玉是用河砂、石料、滑石粉、水泥，内加钢筋，也是用模具预注出所需的形状，再涂以白色涂料或石材漆、真石漆即可。

因人造汉白玉基本材料就是石材，并使用了强度很大的树脂，所以，除基本物化性能与石材相当外，一些性能还高于石材，如：抗折强度和抗压强度；放射

性内照射指数 < 1.0，放射性外照射指数 < 1.3，使用范围均不受限制；经 600h 人工老化仍为优等品，且色差没有变化。而用河砂及一些原料做的仿汉白玉因使用的增强胶结材料仅仅是水泥和占总量 20% 以下的粘结剂，其强度没有使用树脂的高。

374. 什么是微晶玻璃？它是石材还是玻璃？

微晶玻璃又称微晶石材，它不是传统意义上用来采光的玻璃品种。微晶玻璃是全部用天然材料制成的一种人造材料，较天然花岗岩具有更灵活的装饰设计和更佳的装饰效果。

微晶玻璃装饰板是应用受控晶化高技术而得到的多晶体，微晶玻璃装饰板的成分与天然花岗岩相同，均属硅酸盐质，除比天然石材具有更高的强度、耐蚀性、耐磨性外，还具有吸水率小（0% ~ 0.1%）、无放射性污染、颜色可调整、色调均匀一致、无色差、光泽柔和晶莹、表面洁白无瑕、规格大小可控制的优点，还能生产弧形板。其在外观上纹理清晰、色泽鲜艳、无色差、不退色。目前已代替天然花岗岩而用于墙面、地面、柱面等处装饰。

微晶石材与大理石、花岗石饰面板主要性能比较见表 2.2-6 所示。

表 2.2-6 微晶石材与大理石、花岗石饰面板主要性能比较

性　　能	微晶石材板	大理石板	花岗石板
密度/(g/cm³)	2.70	2.70	2.70
抗压强度/MPa	300 ~ 549	60 ~ 150	100 ~ 300
抗折强度/MPa	40 ~ 60	8 ~ 15	10 ~ 20
莫氏硬度	6.5	3 ~ 5	5.5
吸水率(%)	0 ~ 0.1	0.3	0.35
扩散反射率(%)	89	59	66
耐酸性(1/H_2SO_4)(%)	0.08	10.3	1.0
耐碱性(1/NaOH)(%)	0.05	0.30	0.10
热膨胀系数/(10^{-7}/℃)	62	80 ~ 260	50 ~ 150
抗冻性(%)	0.028	0.23	0.25

375. 什么是装饰用人造浮石？

天然的浮石又称浮岩，是一种火山喷出的多孔状玻璃质酸性岩石，特点是气孔较多，对水的相对密度很小，能浮于水上，故得名，在自然界里常以白色、灰色出现，无光泽。相对密度 0.3 ~ 0.4；含二氧化硅 65% ~ 75%，三氧化二铅 9% ~ 20%。常呈皮壳状覆于较致密的熔岩上。可作为轻质混凝土材料，具有保温、

隔热、隔声等性能，还可作为洗涤剂，橡胶的填料、陶瓷、釉彩、珐琅的一种拼料。

人造浮石是将浮石粉碎，配以多种辅料，搅拌成混凝土，经浇注、震动、脱模而成，由于在其中加入各种石料，做出的效果具有仿真石、仿鹅卵石、仿碎石、仿化石等多种品种，经切割磨抛可获得多种样式的装饰板材，还可在模具中浇铸出各种材质浮雕，其细腻程度近似石膏的浇注效果，由于质轻，密度只有 $0.40g/cm^3$，不到天然石材的 $1/6$，对减轻建筑物的质量有着积极作用，既是一种新型的装饰石材，也是一种新型的建筑石材。

第三章 建筑装饰陶瓷

376. 什么是陶瓷？

建筑装饰陶瓷是指用于建筑装饰工程的陶瓷制品，包括各类的釉面砖、墙地砖、琉璃制品和陶瓷壁画等。其中应用最为广泛的是釉面砖和墙地砖。

陶瓷通常是指以粘土为主要原料，经原料处理、成型、熔烧而成的无机非金属材料。从产品的种类来说，陶瓷可分为陶和瓷两大部分。陶的烧结程度较低，有一定的吸水率（大于10%），断面粗糙无光，不透明，敲之声音粗哑，可施釉也可不施釉。瓷的坯体致密，烧结程度很高，基本不吸水（吸水率小于1%），有一定的半透明性，敲击时声音清脆，通常都施釉。介于陶和瓷之间的一类产品，称为炻，也称为半瓷或石胎瓷。炻与陶的区别在于陶的坯体多孔，而炻的坯体孔隙率却很低，吸水率较小（小于10%），其坯体致密，基本达到了烧结程度。炻与瓷的区别主要是，虽炻的坯体较致密但仍有一定的吸水率，同时多数坯体带有灰、红等颜色，且不透明，其热稳定性优于瓷，可采用质量较差的粘土烧成，成本较瓷低。

377. 陶瓷有哪些类型？

瓷、陶和炻通常各分为精（细）、粗两类。粗陶的主要原料为含杂质较多的陶土，烧成后带有颜色，建筑上常用的砖、瓦、陶管及日用缸器均属于这一类，其中大部分为一次烧成。精陶是以可塑性好、杂质少的陶土、高岭土、长石、石英为原料，经素烧（最终温度为1250~1280℃）、釉烧（温度为1050~1150℃）两次烧成。其坯体呈白色或象牙色、多孔，吸水率常为10%~12%，最大可达22%。精陶按用途不同可分为建筑精陶（釉面砖）、美术精陶和日用精陶。

粗炻是炻中均匀性较差、较粗糙的一类，建筑装饰上所用的外墙面砖、地砖、锦砖都属于粗炻类，系用品质较好的粘土和部分瓷土烧制而成，通常带色，烧结程度较高，吸水率较小（4%~8%）。细炻主要是指日用炻器和陈设品，由陶土和部分瓷土烧制而成，白色或带有颜色。驰名中外的宜兴紫砂陶即是一种不施釉的有色细炻器，系用当地特产紫泥制坯，经能工巧匠精雕细琢，再经熔烧制成成品，是享誉中外的日用器皿。

粗、细瓷制品通常有日用餐、茶具、陈设瓷、电瓷及美术作品等。

378. 如何用简便的方法鉴别陶瓷?

根据上两题的介绍,你可从以下三方面来鉴别陶瓷:

(1) 从专业书中的介绍知 一般"建筑装饰上所用的外墙面砖、地砖、锦砖都属于粗炻类";"建筑上常用的砖、瓦、陶管及日用缸器均属于粗陶类";"釉面内墙砖简称釉面砖,属于薄型精陶制品";"粗、细瓷制品通常有日用餐、茶具、陈设瓷、电瓷及美术作品等"。

另外,许多用瓷土烧制而成的建筑材料,一般也是精陶制品,如"仿花岗岩墙地砖是一种全玻化、瓷质无釉墙地砖";"钒钛饰面板是利用稀土矿物原料研制成功的一种高档墙地饰面板材"和"玻化墙地砖亦称全瓷玻化砖或玻化砖,是以优质瓷土为原料的"。

(2) 从它们的吸水率来判别 对于各种墙地砖,你可在它不施釉的那一面(反面)倒上一些清水,过一会儿观察砖的吸水情况,即可判别。因为瓷的坯体致密,基本不吸水(吸水率小于1%);炻的坯体孔隙率却很低,吸水率较小(小于10%);陶的吸水率较大(大于10%);精陶的吸水率常为10% ~ 12%,最大可达22%,粗陶则更大;

(3) 从敲击发声中判别 瓷器的敲击时发声清脆;而陶砖敲之发声粗哑。

所以,你在现场鉴别时,最好准备多种陶瓷制品,以便于你判别。

379. 陶瓷坯体表面的釉是什么?

釉是覆盖在陶瓷坯体表面的玻璃质薄层(平均厚度为120 ~ 140μm)。它使陶瓷制品表面密实、光亮、不吸水、抗腐蚀、耐风化、易清洗。彩釉和艺术釉还具有多变的装饰作用。制釉的原料有天然原料和化工原料助剂两类。天然原料基本与坯体所使用的原料相同。只是釉料要求其化学成分更纯、杂质更少。除天然原料外,釉的原料还包括一些化工原料作为助剂,如助熔剂、乳浊剂和着色剂等天然原料经常采用的是高岭土、长石、石英、石灰石、滑石、含锆矿物、含锂矿物等助剂。常采用的化工原料为:作为助熔剂的工业硼砂、硝酸钾、碳酸钙、氧化锌、铅丹、氟硅酸钠等;作为乳浊剂的工业纯氧化钛、氧化锑、氧化锡、氧化锆、氧化铈等;作为着色剂的钴、铜、锰、铁、镍、铬等元素的化合物。

380. 釉有什么特点?

釉是一种玻璃质的材料,具有玻璃的通性:无确定的熔点,只有熔融范围,硬、脆、各向同性、透明、具有光泽等。而且这些性质随温度的变化规律也与玻璃相似。但釉毕竟不是玻璃,与玻璃有很大差别。首先,釉在熔融软化时必须保持粘稠而且不流坠,以满足烧制过程中不在坯体表面流走,特别是在坯体直立情况下不致形成流坠纹（某些特意要形成流纹的艺术釉除外）。其次，在焙烧过程的高温作用下，釉中的一些成分挥发，且与坯体中的某些组成物质发生反应，以致使釉的微观结构和化学成分的均匀性都比玻璃要差。

381. 釉有哪些性质？

为满足陶瓷制品对釉的要求，釉必须具有以下性质：

（1）釉料必须在坯体烧结温度下成熟，一般要求釉的成熟温度略低于坯体烧成温度。为适应一次烧成技术，釉应具有较高的始熔温度和较宽的熔融温度范围。

（2）釉料要与坯体牢固的接合，其热胀系数接近或略小于坯体的热胀系数（某些特殊的装饰釉除外），以保持在使用中，遇到温度变化情况，不致发生开裂或釉面脱离现象。

（3）釉料在高温熔融软化后，要有适当的黏度和表面张力以保证冷却后形成平滑的釉面层。

（4）釉面应质地坚硬、耐磕碰、不易磨损。

382. 釉主要有哪些类型？

釉的成分极为复杂，各品种的烧制工艺不同，适宜使用的陶瓷种类也不一样，釉常见的分类见表 2.3-1。

表 2.3-1　釉的常见分类

分类方法	种　　类
按坯体种类	瓷器釉、炻器釉、陶器釉
按化学组成	长石釉、石灰釉、滑石釉、混合釉、铅釉、硼釉、铅硼釉、食盐釉、土釉
按烧成温度	低温釉（1000℃以下）、中温釉（1100～1300℃）、高温釉（1300℃以上）
按制备方法	生料釉、熔块釉
按外表特征	透明釉、乳浊釉、有色釉、光亮釉、无光釉、结晶釉、砂金釉、碎纹釉、珠光釉、花釉、裂纹釉、电光釉、流动釉

383. 什么是装饰釉？

装饰釉是指以产生不同的装饰效果为主要目的的釉。不同的装饰釉通过色彩的组合、结晶形式的变化、釉面立体效果、不同程度的光泽，形成各自独有的特色，在近代建筑陶瓷中得到广泛的应用。装饰釉一般有彩绘、贵金属装饰、结晶釉和砂金釉、光泽彩、裂纹釉、无光釉和流动釉等。

384. 什么是彩绘？

彩绘是在坯体上用人工或印刷、贴花转移等方法制成各种图案，形成釉层部分的陶瓷装饰方法。根据彩绘的形成在釉层下还是在釉层上分为釉下彩绘和釉上彩绘两种。

釉下彩绘是在生坯或素烧后的坯体上进行彩绘，然后在其上施一层透明釉或半透明釉，再釉烧而成（釉烧在后）。由于受后施釉面层烧成温度的影响，一般釉下彩绘所用的颜料为高温颜料，种类较少，生成的颜色不够丰富。常选用的矿物颜料有氧化钴（青色）、铜红（红色）、锑锡黄（黄色）、氧化锰（红色）等。釉下彩绘的特点是彩绘有釉层作保护，所以图案耐磨损，釉面清洁光亮，使用过程中颜料不溶散，使用较安全（因有些矿物颜料有毒性）。但釉下彩绘色彩不够丰富，难以机械化生产。我国历史上有名的青花瓷即为釉下彩绘，釉里红、釉下五彩是近代有名的釉下彩品种。

釉上彩绘采用釉烧过的坯体，在釉层上用低温颜料（600～900℃烧成）进行彩绘，而后进行彩烧而成（釉烧在前）。釉上彩绘采用的是低温颜料，所以几乎可以采用全部的陶瓷颜料，颜色丰富多变。由于是在已釉烧过的较硬的釉面上彩绘，所以可用各种装饰法进行图案的制作，生产效率高，成本低，价格便宜，是应用广泛的一种陶瓷装饰工艺。釉上彩绘由于彩绘颜料上没有釉层保护，所以图案易磨损，且在使用中颜料所加的含铅助熔剂可能溶出，对人体产生有害影响。釉上彩绘图案的制作有人工绘制、贴花、喷花、刷花种种。贴花是在纸或塑料薄膜上印制各种图案，然后将其贴于制品上，使图案彩料转移到釉面上。喷花和刷花是预先制作各种图案的镂空板，然后用压缩空气喷枪或涂刷工具将彩料透过镂空处施于釉面上得到图案。

385. 釉上彩绘有哪几种类型？

我国釉上彩绘中的手工彩绘技术有：釉上古彩（历史上曾用过"五彩"名称），粉彩与新彩三种。

古彩因彩烧温度较高又名硬彩、古彩彩烧后色图坚硬耐磨，色彩经久不变，特别是矾红彩料，使用年代愈长，则愈红亮可爱。但古彩彩料种类少，故色调变化不多，在艺术表现上有一定局限性。古彩的技艺特点是用不同粗细线条来构成图案，且线条刚劲有力。用色较浓且有强烈的对比特性。

粉彩是由古彩发展来的，它与古彩在技艺上的不同点在于：粉彩在填色前，须将类似花朵及人物衣着等要求凸起的部分先涂上一层玻璃白，然后在白粉上再渲染各种彩料使之显出深浅阴阳之感，视之为立体。

新彩因来自国外，故也有"洋彩"之称。它采用的是人工合成或生产的颜料。在技艺上与中国画相仿。它的烧成温度较宽。目前广泛采用的釉上贴花、刷花、喷花以及堆金等可认为是新彩的发展。

贴花是釉上彩绘方法中应用最广泛的一种。贴花纸是专业工厂生产的带有着色图案的花纸。过去依赖胶水等胶结剂将彩料移到陶瓷釉面上。现在采用塑料薄膜贴花纸，用清水即可把彩料移到釉面上，操作简单，质量也好。

喷花与刷花是用镂空板贴在陶瓷釉面上，然后将混有松节油与树脂的釉上彩料涂刷或通过压缩空气与喷枪使彩料只染着在镂空处以获得彩色图案。喷花或刷花的彩料可以是单色的或多色的。喷花的一种变种称大理石釉。它是将不规则的棉丝纤维网贴在陶瓷釉面上，然后用主色低熔点色釉喷一次作为底色，干后取去棉丝纤维网，再用另一种色调的低熔点色釉在空白处轻轻喷几下即成大理石釉。

386. 什么是贵金属装饰？

所谓贵金属装饰是指将金、银、钯和铂等贵金属，用各种方法置于陶瓷表面而形成富有贵金属色泽的图案，具有华丽、高贵的效果，是高级陶瓷制品的一种艺术处理方法。贵金属装饰中最常采用的是饰金装饰。它是采用纯金溶于溶剂中，然后绘于釉面之上，经彩烧（不大于900℃）直接或再经抛光形成闪光的金膜。所形成的金膜膜层很薄，最薄的只有 $0.05\mu m$，即每平米只含金一克，最厚的也不过 $0.5\mu m$ 左右。高档釉面砖常采用饰金装饰来进行图案的描边处理，具有良好的装饰效果，但由于纯金较软，易于磨损和出现划痕，所以该种釉面砖使用部位要慎重选择。无论哪种金饰方法，其使用的金材料基本上只有两种即：金水（液态金）与粉末金。此外，还有少见的液态磨光金。

387. 金水（亮金）装饰有什么特点？

亮金装饰系指金着色材料，在适当的温度下彩烧后可以直接获得发光金属层的装饰法。

使用金水进行装饰很方便，它与釉上彩绘彩料使用法相同。可直接用毛笔蘸着涂绘。金水在 30 分钟内就干燥成褐色亮膜，在彩烧后褐色亮膜被还原而变成发亮的金层。陶器用金水彩烧温度达 600 ~ 700℃，而瓷器用金水彩烧温度达 700 ~ 850℃。亮金是美观而节约的装饰方法，但这种金膜容易磨损，通常使用 1 ~ 2 月后表面已出现许多划痕。

亮金在陶瓷装饰中使用极为广泛，主要用于饰金边，有时也用于描画图面。

用白金水作为贵金属装饰材料，与亮金使用相同。白金水系用钯或铂取代金水中部分金，其取代量以金比铂为 8:2 较为合适。金水的含金量必须控制在 10% ~ 12% 之内。含金量不足的金水，金层易脱落而且耐热性也降低。

388. 磨光金（无光金、厚质金）装饰有什么特点？

磨光金与亮金不同之处在于前者经过彩烧后金层是无光的，必须经过抛光后才能得发亮的金层。磨光金的金彩料是将纯金溶化在王水中，再将所制得的氯化金溶液加以还原。磨光金彩料中加入氧化汞，可使金层变薄，加入一些银可以得到淡黄色，加入一些铅则可得到带红色调的金黄色。

磨光金彩料也可在釉面上直接彩绘，但经过 700～800℃ 彩烧后，呈无光泽的薄金层。只有用玛瑙笔或细砂（或红铁石）抛光后才能发亮。

磨光金层中含金量较亮金高得多。因此，金属十分经久耐用。只是金层性软，仍能被刮伤。通常磨光金只用于高级细陶瓷制品。

389. 液态磨金装饰有什么特点？

液态磨金的含意是采用液态金水，但这种金水中含金量较亮金金水高。经过彩烧后为无光金层，用抛光法才能获得亮金层。含金量约 16%～22%。

液态磨光用金彩料是由 18% 金、24% 银、0.6% Bi_2O_3、8.5% 树脂以及 60% 溶剂（中 10% 环乙醇、50% 松节油与香精油混合物）组成。充分混合是极重要的，否则金膜将会不均匀，不致密而且色泽也不佳。

液态磨光金彩料可以像液态金那样直接在釉面上彩饰，而且可以涂饰 1～2 次（包括在彩烧后的金层上再涂饰）。金层厚以 0.3～0.5μm 为宜。然后在 850～900℃ 下彩烧，最后进行抛光。

液态磨光金层在显微镜下可见到膜层是粒状的、膜层较厚，但抛光后，晶体消失，金膜光亮，与釉面附着良好，耐磨以及具有磨光金的装饰效果。

390. 腐蚀金装饰有什么特点？

这种装饰法是先在来釉面上涂上一层柏油，然后用金属工具在柏油上刻划出图案，用稀氢氟酸溶液涂刷无柏油的釉面部分，则该釉面即行分解成可溶性化合物（$2KF + 2AlF_2$）与挥发性氟化硅。经过水冲洗后，腐蚀产物被冲去。这样，釉面变毛并沉陷，而柏油保护部分保持原来的光亮，用沸水洗去瓷釉上的柏油后，整个制品表面涂上一层磨光金彩料。彩烧后加以抛光，则原来未经腐蚀的釉面上的金层是光亮的，而腐蚀过的沉陷部分的图案则是无光的，也可以涂 1～2 次金彩料。每两次之间要在 700～800℃ 温度下彩烧 5～6 小时，然后先用细砂混水磨擦金面一次，最后用玛瑙笔重抛光一次。

贵金属腐蚀技术的艺术特点是能造成发亮金面与无光金面的互相衬托。

391. 什么是釉面内墙砖？

釉面内墙砖简称釉面砖，属于薄型精陶制品。其采用瓷土或耐火粘土低温烧成，坯体呈白色，表面施透明釉、乳浊釉或各种色彩釉及装饰釉。

目前市场上常见的品种及特点见表 2.3-2。

表 2.3-2　釉面内墙砖常见的品种及特点

种类		代号	特点说明
白色釉面砖		FJ	色纯白,釉面光亮,粘贴于墙面清洁大方
彩色釉面砖	有光彩色釉面砖	YG	釉面光亮晶莹,色彩丰富雅致
	无光彩色釉面砖	SHG	釉面半无光,不晃眼,色泽一致,柔和
装饰釉面砖	花釉砖	HY	系在同一砖上施以多种彩釉,经高温烧成,色釉互相渗透,花纹千姿百态,有良好的装饰效果
	结晶釉砖	JJ	晶花辉映,纹理多姿
	斑纹釉砖	BW	斑纹釉面,丰富多彩
	大理石釉砖	LSH	具有天然大理石花纹,颜色丰富,美观大方
图案砖	白地图案砖	BT	系在白色釉面砖上装饰各种图案,经高温烧成,纹样清晰,色彩明朗,清洁优美
	色地图案砖	YGT DYGT SHGT	系在有光(YG)或无光(SHG)彩色釉面砖上,装饰各种图案,经高温烧成,产生浮雕、缎光、绒毛、彩漆等效果,做内墙饰面
瓷砖画及色釉陶瓷字砖	瓷砖画		以各种釉面砖拼成各种瓷砖画,或根据已有画稿烧制成釉面砖,拼成各种瓷砖画,清洁优美,永不退色
	色釉陶瓷字砖		以各种色釉、瓷土烧制而成,色彩丰富,光亮美观,永不退色

392. 釉面内墙砖的性能如何?

釉面内墙砖具有许多优良性能,它强度高、表面光亮、防潮、易清洗、耐腐蚀、变形小、抗急冷急热。釉面内墙砖表面细腻,色彩和图案丰富,风格典雅,极富装饰性。由于釉面砖是多孔精陶坯体,在长期与空气接触的过程中,特别是在潮湿的环境中使用时坯体会吸收水分产生吸湿膨胀现象,但其表面釉层的吸湿膨胀性很小,与坯体结合得又很牢固,所以当坯体吸湿膨胀时会使釉面处于张拉应力状态,超过其抗拉强度时,釉面就会发生开裂。尤其是用于室外,经长期冻融,会出现表面分层脱落、掉皮现象。所以釉面砖只能用于室内,在装饰工程中,将釉面砖用于外墙饰面而引起工程质量的事故时有发生,应引起特别注意。

393. 釉面内墙砖的质量要求有哪些?

根据釉面内墙砖的外观质量,釉面内墙砖分为优等品和合格品二个等级。

检验釉面砖的表面缺陷时,釉裂、开裂、背面磕碰,应在光线充足的条件下,距试样 0.5m 处抽样逐块检测;夹层缺陷应敲击试样,按其声音差异辨别;其他表面缺陷,应将试样在与水平成 70°±10°角,高度与视线相平的检查板上铺成方形平面，在照度为 300Lx 的照明下，目测检验。平整度、边直度和直角度应按规定检验。其中平整度的检验尤为重要，一旦面砖平面发生整体凹凸，则不但影响平面尺寸，而且大面积铺贴后，在侧光下，墙面会显起伏状，影响装饰效果。色差是决定釉面砖质量的重要技术指标，因釉色配料、烧成温度等生产要素的控制水平，很难使面砖颜色完全一致。同一色调不同色号的釉面砖色调存在差异，即使是同一色调、同一色号也往往会产生色差，而且这种色差是大面积铺贴后才会显示出来。色差的测验，应随机抽取 10 块样品为对照组，其中任选一块（与尽可能多的样品一致）为对照板，以其为基准与被验样品在接近日光并光线充足的条件下目测对比，测距为 0.5m。

釉面内墙面砖的吸水率 > 10%，不大于 21%。耐急冷急热性应合格，即经 130℃温差（由热空气中进入冷水）后釉面无破损、裂纹或剥离现象。抗龟裂性应合格，即在压力为 500kPa ± 20kPa，温度为 159℃ ± 1℃ 的蒸压釜中保持 1 小时，釉面砖不发生龟裂。釉面砖的抗弯强度不小于 16MPa；当砖厚度大于或等于 7.5mm 时，抗弯强度不小于 13MPa。

394. 什么是陶瓷墙地砖？

陶瓷墙地砖为陶瓷外墙面砖和室内外陶瓷铺地砖的统称。外墙面砖和地砖在使用要求上不尽相同，如地砖应注重抗冲击性和耐磨性，而外墙面砖除应注重其装饰性能外，更要满足一定的抗冻融性能和耐污染性能。但由于目前陶瓷生产原料和工艺的不断改进，这类砖趋于墙地两用，故统称为陶瓷墙地砖。

墙地砖大部分属于粗炻类建筑陶瓷制品，多采用陶土质粘土为原料，经压制成型在 1100℃ 左右熔烧而成，坯体带色。根据表面施釉与否分为彩色釉面陶瓷墙地砖、无釉陶瓷墙地砖和无釉陶瓷地砖，其中前两类的技术要求是相同的。墙地砖的品种创新很快，劈离砖、麻面砖、渗花砖、玻化砖等都是近年来市场上常见的陶瓷墙地砖的新品种。陶瓷墙地砖具有强度高、致密坚实、耐磨、吸水率小（<10%）、抗冻、耐污染、易清洗、耐腐蚀、经久耐用等特点。

395. 什么是彩色釉面陶瓷墙地砖？

彩色釉面陶瓷墙地砖是指适用于建筑物墙面、地面装饰用的彩色釉面陶瓷面砖，简称彩釉砖。彩色釉面墙地砖的表面有平面和立体浮雕面的；有镜面和防滑亚光面的；有纹点和仿大理石、花岗岩图案的；有使用各种装饰釉作釉面的。彩色釉面陶瓷墙地砖色彩瑰丽，丰富多变，具有极强的装饰性和耐久性。彩釉砖广泛应用于各类建筑物的外墙和柱的饰面及地面装饰，一般用于装饰等级要求较高的工程。用于不同部位的墙地砖应考虑其特殊的要求，如用于铺地时应考虑彩色釉面墙地砖的耐磨类别；用于寒冷地区的应选用吸水率尽可能小，抗冻性能好的墙地砖。

396. 彩色釉面陶瓷墙地砖的质量要求有哪些？

彩釉砖按表面和最大允许变形分为优等品、合格品二级。平面形状分正方形和长方形两种，其中长宽比大于 3 的通常称为条砖。彩釉砖的厚度一般为 8 ~ 12mm。目前市场上非定型产品中幅面最大可达 1000mm × 1000mm。

（1）尺寸允许偏差 详见表 2.3-3。

表 2.3-3 彩色釉面陶瓷墙地砖的尺寸允许偏差 （单位：mm）

基本尺寸		允许偏差
边长	<150	±1.6
	150 ~ 200	±2.0
	>250	±2.5
厚度	<12	±1.0

（2）表面与结构质量要求 彩釉砖表面质量（表面缺陷和色差）与结构质量（变形、分层、背纹）要求应符合规定。各项检测方法与釉面砖相同，所需试样数为单块面积大于 $400cm^2$ 的砖至少 25 块。

（3）物理和化学性能 彩色釉面陶瓷墙地砖的吸水率应不大于 10%。耐急冷急热应满足经 3 次急冷急热循环不出现破裂或裂纹。抗冻性能应达到经 20 次冻融循环不出现破裂、剥落或裂纹。抗弯强度不低于 24.5MPa。铺地用的彩釉砖应进行耐磨性试验，根据釉面出现磨损痕迹时研磨转数将砖分为四类：Ⅰ类 < 150 转，Ⅱ类 300 ~ 600 转，Ⅲ类 750 ~ 1500 转，Ⅳ类 > 1500 转。耐化学腐蚀性能应根据面砖的耐酸耐碱性能各分为 AA、A、B、C、D 五个等级（从 AA 到 D，耐酸碱腐蚀能力顺次变差）。耐化学腐蚀性能的级别是根据面砖的釉面在酸、碱溶液作用下受到腐蚀后的铅笔划痕耐擦程度和光反射图像的清晰度来确定的。

397. 什么是无釉陶瓷地砖？

无釉陶瓷地砖简称无釉砖，是专用于铺地的耐磨炻质无釉面砖。系采用难熔粘土，半干压法成型再经熔烧而成。由于烧制的粘土中含有杂质或人为掺入着色剂，可呈红、绿、蓝、黄等各种颜色。无釉陶瓷地砖在早期只有红色的一种，俗称缸砖，形状有正方形和六角形两种。现在发展的品种多种多样，基本分成无光和抛光两种。无釉陶瓷地砖具有质坚、耐磨、硬度大、强度高、耐冲击、耐久、吸水率小等特点。

无釉陶瓷地砖颜色以素色和色斑点为主，表面为平面、浮雕面和防滑面等多种形式，适用于商场、宾馆、饭店、游乐场、会议厅、展览馆的室内外地面。特别是近年来小规格的无釉陶瓷地砖常用于公共建筑的大厅和室外广场的地面铺贴，经不同颜色和图案的组合，形成质朴、大方、高雅的风格，同时兼有分区、引导、指向的作用。

398. 无釉陶瓷地砖的等级和质量要求是什么？

（1）等级　无釉陶瓷地砖按产品的表面质量和变形偏差分为优等品、合格品二个等级。

（2）尺寸允许偏差　详见表2.3-4。

表 2.3-4　无釉陶瓷地砖的尺寸允许偏差　　　　（单位：mm）

	基 本 尺 寸	允 许 偏 差
边长 L	$L > 100$	±1.5
	$100 \leqslant L < 200$	±2.0
	$200 < L \leqslant 300$	±2.5
	$L > 300$	±3.0
厚度 H	$H \leqslant 10$	±1.0
	$H > 10$	±1.5

（3）力学性能　无釉陶瓷地砖的吸水率为3%～6%。耐急冷急热性要求是经3次急冷急热循环，不出现炸裂或裂纹。抗冻性能应满足经20次冻融循环，不出现破裂或裂纹。抗弯强度不小于25MPa。耐磨性指标为磨损量，平均不大于345mm³，试验按《无釉陶瓷墙地砖》（JC501—1993）的规定方法进行。

399. 什么是劈离砖？

劈离砖又常称为"背面对分面砖"或"劈裂砖"，其名称来源于制造方法。劈离砖种类很多，色彩丰富，有红、红褐、橙红、黄、深黄、咖啡、灰色等，色彩不褪不变，自然柔和。该制品表面质感变幻多样，粗质的浑厚，细质的清秀。表面的装饰分彩釉和无釉两种，施釉的光泽晶莹，富丽堂皇；无釉的古朴大方，肌理表现力强，无眩光反射。

劈离砖坯体密实，抗压强度高，吸水率小，表面硬度大，耐磨防滑，性能稳定，具体技术性质参见表2.3-5。其背面呈模形凹槽纹，可保证铺贴时与砂浆层牢固粘结。

劈离砖按用途分为地砖、墙砖、踏步砖、角砖（异形砖）等各种。劈离砖是一种新发展起来的墙地砖，其吸水率较低，铺贴时不必浸水处理。可用于建筑的内墙、外墙、地面、台阶、地坪及游泳池等建筑部位，厚度较大的劈离砖（国外最大厚度为40mm）。特别适用于公园、广场、停车场、人行道等露天地面的铺设。

表 2.3-5　劈离砖的技术性质

项　目	设 计 指 标	测 定 指 标
抗折强度	20MPa	22.6MPa
抗冻性	-15~20℃冻融循环 15 次，无破坏现象	-15~20℃冻融循环 15 次不破坏
耐急冷急热性	150~20℃ 6 次热交换无开裂	150~20℃ 6 次热交换无开裂
吸水率	深色为 6%，浅色为 3%	深色为 5%，浅色为 3%
耐酸碱性能	分别在 70% 浓硫酸和 20% 氢氧化钾溶液中浸泡 28d 无侵蚀，表面无变化	

400. 什么是彩胎砖？

彩胎砖是一种本色无釉瓷质饰面砖，它采用仿天然岩石的彩色颗粒土原料混合配料，压制成多彩坯体后，经高温一次烧成的陶瓷制品，富有天然花岗岩的纹点，细腻柔和，质地同花岗岩一样坚硬、耐腐，又称仿花岗岩墙地砖。

（1）技术指标　仿花岗岩瓷砖的技术指标见表 2.3-6。

表 2.3-6　仿花岗岩瓷砖的技术指标

名　称	欧洲标准（EN-176）	企业标准（上海斯米克集团）
吸水率（%）	≤0.5	≤0.1
抗折强度/（N·mm^{-2}）	>27	>46
长度/mm	±0.6	±0.4
宽度/mm	±0.6	±0.4
厚度（%）	±5	±3
表面平整度/mm	±0.5	±0.4
边直度/mm	±0.6	±0.4
直角度/mm	±0.5	±0.4
耐磨度/mm^3	<205	<130
莫氏硬度（MOH'S）	≥6	≥7

（2）彩胎砖的特点与应用　彩胎砖的装饰表面处理有麻面无光和磨光、抛光之分。

压制成表面凹凸不平的麻面坯体烧制成的彩胎砖又称麻面砖，其表面酷似人工修凿过的天然岩石面，纹理自然，粗犷质朴，有白、黄、红、黑、灰等多种色调。麻面砖粗糙的表面防滑耐磨，依据砖坯的厚薄程度，可分为薄形砖和厚形砖两种：薄形砖多用于建筑外墙面的装修，也可根据设计的特点用于室内墙面的装饰；厚形砖适用于广场、停车场、人行路面的铺设，又被称为广场砖，其形状有多种。

磨光的彩胎砖表面晶莹泽润，高雅朴素，耐久性强，在室外使用时不风化、不退色，又称同质砖。表面经抛光或高温瓷化处理的彩胎砖又称抛光砖或玻化砖，它光泽如镜，亮美华丽，同时具有较好的防滑性能。它与麻面砖交错用于室外立面的装饰，可显现出特殊的装饰对比效果。

401. 什么是钒钛饰面板？

钒钛饰面板是一种仿黑色花岗岩的陶瓷饰面板材。该种饰面板比天然黑色花岗岩更黑、更硬、更薄、更亮。弥补了天然花岗岩在抛光过程中因黑云母的脱落易造成的表面凹坑的缺憾，是我国利用稀土矿物原料研制成功的一种高档墙地饰面板材。其莫氏硬度、抗压强度、抗弯强度、密度、吸水率均好于天然花岗岩。规格有 400mm×400mm、500mm×500mm 等，厚度为 8mm。适用于宾馆、饭店、办公楼等大型建筑的内外墙面、地面的装饰。也可用作台面、铭牌等。北京华侨大厦、国家教委电教中心大楼都采用了这种新型饰面板材。

402. 什么是金属光泽釉面砖？

金属光泽釉面砖是一种表面呈现金、银等金属光泽的釉面墙地砖。它突破了陶瓷传统的施釉工艺，采用了一种新的彩饰方法——釉面砖表面热喷涂着色工艺。这种工艺是在炽热的釉层表面，喷涂有机或无机金属盐溶液，通过高温热解，在釉表面形成一层金属氧化物薄膜，这层薄膜随所用金属盐离子本身的颜色不同而产生不同的金属光泽。该种面砖可利用现有的窑炉和生产线，只要在窑内加装专用热喷涂设备（应用压缩空气），即可使面砖的釉烧和喷涂着色同时完成，可大大节约投资、降低成本。该种面砖的规格同普通的陶瓷墙地砖，特别是条形砖的应用较为广泛。金属光泽釉面砖是一种高级墙体饰面材料，可给人以清新绚丽，金碧辉煌的特殊效果。适用于高级宾馆、饭店以及酒吧、咖啡厅等娱乐场所的内墙饰面，其特有的金属光泽和镜面效果，使人在雍容华贵中享受到浓郁的现代气息。

403. 什么是渗花砖？

渗花砖不同于在坯体表面施釉的墙地砖，它是采用熔烧时可渗入到坯体表面下 1~3mm 的着色颜料，使砖面呈现各种色彩或图案，然后经磨光或抛光表面而成。渗花砖属于烧结程度较高的瓷质制品，因而其强度高、吸水率低。特别是已渗入到坯体的色彩图案具有良好的耐磨性，用于铺地经长期磨损而不脱落、不退色。渗花砖常用的规格有 300mm×300mm，400mm×400mm，450mm×450mm，500mm×500mm 等，厚度为 7~8mm。渗花砖适用于商业建筑、写字楼、饭店、娱乐场所、车站等室内外地面及墙面的装饰。

404. 什么是玻化墙地砖?

玻化墙地砖亦称全瓷玻化砖或玻化砖。是以优质瓷土为原料，高温熔烧而成的一种不上釉瓷质饰面砖。玻化砖烧结程度很高，坯体致密。虽表面不上釉，但吸水率很低（小于0.5%）。该种墙地砖强度高（抗压强度可达46MPa）、耐磨、耐酸碱、不褪色、耐清洗、耐污染。玻化砖有银灰、斑点绿、浅蓝、珍珠白、黄、纯黑等多种色调。调整其着色颜料的比例和制作工艺，可使砖面呈现不同的纹理、斑点，使其极似天然石材玻化砖有抛光和不抛光两种。主要规格有300mm×300mm，400mm×400mm，450mm×450mm，500mm×500mm等。适用于各类大中型商业建筑、旅游建筑、观演建筑的室内外墙面和地面的装饰，也适用于民用住宅的室内地面装饰，是一种中高档的饰面材料。

405. 什么是陶瓷锦砖? 它有哪些性质特点?

陶瓷锦砖俗称陶瓷马赛克（系外来语Masaic的译音）。陶瓷锦砖采用优质瓷土烧制而成，我国使用的产品一般不上釉。陶瓷锦砖的规格较小，故需预先反贴于牛皮纸上（正面与纸相粘），故又俗称"纸皮砖"，所形成的产品称为"联"。

陶瓷锦砖质地坚实、吸水率极小（小于0.2%）、耐酸、耐碱、耐火、耐磨、不渗水、易清洗、抗急冷急热。陶瓷锦砖色彩鲜艳、色泽稳定、可拼出风景、动物、花草及各种图案。陶瓷锦砖施工方便，施工时反贴于砂浆基层上，把皮纸润湿，在水泥初凝前把纸撕下，经调整、嵌缝，即可得连续美观的饰面。因陶瓷锦砖块小，不易踩碎，故陶瓷锦砖适用于洁净门厅、餐厅、厕所、盥洗室、浴室、化验室等处的地面和墙面的饰面。并可应用于建筑物的外墙饰面，与外墙面砖相比具有面层薄、自重轻、造价低、坚固耐用、色泽稳定的特点。

406. 陶瓷锦砖的质量要求有哪些?

陶瓷锦砖按尺寸允许偏差和外观质量可分优等品和合格品两个等级。

（1）尺寸允许偏差　陶瓷锦砖的尺寸允许偏差包括单块锦砖的尺寸允许偏差和每联锦砖的线路（单块锦砖间的间隙）、联长的尺寸允许偏差，基本要求见表2.3-7。

表2.3-7　单块锦砖和每联锦砖的线路、联长的尺寸允许偏差

（单位：mm）

项　目	尺　寸	优 等 品	合 格 品
单块长度	≤25.0	±0.5	±1.0
	>25.0		

（续）

项　目	尺　寸	优 等 品	合 格 品
单块厚度	4.0	±0.2	±0.4
	4.5		
	>4.5		
线路	2.0~5.0	±0.6	±1.0
联长	284.0	+2.5	+3.5
	295.0	−0.5	−1.0
	305.0		
	325.0		

（2）外观质量　外观质量见表2.3-8。

表 2.3-8　陶瓷锦砖的外观质量要求

缺 陷 名 称		单块锦砖最大边长/mm								备　注
		≯25				>25				
		优等品		合格品		优等品		合格品		
		正面	背面	正面	背面	正面	背面	正面	背面	
夹层、釉裂、开裂		不允许								
斑点、粘疤、波纹、麻面、起泡、缺釉、棕眼、落脏、溶洞、坯粉		不明显		不严重		不明显		不严重		
缺角	斜边长/mm	1.5~2.3	3.5~4.3	2.3~3.5	4.3~5.6	1.5~2.8	3.5~4.9	2.8~4.3	4.9~6.4	斜边长度小于1.5mm的缺角允许存在，正背面缺角不允许在同一角，正面只允许缺角一处
	深度/mm	≯砖厚的2/3								
缺边	长度/mm	2.0~3.0	5.0~6.0	3.0~5.0	6.0~8.0	3.0~5.0	6.0~9.0	5.0~8.0	9.0~13.0	正背面缺边不允许出现在同一侧面，同一侧面不允许有2处缺边，正面只允许有2处缺边
	宽度/mm	1.5	2.5	2.0	3.0	1.5	3.0	2.0	3.5	
	深度/mm	1.5	2.5	2.0	3.0	1.5	2.5	2.0	3.5	
变形	翘曲	不明显		≤0.3		≤0.5				
	大小头/mm	≤0.2		≤0.4		≤0.6		≤1.0		

（3）物理性能　无釉陶瓷锦砖的吸水率不大于0.2%，有釉陶瓷锦砖的吸水

率不大于1.0%。耐急冷急热性对有釉锦砖试验应不裂，对无釉锦砖不作试验要求。

(4) 成联质量要求 锦砖与铺贴衬材（牛皮纸或丝网）应粘接合格，鉴别方法：将成联锦砖正面朝上两手捏住联的一边的两角，垂直提起，然后放平3次，锦砖应不脱落即为合格。再者，背面粘贴丝网的砖联，应将成联锦砖吊放在室温清水中约半小时，然后轻轻提起，不应有锦砖脱落。为保证在水泥初凝前将锦砖与铺贴衬材（牛皮纸或丝网）撕掉，露出正面，要求正面贴纸的陶瓷锦砖的脱纸时间不大于40min。联内及联间的锦砖色差，优等品应目测基本一致，合格品目测可有稍许色差。

407. 什么是建筑琉璃制品？它有什么特点？

琉璃制品用难熔粘土制成坯泥，制坯成型后经干燥、素烧、施色釉、釉烧而成。随着釉料的不同，有的也可一次烧成。中国古代建筑的琉璃制品分瓦制品和园林制品两大类。琉璃瓦制品主要用于各种形式的屋顶，有的是专供屋面排水防漏的；有的是构成各种屋脊的屋脊材料；有的则纯属装饰性的物件，其品种很多，难以准确分类。一般习惯上可分为瓦类（筒瓦、板瓦、勾头、滴水等），脊类（正脊筒瓦、垂脊筒瓦、三连砖、当勾等），饰件类（正吻、吞脊兽、垂兽、仙人等）。园林琉璃制品有窗、栏杆等。

琉璃制品的特点是质细致密、表面光滑、不易沾污、坚实耐久、色彩绚丽、造型古朴，富有民族特点。常见的颜色有金黄、翠绿、宝蓝等。主要用于体现我国传统建筑风格的宫殿式建筑以及纪念性建筑上，还常用以制造园林建筑中的亭、台、楼、阁，构建古代园林的风格。

第四章　建筑装饰玻璃

408. 玻璃有哪些主要性质?

（1）玻璃的密度　玻璃的密度与其化学组成有关，普通玻璃的密度为 $2.5 \sim 2.6 \text{g/cm}^3$。玻璃内几乎无孔隙，属于致密材料。

（2）玻璃的光学性质　当光线入射玻璃时，可分为透射、吸收和反射三部分。如一般门窗用 3mm 玻璃，可见光透射比为 87%，5mm 玻璃的可见光透射比为 84%；用于遮光和隔热的热反射玻璃，要求反射比高；用于隔热、防眩作用的吸热玻璃，要求既能吸收大量的红外线辐射能，同时又保持良好的透光性。

（3）玻璃的热工性质　玻璃是热的不良导体，热导率一般为 $0.75 \sim 0.92 \text{W/} (\text{m} \cdot \text{K})$，大约为铜的 1/400。玻璃抵抗温度变化而不破坏的性质称为热稳定性，玻璃抗急热的破坏能力比抗急冷破坏的能力强，这是因为受急热时，玻璃表面受热要膨胀，而其内部要阻碍这种膨胀，于是对玻璃表面产生压应力，而受急冷时玻璃表面产生的是拉应力。

（4）玻璃的力学性质　玻璃的抗压强度高，一般可达 $600 \sim 1200 \text{MPa}$。而抗拉强度很小，为 $40 \sim 80 \text{MPa}$。故玻璃在冲击力作用下易破碎，是典型的脆性材料。玻璃在常温下具有弹性，普通玻璃的弹性模量为 $60 \sim 70 \text{MPa}$。

（5）玻璃的化学稳定性　一般的建筑玻璃具有较高的化学稳定性，在通常情况下，对酸、碱、盐以及化学试剂或气体等具有较强的抵抗能力，能抵抗氢氟酸以外的各种酸类的侵蚀。但是长期遭受侵蚀介质的腐蚀，也能导致变质和破坏，如玻璃的风化、发霉都会导致玻璃外观的破坏和透光能力的降低。

409. 建筑玻璃按玻璃化学组成分类主要有哪些类型?

（1）钠玻璃　钠玻璃又名钠钙玻璃，主要由 SiO_2、Na_2O、CaO 组成，其软化点较低，易于熔制；由于杂质含量多，制品多带绿色。与其他品种玻璃相比，钠玻璃的力学性质、热性质、光学性质和化学稳定性等均较差，且性脆，紫外线通过率低。多用于制造普通建筑玻璃和日用玻璃制品，故又称普通玻璃。它在建筑装饰工程中应用十分普遍。

（2）钾玻璃　钾玻璃是以 K_2O 代替钠玻璃中的部分 Na_2O，并提高 SiO_2 含量制成的。它硬且有光泽，故又称硬玻璃，钾玻璃的其他各种性能也比钠玻璃好。多用于制造化学仪器和用具以及高级玻璃制品等。

（3）铝镁玻璃　铝镁玻璃是在降低钠玻璃中碱金属和碱土金属氧化物含量的基础上，引入并增加 MgO 和 Ai_2O_3 的含量而制成。它软化点低、析晶倾向弱，力学、光学性质和化学稳定性都有提高，常用于制造高级建筑玻璃。

（4）铅玻璃　铅玻璃又称晶质玻璃，具有光泽透明、质软而易加工、对光的折射和反射性能强、化学稳定性高等特性。因铅玻璃密度大，故又被称为重玻璃。用于制造光学仪器、高级器皿和装饰品等。

（5）硼硅玻璃　硼硅玻璃又称耐热玻璃，具有较强的力学性能、耐热性、绝缘性和化学稳定性，用于制造高级化学仪器和绝缘材料。由于成分独特，价格比较昂贵。

（6）石英玻璃　石英玻璃由纯 SiO_2 制成，具有较强的力学性质与热性质，优良的光学性质和化学稳定性，并能透过紫外线。可用于制造耐高温仪器、杀菌灯等特殊用途的仪器和设备。

410. 建筑玻璃按使用功能分类主要有哪些类型？

（1）平板玻璃　平板玻璃是建筑工程中应用量最大的建筑材料之一，主要包括：

1）透明窗玻璃：普通平板玻璃大量用于建筑采光。

2）不透视玻璃：采用压花、磨砂等方法制成的透光不透视玻璃。

3）装饰平板玻璃：采用蚀花、压花、刻花、着色等手段制成的具有装饰性的玻璃。

4）安全玻璃：将玻璃进行淬火，或在玻璃中加丝、夹层而制成的特殊用途玻璃，如钢化玻璃、夹丝玻璃、夹层玻璃等。

5）镜面玻璃：将玻璃磨光后，背面涂汞而制成的高反射率玻璃。

6）特殊性能平板玻璃：能透过紫外线、红外线，吸收 X 射线，或具有吸热、热反射等功能的玻璃。

（2）玻璃建筑构件　此类材料是指作为建筑构件的玻璃制品，主要有空心玻璃砖、波形瓦、平板瓦、曲面玻璃、壁板、玻璃纤维、玻璃棉等。

（3）玻璃质绝热、隔音材料　此类材料主要有泡沫玻璃、玻璃纤维、玻璃棉毡等制品。

411. 什么是平板玻璃？它有哪些类型？

平板玻璃一般泛指普通平板玻璃，又称白片玻璃、原片玻璃或净片玻璃，是玻璃中生产量最大、使用最多的一种，也是进行玻璃深加工的基础材料。普通平板玻璃属于钠玻璃类。

平板玻璃的一般性加工产品有：磨光玻璃、毛玻璃、装饰玻璃镜、彩色玻璃、花纹玻璃和光致变色玻璃等，其特殊加工玻璃有：钢化玻璃、夹层玻璃、中空玻璃、热反射玻璃等。

412. 什么是浮法平板玻璃？

玻璃的生产主要由选料、混合、熔融、成型、退火等工序组成，又因制造方法的不同分为引拉法、压延法和浮法等。

浮法工艺是现代先进的生产玻璃的方法，它具有产量高、质量好、规模大、容易操作、劳动生产率高和和经济效益好等优点。浮法生产玻璃的最大特点是表面光滑平整、没有变形、厚薄均匀。目前，国际上浮法玻璃产品已完全替代了机械磨光玻璃，其产量占平板玻璃总产量的75%以上，可直接将其用于高级建筑、交通车辆、制镜和各种加工玻璃。生产浮法玻璃的厚度有0.55~25mm多种，生产的玻璃宽度可达2.4~4.6m，能满足各种使用要求。

413. 平板玻璃的主要性能要求有哪些？

（1）透光率 平板玻璃的透光率是衡量玻璃的透光能力的指标，它是光线透过玻璃后的光通量占透过前光通量的百分比。影响平板玻璃透光率的主要因素是原料成分及熔制工艺。国家标准对普通平板玻璃透光率规定为：

玻璃厚2mm；厚3~4mm；5~6mm的透光率分别不小于88%、86%、82%。

（2）平板玻璃的主要技术性能 根据玻璃材料的基本性质，平板玻璃的力学性能、热工性能的参考数据见表2.4-1。

表 2.4-1　平板玻璃的力学性能、热工性能

力 学 性 能			热 工 性 能	
密度		2.5	比热容	$0.8 \times 103(0 \sim 50℃)$J/(kg·K)
硬度	莫氏	5.5~6.5级	软化温度	720~730℃
	肖氏	120度	线膨胀系数	$8 \times 10^{-6} \sim 108 \times 10^{-6}$
抗压强度/MPa		880~930	热导率	0.76~0.82W/(m·K)
抗弯强度/MPa		40~60		
弹性模量/MPa		$8 \times 10^5 \sim 10 \times 10^5$		

414. 什么是视飘玻璃？

这是一种高科技产品，它最大的特点是在没有任何外力的情况下，花色图案随观察者视角的改变而发生飘移，即人动图案也动，且图案线条清晰流畅。视飘玻璃所用色料是无机玻璃色素，膨胀系数与玻璃基片相近，所以图案与基层结合牢固，无裂缝，不脱落。因为它是在500~680℃的高温下，把色素与玻璃基片烧结在一起的，其耐高温、抗严寒及耐风蚀能力强，且永不变色。它还能热弯，

可钢化，图案色彩丰富，可以任意组合成各种多彩绚丽的画面。需注意的是，视飘玻璃要选取这样切裁率高的优质玻璃原片进行切割。这种新型玻璃装饰材料不仅用于装饰居室及公用建筑，还被广泛用于工艺品、茶具、灯具的设计与制作，采用这些新型玻璃装饰材料装饰居室，可以是整体的，也可以是局部的；还可作为壁画，风景画来装饰空间墙面。

415. 什么是釉面玻璃？

釉面玻璃是指在按一定尺寸切裁好的玻璃表面上涂敷一层彩色易熔的釉料，经过烧结，退火或钢化等热处理，使釉层与玻璃牢固结合，制成的具有美丽的色彩或图案的玻璃。釉面玻璃一般以平板玻璃为基材。特点是：图案精美，不退色，不掉色，易于清洗，可按用户的要求或艺术设计图案制作。

釉面玻璃具有良好的化学稳定性和装饰性，广泛用于室内饰面层，一般建筑物门厅和楼梯间的饰面层及建筑物外饰面层。

416. 什么是毛玻璃或磨砂玻璃？

磨（喷）砂玻璃又称为毛玻璃，是经研磨、喷砂加工或氢氟酸溶蚀等加工，使表面成为均匀粗糙的平板玻璃。用硅砂、金刚砂、刚玉粉等作研磨材料，加水研磨制成的称为磨砂玻璃；用压缩空气将细砂喷射到玻璃表面而成的，称为喷砂玻璃。由于这种玻璃表面粗糙，使透过的光线产生漫射，只有透光性而不透视，作为门窗玻璃可使室内光线柔和，没有刺目之感。作为办公室门窗玻璃使用时，应注意将毛面朝向室内。作为浴室、卫生间门窗玻璃使用时应使其毛面朝外，以避免淋湿或沾水后透明。用作灯罩折光，可使光线不眩目、不刺眼；也可用于黑板等处。

417. 什么是装饰玻璃镜？

装饰玻璃镜是采用高质量平板玻璃、磨光玻璃、茶色平板玻璃等为基材，采用镀银工艺，在一面覆盖一层镀银、一层涂底漆，最后涂上灰色保护面漆制成。装饰玻璃镜是一种光反射镜，可用于商业性、娱乐性场所的装饰，以及一些需要使用的民用场合，如洗手间、衣柜穿衣镜等。最大尺寸为3200mm×2000mm，厚度为2~10mm。

418. 什么是彩色玻璃？

彩色玻璃又称有色玻璃或颜色玻璃，分透明和不透明两种。彩色玻璃的主要品种有彩色玻璃砖、玻璃贴面砖、彩色乳浊饰面玻璃和本体着色浮法玻璃等。

（1）透明彩色玻璃 透明彩色玻璃是在玻璃原料中加入一定的金属氧化物

使玻璃带有一定色彩。

（2）不透明彩色玻璃　不透明彩色玻璃也称饰面玻璃，是用 4～6mm 厚的平板玻璃按照要求的尺寸切割成型，然后经过清洗、喷釉、烘烤、退火而制成。也可用特殊方法制作的彩色玻璃砖或选用有机高分子涂料制成有独特装饰效果的饰面玻璃。

彩色平板玻璃也可以采用在无色玻璃表面上喷涂高分子涂料或贴粘有机膜制得。这种方法在装饰上更具有随意性。彩色平板玻璃的颜色有茶色、海洋蓝色、宝石蓝色、翡翠绿等。彩色玻璃可以拼成各种图案，并有耐腐蚀、抗冲刷、易清洗等特点，主要用于建筑物的内外墙、门窗装饰及对光线有特殊要求的部位。

419. 什么是彩色玻璃砖？

彩色玻璃砖是国际上近十年来才出现的一种新型建筑装饰材料。它是乳白色玻璃浓缩着色后采用压制或压延方法成型，再经过晶化处理的一种彩色玻璃砖。尤其是经过表面喷涂处理后，具有坚固、美观、防火、防腐、耐磨和色彩丰富等特点。

420. 什么是玻璃贴面砖？

玻璃贴面砖也是近年来推出的新型装饰材料。它是以玻璃作为主要基材，经上色和粘贴处理而成。它的组成是玻璃片、玻璃屑、釉。主要组合形式为：在要求尺寸的玻璃块的一面用一定浓度釉液喷涂，再在喷涂液表面均匀地撒上一层玻璃碎屑产生毛面，经过高温（500～550℃）处理，使三者牢固地结合在一起。

玻璃贴面砖的颜色及其深浅是由喷涂的釉液的种类和浓度所确定的，从而可以生产出各种规格和颜色的产品，以适合各种建筑装饰的要求。

玻璃贴面砖光滑、平整、反射性良好，并且具有抗冻、防水、耐酸、耐碱和防腐性能。施工时，撒有玻璃碎屑的毛面与水泥粘贴，结合牢固，便于施工，且表面易于清洗。

421. 什么是彩色乳浊饰面玻璃？

乳浊饰面玻璃包括彩色乳浊饰面玻璃、微晶玻璃与矿渣微晶玻璃砖板等。乳浊玻璃可以着上各种颜色，在工艺上能够制成基本色调和纹理差别极大的大理石状材料。用玻璃可以制造小型饰面砖和尺寸达几平方米的饰面板，饰面工程能够用工业化方法施工。

彩色乳浊平板玻璃叫做斑纹玻璃，正面光滑，背面有沟纹且增厚，有各种各样的颜色，饰面砖的尺寸规格有多种。饰面板尺寸可达 1000mm×3000mm，砖和板的厚度为 6～7mm。此外，用弧垂法由斑纹玻璃板可制成角形、凹形、异形构件、墙角板及其他建筑配件，其抗弯强度为 38 ~ 53MPa，抗压强度为 70 ~ 100MPa。

用乳浊饰面玻璃制成的砖和板或护墙板是很好的装饰材料，容易清洗，在湿气和化学侵蚀；介质的作用下，不受腐蚀，耐酸、耐碱、不吸水等，具有高度的装饰性能，多用于建筑物的外墙装饰，也可供医院手术室和其他医疗房间装饰使用。

422. 什么是本体着色浮法玻璃？

一般装饰玻璃是利用原片玻璃进行深加工而成，本体着色浮法玻璃是直接在浮法平板玻璃原片本体上进行着色处理而生产的彩色玻璃，打破了以往平板玻璃原片一律无色透明的格局。彩色浮法平板玻璃本身是一种理想的建筑装饰材料，一般不需另行深加工就可直接用于建筑装饰工程。

423. 什么是花纹玻璃？

花纹玻璃是将玻璃依设计图案加以雕刻、印刻或局部喷砂等无彩色处理，使表面有各式图案、花样及不同质感。依照加工方法分为压花玻璃、喷花玻璃、刻花玻璃三种。

（1）压花玻璃 压花玻璃又称滚花玻璃，详细见下题。

（2）喷花玻璃 喷花玻璃又称为胶花玻璃，是在平板玻璃表面贴以图案，抹以保护面层，经喷砂处理形成透明与不透明相间的图案而成。喷花玻璃给人以高雅、美观的感觉，适用于室内门窗、隔断和采光。喷花玻璃的厚度一般为6mm。

（3）刻花玻璃 刻花玻璃是由平板玻璃经涂漆、雕刻、围蜡与酸蚀、研磨而成。图案的立体感非常强，似浮雕一般，在室内灯光的照耀下，更是熠熠生辉。刻花玻璃主要用于高档场所的室内隔断或屏风。刻花玻璃一般是按用户要求定制加工。

424. 什么是压花玻璃？

压花玻璃又称为滚花玻璃。压花玻璃有一般压花玻璃、真空镀膜压花玻璃、彩色膜压花玻璃等。

一般压花玻璃是在玻璃成型过程中，使塑性状态的玻璃带通过一对刻有图案花纹的辊子，对玻璃的表面连续压延而成。如果一个辊子带花纹，则生产出单面压花玻璃；如果两个辊子都带有花纹，则生产出双面压花玻璃。在压花玻璃有花纹的一面，用气溶胶对玻璃表面进行喷涂处理，玻璃可呈浅黄色、浅蓝色、橄榄色等。经过喷涂处理的压花玻璃立体感强，而且强度可提高50% ~ 70%。由于一般压花玻璃的一个或两个表面压有深浅不同的各种花纹图案，其表面凹凸不平，当光线通过玻璃时产生无规则的折射，因而压花玻璃具有透光而不透视的特点，并且呈低透光度，透光率可达70%。从压花玻璃的一面看另一面的物体时，物像显得模糊不清。压花玻璃的表面有各种花纹图案，还可以制成一定的色彩，因此具有良好的装饰性。

真空镀膜压花玻璃是经真空镀膜加工而成，给人以一种素雅、美观清新的感觉，花纹的立体感强，并具有一定的反光性能，是一种良好的室内装饰材料。

彩色膜压花玻璃是采用有机金属化合物或无机金属化合物进行热喷涂而成。彩色膜的色泽、坚固性、稳定性均较好。这种玻璃具有良好的热反射能力，而且花纹图案的立体感比一般的压花玻璃和彩色玻璃更强，给人们一种富丽堂皇和华贵的艺术感觉。适用于宾馆、饭店、餐厅、酒吧、浴室、游泳池、卫生间以及办公室、会议室的门窗和隔断等。也可用来加工屏风灯具等工艺品和日用品。一般场所使用压花玻璃时可将其花纹面朝向室内；作为浴室、卫生间门窗玻璃时应注意将其花纹面朝外。

425. 什么是波形玻璃？

波形玻璃是一种新型建筑材料，它的特点是强度高和刚度大，并且有足够的透光性能。在建筑中采用大型波形玻璃作天窗时，可以大大节约窗扇用料。例如用大规格波形玻璃作单层窗扇时，可以节约钢窗用的钢材60~70%。

波形玻璃的抗弯强度比平板玻璃大9倍，抗冲击强度也比平板玻璃大，所以它不仅可作窗玻璃，而且可以作透明屋面。其透光度为70%~75%，夹丝波形玻璃的透光度为53%~57%。

有些波形玻璃是两次压延成型的。第一次压延成夹丝玻璃，当玻璃尚处于塑性状态时，第二次再由波形压辊压制成波形。

426. 什么是乳花玻璃？

乳花玻璃是新近出现的装饰玻璃，它的外观与喷花玻璃相近。乳花玻璃是在平板玻璃的一面贴上图案，抹以保护层，经化学蚀刻而成。它的花纹柔和、清晰、美丽，富有装饰性。乳花玻璃一般厚度为3~5mm，最大加工尺寸为2000mm×1500mm。乳花玻璃的用途与喷花玻璃相同。

427. 什么是冰花玻璃？

冰花玻璃是一种利用平板玻璃经特殊处理形成具有自然冰花纹理的玻璃。冰花玻璃对通过的光线有漫射作用，如作门窗玻璃，犹如蒙上一层纱帘，看不清室内的景物，却有着良好的透光性能，具有良好的艺术装饰效果。它具有花纹自然、质感柔和、透光不透明、视感舒适的特点。

冰花玻璃可用无色平板玻璃制造，也可用茶色、蓝色、绿色等彩色玻璃制造。其装饰效果优于压花玻璃，给人以典雅清新之感，是一种新型的室内装饰玻璃。可用于宾馆、酒楼、饭店、酒吧间等场所的门窗、隔断、屏风和家庭装饰。目前最大规格尺寸为 2400mm×1800mm。

428. 什么是磨光玻璃？

磨光玻璃也有称为镜面玻璃，但与下题的"镜面玻璃"是两种概念。它是用普通平板玻璃经机械磨光、抛光而成的一种透明玻璃。磨光玻璃具有表面平整光滑、有光泽的特点，且物像透过不变形；透光率大于84%。

磨光玻璃主要用于大型高级建筑的门窗采光、橱窗或制镜。磨光玻璃虽然性能较好，但价格较贵。自从浮法玻璃工艺出现后，磨光玻璃的用量已逐渐减少。

429. 什么是镜面玻璃？

镜面玻璃即镜子，指玻璃表面通过化学（银镜反应）或物理（真空镀铝）等方法形成反射率极强的镜面反射的玻璃制品。为提高装饰效果，在镀镜之前可对原片玻璃进行彩绘、磨刻、喷砂、化学蚀刻等加工，形成具有各种花纹图案或精美字画的镜面玻璃。

一般的镜面玻璃具有三层或四层结构，三层结构的面层为玻璃，中间层为镀铝膜或镀银膜，底层为镜背漆，四层结构为：玻璃、Ag、Cu、镜背漆。高级镜子在镜背漆之上加一防水层，能增强对潮湿环境的抵抗能力，提高耐久性。在装饰工程中，常利用镜子的反射、折射来增加空间感和距离感，或改变光照效果。

常用的镜子有以下几种：

（1）明镜：为全反射镜，用作化妆台、壁面镜屏。一般厚度为：2mm、3mm、5mm、6mm、8mm。顶棚及柜门要用轻质玻璃，用2mm、3mm厚的镜子，如用5mm厚的镜子，要多加贴布以防滑落，并用金属栓或压条补强。大片质轻而薄的镜子较易变形，故化妆台或墙壁面要用5mm、6mm厚的镜子。

（2）墨镜：也称黑镜，呈黑灰色。其颜色可分为深黑灰、中黑灰、浅黑灰。黑镜是在玻璃表面镀一层 PbS 膜而制成的。特点是反射率低，即使是在灯光照射下也不致太刺眼，有神秘气氛感。一般用于餐厅、咖啡厅、商店、旅馆等的顶棚、墙壁或隔屏等。墨镜于施工前应擦拭干净，才可检查镜面是否有瑕疵，若有小瑕疵可用报纸擦拭，用黑色油性签字笔涂刷刮痕处即可。

（3）彩绘镜、雕刻镜　即制镜时，于镀膜前在玻璃表面上绘出要求的彩色花纹图案，镀膜后即成为彩绘镜。如果镀膜前对玻璃原片进行雕刻，则可制得雕刻镜。

430. 什么是镭射玻璃？为什么又称为最美的装饰玻璃？

镭射（英文 Laser 的音译）玻璃是国际上十分流行的一种新型建筑装饰材

料。它是以平板玻璃为基材，采用高稳定性的结构材料，经特殊工艺处理，从而构成全息光栅或其他图形的几何光栅。在同一块玻璃上可形成上百种图案。

镭射玻璃的特点在于，当它处于任何光源照射下时，都将因衍射作用而产生色彩的变化；而且，对于同一受光点或受光面而言，随着入射光角度及人的视角的不同，所产生的光的色彩及图案也将不同。五光十色的变幻给人以神奇、华贵和迷人的感受。其装饰效果是其他材料无法比拟的。

镭射玻璃大体上可分为两类：一类是以普通平板玻璃为基材制成的，主要用于墙面、窗户和顶棚等部位的装饰；另一类是以钢化玻璃为基材制成的，主要用于地面装饰。此外，还有专门用于柱面装饰的曲面镭射玻璃，专门用于大面积幕墙的夹层镭射玻璃以及镭射玻璃砖等。镭射玻璃的技术性质十分优良。镭射钢化玻璃地砖的抗冲击、耐磨、硬度等性能均优于大理石，与花岗石相近。镭射玻璃的耐老化寿命是塑料的 10 倍以上。镭射玻璃的反射率可在 10% ~90% 的范围内任意调整，因此可最大限度地满足用户的要求。

镭射玻璃是用于宾馆、饭店、电影院等文化娱乐场所以及商业设施装饰的理想材料，也适用于民用住宅的顶棚、地面、墙面及封闭阳台等的装饰。此外，还可用于制作家具、灯饰及其他装饰性物品。

431. 什么是水晶玻璃？

水晶玻璃也称石英玻璃，它是采用玻璃珠在耐火材料模具中制成的一种装饰材料。玻璃珠是以二氧化硅和其他添加剂为主要原料，经配料后用火焰烧熔结晶而制成。

水晶玻璃的外层是光滑的，并带有各种形式的细丝网状或仿天然石料的不重复的点缀花纹，具有良好的装饰效果，力学强度高，化学稳定性和耐大气腐蚀性较好。水晶饰面玻璃的反面较粗糙，与水泥粘结性好，便于施工。

水晶玻璃饰面板适用于各种建筑物的内墙饰面、地坪面层、建筑物外墙立面或室内制作壁画等。水晶玻璃饰面板的性能指标与规格见表 2.4-2。

表 2.4-2　水晶玻璃饰面板的性能指标与规格

项目名称	指标		规格/mm
	特级品	一级品	
相对密度	2500	2500	形状为长方形、矩形，规格尺寸 597×797,597×197 397×297,297×197 300×300,300×150 厚度:15~20
抗弯极限强度/MPa	9.8	4.0	
抗压极限强度/MPa	24	21	
吸水率(%)	1	3	
热稳定性不低于(%)	60	60	
外饰面的抗冻性(循环次数)	100	100	
地坪材料质量磨损不大于/(g/cm³)	0.07	0.08	
地坪材料抗冲击不小于/(N/cm)	85	80	

432. 什么是艺术装饰玻璃?

艺术装饰玻璃又称玻璃大理石,是在优质平板玻璃表面,涂饰一层化合物溶液,经烘干、修饰等工序,制成与天然大理石相似的玻璃板材。它具有表面光滑如镜,花纹清晰逼真,自重轻,永不变形,安装方便等优点。涂层粘结牢固,耐酸、耐碱、耐水,是玻璃深加工制品中的一枝新秀。具有同天然大理石一样的装饰效果,价格比天然大理石便宜得多,深受人们的喜爱。艺术装饰玻璃主要用于墙面装饰。

433. 什么是彩色艺术平板玻璃?

彩色艺术平板玻璃是以无色的平板玻璃为基体,在其表面经过技术处理后,着上一层透明的颜色,成为单面着色的平板玻璃,然后在着色面上雕刻出各种优美的艺术图案,是商场、舞厅、园林建筑中的高档装饰材料。

434. 什么是矿渣微晶玻璃? 为什么又称为玻璃陶瓷?

矿渣微晶玻璃是以高炉矿渣为基础,掺入硅砂和适当的晶核剂,熔化成矿渣玻璃。它属于微晶玻璃,又称为玻璃陶瓷。矿渣微晶玻璃产品比高碳钢硬,比铝轻,力学性能比普通玻璃大5倍多,耐磨性不亚于石材,热稳定性好,电绝缘性能与高频瓷接近。

矿渣微晶玻璃的结构、性能与玻璃和陶瓷均不同,并集中了两者的特点,具有较低的热膨胀系数,较高的力学强度,显著的耐腐蚀、抗风化能力,良好的抗热震性能,使用温度高,结构均匀致密及坚硬耐磨等。

矿渣微晶玻璃用途很广,在建筑上可用于装饰各种结构材料,如用作墙壁内外饰面、隔墙和柱的饰面、铺砌地坪、内外隔墙和建筑砌块等。矿渣微晶玻璃还可以制成泡沫矿渣微晶玻璃板,作为填充材料和结构材料,最宜用于轻质墙构筑物和耐高温构筑物中。还可以在矿渣微晶玻璃上施釉,制成各种颜色多样的饰面材料。

矿渣微晶玻璃及其板材的技术性能见表2.4-3。

表 2.4-3 矿渣微晶玻璃的技术性能

项 目 名 称	指 标	项 目 名 称	指 标
密度/(kg/m^3)	2600~2700	抗冲击韧性/(J/m^2)	$2.5 \times 4 \times 10^3$
抗压极限强度/MPa	500~650	质量磨损/(g/m^2)	0.2~0.6
抗弯极限强度/MPa	65~90	弹性模量/MPa	0.93×10^5
抗拉极限强度/MPa	25~37	线膨胀系数(1/℃)	$(72~76) \times 10^{-7}$

（续）

项 目 名 称	指　标	项 目 名 称	指　标
莫氏硬度	5.7~7.5	热导率/[W/(m·K)]	18.2
软化温度/℃	850~900	吸水率(%)	0
热稳定性/℃	100~150	耐腐度(%)	98~99.5
比热容/[J/(g·K)]	0.84	耐碱度(%)	83~85

435. 什么是异形玻璃？

异形玻璃是国外近十几年中发展起来的一种新型建筑玻璃。它是用硅酸盐玻璃制成的大型长条构件。异形玻璃一般采用压延法、浇注法和辊压法生产。异形玻璃的品种主要有槽形、波形、箱形、肋形、三角形、Z形和V形等品种。异形玻璃有无色和彩色的；配筋和不配筋的；表面带花纹和不带花纹的；夹丝和不夹丝的。

异形玻璃透光、隔热、隔声性能好；安全、力学强度高。

异形玻璃主要用于建筑物外部竖向非承重维护结构、内隔墙、天窗、透光屋面、阳台、月台、走廊等。

436. 什么是安全玻璃？

安全玻璃具有力学性能高，抗冲击性、抗热震性强，破碎时碎块无尖利棱角且不会飞溅伤人等优点。特殊的安全玻璃还能抵御枪弹的射击，防止盗贼入室及屏蔽高能射线（如X射线），防止火灾蔓延等功能。常用的安全玻璃有：钢化玻璃、夹层玻璃、夹丝玻璃、防火玻璃、防紫外线玻璃、防盗玻璃和防弹玻璃。安全玻璃是指与普通玻璃相比，具有力学强度高、抗冲击能力好的玻璃。其主要品种有物理钢化玻璃、夹丝玻璃、夹层玻璃和钛化玻璃。安全玻璃被击碎时，其碎块不会伤人，并兼具有防盗、防火的功能。根据生产时所用的玻璃原片不同，安全玻璃也可具有一定的装饰效果。

437. 什么是钢化玻璃？各种钢化玻璃都是安全玻璃吗？

钢化玻璃又称为强化玻璃。为什么普通玻璃强度低？因其受到外力作用时，在表面上形成一拉应力层，使抗拉强度较低的玻璃发生碎裂破坏。钢化玻璃是用物理的或化学的方法，在玻璃的表面上形成一个压应力层，玻璃本身具有较高的抗压强度，不会造成破坏。当玻璃受到外力作用时，这个压应力层可将部分拉应力抵消，避免玻璃的碎裂，虽然钢化玻璃内部处于较大的拉应力状态，但玻璃的内部无缺陷存在，不会造成破坏，从而达到了提高玻璃强度的目的。

钢化玻璃的加工可分为物理钢化法和化学钢化法。

（1）物理钢化玻璃　物理钢化玻璃又称为淬火钢化玻璃。它是将普通平板玻璃在加热炉中加热到接近玻璃的软化温度（600℃）时，通过自身的形变消除内部应力，然后将玻璃移出加热炉，再用多头喷嘴将高压冷空气吹向玻璃的两面，使其迅速且均匀地冷却至室温，即可制得钢化玻璃。由于在冷却过程中玻璃的两个表面首先冷却硬化，待内部逐渐冷却并伴随着体积收缩时，外表已硬化，势必阻止内部的收缩，使玻璃处于内部受拉、外部受压的应力状态，即玻璃已被钢化。处于这种应力状态的玻璃，一旦局部发生破损，便会发生应力释放，玻璃被破碎成无数小块，这些小的碎块没有尖锐棱角，不易伤人。因此物理钢化玻璃是一种安全玻璃。

（2）化学钢化玻璃　化学钢化玻璃是通过改变玻璃的表面的化学组成来提高玻璃的强度，一般是应用离子交换法进行钢化。其方法是将含碱金属离子钠（Na^+）或钾（K^+）的硅酸盐玻璃，浸入到熔融状态的锂（Li^+）盐中，使玻璃表层的 Na^+ 或 K^+ 离子与 Li^+ 离子发生交换，表面形成 Li^+ 离子交换层。由于 Li^+ 离子的膨胀系数小于 Na^+、K^+ 离子，从而在冷却过程中造成外层收缩较小而内层收缩较大。当冷却到常温后，玻璃便处于内层受拉应力外层受压应力的状态，其效果类似于物理钢化玻璃，因此也就提高了强度。

化学钢化玻璃强度虽高，但是其破碎后易形成尖锐的碎片，一般不作为安全玻璃使用。

438. 钢化玻璃有哪些性能特点？

（1）力学强度高　钢化玻璃抗折强度可达 125MPa 以上，比普通玻璃大 4～5 倍；抗冲击强度也很高，用钢球法测定时，0.8kg 的钢球从 1.2m 高度落下，被锤击玻璃应保持完好。

（2）弹性好　钢化玻璃的弹性比普通玻璃大得多，比如一块 1200mm×350mm×6mm 的钢化玻璃，受力后可发生达 100mm 的弯曲挠度，当外力撤除后，仍能恢复原状，而普通玻璃弯曲变形只能有几毫米，否则，将发生折断破坏。

（3）热稳定性好　玻璃在受急冷急热作用时，不易发生炸裂。这是因为钢化玻璃表层的压应力可抵消一部分因急冷急热产生的拉应力之故。钢化玻璃耐热冲击，最大安全工作温度为 288℃，能承受 204℃ 的温差变化。

钢化玻璃外观质量见表 2.4-4。

钢化玻璃在使用时不能切割、磨削，边角也不可被撞击挤压，其规格选用可采用现有的规格或提出具体设计图纸进行加工定制。用于大面积的玻璃幕墙的玻璃在钢化程度上要予以控制，选择半钢化玻璃，即其应力不能过大，以避免受风荷载引起震动而自爆。根据所用的玻璃原片不同，可制成普通钢化玻璃、吸热钢化玻璃、彩色钢化玻璃、钢化中空玻璃等。

表 2.4-4　钢化玻璃外观质量

缺陷名称	说　明	允许缺陷数	
		优等品	合格品
爆边	每片玻璃每米边长上允许有长度不超过 20mm、自玻璃边部向玻璃板表面延伸深度不超过 6mm、自板面向玻璃板厚度延伸深度不超过厚度一半的爆边	1 个	3 个
划伤	宽度在 0.1mm 以下的轻微划伤	距离玻璃表面 600mm 处观察不到的不限制	
	宽度在 0.1~0.5mm 之间,每 0.1m² 面积内允许存在条数	1 条	4 条
缺角	玻璃的四角残缺以等分角线计算,长度在 5mm 范围内	不允许有	1 个
夹钳印	玻璃的挂钩痕迹中心与玻璃边缘的距离	不得大于 12mm	
结石	均不允许存在		
波筋、气泡、疙瘩、线道、砂粒	优等品不低于《浮法玻璃》GB 11614—1989 一等品的规定 合格品不得低于《普通平板玻璃》GB 487—1995 一、二等品的规定		

439. 什么是夹丝玻璃?

夹丝玻璃也称防碎玻璃或钢丝玻璃,也是安全玻璃的一种。它是将普通平板玻璃加热到红热软化状态,再将通热处理后的铁丝网或铁丝压入玻璃中间,经退火、切割而成。夹丝玻璃表面可以是压花的或磨光的,颜色可以制成无色透明或彩色的。

夹丝玻璃的性能特点:

(1) 安全性　夹丝玻璃由于钢丝网的骨架作用,不仅提高了玻璃的强度,而且遭受到冲击或温度骤变而破坏时,碎片也不会飞散,避免了碎片对人的伤害作用。

(2) 防火性　当火焰蔓延,夹丝玻璃受热炸裂时,由于金属丝网的作用,玻璃仍能保持固定,隔绝火焰,故又称防火玻璃。

夹丝玻璃由于在玻璃中镶嵌了金属物,实际上破坏了玻璃的均一性,降低了玻璃的力学强度。以抗折强度为例,普通平板玻璃为 85MPa,而夹丝玻璃仅为 67MPa,因此使用时必须注意以下三点:

1) 由于钢丝网与玻璃的热学性能(如热膨胀系数)差别较大,因此应尽量避免将夹丝玻璃用于两面温差较大的部位。如冬天室内采暖、室外结冰等,都容易导致破坏。

2) 安装夹丝玻璃的窗框尺寸必须适宜,勿使玻璃受挤压。如用钢窗框则应防止由于窗框温度变化急剧而传递给玻璃。最好在玻璃与窗框间用塑料或橡胶等填充物做缓冲材料。

3）切割夹丝玻璃时，当玻璃已断，而丝网还互相连接时，需要反复上下弯曲多次才能掰断。此时应防止两块玻璃互相在边缘处挤压，造成微小裂口，引起使用时的破坏。

我国生产的夹丝玻璃产品可分为夹丝压花玻璃和夹丝磨光玻璃两类。夹丝压花玻璃在一面压有花纹，因而透光而不透视；夹丝磨光玻璃是对其表面进行磨光的夹丝玻璃，可透光透视。夹丝玻璃常用于建筑物的天窗、顶棚顶盖以及易受震动的门窗部位。彩色夹丝玻璃因其具有良好的装饰功能，可用于阳台、楼梯、电梯间等处。

440. 什么是夹层玻璃？

夹层玻璃是在两片或多片玻璃原片之间用 PVB（聚乙烯醇缩丁醛）树脂胶片经过加热、加压粘合而成的平面或曲面的复合玻璃制品。夹层玻璃属于安全玻璃的一种。用于生产夹层玻璃的原片可以是普通平板玻璃、浮法玻璃、钢化玻璃、彩色玻璃、吸热玻璃或热反射玻璃等。夹层玻璃的层数有 2、15、7 层，最多可达 9 层，对于两层的夹层玻璃，原片的厚度一般常用的是（mm）：2 + 3、3 + 3、3 + 5 等。

夹层玻璃的透明度好，透光率高，如（2 + 2）mm 厚的玻璃其透光率约为82%。且耐辐射性也较好；抗冲击性能要比一般平板玻璃高好几倍，玻璃破碎时不裂成分离的碎块，只有辐射的裂纹和少量的碎玻璃屑，且碎片粘在薄衬片上，不致伤人，属于安全玻璃。如用多层普通玻璃或钢化玻璃复合起来，可制成防弹玻璃。通过采用不同的原片玻璃，夹层玻璃还可具有耐久、耐热、耐湿、耐寒等性能。

夹层玻璃有着较高的安全性，一般在建筑上用作高层建筑的门窗、天窗和商店、银行、珠宝店的橱窗、隔断等，以及有特殊安全要求的建筑门窗和某些水下工程等。夹层玻璃不能切割，需要选用定型产品或按尺寸定制。

441. 夹层玻璃有哪些品种？

夹层玻璃的品种很多，建筑工程中常用的有：减薄夹层玻璃、遮阳夹层玻璃、电热夹层玻璃、防弹夹层玻璃、玻璃纤维增强玻璃、报警夹层玻璃、防紫外线夹层玻璃、隔声玻璃等。

（1）减薄夹层玻璃 减薄夹层玻璃是采用厚度为 1～2mm 的薄玻璃和弹性胶片制成的。产品具有质量较轻、较高的力学强度、挠曲性及破坏时的安全性，能在破碎时保持一定的能见度。

（2）遮阳夹层玻璃 遮阳夹层玻璃是由热反射或吸热玻璃制成，或者在两块玻璃之间夹入有色条带的膜片制成。这种夹层玻璃可减少或能吸收一部分太阳光的辐射，减少日照量及日光造成的眩目等，可提高安全性与舒适性。

（3）电热夹层玻璃 电热夹层玻璃分 3 种类型：第一种是玻璃表面镀有透明导电薄膜；第二种是带有以硅酸盐银膏带条排列在玻璃表面，并通过加热和线状电热丝联结起来；第三种是带有很细的压在夹层玻璃之间的金属丝电热元件，这种玻璃通电后可保持表面干燥，适用于寒冷地带交通运输车辆、有巨大采光口的建筑物、商店、橱窗、货摊、瞭望所等。

（4）防弹夹层玻璃 防弹夹层玻璃是由多层夹层组成，主要用于特种车辆、银行及具有强爆震动、浪涌冲击的地方。

（5）玻璃纤维增强玻璃 玻璃纤维增强玻璃是在两层平板玻璃之间夹一层玻璃纤维而制成。玻璃板的周边用密封剂和抗水性好的弹性带镶边。这种夹层玻璃可以提供散射光照，可减少太阳的辐射，是一种透视材料。其主要用于装镶窗户、天窗、公共建筑的隔断墙等。

（6）报警夹层玻璃 报警夹层玻璃是在两片玻璃的中间胶片上接上一个警报驱动装置，一旦玻璃破碎时报警装置就会发出警报。主要用于珠宝店、银行、计算机中心和其他有特别要求的建筑物。

（7）防紫外线夹层玻璃 防紫外线夹层玻璃由一块或多块着色玻璃及一层或多层特殊成分的中间层组成。这种玻璃可以大大减少紫外线的穿透，避免建筑室内的家具、展览品、书籍等退色。

（8）隔声玻璃 隔声玻璃是在两片玻璃门加入能承受大负荷的薄胶片，用它把玻璃粘合起来，成为具有良好隔声效果的复合材料，其总厚度约为 20mm，隔声值可达 38dB。如再结合充气，效果更加理想，一般可达到 5 级甚至 6 级隔声。

442. 什么是防火玻璃？

（1）防火玻璃的品种：根据 GB 15763.1—2001《建筑用安全玻璃防火玻璃》的规定，建筑用防火玻璃按结构分为：复合防火玻璃（FFB）和单片防火玻璃（DFB）。

防火玻璃按结构形式又可分为：防火夹层玻璃、薄涂型防火玻璃、单片防火玻璃和防火夹丝玻璃。其中防火夹层玻璃按生产工艺特点又可分为复合型防火玻璃和灌注型防火玻璃。

复合防火玻璃是在两片玻璃或钢化玻璃之间凝聚一种透明且具有阻燃性能的凝胶，这种胶遇到高温时发生分解吸热反应，能吸收大量的热能，变成不透明、有良好隔热作用的玻璃。它能保持在一定的时间内不炸裂，炸裂后碎片不掉落，可隔断火焰，防止火焰蔓延。如果同时凝胶中添加阻燃剂，在高温下能放出阻燃气体，就会同时具有阻燃和灭火功能；如果在复合层中嵌入铁丝网，则可以提供保温、防止热扩散和防护的多重效果；如果在防火夹层中嵌入热传感元件，并与自动报警装置、自动灭火装置串接起来，就可以同时具有报警和灭火功能。

单片防火玻璃：是由单层玻璃构成，并满足相应的耐火等级要求的特种玻璃。

（2）防火玻璃的性能 防火玻璃能阻挡和控制热辐射、烟雾及火焰，防止火灾蔓延。当它露在火焰中时，能成为火焰的屏障，能经受1个半小时左右的负载，这种玻璃的特点是能有效地限制玻璃表面的热传递，并且在受热后变成不透明，使居民在着火时看不见火焰或感觉不到温度升高及热浪，以免惊慌失措。

防火玻璃还具有一定的抗热冲击强度，而且在800℃左右仍具有保护作用。具有防火性能的玻璃主要有复合防火玻璃、夹丝玻璃和玻璃空心砖等。

443. 什么是防紫外线玻璃？

防紫外线玻璃是指具有能阻止（反射或吸收）紫外线（波长小于$0.3\mu m$的电磁波）透过功能的玻璃。

（1）防紫外线玻璃的分类和制作

1）本体吸收型防紫外线玻璃。除了纯净的二氧化硅玻璃、硼酸盐玻璃和磷酸盐玻璃，绝大部分玻璃都具有不同程度的吸收紫外线的功能，向普通硅酸盐玻璃中加氧化钛、氧化二钒、氧化铁等金属氧化物，并严控熔温，就可以制得性能优良的本体吸收型防紫外线玻璃。

2）表面涂层型防紫外线玻璃。向无色透明的平板玻璃表面涂敷金属或金属氧化物，就可以制得表面涂层型防紫外线玻璃。

（2）防紫外线玻璃的用途

1）医学用：防紫外线玻璃可以用作眼镜、载人航天器的观察口及医疗用治疗室等。

2）文物保护用：可用作文物仓库、展品橱窗及书橱门窗等，有较好的防护作用。

3）商店橱窗用：作为商品橱窗，可起到很好的保护作用。

444. 什么是防盗玻璃？

防盗玻璃通常是用多层高强玻璃和高强有机透明玻璃材料与胶合层材料复合制成的。为了赋予预警的性能，胶合层中还可以夹入金属丝网，埋设可见光、红外、温度、压力等传感器和报警装置，一旦盗贼作案，触动玻璃中的警报装置，甚至触发与之相串联的致伤武器或致晕气体等，便可以及时擒拿盗贼，保护财物不致失盗。

防盗玻璃主要用于银行金库、武器仓库、文物仓库及展览橱窗、贵重商品柜台等。

445. 什么是防弹玻璃？

防弹玻璃是能够抵御枪弹乃至炮弹射击而不被穿透破坏，最大限度地保护人身安全的玻璃。这种玻璃通常可以按防弹性能要求，如防御武器的种类、弹体的种类、弹体的速度、射击的角度及距离等进行结构设计，最有效地选择增强处理的方法、玻璃的厚度、胶合层材料以及其他透明增强材料等。

防弹玻璃通常由下列三层结构组成，并可根据性能的要求作适当的调整。

1）抗冲击层：又称承力层，一般采用厚度大、强度高的玻璃，由于其硬度大、强度高，能破坏弹头或改变弹头形状，使其失去继续前进的动力。

2）过渡层：一般采用有机胶合材料，要求粘结力强，耐光性好，有延展性和弹性，能吸收部分冲击能，改变弹体的前进方向。

3）安全防护层：一般采用高强度玻璃或高强透明有机材料，要求强度高韧性好，吸收绝大部分的冲击能，保证弹体不得穿透该层。

446. 什么是太阳能玻璃？

玻璃作为一种利用太阳能的材料具有很多优越性：玻璃对太阳能有很高的透光率和较低的反射率，也能在玻璃中掺入某些着色剂，对光谱不同波长进行选择吸收；玻璃能耐几百度高温，能加工成各种几何形状、尺寸和厚度；玻璃表面平整光滑，容易清洗，也能抵抗大气的风化；成本也较低。玻璃的缺点是脆而易碎，但可通过钢化处理来增加强度，因此玻璃仍是太阳能装置的较理想的材料。

对太阳能玻璃的要求：透光率要高，一般应高于80%；有一定的强度，包括抗冲击和耐风压；表面光反射尽可能少，以增加透过率；用于集热器盖板时，抑制吸热板的红外辐射。

目前，已有两种类型的太阳能转换装置。一类是吸收或反射辐射能并转换成热能，即光热转换，如太阳能集热器；另一种是利用光电效应转换成电能，如太阳能电池。

447. 什么是电磁屏蔽玻璃？

电磁屏蔽玻璃是将含金、银、铜、铁、锡、铝、铬等金属或无机或有机化合物盐类，通过物理（真空蒸发、阴极溅射等）或化学（气相沉积、化学热分解、溶胶—凝胶等）的方法，在玻璃表面形成上述金属或金属氧化物膜层，这种膜具有很强的反射电磁波的功能，可以用于电子计算机，电台保密和抗干扰的屏蔽材料。同时这种涂膜玻璃还具有导电、热反射、热选择吸收及美丽的色彩等性能，成为很有发展前景的安全玻璃、电加热玻璃和装饰玻璃。

448. 什么是中空玻璃？

随着社会经济的发展，建筑标准不断提高，用于建筑物采光的窗户也向大面积上发展，窗子的保温隔热性能对建筑物的节能具有重要的意义，中空玻璃即是一种能更好地满足建筑物保温节能要求的玻璃。

中空玻璃是由两片或多片平板玻璃用边框隔开，中间充以干燥的空气，四周边缘部分用胶结或焊接方法密封而成的，其中以胶结方法应用最为普遍。中空玻璃按玻璃层数，有双层和多层之分，一般是双层结构。

制作中空玻璃的原片可以是普通玻璃、浮法玻璃、钢化玻璃、夹丝玻璃、着色玻璃和热反射玻璃、低辐射膜玻璃等，厚度通常是 3mm、4mm、5mm、6mm。高性能中空玻璃的外侧玻璃原片应为低辐射玻璃。中空玻璃的中间空气层厚度为 6mm、9mm、12mm 三种尺寸。颜色有无色、绿色、茶色、蓝色、灰色、金色、棕色等。

449. 中空玻璃有哪些性能特点？

（1）光学性能 中空玻璃的光学性能取决于所用的玻璃原片，不同的玻璃原片可具有不同的光学性能（可见光透过率、太阳能反射率、吸收率）及色彩等。中空玻璃的可见光透视范围 10% ~80%，光反射率 25% ~80%，总透过率 25% ~50%。

（2）热工性能 中空玻璃比单层玻璃具有更好的隔热性能。厚度 3~12mm 的无色透明玻璃，其传热系数为 $6.5 ~5.9W/(m^2 \cdot K)$，而以 6mm 厚玻璃为原片，玻璃间隔（即空气层厚度）为 6mm 和 9mm 的普通中空玻璃，其传热系数分别为 $3.4 ~3.1W/(m^2 \cdot K)$，大体相当于 100mm 厚普通混凝土的保温效果。

由双层热反射玻璃或低辐射玻璃制成的高性能中空玻璃，隔热保温性能更好，尤其适用于寒冷地区和需要保温隔热、降低采暖能耗的建筑物。

（3）露点 在室内一定的相对湿度下，当玻璃表面达到某一温度时，出现结露，直至结霜（0℃以下）。这一结露的温度叫做露点。玻璃结露后将严重地影响透视和采光，并引起一些其他不良效果。中空玻璃的露点很低，在通常情况下，中空玻璃接触室内高湿度空气的时候，玻璃表面温度较高，而外层玻璃虽然温度低，但接触的空气湿度也低，所以不会结露。因此，中空玻璃的传热系数和夹层内空气的干燥度是中空玻璃的重要指标。

（4）隔声性能 中空玻璃具有较好的隔声性能，一般可使噪声下降到 30~40dB，即能将街道汽车噪声降低到学校教室的安静程度。

450. 什么是电致变色玻璃？

电致变色玻璃是当在玻璃的两个表面之间施加电场时，正、反向电场分别呈现不同透光性或者是在施加电场和不施加电场时呈现不同透光性的一种调光玻璃材料，由玻璃、电致变色介质、电解质及透明电极等部分组成。这种玻璃用于建筑可使室内的采光达到自由控制。

玻璃表面镀有一层超薄氧化铬涂层，在该涂层上通过低电压时，氧化铬的氧化状态会发生改变。因此，通过电压控制，即可使玻璃产生由完全透明到深蓝色等多种变化。当室外光照过强时，玻璃的颜色会逐渐变深，一方面可防止室内温度过高，另一方面也有助于减少电脑监视器屏幕等可能对人眼造成的反光。当室外阳光比较微弱时，玻璃则会逐渐变得透明，以增加透光性。

电致变色玻璃的特点是：

1）可见光透过率可以在较大的范围内任意调节，发生多色的连续变化。

2）变色的驱动电源简单，电压低，耗电省。

3）有记忆存储功能。

4）显色-消色速度快，不受环境因素影响。

451. 什么是光致变色玻璃？

光致变色玻璃是根据太阳光的强度自动调节透光率的一种调光玻璃。例如日常生活中常见的变色眼镜，在光线强的时候颜色变深降低透光率，而当光线较弱时又完全恢复透明的状态，达到最大透光率。光致变色玻璃是在玻璃中加入卤化银，或在玻璃与有机夹层中加入钼和钨的感光化合物，能获得光致变色性。由于生产这种玻璃要耗费大量的银，因而使用受到一定限制。这种玻璃由于成本太高，无法直接用于建筑玻璃。

光致变色玻璃的着色、退色是可逆的，并经久不疲劳、不劣化。若改变玻璃的组分，添加剂及热处理条件，可以改变光致变色玻璃的变色和退色速度、平衡度等性能。

光致变色玻璃主要用于要求单向透视，避免眩光和需要自动调节光照强度的建筑物门窗，银行柜台，汽车、火车、船舶的风挡玻璃及人们使用的眼镜等。

452. 什么是钛化玻璃？为什么说它是最安全的玻璃？

钛化玻璃亦称永不碎裂铁甲箔膜玻璃。是将钛金箔膜紧贴在任意一种玻璃基材之上，使之结合成一体的新型玻璃。钛化玻璃具有高抗碎能力、高防热及防紫外线等功能。不同的基材玻璃与不同的钛金箔膜，可组合成不同色泽、不同性能、不同规格的钛化玻璃。

钛金箔膜又称铁甲箔膜，经由特殊的粘合剂，可与玻璃结合成一体，从而使玻璃变成具有抗冲击、抗贯穿、不破裂成碎片、无碎屑，防高温、防紫外线及防太阳能的最安全玻璃。

钛化玻璃常见的颜色有：无色透明、茶色、茶色反光、铜色反光等。钛化玻璃与其他安全玻璃性能的比较，见表 2.4-5。

表 2.4-5　钛化玻璃与其他安全玻璃性能的比较

性能 ＼ 玻璃种类	钢化玻璃	夹层玻璃	夹丝玻璃	一般玻璃贴钛金箔膜
防碎性	无	无	无	有
热破裂性	无	有	有	无
强度与一般玻璃比	4 倍	1/2 倍	1 倍	4 倍
6mm 原片玻璃耐荷/kg	1320	250	440	1320
阳光透过率	90% 以上	90% 以上	90% 以上	97% 以上
防紫外线	无	无	无	有
碎片伤害	视情况	碎屑伤人	碎屑伤人	无
防热防火	差	差	差	佳
防漏	无	无	无	有
自行爆破	会	会	会	不会

453. 什么是吸热玻璃？

吸热玻璃是一种能控制阳光中热能透过的玻璃，它可以显著地吸收阳光中热作用较强的红外线、近红外线，而又保持良好的透明度。吸热玻璃通常都带有一定的颜色，所以也称为着色吸热玻璃。着色吸热玻璃的制造一般有两种方法，一种方法是在普通玻璃中加入一定量的过渡金属氧化物着色剂；另一种方法是在玻璃的表面喷涂具有吸热和着色能力的氧化物薄膜（如氧化锡、氧化锑等）吸热玻璃：有蓝色、茶色、灰色、绿色、古铜色等色泽。

吸热玻璃的性能特点：

1）吸收太阳的辐射热。吸热玻璃主要是遮蔽辐射热，其颜色和厚度不同，对太阳的辐射热吸收程度也不同，一般来说，吸热玻璃只能通过大约 60% 的太阳辐射热。

2）吸收太阳的可见光。吸热玻璃比普通玻璃吸收的可见光要多得多。6mm 厚古铜色吸热玻璃吸收太阳的可见光是同样厚度的普通玻璃的 3 倍。这一特点能使透过的阳光变得柔和，能有效地改善室内色泽。

3）能吸收太阳的紫外线。吸热玻璃能有效地防止紫外线对室内家具、日用器具、商品、档案资料与书籍等退色和变质。

4）具有一定的透明度，能清晰地观察室外景物。

5）色泽经久不变，能增加建筑物的外形美观。

蓝色吸热玻璃与同厚度的浮法玻璃吸收太阳辐射热性能比较。蓝色吸热玻璃吸收太阳辐射热能，仅为太阳光全部辐射能的 68.9%。即在房间造成所谓的"冷房效应"，这样，可避免室内温度的升高，减少空调的能源消耗。此外，对紫外线的吸收，也起到了对室内物品的防晒作用。吸热玻璃在建筑装修工程中应用的比较广泛。

454. 什么是热反射玻璃?

热反射玻璃是由无色透明的平板玻璃镀覆金属膜或金属氧化物膜而制得，又称为镀膜玻璃或阳光控制膜玻璃。生产这种镀膜玻璃的方法有热分解法、喷涂法、浸涂法、金属离子迁移法、真空镀膜、真空磁控溅射法、化学浸渍法等。

热反射玻璃与普通平板玻璃相比，具有如下特点:

（1）具有良好的隔热性能（亦称为阳光控制能力）　热反射玻璃对可见光的透过率可在 20%～65% 的范围内，它对阳光中热作用强的红外线和近红外线的反射率可高达 30% 以上，而普通玻璃只有 7%～8%。3mm 平板玻璃与某种 6mm 热反射玻璃的能量透过比较。3mm 平板玻璃合计透过能量可达 87%，而 6mm 热反射玻璃仅为 33%。

（2）单向透视性　热反射玻璃的镀膜层具有单向透视。在装有热反射玻璃幕墙的建筑里，白天，人们从室外（光线强烈的一面）向室内（光线较暗弱的一面）看去，看到的是街道上流动着的车辆和行人组成的街景，而看不到室内的人和物，但从室内可以清晰地看到室外的景色。晚间正好相反，室内有灯光照明，就看不到玻璃幕墙外的事物。但从外面看室内，则一清二楚。

（3）镜面效应　热反射玻璃具有强烈的镜面效应，因此也称为镜面玻璃。用这种玻璃做玻璃幕墙，可将周围的景观及天空的云彩映射在幕墙之上，构成一幅绚丽的图画。

热反射玻璃有灰色、青铜色、茶色、金色、浅蓝色和古铜色等。它的常用厚度为 6mm。它的性能见表 2.4-6。

表 2.4-6　几种玻璃的性能比较

玻璃种类	可见光(%)		U 值[1]		遮阳系数	夏季白天相对增热	辐射率
	透过率	反射率	冬天晚上[2]	夏天白天[3]			
透明玻璃	89	8	153	0.4	0.95	204	0.84
表面着色的电浮法玻璃	51		0.95	0.95	0.76	162	
本体着色的吸热玻璃	44～45				0.69～0.72		

（续）

玻璃种类	可见光(%)		U值①		遮阳系数	夏季白天相对增热	辐射率
	透过率	反射率	冬天晚上②	夏天白天③			
溅射镀膜的反射玻璃	84	12~50	0.85~0.95		0.23~0.70	60~122	0.4~0.7
低辐射玻璃	77	14	0.31~0.35	0.85~0.95	0.66~0.73	138~150	0.08~0.15

① U值是由于室内外温差而传热（空气到空气）的总传热系数，U值越低，在一定时间内和一定气温差经材料传送的热量就越少，单位为 W/($m^2 \cdot K$)。

② 冬夜的 U值是由在没有阳光的夜晚，室外气温 -17.8℃，风速24.1km/h，室温21℃下计算得出的。

③ 夏日的 U值是由在室外气温32℃，风速12.07km/h，室温24℃，且阳光照射强度为2.84MJ/($h \cdot m^2$) 下计算得到的。

455. 什么是低辐射膜玻璃？

低辐射膜玻璃是镀膜玻璃的一种，它有较高的透过率，可以使70%以上的太阳可见光和近红外光透过，有利于自然采光，节省照明费用；但这种玻璃的镀膜具有很低的热辐射性，室内被阳光加热的物体所辐射的远红外光很难通过这种玻璃辐射出去，可以保持90%的室内热量，因而具有良好的保温效果。此外低辐射膜玻璃还具有较强的阻止紫外线透射的功能，可以有效地防止室内陈设物品、家具等受紫外线照射产生老化、退色等现象。低辐射膜玻璃一般不单独使用，往往与普通平板玻璃、浮法玻璃、钢化玻璃等配合，制成高性能的中空玻璃。

456. 什么是泡沫玻璃？

泡沫玻璃是以玻璃碎屑为原料，加少量发气剂，经发泡炉发泡后脱模退火而成的一种多孔轻质玻璃。其孔隙率可达80%~90%，气孔多为封闭型的，孔径一般为0.1~5.0mm。特点是热导率低，力学强度较高，表观密度小于160kg/m^3。不透水、不透气，能防火，抗冻性强，隔声性能好。可锯、钉、钻。是良好的绝热材料，可用作墙壁、屋面保温，或用于音乐室、播音室的隔声等。

457. 什么是玻璃砖、特厚玻璃和玻璃空心砖？

玻璃砖是块状玻璃的统称，包括透明、不透明、有色、表面施釉、表面涂层的块状实心玻璃、块状空心玻璃、泡沫玻璃以及制品等。

特厚玻璃是指厚度超出20mm的玻璃，通常由透明或有色的硅酸盐或硼酸盐玻璃用浮法（厚度小于30mm者）或压延法制成，有空心砖和实心砖两种。实心特厚玻璃是采用机械压制方法制成的。空心特厚玻璃是采用箱式模具压制而成的，两块玻璃加热熔接成整体的空心砖，中间充以干燥空气，经退火，最后涂饰侧面而成。特厚玻璃被誉为"透光墙壁"，它具有强度高、绝热、隔声、透明度高、耐水、耐火等多种优良性能。

特厚玻璃用来砌筑透光的墙壁，建筑物的非承重内外隔墙，淋浴隔断、门厅、通道等。特别适用于需要控制透光、眩光和太阳光等场合，如高级建筑、体育馆、图书馆等。

玻璃空心砖是由两块压铸成凹形的玻璃，经熔接或胶结而成的正方形或矩形玻璃砖块。由于经高温加热熔接后退火冷却，玻璃空心砖的内部有 2/3 个大气压。玻璃空心砖有正方形、矩形及各种异形产品，它分为单腔和双腔两种。双腔玻璃空心砖是在两个凹形半砖之间夹有一层玻璃纤维网，从而形成两个空气腔，具有更高的热绝缘性，但一般多采用单腔玻璃空心砖。

玻璃空心砖可以是平光的，也可以在里外压有各种花纹，颜色可以是无色的，也可以是彩色的，以提高装饰性。玻璃空心砖具有非常优良的性能，强度高、隔声、绝热、耐水、防火。玻璃空心砖常被用来砌筑透光的墙壁、建筑物的非承重内外隔墙、淋浴隔断、门厅通道。玻璃空心砖不能切割，施工时可用固定隔框或用 6mm 拉结筋结合固定框的方法进行加固。

458. 什么是玻璃马赛克？

玻璃锦砖又称玻璃马赛克，是一种小规格的方形彩色饰面玻璃。单块的玻璃马赛克断面略呈倒梯形，正面为光滑面，背面略带凹状沟槽，以利于铺贴时有较大的吃灰深度和粘结面积，粘结牢固而不易脱落。

玻璃马赛克具有较高的强度和优良的热稳定性、化学稳定性；微小气泡的存在，使其表观密度低于普通玻璃；非均匀质各部分对光的折射率不同，造成了光散射，使其具有柔和的光泽。将单块的玻璃马赛克按设计要求的图案及尺寸，用以糊精为主要成分的胶粘剂粘贴到牛皮纸上成为一联（正面贴纸）。

玻璃马赛克表面光滑、不吸水，所以抗污性好，具有雨水自涤、历久常新的特点；玻璃马赛克的颜色有乳白、姜黄、红、黄、蓝、白、黑及各种过渡色，有的还带有金色、银色斑点或条纹，可拼装成各种图案，或者绚丽豪华，或者庄重典雅，是一种很好的饰面材料，较多应用于建筑物的外墙贴面装饰工程。

第五章 建筑装饰塑料

459. 什么是塑料？它有哪些主要特性？

塑料是以合成树脂（高分子聚合物或预聚物）为主要成分，或加有其他添加剂，经一定温压塑制成型的材料。它与合成橡胶、合成纤维并称为三大合成高分子材料，其中塑料约占合成高分子材料的 75% 左右。建筑塑料所用的树脂，主要是合成树脂，参见图 2.5-1。

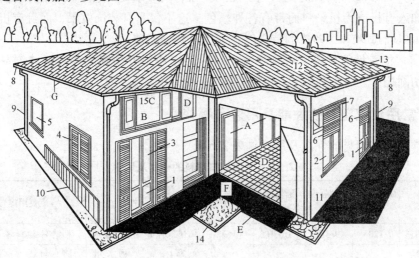

图 2.5-1 部分塑料制品在建筑上的应用

A—镶板门 B—玻璃门 C—贴面门 D—护墙板及电线槽板 E—铺地塑料

F—墙体保温 G—防水材料

1—落地塑料窗 2—推拉窗 3—推拉门 4—百叶窗 5—翻转窗 6—卷帘门

7—轮箱及窗帘架 8—檐槽及水斗 9—落水管 10—护板（隔断） 11—涂料

12—塑料（沥青）瓦 13—屋顶采光塑料 14—人造大理石、人造花岗岩 15—墙纸

塑料与传统建筑材料相比具有以下特性：

（1）装饰性、耐磨性好 掺入不同颜料，可以得到各种鲜艳色泽的塑料制品，耐磨性能优异，适用于作地面、墙面装修材料。

（2）耐水性、耐水蒸气性好 塑性制品的吸水性和透水蒸气性很低，适宜于作防水、防潮、给排水管道等。

（3）比重小、比强度高 塑料比重一般在 0.9～2.2 的范围内，平均约为铝的一半，钢的 1/5，混凝土的 1/3，而比强度（单位重量的强度）却高于钢材和混凝土，这正符合现代高层建筑的要求。

（4）耐化学腐蚀性优良 一般塑料对酸、碱、盐的侵蚀有较好的抵抗能力，这对装修材料是十分重要的。

（5）塑料长期暴露于大气中，会出现老化现象并变色。但在配方中加入适当的稳定剂和优质颜料，则可以满足建筑装修工程的要求。

（6）可燃性能差别很大。如聚苯乙烯，一点火即刻燃烧，而聚氯乙烯只有放到火焰中才会燃烧，当移去火焰时则自动熄灭（有自熄性）。在塑料制品配方中加入大量石棉填料，可以明显改善其可燃性。

（7）许多塑料具有优良的光学性能。如有机玻璃是无色、高度透明的材料，但可加入有机或无机染料而带有各种颜色，这不仅具有装饰效果，而且有机玻璃本身可以通过 90%～99% 的紫外线，远优于普通玻璃。

（8）加工性能优良，可用换制、挤压、压铸等方法制成各种形状制品，而不需切削加工。

460. 常用建筑塑料的性能及用途有哪些？

常用建筑塑料的性能及用途见表 2.5-1。

表 2.5-1 常用建筑塑料的性能及用途

种类	耐热温度/℃	抗拉强度/MPa	延伸率（%）	耐燃性	特　性	主要用途
酚醛塑料	120	49～56	1.0～1.5	很慢	电绝缘性好,耐水、耐光	粘结剂、涂料等
有机硅塑料	<250	18～30			耐寒、耐腐蚀、耐水,电绝缘性好	防水材料、高级绝缘材料
不饱和聚酯塑料	120	42～70	<5	自熄	电绝缘性好、耐腐蚀、绝热、透光	制作人造大理石、玻璃钢
聚氯乙烯硬塑料	50～70	35～63	20～40	自熄	电绝缘性好、耐腐蚀、常温强度好	装饰板、门窗、给排水管道
聚氯乙烯软塑料	65～80	7～25	200～400	缓燃～自熄	电绝缘性好、耐腐蚀	薄板、薄膜管道、壁纸、墙布、地毯
聚乙烯塑料	100	11～13	200～500	易	耐化学腐蚀、电绝缘、耐水	薄板、薄膜管道、电绝缘材料
聚苯乙烯塑料	65～95	35～63	1～3.6	易	耐水、电绝缘性好、透光	装饰透明件及各种灯罩、保温材料
聚甲基丙烯酸甲酯	100～120	40～77	2～10	易	质坚韧有弹性,耐水、透光性极佳	制作有机玻璃、浴缸、盥洗池等
聚丙烯塑料	30～39	30～49	>200	易	质轻、耐腐蚀、不耐磨	化工管道等

461. 塑料有哪些组成成分？

塑料有单成分塑料和多成分塑料之分。单成分塑料仅含合成树脂，如聚甲基丙烯酸甲酯制成的有机玻璃就属于此类。大多数塑料除合成树脂外，还含有填料、增塑剂、硬化剂、着色剂以及其他添加剂，属多成分塑料。

（1）合成树脂 合成树脂是塑料的基本组成材料、最主要成分，在多成分塑料中约占30%～60%，是决定塑料类型、性能及使用的根本因素。它在塑料中起胶黏剂作用。

合成树脂按生产时化学反应的不同，可分为聚合树脂［如聚乙烯（PE）、聚氯乙烯（PVC）］和缩聚树脂［如环氧（EP）、聚酯（PET）、聚氨酯（PU）、酚醛（PF）、脲醛（UF）、有机硅（SI）等］；按受热时性能变化的不同，又可分为热塑性树脂和热固性树脂。

热塑性树脂受热软化，温度升高逐渐熔融，冷却时又重新硬化，这一过程可重复，而对其性能及外观均无大的影响。如聚合树脂就属于热塑性树脂，其耐热性较低，刚度较小，抗冲击韧性较好。热固性树脂在加工时受热变软，但固化成型后，即使再加热也不能软化或改变其形状，只能塑制一次，如缩聚树脂就属于热固性树脂，其耐热性较高，刚度较大，质地硬而脆。

（2）填料 填料是塑料中所占比重最大的成分，掺量约为40%～70%。填料可提高塑料的强度、刚度；改善塑料的性能（如耐热性、导电性、耐磨性、阻燃性等），降低塑料制品的成本；减少塑料在常温下的蠕变。常用的无机填料有：氧化铁、云母、硅藻土、滑石粉、石棉、碳酸钙、石墨等；有机填料有：棉花、木粉、纸屑、羊毛、废布等。若用炭黑做填料，还可提高塑料的化学稳定性和抗老化性。

（3）增塑剂 增塑剂是塑料加工中成型中不可缺少的助剂之一。其主要作用是：改善塑料加工时的可塑性及流动性；改善塑料制品的柔韧性和弹性等。增塑剂通常是具有高沸点、不易挥发的、相对分子质量较低的液体，或低熔点的固体有机化合物。常用的增塑剂为酯类和酮类等。以上增塑剂各自的作用不相同。

（4）硬化剂 硬化剂，又称固化剂或熟化剂。不同品种的树脂采用不同的固化剂。

（5）着色剂 着色剂可使塑料具有特定的色彩和光泽，按其着色介质中或水中的溶解性可分为颜料和染料两大类。染料皆为有机化合物，可溶于被着色的树脂或水中，其透明度好，着色力强，但光泽的光稳定性及化学稳定性差，颜料一般为无机化合物，不溶于被着色介质或水，而通过本身的高分散性，颗粒分散于被染介质，它也起填料和稳定剂的作用。

（6）稳定剂 稳定剂可稳定塑料制品的质量，延长使用寿命。常用的稳定剂有铅白、环氧化物等。

此外，根据使用及加工的需要，塑料中还可使用润滑剂、抗静电剂、抗氧剂、阻燃剂、发泡剂、防霉剂、发光剂及香脂等。

462. 塑料有哪些主要类型？

（1）按使用性能和用途分类 塑料按使用性能不同，可分为通用塑料及工程塑料两类。前者是指一般用途的塑料，其用途广泛、产量大、价格较低，是建筑中应用较多的塑料。工程塑料是指具有较高力学强度和其他特殊性能的聚合物，在工业上，主要可作为工程结构、机械部件和化工设备等的材料。

（2）按热性能分类 塑料按其受热时所含树脂发生的不同变化，可分为热塑性塑料和热固性塑料两类。前者在受热时可反复成型，加工成型较简便且具有较高的力学性能，但耐热性及刚度较差。后者在成型过程中会发生化学反应而固化为体型结构，因而它在固化后不能加热反复成型，其耐热性及刚度较好，但力学强度较低。聚乙烯、聚氯乙烯、聚苯乙烯、聚甲醛、聚碳酸酯、橡胶等属热塑性塑料，酚醛树脂、环氧树脂、氨基树脂、不饱和聚酯等属热固性塑料。

463. 什么是塑料装饰板材？

塑料装饰板材是指以树脂为浸渍材料或以树脂为基材，采用一定的生产工艺制成的具有装饰功能的普通或异型断面的板材。塑料装饰板材以其重量轻、装饰性强、生产工艺简单、施工简便、易于保养、适于与其他材料复合等特点在装饰工程中得到愈来愈广泛的应用。

塑料装饰板材按原材料的不同可分为塑料金属复合板、硬质 PVC 板、三聚氰胺层压板、玻璃钢板、聚碳酸酯采光板、有机玻璃装饰板等类型。按结构和断面形式可分为平板、波形板、实体异型断面板、中空异型断面板、格子板、夹芯板等类型。

464. 三聚氰胺层压板（塑料贴面板）有哪些主要特点？

三聚氰胺层压板亦称纸质装饰层压板或塑料贴面板，是以厚纸为骨架，浸渍酚醛树脂或三聚氰胺甲醛等热固性树脂，多层叠合经热压固化而成的薄型贴面材料。

三聚氰胺甲醛树脂清澈透明、耐磨性优良，常用作表面层的浸渍材料，故通常以此作为该种板材的命名。

三聚氰胺层压板的结构为多层结构，即表层纸、装饰纸和底层纸。

表层纸的主要作用是保护装饰纸，增加表面的光亮度，提高表面的坚硬性、耐磨性和抗腐蚀性。要求该层吸收性能好、洁白干净，浸树脂后透明，有一定的湿强度。一般耐磨性层压板通常采用 25～30kg/m²、厚度 0.04～0.06mm 的纸。

第二层装饰纸主要起提供图案花纹的装饰作用和防止底层树脂渗透的覆盖作用，通常采用 100～200kg/m²，由精制化学木浆和棉木混合浆制成的厚纸。

第三层底层纸是层压板的基层，其主要作用是增加板材的刚性和强度，要求具有较高的吸收性和湿强度。一般采用 80～250kg/m² 的单层或多层厚纸。对于有防火要求的层压板还需对底层纸进行阻燃处理，可在纸浆中加入 5%～15% 的阻燃剂，如磷酸盐、硼砂等。

除以上的三层外，根据板材的性能要求，有时在装饰纸下加一层覆盖纸，在底层下加一层隔离纸。

三聚氰胺层压板耐热性优良，经 100℃ 以上的温度不软化、开裂和起泡，具有良好的耐烫、耐燃性。由于骨架是纤维材料厚纸，所以有较高的力学强度，其抗拉强度可达 90MPa，且表面耐磨。三聚氰胺层压板表面光滑致密，具有较强的耐污性、耐湿、耐擦洗、耐酸、碱、油脂及酒精等溶剂的侵蚀，经久耐用。

三聚氰胺层压板常用于墙面、柱面、台面、家具、吊顶等饰面工程。

465. 三聚氰胺层压板有哪些类型？

三聚氨胶层压板按其表面的外观特性分为有光型（代号 Y）、柔光型（代号 R）、双面型（S）、滞燃型（Z）四种型号。

有光型为单色、光泽度很高（反射率 80% 以上）。

柔光型不产生定向反射光线，视觉舒适，光泽柔和（反射率≯50%）。

双面型具有正反两个装饰面。

滞燃型具有一定的滞燃性能。

按用途的不同，三聚氰胺层压板又可分为三类，分别为用于平面装饰的平面板（代号 P）、具有高的耐磨性；立面板（代号 L），用于立面装饰，耐磨性一般；平衡面板（代号 H），只用于防止单面粘贴层压板引起的不平衡弯曲，而作平衡材料使用，故仅具有一定的物理力学性能，而不强调装饰性。

466. 什么是硬质 PVC 板？它有哪些类型、特点和用途？

硬质 PVC 板有透明和不透明两种。透明板是以 PVC 为基料，掺入增塑剂、抗老化剂，经挤压而成型。硬质 PVC 板按其断面形式可分为平板、波型板和异板等。

（1）平板 硬质 PVC 平板表面光滑、色泽鲜艳、不变形、易清洗、防水、耐腐蚀，同时具有良好的施工性能，可锯、可刨、可钻、可钉。常用于室内饰面、家具台面的装饰。

（2）波型板 这种波型断面既可以增加其抗弯刚度，同时也可通过其断面波形的变形来吸收 PVC 较大的伸缩。

彩色硬质 PVC 波型板可用作墙面装饰和简单建筑的屋面防水。透明 PVC 横波板可用作发光平顶，其放置在上型龙骨的翼缘上，上面安放照明灯。透明 PVC 纵波板，由于长度没有限制，适宜做成拱形采光屋面，中间没有接缝，水密性好。

（3）异型板 硬质 PVC 异型板，亦称 PVC 扣板，有两种基本结构。一种为单层异型板，另一种为中空异型板。单层异型板的断面形式多样，一般为方形波，以使立面线条明显。与铝合金扣板相似，两边分别做成沟槽和插入边，既可达到接缝防水的目的，又可遮盖固定螺钉。每条型材一边固定，另一边插入柔性连接。中空异型板为栅格状薄壁异型断面，该种板材由于内部有封闭的空气腔，所以有优良的隔热、隔声性能。同时其薄壁空间结构也大大增加了刚度，使其比平板或单层板材具有更好的抗弯强度和表面抗凹陷性，单位面积重量轻。该种异型板材的连接方式有企口式和沟槽式两种，目前较流行的为企口式。

硬质 PVC 异型板表面可印制或复合各种仿木纹、仿石纹装饰几何图案，有良好的装饰性。常用作墙板和潮湿环境（盥洗室、卫生间）的吊顶板。

（4）格子板 格子板具有空间体形结构，可大大提高其刚度，不但可减小板面的翘曲变形，而且可吸收 PVC 塑料板面在纵横两方向的热伸缩。格子板的立体板面可形成迎光面和背光面的强烈反差，使整个墙面或顶棚具有极富特点的光影装饰效果。格子板常用作体育馆、图书馆、展览馆或医院等公共建筑的墙面或吊顶。

467. 玻璃钢（GRP）板有哪些主要特点和用途？

玻璃钢（简称 GRP）是以合成树脂为基体，以玻璃纤维或其制品为增强材料，经成型、固化而成的固体材料。

玻璃钢采用的合成树脂有不饱和聚酯、酚醛树脂或环氧树脂。不饱和聚酯工艺性能好，可制成透光制品，可在室温常压下固化。目前制作玻璃钢装饰材料大多采用不饱和聚酯。

玻璃钢装饰制品具有良好的透光性和装饰性，可制成色彩艳丽的透光或不透光构件或饰件，其透光性与 PVC 接近，但具有散射光性能，故作屋面采光时，光线柔和均匀；其强度高（可超过普通碳素钢）、重量轻（$\rho = 1.4 \sim 2.2 \text{g/cm}^3$，仅为钢的 1/4~1/5），是典型的轻质高强材料；其成型工艺简单灵活，可制作造型复杂的构件；具有良好的耐化学腐蚀性和电绝缘性；耐湿、防潮，可用于有耐潮湿要求的建筑物的某些部位。玻璃钢制品的最大缺点是表面不够光滑。

常用的玻璃钢装饰板材有波型板、格子板、折板等。

468. 塑铝板有哪些主要特点和用途?

塑铝板是一种以 PVC 塑料作芯板，正、背两表面为铝合金薄板的复合板材。厚度为 3mm、4mm、6mm 或 8mm。该种板材表面铝板经阳极氧化和着色处理，色泽鲜艳。由于采用了复合结构，所以兼有金属材料和塑料的优点，主要特点为重量轻，坚固耐久，比铝合金薄板有强得多的抗冲击性和抗凹陷性；可自由弯曲，弯曲后不反弹，因此成型方便，沿弧面基体弯曲时，不需特殊固定，即可与基体良好地贴紧，便于粘贴固定；由于经过阳极氧化和着色、涂装表面处理，所以不但装饰性好而且有较强的耐候性；可锯、可铆、可刨（侧边）、可钻、可冷弯、冷折，易加工、易组装、易维修、易保养。

塑铝板已广泛地应用于建筑物的外幕墙和室内外墙面、柱面和顶面的饰面处理。

469. 聚碳酸酯（PC）采光板有哪些主要特点和用途?

聚碳酸酯采光板是以聚碳酸酯塑料为基材，是近年由国外引进的优质透光装饰板材。采光板的两面都覆有透明保护膜，有印刷图案的一面经紫外线防护处理，安装时应朝外，另一面无印刷图案的安装时应朝内。

聚碳酸酯采光板的特点为：轻、薄、刚性大。其单位面积质量为 1.70 ~ 2.94kg/m²，厚度虽不超过 16mm，但由于采用了多层空间栅格结构，所以刚性大、不易变形，能抵抗暴风雨、冰雹、大雪引起的破坏性冲击；色调多、外观美丽，有透明、蓝色、绿色、茶色、乳白等多种色调，极富装饰性；基本不吸水，有良好的耐水性和耐湿性；透光性好，6mm 厚的无色透明板透光率可达 80%；隔热、保温。由于采用中空结构，充分发挥了干燥空气热导率极小的特点，阻燃性好，该种板材有良好的阻燃性，被火燃烤不产生有毒气体，符合环保标准；耐候性好，板材表面经特殊的耐老化处理，长时间使用不老化、不变形、不退色，长期使用的允许温度范围为 -40 ~ 120℃；有足够的变形性，作为拱形屋面，最小弯曲半径可达 1050mm（6mm 厚的板材）。

聚碳酸酯采光板适用于遮阳棚、大厅采光天幕、游泳池和体育场馆的顶棚、大型建筑和庭园的采光通道、温室花房或蔬菜大棚的顶罩等。

470. 常用的塑料管道有哪些?

（1）硬聚氯乙烯（PVC-U）管　通常直径为 40 ~ 100mm。内壁光滑、阻力小、不结垢。无毒、无污染、耐腐蚀。使用温度不大于 40℃，故为冷水管。抗老化性能好、难燃。可采用橡胶圈柔性接口安装。

主要用于给水管道（非饮用水）、排水管道和雨水管道。

（2）氯化聚氯乙烯（PVC-C）管　力学强度高，适于受压的场合。使用温度可高达90℃左右，寿命可达50年。安装方便，连接方法为熔剂粘接、螺纹连接、法兰连接和焊接。阻燃、防火、导热性能低，管道热损少。管道内壁光滑，抗细菌的孳生性能优于铜、钢及其他塑料管道。热膨胀系数低，产品尺寸全（可做大口径管材），安装附件少，费用低。但应注意使用的胶水有毒性。

主要用于冷热水管、消防水管系统和工业管道系统。

（3）无规共聚聚丙烯管（PP-R管）　无毒、无害、不生锈，不腐蚀。有高度的耐酸性和耐氯化物性。耐热性能好，在工作压力不超过0.6MPa时，其长期工作水温可为70℃，短期使用水温可达95℃，软化温度为140℃。使用寿命长，使用寿命长达50年以上。耐腐蚀性好，不生锈，不腐蚀，不会孳生细菌，无电化学腐蚀。保温性能好，膨胀力小。适合采用嵌墙和地平面层内的直埋暗敷方式。水流阻力小。管材内壁光滑，不会结垢，采用热熔方式进行连接，牢固不漏，对环境无任何污染。

PP-R管的缺点是管材规格少（外径20～110mm）。抗紫外线能力差，在阳光的长期照射下易老化。属于可燃性材料，不得用于消防给水系统。

主要应用于饮用水管、冷热水管。

（4）丁烯管（PB管）　有较高的强度，韧性好、无毒。其长期工作水温为90℃左右，最高使用温度可达110℃。易燃、膨胀系数大、价格高。应用于饮用水、冷热水管。特别适用于薄壁小口径压力管道，如地板辐射采暖系统的盘管。

（5）交联聚乙烯管（PEX管）　普通高、中密度聚乙烯管经交联后变成交联聚乙烯，大大提高了其耐热性和抗蠕变能力，同时耐老化性能、力学性能和透明度等均有显著提高。

PEX管无毒、卫生、透明。有折弯记忆性、不可热熔连接、热蠕动性较小、低温抗脆性较差、原料较便宜。使用寿命可达50年。可输送冷、热水、饮用水及其他液体。阳光照射下可使PEX管加速老化，缩短使用寿命，避光可使塑料制品减缓老化，使用寿命长，这也是用于地热采暖系统的分水器前的地热管须加避光护套的原因；同时，也可避免夏季供暖停止时，光线照射产生水藻、绿苔，造成管路栓塞或堵塞。

PEX管主要用于地板辐射采暖系统的盘管。

（6）铝塑复合管　铝塑复合管是以焊接铝管或铝箔为中层，内外层均为聚乙烯材料（常温使用），或内外层均为高密度交联聚乙烯材料（冷热水使用），通过专用机械加工方法复合成一体的管材。

铝塑复合管长期使用温度（冷热水管）80℃，短时最高温度为95℃。安全无毒、耐腐蚀、不结垢、流量大、阻力小、寿命长、柔性好、弯曲后不反弹、安装简单。

应用于饮用水、冷、热水管。

(7) 塑复铜管 塑复铜管为双层结构,内层为纯铜管,外层覆裹高密度聚乙烯或发泡高密度聚乙烯保温层。塑复铜管无毒、抗菌卫生。不腐蚀、不结垢、水质好、流量大。强度高、刚性大、耐热、抗冻、耐久、长期使用温度范围宽(-70~100℃)、比铜管保温性能好。可刚性连接亦可柔性连接,安全牢固、不漏。初装价格较高,但寿命长,不需维修。

主要用作工业及生活饮用水,冷、热水输送管道。

471. 什么是塑料墙纸?

塑料墙纸是目前国内外使用最广泛的一种内墙装饰材料,它是以一定材料为基材、在其表面进行涂塑后再经过印花、压花或发泡处理等多种工艺而制成的。塑料墙纸与传统的墙纸及织物饰面材料相比,具有性能优越、装饰效果好、加工性能良好、施工方便、使用寿命长、易维修保养、适合大规模生产等优点。塑料墙纸可根据工程需要制成具有隔热、防潮、防霉、吸声等性能的品种。

472. 塑料墙纸的特点有哪些?

塑料墙纸是以纸为基材,以聚氯乙烯塑料为面层,经压延或涂布以及印刷、轧花、发泡等工艺而制成的。因为塑料壁纸所用的树脂均为聚氯乙烯,所以也称聚氯乙烯壁纸。该墙纸的特点是:

(1) 具有一定的伸缩性和耐裂强度。因此允许底层结构(如墙面、顶棚面等)有一定的裂缝。

(2) 装饰效果好。由于塑料壁纸表面可进行印花、压花发泡处理,能仿天然石材、木纹及锦缎,可印制适合各种环境的花纹图案,色彩也可任意调配,做到自然、高雅。

(3) 性能优越。根据需要可加工成具有难燃、隔热、吸声、防霉性,且不易结露,不怕水洗,不易受机械损伤的产品。

(4) 粘贴方便。塑料壁纸的湿纸状态强度仍较好,耐拉耐拽,易于粘贴,可用107粘合剂或乳白胶粘贴,且透气性能好,可在尚未完全干燥的墙面粘贴,而不致造成起鼓、剥落,施工简单,陈旧后易于更换。

(5) 使用寿命长,易维修保养。表面可清洗,对酸碱有较强的抵抗能力。

总之,塑料墙纸是目前国内外使用广泛的一种室内墙面装饰材料,也可用于顶棚、梁柱等处的贴面装饰。

473. 常用的塑料壁纸有哪几种?

(1) 纸基塑料壁纸 又称普通壁纸,是以 $80g/cm^3$ 的纸作基材,涂以 100g/

cm² 左右的聚氯乙烯糊状树脂，经印花、压花等工序制成。分为单色压花、印花压花、平光、有光印花等，花色品种多，生产量大，经济便宜，是使用最为广泛的一种壁纸。

（2）发泡壁纸　又可分低发泡壁纸、发泡压花印花壁纸和高发泡壁纸。发泡壁纸是以 $100g/cm^3$ 纸作为基材，上涂 PVC 糊状树脂 $300\sim400g/cm^2$，经印花、发泡处理制得。与压花壁纸相比，这种发泡壁纸富有弹性的凹凸花纹或图案，色彩多样，立体感更强，浮雕艺术效果及柔光效果良好，并且还有吸声作用。但发泡的 PVC 图案易粘落灰烟尘土，易脏污陈旧，不宜用在烟尘较大的候车室等场所。

（3）特种壁纸　也称专用壁纸，是指特种功能的壁纸。

1）耐水壁纸。它是用玻璃纤维毡作为基材，（其他工艺与塑料壁纸相同）配以具有耐水性的胶粘剂，以适应卫生间、浴室等墙面的装饰要求，它能进行洒水清洗，但使用时若接缝处渗水，则水会将胶粘剂溶解，会导致耐水壁纸脱落。

2）防火壁纸。它是用 $100\sim200g/cdm^3$ 的石棉纸作为基材，同时面层的 PVC 中掺有阻燃剂，使该种壁纸具有很好的阻燃防火功能，适用于防火要求很高的建筑室内装饰，另外，防火壁纸燃烧时，也不会放出浓烟或毒气。

3）特殊装饰效果壁纸。它的面层采用金属彩砂、丝绸、麻毛棉纤维等制成的特种壁纸，可使墙面产生光泽、散射、珠光等艺术效果，使被装饰墙面四壁生辉，可用于门厅、柱头、走廊、顶棚等局部装饰。

4）风景壁画型壁纸。壁纸的面层印刷风景名胜、艺术壁画，常由多幅拼接而成，适用于装饰厅堂墙面。

474. 常见塑料壁纸有哪些品种、规格和性能？

几种常见塑料壁纸的品种、规格、性能及产地见表 2.5-2。

表 2.5-2　塑料壁纸品种、规格和性能

名称	品　种	规格/mm	技术性能	
			项　目	指　标
中、高档壁纸	印花、压花、印花发泡壁纸、仿瓷砖、仿织物壁纸	幅度:530,长度:1000 每卷:5.3m²	产品达到欧洲壁纸标准(PREN233)和国际壁纸协会(IGI1987)以及国际草案优级品要求	
高级浮雕壁纸	密突压花、印花壁纸,低、中、高发泡印花壁纸	幅宽:530,长度:1000 每卷:5.3m²		
PVC塑料壁纸	印刷壁纸、压花壁纸、发泡压花、印刷发泡、印花压花壁纸,布基壁纸及阻燃等功能型壁纸	幅度:920,1000,12000 长度:15000、30000、50000	耐磨性(干擦25次,湿擦2次) 纵向湿强度(N/1.5cm) 退色性(光化) 施工性	无明显掉色 2以上 不变色退色 良好,无浮起剥落

（续）

名称	品　种	规格/mm	技术性能	
			项　目	指　标
PVC壁纸	全封闭、高发泡壁纸	幅宽:500 正负公差≤1% 厚:1.0±0.1	耐磨性(干湿级) 湿强度(N/15cm) 退色性(级) 遮盖性(级) 施工性	≥3.6 ≥2 ≥3.6 ≥3 无浮起剥落
塑料壁纸	有轧花、发泡轧花、印花轧花、沟底印轧花、发泡印花轧花等	幅宽:970~1000 长:50m/卷		

与其他各种装饰材料相比，壁纸的艺术性、经济性和功能性综合指标最佳。

475. 墙面装饰塑料与传统墙面装饰材料相比有哪些不同的特性?

墙面装饰塑料与传统墙面装饰材料相比有以下特性：

（1）艺术性　选用塑料装饰材料对墙面进行装饰，可使墙面在花纹、颜色、光泽及触感上都优于涂料、木材的装饰效果，并可获得浮雕、珠光等艺术效果，同时也可获得仿瓷、仿木、仿大理石、仿粘土红砖及仿合金型材等工艺艺术效果。采用板类材料，线条清晰，尺寸规整；采用壁纸墙布，色彩艳丽高雅，艺术图案丰富，所以墙面装饰塑料最适宜做墙体装饰材料。

（2）使用性　多数塑料护墙面板类塑料装饰板和部分壁纸，都可擦洗，耐污染，并且塑料装饰材料与石材、陶瓷、金属相比，热导率小，隔热保温性能好，触感较佳，使用性能良好。

（3）应用时需注意的几个问题　该种装饰材料的燃烧性等级应予以重视，同时应注意其老化特性，使用塑料类材料作墙面装饰时，还应注意其封闭性，即这种材料的水密性及气密性，有时常出现由于塑料墙体材料的封闭性，破坏了砖墙体及混凝土墙体的呼吸效应。

476. 塑料地板有哪些特性?

塑料地板是以高分子合成树脂为主要材料，加入其他辅助材料，经一定的制作工艺制成的预制块状、卷材状或现场铺涂整体状的地面材料。

塑料地板有许多优良性能：

（1）种类花色繁多，具有良好的装饰性能　塑料地板不但可仿木材、石材等天然材料，而且可任意拼装组合成变化多端的几何图案，使室内空间活泼、富于变化，有现代气息。

（2）功能多变、适应面广　通过调整材料的配方和采用不同的制作工艺，可得到适应不同需要、满足各种功能要求的产品。

（3）质轻、耐磨、脚感舒适　塑料地板单位面积的质量在所有铺地材料中是最轻的（每平方米仅3kg左右），可减小楼面荷载。其耐磨性完全能满足室内铺地材料的要求。PVC地面卷材地板经12万人次的通行，磨损深度不超过0.2mm，好于普通水泥砂浆地面。塑料地板可做成加厚型或发泡型，弹性好，且热导率适宜，令脚感舒适，不感生冷。

（4）施工、维修、保养方便　塑料地板施工为干作业，在平整的基层上可直接粘贴，特别是卷材地板直接铺设即可，极为简单。块材塑料地板局部损坏可及时更换，不影响大局。使用过程中，塑料地板可用温水擦洗，不需特殊养护。

477. 塑料地板有哪些类型？

塑料地板按其外形可分为块材地板和卷材地板。按其组成和结构特点可分为单色地板、透底花纹地板、印花压花地板。按其材质的软硬程度可分为硬质地板、半硬质地板和软质地板，目前采用的多为半硬质地板和硬质地板。按所采用的树脂类型可分为聚氯乙烯（PVC）地板、聚丙烯地板和聚乙烯—醋酸乙烯酯地板等，国内普遍采用的是PVC塑料地板。

478. 塑料地板有哪些性能指标？

（1）尺寸稳定性　主要是考虑PVC等塑料具有较大的胀缩性，当温度变化时，其平面尺寸胀缩会使接缝宽度变大或接缝处顶起，影响整体铺设质量。

（2）翘曲性　主要是指塑料地板铺设后边缘是否易发生翘曲变形。引起翘曲的主要原因是地板不同层的尺寸稳定性不同，故单层均质塑料地板比多层非均质地板翘曲性要好得多。

（3）耐凹陷性　是指塑料地板抵抗家具等重物的静荷载作用引起的凹陷的能力和对已造成的凹陷的恢复能力。

（4）耐磨性　是衡量塑料地板表面耐磨程度的一项主要指标。一般塑料地板中填料越多，其耐磨性越差。半硬质PVC块材地板磨耗量不大于$0.015 \sim 0.02g/cm^2$，而带基材的PCV卷材地板磨耗量仅$0.0025 \sim 0.004g/cm^2$。

（5）自熄性和耐烟头烫性　是指塑料地板表面耐燃烧自熄和局部耐高温的能力。PVC塑料一般具有良好的自熄性，但其中所加的增塑剂往往是可燃的，因此某些塑料地板，特别是软质的塑料地板（含增塑剂较多），不一定具有自熄性。耐烟头烫性主要是指烟头踩灭后，地板上是否产生焦斑或凹陷，软质发泡地板的此指标稍差。

除以上各主要指标外，塑料地板还有耐刻划性、耐化学腐蚀性和耐久性等性能要求。

479. 单色 PVC 块材地板有哪些品种?

PVC 单色块材地板按其结构可分为三个品种:

(1) 单层均质型　为均一材质单层结构,一般采用新料生产。若采用回收再生料生产,受回收废料的限制,一般仅有铁黄色和铁红色等有限几种色调。

(2) 复合多层型　该种单色块材地板由 2 ~ 3 层复合而成。虽各层材质基本相同,但仅面层采用新料,其他各层常采用回收再生料,而且各层填充料含量也不同,通常面层填充料少而底层含填充料多,以增加面层的耐磨性和底层的刚性。

(3) 石英加强型　它以石英砂为填充料,为均质单层型结构。由于有石英砂增强,所以有效提高了地板的耐磨性和耐久性。

单色块材地板一般为单色,有红、白、绿、黑、棕等多种颜色,可单色或多色搭配使用。除单色外,还在表面拉有杂色以形成大理石纹。单色块材地板通常为半硬质和硬质。

PVC 单色块材地板的特点为:硬度较大、脚感略有弹性、行走无噪声;单层型的不翘曲,长期使用仍平整,但多层型翘曲性稍大;耐凹陷,耐沾污,但耐刻划性较差,力学强度较低,不耐折;色彩丰富,图案可组性强;价格较低,保养方便。

480. 印花 PVC 块材地板有哪些品种?

印花 PVC 块材地板是表面印刷有彩色图案的 PVC 地板。常见的有两种类型。

(1) 印花贴膜型　该种印花块材地板由面层、印刷油墨层和底层构成。底层为加有填料的 PVC 或回收再生塑料制成。可为单层或二、三层贴合而成,主要提供地板的刚性、强度等力学性能。面层为透明的 PVC,厚度为 0.2m 左右,主要作用是增加表面的耐磨度并显示和保护印刷油墨层的印刷图案。印刷油墨层为压延法生产的 PVC 薄膜上印刷图案制成。

该种地板装饰效果好,有木纹、石纹和几何造型多种花色图案;有半硬质、软质等多种硬度可供选择;耐刻划性和耐磨性比单色地板好;由于为多层结构,各层胀缩性能不同,可能产生翘曲;表面透明 PVC 层易被烟头烧烫产生焦斑;面层含增塑剂较多,易沾灰留下脚印,耐沾污性不如单色地板。

(2) 印花压花型　该种地板表面没有透明的 PVC 膜层,印刷图案是采用凸出较高的印刷辊,印花的同时压出立体花纹。由于油墨图案是随压花印在凹型纹底部,所以又称沟底压花,图案常为线条、粗点,仿水磨石、天然石材等较粗线条的图案，这种结构即使没有面层，油墨印刷图案也不易磨损。

印花贴膜型块材地板适用于图书馆、学校、医院、剧院等烟头危害较轻的公共建筑，也适用于民用住宅。

481. PVC 卷材地板有哪些品种？

PVC 卷材地板亦称地板革，属于软质塑料卷材地板。PVC 卷材地板按其结构和性能分为均质软性卷材地板、印花不发泡卷材地板和印花发泡卷材地板。

（1）均质软性卷材地板 该种卷材地板一般为单色，也可拉有花纹。均质软性 PVC 卷材地板由于是均质结构且填料含量较少，所以材质较软，有一定弹性、脚感舒适。虽耐烟头烫性不如半硬质块材地板，但轻度烧伤可用砂纸擦除，且翘曲性较小，耐刻划性、耐沾污性、耐磨性都较好。适用于公共建筑场合。

（2）印花不发泡卷材地板 该种卷材地板为三层结构，即透明 PVC 面层、印刷层和厚度为 0.6 ~ 0.8mn 的基层。面层有一定的光泽，为降低表面的反光，通常压有桔皮纹或圆点纹。印刷图案有仿瓷砖、仿大理石、仿拼花木等。印花不发泡卷材地板属低档地面卷材，价格较便宜，适用于办公室、会议室和一般民用住宅的地面装饰。

（3）印花发泡卷材地板 该种卷材地板为有底层的多层复合塑料地板，通常为四层结构，即底层、发泡 PVC 层、印刷层和透明 PVC 面层。

发泡 PVC 层主要作用是使卷材地板有弹性、吸声性，同时兼作印刷时的基层。印刷层是印在发泡 PVC 层上，使发泡层的发泡受到抑制，从而形成凹下的花纹，类似于机械压花一样，但不会出现压花与图案错位的现象。PVC 面层主要起保护印刷图案的作用，同时是表面的磨耗层，有优良的耐磨性。

该种卷材地板是目前应用最为广泛的一种中档地面卷材，其弹性好、脚感舒适、噪声小、耐磨性优良、图案花色多、富于立体感。但表面耐烟头烫性差，同时由于是多层结构，使用中可能发生翘曲。

482. 什么是塑钢门窗？

塑钢门窗具有外形美观、尺寸稳定，抗老化、不退色、耐腐蚀、耐冲击、气密、水密性能优良、使用寿命长等优点。目前发达国家塑钢门窗已形成规模巨大、技术成熟、标准完善、社会协作周密、高度发展的生产领域，被誉为继木、钢、铝之后崛起的新一代建筑门窗。

塑钢门窗是以聚氯乙烯（PVC）树脂为主要原料，加上一定比例的稳定剂、改性剂、填充剂、紫外线吸收剂等助剂，经挤出加工成型材，然后通过切割、焊接的方式制成门窗框、扇，配装上橡塑密封条、五金配件等附件而成。为增加型材的刚性，在型材空腔内填加钢衬，所以称之为塑钢门窗。

483. 塑钢门窗有哪些主要性能和特点？

（1）保温、节能性能　塑料型材为多腔式结构，具有良好的隔热性能。其传热系数特小，仅为钢材的1/357、铝材的1/1250。

（2）物理性能

1）空气渗透性（气密性）是在10Pa压力下，单位缝长渗透小于$0.5m^3/(m \cdot h)$。

2）雨水渗透性（水密性）是保持不发生渗漏的最高压力为100Pa。

3）抗风压性能，是受力构件相对挠度为1/300时的抗风压强度值，安全检测结果为2500Pa。

4）隔声性，隔声能降噪至32dB。

5）传热系数，$2.45W/(m^2 \cdot K)$。

6）耐候性，经有关部门用人工加速老化试验表明，塑钢门窗长期使用于温差较大的环境中（−50～70℃），烈日暴晒、潮湿都不会使塑钢门窗出现变质、老化及脆化等现象。

第六章 建筑装饰石膏、装饰水泥砂浆、装饰混凝土及其制品

484. 建筑石膏是什么？

石膏是一种气硬性胶凝材料，只能在空气中凝结硬化，并在空气中保持和发展其强度，不能在水中凝结硬化。建筑装饰工程用石膏，主要有建筑石膏、模型石膏、高强石膏、粉刷石膏等。还可以做成石膏抹面灰浆、装饰制品和石膏板、装饰花、装饰配件、石膏线角等。

石膏及其制品具有造型美观、表面光滑、细腻，且又有轻质、吸声、保温、防火等特点。

生产石膏的原料主要为含硫酸钙的天然石膏（又称生石膏）或含硫酸钙的化工副产品和废渣，化学式为 $CaSO_4 \cdot 2H_2O$，也称二水石膏。常用天然二水石膏制备建筑石膏。将天然二水石膏在干燥条件下加热至 $107 \sim 170℃$，脱去部分水分即得熟石膏（也称半水石膏），这就是建筑石膏。

目前应用较多的是在建筑石膏中掺入各种填料加工制成各种石膏制品（如纸面石膏板、纤维石膏板、石膏空心板、石膏装饰板、石膏砌块、石膏吊顶等），用于建筑物的内隔墙、墙面和篷顶的装饰装修等。

石膏板具有长期徐变的性质，在潮湿的环境中更为严重，且建筑石膏自身强度较低，又因其呈微酸性，不能配加强钢筋，故不宜用于承重结构。为进一步改善石膏的耐水性以扩大其应用范围，可掺入水泥、粒化高炉矿渣、石灰、粉煤灰或有机防水剂，也可在石膏板表面采用耐水护面纸或防水高分子材料，采取面层防水保护等技术措施。

485. 建筑石膏有什么技术要求？

建筑石膏的技术要求主要有强度、细度和凝结时间，并按强度、细度和凝结时间划分为优等品、一等品和合格品，各等级的强度与细度应满足表 2.6-1 中的要求；各等级建筑石膏的初凝时间不得小于 6min，终凝时间不得大于 30min。

486. 建筑石膏有什么性质？

（1）凝结硬化快、强度较低 半水石膏水化转变为二水石膏时，理论需水量仅为石膏质量的 18.6%，为使石膏浆体具有必要的可塑性，通常需加水 60%

~80%，硬化后这些多余的水分蒸发，在石膏硬化体内留下很多孔隙，从而导致强度较低。

表 2.6-1　建筑石膏备等级的强度和细度数值（GB9776—1988）

项目	优等品	一等品	合格品	备注
抗折强度/MPa，≮	2.5	2.1	1.8	表中强度值为 2h 的强度值
抗压强度/MPa，≮	4.9	3.9	2.9	
细度 0.2mm 方孔筛筛余(%)，≮	5.0	10.0	15.0	

有时，为满足施工操作的要求，往往需掺加适量的缓凝剂，如动物胶、亚硫酸纸浆废液，也可掺硼砂或柠檬酸等。

建筑石膏在运输及贮存时应防止受潮，一般储存 3 个月后，强度下降 30% 左右。

（2）体积略有膨胀　石膏浆体在凝结硬化初期略有膨胀，膨胀率为 0.5% ~ 1.0%。正因为这一特性使石膏制品在硬化过程中不会产生裂缝，而使其造型棱角清晰、饱满，且表面光滑、装饰效果好，加之石膏制品色白、细腻，适宜制作建筑装饰制品。

（3）孔隙率大、重量轻但强度低　石膏凝结后多余水分蒸发，导致孔隙率大、重量减轻、强度降低。抗压强度仅为 3 ~ 5MPa。

（4）具有良好的保温隔热和吸声性能　石膏硬化体中微细的毛细孔隙率高，热导率小，一般为 0.121 ~ 0.205W/(m·K)，故隔热保温性能好，是理想的节能材料。同时，石膏中含有大量微孔，使其对声音传导或反射的能力显著下降，因此具有较强的吸声能力。

（5）耐水性差、抗冻性差　由于建筑石膏硬化后呈多孔状态，且二水石膏微溶于水，具有很强的吸湿性和吸水性，所以，石膏制品耐水性和抗冻性较差。石膏的软化系数只有 0.2 ~ 0.3。

（6）调温、调湿性较好　建筑石膏具有热容量较大，吸湿性较好的特点，故能调节室内温度和湿度，保持室内小气候的均衡状态。

（7）具有良好的防火性　建筑石膏与水作用转变为 $CaSO_4 \cdot 2H_2O$，硬化后的石膏制品中含有占其质量 20.93% 的结晶水，这些水在常温下是稳定的，但当遇到火灾时，结晶水将变为水蒸气而蒸发，这时需要吸收大量热能，从而可延缓石膏制品本身的温度升高，同时在面向火源的表面上形成一层水蒸气幕，可有效地阻止火势蔓延。

（8）有良好的装饰性和可加工性　石膏不仅表面光滑饱满，而且质地细腻，颜色洁白，装饰性好。此外，硬化石膏可锯、可钉、可刨，具有良好的加工性。

487. 什么是模型石膏？

模型石膏也称自型半水石膏，其杂质少、色白。主要用于陶瓷的制坯工艺，少量用于装饰浮雕。

488. 什么是高强石膏？

将二水石膏放在压蒸锅内，在 13 个大气压（124℃）下蒸炼，则会自行生成 α 型的半水石膏，将此石膏磨细得到的白色粉末称为高强石膏。由于调成可塑性浆体时，需水量（35% ~ 45%）只是建筑石膏的一半左右，所以这种石膏硬化后具有较高的密度，故强度较高，7d 强度可达 5 ~ 40MPa。高强石膏主要用于室内高级抹灰、各种石膏板、嵌条、大型石膏浮雕画等。

489. 石膏装饰制品要有哪些？

石膏装饰制品主要有装饰板、装饰吸声板、装饰线角、花饰、装饰浮雕壁画、画框、挂饰及建筑艺术造型等。

490. 什么是装饰石膏板？它有哪些类型和性质？

装饰石膏板是以建筑石膏为主要原料，掺入适量纤维增强材料和外加剂，与水一起搅拌成均匀的料浆，经浇注成型，干燥而成的不带护面纸的板材。所用的纤维材料有玻璃纤维，为了增加板的强度，也可附加长纤维或用玻璃长纤维捻成绳，在石膏板成型过程中，呈网格方式布置在板内。装饰石膏板是一种具有良好防火性能和隔声性能的吊顶板材。这种板材密度适中，强度较高，施工简便、快捷。板面可制成平面型的，也可制成有浮雕图案的，以及带有小孔洞的装饰石膏板。

（1）分类　装饰石膏板按其正面形状和防潮性能的不同分类，见表 2.6-2。

表 2.6-2　装饰石膏板的分类与代号（GB 9777—1988）

分类	普通板			防潮板		
	平板	孔板	浮雕板	平板	孔板	浮雕板
代号	P	K	D	EP	FK	EB

（2）规格　装饰石膏板为正方形，其棱角断面形式有直角型和倒角型两种。

装饰石膏板表面洁白，花纹图案丰富，孔板和浮雕还具有较强的立体感。质地细腻，给人以清新柔和之感，并兼有轻质、保温、吸声、防火、防燃，还能调节室内温度等特点。

装饰石膏板可用于宾馆、商场、餐厅、礼堂、音乐厅、练歌房、影剧院、会议室、医院、候机室、幼儿园、住宅等建筑的墙面和吊顶装饰。对湿度较大的环境应使用防潮板。

491. 装饰石膏板的技术要求有哪些?

装饰石膏板正面不应有影响装饰效果的气孔、污痕、裂纹、缺角、色彩不均和图案不完整等缺陷。

(1) 板材的含水率、吸水率、受潮挠度应满足表 2.6-3 的要求。

表 2.6-3　装饰石膏板含水率、吸水率及受潮挠度要求（GB 9777—1988）

项　　目	优等品		一等品		合格品	
	平均值	最大值	平均值	最大值	平均值	最大值
含水率(%), ≯	2.0	2.5	2.5	3.0	3.0	3.5
吸水率(%), ≯	5.0	6.0	8.0	9.0	10.0	11.0
受潮挠度/mm, ≯	5	7	10	12	15	17

(2) 板的断裂荷载及单位面积质量应满足表 2.6-4 的要求。

表 2.6-4　装饰石膏板的断裂荷载及单位面积质量要求（GB 9777—1988）

板材代号	断裂荷载/N						厚度 /mm	单位面积质量/(kg/m²)					
	优等品		一等品		合格品			优等品		一等品		合格品	
	平均值	最小值	平均值	最小值	平均值	最小值		平均值	最小值	平均值	最小值	平均值	最小值
P,K,FP,FK	176	150	147	132	118	106	9	8.0	9.0	10.0	11.0	12.0	13.0
							11	10.0	11.0	12.0	13.0	14.0	15.0
D,FS	186	168	167	150	147	132	9	11.0	12.0	13.0	14.0	15.0	16.0

注：D、FS 的厚度系指棱边厚度。

492. 什么是嵌装式装饰石膏板? 它有哪些类型和性质?

以建筑石膏为主要原料，掺入适量的纤维增强材料和外加剂，与水一起搅拌成均匀的料浆，经浇注成型、干燥而成的不带护面纸的、板材背面四周加厚并带有嵌装企口的石膏板称为嵌装式装饰石膏板。它的正面可为平面、带孔或带浮雕图案，代号为 QZ。

嵌装式吸声石膏板是以带有一定数量穿透孔洞的嵌装式装饰石膏板为面板，并在背面复合吸声材料，使其具有一定吸声特性的板材，代号为 QS。这两种石膏板常与 T 形铝合金龙骨配套用于吊顶工程。

嵌装式装饰石膏板的性能与装饰石膏板的性能相同。此外它也具有各种色彩、浮雕图案、不同孔洞形式（圆、椭圆、三角形等）及其不同的排列形式。

它与装饰石膏板的区别在于嵌装式装饰石膏板在安装时只需嵌固在龙骨上，不再需要另行固定，此外，板材的企口相互咬合，故龙骨不外露。整个施工全部为装配化，并且任意部位的板材均可随意拆卸或更换，极大地方便了施工。嵌装式装饰吸声石膏板主要用于吸声要求高的建筑物装饰，如音乐厅、礼堂、影剧院、播演室、录音室等。使用嵌装式装饰石膏板最好选用与之配套的龙骨。

嵌装式装饰石膏板的技术要求：嵌装式装饰石膏板单位面积质量的平均值应不大于 $16.0kg/m^2$，单个最大值应不大于 $18.0kg/m^2$。正面不得有影响装饰效果的气孔、污痕、裂纹、缺角、色彩不均和图案不完整等缺陷。

493. 什么是普通纸面石膏板？它有哪些类型和性质？

普通纸面石膏板是以建筑石膏为主要原料，掺入纤维和外加剂构成芯材，并与护面纸牢固地结合在一起的建筑板材。护面纸板主要起到提高板材抗弯、抗冲击的作用。有纸覆盖的纵向边称为棱边，垂直棱边的切割边称为端头，护面纸边部无搭接的板面称为正面，护面纸边部有搭接的板面称为背面，平行于棱边的板的尺寸为长度，垂直于棱边的板的尺寸称为宽度，板材正面和背面间的垂直距离称为厚度。

（1）形状　普通纸面石膏板根据棱边的形状分为矩形（代号 PJ）、45℃倒角形（代号 PD）、楔形（代号 PC）、半圆形（代号 PB）和圆形（代号 PY）五种。

（2）性质　普通纸面石膏板具有质轻、抗弯和抗冲击性强、保温、防火、吸声、收缩率小的性能，可锯、可钉、可钻，并可用钉子、螺栓和以石膏为基材的胶粘剂或其他胶粘剂粘结，施工简便。当与钢龙骨配合使用时，可作为 A 级不燃性装饰材料使用；普通纸面石膏板耐水性差，受潮后强度明显下降，并会产生较大变形或较大的挠度，板材的耐火极限一般为 5～15mm；普通纸面石膏板的表观密度为 800～950kg/m³；热导率为 0.193W/(m·K)；双层隔声性能较好，可减少 35.5dB；它的强度比石膏装饰板高；强度与板厚有关。纸面石膏板尺寸规范、表面平整，还可以调节室内湿度。

普通纸面石膏板仅适用于干燥环境下的室内隔断和吊顶，不适于厨房、卫生间，以及空气相对湿度大于70%的潮湿环境。其做装饰材料时须进行饰面处理，才能获得理想的装饰效果，如喷涂、辊涂或刷涂装饰涂料，背糊壁纸；镶贴各种玻璃片、金属抛光板等。

普通纸面石膏板与轻钢龙骨构成的墙体体系为轻钢龙骨石膏板体系（简称QST）。其构造主要有两层板墙和四层板墙；前者适用于分室墙，后者适用于分户墙。该体系的自重仅为 30～50kg/m²，墙体内的空腔还可方便管道、电线等的埋设，此外该体系还具有普通纸面石膏板的各种优点。

494. 什么是吸声用穿孔石膏板？它有哪些类型和性质？

吸声用穿孔石膏板是指以穿孔的装饰石膏板或纸面石膏板为基础板材，与吸声材料或背覆透气性材料组合而成的石膏板。

吸声用穿孔石膏板具有较高吸声性能，由它构成的吸声结构按板后有背覆材料、吸声材料及空气间层的厚度，其平均吸声系数可达 0.11 ~ 0.65。以装饰石膏板为基板的还具有装饰石膏板的各种优良性能。以防潮、耐水和耐火石膏板为基材的还具有较好的防潮性、耐水性和遇火稳定性。吸声用穿孔板的抗弯、抗冲击性能及断裂荷载较基板低，使用时应予以注意。

吸声用穿孔石膏板主要用于音乐厅、影剧院、演播室、会议室以及其他对音质要求高的或对噪声限制较严的场所，作为吊顶、墙面等的吸声装饰材料。使用时可根据建筑物的用途或功能及室内湿度的大小，来选择不同的基板，如干燥环境可选用普通基板，相对湿度大于70%的潮湿环境应选用防潮基板或耐水基板，重要建筑或防火等级要求高的应选用耐火基板。表面不再进行装饰处理的，其基板应为装饰石膏板；需进一步进行饰面处理的，其基板可选用纸面石膏板。

495. 什么是特种耐火石膏板？它有哪些类型和性质？

特种耐火石膏板是以建筑石膏为芯材，内掺多种添加剂，板面上复合专用玻璃纤维毡，生产工艺与纸面石膏板相似。

特种耐火石膏板按燃烧属于 A 级建筑材料。板的自重略小于普通纸面石膏板。板面可丝网印刷、压滚花纹。板面上有直径 1.5 ~ 2.0mm 的透孔，吸声系数为 0.34。因石膏与毡纤维相互牢固地粘合在一起，遇火时粘接剂可燃烧炭化，但玻纤与石膏牢固连接，支撑板材整体结构抗火而不被破坏。其遇火稳定时间可达 1h，热导率为 0.16 ~ 0.18W/(m·K)。适用于防火等级要求高的建筑物或重要建筑物的吊顶、墙面、隔断等的装饰材料。

496. 艺术石膏浮雕装饰制品有哪些类型和性质？

石膏浮雕装饰制品是目前国内十分流行的一种室内装饰材料。它具有造型生动、高雅、豪华、立体感强、可随意改变色彩及不变形、不老化、不退色、无毒、耐潮、阻燃等特点。以其成套产品装饰时，可从中心的浮雕灯圈、浮雕角花到四周的浮雕角线形成三个层次。

（1）装饰石膏线角 其表面呈现弧形和雕花形。规格尺寸很多，线角的宽度为 45 ~ 300mm，长度一般为 1800 ~ 2300mm。它主要在室内装修中组合使用，如采取多层线角贴合，形成吊顶局部变高的造型处理；线角与贴墙板、踢脚线合用可构成代替木材的石膏墙裙，即上部用线角封顶，中部为带花饰的防水石膏板，底部用条板作踢脚线，贴好后再刷涂料；在墙上用线角镶裹壁画、彩饰后形成画框等，如图2.6-1所示。

（2）石膏造型　单独用或配合廊柱用，人体或动物造型也有应用。

（3）石膏壁画　是集雕刻艺术与石膏制品于一体的饰品。整幅画面可大到1.8m×4m。画面有山水、松竹、飞鹤、腾龙等。它是多块小尺寸预制件拼合而成。

（4）艺术顶棚、灯圈、角花　一般在灯座处及顶棚四角粘贴，顶棚和角花多为雕花形或弧形石膏饰件，灯圈多为圆形花饰，直径0.9~2.5m，美观、雅致，如图2.6-2所示。

图2.6-1　艺术石膏浮雕线角

（5）石膏花台　石膏花台的形体为1/2球体，可悬置空中，上插花束而呈半球花篮状，又可为1/4球体贴墙面而挂，或1/8球体置于墙壁阴角。

（6）艺术廊柱　仿欧洲建筑流派风格造型，有柱头，有盆状、漏斗状或花篮状等，如图2.6-3所示。

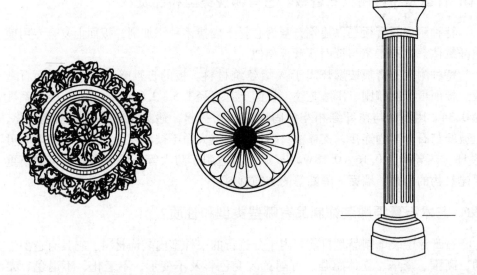

图2.6-2　浮雕艺术石膏灯圈

图2.6-3　装饰石膏罗马柱

497. 什么是印花装饰石膏板？

印花装饰石膏板一般以纸面石膏板为基础板材，板两面均有护面纸或保护膜，面层又经印花等工艺而成。这种板材不仅具有纸面石膏板材的特点，板面上还印有单色或多色的图案，具有独特的装饰效果。

印花装饰石膏板外观质量的技术尺寸、含水率、断裂荷载等要求，可参照普通纸面石膏板或吸声用穿孔石膏板的要求。对涂层的质量要求为：一定的耐湿性，即在相对湿度80%～90%、温度25℃条件下涂层不变色；一定的耐磨性，即100次洗刷不露面纸，花纹图案不脱落。

498. 什么是耐水纸面石膏板？

耐水纸面石膏板是以建筑石膏为主要原料，掺入适量耐水外加剂构成耐水芯材，并与耐水的护面纸牢固粘结在一起的轻质建筑板材。耐水纸面石膏板具有较高的耐水性，其他性能与普通纸面石膏板相同。它主要用于厨房、卫生间、厕所等潮湿场合的装饰。其表面也需进行饰面处理，以提高装饰效果。

耐水纸面石膏板的含水率、吸水率、表面吸水率应满足表2.6-5的要求。

表2.6-5　耐水纸面石膏的含水率、吸水率、表面吸水率要求（GB 11978—1989）

含水率(%)				吸水率(%)，≯						表面吸水率(%)，≯		
优等品、一等品		合格品		优等品		一等品		合格品		优等品	一等品	合格品
平均值	最大值	平均值	最大值	平均值	最大值	平均值	最大值	平均值	最大值	平均值		
2.0	2.5	3.0	3.5	5.0	6.0	8.0	9.0	10.0	11;0	1.6	2.0	2.4

499. 什么是耐火纸面石膏板？

耐火纸面石膏板是以建筑石膏为主，掺入适量无机耐火纤维增强材料构成芯材，并与护面纸牢固粘结在一起的耐火轻质建筑板材。

耐火纸面石膏板技术要求：

板材的燃烧性质应满足B1级要求。不带纸面的石膏芯材则应满足A级要求。板材的遇火稳定性（即在高温明火下焚烧时不断裂的性质）用遇火稳定时间来表示，并不得小于表2.6-6的要求。

表2.6-6　耐火纸面石膏板的遇火稳定时间（GB 11979—1989）

等　级	优等品	一等品	合格品
遇火稳定时间/mm，≮	30	25	20

500. 水泥有哪些主要品种和成分？

水泥的品种较多，根据矿物组成分有硅酸盐类水泥（分P.Ⅰ和P.Ⅱ，即国外通称的波特兰水泥）、铝酸盐水泥、硫铝酸盐水泥。此外，还有特种水泥，如膨胀水泥、快硬水泥等。硅酸盐类水泥中又分硅酸盐水泥、普通硅酸盐水泥、矿渣硅酸盐水泥、火山灰质硅酸盐水泥和粉煤灰硅酸盐水泥等。装饰工程中常用的水泥品种有普通硅酸盐水泥、白水泥和彩色水泥。

501. 硅酸盐水泥有哪些技术要求？

（1）细度 水泥颗粒的粗细程度称为水泥的细度。水泥颗粒越细，与水起反应的表面积越大，水化较快且较完全。但如果水泥颗粒过细，则水泥在空气中的硬化收缩大，成本也高，故水泥的细度应适当，一般为 7～200um 之间。

（2）凝结时间 水泥的凝结时间有初凝和终凝。初凝是标准稠度水泥净浆自加水拌和起至水泥浆开始失去可塑性时的时间。终凝是标准稠度水泥净浆自加水拌和起至水泥浆完全失去可塑性并开始产生强度的时间。硅酸盐水泥的初凝时间不早于 45min，终凝时间不迟于 390min。

（3）体积安定性 水泥浆体硬化时体积变化是否均匀的性质称为水泥的体积安定性。如果水泥在硬化过程中产生膨胀裂缝或翘曲变形等不均匀体积变化，它的体积安定性不良。水泥的体积安定性可用沸煮法检验。国标规定，体积安定性不良的水泥作为废品处理，不得用于工程中。

（4）强度 水泥的强度用标号表示，它与熟料的矿物组成和细度等有关。硅酸盐水泥的标号是采用将水泥和标准砂按 1:2.5 的比例混合，加入规定数量的水，按规定方法制成标准尺寸试件，经标准养护后，用规定龄期的抗压强度和抗折强度指标来划分。硅酸盐水泥有 42.5、42.5R、52.5、52.5R、62.5、62.5R 和 72.5R 等标号，其中 R 表示为早强型。

（5）水化热 水泥在凝结硬化的过程中放出的热量称为水泥的水化热。水泥水化热的大小和放热速度与水泥的矿物成分、细度、混合料的品种等有关。

502. 在硅酸盐水泥的使用中应注意些什么？

硅酸盐水泥的硬化速度快、强度高、水化热大、耐高温性较低，因此在使用时可用于对强度要求较高的结构中，也可用于冬季施工的工程中，但不宜用于大体积混凝土工程和有耐热要求的工程中。

硅酸盐水泥在存放时应按标号、出厂日期分别堆放，袋装水泥的堆放高度一般不超过 10 袋。水泥的储存日期不宜过长，一般以不超过出厂日期三个月为宜，否则应重新测定强度等级，并按实测强度使用。在储存过程中还应注意防潮。

503. 什么是白水泥？它有哪些主要性能？

白水泥是白色硅酸盐水泥的简称，它与普通水泥的不同之处在于：白水泥中氧化铁的含量低于 0.5%（因为 Fe_2O_3 会使水泥发灰），其他着色氧化物（如氧化锰、氧化铬等）含量极低；普通水泥中铁及其他氧化物的含量较高，故它的颜色常为灰色。白水泥的技术性能与硅酸盐水泥的技术性能相同。常用的标号有

32.5 级、42.5 级、52.5 级和 62.5 级四种。按白度要求分，白水泥有一级、二级、三级和特级，详见表 2.6-7。

表 2.6-7　白水泥白度要求

等级	特级	一级	二级	三级
白度(%)	86	84	80	75

504. 什么是彩色水泥?

彩色水泥是彩色硅酸盐水泥的简称，它的制作可采用以下方法进行：

（1）染色法　将白水泥熟料、适量的石膏和耐碱颜料混合共同磨细而成。

（2）烧成法　在白水泥生料中加入少量金属氧化物直接烧成彩色水泥熟料。

（3）拌和法　用干拌的方法将颜料掺入白水泥成品中。

在施工现场一般以第三种方法为主，此法简单方便，可制取各种颜色的水泥，但颜料用量大，且颜色不易拌和均匀。

彩色水泥的凝结速度一般比白水泥快，其程度随颜料的品质和掺量而异。水泥胶砂强度一般因颜料掺入而降低，掺炭黑时尤为明显。但优质炭黑着色力强，掺量很少即可达到要求，所以影响不大。

505. 砂浆有哪些种类? 什么是装饰砂浆?

砂浆是由胶凝材料、细骨料和水按一定的比例配制而成的。砂浆按使用的胶凝材料不同分为水泥砂浆、混合砂浆、石灰砂浆和聚合物水泥砂浆；砂浆按用途不同可分为砌筑砂浆、抹面砂浆、装饰砂浆和特种砂浆等。

（1）砂浆的组成材料　砂浆中所用的胶凝材料品种有水泥、石灰和石膏等。在潮湿环境中使用的砂浆必须选用水泥作为胶凝材料。

砂浆在不同的使用场所对细骨料的最大粒径、杂质含量等有着不同的要求。砂浆中外加剂（如各种有机聚合物、微沫剂等）的使用品种和掺入量应根据具体使用场所的要求并经试验确定后方可使用

（2）砂浆的技术性质　砂浆的技术性质是指砂浆的和易性、强度、粘结力和变形性。

（3）装饰砂浆　装饰砂浆是指用于基体表面装饰，增加建筑物外观效果的砂浆。装饰砂浆饰面有灰浆类和石渣类。灰浆类装饰砂浆主要是通过水泥砂浆的着色或水泥砂浆表面形态的艺术加工来获得一定的色彩、线条和纹理质感，从而满足装饰的需要；石渣类装饰砂浆则是在水泥浆中掺入彩色石渣，并将其抹在基体上，待水泥浆有了一定的强度时用水洗、斧剁等方法除去表面的水泥浆皮，露出石渣的颜色和质感。

装饰砂浆所用的材料与普通砂浆的材料相似。但它的胶凝材料主要用白水泥

和彩色水泥。它的骨料除了用普通砂以外，还用到石英砂、彩釉砂、着色砂和石渣石屑等。除此以外，装饰砂浆中还经常需掺加颜料，在砂浆中掺加的颜料应根据所用砂浆的品种、使用环境的不同来定，如在外墙装饰砂浆中应用耐光性能较好的颜料。装饰砂浆中常采用耐碱性和耐光性好的矿物颜料。常见的红色颜料有氧化铁红、甲苯胺红，黄色颜料有氧化铁黄、铬黄，绿色有铬绿，蓝色有群青、钴蓝，棕色有氧化铁棕，紫色有氧化铁紫，黑色则有炭黑、氧化铁黑和松烟等。

506. 什么是混凝土？什么是装饰混凝土？

一般所说的混凝土是指由胶凝材料、粗细骨料和水按适当比例配制而成的拌合物，经一定时间后硬化而成具有一定强度的人造石材。根据胶凝材料的不同有水泥混凝土和沥青混凝土等。

装饰混凝土是混凝土的一个品种，它利用了混凝土材料的线型、质感、色彩和造型图案来取得装饰效果。装饰混凝土的种类有彩色混凝土、清水装饰混凝土和露骨料混凝土等。

彩色混凝土是采用白水泥或彩色水泥为胶凝材料，或者在普通混凝土中掺入适量的着色剂而制成的。整体采用彩色混凝土的经济投入较大，故一般在普通混凝土的基本表面做彩色饰面层。如常用于园林、人行道、庭院等场所路面的彩色混凝土地面砖就属此类材料。

清水装饰混凝土是用某一工艺将混凝土表面做成一定的几何造型，形成凹凸感极强的立体效果。常用的制作工艺有正打成型、反打成型和立模成型等。

露骨料混凝土是在混凝土硬化前后，利用一定的方法使混凝土的骨料部分外露，用骨料的天然色泽和排列组合的图案来达到装饰效果。

第七章　建筑木材及其装饰制品

507. 木材的树种有哪两类?

木材的树种很多,按树叶的不同,可分为针叶树和阔叶树两大类。

(1) 针叶树　针叶树细长如针,多为常绿树,树干通直而高大,纹理平顺,材质均匀,木质较软而易于加工,故又称"软木材"。针叶树木强度较高,体积密度和胀缩变形较小,常含有较多的树脂,耐腐蚀性较强。针叶树木材是主要的建筑用材,广泛用于各种构件、装修和装饰部件,代表树种有红松、落叶松、云杉、冷杉、杉木、柏木等。

(2) 阔叶树　阔叶树树叶宽大,叶脉成网状,大都为落叶树,树干通直部分一般较短,大部分树种的体积密度大,材质较硬,较难加工,故又称"硬木材"。这种木材胀缩和翘曲变形大,易开裂,建筑上常用作尺寸较小的构件,有的硬木经加工后出现美丽的纹理,适用于室内装修、制作家具和胶合板等,代表树种有榉木、柞木、水曲柳、榆木以及质地较软的桦木、椴木等。

508. 常用的针叶树种有哪些特性与用途?

(1) 杉木　杉木质轻,质地软,纹理粗而较直、清晰,有节疤、自然美,多为浅黄色;弹性好、韧而耐久,抗潮性一般,易加工,表面易涂装,其用途广泛。

从原杉木加工而成的坯料或成品材又分为板材和方材,板材多用于门窗框架、地板、楼梯栏杆等;方材用于隔断、吊顶局部造型和家具等结构架。干燥处理后的杉木易燃,因此,用于隔断、墙面或顶面天花局部造型前,应严格按消防要求作防火处理。

杉木又分铁杉、油杉、泡杉、冷杉等。铁杉又称油松,纹理通直且较均匀,质地略粗、坚硬,但加工困难,耐腐蚀性弱;油杉质较轻,质地较软,纹理粗而不均匀;泡杉和冷杉质轻,质地软,纹理直、清晰,结构细。

(2) 松木　松木又分红松、白松、黄松、水松和马尾松。

红松:质地很软,纹理直,耐水、耐腐、易加工。

白松:质软而轻,纹理通直、较明显,色泽淡雅,富有变化,心材从淡乳白色到淡红棕色,边材呈黄白色。白松强度一般,加工容易,白松可加工成板材和薄片,常用于组合橱柜、专卖店货架、家具(桌、椅)及其他饰面用材,体现其独特的纹理和色泽效果。

黄松：质地略硬，纹理粗犷、大方、明显，边材呈黄白色、较宽，心材呈红棕色、较窄。硬度、强度、韧性、抗冲击性一般。可加工成板材和薄片，多用于家具、框架、托梁、楼梯栏杆等。

水松：质地略硬，纹理纤细、清晰、均匀，美丽淡雅，边材为淡黄色，心材由浅到暗红棕色。材质颜色、质量及耐久性变化极大，在高温条件下具有良好的耐腐蚀性。通过对原材的加工处理可得板材和薄片。多用于橱柜、室内壁板以及柱、梁结构架等。

509. 常用的阔叶树种有哪些特性与用途？

（1）榉木 榉木纹理细而直，或均匀点状。木质坚硬、强韧、富有弹性、耐磨、耐腐、耐冲击，干燥后不易翘裂，透明漆涂装效果颇佳。榉木又分红榉和白榉，并可加工成板、方材和薄片。

榉木应用非常广泛，板、方材用于实木地板、楼梯扶手栏杆及各种装饰线材（门窗套、家具封边线、角线、格栅等），薄片（面材）与胶合板（基材）胶粘后用于壁面、柱面、门窗套及家具饰面板。

（2）枫木 枫木花纹呈水波纹，木纹明显，或呈细条纹，含蓄。乳白色、色泽淡雅、均匀，硬度较高，抗潮性较好，但胀缩率大，强度不高。枫木板材多用于实木地板，枫木刨切成薄木片与胶合板结合，常用于墙面和家具等饰面板。

（3）樱桃木 樱桃木在饰面板材中属于较高档的材料，其纹理特征尽管不如其他树种明显，但通过透明漆涂装后性能超过其他树种，质地坚硬、耐磨、韧性好，胀缩率小，纹理均匀纤细、色泽稳重含蓄。樱桃木可加工成板材和薄片，板材用于实木地板，薄片与胶合板结合而成的饰面板用于壁面、门窗套、家具等。

（4）柚木 柚木质地坚硬、细密，耐久、耐磨、耐侵蚀，不易变形，胀缩率是木材中最小的一种，其板材用于实木地板。纹理通直、美丽，色泽沉稳，因而具有很好的表面装饰效果，薄片与胶合板结合而成的饰面板多用于家具、壁面等。

（5）胡桃木 胡桃木质地硬，耐磨、耐腐，刚性、强度及耐冲击性良好，胀缩率小，涂装容易，纹理粗而富有变化，颜色由淡灰棕色到紫棕色，透明漆涂装后，纹理更加美丽，色泽更加深沉、稳重。胡桃木板、方材用于实木地板、各种装饰线材（如门窗套线、家具封边线、装饰格栅等），薄片与胶合板结合而成的饰面板用于壁面、门窗套、踢脚板、家具等。胡桃木饰面板在涂装前应避免表面划伤泛白，涂装次数比其他饰面板多 1～2 道。

（6）杨木 杨木材质轻、较软，强度中等偏下。又分黄杨木、白杨木和赤杨木。

黄杨木：呈淡黄色，或偏绿，花纹为较暗的细线条，木质表面较细腻、均匀，易干燥且稳定性较好，涂装性能好，但钉合时会出现微裂。黄杨木用于家具面板和内部构件、木心板及底板。

白杨木：色泽淡雅，从白色到淡灰棕色，边心材色差不明显，纹理通直，结构组织细致均匀，常用作木心板和结构板材。

赤杨木：淡粉红棕色，既淡雅又沉稳；木纹不明显，且柔和美丽。赤杨木板材和薄片量较少，一般用于家具和木心板。

(7) 檀木　檀木质坚、耐磨性好，胀缩率小，抗潮性非常强；纹理斜，色泽深而高雅，加工后表面光泽好。檀木又分紫檀木和红檀木，紫檀木呈紫黑色，红檀木呈偏红的黄褐色。檀木属于高档木材，价格昂贵，尤其是紫檀木。因此，檀木地板和其他的饰面板大多是以其他树种板材或胶合板为基材，以檀木刨切薄片为面材，并经胶粘等工艺制成。

(8) 桦木　桦木又分白桦木、黄桦木和纸桦木。白桦木质地硬，纹理致密，呈乳白色，色泽均匀，抗潮性较好，但胀缩率大；黄桦木质地硬，纹理致密而不明显，呈乳白色到淡棕色，稍带红色，采用透明漆涂装后表面效果更佳；纸桦木呈淡棕黄色，质地硬而轻，强度较高，木理非常紧密，表面极易涂装，涂装后效果更佳；桦木板材可用于实木地板，薄片与胶合板制成的饰面板可用于室内壁板、家具等。

(9) 水曲柳　水曲柳是较早应用的饰面材料，呈黄白色，结构细，纹理直而较粗，明显大方，胀缩率小，耐磨性、抗冲击性好，可加工成板、方材和薄片，板材用于实木地板、装饰线材、隔断、栏杆和家具结构架等，薄片与胶合板结合制成的饰面板用于家具、壁面、门窗套、踢脚板等。

(10) 黄菠萝　黄菠萝质地略硬，胀缩率小，纹理直，色泽较深，呈黄褐色，多用于地板材料。

(11) 栎木　栎木又分红栎木和白栎木。红栎木一般呈褐黄色，纹理粗而明显；质硬又重，强韧、耐冲击，易染色，便于涂装。木质为多孔质、较粗。因此，干燥时收缩大，心材耐腐蚀性低。白栎木一般呈浅黄色，纹理粗大，但不十分明显，质硬，心材对液体的渗透性很弱。栎木因生长区域及生长环境的不同，其材质的颜色、组织结构、含水率、平均长度和宽度也不一样。栎木加工的板材和薄片可用于地板、壁板和家具饰面。

(12) 花梨木　花梨木呈深褐色或黑色，花纹清晰，富有变化；木质坚硬精致，而且含有油质，透明漆涂装后，光泽美丽，特征更加明显。花梨木可加工成板材和薄片，板材用于地板材料，薄片或薄片与胶合板结合而成的饰面板多用于家具和其他物体表面的镶嵌装饰。

（13）榆木 榆木又分为红榆木和黄金榆。红榆木是红棕与深棕色组合，纹理粗、明显，材质硬、重、强度高。黄金榆呈淡棕色，纹理直而明显，且与白蜡木相近；芳香味，材质略硬、轻而脆。榆木用于室内壁板、家具等。

（14）梧桐木 梧桐木呈浅黄白色，略带淡红棕色，纹理不明显，组织细密；材质略硬、轻，强度、刚性及抗冲击力一般。用于壁板及家具等。

（15）槭木 槭木呈乳白色，略带淡红棕色，纹理细，不十分明显。槭木又分为硬槭木和软槭木。硬槭木质地硬，强度高，刚性好，耐冲击，干燥时收缩率大；软槭木较硬，比硬槭木软，易涂装。槭木可加工成板材和薄片，板材用于地板、壁板，薄片或薄片与胶合板结合而成的饰面板用于家具以及壁面等。

（16）核桃木 核桃木质重又硬，强度和刚性高，耐磨、耐腐、耐冲击，易干燥和不易变形，涂装性能好；纹理优美、变化丰富，有淡雅的乳白色，也有较稳重的黄褐色。其加工的板材用于地板材料，薄片与胶合板结合制成的饰面板用于室内壁面、家具等。

（17）白蜡木 白蜡木纹理通直、细美，呈淡黄色，透明漆涂装后色泽加深，材质厚重，质地坚，强度高，耐震度高，弯曲性能好，易于涂装。其加工的板材多用于实木地板。

510. 木材的宏观构造是怎样的？

木材的宏观构造，是指用肉眼或放大镜所能看到的木材组织。图 2.7-1 显示了木材的三个切面，即横切面（垂直于树轴的面）、径切面（通过树轴的纵切面）和弦切面（平行于树轴的纵切面）。由图可见，木材由树皮、木质部和髓心等部分组成。

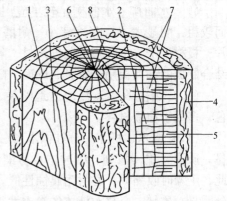

图 2.7-1 木材的宏观构造
1—横切面 2—径切面 3—弦切面 4—树皮
5—木质部 6—髓心 7—木射线 8—年轮

511. 木材的树皮构造是怎样的？它有什么装饰作用？

树皮分为内皮和外皮两层。外皮组织致密，外观粗糙，是树木生长过程中的保护层；内皮组织松软，极易腐烂。一般树的树皮均无使用价值，通常在加工树木时，树皮部分要被剥除，只有极少数品种的树皮可加工成高级保温材料。

在室内外装饰上，树皮用处也很大。

（1）有用在园林绿化覆盖的 在园林绿化中，裸露地面有时用卵石、陶粒覆盖，但整体效果不协调，树皮覆盖可以达到自然、和谐统一的效果。同时，使用树皮进行地面覆盖可以避免扬尘发生，提高空气质量，使环境优美，还可以避免下雨或浇灌时使裸露部分的水土流失，减少土壤水分蒸发和地面杂草的生长。

装饰用树皮应用的范围除了绿化带裸露地面覆盖，花坛花间裸露部分的覆盖、树根周边裸露部分的覆盖、花盆边的覆盖、草坪与花坛、树木的间隔带的裸露地面覆盖等。

装饰用树皮使用的注意事项：铺盖树皮前，应将覆盖地块的杂草除干净。覆盖厚度，大块径可达3公分左右，小块径可达4~5公分左右。

（2）用树皮做干花　这是一种以泰国进口的树皮为原材料做的干花。这种树皮在染色上有一个特点，虽不如一般仿真花的鲜艳，但又比一般干花水灵娇艳些，因此显得格外柔和雅致。它们按照吸色程度的不同，又分为一、二、三等品，越是上等品，染色后就愈加柔和。这种原材料软而易碎，所以店里的干花花型不以复杂的为主，而是百合、银柳，还有叫不上名字的各种造型简单的小花，据说它们有1000多个品种。

树皮花易于打理，它不吸灰，长时间摆放后用吹风机清洁，有的树皮花还可以在喷水之后变柔软，用手将花苞合拢成不同开放程度的造型，等水干后就可以保持下来了。

（3）用来加工成装饰画　一般用白桦树的树皮，或其他色浅的各种树皮，用电烙铁烫的技术手工制作出各种人物或风景画。如用拼烫的技术手法刻画出人物打猎归来的情景等。

（4）用来做画框　一幅好的美术作品，就应该有好的画框或底面来衬托，才能显出画的品位。用树皮来制作油画框也是别有风味的，如果室内装饰是淳朴天然的风格，那么，配上这样一幅画就更有韵味了。

512. 木质部的构造是怎样的？

木质部是木材的主要部分，是指横切面上从树皮至髓心之间的部分，是建筑用材的主要部分。木质部按生长的阶段分为形成层、边材和心材三部分。

形成层是指靠近树皮的薄薄的一层树木生长细胞（图2.7-2）。树木生长是由形成层的不断扩张来实现的；形成层逐年在最外层生长并形成"年轮"。另外，对于多数木材的木质部，可看到颜色深浅不同的两部分。在靠近髓心颜色较深的部分，称为"心材"，是较老的树木细胞；靠近横切面外部颜色较浅的部分，称为"边材"。与边材相比，心材的抗腐蚀能力较强，湿涨和干缩性较小，力学性质较均等，故心材比边材利用价值高。

513. 什么是早材和晚材？对木材强度的判别有什么用？

木材是由许多管状细胞纤维组成的有机建筑材料。从树干的横截面上可以看出，它是由树皮、形成层、早材、晚材、髓心和木射线组成。

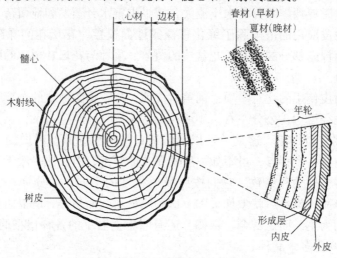

图 2.7-2　木材构造示意

每年春季所生长的木材，细胞壁薄而腔大，色淡，材质较松软，容重和强度都较低，被称为早材或春材。夏季生长的木材，细胞壁厚而腔小，色深，材质较坚硬、紧密，容重和强度都较高，被称为晚材或夏材。因此，一个年轮为一圈晚材和一圈早材组成。年轮愈密，晚材所占比例愈大，木材的强度愈高。

514. 什么是"年轮"？

在横切面上木质部中深浅重复出现的同心环，称为"年轮"。年轮的总数相当于树的年龄。年轮由春材（早材）和夏材（晚材）两部分组成。春材颜色较浅，组织疏松，材质较软；夏材颜色较深，组织致密，材质较硬。相同树种，夏材所占比例越多木材强度越高，年轮密而均匀，材质好。髓线与年轮组成木材美丽的纹理。

515. 怎样根据年轮的形态来识别不同的树种？

年轮的宽窄反映树木生长的快慢，一般硬木的年轮较窄。生长快的树种如泡桐、轻木、沙兰杨等；生长慢的树种如云杉、黄杨木、侧柏等。生长快的树种的一个年轮宽度达 3～4cm 以上；生长慢的树种，在 1cm 宽度上就会有 5 个以上的年轮。另外，年轮的形状也可以帮助识别。如大多数针叶树材和阔叶树中的桦木、水曲柳等，其树干的断面年轮都呈圆形或近似圆形，有的呈椭圆形如猴欢喜等。有的呈多边形如枫杨、粉椴等，还有的呈不规则的波浪形如青冈栎、黄檀等。

516. 髓心的构造是怎样的？为什么板材中不容许含有髓心组织？

髓心在树干中心，是最早生长的木质部，由薄壁细胞所组成，色较深而其质松软，强度低，易腐朽。再者，具有髓心的构件在干燥时因与周围的年轮脱开而易开裂。对材质要求高的用材不得带有髓心。

从髓心向外的辐射线称为髓线。髓线与周围连接较差，木材干燥时易沿此开裂。

517. 木材的微观构造是怎样的？

木材的微观构造，是指用显微镜所能观察到的木材组织。在显微镜下，可以看到木材是由无数管状细胞结合而成的，如图 2.7-3 所示。每个细胞都有细胞壁和细胞腔两个部分。细胞壁由若干层细纤维组成，纤维之间有微小的空图隙能渗透和吸附水分。针叶树材的显微结构较简单而规则，它由管胞、髓线、树脂道组成，阔叶树材的显微结构较为复杂，主要由导管、木纤维及髓线组成。春材中有粗大导管，沿年轮呈环状排列的称为环孔材。春材、夏材中管孔大小无显著差异，均匀或比较均匀分布的称为散孔材。阔叶树材的髓线发达，粗大而明显。导管和髓线是鉴别针叶树和阔叶树的主要标志。

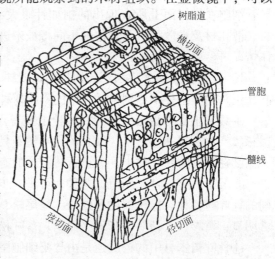

图 2.7-3　针叶树微观构造

树种不同，其纹理、花纹、色泽、气味也各不相同，体现了宏观构造的特征。木材的纹理是指木材内纵向组织的排列情况，分直纹理、斜纹理、扭纹理和乱纹理等。木材的花纹是指纵切面上组织松紧、色泽深浅不同的条纹，它是由年轮、纹理、材色及不同锯切方向等因素决定的，可呈现出银光花纹、色素花纹等，充分显示了木材自身具有的天然的装饰性，尤其是髓线发达的硬木，经刨削磨光后，花纹美丽，是一种珍贵的装饰材料。由于树木的种类繁多，木材的构造复杂，掌握识别木材树种的技能对于搞装修的技术人员是十分必要的。特别是在选用有关材质、树种时，能够做到正确的判断和识别也是非常必要的。

518. 识别树种一般采用哪些方法？

（1）通过肉眼或借助放大镜（十倍）进行观察，如带树皮的原木可直接通过树皮的形态及开裂情况做出判断；不带树皮的原木，可通过断面形状，边材、心材的区分程度及宽窄进行区别，还可通过年轮、木射线和髓心的形态做出判断；对于板材可通过径切板或弦切板的木材颜色、软硬程度、年轮花纹的形态及木射线、导管的分布情况来识别不同的树种。

（2）运用木材的宏观构造、木材的微观构造、木材的物理性能、木材的力学性能等理论来进一步识别。

还可通过比轻重、闻气味、试软硬、看色泽和纹理识别木材，在木材的构造和性能相近的情况下，如果是针叶材可通过观察有无正常树脂道及树脂道的多少来区分；如果是阔叶材可通过放大镜观察年轮、周围的管孔（阔叶树所独有的导管细胞在横切面上所表现出的细如针眼大小的孔洞）分布情况，根据是环孔材、散孔材及半散孔材及其他的不同特征来进一步识别不同阔叶树材的树种，具体情况可参照下列根据：

1）根据树脂道来识别不同树种的针叶树木材。同为针叶树材，还可根据其有无正常树脂道等来鉴别针叶材中的不同树种，主要从以下几个方面来区分：

①具有正常树脂道的针叶材树种主要有六属，即松属、云杉属、落叶松属、银杉属、黄杉属和油杉属，其余的针叶树不具备正常树脂道。

②在常见的针叶材中，无正常树脂道的有杉木、铁杉、冷杉、柳杉等。

③对于具有正常树脂道的树种，可进一步根据树脂道的大小、多少来识别不同的针叶材树种。像松属树种红松、马尾松、油松、华山松等树脂道大而多，非常明显；黄杉、云杉等树脂道小而少；落叶松的树脂道也较小而少。

④针叶树木材中的树脂道是由分泌细胞围绕而成，中间充满树脂的通道，它分为纵生树脂道和横生树脂道。纵生树脂道与树干轴向平行，在木材的横切面上呈现深浅不一的小点状。横生树脂道存在于木射线中，在木材的弦切面上呈现褐色小斑点。纵横树脂道彼此贯通构成树脂的网络。

⑤树脂道大而多的木材在原木的端面有明显的树脂圈，这是识别针叶材树种的重要标志之一。

2）根据管孔的分布来识别不同树种阔叶树木材。导管是阔叶树独有的输导组织，在木材的横切面上呈现许多大小不同的孔眼，叫做管孔，导管用以给树木纵向输送养料，在木材的纵切面上呈沟槽状，构成了美丽的木材花纹。阔叶树材的管孔大小并不一样，随树种而异，有的肉眼明显易见，如青冈栎、楠木、麻栎、核桃、楸、水曲柳、樟木等。有的肉眼看不清，要在放大镜下才能看到，如桦木、杨木、枫香等。根据在年轮内管孔的分布情况，阔叶树材分为环孔材、散孔材、半散孔材三大类：

①环孔材：指在一个年轮内，早材管孔比晚材管孔大，沿着年轮呈环状排列。如水曲柳、黄波萝、麻栎等阔叶树种。

②散孔材：指在一个年轮内，早、晚材管孔的大小没有显著的区别，呈均匀或比较均匀地分布，如桦木、椴木、枫香等。

③半散孔材：指在一个年轮内的管孔分布介于环孔材和散孔材之间。也就是说，早材管孔较大，略呈环状排列，从早材到晚材管孔逐渐变小，界限不明显，叫半散孔材，如核桃、楸等树种。

3）根据年轮的状态来识别不同的树种

①在树干的横切面上，年轮围绕着髓心呈同心圆圈，在径切面上呈相互平行的条状，在弦切面上，呈抛物线形形成"V"字形，构成了木材的美丽花纹。

②年轮的宽窄，反映树木生长的快慢。

③年轮的宽窄和年轮的明显程度是识别树种的重要标志之一。

4）根据射线的状态来识别不同树种的木材

在一些树种的横切面上，可以看到一些颜色较浅并略带光泽的线条，由髓心呈辐射状穿过年轮断断续续射向树皮，称为木射线，也称髓线。

①宽大射线，在肉眼下极显著或明晰，宽度一般在 0.2m 以上，如青冈栎、麻栎等。

②窄木射线，在横切面或径切面上能用肉眼看得见，通常宽度在 0.1 ~ 0.2mm 之间，如榆木、椴木等。

③极窄木射线，肉眼完全看不见，宽度在 0.1mm 以下，如杨木、桦木和针叶树木等。

5）根据边材和心材的不同来识别不同树种的木材。

在有些树种的横切面上，可以看到有深浅不同的两部分，靠近树皮部分的材色要浅些，靠近髓心周围部分的材色深些，材色较浅的外围部分称为边材，材色较深的树干中心部分称为心材。按边材、心材的区分程度不同，木材可分为三类：

①显心材树种：凡心材、边材区别明显的树种，称显心材树种。属显心材类、针叶树材的有落叶松、马尾松、红松、银杏、杉木、柳杉、水杉、紫杉、柏木等，阔叶树材的有水曲柳、黄菠萝、山槐、榆木、核桃楸、麻栎等。

②隐心材树种：凡心材、边材没有颜色上的区别，而有含水量区别的树种，称为隐心材树种。属隐心材类、针叶树材的有云杉、鱼鳞云杉、臭冷杉、冷杉等，阔叶树材的有椴木、山杨、水青冈等。

③边材树种：凡是从颜色或含水量上都看不出边材与心材界限的树种，称为边材树种，属边材类的有很多是阔叶树种，如桦木、杨木等。

519. 木材中的水分可分为哪几类？

（1）化学结合水 化学结合水在常温下对木材性质无太大影响，但若脱去这部分水分，木材即成为焦炭。

（2）吸附水　吸附水存在于细胞壁中，是被吸附于木材细胞壁内的水分，这部分水对木材的干湿变形和力学强度有明显影响。

（3）自由水　自由水是存在于细胞腔和细胞间隙中的水分。自由水的变化只影响木材的容重、导热性、抗腐朽能力、燃烧性和干燥性等，而对变形和强度影响不大。

520. 木材有哪些基本性质？

（1）密度　因木材的分子结构基本相同，故木材的密度几乎相等，平均为 $1.55g/cm^3$。

（2）体积密度　木材的体积密度因树种不同而变，在常用木材中体积密度较大者为一些红木，可达 $980kg/m^3$，较小者为泡桐为 $280kg/m^3$，我国最轻的木材为台湾的二色轻木，体积密度只有 $186kg/m^3$，最重的木材是广西的蚬木，体积密度高达 $1128kg/m^3$。一般以低于 $400kg/m^3$ 者为轻，高于 $600kg/m^3$ 为重。

（3）导热性　木材具有较小的体积密度，较多的孔隙，是一种良好的绝热材料，表现为热导率较小，但木材的纹理不同，即各向异性，使得方向不同时，热导率也有较大差异。如松木顺纹纤维测得 $\lambda = 0.3W/(m \cdot K)$，而垂直纤维 $\lambda = 0.17W/(m \cdot K)$。

（4）含水率　木材中所含水的质量与木材干燥后质量的百分比值，称为"木材的含水率"。木材中的水分可分为细胞壁中的吸附水和细胞腔与细胞间隙中的自由水两个部分，当木材细胞壁中的吸附水达到饱和，而细胞腔与细胞间隙中无自由水时的含水率，称为"纤维饱和点"。纤维饱和点因树种而异，一般为 25% ~ 35%，平均为 30%，它是含水率是否影响强度和胀缩性能的临界点。如果潮湿木材长时间处于一定温度和湿度的空气中，木材便会干燥，达到相对恒定的含水率，这时木材的含水率，称为"平衡含水率"。平衡含水率随空气湿度的变大和温度的变低而增大，反之，则减少。

（5）吸湿性　木材具有较强的吸湿性。木材的吸湿性对木材的性能，特别是木材的干缩湿胀影响很大，因此，木材在使用时其含水率应接近于平衡含水率或稍低于平衡含水率。

（6）湿胀与干缩　当木材从潮湿状态平燥至纤维饱和点时，其尺寸并不改变。当干燥至纤维饱和点以下时，细胞壁中的吸附水开始蒸发，木材发生收缩，反之，干燥木材吸湿后，将发生膨胀，直到含水率达到纤维饱和点为止，此后木材含水率继续增大，也不再膨胀，由于木材构造的不均匀性，木材不同方向的干缩湿胀变形明显不同。纵向干缩最小，约为 0.1% ~ 0.35%，径向干缩较大，约为 3% ~ 6%，弦向干缩最大，约为 6% ~ 12%。

（7）强度 建筑上通常利用的木材强度，主要有抗压强度、抗拉强度、抗弯强度和抗剪强度。并且又有顺纹与横纹之分。每一种强度在不同的纹理方向上均不相同，木材的顺纹强度与横纹强度差别很大，木材各种强度之间的关系，见表 2.7-1。

常用阔叶树的顺纹抗压强度为 49 ~ 56MPa。常见针叶树的顺纹抗压强度为 33 ~ 48MPa。

表 2.7-1 木材各种强度大小的关系

抗压		抗拉		抗弯	抗弯	
顺纹	横纹	顺纹	横纹		顺纹	横纹
1	1/10 ~ 1/3	2 ~ 3	1/20 ~ 1/3	3/2 ~ 2	1/7 ~ 1/3	1/2 ~ 1

521. 木材的含水率与湿胀干缩有什么关系？

木材具有很显著的湿胀干缩性，其规律是：当木材的含水率在纤维饱和点以下时，随着含水率的增大，木材体积产生膨胀，随着含水率的减小，木材体积收缩；而当木材的含水率在纤维饱和点以上，只是自由水增减变化时，木材的体积不发生变化。木材的含水率与其胀缩变形的关系见图 2.7-4 所示，从图中可以看出，纤维饱和点是木材发生湿胀干缩变形的转折点。由于木材为非匀质构造，故其胀缩变形各向不同，其中以弦向最大，径向次之，纵向（即顺纤维方向）最小。当木材干燥时，弦向干缩约为 6% ~ 12%，径向干缩约为 3% ~ 6%，纵向仅为 0.1% ~ 0.35%。木材弦向胀缩变形最大，是因受管胞横向排列的髓线与周围联结较差所致。木材的湿胀干缩变形还随树种的不同而异，一般来说，表观密度大、夏材含量多的木材，胀缩变形较大。

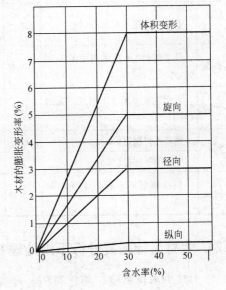

图 2.7-4 含水率与木材胀缩变形的关系

522. 制作木构件时，木材含水率有哪些要求？

（1）圆木或方木结构应不大于 25%。

（2）板材结构及受拉构件的连接板应不大于 18%。

（3）通风条件较差处的木构件应不大于 20%。

523. 锯材的等级是怎样划分的？

锯材的等级是按其缺陷程度划分的，程度越严重，级数越大。锯材的缺陷主要有：节子（活节、死节和漏节）、腐朽、虫眼、裂纹、斜纹、偏心和弯曲。锯材的分等标准见表 2.7-2。

表 2.7-2　锯材的分等标准

缺陷名称	检验方法	允许限度							
		特等锯材	针叶树普通锯材			特等锯材	阔叶树普通锯材		
			一等	二等	三等		一等	二等	三等
活节	最大尺寸不得超过材宽的(%)	10	20	40		10	20	40	
死节	任意材长 1m 范围内个数不超过	3	5	10	不限	2	4	6	不限
腐朽	面积不得超过所在材面的(%)	不许有	不许有	10	25	不许有	不许有	10	25
裂纹、夹皮	长度不得超过材长的(%)	5	10	30	不限	10	15	40	不限
虫眼	任意材长 1m 范围内个数不超过	不许有	不许有	15	不限	不许有	不许有	8	不限
钝棱	最严重缺角尺寸不超过材宽的(%)	10	25	50	80	15	25	50	80
弯曲	横弯不得超过(%)	0.3	0.5	2	3	0.5	1	2	4
	顺弯不得超过(%)	1	2	3	不限	1	2	3	不限
斜纹	斜纹倾斜高不超过水平长的(%)	5	10	20	不限	5	10	20	不限

524. 木材为什么要进行干燥处理？木材的天然干燥法如何？

为减少木材密度，防止腐朽、开裂、翘曲，便于加工和有利于防腐、防火处理，需将木材进行干燥处理。处理方法可分为天然干燥法和人工干燥法。

天然干燥法是将木材互相架空堆积在通风良好的棚内，避免阳光直晒和雨淋，利用空气的自然对流，使木材的水分逐渐蒸发，达到一定的干燥程度。此法简单易行，成本低廉，但干燥时间长，只能达到风干（含水率 8%～13%）程度，并易于发生虫蛀、腐朽等情况。

525. 木材的人工干燥法如何？

（1）浸水法　将潮湿木材浸入流动水中，待充分溶去树液（约需 2～4 月）

后，再进行风干或蒸干。此法可减少木材变形，并比天然干燥法少用一半时间，但强度稍有降低。

（2）蒸材法　将木材堆在密闭（留有通风洞）的干燥室内，通入蒸汽，使室温逐渐升至60~70℃，并保持一定时间（视木材的品质和大小而异），蒸好后，再进行自然干燥。

（3）热炕法：将木材堆放在有火炕的干燥室内，火炕的升温应缓慢，以防止木材开裂，室温控制在80℃以下，此法可将含水量干燥到最低程度。

526. 板材的规格是如何划分的?

板材：凡宽度为3倍或3倍以上厚度的加工木材称为板材。按其厚度分为：

薄板：厚度≤18mm；中板：厚度为19~35mm；厚板：厚度为36~65mm；特厚板：厚度≥66mm。

方材：凡宽度小于3倍厚度的加工木板成为方材。按其宽度和厚度的乘积（即横截面面积）的大小分为：

小方：宽×厚≤54cm²；中方：宽×厚=55~100cm²；大方：宽×厚=101~225cm²；特大方：宽×厚≥226cm²。

527. 装饰用木材的选用原则有哪些?

（1）木材的纹理　木材的纹理是木装饰的主要特点之一，其走向与分布对装饰效果影响较大。如果木墙面的纹理分布均匀、舒展大方，一般用显木纹或半显木纹的油漆工艺，即可使纹理的天然图案得到很好的发挥。如果板面纹理杂乱无章，图案性较差，多用不显木纹的油漆工艺，即以不透明油漆将其遮盖。

木材的纹理因树种不同而有差异，其纹理的粗细、分布等均有所不同。如柚木，纹理直顺、细腻，整个截面变化不大；而水曲柳则纹理美观，走向多呈曲线，构成圆形、椭圆形及不规则封闭曲线图形，且整个截面的纹理造型差异较大。

（2）木材的颜色　木材颜色有深、浅之差别。如红松边材色白微黄，心材黄而微红；黄花松边材色淡黄，心材深黄色；白松色白；水曲柳淡褐色；枫木淡黄微红等。不同树种的木材其颜色不同。

木材的色彩影响到室内装饰的整体效果，同时也会影响油漆工艺的运用。比如白松，一般利用天然的白底，配合白色的底粉，可获得清淡、华贵的装饰效果。若为深色木材，尽管可用漂白剂处理使木的颜色变浅，但无论如何也达不到白底的效果。故当室内设计需要清淡的木装饰时，一般应选用浅色木材，如需暖色调，则应选用深色木材。

528. 木质装饰板有哪些种类？

木质装饰板的种类很多，建筑工程中常用的有薄木贴面板、胶合板、纤维板、刨花板、细木工板等。

木质装饰板是利用木材或含有一定量纤维的其他植物做原料，采用一般物理和化学的方法加工而成的。这类板材与天然木材相比，板面宽，表面平整光洁，没有节子、虫眼和各向异性等缺点，不开裂、不翘曲，经加工处理还具有防水、防火、防腐、防酸等性能。

529. 人造板材有哪些种类？

人造板材是利用木材加工过程中剩下的边皮、碎料、刨花、木屑等废料，进行加工处理而制成的板材。人造板材主要包括胶合板、宝丽板、纤维板、细木工板、刨花板、木丝板和木屑板等几种。人造板材与木材比较，有幅面大、变形小、表面平整光洁、无各向异性等优点。人造板材类品种很多，目前市场上应用最广的品种有胶合板类、刨花板类、中密度纤维板类、细木工板和防火板。

530. 如何挑选人造板材？

挑选人造板材是一个经验加知识的问题。下面介绍常用的几种板的选择方法：

（1）装饰单板贴面胶合板（俗称花色板、装饰板）的挑选

1）要分清装饰单板是天然木质饰面还是人造薄木饰面。天然木质单板是用名贵的天然木材，用刨切的加工方法制成的单板，天然木质单板花纹图案自然，有一定的变异性，人造薄木纹理基本通直，图案有一定规则。

2）挑选装饰单板贴面胶合板要重视装饰性，饰面材质要细致均匀、色泽清晰、木纹美观、纹理应按一定规律排列，拼缝与板边要平行。选择的装饰板表面须光洁，无毛刺、沟痕，无透胶及板面污染现象，表面还须无节子、无裂缝、无树脂囊、树脂道及夹皮。

3）不要选刺激性气味大的板，看清甲醛释放量等级明示，E1 级的说明甲醛释放量应小于 1.5mg/L，E2 级则表示甲醛释放量应小于 5.0mg/L。

4）了解了甲醛释放量等级后，千万别忽略了装饰单板贴面胶合板本身的表面胶合强度及基材的胶合强度。装饰单板不易太薄，表面单板与基材之间，基材内部各层均不应有剥离和分层现象，装饰单板贴面胶合板按其外观质量分为：优等品、一等品、合格品三个等级。

（2）细木工板（俗称大芯板、厚芯板）的挑选

1）细木工板通常为五层对称结构，由表板、芯板、板芯经涂胶、组坯、热

压而成。板芯拼接分芯条胶拼与不胶拼及方格板芯三种，产品分为：优等品、一等品、合格品三个等级。

2）挑选细木工板，千万不能被平整光滑的表面及其四周整齐的切边所迷惑，一定要注意内芯，芯条材质的好坏及拼接是否密实直接影响细木工板的强度，如果有条件的话，最好能随机从一大叠板中抽一张锯开看看：芯条宽度是否大于其厚度的2.5倍，相邻两排芯条的两个端接缝距离是否大于50mm，芯条长度是否大于100mm，芯条侧面缝隙是否小于2mm，端面缝隙是否小于4mm，更要查看板芯是否有腐朽，潮湿的木条及大空洞，这些直接影响细木工板横向静曲强度的问题是难以从外表识别的。

3）由于细木工板是以木材和脲醛树脂胶作为主要原料制成的人造板，产品必然存在一定的甲醛释放，该项指标超过一定的限量，将会对人身健康产生一定的影响，不要挑选刺鼻味道严重的板。甲醛释放量不大于1.5mg/L的E1级板可直接用于室内，不大于5.0mg/L的E2级板则必需饰面处理后方可用于室内。

（3）胶合板的挑选

1）夹板有正反两面的区别。挑选时，胶合板要木纹清晰，正面光洁平滑，不毛糙，要平整无滞手感；胶合板不应有破损、碰伤、硬伤、疤节等疵点。

2）外观上要挑选胶合层没有鼓泡、分层现象的。避免选择表板拼接离缝、叠层和芯板分离。大于6mm的胶合板还要判别翘曲度是否超标，特等板翘曲度不能超过0.5%，一、二等板不能超过1%，三等板不能超过2%。

3）挑选夹板时，应注意挑选不散胶的夹板。如果用手指关节敲击胶合板各部位时，声音发脆，则证明质量良好，若声音发闷，则表示夹板已出现散胶现象。

4）挑选胶合饰面板时，还要注意颜色统一，纹理一致，并且木材色泽与家具油漆颜色相协调。

531. 胶合板有什么特性、类型？

胶合板是用椴、桦、松、水曲柳以及部分进口原木，沿年轮旋切成大张薄片，经过干燥、涂胶、按各层纤维互相垂直的方向重叠，在热压机上加工制成的。胶合板的层数为奇数，如3、5、7、…15等。

胶合板大大提高了木材的利用率，其主要特点是：材质均匀，强度高，幅面大，平整易加工，材质均匀，不翘不裂，干湿变形小，板面具有美丽的花纹，装饰性好，是建筑中广泛使用的人造板材。

按单板的树种不同，胶合板可分为阔叶树材胶合板和针叶树材胶合板。按耐水程度的不同，胶合板可分为四类：

Ⅰ类（NQF）——耐候、耐沸水胶合板，能在室外使用。

Ⅱ类（NS）——耐水胶合板，可在冷水中浸渍，属室内用胶合板。

Ⅲ类（NC）——耐潮胶合板，能耐短期冷水浸渍，适于室内使用。

Ⅳ类（BNC)——不耐潮胶合板，在室内常态下使用。胶合板按材质和加工工艺质量的不同，可分为特、一、二、三等四个等级。

532. 纤维板有什么特性、类型？

纤维板是将木材加工下来的树皮、刨花、树枝等废料，经破碎浸泡、研磨成木浆，再加入一定的胶合料，经热压成型、干燥处理而成的人造板材。按表观密度不同分为硬质纤维板、半硬质纤维板和软质纤维板。由于软质纤维板的吸湿变形程度较大，因而在装饰工程中主要使用硬质纤维板和半硬纤维板。硬质纤维板品种有一面光纤维板和二面光纤维板。

纤维板的特点是材质构造均匀，各项强度一致，抗弯强度高，耐磨，绝热性好，不易胀缩和翘曲变形，不腐朽，无木节、虫眼等缺陷。

表观密度大于 $800kg/m^3$ 的硬质纤维板，强度高，在建筑中应用最广。它可代替木板使用，主要用作室内壁板、门板、地板、家具等。通常在板表面施以仿木纹油漆处理，可达到以假乱真的效果。半硬质纤维板表观密度为 400～800kg/m^3，常制成带有一定孔型的盲孔板，板表面常施以白色涂料，这种板兼具吸声和装饰作用，多用作宾馆等室内顶棚材料。软质纤维板表观密度小于 $400kg/m^3$，适合作保温隔热材料。

533. 刨花板有什么特性、类型？

刨花板是利用施加胶料和辅料或未施加胶料和辅料的木材或非木材植物制成的刨花材料（如木材刨花、亚麻屑、甘蔗渣等）压制成的板材。

刨花板具有质量轻、强度低、隔声、保温、耐久、防虫等特点。适用于室内墙面、隔断、顶棚等处的装饰用基面板。其中热压树脂刨花板表面可粘贴塑料贴面或胶合板作饰面层，这样既增加了板材的强度，又使板材具有装饰性。

因为刨花板结构比较均匀，加工性能好，可以根据需要加工成大幅面的板材，是制作不同规格、样式家具的较好原材料。制成品刨花板不需要再次干燥，可以直接使用，吸音和隔音性能也很好。但它也有其固有的缺点，因为边缘粗糙，容易吸湿，所以用刨花板制作的家具封边工艺就显得特别重要。另外由于刨花板容积较大，用它制作的家具，相对于其他板材来说，也比较重。由于它用胶较少或不用胶，故较环保。

刨花板分类：

（1）根据用途分 A 类刨花板、B 类刨花板。

根据刨花板结构分单层结构刨花板、三层结构刨花板、渐变结构刨花板、定向刨花板、华夫刨花板、模压刨花板。

（2）根据制造方法分平压刨花板（这类刨花板按它的结构形式分为单层、三层及渐变三种。根据用途不同，可进行覆面、涂饰等二次加工，也可直接使用）、挤压刨花板（这类刨花板按它的结构形式又可分为实心和管状空心两种，必须覆面加工后才能使用）。

（3）按所使用的原料分木材刨花板；甘蔗渣刨花板；亚麻屑刨花板；棉秆刨花板；竹材刨花板等；水泥刨花板；石膏刨花板。

（4）根据表面状况分

1）未饰面刨花板：砂光刨花板、未砂光刨花板。

2）饰面刨花板：浸渍纸饰面刨花板、装饰层压板饰面刨花板、单板饰面刨花板、表面涂饰刨花板、PVC饰面刨花板等。

534. 什么是细木工板？它有什么特性？

细木工板属于特种胶合板的一种。细木工板按结构可分为：芯板条不胶拼的细木工板和芯板条胶拼的细木工板二种；按表面加工状态可分为：一面砂光细木工板、两面砂光细木工板、不砂光细木工板三种；按所使用的胶合料分为：Ⅰ类胶细木工板、Ⅱ类胶细木工板两种；按面板的材质和加工工艺质量不同，可分为一、二、三等共三个等级。

细木工板具有质坚、吸声、隔热等特点，其密度为 $0.44 \sim 0.59 \mathrm{g/cm^3}$ 时，适用于家具、车厢、船舶和建筑物内装修等。密度约为 $0.28 \sim 0.32 \mathrm{g/cm^3}$ 时，适用于预制装配式房屋。

535. 什么是蜂巢板？

蜂巢板是由两块较薄的面板，牢固地粘结在一层较厚的蜂巢状芯材的两面而成的板材（图2.7-5）。蜂巢状芯材通常用浸渍过合成树脂（酚醛、聚酯等）的牛皮纸、玻璃纤维布或铝片，经加工粘合而成。芯板的厚度通常在 $15 \sim 45 \mathrm{mm}$ 范围内；空腔的尺寸在 $10 \mathrm{mm}$ 左右。常用的面板有浸渍过树脂的牛皮纸、玻璃纤维布或不经树脂浸渍的胶合板、纤维板、石膏板等。面板用适合的胶粘剂与芯材牢固地粘合在一起。

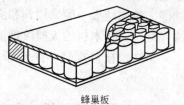

蜂巢板

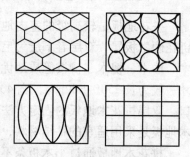

图2.7-5　蜂巢板外观及芯材断面

蜂巢板的特点是比强度大，受力平均，耐压性能好（破坏压力为 $7200 \mathrm{N/m^2}$ ），导热性低，抗震性好及不变形，质轻，有隔音效果，是装修木作材料中最佳的一种。

536. 什么是饰面防火板？

防火板是将多层纸材浸渍于碳酸树脂液中，经烘干，在一定温度和压力条件下压制而成。表面的保护膜处理使其具有防火防热功效，并有防尘，耐磨，耐酸碱，耐冲击，防水，易保养等优点。有不同花色及不同质感的品种。

一般规格有 2440mm × 1270mm、2150mm × 950mm、635mm × 520mm 等，厚度 1 ~ 2mm，也有薄形卷材。

537. 什么是条木地板？它有哪些特点？

条木地板是使用最普遍的木质地面，分空铺和实铺两种。空铺条木地板是由木龙骨、水平撑和地板三部分构成。将木龙骨两端置于墙内垫木上，木龙骨之间设水平撑，或置于砖墩上。一般空气间层应与室外连通，以保证空气流通。

实铺条木地板是直接将木龙骨铺钉于钢筋混凝土楼板上，有时为了隔声需要，在木龙骨间填炉渣等材料。

地板有单层和双层两种。双层地板的下层为毛板，一般为斜铺，下涂沥青，面层为硬木条板，硬木条板多选用水曲柳、柞木、枫木、柚木、榆木等硬质木材；单层地板也称为普通条木地板，一般选用松、杉等软木树材，直接钉于木龙骨上。

条木拼缝做成企口或错口，直接铺钉在木龙骨上，端头接缝要相互错开。条木地板铺设完工后，应经过一段时间，待木材变形稳定后，再进行刨光、清扫及油漆。条木地板一般采用调和漆，当地板的木色和纹理较好时，可采用透明的清漆作涂层，使木材的天然纹理清晰可见，以增加室内装饰感。

条木地板自重轻，弹性好，脚感舒适，其导热性小，冬暖夏凉，且易于清洁。

538. 什么是拼花地板？它有哪些特点？

拼花地板是较高级的室内地面装饰材料。分双层和单层两种，二者面层均为拼花硬木板层，双层者下层为毛板层。面层拼花板材多选用水曲柳、柞木、核桃木、榆木、槐木、柳桉等质地优良、不易腐朽开裂的硬木树材。拼花小木条的尺寸一般为长 250 ~ 300mm，宽 40 ~ 60mm，板厚 20 ~ 25mm，木条一般均带有企口。双层拼花木地板的固定方法，是将面层小板条用暗钉钉在毛板上，单层拼花木地板是采用适宜的粘结材料，将硬木面板条直接粘贴于混凝土基层上。

拼花木地板通过小木板条不同方向的组合，可拼造出多种图案花纹，常用的有正芦席纹、斜芦席纹、人字纹、清水砖墙纹等。图 2.7-6 是双层木地板交叉铺设的示意图。

拼花木地板纹理美观，耐磨性好，且拼花小木板一般均经过远红外线干燥处理，含水率恒定（约为12%），因而变形稳定，易保持地面平整、光滑而不翘曲变形。

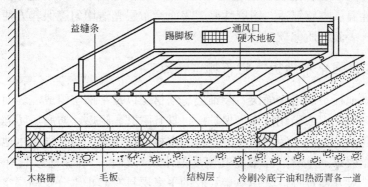

图 2.7-6　双层木地板交叉铺设示意图

539. 什么是实木 UV 淋漆地板？它有哪些特点？

这种地板是实木烘干后经过机器加工，表面经过淋漆固化处理而成。常见的种类有：柞木淋漆地板、橡木淋漆地板、水曲柳淋漆地板、枫桦淋漆地板、樱桃木淋漆地板、花梨木淋漆地板、紫檀木淋漆地板及其他稀有贵重树种淋漆地板。

规格：一般规格有：450mm × 60mm × 16mm、750mm × 60mm × 16mm、750mm × 90mm × 16mm、900mm × 90mm × 16mm 等级。地板质量等级可以分为 A、B 两级。

A 级地板是精选板。它的表面光洁均匀，木质细腻，天然色差很小，做工精良，质量优异；B 级地板同 A 级地板的主要差别在于优良板所占比例不及 A 级高，部分 B 级板表面有色差，木质稍差，有可能存在质量缺陷（如疵点等）。UV 淋漆实木地板漆面可分为亮光型和亚光型，经过亚光处理，地板表面不会因光线折射而伤害眼睛，不会因地板过度光滑而摔跤，且亚光型地板的装饰效果也显高档，在装饰工程中较常用。

优点：实木 UV 淋漆地板是纯木制品，材质性温，脚感好，真实自然。表面涂层光洁均匀，尺寸多，选择余地大，保养方便。

缺点：地板木质细腻，干缩湿胀现象明显，安装比较麻烦，价格较高。

540. 什么是实木复合地板？它有哪些特点？

实木复合地板由木材切刨成薄片，几层或多层纵横交错，组合粘结而成。基层经过防虫防霉处理，基层上加贴多种厚度 1～5mm 不等的木材单皮，经淋漆涂布作业，均匀地将涂料涂布于表层及上榫口后的成品木地板上。

规格：一般规格有 1802mm × 303mm × 15mm、1802mm × 150mm × 15mm、1200mm × 150mm × 15mm、800mm × 120mm × 15mm。

优点：实木复合地板基层稳定干燥，不助燃、防虫、不反翘变形。铺装容易，材质性温。脚感舒适、耐磨性好、表面涂布层光洁均匀、保养方便。

缺点：表面材质偏软。

541. 什么是强化木地板？它有哪些特点？

强化木地板一般由表面层、装饰层、基材层以及平衡层组成。表面层常用高效抗磨的三氧化铝或碳化硅作为保护层，具有耐磨、阻燃、防腐、防静电和抵抗日常化学药品的性能。装饰层具有丰富的木材纹理色泽，给予强化木地板以实木地板的视觉效果。基材层一般是高密度的木质纤维板，确保地板具有一定的刚度、韧性、尺寸稳定性。采用三聚烃胶的平衡层具有防止水分及潮湿空气从地下渗入地板、保持地板形状稳定的作用。

规格：一般规格是 1200mm × 90mm × 8mm。

优点：用途广泛，花色品种多，质地硬，不易变形，防火、耐磨，维护简单、施工容易。

缺点：材料性冷，脚感偏硬。

几类地板的性能比较见表 2.7-3。

表 2.7-3　几种地板的性能比较

品种	结构及稳定性	耐磨性	强度	舒适度	造价	适用场合
实木多层地板	多层实木的复合，稳定性好，不会变形，防水性佳	较高	约高出同等厚度普通地板 1 倍	视觉效果好，脚感舒适	较高	家居等
普通地板	易起翘开裂，且不易修复，防水性差	取决于表层油漆质量	强度不够时须以增加厚度来弥补	普通材质不够美观，高级木质价格昂贵，脚感好	普通材质，价格一般，高级木质价格昂贵	家居等
强化地板	中间为中、高密度纤维板，由高压强化而成。结构比较稳定，材料防水性一般	耐磨性好	一般板材较薄，整体强度一般	表层为仿真木纹纸，脚感生硬，踩上去声响大	适中	写字楼、商场、饭店等公共场所

542. 与实木家具相比人造板材制作的家具有什么优点？

首先，由于木材都有纹理，所以在温度、湿度变化较大的时候，必然会出现开裂、翘曲和变形的现象。实木家具无论采用什么样的木材、做工如何考究，都不能避免这些问题，只是程度不同。而人造板是将木材分解成木片或木浆，再重新制作板材。因为打破了木材原有的物理结构，所以在温、湿度变化较大的时候，人造板的"形变"要比实木小得多。因此，人造板家具的质量要比一般的实木家具的质量稳定。

由于人造板材的物理性能稳定，一些天然木材制作不了的家具，可以采用人造板生产。例如，近几年来畅销不衰的弯曲木家具，就是将木材破成窄木片，然后经胶合、轧制而成的。弯曲木可以弯成任意的角度，且耐用性很好，这点天然木材就很难做到；另外，最近流行的板式家具，因其可以任意组合而颇受消费者青睐，但天然木材存在较大的"形变"，所以不可能用来制作板式家具。而像防火板等具有特殊性能的人造板，更可以制造厨房家具、卫生间家具等。如果用天然木材制作这些家具，往往在很短的时间里家具就会面目全非。

从外观方面，由于人造板的制造工艺比较先进。无论从色泽、纹理和质感等方面，制作精良的人造板几乎与天然木材真假难辨。而且人造板还可以做出石材、单色等外观，丰富了家具的风格。

从价格方面，人造板材对原木的使用率高，因此价格要比天然木材便宜。而且人造板材基本采用的都是木材的边角余料，无形中保护了有限的自然资源。

543. 什么是红木及红木家具？

红木家具是目前木家具家庭中最珍贵的高档商品。红木家具集实用、观赏、保值增值于一体，即是豪华的生活用品又是收藏的珍品。

说起红木，人们众说纷纭，有说凡红色木材即红木，有说心材红色者即红木，有说红木就是花梨木。

红木有广义和狭义之分，狭义红木指古代正红木，又称老红木，即酸枝类木材；广义红木即今天所说红木，分为紫檀木类、花梨木类、黑酸枝木类、红酸枝木类、乌木类、条纹乌木类和鸡翅木类七大类，涉及蝶形花科、苏木科和柿树科3个科，包括紫檀属、黄檀属、柿树属、铁刀木属、崖豆木属等约37个树种。但传统红木家具所选用的木材并非都是同一树种，其品种和名称多达十几种，如酸枝、红木、老红木、新红木、香红木、红豆木、花梨木、新花梨、老花梨等。近些年来，还有所谓巴西红木、泰国红木、缅甸红木、老挝花梨、越南花梨等。利用这些木材来制作的家具就是我们所说的红木家具。红木家具目前又分为全红木家具、主要部位红木家具和红木包覆家具三种。

全红木家具是指产品所有木制零部位（除镜和镜托板、线条外）都采用红木制作；主要部位红木家具是指产品外表目视部位必须使用红木制作，内部及隐蔽处可使用其他深色名贵硬木或以外的其他优质木材；红木包覆家具是指产品外表目视部位采用红木实板包覆，内部及隐蔽处可使用其他近似优质木材，但主要部位和包覆红木家具，应在提供的质量保证书中明示使用红木以外树种木材的具体部位。

红木生长缓慢，资源奇缺，且呈逐年剧减趋势，有的已面临灭绝。我国产的红木，不但树种极少，而且产量极低。国内生产的红木家具所用的红木，大多从印度、缅甸、泰国、越南、老挝等几个东南亚国家及南美洲、热带非洲进口。由于红木家具的用材有这许多种不同的名称和类别，因此一般谓之红木的家具在用材上体现的品质和价值也有着很大的差异和区别。故而，无论是对以前流传下来的红木家具作鉴赏或收藏，还是对现代红木家具进行选购，均需首先正确识别家具采用是什么材质的红木。

木质材料优劣的判断习惯上以木材的大小、曲直、硬度、重量，木色的品相和纹理，木性的坚韧和细密，纤维的粗细以及是否防腐、防蛀，有无香味等为标准。下面介绍一些识别方法：

（1）酸枝（老红木）　酸枝即"孙枝"，又名"紫榆"。酸枝是清代红木家具主要的原料。用酸枝制作的家具，即使几百年后，只要稍加揩漆润泽，依旧焕然若新。酸枝是热带常绿大乔木，有深红色和浅红色两种。一般，有"油脂"的质量上乘，结构细密，性坚质重，可沉于水。特别明显之处是在深红色中还常常夹有深褐色或黑色的条纹，纹理既清晰又富有变化。酸枝北方称"红木"，江浙地区称"老红木"，故酸枝家具除广东地区外几乎都称红木家具或老红木家具。在现代人的观念中，它是真正的红木家具。

（2）花梨木　花梨又称"花榈"。史籍记载至少可分两种，一种是《琼州府志》物产木类中所称的"花梨木，红紫色，与降真香相似，有微香……"的花梨，也就是被今人叫做"黄花梨"的花梨木，还曾有过"海南檀"等名称。据多方面材料介绍，黄花梨是明式家具最主要的用材之一。另外一种则是北方称为"老花梨"，实则是"新花梨"的花梨木，这种花梨木台湾就称"红木"。它是一种高干乔木，高可达30m以上，直径也可达1m左右。这种花梨木在《博物要览》中记载说："叶如梨而无实，木色红紫，而肌理细腻，可做器具、桌、椅、文房诸器"。清代不少红木家具实质是这些花梨木制造的。

酸枝与花梨木是传统红木家具的两大主要用材，它们好似制造红木家具的一对孪生姐妹。许多纹理交织、条纹清晰美丽的花梨木，虽与黄花梨有差别，但构造与酸枝十分相近，若对两者作更深入比较的话，可进一步从木质肌理的变化中加以判别。一般来说，酸枝肌理的变化清而显，花梨木肌理的变化稍文且平。

（3）香红木（新红木）　花梨木的一种，北方称"新红木"。色泽比一般花梨木红，但较酸枝浅，重量也不如酸枝，不沉水。纹理粗直，少髓线，木质纯，观感好。20 世纪六十年代大批进口，当时常用来制作出口家具。

（4）红豆木（红木）　红豆木系豆科，也称"相思树"，古时，红豆木主要生长于中国广西、江苏和中部地区，木材坚重，呈红色，花纹自然美丽。红豆木家具见于清朝雍正年所制家具的有关档案材料，有紫檀木牙红豆木案二张，红豆木转木桌、红豆木条桌、红豆木小颁床各一张，红豆木矮宝座二张。朱家先生注明红豆木即红木。

（5）巴西红木　巴西红木因产于巴西，材色又为红色或红紫色而名。我国用它来制造家具只是在于 20 世纪 70 年代以后。巴西红木的品种较多，其中有巴西一号木，深色心材，结构均与花梨木同，且比花梨木略硬，但性燥易裂，尚浮于水；巴西三号木，结构细密，心材为紫色，材重质硬，强度大，能沉于水；三号木与老红木有时相似，但做成家具后，容易变形开裂。

（6）其他品种的红木　近年来，根据产地不同，有所谓"泰国红木"、"缅甸红木"、"老挝红木"等各种新的名称。所谓泰国红木，其实就是香红木或花梨木；缅甸红木简称"缅甸红"，广东地区称"缅甸花梨"；老挝红木广东地区称"老挝花梨"。这些品种多以产地命名，尤其是后者，常常树种混杂，质地差别很大，其最明显的特征是色泽呈灰黄和浅灰白色，质地松，重量轻；其中有些已无法与红木相提并论，也说不上属优质硬木，更不能归属于贵重木材。

544. 什么是装饰微薄木贴面板？

装饰微薄木贴面板，是采用珍贵树种，通过精密刨切，制得厚度为 0.2 ～ 0.8mm 的微薄木，以胶合板、纤维板、刨花板等为基材，采用先进的胶粘工艺，经热压制成的一种装饰板材。微薄木贴面板是目前装修工程中使用最普遍的装饰板材，它具有纹理美观、质感自然等优点。较常用的树种有水曲柳、柚木、楠木、枫木、榉木、樟木、花梨和楸木等。主要用于高级建筑及车、船的内部装修，以及高级家具、电视机壳、乐器等的制作。

545. 什么是印刷木纹装饰板？

印刷木纹装饰板，又称表面装饰人造板，它是在刨花板、纤维板、胶合板等基材的表面，经砂光、刮腻、淋油、印刷木纹等工艺使表面具有木纹质感的新型装饰板材。人造板的种类有：印刷木纹胶合板、印刷木纹纤维板、印刷木纹刨花板等。其表面具有珍贵木材的木纹和色泽，美观逼真，层次丰富清晰，并具有一定的耐磨光泽、耐温、抗水、耐污染、耐气候和附着力高等优点，价格大大低于珍贵木材。可直接用于室内装饰、住宅木门、家具贴面等，也可用于火车、轮船等内部装饰。

546. 什么是大漆建筑装饰板？

大漆建筑装饰板，是以我国独特的大漆技术，将大漆漆于各种木材基层上制成的一种建筑装饰板材。具有漆膜明亮、花色繁多、美观大方，而且不怕水烫、火烫等特点，若在油漆中掺以各种宝砂，制成的装饰板花色各异，辉煌别致，美不胜收。适用于高级建筑物的柱面、墙面、门拉手底板、室内装修及其他民用、公共建筑物的花格子、栏杆、墙面嵌饰、柱面嵌饰等。

大漆建筑装饰板的产品规格一般为：长 × 宽 = 610mm × 320mm。

品种有：赤宝砂、绿宝砂、金宝砂、刷丝、堆漆和其他花色。

547. 什么是宝丽板、富丽板、宝丽坑板、富丽坑板？

宝丽板又称华丽板，系以特种花纹纸，贴于三合板基材之上，再在花纹纸上涂以不饱和树脂，并在其表面压合塑料薄膜一层（作保护层用）加工而成。

富丽板的构造与宝丽板同，但表面无塑料薄膜保护层。

宝丽坑板，系在宝丽板表面按等距离加工出宽 3mm、深 1mm 坑槽而成。这样可以更增强宝丽板的装饰效果。槽距有 80mm、200mm、400mm、600mm 多种。

富丽坑板与宝丽坑板相同，系在富丽板表面加工等距离坑槽而成。

548. 什么是波音板、皮纹板、木纹板？

波音板、皮纹板、木纹板，系以三夹板为基层，以波音皮（软片纸）、皮纹皮（纸）、木纹皮（纸）通过设备压花、用 EV 胶真空贴于三夹板上加工而成的。波音板主要用于衣柜的内部，是一种免油漆材料。

549. 什么是花式贴面板（花式板、复合装饰板）？

花式贴面板，又称花式板、复合装饰板，系以胶合板、纤维板或刨花板为基材，用名贵树种刨切单板及各种颜色的进口亚光纸复合而成。它具有纹理逼真、密度均匀、厚度误差小、表面平整、耐污染、耐老化等特点，适用于室内墙面、柱面、墙裙、装饰面的装修及制作家具等。

550. 竹材有哪些特点？

（1）竹材的处理 竹材受生长与保存过程中各种因素的影响，会存在某些缺陷，如虫蛀、腐朽、吸水、开裂、易燃和弯曲等，以致在实际应用中常会受到限制。

1）防霉蛀处理

①用水 100 份，硼酸 3.6 份，硼砂 2.4 份，配成溶液，在常温下将竹材浸渍

48h。

②用水 100 份，加 1.5 份明矾，将竹材置溶液中蒸煮 1 小时。

③97 份 40 度酒精，加 3 份五氯酚配成溶液，对产品作涂刷处理或浸渍几分钟。

2）防裂处理。防止竹材干裂最简单的处理方法是将竹材在未使用之前，浸在水中，经过数月后取出风干，即可减少开裂现象。经水浸后将竹材中所含糖分除去，减少病虫害。此外，用明矾水或碳酸溶液蒸煮，也可达到防裂处理。

3）表面处理

①油光：将竹竿放在火上全面加热，当竹液溢满整个表面时，用竹绒或布反复擦抹，至竹竿表面油亮光滑即可。

②刮青：用篾刀将竹表面绿色蜡质刮去，使竹青显露出来，经刮青处理后的竹竿，色泽会逐渐加深，变成黄褐色。

③喷漆：用硝基类清漆涂刷在竹竿表面，或喷涂经过刮青处理的竹竿表面。

（2）竹材加工 常用竹材加工工艺如图 2.7-7 所示。

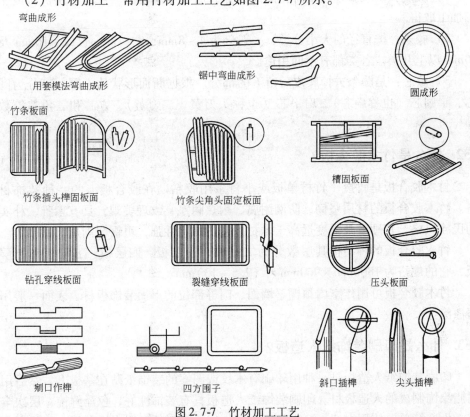

弯曲成形

用套模法弯曲成形　　锯中弯曲成形　　圆成形

竹条板面

竹条插头榫固板面　　竹条尖角头固定板面　　槽固板面

钻孔穿线板面　　裂缝穿线板面　　压头板面

剜口作榫　　四方围子　　斜口插榫　　尖头插榫

图 2.7-7　竹材加工工艺

551. 藤材有哪些特点?

藤生长分布在亚洲、大洋洲、非洲等热带地区,其种类有200种以上,以产于东南亚的质量最好。藤的茎是植物中最长的,质轻而韧,极富弹性。群生于热带丛林之中。一般长至2m左右都是笔直的。常用于制作藤制家具及具有民间风格的室内装饰用面材。

(1) 藤的种类

1) 土厘藤:产于南亚。皮有细直纹,芯韧不易断,为上品。

2) 红藤:产于南亚。色红黄,其中浅色为佳。

3) 白藤:产于南亚。质韧而软,茎细长,宜制作家具。

4) 白竹藤:产于广东省。色白,外形似竹,节高。

5) 香藤:产于广东省。茎长可达到30m,性韧。

(2) 藤材的规格

1) 藤皮:割取藤茎表皮有光泽的部分,加工成薄薄的一层,可用机械或手工加工取得。

2) 藤条:按直径的大小分类,一般分为4~8mm、8~12mm、12~16mm及16mm以上几类。各类都有不同用途。

3) 藤芯:是藤条去掉藤皮后留下的部分。根据断面形状的不同,可分为圆芯、半圆芯(也称扁芯)、扁平芯(也称头刀黄、二刀黄)、方芯和三角芯等数种。

552. 什么是竹木胶合板?

竹木胶合板是竹篾、竹材单板或小竹条用胶粘贴在胶合板上的一种装饰材料。竹木胶合板的材质坚韧、防潮耐腐、耐热耐寒、纹理美观,具有素雅、朴实的民族风格,其硬度及强度远高于木材。它的加工性强,可锯、刨边、钻眼等。

竹木胶合板的种类按其层数分为二层板、三层板、四层板、五层板和七层板,它的规格为1800mm×960mm×(2.5~13)mm。

竹木胶合板可用作室内顶棚、墙面、门等部位的罩面装饰板材,表面一般用清漆涂饰。

553. 什么是印刷装饰纸人造板?

印刷装饰纸人造板是一种用印刷有木纹或图案的装饰纸贴在基板上,然后用树脂涂饰制成的人造板材。印刷装饰纸人造板具有装饰性好,色泽鲜艳,层次丰富,生产简单,使用方便,可进行锯、钻加工,耐污性和耐水性较好,但其耐磨性及光泽度较低。

印刷装饰纸人造板可用钉子、压条及胶粘剂等进行固定。板材安装后可不需油漆就直接使用。在存放搬运过程中应避免板材与硬物碰撞，以防损伤板面。其规格与所用基板（如胶合板、硬质纤维板或刨花板等）相同。

印刷装饰纸人造板可用来制造家具及内墙面和顶棚的装饰。

554. 木线条有哪些特点、品种和用途？

木线条是选用木质坚硬细腻、耐磨耐腐、不劈裂、切面光滑、加工性能及油漆上色好、钉着力强的木材，经过干燥处理后，用机械加工或手工加工而成的。

木线条的品种较多，从材质分有：杂木线、泡桐木线、水曲柳木线、樟木线和柚木线等。从功能分有：压边线、柱角线、墙腰线、封边线和镜框线等。

木线条的表面可用清水或混水工艺装饰。木线条的连接既可进行对接拼接，也可弯曲成各种弧线。它可用钉子或高强胶进行固定，室内采用木线条时，可得到古朴典雅、庄重豪华的效果。它主要用于这样几方面：

（1）墙面上不同层次的交接处封边；墙面上不同材料的对接处封口、墙裙压边。

（2）各种饰面、门及家具表面的收边线和造型线。

（3）顶棚与墙面及柱面的交接处的封边。

（4）顶棚平面的造型线。

木线条的外观应表面光滑，棱角及棱边挺直分明，不得有扭曲和斜弯现象。

第八章 建 筑 涂 料

555. 建筑涂料是什么？油漆是涂料吗？

涂料是一类可借助于刷涂、辊涂、喷涂、抹涂、弹涂等多种作业方法，施涂其于物体表面，经干燥、固化后可形成连续状涂膜，并与被涂覆物表面牢固粘结的材料。以前，涂料的主要原料是天然树脂或干性、半干性油，如松香、大漆、虫胶、亚麻仁油、桐油、豆油等，因而习惯上把涂料称为油漆。自 20 世纪 60 年代以来，以石油化学工业为基础的人工合成树脂开始逐步取代天然树脂、干性油和半干性油，成为涂料的主要原料。油漆这一名词已不能代表其确切的含义，故改称为涂料。

556. 涂料是由哪些材料组成的？

涂料由多种不同物质经混合、溶解、分散而组成，其中各组分都有其不同的功能。不同种类的涂料，其具体组成成分有很大的差别，但按照涂料中各种材料在涂料的生产、施工和使用中所起作用的不同，可将这些组成材料分为主要成膜物质、次要成膜物质和辅助成膜物质等三个部分。

557. 涂料中主要成膜物质是什么？

主要成膜物质是涂料的基础物质，它具有独立成膜的能力，并可粘结次要成膜物质共同成膜。因此主要成膜物质也称为基料或粘结剂，它决定着涂料使用和涂膜的主要性能。

涂料的主要成膜物质多属于高分子化合物或成膜时能形成高分子化合物的物质。前者如天然树脂（虫胶、大漆等）、人造树脂（松香甘油酯、硝化纤维）和合成树脂（醇酸树脂、聚丙烯酸酯、环氧树脂、聚氨酯、氯磺化聚乙烯、聚乙烯醇系缩聚物、聚醋酸乙烯及其共聚物等）；后者如某些植物油料（桐油、籽油、亚麻仁油等）及硅溶胶等。

为满足涂料的多种性能要求，可以在一种涂料中采用多种树脂配合，或与油料配合，共同作为主要成膜物质。

558. 涂料中次要成膜物质是什么？

次要成膜物质是涂料中的各种颜料。颜料本身不具备成膜能力，但它可以依靠主要成膜物质的粘结而成为涂膜的组成部分,起着使涂膜着色、增加涂膜质感、改善涂膜性质、增加涂料品种、降低涂料成本等作用。

按照不同种类的颜料在涂料中起的作用不同,可将颜料划分为着色颜料、体质颜料和防锈颜料三类。

(1)着色颜料 着色颜料在涂料中的作用是赋予涂膜一定的颜色和遮盖能力;此外,无机颜料还具有一定的防紫外线穿透作用,它可以减轻有机高分子主要成膜物质的老化,提高涂膜的耐候性。有机颜料的抗老化性能较差。

(2)体质颜料 体质颜料又称为填料,它们一般不具备着色能力和遮盖力,只在涂膜中起填充、骨架作用,能够减少涂膜的固化收缩,增加涂膜的厚度,加强质感,提高涂膜的耐磨性、抗老化性、耐久性等。

(3)防锈颜料 防锈颜料的作用是使涂膜具有良好的防锈能力,防止被涂覆的金属表面发生锈蚀。防锈颜料的主要品种有红丹、锌铬黄、氧化铁红、铝粉等。

559. 颜料有哪些通性?

表征颜料的基本性能,亦即颜料的通性,有颜色遮盖力、着色力、分散性和各种耐性等,分别介绍于下。

(1)颜料的颜色 颜色可以用色调、明度和饱和度来确定。颜色可以分为消色和彩色两大类。消色的颜色是从白色经中性灰色到黑色,颜色的不同可谓之其色调的不同。

(2)遮盖力 颜料的遮盖力是指涂膜中颜料能够遮盖被涂饰物体使表面不再能透过涂膜而显露的能力。颜料遮盖力的强弱主要取决于折光率、吸收光线能力、结晶度和分散度等四种因素。

1)折光率。分散在涂料基料中的颜料,其折光率和基料的折光率相等时,颜料就显得透明,不起遮盖作用。只有在颜料的折光率大于基料的折光率时,颜料才具有遮盖作用。

2)吸收光线能力。颜料的遮盖力还取决于其对照射在涂层表面的光的吸收能力。不透明彩色颜料遮盖力的强弱取决于它们对光线的选择性吸收性能。

3)分散度。颜料在基料中被分散得均匀,其颗粒粒径就小。比表面积增大,反射光线的面积增大,因而遮盖能力也就增大了。

4)结晶度和晶态。颜料的结晶度越高其遮盖力越强。

(3)着色力 颜料的着色力是指一种颜料与另一种颜料混合后所显现颜色深浅的能力。

(4)吸油量 颜料的吸油量指的是一定重量颜料的颗粒,其绝对表面被油所完全浸润时所需油量的数量。习惯上常用 100 份重量的颜料需用若干分重量的精制亚麻仁油表示之。

（5）分散性　颜料颗粒的粗细不仅影响颜料的特性，也影响涂膜的质量。但是，一般颜料颗粒都是以聚集体存在的，因此必须尽可能地使之在涂料中分散成单个颗粒，这就涉及分散性问题。

（6）耐酸碱性　颜料的耐酸碱性对于其在建筑涂料中的使用也是一个重要的性能指标。例如，铁蓝或铬黄遇碱都会分解，铬绿也是不耐碱的，因而使用时应注意选择。建筑涂料有些是直接涂装于水泥墙面或石灰墙面上的，因而一定要使用耐碱性的颜料。

（7）耐光性　有些颜料在光的作用下颜色会产生一定的变化。无机颜料长期在阳光照射下其颜色将逐渐变暗，有些颜料在阳光中的紫外线的作用下还会产生粉化现象。

颜料的性能除了以上介绍的外，还有含水率、耐热性、耐溶剂性等性能。另外，值得提及的是，填料也属于颜料的一大类（即体质颜料），因而有关颜料的性能对填料也是适用的，但只不过有些性能作为填料使用时表现得不突出罢了。

560. 涂料中的辅助成膜物质是什么？

辅助成膜物质是指涂料中的溶剂和各种助剂，它们一般不构成涂膜的成分，但对于涂料的生产、涂饰施工以及涂膜形成过程有重要影响，或者可以改善涂膜的某些性质。涂料中的辅助成膜物质有两类：一类是分散介质，另一类是助剂。

561. 涂料的分类有哪些？

（1）按使用部位分类　建筑涂料可将其分为外墙涂料、内墙涂料、顶棚涂料、地面涂料和屋面防水涂料等。

（2）按主要成膜物质的化学成分分类　在建筑涂料中，以有机合成高分子材料作为主要成膜物质的可称为有机涂料。某些无机胶凝材料（主要是水玻璃、硅溶胶）也可以作为涂料的主要成膜物质，这类涂料被称为无机涂料。两者复合使用的（如聚乙烯醇水玻璃涂料）称为有机—无机复合涂料。

（3）按涂料所用分散介质和主要成膜物质的溶解状态分类　分散介质为有机溶剂，主要成膜物质在分散介质中溶解成真溶液状态的涂料，称为溶剂型涂料。

以水作为分散介质的涂料称为水性涂料。按主要成膜物质在水中的分散方式不同，水性涂料又可分为乳液型涂料、水溶胶涂料和水溶性涂料。

1）乳液型涂料：主要成膜物质为合成树脂，借助乳化剂的作用，以 0.1 ～

0.5μm 的极细微粒子分散于水中构成乳液状，加入适量的颜料、填料、辅助材料经研磨而成的涂料，这种涂料又称为乳胶漆。

2）水溶胶涂料：主要成膜物质在水中分散成为胶体状态，如硅溶胶涂料是粒度约为 0.005～0.008μm 的 SiO_2 超细微粒在水中悬浮而构成的溶胶体。

3）水溶性涂料：合成树脂在水中分散成真溶液状态的涂料，如聚乙烯醇缩甲醛内墙涂料。

（4）按涂膜厚度和膜层结构状态分类 建筑涂料的涂膜厚度小于 1mm 的，称为薄质涂料；涂膜厚度为 1～5mm 的，称为厚质涂料。当涂料的涂层具有多层结构时称为复层涂料，它通常由封底涂层、主涂层和罩面层组成。一般建筑涂料中的颜料均为粉料，所形成的膜层较为细腻。但若以具有不同粒级的粒料代替粉料，经喷涂后形成的涂膜表面粗糙，这种涂料称为砂壁状建筑涂料；如表面形成凹凸不平花纹立体装饰效果的复层涂料等。

（5）按成膜机理分类 按成膜机理的不同，有溶剂挥发成膜的涂料和化学反应成膜的涂料之分。大部分溶剂型和水溶性涂料属于前者。

实际上，涂料的上述各种分类方法常常是相互交织在一起的。如薄质涂料包括溶剂型薄质涂料、乳液型薄质涂料、无机高分子薄质涂料等；厚质涂料包括乳液型厚质涂料、合成树脂乳液型砂壁状涂料、反应固化型厚质涂料等。又如外墙涂料包括有溶剂型外墙涂料、乳液型外墙涂料、外墙无机涂料等。

562. 溶剂型涂料与乳液型涂料相比较，各有什么优缺点？

一般地，同一种合成树脂制得的溶剂型涂料与乳液型涂料相比较，前者的涂膜比较致密，通常具有较好的硬度、光泽、耐水性、耐碱性及耐候性、耐沾污性；后者的涂膜质量不如前者，而且不能在太低的温度下施工。但溶剂型涂料在涂饰施工时有大量的有机溶剂挥发，会造成环境污染，易引起火灾，对人体毒性较大，而且涂膜透气性较差，不宜在潮湿基层上施工；而乳液型涂料以水为分散介质，不仅成本较低，而且不会污染环境，不易发生火灾，施工方便，施工工具可用水洗，涂膜具有透气性，可以在较为潮湿的基层上施工。

563. 涂料的名称是如何组成的？

涂料的名称由三部分组成：即颜色或颜料名称、主要成膜物质和基本名称。涂料名称中的主要成膜物质名称应作适当简化，如聚氨基甲酸酯简化为聚氨酯。如果当中含有多种成膜物质时，可选取起主要作用的那一种成膜物质命名。

基本名称仍采用已广泛使用的名称。

如红醇酸磁漆的"红"为颜色；"醇酸"为主要成膜物质；"磁漆"为基本名称。

564. 涂料的型号是如何表示的？

国家标准《涂料产品分类、命名和型号》（GB 2075—1992）中规定，各种涂料的型号用三个部分表示：第一部分是主要成膜物质的代号，用汉语拼音字母表示；第二部分是基本名称，用两位数字表示；第三部分是序号，表示同类产品中组成、配比或用途不同的涂料品种。每个型号只表示一种涂料品种，例如：C04-2，其中"C"表示醇酸树脂（主要成膜物质），"04"表示磁漆（基本名称），"2"表示序号。表 2.8-1 给出了部分涂料的基本名称和代号。

表 2.8-1　部分涂料的基本名称和代号

代号	基本名称	代号	基本名称	代号	基本名称
00	清油	14	透明漆	61	耐热漆
01	清漆	15	斑纹漆、裂纹漆、桔纹漆	62	示温漆
02	厚漆	19	闪光漆	66	光固化涂料
03	调和漆	24	家电用漆	77	内墙涂料
04	磁漆	26	自行车漆	78	外墙涂料
05	粉末涂料	23	罐头漆	79	屋面防水涂料
06	底漆	50	耐酸漆、耐碱漆	80	地板漆、地坪漆
07	腻子	52	防腐漆漆	86	标志漆、路标漆、马路划线漆
09	大漆	53	防锈漆	98	胶液
11	电泳漆	54	耐油漆	99	其他
12	乳胶漆	55	耐水漆		
13	水溶性漆	60	防火漆		

上述编号的基本原则是：采用 00～99 二位数表示，10～19 代表美术漆；20～29 代表轻工漆；30～39 代表绝缘漆；40～49 代表船舶漆；50～59 代表腐蚀漆；60～69 代表其他。

565. 涂膜的主要技术性能有哪些要求？

涂膜的技术性能包括物理力学性能和化学性能。主要有涂膜颜色、遮盖力、附着力、粘结强度、耐冻融性、耐污染性、耐候性、耐水性、耐碱性及耐刷洗性等。

（1）涂膜颜色　涂膜颜色与标准样品相比，应符合色差范围。

（2）遮盖力　遮盖力反映涂膜对基层材料颜色遮盖能力的大小，通常用能使规定的黑白格遮盖所需涂料的单位面积质量 g/cm^2 表示。建筑涂料的遮盖力范

围约为 $100\sim300g/cm^2$。

（3）附着力　附着力是表示薄质涂料的涂膜与基层之间粘结牢固程度的性能，通常用划格法测定。

（4）粘结强度　粘结强度是表示厚质建筑涂料和复层建筑涂料的涂膜与基层粘结牢固程度的性能指标。粘结强度高的涂料其涂膜不易脱落，耐久性好。

（5）耐冻融性　涂膜的耐冻融性用涂膜标准样板在 $-20\sim23℃$ 之间能承受的冻融循环次数表示，次数越多，表明涂膜的耐冻融性越好。

（6）耐沾污性　暴露在大气环境中的涂料，受到的灰尘污染有三类：第一类是沉积性污染；第二类是侵入性污染；第三类是吸附性污染，即由于涂膜表面带有静电或油污而吸引灰尘造成污染。

（7）耐候性　它通常用经给定的人工加速老化处理时间后，涂膜粉化、裂化、起鼓、剥落及变色等状态指标来表示涂料的耐候性。

（8）耐水性　耐水性用浸水试验法测定，即将已经实干的涂膜试件的 2/3 面积浸入 $25℃\pm1℃$ 的蒸馏水或沸水中，达到规定时间后检查涂膜有无上述破坏现象。

（9）耐碱性　涂料的耐碱性的测定方法是：将涂膜试样浸泡在 $Ca(HO)_2$ 饱和水溶液中一定时间后，检查涂膜表面是否产生上述破坏现象及破坏程度，用以评价涂料的耐碱性。

（10）耐刷洗性　涂料耐刷洗性的测定方法是：用浸有规定浓度肥皂水的鬃刷，在一定压力下反复擦刷试板的涂膜，达 1000 次以上，观察涂膜是否破损露出试板底色。

566. 常用的内墙涂料有哪些？对它们的主要性能要求有哪些？

常用的内墙涂料有合成树脂乳液内墙涂料、水溶性内墙涂料、多彩花纹内墙涂料、仿壁毯涂料等。内墙涂料也可以用作顶棚涂料，它的作用是装饰和保护室内墙面和顶棚。对内墙涂料的主要性能要求是：色彩丰富、协调，色调柔和，涂膜细腻，耐碱性、耐水性好，不易粉化，透气性好，涂刷方便，重涂性好。

567. 合成树脂乳液内墙涂料（乳胶漆）有哪些特点和种类？

合成树脂乳液内墙涂料以合成树脂乳液为主要成膜物质，加入着色颜料、体质颜料、助剂，经混合、研磨而制得的薄质内墙涂料。这类涂料具有下列特点：

（1）以水为分散介质，随着水分的蒸发而干燥成膜，无毒。

（2）涂膜透气性好，因而可以避免因涂膜内外温度差而鼓泡，可以在新建的建筑物水泥砂浆及灰泥墙面上涂刷。用于内墙涂饰，无结露现象。

乳胶漆的种类很多，通常以合成树脂乳液来命名，主要品种有：聚醋酸乙烯乳胶漆、丙烯酸酯乳胶漆、乙-丙乳胶漆、苯-丙乳胶漆、聚氨酯乳胶漆等。

（1）聚醋酸乙烯乳胶漆 这种涂料无毒、无味，涂膜细腻、平光、透气性好，色彩多样，施工方便，装饰效果良好，耐水、耐碱、耐候性较其他共聚乳液差，是一种中档内墙涂料。

（2）丙烯酸酯乳胶漆 丙烯酸酯乳胶漆的涂膜光泽柔和，耐候性、保光性、保色性优异，耐久性好，是一种高档的内墙涂料。

由于纯丙烯酸酯乳胶漆价格昂贵，常以丙烯酸系单体为主，与醋酸乙烯、苯乙烯等单体进行乳液共聚，制成性能较好而价格适中的中-高档内墙涂料。其主要品种有乙-丙涂料和苯-丙涂料。

（3）乙-丙乳胶漆 乙-丙乳胶漆是醋酸乙烯-丙烯酸酯共聚乳液涂料的简称。这种涂料的耐碱性、耐水性均优于聚醋酸乙烯乳胶漆，所以也适用于外墙。

（4）苯-丙乳胶漆 苯-丙乳胶漆是苯乙烯-丙烯酸酯共聚乳液涂料的简称。这种涂料的耐碱性、耐水性、耐洗刷性及耐久性稍低于纯丙烯酸酯乳液涂料，但优于其他品种的内墙涂料。苯-丙乳胶漆也适用于外墙。

合成树脂乳液内墙涂料的技术性能应符合表 2.8-2 的要求。

表 2.8-2 合成树脂乳液内墙涂料的技术性能

项　　次	技术性能	性能指标
1	在容器中的状态	无硬块，搅拌后呈均匀状态
2	固体含量（%），120℃±2℃，2h	≮45
3	低温稳定性	不凝聚，不结块，不分离
4	遮盖力（g/cm²），白色或浅色	≯250
5	颜色与外观	表面平整，符合色差范围
6	干燥时间/h	≯2
7	耐刷洗性/次	≮300
8	耐碱性，48h	不起泡，不掉粉，允许轻微失光和变色
9	耐水性，96h	不起泡，不掉粉，允许轻微失光和变色

注：摘自国家标准（合成树脂乳液内墙涂料）（GB9756—1988）。

568. 什么是水性涂料？

凡是用水作溶剂或者作分散介质的涂料，都可称为水性涂料。水性涂料包括：

（1）水溶性涂料 水溶性涂料是以水溶性树脂为成膜物，以聚乙烯醇及其各种改性物为代表，除此之外还有水溶醇酸树脂、水溶环氧树脂及无机高分子水性树脂等。

（2）水稀释性涂料 水稀释性涂料是指后乳化乳液为成膜物配制的涂料，使溶剂型树脂溶在有机溶剂中，然后在乳化剂的帮助下靠强烈的机械搅拌使树脂分散在水中形成乳液，称为后乳化乳液，制成的涂料在施工中可用水来稀释。

（3）水分散性涂料（乳胶涂料） 水分散涂料主要是指以合成树脂乳液为成膜物配制的涂料。乳液是指在乳化剂存在下，在机械搅拌的过程中，不饱和乙烯基单体在一定温度条件下聚合而成的小粒子团分散在水中组成的分散乳液。将水溶性树脂中加入少许乳液配制的涂料不能称为乳胶涂料。严格来讲水稀释涂料也不能称为乳胶涂料，但习惯上也将其归类为乳胶涂料。

569.《住建部推广应用和限制禁止使用技术》中推广应用哪些涂料？

（1）内墙涂料 合成树脂乳液内墙涂料，包括：丙烯酸共聚乳液（纯丙、苯丙、醋丙等）系列、乙烯-醋酸乙烯共聚乳液系列内墙涂料。要求产品性能符合 GB/T 9756—2001 的规定；有害物质限量符合 GB 18582—2001 的要求。

（2）外墙涂料

1）水性外墙涂料，包括丙烯酸共聚乳液（纯丙、苯丙等）系列、有机硅丙烯酸乳液系列、水性氟碳外墙涂料（薄质、复层、砂壁状等）。产品应符合相应的国家标准和行业标准。

2）溶剂型外墙涂料，包括丙烯酸、丙烯酸聚氨酯、有机硅改性丙烯酸树脂和氟碳树脂外墙涂料，产品性能应符合 GB/T 9757—2001 优等品要求。

570.《住建部推广应用和限制禁止使用技术》中限制禁止使用哪些涂料？

（1）限制使用 仿瓷内墙涂料（是以聚乙烯醇为基料掺入灰钙粉、大白粉、滑石粉等）。

（2）禁止使用

1）聚乙烯醇水玻璃内墙涂料（106）。

2）聚乙烯醇缩甲醛内墙涂料（107、803）。

3）多彩内墙涂料（树脂以硝化纤维素为主，溶剂以二甲苯为主的 O/W 型涂料）。

4）聚乙烯醇缩甲醛类外墙涂料。

5）聚醋酸乙烯乳液类（含 EVA 乳液）外墙涂料。

6）氯乙烯-偏氯乙烯共聚乳液类外墙涂料。

限制禁止使用的主要原因，是产品整体质量不高，耐擦洗性差或甲醛含量高。

571. 仿壁毯涂料有哪些特点和种类？

仿壁毯涂料的商品名为"好涂壁"或"思壁彩"，这种涂料是由乳液胶结材料、粉状胶结材料、少量的粉状填料、助剂和纤维等组成，乳液和其他固体材料分开包装。

仿壁毯涂料成膜后外观类似毛毯或绒面，装饰效果非常独特：首先是质感丰富。这种涂料成膜后的表面是相互粘结的纤维；纤维的色彩可以任意组合得到适合各种用涂的表面；纤维可以是不同的种类（合成纤维、天然纤维以及它们的混纺产品）和不同的形状（直的纤维、加捻卷曲的纤维、成球的纤维团等）。有的产品混入少量真空镀铝的聚酯纤维，具有闪光效果，更具特色。其次是有吸声隔热效果。仿壁毯涂料主要涂层较厚，可达 1～2mm，涂层由纤维构成，因此具有吸声性，且无毒，还具有保温隔热等功能，适用于居室及声学要求较高的场所。

仿壁毯涂料施工时须现场稀释配制，基层处理要求与一般涂料施工相同，包括适当的腻子批嵌、抄平等，一般采用刮涂方式施工。

572. 绒面、植绒涂料有什么特点？

绒面涂料是指通过涂装能表现出类似高级皮革绒面效果的涂料，它能给人以温和、高雅的感觉。涂膜具有优良的耐水、耐碱性。绒面涂料主要是由着色树脂微球（俗称绒毛球）、基料树脂、溶剂和助剂组成。着色树脂微球按其粒径大小可分为细粒、标准粒和粗粒（10～90μm），以细粒为好；基料树脂一般采用软质树脂，可分为溶剂型的、水性的和紫外线固化型基料树脂，在建筑装饰中一般用水性涂料。

植绒涂料是将纤维绒毛通过静电植绒技术而形成的饰面涂料。植绒涂料用的粘合剂为乳胶，有聚丙烯酸酯等。植绒后的墙壁像铺上富丽堂皇的壁毯，色彩鲜艳、手感柔和，显得豪华舒适。

但绒面、植绒涂料的涂膜不易清洗，使它的适用范围受到了限制，一般只可应用于某些特殊场合或局部装饰需要。

573. 杀虫涂料有什么特点？

杀虫涂料是一种功能性涂料，室内的各种昆虫如苍蝇、蚊子、蟑螂等在接触这类涂膜后，神经系统受到损害而瘫痪导致死亡。杀虫涂料可广泛用于医院、宾馆、饭店、食品加工厂及工业、民用建筑的内墙装修等。

杀虫涂料之所以能杀虫，因为其中含有杀虫的药液，涂料经涂装成膜后，杀虫药液析出至涂膜表面，害虫在接触到这种表面含有杀虫药液的涂膜后，即可被杀虫剂击杀。又由于在杀虫涂料的组成材料中含有吸附剂，能够吸附杀虫剂，并慢慢地再将杀虫剂释放出来，因而一般杀虫涂料可以较长时间地发挥杀虫效果。

574. 建筑涂料今后的发展方向是什么？

（1）向水性化发展 涂料的品种结构正向着减少 VOC 含量发展，因此，建筑涂料向水性化发展是大趋势，传统的溶剂型涂料正逐步退出市场。

（2）向功能化发展 建筑涂料已形成了由高品质型向多功能型发展；环保型向健康型发展；环境美型向环境治理型发展的趋势。一般的功能性涂料有：防火涂料，防水、防霉涂料，防腐涂料，隔热涂料，保温涂料的防碳化涂料等。

（3）向无机涂料发展 无机涂料以无机高分子的纳米材料为主，其原料取自大自然，其生产对环境污染小、能耗低。而且，因其可直接与水泥产生化学交联作用，故用于水泥建筑物时，其附着力、物化性均优于有机涂料，另外，因其耐候性和附着性强，可为后续维修节省资金和人力。

575. 合成树脂乳液外墙涂料与内墙涂料有什么不同？

合成树脂乳液外墙涂料的制作、特点和种类基本上与内墙涂料相同，但外墙涂料按涂料的质感可分为薄质乳液涂料（乳胶漆）、厚质涂料及彩色砂壁状涂料等。

在特点上不同的是：外墙涂料具有良好的耐候性，尤其是高质量的丙烯酸醋乳液外墙涂料，其涂膜的光亮度、耐候性、耐水性、耐久性等各种性能可以与溶剂型丙烯酸酯外墙涂料相媲美。

目前乳液型外墙涂料存在的主要问题是其在太低的温度下不能形成良好的涂膜，通常必须在 10℃ 以上才能保证质量，因而冬季一般不易应用。

在主要技术指标上，耐洗刷性（次）可达一千次以上，且耐冻融循环、耐人工老化性均好于内墙涂料。

576. 乙-丙乳液涂料有哪些特点和种类？

乙-丙乳液外墙涂料的特点是以水为分散介质，安全无毒，施工方便，干燥快，耐候性、保色性均较好，且价格较低。这是一种常用的合成树脂乳液型外墙涂料。

乙-丙乳胶漆分为薄质和厚质两种，厚质涂料与薄质涂料的区别是在于掺了一定量的粗集料，形成的涂膜厚实、质感强，对基层的附着力大，具有良好的装饰效果，而且与干粘石和水刷石比较，施工速度快，操作简便。

577. 氯-醋-丙涂料有哪些特点？

氯-醋-丙涂料是由氯乙烯、醋酸乙烯、丙烯酸三丁酯在引发剂作用下通过乳液聚合方法制得的乳液，加入一定量的中和剂、分散剂、增稠剂、消泡剂和颜料配制而成的一种中档合成树脂乳液外墙涂料。其特点是耐水性、耐碱性较好，长期使用时表面轻微粉化，在雨水冲刷下连同表面沾污物一同除去。这种涂料适用于污染较重的城市建筑物外墙。

578. 苯-丙外墙涂料有哪些特点？

苯-丙外墙涂料是目前应用较普遍的合成树脂乳液外墙乳液涂料之一。

苯-丙涂料具有丙烯酸酯类的高耐光性、耐候性、不泛黄性，耐碱性、耐水性和耐湿擦洗性优良，外观细腻、色彩艳丽，质感好，并且与水泥材料附着力好，适合于外墙面的装饰。

用该涂料涂饰施工时应注意施工温度在 20℃ 左右，不能低于 8℃，两道涂料施工间隔时间不小于 4h。涂料太稠时可按规定用少量的水稀释，每千克涂料可涂饰 $2 \sim 4m^2$。

579. 丙烯酸酯乳胶漆有哪些特点？

丙烯酸酯乳胶漆是优质合成树脂乳液外墙涂料之一。

纯丙烯酸系乳胶漆在性能上较其他乳胶漆好，其最突出的优点是涂膜光泽柔和，耐候性与保光性、保色性都很优异，更适合用作外墙涂料。

该涂料用多种方法施涂均可，但施工温度不能低于 5℃。在平整的基面上，每千克涂料可涂饰 $8 \sim 10m^2$。

580. 彩色砂壁状外墙涂料有哪些特点？

彩色砂壁状涂料又称彩砂涂料或彩石漆，是以合成树脂乳液为主要成膜物质，以彩色砂粒为骨料，采用喷涂方法涂饰于建筑物外墙，形成粗面状涂层的厚质涂料。涂料所采用的合成树脂乳液通常是苯-丙乳液。

涂料的着色主要依靠着色骨料或天然砂粒、石粉加颜料。彩色砂壁状涂料的技术性能应符合国家标准《合成树脂乳液砂壁状建筑涂料》（JG/T 24—2000）的规定。

这种涂料的特点是无毒、无溶剂污染；快干、不燃、耐强光、不退色；利用骨料的不同组成和搭配，可以使涂料色彩形成不同的层次，取得类似天然石材的质感和装饰效果。

581. 水乳型环氧树脂乳液外墙涂料有哪些特点？

水乳型环氧树脂乳液外墙涂料是另一类乳液型涂料。它是由环氧树脂配以适当的乳化剂、增稠剂、水，通过高速机械搅拌分散而成的稳定乳液为主要成膜物质，加入颜料、填料、助剂配制而成的外墙涂料。这类涂料以水为分散介质，无毒无味，生产施工较安全，对环境污染较少。目前国内用于外墙装饰的主要品种之一，是一种高档外墙涂料。

水乳型环氧树脂外墙涂料的特点是与基层墙面粘结性能优良，不易脱落；装饰效果好；涂层耐老化、耐候性优良；耐久性好。

582. 合成树脂溶剂型外墙涂料有哪些特点和种类？

溶剂型涂料涂刷后，随着涂料中所含的溶剂的挥发，成膜物质与其他不挥发组分共同形成均匀连续的涂层薄膜。因其涂膜致密，具有较高的光泽、硬度、耐水性、耐酸性及良好的耐候性、耐污染性等特点，因而主要用于建筑物的外墙涂饰。但由于施工时有大量易燃的有机溶剂挥发，容易污染环境。且涂料价格一般比乳液型涂料贵。这类外墙涂料的用量低于乳液型外墙涂料的用量。

目前常用的溶剂型外墙涂料有：氯化橡胶外墙涂料、聚氨酯丙烯酸酯外墙涂料、丙烯酸酯有机硅外墙涂料等。其中聚氨酯丙烯酸酯外墙涂料和丙烯酸酯有机硅外墙涂料的耐候性、装饰性、耐沾污性都很好，涂料的耐用性都在 10 年以上。合成树脂溶剂型外墙涂料的技术性能应符合国家标准《合成树脂溶剂型外墙涂料》（GB9757—2001）的规定。

583. 氯化橡胶外墙涂料有哪些特点？

氯化橡胶外墙涂料又称氯化橡胶水泥漆，它是由氯化橡胶为主要成膜物质，与溶剂、增塑剂、着色颜料、体质颜料和助剂等配制成的外墙涂料。

氯化橡胶外墙涂料为溶剂挥发型涂料，随着溶剂挥发干燥成膜。该涂料施工时受温度的影响很小，可在 $-20 \sim 50℃$ 环境中成膜，但随着温度降低，干燥速度减慢；涂料对水泥、混凝土表面和钢铁表面具有良好的附着力；耐碱性、耐酸性及耐候性好；且涂料的维修重涂性好。

584. 丙烯酸酯外墙涂料有哪些特点？

丙烯酸酯外墙涂料是以热塑性丙烯酯合成树脂为主要成膜物质并加入溶剂、着色颜料、体质颜料、助剂等，经研磨而成的一种溶剂型外墙涂料。该涂料具有以下特点：

（1）涂料的耐候性良好，在长期光照、日晒雨淋的条件下，不易变色、粉化或脱落。

（2）对墙面有较好的渗透作用，膜层结合牢固，而且耐久性好。

（3）使用不受天气温度限制，即使在零度以下的严寒季节施工，也能很好地干燥成膜。

（4）施工方便，可采用刷涂、滚涂、喷涂等施工工艺，可以按用户的要求配制成各种颜色。但施工时易燃、有毒性溶剂挥发，应注意保护措施。

丙烯酸酯外墙涂料是目前国内外主要使用的品种之一，使用寿命估计可达10 年以上。在我国主要用于高层建筑外墙的涂饰。

585. 聚氨酯系外墙涂料有哪些特点？

聚氨酯系外墙涂料是以聚氨酯树脂或聚氨酯与其他合成树脂的复合物为主要成膜物质，添加着色颜料、体质颜料、助剂而制成的一种双组分外墙涂料。

聚氨酯系外墙涂料是通过涂料中的两个组分发生固化反应形成涂膜的，它的特点是涂膜柔软，弹性变形能力大；能与混凝土、金属、木材等牢固粘结；具有极好的耐水性、耐碱性；涂膜表面光洁，呈瓷质感，耐候性、耐沾污性好；使用寿命可达 15 年以上。特别是这种涂料具有类似弹性橡胶的性质，对于基层细小裂缝有很大的随动性，能够实现所谓的"动态防水"，因而是一种性能优异的高级外墙涂料。

586. 丙烯酸酯有机硅外墙涂料有哪些特点？

丙烯酸酯有机硅外墙涂料是由耐候性、耐沾污性优良的有机硅改性丙烯酸树脂为主要成膜物质，添加着色颜料、体质颜料、助剂组成的优质溶剂型外墙涂料。适用于高级公共建筑和高层住宅的外墙面装饰。

丙烯酸酯有机硅外墙涂料的特点是涂料渗透性好，能渗入基层，增加基层的抗水性；流平性好，涂膜表面光洁；耐沾污性好，易清洁；施工方便，可采用刷涂、滚涂和喷涂等方法。但基层必须干燥，一般要求含水率不超过 8%，可直接涂在水泥砂浆或混凝土基层上。一般涂刷二遍，每遍间隔时间可在 4h 左右。施工时应注意劳动保护和防火。

587. 仿瓷涂料有哪些特点和种类？

仿瓷涂料也称为瓷釉涂料，其主要成膜物质为热固性树脂，属溶剂型双组分反应性涂料。

这种涂料按在涂层中使用的位置不同分为两种。其中用于底层的要求形成的膜层比较柔韧，与基层的附着力强；用于面层的要求形成的膜层硬度高，光泽强。

仿瓷涂料的特点是涂膜硬度高、光泽度高，有瓷釉的外观，而且耐水、耐湿擦、遮盖力强，耐污性特别好，耐老化性能优异。作为外墙涂料其性能指标应符合国家标准《溶剂型外墙涂料》（GB9757—2001）的要求。此外对光泽和硬度有一定的要求。

588. 外墙无机建筑涂料有哪些特点和种类？

外墙无机建筑涂料是以碱金属硅酸盐或硅溶胶为主要成膜物质，加入相应的固化剂，或有机合成树脂、颜料、填料等配制而成的，用于建筑物外墙的涂料。按主要成膜物质的不同，外墙无机建筑涂料可分为：

A 类：碱金属硅酸盐（硅酸钾、硅酸钠、硅酸锂等）及其混合物为主要成膜物质。其代表产品是 JH80-1 型无机建筑涂料。

B 类：以硅溶胶为主要成膜物质。其代表产品为 JH80-2 型无机建筑涂料。

（1）JH80-1 型无机建筑涂料　这种涂料以硅酸钾（$K_2O-nSiO_2$）为主要成膜物质，其模数通常为 26～28。选用耐光性、耐碱性好的无机矿物着色颜料。加入滑石粉、石英粉、云母粉等体质颜料，可提高涂膜的强度、遮盖力、耐水性、耐候性，并减少涂膜的收缩、开裂。采用六偏磷酸钠作为分散剂，促使颜料充分分散。

（2）JH80-2 型无机建筑涂料　JH80-2 型无机建筑涂料是以二氧化硅胶体（又称硅溶胶）为主要成膜物质，掺入着色颜料、体质颜料和助剂，经混合、研磨而制成的一种涂料。

与有机涂料相比，硅酸盐无机建筑涂料的耐水性、耐碱性、抗老化性等性能特别优异；其粘结力强，对基层处理要求不严格，适用于混凝土墙体、水泥砂浆抹面墙体、水泥石棉板、砖墙和石膏板等基层；最低成膜温度为 5℃，负温下仍可固化；储存稳定性好；施工方便，可刷涂、滚涂和喷涂；以水为分散介质，无毒、无味、安全，且价格较低。

外墙无机建筑涂料的技术质量要求应符合国家标准《外墙无机建筑涂料》（JG/T 26—2002）的规定。

589. 复层建筑涂料有哪些特点和种类？

复层建筑涂料简称复层涂料，是以水泥、硅溶胶、合成树脂乳液等粘结料和骨料为主要原料，用刷涂、辊涂或喷涂等方法，在建筑物墙面上涂覆 2～3 层，形成厚度为 1～5mm 的凹凸状花纹或平状面层的涂料。

复层涂料的涂膜一般由封底层、主涂层和罩面层组成。封底层一般采用高颜料体积浓度的合成树脂乳液，其作用是封闭基层、增加主涂层与基层的粘结力。主涂层是复层涂料的骨架，常喷成大小不等的点状，辊压后形成凹凸状面层，赋予被涂饰墙面立体质感，提高涂层的强度。罩面层可选用质量较好的合成树脂溶剂型涂料涂覆1~2道，形成的罩面层起着保护主涂层，使主涂层具有不同的色调和光泽，提高复层涂料的耐水性、耐久性、耐沾污性及耐候性的作用。

其技术质量要求应符合国家标准《复层建筑涂料》（GB/T 9779—2005）的规定。

复层涂料可用于水泥砂浆抹面、混凝土预制板、水泥石棉板、石膏板和木结构等基层上，一般作为内外墙、顶棚的中、高档的建筑装饰使用。

590. 地面涂料应具有哪些主要技术性能要求？有哪些类型？

地面涂料的功能是装饰和保护地面，使之与室内墙面及其他装饰相适应，为人们创造一种优雅的室内环境。

地面涂料一般是直接涂覆在水泥砂浆面层上，根据其装饰部位的特点，它应能满足以下主要技术性能要求：

（1）耐碱性强，能适应水泥砂浆地面基层带有的碱性。

（2）与水泥砂浆基层有良好的粘结性能。

（3）良好的耐水性。为了保持地面清洁，经常需要用水擦洗，因此地面涂料应有良好的耐水性。

（4）良好的耐磨性，不易被经常走动的人流所损坏。

（5）良好的抗冲击性，能够承受重物的冲击而不开裂、脱落。

（6）施工方便，重涂性好。

地面涂料按基层材质的不同可分为木地板涂料、塑料地板涂料和水泥砂浆地面涂料等几大类。

地面涂料按主要成膜物质的化学成分分为：过氯乙烯地面涂料、聚氨酯-丙烯酸酯地面涂料、丙烯酸硅树脂地面涂料、环氧树脂厚质地面涂料、聚氨酯地面涂料等。

591. 过氯乙烯地面涂料有哪些特点？

过氯乙烯地面涂料是以过氯乙烯为主要成膜物质，并用少量的改性树脂（如松香改性酚醛树脂），掺加增塑剂、稳定剂、着色颜料和体质颜料，经混炼、切片后溶解于二甲苯等有机溶剂中制成的。

过氯乙烯地面涂料的特点是干燥快，与水泥地面结合好，耐水、耐磨、耐化学药品腐蚀。

过氯乙烯地面涂料施工时要在干燥的基底上先涂刷一道过氯乙烯地面底漆，室内施工干燥时有大量的有机溶剂挥发，易燃，要特别注意通风、防火、防毒。

592. 聚氨酯-丙烯酸酯地面涂料有哪些特点？

聚氨酯，丙烯酸酯地面涂料是以聚氨酯-丙烯酸酯树脂溶液为主要成膜物质，添加一定量的着色颜料、体质颜料、助剂和溶剂等配制而成的一种双组分固化型地面涂料。

聚氨酯-丙烯酸酯地面涂料的特点是涂膜外观光亮平滑，有瓷质感，又称仿瓷地面涂料，具有良好的装饰性，耐磨性、耐水性均很好，具有很好的耐碱、耐酸及耐化学药品性能。

593. 丙烯酸硅树脂地面涂料有哪些特点？

丙烯酸硅树脂地面涂料是以丙烯酸酯和硅树脂复合作为主要成膜物质，加入着色颜料、体质颜料、助剂、溶剂等配制而成的溶剂型地面涂料。这种涂料的特点是含固量低，渗透性好，因而与水泥砂浆、混凝土、砖石等表面结合牢固，涂层耐磨性好；具有良好的耐水性、耐污染性、耐洗刷性；较好的耐化学药品性和耐热、耐火性；涂层的耐候性优良，可以用于室外的地面装饰，且重涂方便。

594. 合成树脂厚质地面涂料有哪些特点和种类？

合成树脂厚质地面涂料以环氧树脂、聚氨酯等合成树脂作为主要成膜物质，加入固化剂、适量的着色颜料、体质颜料和助剂制成的厚质地面涂料。这种涂料通常采用刮涂方法涂覆于地面上，形成的地面涂层，称为无缝塑料地面或塑料涂布地板。涂膜性能很好，有一定的厚度与弹性，脚感舒适，是国内外近年来发展起来的一种新型的室内地面装饰材料，主要品种有环氧树脂地面厚质涂料、聚氨酯弹性地面涂料、不饱和聚酯地面涂料等。

595. 环氧树脂厚质地面涂料有哪些特点？

环氧树脂厚质地面涂料属反应固化型涂料。这种涂料由甲、乙两个组分组成。甲组分由环氧树脂、增塑剂、稀释剂配制成清漆，再与着色颜料、体质颜料混合，研磨后制成色漆。乙组分由固化剂和稀释剂组成。使用时应严格按规定比例将甲、乙两组分混合、搅拌均匀，静放 0.5~1h 后再刷涂，且一次配制好的涂料应在 6~8h 内用完。

环氧树脂厚质地面涂料的特点是粘结力强，膜层坚硬耐磨，且具有一定的韧性，耐化学腐蚀、耐油、耐火及耐久性好，可涂饰成各种图案，装饰效果好。但因这种涂料是双组分固化体系，所以施工较为复杂，施工时应注意通风、防火，要求地面含水率不大于 8%。

596. 聚氨酯地面涂料有哪些特点和类型?

聚氨酯地面涂料有薄质罩面涂料与厚质弹性地面涂料两类,前者主要用于木质地板或其他地面的罩面上光,也称为地板漆;后者涂刷于水泥地面能在地面上形成无缝弹性塑料状涂层,又称为聚氨酯弹性地面。这里仅介绍聚氨酯弹性地面涂料。

聚氨酯弹性地面涂料是双组分常温固化型涂料。

聚氨酯弹性地面涂料与基层的粘结力强、整体性好,且弹性变形能力大,不会开裂;涂层的耐磨性、耐油性、耐水性及耐酸、耐碱性均较强,且其色彩丰富,脚感舒适。因此,聚氨酯弹性地面涂料是一种高档的地面装饰材料,适用于会议室、放映厅的弹性装饰地面,地下室、卫生间等的防水装饰地面,以及工业厂房车间的耐磨、耐油、耐腐蚀地面。

597. 油漆有哪些类型?

在装饰工程中,门窗和家具所用涂料也占很大一部分,这部分涂料所用的主要成膜物质以油脂、分散于有机溶剂中的合成树脂或混合树脂为主,一般人们常称之为"油漆"。这类涂料的品种繁多,性能各异,大多由有机溶剂稀释,所以也可称为有机溶剂型涂料。

油漆主要有油脂漆、天然树脂漆、清漆、磁漆和聚酯漆五大类。油脂漆有清油、厚漆、油性调和漆等;天然树脂漆有虫胶清漆、大漆等;清漆有脂胶清漆、酚醛清漆、醇酸清漆、硝基清漆等;磁漆有醇酸、磁漆、酚醛磁漆等。

598. 油脂漆有哪些特点和类型?

油脂漆是以干性油或半干性油为主要成膜物质的一种涂料。它装饰施涂方便,渗透性好,价格低,气味与毒性小,干固后的涂层柔韧性好。但涂层干燥缓慢,涂层较软,强度差,不耐打磨抛光,耐高温和耐化学性差。常用的有以下几种:

(1) 清油 清油是以半干性桐油为主要原料,加热聚合到适当稠度,再加入催干剂而制成的。它干燥得较快,漆膜光亮、柔韧、丰满,但漆膜较软。清油一般用于调制油性漆、厚漆、底漆和腻子。

(2) 厚漆 俗称铅油,是由干性油、着色颜料和体质颜料经研磨而成的厚浆状漆。所用干性油一般要经加热聚合,所以又称作聚合厚漆。使用前须加稀释剂和催干剂,一般加适量的熟桐油和松香水,调稀至可使用的稠度。通常用作打底或调制腻子。

(3) 油性调和漆 油性调和漆是用干性油与颜料研磨后,加入催干剂及溶剂配制而成。这种漆膜附着力好，不易脱落，不起龟裂、粉化，经久耐用，但干燥较慢，漆膜较软，故适用于室外面层涂刷。

599. 天然树脂漆有哪些特点和类型？

天然树脂漆是指各种天然树脂加干性植物油经混炼后，再加入催干剂、分散介质、颜料等制成的。常用的天然树脂漆有虫胶漆、大漆等。

（1）虫胶清漆 虫胶清漆又称为泡立水、酒精凡立水，也简称漆片。它是由一种积累在树胶上的寄生昆虫的分泌物，经收集加工溶于酒精中而成。这种漆使用方便，干燥快，漆膜坚硬光亮。缺点是耐水性、耐候性和耐碱性差，日光曝晒会失光，热水浸烫会泛白。一般用于室内涂饰。

（2）大漆 大漆又称土漆、天然漆、中国漆，有生漆和熟漆之分。它是将从漆树上取得的液汁，经部分脱水并过滤而得到的棕黄色粘稠液体。其特点是：漆膜坚硬，富有光泽，耐久、耐磨、耐油、耐水、耐腐蚀、绝缘、耐热（250℃），与基底表面结合力强。缺点是黏度高而不易施工（尤其是生漆），漆膜色深，性脆，不耐阳光直射，抗氧化和抗碱性差。生漆有毒，干燥后漆膜粗糙，所以很少直接使用。生漆经加工即成熟漆，或经改性后制成各种精制漆。

熟漆适于在潮湿环境保护中使用，所形成的漆膜光泽好、坚韧、稳定性高、耐酸性强，但干燥较慢，甚至需要 2~3 个星期。

精制漆有广漆和催光漆等品种，具有漆膜坚韧、耐水、耐热、耐久、耐腐蚀等良好性能，光泽动人，装饰性强，适用于木器家具、工艺美术品及某些建筑制品等。

600. 清漆有哪些特点和类型？

清漆是不含颜料的油状透明涂料，以树脂或树脂与油为主要成膜物质。油基清漆系由合成树脂、干性油、分散介质、催干剂等配制而成。油料用量较多时，漆膜柔韧、耐久且富有弹性，但干燥较慢；油料用量较少时，则漆膜坚硬、光亮、干燥快，但较易脆裂。油基清漆有脂胶清漆、酚醛清漆、醇酸清漆等。树脂清漆主要是虫胶清漆。

（1）脂胶清漆 脂胶清漆又称耐水清漆，是以干性油和甘油松香为主要成膜物质而制成的。这种清漆漆膜光亮，耐水性好，但光泽不持久，干燥性差，适用于木质家具、门窗、板壁等的涂刷及金属表面的罩光。

（2）酚醛清漆 酚醛清漆是由干性油和改性酚醛树脂为主要成膜物质而制成的。特点是干燥快，漆膜坚韧耐久，光泽好，并耐热、耐水、耐弱酸碱；施工方便，价格较低，缺点是涂膜干燥慢，颜色较深，容易泛黄，不能砂磨抛光，光洁度较差，涂层干后稍有黏性，一般用于室内外木器和金属表面涂饰。

(3) 醇酸清漆 醇酸漆是以干性油和改性醇酸树脂为主要成膜物质分散于有机溶剂中而制得的。这种漆的附着力、光泽度、耐久性比脂胶清漆和酚醛清漆都好，漆膜干燥快，硬度高，绝缘性好，可抛光，打磨，色泽光亮，但膜脆，耐热，抗大气性较差。醇酸清漆主要用于涂刷门窗、木地面、家具等，不宜用于室外。

(4) 硝基清漆 硝基清漆又称蜡克、喷漆。是漆中另一类型，它的干燥是通过溶剂的挥发，而不包含有复杂的化学变化。硝基清漆是以硝化棉为主要成膜物质，加入其他合成树脂、增韧剂、溶剂和稀释剂制成的。这种漆具有干燥快、漆膜坚硬、光亮、耐磨、耐久等优点，但耐光性差。它是一种高级涂料，适用于木材和金属表面的复层涂饰。主要用于高级建筑的门窗、壁板等。硝基清漆的成本高，施工麻烦，溶剂有毒，且易挥发。使用时要注意通风和劳动保护。

601. 磁漆有哪些特点和类型？

磁漆是在清漆基础上加入无机颜料而制成的。因为漆膜光亮、坚硬，酷似瓷（磁）器，所以称为磁漆。磁漆色泽丰富，附着力强，用于室内装饰和家具，也可用于室外的钢铁和木材表面。常用的有醇酸、磁漆、酚醛磁漆等品种。

602. 聚酯漆有哪些特点？

聚酯漆是以不饱和聚酯为主要成膜物质的一种高档油漆涂料。不饱和聚酯的干燥迅速，漆膜丰满厚实，有较高的光泽和保光性，漆膜的硬度较高，耐磨、耐热、耐寒、耐弱碱、耐溶剂性能较好。不饱和聚酯漆的配比成分较多，只适宜在静止的平面上涂饰，在垂直面、边线和凹凸线条等部位涂饰时易流挂，所以操作麻烦。也不能用虫胶漆和虫胶腻子打底，否则会降低漆膜的附着力。

603. 什么是防水涂料？有哪些类型？

建筑防水涂料是指形成的涂膜能够防止雨水或地下水渗漏的一类涂料。主要包括屋面防水涂料和地下工程防水涂料。按其成膜物质的状态与成膜的形式，可分为三类：乳液型、溶剂型和反应型。

乳液型防水涂料为单组分涂料，涂刷在建筑物上以后，随着水分的挥发而成膜。该涂料施工时无有机溶剂逸出，因而安全无毒，不污染环境，不易燃烧。

溶剂型防水涂料是以溶解于有机溶剂中的高分子合成树脂为主要成膜物质，加入颜料、填料及助剂等组成的一种涂料，涂刷在建筑物上以后，随着有机溶剂的蒸发而形成涂膜。它的防水效果良好，可以在较低温度下施工；缺点是施工时有大量易燃的、有毒的有机溶剂逸出，污染环境。

反应型防水涂料一般是双组分型，由涂料中主要成膜物质与固化剂进行反应形成防水涂膜。该涂料的耐水性、耐老化性及弹性良好，是目前性能良好的一类防水涂料。

604. 什么是防火涂料？有哪些类型？

防火涂料又称阻燃涂料，它能够提高易燃材料的耐火能力。

防火涂料按其组成的材料不同一般可分为非膨胀型防火涂料和膨胀型防火涂料两大类。非膨胀型防火涂料是由难燃性或不燃性的树脂作为主要成膜物质，与难燃剂、防火填料等组成。

膨胀型防火涂料是由难燃树脂、难燃剂及成碳剂、脱水成碳催化剂、发泡剂等组成。涂层在高温作用下会发生膨胀，形成比原来涂层厚度大几十倍的泡沫碳质层，能有效地阻挡外部热源对底材的作用，从而阻止燃烧的进一步扩展。其阻止燃烧的效果优于非膨胀型防火涂料。

这类涂料的主要成膜物质既具有良好的常温使用性能，又能适应高温下发泡性。

成碳剂是指在火焰及高温作用下能迅速碳化的物质，它们是形成泡沫碳化层的基础。

脱水成碳催化剂的主要功能是促进含羟基有机物脱水，形成不易燃烧的碳质层。

发泡剂能在涂层受热时分解出大量灭火性气体，使涂层膨胀形成海绵细胞结构。

国内目前膨胀型防火涂料的主要品种是膨胀型丙烯酸乳胶防火涂料。该涂料在常温下有良好的装饰效果，当遇到高温或火焰时能分散出大量的惰性气体，同时鼓泡，形成防火隔热涂膜。

第九章 建筑装饰纤维织物与制品

605. 建筑装饰纤维织物与制品有哪些功能和类型？

纤维装饰织物与制品在室内起着很重要的装饰作用，其具有色彩鲜艳、图案丰富、质地柔软、富有弹性等特点，如能合理地选用装饰织物，不仅给人们生活带来舒适感，又能使建筑室内锦上添花，增加豪华气派。

它主要包括地毯、挂毯、墙布、浮挂、壁纸、窗帘、台布、靠垫，以及岩棉、矿渣棉、玻璃棉等制品。近几年来，这些装饰织物无论在品种、花样、材质及性能等方面都有很大发展，为现代室内装饰提供了良好的材料。

装饰织物用纤维有天然纤维、化学纤维和无机纤维等。这些纤维材料各具特点，如保温、吸声、弹性、强度、易清洗等，均会直接影响到织物的质地、性能等。

606. 什么是天然纤维？它有哪些装饰特性？

天然纤维包括羊毛、棉、麻、丝等。

（1）羊毛纤维 羊毛纤维弹性好，不易变形、不易污染、不易燃、易于清洗，而且能染成各种颜色，色泽鲜艳，制品美丽豪华，经久耐用，并且毛纺品是热的不良导体，能给人以温暖的感觉，但最大的缺点是易遭虫蛀，所以对羊毛及其制品的使用应采取相应的防腐、防虫蛀的措施。

（2）棉、麻纤维 棉、麻均为植物纤维，棉纺品有印花和素面等品种，可以做窗帘、墙布、垫罩等，棉纺品易洗、易熨烫。灯芯绒布和斜纹布可做垫套装饰之用。棉布性柔，不能保持褶线，易污，易皱，而麻纤维强度高、制品挺括、耐磨，但价格较高。由于植物棉麻纤维的资源不足，所以常掺入化学纤维混合纺制而成混纺制品，不仅降低了价格，同时也改善了性能。

（3）丝纤维 自古以来，丝绸就一直被用作装饰材料。它滑润、柔韧、半透明、易上色，而且色泽光亮柔和，可直接用做室内墙面裱糊或浮挂，是一种高级的装饰材料。

（4）其他纤维 我国地域广阔，植物纤维资源丰富，品种也较多，如木质纤维、苇纤维、椰壳纤维及竹纤维等均可被用于制作不同类型的装饰制品。

607. 什么是化学纤维？它有哪些类型？

化学纤维是用天然的或合成的高分子化合物做原料，经过化学和物理方法加工而制得的纤维的统称。因所用高分子化合物来源不同，可分为人造纤维与合成纤维两类，前者用天然高分子化合物做原料，后者用合成高分子化合物做原料。常见的人造纤维如人造棉、人造丝；常见的合成纤维如锦纶、涤纶、腈纶等。

锦纶又叫尼龙，具有强度高、耐磨、耐腐蚀、质轻等优点，可用于制作衣料、缆绳、轮胎帘线、渔网、降落伞等。涤纶又叫的确良，它强度高、耐磨，弹性好，有优良的抗皱保型性能，是理想的纺织材料。腈纶的外观和性能似羊毛，所以又叫合成羊毛，它蓬松柔软，强度比羊毛高，重量比羊毛轻，保暖性比羊毛好，而且易洗快干，是天然毛的代用品。化学纤维的分类见表2.9-1。

表 2.9-1 化学纤维的分类

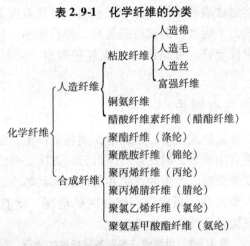

608. 常用的合成纤维有哪些特性？

（1）聚酯纤维（涤纶） 涤纶耐磨性能好，略比锦纶差，但却是棉花的2倍，羊毛的3倍，尤其可贵的是它在湿润状态同干燥时一样耐磨，它耐热、耐晒、不发霉、不怕虫蛀，但涤纶染色较困难。清洁制品时，使用清洁剂要小心，以免退色。

（2）聚酰胺纤维（锦纶） 锦纶旧称尼龙，耐磨性能好，在所有天然纤维和化学纤维中，它的耐磨性最好，比羊毛高20倍，比粘胶纤维高50倍。如果用15%的锦纶和85%的羊毛混纺，其织物的耐磨性能比羊毛织物高3倍多，它不怕虫蛀，不怕腐蚀，不发霉，吸湿性能低，易于清洗。但其缺点也明显，如弹性差，易吸尘，易变形，遇火易局部熔融，在干热环境下易产生静电，在与80%的羊毛混合后其性能可获得较为明显的改善。

（3）聚丙烯纤维（丙纶） 丙纶具有强力高、质地轻、弹性好、不霉不蛀、易于清洗、耐磨性好等优点而且原料来源丰富，生产过程也较其他合成纤维简单，生产成本较低。

（4）聚丙烯腈纤维（腈纶） 腈纶纤维轻于羊毛（羊毛的密度为1.32g/

cm^3，而腈纶的密度为 $1.07g/cm^3$），蓬松卷曲，柔软保暖，弹性好，在低伸长范围内弹性回复能力接近羊毛，强度相当于羊毛的 2～3 倍，且不受湿度影响，腈纶不霉、不蛀，耐酸碱腐蚀，最突出的特点为非常耐晒，这是天然纤维和大多数合成纤维所不能比的。如果把各种纤维放在室外曝晒 1 年，腈纶的强度只降低 20%，棉花则降低 90%，其他纤维（如蚕丝、羊毛、锦纶、粘胶）强度几乎完全丧失，但腈纶的耐磨性在合成纤维中是较差的一个。

609. 什么是玻璃纤维？

玻璃纤维是由熔融玻璃制成的一种纤维材料，直径数微米至数十微米。玻璃纤维性脆，较易折断，不耐磨，但抗拉强度高，伸长率小，吸湿性小，不燃，耐高温，耐腐蚀，吸声性能好，可纺织加工成各种布料、带料等，或织成印花墙布。

610. 纤维的鉴别方法有哪些？

市场上销售的纤维品种比较多，正确地识别各类纤维，对于使用及铺设都是有指导作用的，鉴别方法很多，但比较简便可行的方法是燃烧法，各种化学纤维与天然纤维燃烧速度的快慢，产生的气味和灰烬的形状等均不相同。可从织物上取出几根纱线，用火柴点燃，观察它们燃烧时的情况，就能分辨出是哪一种纤维。几种主要纤维燃烧时的特性见表 2.9-2。

表 2.9-2　用燃烧法鉴别各种纤维的特征

纤维类别	燃 烧 特 征
棉	燃烧很快，发出黄色火焰，有烧纸般的气味，灰末细软，呈深灰色
麻	燃烧起来比棉花慢，也发黄色火焰与烧纸般气味，灰烬颜色比棉花深些
丝	燃烧比较慢，且缩成一团，有烧头发的气味，烧后呈黑褐色小球，用指一压即碎
羊毛	不燃烧，冒烟而起泡，有烧头发的气味，灰烬多，烧后成为有光泽的黑色脆块，用指一压即碎
粘胶、富强纤维	燃烧很快，发出黄色火焰，有烧纸的气味，灰烬极少，细软，呈深灰或浅灰色
醋酯纤维	燃烧时有火花，燃烧很慢，发出扑鼻的醋酸气味，而且迅速熔化，滴下深褐色胶状液体。这种胶体液体不燃烧，很快凝结成黑色、有光泽块状，可以用手指压碎
锦纶	燃烧时没有火焰，稍有芹菜气味，纤维迅速卷缩，熔融成胶状物，趁热可以把它拉成丝，一冷就成为坚韧的褐色硬球，不易研碎
涤纶	点燃时纤维先卷缩，熔融，然后再燃烧。燃时火焰呈黄白色，很亮、无烟，但不延燃，灰烬成黑色硬块，但能用手压碎

（续）

纤维类别	燃烧特征
腈纶	点燃后能燃烧，但比较慢。火焰旁边的纤维先软化、熔融，然后燃烧，有辛酸气味，然后成脆性小黑硬球
维纶	燃烧时纤维发生很大收缩，同时发生熔融，但不延燃。开始时，纤维端有一点火焰，待纤维都熔化成胶状物之后，就燃成熊熊火焰，有浓色黑烟。燃烧后剩下黑色小块，可用手指压碎
丙纶	燃烧时可发出黄色火焰，并迅速卷缩，熔融，燃烧后呈熔融状肢体，几乎无灰烬，如不待其烧尽，趁热时也可拉成丝，冷却后也成为不易研碎的硬块
氯纶	燃烧时发生收缩，点燃中几乎不能起燃，冒黑烟，并发出氯气的刺鼻臭味

611. 织物壁纸有哪些功能和类型？

织物壁纸现有纸基织物壁纸和麻草壁纸两种。

（1）纸基织物壁纸　纸基织物壁纸是由棉、毛、麻、丝等天然纤维及化纤制成的各种色泽、花色的粗细纱或织物再与纸基层粘合而成。这种壁纸是用各色纺线的排列达到艺术装饰效果，有的品种为绒面，可以排成各种花纹，有的带有荧光，有的线中编进金、银丝，使壁面呈现金光点点，还可制成浮雕图案，别具一格。

纸基织物纸的特点是：色彩柔和优雅，质朴、自然，墙面立体感强，吸声效果好，耐日晒，不退色，无毒无害，无静电，不反光，而且又具有调湿性和透气性。

（2）麻草壁纸　麻草壁纸是以纸为基底，以编织的麻草为面层，经复合加工而制成的墙面装饰材料。麻草壁纸具有吸声、阻燃、散潮气、不吸尘、不变形等特点，并且具有古朴、自然、粗犷的大自然之美，给人以置身于原野之中，回归自然的感觉。

612. 什么是棉纺装饰墙布？

棉纺装饰墙布是用纯棉平布经过处理、印花、涂以耐磨树脂制作而成，其特点是墙布强度大、静电小、蠕变形小、无光、无味、无毒、吸声、花型色泽美观大方，可用于宾馆、饭店及其他公共建筑和较高级的民用建筑中的室内墙面装饰，适合于水泥砂浆墙面、混凝土墙面、白灰墙面、石膏板、胶合板、纤维板、石棉水泥板等墙面基层的粘贴或浮挂。棉纺装饰墙布还常用作窗帘，夏季采用这种薄型的淡色窗帘，无论是自然下垂或双开平拉成半弧形式，均会给室内创造出清新和舒适的氛围。

613. 什么是高级墙面装饰织物？

高级墙面装饰织物是指丝绒、锦缎、呢料等织物，这些织物由于纤维材料、织造方法及处理工艺的不同，所产生的质感和装饰效果也不相同，它们均能给人以美的感受。

丝绒色彩华丽，质感厚实温暖，格调高雅，适用于做高级建筑室内窗帘、软隔断或浮挂。可营造出富贵、豪华的氛围。

锦缎也称织锦缎，是我国一种传统丝织装饰品，其面上织有绚丽多彩，古雅精致的各种图案，加上丝织品本身的质感与丝光效果，使其显得高雅华贵、富丽堂皇，具有很好的装饰作用。常被用于高档室内墙面的裱糊，但因其价格高、柔软易变形、施工难度大、不能擦洗、不耐光、易留下水渍的痕迹、易发霉，所以在应用方面上受到一定的限制。

粗毛呢料或仿毛化纤织物和麻类织物，质感粗实厚重，具有温暖感，吸声性能好，还能从质地上、纹理上显示出古朴、厚实等特色，适用于高级宾馆等公共建筑的厅堂柱面的裱糊装饰。

614. 地毯按材质分类有哪些？

地毯可分为纯毛地毯、混纺地毯、化纤地毯、塑料地毯等。

（1）纯毛地毯 纯毛地毯即羊毛地毯，是以粗绵羊毛为主要原料而制成的。纯毛地毯质地厚实，经久耐用，装饰效果极好，为高档铺地装饰材料。

（2）混纺地毯 混纺地毯是以羊毛纤维与合成纤维混纺后编织而成的地毯。如在羊毛纤维中加入20%左右的尼龙纤维，可使耐磨性提高5倍，装饰性能不次于纯毛地毯，并且价格较便宜。

（3）化纤地毯 化纤地毯也叫"合成纤维地毯"，是用簇绒法或机织法将合成纤维制成面层，再与麻布底层缝合而成。常用的合成纤维材料有丙纶、腈纶、涤纶等。化纤地毯的外观和触感酷似纯毛地毯，耐磨而富有弹性，为目前用量最大的中、低档地毯品种。

（4）塑料地毯 是以聚氯乙烯树脂为基料，加入填料、增塑剂等多种辅助材料和添加剂，然后经混炼、塑化，并在地毯模具中成型而制成的一种新型地毯。它质地柔软，色彩鲜艳，自熄不燃，污染后可水洗，经久耐用，为宾馆、商场等一般公共建筑和住宅地面使用的一种装饰材料。

615. 地毯按装饰花纹图案分有哪些种类？

我国高级纯毛地毯按图案类型不同可分为以下几种：

（1）北京式地毯，简称"京式地毯" 它图案工整对称，色调典雅，庄重古朴，常取材于中国古老艺术，如古代绘画、宗教纹样等，且所有图案均具有独特的寓意和象征性。

（2）美术式地毯　其特点是有主调颜色，其他颜色和图案都是衬托主调颜色的。图案色彩华丽，富有层次感，具有富丽堂皇的艺术风格，它借鉴了西欧装饰艺术的特点，常以盛开的玫瑰花、郁金香、苞蕾卷叶等组成花团锦簇，给人以繁花似锦之感。

（3）仿古式地毯　它以古代的古纹图案、风景、花鸟为题材，给人以古色古香、古朴典雅的感觉。

（4）素凸式地毯　色调较为清淡，图案为单色凸花织作，纹样剪片后清晰美观，犹如浮雕，富有幽静、雅致的情趣。

（5）彩花式地毯　图案突出清新活泼的艺术格调，以深黑色作主色，配以小花图案，如同工笔花鸟画，浮现出百花争艳的情调，色彩绚丽，名贵大方。

616. 地毯按编织工艺分有哪些种类？

（1）手工编织地毯，专指纯毛地毯　它是采用双经双纬，通过人工打结栽绒，将绒毛层与基底一起织做而成，做工精细，图案千变万化，是地毯中的高档品，但成本高，价格贵。

（2）簇绒地毯　簇绒地毯，又称栽绒地毯，是目前生产化纤地毯的主要工艺。它是通过往复式穿针的纺机，生产出厚实的圈绒地毯，再用刀片横向切割毛圈顶部而成的，故又称"割绒地毯"。

（3）无纺地毯　无纺地毯，是指无经纬编织的短毛地毯，是用于生产化纤地毯的方法之一。这种地毯工艺简单，价格低，但弹性和耐磨性较差。为提高其强度和弹性，可在毯底加贴一层麻布底衬。

617. 地毯按规格尺寸分有哪些种类？

地毯按其规格尺寸可分为以下两类：

（1）块状地毯　不同材质的块状地毯，形状大多为方形及长方形，一般尺寸从610m×（610mm–3600mm~6710mm），共计56种，另外还有椭圆形、圆形等。厚度则随质量等级而有所不同。纯毛块状地毯可成套供应，每套由若干规格和形状不同的地毯组成。花式方块地毯是由花色各不相同的500mm×500mm的方块地毯组成一箱，铺设时可组成不同的图案。

（2）卷状地毯　化纤地毯、剑麻地毯及无纺纯毛地毯等常按整幅成卷供货，其幅宽有1~4m等多种，每卷长度一般为20~50m，也可按要求加工，这种地毯一般适合于室内满铺固定式铺设，可使室内具有宽敞感、整洁感。楼梯及走廊用地毯为窄幅，属专用地毯，幅宽有900mm、700m两种，也可按要求加工，整卷长度一般为20m。

618. 地毯的主要技术指标有哪些?

地毯的技术性能要求是鉴别地毯质量的标准，也是选用地毯的主要依据。

（1）耐磨性 地毯的耐磨性是衡量其使用耐久性的重要指标，地毯的耐磨性优劣与所用绒毛长度、面层材质有关，即化纤地毯比羊毛地毯耐磨，地毯越厚越耐磨。

（2）剥离强度 地毯的剥离强度反映地毯面层与背衬间复合强度的大小，也反映地毯复合之后的耐水能力，通常以背衬剥离强度表示，即指采用一定的仪器设备，在规定速度下，将50m宽的地毯试样，使面层与背衬剥离至50m长时所需的最大力。

（3）绒毛粘合力 绒毛粘合力是指地毯绒毛在背衬上粘接的牢固程度。化纤簇绒地毯的粘合力以簇绒拔出力来表示，要求圈绒毯拔出力大于20N，平绒毯簇绒拔出力大于12N。我国上海产簇绒丙纶地毯，粘合力达63.7N，高于日本产同类产品51.5N的指标。

（4）弹性 弹性是指地毯所受压力释放后，其厚度产生压缩变形程度，这是地毯脚感是否舒适的重要性能。地毯的弹性是指地毯经一定次数的碰撞后，厚度减少的百分率。化纤地毯的弹性不及纯毛地毯，丙纶地毯可及腈纶地毯，我国生产的地毯的弹性见表2.9-3。

表 2.9-3 化纤地毯弹性

地毯面层材料	厚度损失百分率（%）			
	500 次碰撞后	1000 次碰撞后	1500 次碰撞后	2000 次碰撞后
腈纶地毯	23	25	27	28
丙纶地毯	37	43	43	44
羊毛地毯	20	22	24	26
中国香港羊毛地毯	12	13	13	14
日本丙纶、锦纶地毯	13	23	23	25
英国"先驱者"腈纶地毯	—	14	—	—

（5）抗老化性 抗老化性主要是对化纤地毯而言。这是因为化学合成纤维在光照、空气等因素作用下会发生氧化反应，其性能指标会明显下降。通常是用经紫外线照射一定时间后，化纤地毯的耐磨次数、弹性以及色泽的变化情况来加以评定的。

（6）抗静电性 静电性是指地毯（一般是化纤地毯）带电和放电的性能。当与有机高分子材料摩擦时，会有静电产生，而高分子材料的绝缘性使静电不容易放出，这就使得化纤地毯易吸尘、难清扫，严重时，在上边走动的行人，有触电感觉。因此在生产合成纤维时，常掺入适量具有导电能力的抗静电剂，常以表面电阻和静电压来反映抗静电能力的大小。

（7）耐燃性　凡燃烧在12分钟之内，燃烧面积的直径在17.96cm以内者则认为耐燃性合格。

（8）耐菌性　地毯作为地面覆盖物，在使用过程中，较易被虫、菌侵蚀，引起霉变，凡能经受八种常见霉菌和五种常见细菌的侵蚀，而不长菌和霉变者，被认为合格。化纤地毯的抗菌性优于纯毛地毯。

619. 纯毛地毯有哪些类型和特性？

纯毛地毯分手工编织和机织编织。

（1）手工编织纯毛地毯　手工编织的纯毛地毯的生产工艺是先将优质绵羊毛纺纱、染色，用精湛的手工技巧纺织成瑰丽的图案，再以专用机械平整毯面或剪凹花地周边，最后用化学方法洗出丝光。

羊毛地毯的耐磨性，一般是由羊毛的质地和用量来决定的。用量以每平方厘米羊毛量来衡量，即绒毛密度。对于手工纺织的地毯，一般以"道"的数量来决定其密度，即指垒织方向（自下而上）上1英尺内垒织的纬线的层数（每一层又称一道）。地毯的档次亦与道数成正比关系，一般用地毯为90~150道，高级装修用的地毯均在250道以上，目前最精制的为400道地毯。

手工地毯具有色泽鲜艳、图案优美、富丽堂皇、柔软舒适、质地厚实、富有弹性、经久耐用等特点，其铺地装饰效果极佳，纯毛地毯的质量多为1.6~2.6kg/m²。手工地毯由于做工精细，产品名贵，故售价高，所以一般用于装饰性要求较高的场所。

（2）机织纯毛地毯　机织纯毛地毯具有毯面平整、光泽好、富有弹性、抗磨耐用、脚感柔软等特点，与化纤地毯相比，其回弹性、抗静电、抗老化、耐燃性都优于化纤地毯。与纯毛手工地毯相比，其性能相似，但价格低于手工地毯。因此，机织纯毛地毯是介于化纤地毯和纯毛手工地毯之间的中档地面装饰材料。

机织纯毛地毯最适合用于宾馆、饭店及家庭等满铺使用。其规格一般为：宽5.5m以下，长度不限。另外，有一种纯羊毛无纺地毯，它是不用纺织或编织方法而制成的纯毛地毯，它具有质地优良、消声抑尘，使用方便等特点，这种地毯工艺简单，但其弹性和耐久性稍差。

表2.9-4　纯毛地毯的主要规格和性能

品　名	规格/mm	性能特点
90道手工打结羊毛地毯 素式羊毛地毯 艺术挂毯	610 × 910 ~ 3050 × 4270 等各种规格	以优质羊毛加工而成，图案华丽、柔软舒适、牢固耐用

（续）

品　名	规格/mm	性能特点
90 道羊毛地毯 120 道羊毛艺术挂毯	厚度：6~15 宽度和长度：按要求加工	用上等纯羊毛手工编制而成。经化学处理、防潮、防蛀、图案美观、柔软耐用
90 道机拉洗高级羊毛手工地毯 120、140 道高级艺术挂毯	任何尺寸与形状	产品有：北京式、美术式、彩花式、素凸式以及风景式、京彩式、京美式等
高级羊毛手工簇绒地毯	各种形状规格	以上等羊毛加工而成，有北京式、美术式、彩花式、素凸式、敦煌式、佛古式等
羊毛满铺地毯 电针绣枪地毯 艺术壁毯	各种规格	以优质羊毛加工而成。电绣地毯可仿制传统手工地毯图案，古色古香，现代图案富有时代气息，壁毯图案风格多样价格仅为手工编织壁毯的 1/5~1/10
全羊毛手工地毯	各种规格	以优质国产羊毛和新西兰羊毛加工而成，具有弹性好、抗静电、阻燃、隔声、防潮、保暖等优良特点
90 道手工簇绒地毯	各种规格	以优质羊毛加工而成。产品有：北京式、美术式、彩花式、素凸式，以及东方式和古典式。古典式图案分：青铜画像、蔓草、花鸟、锦绣五大类
机织纯毛地毯	幅宽：<5m 长度：按需要加工	以上等纯毛机织而成，图案优美，质地优良
90 道手工栽绒纯毛地毯	尺寸规格按需要加工	产品有：北京式、美术式、彩花式和素凸式
120 道艺术挂毯		图案有：秦始皇陵铜车马、大雁塔、昭陵六骏等

620. 化纤地毯有哪些种类？

化纤地毯以化学纤维为主要原料制成，化学纤维原料有丙纶、腈纶、涤纶、锦纶等。按其织法不同，化纤地毯可分为簇绒地毯、针刺地毯、机织地毯、粘结地毯、编织地毯、静电植绒地毯等多种，其中，以簇绒地毯产销量最大。

根据 GB 11746—1989 规定，簇绒地毯按其技术要求评定等级，其技术要求分内在质量和外观质量（表 2.9-5）两个方面的规定。簇绒地毯的最终等级是在内在质量各项指标全部达到的情况下，以外观质量所定的品级作为该产品的等级。

表 2.9-5　簇绒地毯外观质量评等规定（GB 11746—1989）

序号	外观疵点	优等品	一等品	合格品
1	破损（破洞、撕裂、割伤）	不允许	不允许	不允许
2	污渍（油污、色渍、胶渍）	无	不明显	不明显
3	毯面折皱	不允许	不允许	不允许
4	修补痕迹	不明显	不明显	较明显
5	脱衬（背衬粘接不良）	无	不明显	不明显
6	纵、横向条痕	不明显	不明显	较明显
7	色条	不明显	较明显	较明显
8	毯边不平齐	无	不明显	较明显
9	渗胶过量	无	不明显	较明显

621. 化纤地毯有哪些特点？

化纤地毯具有的共同特性是不霉、不蛀、耐腐蚀、耐磨、质轻、富有弹性、脚感舒适、步履轻便、吸湿性小、易于清洗、铺设简便、价格较低等，它适用于宾馆、饭店、招待所、餐厅、住宅居室、活动室及船舶、车辆、飞机等地面的装饰铺设。对于高绒头、高密度、流行色、格调新颖、图案美丽的化纤地毯，还可用于三星级以上的宾馆，机织提花工艺地毯属高档产品，其外观可与手工纯毛地毯媲美。化纤地毯的缺点是：与纯毛地毯相比，存在着易变形、易产生静电以及吸附性和粘附性污染，遇火易局部熔化等问题。

化纤地毯可以摊铺，也可以粘铺在木地板、陶瓷锦砖地面、水泥混凝土及水磨石地面上。

622. 购买和使用地毯时应注意些什么？

地毯是比较高级的装饰材料（特别是纯毛地毯）。在订购地毯时，应说明所购地毯的品种，包括图案、材质、颜色、规格尺寸等。如是高级羊毛手工编织地毯，还应说明经纬线的道数、厚度。如有特殊需要，还可自行提出图样颜色及尺寸。如地毯暂时不用，应卷起来，用塑料薄膜包裹，分类储存在通风、干燥的室内，距热源不得小于1m，温度不超过40℃，并避免阳光直接照射。大批量地毯的存放不可码垛过高，以防毯面出现压痕，对于纯毛地毯应定期撒放防虫药物。铺设地毯时应尽量避免阳光的直射，使用过程中不得沾染油污、碱性物质、咖啡、茶渍等，如有沾污，应立即清除。对于那些经常行走、践踏或磨损严重的部分，应采取一些保护措施，或把地毯调换位置使用，在地毯上放置家具时，其接触毯面的部分，最好放置面积稍大的垫片或定期移动家具的位置，以减轻对毯面的压力，以免变形。

623. 皮革有哪些类型？如何在室内装饰中使用皮革？

皮革具有柔软、吸声和保暖的特点，常被用于室内的墙面和吸声门，如健身室、演播厅等场所；还可利用其外观独特的质地、纹理和色泽，作为会议室、宾馆或酒店总台背景的立面墙，以及咖啡厅、酒吧台等立面装饰软包。然而，皮革的表面容易被划伤，对基底材料的湿度、硬度和平整度要求比较高，尤其是天然皮革。因此，皮革与基材之间常常利用其他软质材料如纤维棉、海绵等进行缓冲和隔潮。

皮革分为天然皮革、人造皮革与合成革。

624. 天然皮革有哪些种类和特点？

天然皮革是采用天然动物皮如牛皮、羊皮、猪皮、骆驼皮和马皮等作原料，并经过一系列的化学处理和机械加工制成的。其质地柔软、结实耐磨，具有良好的吸湿、透气、保暖、保型和吸声减噪等性能。但由于天然皮革耐湿性差，长期遇水或在潮湿的空气中会影响其性能和外观质量，因此，要经常保持干燥和进行维护。

常用天然皮革的种类、性能与外观特征见表 2.9-6。

表 2.9-6 天然皮革的种类、性能与外观特征

名称	性能	外观特征
牛皮革	坚硬耐磨，韧性和弹性较好	黄牛革面紧密，细腻光洁，毛孔呈圆形；水牛革面粗糙，凸凹不平，毛孔呈圆形，且粗大
羊皮革	轻薄柔软，弹性、吸湿性、透气性好，但强度不如牛革、猪革	革面如"水波纹"，毛孔呈扁圆形，并以鱼鳞状或锯齿状排列。有光面和绒面
猪皮革	质地较柔软，但不如羊皮革，弹性一般，耐磨性、吸湿性好，但易形变	革面皱缩，毛孔粗大，三孔一组，呈三角形排列
马皮革	质地较松弛，不如黄牛革紧密丰满，耐磨性较好	革面毛孔呈椭圆形，比黄牛革面毛孔稍大，排列有规律

625. 人造革与合成革有哪些种类和特点？

人造革是以聚氯乙烯树脂为主料，加入适量的增塑剂、填充剂、稳定剂等助剂，调配成树脂糊后，涂刷在针织或机织物底布上，经过红外线照射加热，使其

紧贴于织物,然后压上天然皮纹而形成的仿皮纹皮革。人造革具有不易燃、耐酸碱、防水、耐油、耐晒等优点。但遇热软化,遇冷发硬,质地过于平滑,光泽较亮,浮于表面,影响视觉效果。使用寿命为 1～2 年,其耐磨性、韧性、弹性也不如天然皮革。

人造革软包饰面具有质地柔软、消声减震、保温性能好等特点,传统上常被用于健身房、练功房、幼儿园等防止碰撞损伤的房间的凸出墙面或柱面。

人造革的种类,按其基底材料的不同可分为棉布基聚氯乙烯人造革和化纤基人造革;按其表面特征可分为光面革、花纹革、套色印花草等;按其塑料层结构的不同,可分为单面人造革、双面人造革、泡沫人造革和透气人造革等。人造革的新型品种是以无纺布为基材的微孔聚氨酯薄膜贴层合成革,具有质轻、透气、弹性好等特点,其防虫、耐水、防腐和防霉变等性能优于动物皮革。用人造革包覆进行凹凸立体处理的现代建筑室内局部造型饰面、墙裙、保温门、吧台或服务台立面、背景墙等,可发挥人造革的耐水、可刷洗及外观典雅精美等优点,但应重视其色彩、质感和表面图案效果与装修空间的整体风格相协调。

合成革从广义上讲也是一种人造革,它是将聚氨酯浸涂在由合成纤维如尼龙、涤纶、丙纶等做成的无纺底布上,经过凝固、抽出、装饰等一系列的工艺而制成。它具有良好的耐磨性、力学强度和弹性,耐皱折,在低温下仍能保持柔软性;透气性和透湿性比人造革好,比天然革差;不易虫蛀,不易发霉,不易形变,尺寸稳定,价格低廉。但耐温和耐化学性能较差,而且散发有毒气味,影响室内环境质量。

第十章 金属装饰装修材料

626. 不锈钢的类型和一般特性有哪些？

普通钢材的锈蚀有两种：一是化学腐蚀，即常温下钢材表面受氧化而锈蚀。二是电化学腐蚀，这是因为钢材处在较潮湿空气中，其表面发生"微电池"作用而产生腐蚀。钢材的腐蚀大多属电化学腐蚀。

不锈钢是指在钢中加入以铬元素（含量≥12%）为主加元素的合金钢，铬含量越高，钢的抗腐蚀性越好。除铬外，不锈钢中还含有镍（Ni）、锰（Mn）、钛（Ti）、硅（Si）等元素，这些元素都能影响不锈钢的强度、塑性、韧性和耐腐性。

不锈钢的耐腐性原因是由于铬的性质比较活泼，在不锈钢中，铬首先与环境中的氧化合，生成一层与钢基体牢固结合的致密氧化膜层（称作钝化膜），它能使合金钢得到保护，不致生锈。

不锈钢钢种按其组织形态特征分为五类，共 55 个牌号。在装饰工程中常用的不锈钢的类别和牌号见表 2.10-1。

表 2.10-1 不锈钢的类别和牌号

类　别	牌　号	备　注
奥氏体型	$1Cr_{17}Ni_8$	不锈钢的钢号前的数字表示平均含碳量的千分之几，合金元素仍以百分数表示。当含碳量≤0.03% 及≤0.08% 时，在钢号前分别冠以
奥氏体型	$1Cr_{18}Ni_9$	"00" 或 "0"，如 $0Cr_{13}$ 钢的平均含碳量≤0.08%，铬≈13%；
铁素体型	$1Cr_{17}$	$00Cr_{18}Ni_{10}$ 钢的平均含碳量≤0.03%，铬≈18%，镍≈10%
铁素体型	$1Cr_{17}Mn$	
铁素体型	$00Cr_{17}Mn$	

不锈钢膨胀系数大，约为碳钢的 1.3～1.5 倍，但热导率只有碳钢的 1/3，不锈钢韧性及延展性均较好，常温下亦可加工。一般，奥氏体组织的不锈钢不具有磁性。不锈钢另一显著特性是表面光泽性。不锈钢经表面精饰加工后，可以获得镜面般光亮平滑的效果，光反射比可达 90% 以上，具有良好的装饰性，是一种极富现代气息的装饰材料。

627. 常用的不锈钢装饰制品有哪些？

（1）不锈钢板材　不锈钢制品中应用最多的为板材，一般均为薄材，厚度多小于 2.0mm，宽度在 0.5～1m，长度在 1～2m。

装饰不锈钢板材可按反光率分为镜面板、亚光板和浮雕板三种。镜面板的反射率可达 95% 以上；亚光板的反射率可达 50% 以下，给人一种柔和、温馨的感觉；浮雕板的表面不仅具有金属光泽，还有一种富于立体感的浮雕花纹，给室内增添一种富丽堂皇的效果。

不锈钢板表面经化学浸渍处理，可制成蓝、红、黄、绿等各种彩色不锈钢板。还可利用真空镀膜技术在其表面喷镀一层钛金属膜，形成金光闪亮的钛金板。

还有一种不锈钢包覆钢板（管），是在普通钢板的表面包覆不锈钢而成。其优点是可节省价格昂贵的不锈钢，且加工性能优于纯不锈钢，使用效果与不锈钢相似。

（2）不锈钢管材　不锈钢装饰制品除板材外，还有管材、型材（如各种弯头规格的不锈钢楼梯扶手等）。它轻巧、精制、线条流畅，展示了优美的空间造型。不锈钢装饰管材按截面可分为等径圆管和变径花形管；按壁厚可分为薄壁管（小于 2mm）和厚壁管（大于 4mm）；按其表面光泽度可分为抛光管、亚光管和浮雕管。

不锈钢自动门、转门、拉手、五金与晶莹剔透的玻璃相结合，使建筑装饰达到了尽善尽美的境地。不锈钢龙骨是近十几年才开始大量应用的，其刚度高于铝合金龙骨，因而具有更强的抗风压能力和安全性，因而主要用于高层建筑的玻璃幕墙中。

628. 常见的彩色不锈钢装饰制品有哪些规格？

彩色不锈钢板是在不锈钢板上进行着色处理，使其成为蓝、灰、紫、红、绿、金黄、橙等各种绚丽色彩的不锈钢板。色泽可随光照角度改变而产生变幻的色调。彩色面层能在 200℃ 温度下或弯曲 180° 时无变化，色层不剥离，色彩经久不退。耐腐蚀性能超过一般不锈钢，耐磨和耐刻划性能相当于箔层镀金的性能。

彩色不锈钢板的规格为：长×宽×厚为（1000～2000）×（500～1000）×（0.2～0.8）mm。

除板材外还有方管、圆管、槽型、角型等彩色不锈钢型材。彩色不锈钢板适用于高级建筑物的电梯厢板、车厢板、厅堂墙板、天花板、建筑装饰、招牌等。

629. 在建筑装饰工程中如何选用不锈钢？

建筑装饰中选用不锈钢板应注意掌握以下原则：

（1）要体现装饰设计效果　不锈钢的装饰效果有光泽、色调和质感等几个方面。可根据设计的要求和使用部位的特点去选择合适的不锈钢品种，去追求适当的装饰效果，如镜面效果或亚光风格，或设计、加工成深浅浮雕花纹等。

（2）要考虑使用的条件　根据所处环境确定受污染与腐蚀程度，确定人流密集的程度和使用部位的高低，确定可能被撞击的程度等，来选择不同品种的不锈钢品种，使它有适当的防腐能力，适当的强度和厚度等。

（3）要考虑构造上的要求　如做不锈钢板包柱，如板的厚度使用不当，因受力变形会使柱面显现内部骨架的形状。

（4）要考虑工程造价　不同类型、厚度及表面处理都会影响工程造价。为此，在保证使用前提下，应十分注意选择不锈钢板的厚度、类型及表面处理形式。

630. 什么是彩色涂层钢板？

为了提高普通钢板的防腐蚀性能和表面装饰性能，近年来我国发展了各种彩色涂层钢板。钢板的涂层一般分为有机涂层、无机涂层和复合涂层三类，其中以有机涂层钢板的发展最快，有机涂料可以配制成不同的色彩和花纹，故其钢板通常称为彩色涂层钢板。

彩色涂层钢板的原板通常为热轧钢板和镀锌钢板，最常用的有机涂层为聚氯乙烯、聚丙烯酸酯、环氧树脂、醇酸树脂等。涂层与钢板的结合采用薄膜层压法和涂料涂覆法两种。根据结构不同，彩色涂层钢板大致可分为以下几种。

（1）涂装钢板　用镀锌钢板作为基底，在其正面背面都进行涂装，以保证其耐蚀性能。正面第一层为底漆，通常为环氧底漆，因为它与金属的附着力强，背面也涂有环氧树脂或丙烯酸树脂。第二层（面层）过去用醇酸树脂，现在一般用聚酯类涂料或丙烯酸树脂涂料。

（2）PVC 钢板　有两种类型的 PVC 钢板：一种是用涂布 PVC 糊的方法生产的，称为涂布 PVC 钢板；另一种是将已成型和印花或压花 PVC 膜贴在钢板上，称为贴膜 PVC 钢板。

无论是涂布还是贴膜，其表面 PVC 层均较厚，可达到 $100 \sim 300 \mu m$，而一般涂装钢板的涂层仅 $20 \mu m$ 左右。PVC 层是热塑性的，表面可以热加工，例如压花可使表面质感丰富；且它还具有柔性，可以弯曲等的进行二次加工，其耐腐蚀性能也比较好。

PVC 表面层的缺点是容易老化。为改善这一缺点，现已生产出一种在 PVC 表面再复合丙烯酸树脂的新型复合型 PVC 钢板。

（3）隔热涂装钢板　在彩色涂层钢板的背面贴上 $15 \sim 17mm$ 的聚苯乙烯泡沫塑料或硬质聚氨酯泡沫塑料，可用来提高涂层钢板的隔热隔声性能。

（4）高耐久性涂层钢板　根据氟塑料和丙烯酸树脂耐老化性能好的特点，将它用在钢板表面涂层上，能使钢板的耐久性、耐蚀性能提高。

631. 什么是建筑用压型钢板?

使用冷轧板、镀锌板、彩色涂层板等不同类别的薄钢板,经辊压、冷弯,其截面可呈 V 形、U 形、梯形或类似这几种形状的波形,称之为建筑用压型钢板(简称压型板)。

《建筑用压型钢板》(GB/T 12755—2008)规定压型板表面不允许有用 10 倍放大镜能观察到的裂纹存在。对用镀锌钢板及彩色涂层钢板制成的压型钢板规定不得有镀层、涂层脱落以及影响使用性能的擦伤。

压型钢板具有质量轻(板厚 0.5~1.2mm)、波纹平直坚挺、色彩鲜艳丰富、造型美观大方、耐久性强(涂敷耐腐涂层)、抗震性及抗变形性好、加工简单、施工方便等特点。

632. 建筑用铝和铝合金各有什么特点?

铝属于有色金属中的轻金属,外观呈银白色。铝的密度为 $2.7g/m^3$,熔点为 660℃,铝的导电性和导热性均很好。我国铝合金门窗发展较快,已有平开铝窗、推拉铝窗、平开铝门、平推拉铝门、铝制地弹簧门等几十种产品,基本满足了我国城乡建筑的需求。

(1)铝的特性 铝的化学性质很活泼,它和氧的亲和力很强,在空气中易生成一层氧化铝薄膜,可起到保护作用,具有一定的耐蚀性。但氧化铝薄膜的厚度仅 0.1μm 左右,因而与卤素元素(氯、溴、碘)、碱、强酸接触时,会发生化学反应而受到腐蚀。另外,铝的电极电位较低,如与电极电位高的金属接触并且有电解质存在时(如水汽等),会形成微电池,产生电化学腐蚀,所以使用铝制品时要避免与电极电位高的金属接触。

铝具有良好的可塑性(伸展率可达50%),可加工成管材、板材、薄壁空腹型材,还可压延成极薄的铝箔,并具有极高的光、热反射比(87%~97%)。但铝的强度和硬度较低,为提高铝的实用价值,常加入合金元素。结构及装修工程常使用的是铝合金。

(2)铝合金及其特性 为了提高纯铝的强度和硬度等,在铝中添加镁、锰、铜、硅、锌等合金元素形成铝合金。

铝合金既保持了铝质轻和塑、延性好的特性,同时,力学性能明显提高(屈服强度可达 210~500MPa,抗拉强度可达380~550MPa),因而大大提高了使用价值,它不仅可用于建筑装修,还可用于结构方面。

铝合金的主要缺点是弹性模量小(约为钢的1/3)、热膨胀系数大、耐热性低、焊接需采用惰性气体保护等焊接新技术。

633. 常用的装饰用铝合金制品有哪些？

（1）铝合金门窗 铝合金门窗是由经表面处理的铝合金型材，经过下料、打孔、铣槽、攻丝、制窗等加工工艺而制成的门窗框件，再与玻璃、连接件、密封件、五金配件等组合装配而成。

（2）铝合金装饰板 铝合金装饰板属于现代较为流行的建筑装饰材料，具有质量轻、不燃烧、耐久性好、施工方便、装饰效果好等优点，适用于公共建筑室内、外墙面和柱面的装饰。当前的产品规格有开放式、封闭式、波浪式、重叠式和藻井式、内圆式、龟板式块状吊顶板；颜色有本色、金黄色、古铜、茶色等；表面处理方式有烤漆和阳极氧化等形式。

近年来在装饰工程中用得较多的铝合金板材有以下几种：

1）铝合金花纹板及浅花纹板。铝合金花纹板是采用防锈铝合金坯料，用特殊的花纹轧辊轧制而成的，它花纹美观大方、突筋高度适中、不易磨损、防滑性好、防腐蚀性能强、便于冲洗，通过表面处理可以得到各种不同的颜色。花纹板板材平整，裁剪尺寸精确，便于安装，可广泛应用于现代建筑的墙面装饰及楼梯、踏板等处。

铝合金浅花纹板是优良的建筑装饰材料之一，其花纹精巧别致，色泽美观大方。同普通铝合金相比，刚度高出20%，抗污垢、抗划伤、抗擦伤能力均有所提高，它是我国所特有的建筑装饰产品。

2）铝合金压型板。铝合金压型板重量轻、外形美、耐腐蚀、经久耐用、安装容易、施工快速，经表面处理可得到各种优美的色彩，是现代建筑广泛应用的一种新型建筑装饰材料，主要用作墙面和屋面。铝合金压型板的断面形状和尺寸（板厚一般为 0.5 ~ 1.0mm）。

3）铝合金穿孔板。铝合金穿孔板是用各种铝合金平板经机械穿孔而成。孔型根据需要有圆孔、方孔、长圆孔、长方孔、三角孔、大小组合孔等。这是近年来开发的一种降低噪声并兼有装饰效果的新产品。

铝合金穿孔板材质轻、耐高温、耐高压、耐腐蚀、防火、防潮、防震、化学稳定性好，造型美观、色泽优雅、立体感强、可用于宾馆、饭店、剧场、影院、播音室等公共建筑和高级民用建筑中以改善音质条件，也可用于各类车间厂房、机房、人防地下室等作为降噪材料。

铝合金穿孔板的工程降噪效果可达 4 ~ 8dB。

（3）铝合金花格网 铝合金花格网是由铝合金挤压型材拉制及表面处理等而成的花格网。

该花格网有银白、古铜、金黄、黑等颜色，并且外形美观、质轻、力学强度大、式样规格多、不积污、不生锈、耐酸碱腐蚀性好。用于公寓大厦平窗、凸窗、花架、屋内外设置、球场防护网、栏杆、遮阳、护沟和学校等围墙安全防护、防盗设施和装饰。

（4）铝箔　铝箔是用纯铝或铝合金加工成6.3～200μm的薄片制品。具有良好的防潮、绝热性能，铝箔作为多功能保温隔热材料和防潮材料广泛用于建筑工程中，也是现代建筑重要的建筑装饰材料之一。常用的有铝箔牛皮纸、铝箔泡沫塑料板、铝箔波形板等。

634. 铝合金门窗的技术要求有哪些？

根据铝合金门的抗风压强度、空气渗透和雨水渗透性可分为A、B、C三类，分别表示为高性能、中性能、低性能。每一类又按抗风压强度、空气渗透和雨水渗透分为优等品、一等品、合格品。一般A类优等品的抗风压强度要≥3500Pa；空气渗透性≤5Pa；雨水渗透性≥500Pa；B类的各项指标分别为≥3000Pa；≤10Pa；≥400Pa；C类的各项指标分别为≥2500Pa；≤20Pa；≥350Pa。

为保证铝合金框材的刚度，国标对型材的厚度提出了最低要求：门结构型材为2.0mm；窗结构型材为1.4mm；玻璃屋顶型材为3.0mm；其他型材为1.0mm。

635. 铜及铜合金有哪些特点？

铜是我国历史上使用较早，用途较广的一种有色金属。在现代建筑中，铜仍是高级装饰材料，用于高级宾馆、商厦装饰可使建筑物显得光彩耀目、富丽堂皇。

（1）铜的装饰特性与应用　铜属于有色重金属，密度为8.92g/cm³，纯铜由于表面氧化生成的氧化铜薄膜呈紫红色，故常称紫铜。在现代建筑装饰中，铜材仍是一种集古朴和华贵于一身的高级装饰材料，可用于宾馆、饭店、机关等建筑中的楼梯扶手、栏杆、防滑条。

（2）铜合金的特性与应用　纯铜由于强度不高，不宜制作结构材料，由于纯铜的价格贵，工程中更广泛使用的是铜合金（即在铜中掺入锌、锡等元素形成的铜合金）。铜合金既保持了铜的良好塑性和高抗蚀性，又改善了纯铜的强度、硬度等力学性能。

常用的铜合金有黄铜（铜铸合金）、青铜（铜锡合金）等。

（3）铜合金装饰制品　铜合金经挤压可形成不同横断面形状的型材，有空心型材和实心型材。铜合金型材也具有铝合金型材类似的优点，可用于门窗的制作。以铜合金型材做骨架，以吸热玻璃、热反射玻璃、中空玻璃等为立面形成的玻璃幕墙，一改传统外墙的单一面貌，可使建筑物生辉。

636. 金粉是金子做成的吗？

铜合金装饰制品的另一特点是其具有金色感，常替代稀有的、价值昂贵的金在建筑装饰中作为点缀使用。

铜合金的另一应用是铜粉（俗称"金粉"），是一种由铜合金制成的金色颜料。主要成分为铜及少量的锌、铝、锡等金属。常用于调制装饰涂料，可代替"贴金"。

637. 什么是金箔？它在建筑装饰中有什么用途？

金箔是一种极薄的黄金饰面材料，厚度仅为 0.1μm 左右。目前仍然沿用古老传统的手工制作工艺，经十多道工序而成。制作金箔劳动强度大，将包好的黄金放在捻子上敲打几万下，完全用人工敲打。切箔、包装要求非常认真，若大声说话、出气较粗都会将金箔吹起。经切箔后的金箔尺寸为 9.33cm×9.33cm，厚度 0.1μm 左右，1g 黄金能打金箔（含金量 98%）56 张。

金箔是一种高档装饰材料，具有名贵气派、豪华富丽、光彩夺目、久不变色等特点。

由于价格昂贵，一般国家重点文物和高级建筑物的局部用金箔装潢润色。如北京的故宫、颐和园、中南海、雍和宫、人民大会堂等建筑，都用金箔饰以重点部位，国庆 35 周年，天安门整修一次，就耗用江宁金箔 40 万张。

金箔还可用于制作金字招牌。外形尺寸 2m 以上，厚度 10～13cm 的大字，每平方米需用 9.33cm×9.33cm 的金箔 154 张。外形尺寸 1.2～2m，厚 8cm 的字，每平方米需用 146 张。外形 1m 以下，厚 6cm 的字，每平方米需用 126 张金箔。

第十一章　建筑装饰功能性材料

638. 什么是建筑保温隔热材料?

建筑保温隔热材料是建筑节能的物质基础。热的传递是通过对流、传导、辐射三种途径来实现的，保温隔热材料是指对热流具有显著阻抗性的材料或材料复合体，它能防止住宅、生产车间、公共建筑及各种暖气设备（如锅炉、暖气管道等）中热量散失的材料。在建筑工程中保温隔热材料主要用于墙体和屋顶保温隔热，以及热工设备、热力管道的保温。有时也用于冬季施工的保温；同时，在冷藏室和冷藏设备上也大量地使用。

建筑保温隔热材料通常是指热导率小于 0.23W/（m·K）的材料。

639. 影响保温隔热材料热工性能的主要因素有哪些?

（1）材料的化学结构状态　通常结晶构造材料的 λ 最大，微晶体构造的 λ 次之，玻璃体构造的 λ 最小。对于多孔保温隔热材料来说，无论结构是晶体的还是玻璃体的，对热导率影响都不大。

（2）材料的表观密度　由于材料中固体物质的导热能力比空气大得多，故孔隙率较高、表观密度较小的材料，其热导率也较小。材料的热导率还与孔隙率的大小和特征有关。在孔隙率相同时，孔隙尺寸越大，热导率越大。孔隙连通的比封闭的热导率大。此外，对于表观密度很小的材料（如超细玻璃纤维），当表观密度低于某一极限时，热导率反而增大。

（3）湿度　由于水的热导率 λ [0.5815W/（m·K）] 比静态空气的热导率大 20 多倍，材料的含水率提高，必然导致材料的热导率增大。如果孔隙中的水分冻结成冰，冰的热导率是水的 4 倍，材料的热导率将更大。

（4）温度　材料的热导率随着温度的升高而增大，但这种影响在 0～50℃范围内不太明显。对于大多数材料来讲，热导率与温度的关系近似于线性关系。

（5）热流方向　对于各向异性材料，如木材，当热流平行于纤维延伸方向时，受到的阻力小，热导率就大。如松木，当热流垂直于或平行于木纹时，λ = 0.175W/（m·K）或 0.3489W/（m·K），相差很大。

上述影响热导率的各项因素中，以表观密度和湿度的影响最大。

640. 常见的保温隔热材料有哪些类型?

（1）建筑保温隔热材料按材质可分为两大类：第一类是无机保温隔热材料，一般是用矿物质原料制成，呈散粒状、纤维状或多孔状构造，可制成板、片、卷材或套管等形式的制品，包括石棉、岩棉、矿渣棉、玻璃棉、膨胀珍珠岩、膨胀蛭石、多孔混凝土等；第二类是有机保温隔热材料，是由有机原料制成的保温隔热材料，包括软木、纤维板、刨花板、聚苯乙烯泡沫塑料、脲醛泡沫塑料、聚氨酯泡沫塑料、聚氯乙烯泡沫塑料等。

（2）按保温隔热材料的物理形态，可分为纤维状保温隔热材料散粒状保温隔热材料及多孔保温隔热材料。按使用温度可分为低温保温隔热材料，使用温度低于250℃；中温保温隔热材料，使用温度为250~700℃；高温保温隔热材料，使用温度在700℃以上。

（3）按力学强度可分为硬质制品、半硬质制品、软质制品。

641. 建筑装饰保温隔热材料选用原则是什么?

（1）一般原则：常用保温隔热材料的选用应考虑：轻质、疏松、多孔、松散颗粒、纤维状材料，而且孔隙之间不相连通。同时还应结合建筑的使用性质，围护结构的构造、施工工艺、材料来源和经济指标等因素，按材料的热物理指标综合考虑选用。

（2）为了正确选择保温隔热材料，除了要考虑材料的热物理性能外，还应了解材料的强度、耐久性、耐火性及侵蚀性等是否满足使用要求。

（3）所选的保温隔热材料的热导率要小，不宜大于 $0.23W/（m \cdot K）$。

（4）堆积密度应小于 $1000kg/m^3$，最好控制在低于 $600kg/m^3$。

（5）复合使用原则：由于保温隔热材料强度一般都较低，因此除了能单独承重的少数材料外，在围护结构中，常把材料层与承重结构材料层复合使用。另外，由于大多数保温隔热材料都有一定的吸水、吸湿能力，故在实际应用时，需要在其表层加防水层或隔气层。

（6）保温隔热材料的温度稳定性应高于实际使用温度。

（7）由于大多数保温隔热材料都有一定的吸水、吸湿能力，故在实际应用时，需要在其表层加防水层或隔气层。

（8）无机保温隔热材料与有机保温隔热材料相比，前者不腐烂、不燃烧，若干无机保温隔热材料还有抵抗高温的能力，但质量较大、成本较高；后者受潮时易腐烂，高温下易分解或燃烧，一般温度高于120℃时不宜使用，但堆积密度小，原料来源广泛，成本较低。

642. 无机保温隔热材料主要有哪些?

（1）散粒状保温隔热材料　散粒状保温隔热材料主要有膨胀蛭石和膨胀珍珠岩及其制品。

（2）纤维质保温隔热材料　纤维质保温隔热材料常用的有天然纤维质材料，如石棉，人造纤维质材料，如矿渣棉、火山棉及玻璃棉等。

（3）多孔保温隔热材料　多孔保温隔热材料主要有轻质混凝土（包括轻骨料混凝土），微孔硅酸钙和泡沫玻璃。其他常用的无机保温隔热材料有吸热玻璃、热反射玻璃、中空玻璃等。

643. 什么是膨胀蛭石? 它的分级标准和物理性能是怎样的?

蛭石是一种复杂的镁、铁含水铝硅酸盐矿物，由云母类矿物经风化而成，具有层状结构，层间有结晶水。将天然蛭石经晾干、破碎、预热后快速通过煅烧带（850～1000℃）、再速冷而得到膨胀蛭石。一般蛭石的化学成分主要有 SO_2、Al_2O_3 等。

蛭石的品位和质量等级的划分：根据蛭石膨胀倍数大小、薄片平面尺寸和杂质含量的多少划分。但是由于蛭石的外观和成分变化很大，很难进行确切的分级。因此主要以其体积膨胀倍数为划分等级的根据，一般分级标准为：

一级品蛭石颜色为黄铜、青铜、淡绿色。呈珍珠或脂肪光泽，煅烧后变成金黄色，膨胀体积 8 倍以上；二级品蛭石颜色为棕色、暗黄、铜色和绿色，有珍珠或波动光泽。经过煅烧后体积膨胀 6～8 倍；三级品蛭石颜色呈暗绿色或近似黑色，具有波动光泽，经煅烧后体积膨胀 3 倍以下。

膨胀蛭石的物理性能归纳于表 2.11-1。

表 2.11-1　膨胀蛭石的物理性能

项　目	指标或说明
表观密度/（kg/m³）	80～200（主要取决于膨胀倍数、颗粒组成和杂质含量等）
热导率 λ/[W/（m·K）]	0.047～0.07（与其本身结构状态、密度、颗粒尺寸、所处的环境和温度以及对热流所取的方位等因素有关，同时随水分含量的增加而增加）
吸声系数	0.53～0.63（频率为512周/s，吸声系数随厚度的增加而增加）
吸湿性	很大，与密度成反比，还与颗粒组成、煅烧方法及原料性质有关。膨胀蛭石在相对湿度95%～100%环境下，24h后吸湿率为1.1%
抗菌性	膨胀蛭石为无机物，因此不受菌类侵蚀，不腐烂、变质，不易被虫蛀、鼠咬
耐腐蚀性	耐碱不耐酸，不宜用于有酸性侵蚀处

644. 常用膨胀蛭石制品的种类有哪些?

膨胀蛭石制品的种类很多, 常见的有水泥蛭石制品、水玻璃蛭石制品、热 (冷) 压沥青蛭石板、蛭石石棉制品、蛭石矿渣棉制品等。

(1) 水泥膨胀蛭石制品　水泥膨胀蛭石以 80% ~ 90% 的膨胀蛭石, 10% ~ 20% 水泥 (体积比)。可用作房屋建筑及冷库建筑的保温层等需要绝热的地方。

(2) 水玻璃膨胀蛭石制品　水玻璃膨胀蛭石制品是以膨胀蛭石: 水玻璃 (胶结材): 氟硅酸钠 (Na_2SiF_6, 促凝剂) = 1:2:0.065 (质量比) 的比例。可用于围护结构、管道等需要绝热的地方。

由于水玻璃膨胀蛭石制品制作工艺较为复杂, 价格较高, 所以, 一般建筑工程中大量采用水泥蛭石制品。

645. 什么是膨胀珍珠岩? 它的分级标准和物理性能是怎样的?

珍珠岩是一种白色 (或灰白色) 多孔粒状物料, 是由地下喷出的酸性火山玻璃质熔岩 (珍珠岩、松脂岩和黑耀岩等) 在地表水中急冷而成的玻璃质熔岩, 有明显的圆弧裂开, 形成珍珠结构, 并具有波纹构造、珍珠光泽, 故称珍珠岩。将珍珠岩原矿破碎、筛分、预热后快速通过煅烧带, 可使其体积膨胀约 20 倍。膨胀珍珠岩具有轻质、绝热、吸声、无毒、无味、不燃、熔点高于 1050℃, 除了可用作填充材料外, 还是一种物美价廉的保温隔热材料。

膨胀珍珠岩的主要性能:

1) 表观密度, 一般在 40 ~ 250kg/m³ 范围内。

2) 热导率, 在常温下随着表观密度降低而减小, 在高温下随着温度的升高而增大。

3) 安全使用温度, 膨胀珍珠岩的耐火度为 1280 ~ 1360℃, 随着温度的升高, 多孔结构的颗粒在高温下开始变形, 热导率也增大, 为保证保温性能, 安全使用温度 (把珍珠岩颗粒开始变形, 收缩率为 10% 的温度定为安全使用温度) 一般为 800℃。

4) 吸水性, 膨胀珍珠岩的吸水量可达自重的 2 ~ 9 倍, 吸水速度也很快, 半小时内质量吸水率达 400%, 体积吸水率达 29% ~ 30%, 会引起强度下降, 保温性能降低。如经过处理, 吸水性可大大地减小。

5) 吸湿性, 吸湿率为 0.006% ~ 0.08%。

6) 抗冻性, 在 -20℃ 时, 经 15 次冻融, 颗粒组成不变。

7) 耐酸碱性, 珍珠岩中含 SiO_2 多, 故耐酸性好, 耐碱性差。

646. 常见的膨胀珍珠岩制品种类有哪些？

（1）水泥膨胀珍珠岩制品　具有表观密度小、热导率低、承压能力高、施工方便、经济耐用等特点。主要用于围护结构、管道等需要保温隔热的地方。膨胀珍珠岩保温板可切、可锯、可钻，安装施工甚为方便。其热导率≤0.12W/（m·K）。

（2）水玻璃膨胀珍珠岩制品　其表观密度为 200 ~ 360kg/m³；热导率在 20℃时为 0.055 ~ 0.093W/（m·K），400℃时为 0.082 ~ 0.13W/（m·K），抗压强度为 0.6 ~ 1.7MPa，最高使用温度为 600 ~ 650℃。

（3）磷酸盐膨胀珍珠岩制品　具有耐火度高（最高使用温度 1000℃），表观密度较低（60 ~ 90kg/m³），强度（抗压强度为 0.6 ~ 1.0MPa）和绝热性能较好的特点。

（4）沥青膨胀珍珠岩制品　该制品具有防水性好的特点，常用于屋面保温。其常见性能指标：表观密度为 200 ~ 300kg/m³，热导率为 0.07 ~ 0.093W/（m·K），抗压强度为 0.2 ~ 1.2MPa。

647. 什么是发泡粘土？

具有某些组成的粘土被加热到一定温度，会产生一定数量的高温液相，同时产生一定数量的气体，由于气体受热膨胀，使粘土颗粒体积胀大数倍，冷却后即可得到发泡粘土（或发泡页岩）轻质骨料。它的热导率小、质量轻、吸水率低，广泛用于绝热保冷建筑以及植物的栽培。

648. 什么是硅藻土？

硅藻土是一种被称为硅藻的水生植物的残骸。在显微镜下观察，可以发现硅藻土是由微小的硅藻壳构成，硅藻壳的大小在 5 ~ 400μm 之间，每个硅藻壳内包含有大量极细小的微孔，其孔隙率为 50% ~ 60%，因此硅藻土有很好的保温隔热性能。硅藻土的化学成分为含水非晶质二氧化硅，其热导率 λ = 0.060W/（m·K），最高使用温度约为 900℃。硅藻土常用作填充料，或用其制作硅藻土砖等。

649. 什么是石棉类和岩矿棉类纤维质保温隔热材料？

（1）石棉及其制品　石棉是天然石棉矿经加工而成的纤维状硅酸盐矿物的总称，具有优良的防火、绝热、耐酸、耐碱、保温、隔声、防腐、电绝缘性和较高的抗拉强度等特点。石棉按其成分和内部结构，可分为纤维状蛇纹石石棉和角闪石石棉两大类。

纤维状蛇纹石石棉又称温石棉、白石棉，平时所说的石棉是指温石棉；角闪石石棉包括青石棉和铁石棉。其力学性能较好，抗拉强度值为 2000～4000Pa。但应注意的是，因为蛇纹石石棉是一种含水矿物，加热到 700℃时，结构会遭到破坏，故一般把 700℃作为蛇纹石石棉的静态耐热温度。

（2）岩矿棉　岩矿棉是一种优良的保温隔热材料，可分为岩棉和矿渣棉。岩棉是以玄武岩或辉绿岩为主要原料，矿渣棉是利用工业废渣或矿渣（高炉渣等）为主要原料制成。

矿渣棉与岩棉是两种性能和制造工艺基本相同的绝热材料。岩矿棉制品具有优良的保温隔热性能，热导率为 0.035～0.041[W/(m·K)]。

该类材料在外观上具有相同的纤维状形态和结构，且都具有密度小、热导率低、不燃、耐腐蚀、化学稳定性强、吸声性能好、无毒、无污染、防蛀、价廉等优点，另外还具有一定的弹性和柔性，因此广泛应用于建筑物和设备的填充绝热、吸声、隔声、保温。

650. 什么是玻璃纤维类纤维质保温隔热材料？

玻璃纤维一般分为长纤维和短纤维。短纤维（150μm 以下）由于相互纵横交错在一起，构成了多孔结构的玻璃棉，其表观密度为 100～150kg/m³，热导率 0.035W/(m·K)。

玻璃纤维制品的热导率主要取决于表观密度、温度和纤维的直径。热导率随纤维直径增大而增加。一般认为，玻璃纤维制品的热导率与平均使用温度呈线性关系。

651. 什么是陶瓷纤维类纤维质保温隔热材料？

陶瓷纤维又名硅酸铝纤维，也称耐火纤维。陶瓷纤维采用氧化硅、氧化铝为原料，经高温（2100℃）熔融、喷吹制成，其纤维直径在 2～4μm，表观密度为 140～190kg/m³ 时，热导率为 0.044～0.049W/(m·K)，最高使用温度为 1100～1350℃。陶瓷纤维具有质轻、理化性能稳定、耐高温、热容量小、耐酸碱、耐腐蚀、耐急冷急热、力学性能和填充性能好等一系列优良性能。因此陶瓷纤维可制成毡、毯、纸、绳等制品，被广泛用于工业部门的高温绝热密闭以及用作过滤、吸声材料。

652. 为什么在绿色建筑中应推广应用岩矿棉材料？

首先，由于使用岩矿棉材料保温节能效果显著。我国的应用实践表明，240mm 的外砖墙，若采用岩矿棉内保温，空气层 20mm，岩矿棉层 30mm（表观密度 80kg/m³），再加 12mm 厚的纸面石膏板组成新型墙体，总厚度仅为 302mm，保温绝热效果相当于 790mm 厚外墙砖的水平。使用矿棉复合板的框架轻板住宅楼，热损失要比相同的砖混结构少 40% 左右。国外的研究结果证实，若在建筑物的墙体中铺设一层岩棉制品，冬天可节约取暖能量的 40% ~ 50%，夏季可节约送风电力的 30% 左右。一般认为，在锅炉、发电设备、工业管道和其他热工设备上，每使用 1m³ 岩棉制品，平均每小时可节约能量 104kJ，每年可节约标准煤 3t 左右；建筑物每使用 1t 岩棉，每年可节约 1t 燃油。

其次，由于生产岩矿棉所需原料是大量的工业原料和天然岩石，具有吸声、隔震、防火、自重轻、可增加建筑使用面积、使用温度高等优点，而生产岩矿棉的工艺技术相对简单，设备投资较小，生产能耗低，故岩矿棉及其制品在世界各国都得到了广泛利用和发展。有的国家甚至通过立法推广建筑保温使用岩矿棉。

653. 多孔保温隔热材料中轻骨料混凝土有什么特点？

轻骨料混凝土具有质量轻、保温性能好等特点。通常用来拌制具有轻骨料混凝土的水泥有硅酸盐水泥、钒土水泥等。根据用途的不同，轻骨料混凝土的分类如表 2.11-2 所示。

表 2.11-2　轻骨料混凝土按用途分类

种类名称	强度等级合理范围	混凝土密度的合理范围/(kg/m³)	用　途
保温用轻骨料混凝土	≤C5	<800	主要用于保温的维护结构或热工构筑物
结构保温用轻骨料混凝土	C5、C7.5、C10、C15	<1400	主要用于不配筋或配筋的维护结构
结构用轻骨料混凝土	C15、C20、C25、C30、C40、C50	<1900	主要用于承重的配筋件、预应力构件或构筑物

654. 多孔保温隔热材料中多孔混凝土有什么特点？

多孔混凝土中气孔体积可达 85%，体积质量为 300 ~ 500kg/m³。多孔混凝土主要有泡沫混凝土和加气混凝土。

（1）泡沫混凝土是用水泥加水与泡沫剂混合后，硬化而成的一种多孔混凝土。由于其内部均匀地分布很多微细闭合气泡，因而表观密度较小，是一种较好的保温隔热材料。

（2）加气混凝土是由水泥、石灰、粉煤灰和发气剂（如铝粉）等原料。其表观密度小（500 ~ 700kg/m³），热导率值比粘土砖小好几倍，一般为 0.1160 ~ 0.1856[W/(m·K)]，因而 24cm 厚的加气混凝土墙体，其保温隔热效果优于 37cm 厚的砖墙。耐火性能良好。

655. 多孔保温隔热材料中微孔硅酸钙有什么特点？

微孔硅酸钙的表观密度约为 $200kg/m^3$，热导率约为 $0.047W/(m \cdot K)$，最高使用温度为 $650℃$；以硬硅钙石为主的微孔硅酸钙，其表观密度和热导率稍大，最高使用温度为 $1000℃$。从性能上看，微孔硅酸钙比水泥膨胀珍珠岩和水泥膨胀蛭石保温性能好。

656. 多孔保温隔热材料中泡沫玻璃有什么特点？

泡沫玻璃是一种粗糙多孔分散体系，孔隙率达 $80\% \sim 95\%$，气孔直径为 $0.1 \sim 5mm$。泡沫玻璃具有表观密度小、热导率小 $[0.042 \sim 0.048W/(m \cdot K)]$、抗压强度高、抗冻性好、耐久性好等优点，并且对水分、蒸汽和气体具有不渗透性，还容易进行机械加工，可锯、钻、车及打钉等，是一种高级保温隔热材料。

在平均使用温度高于 $0℃$ 时，泡沫玻璃的热导率和温度的关系可表示为线性关系。

泡沫玻璃的最高使用温度一般为：普通泡沫玻璃 $300 \sim 400℃$，无碱泡沫玻璃 $800 \sim 1000℃$。

657. 有机保温隔热材料有哪些种类？

有机保温隔热材料主要有：

1）泡沫塑料：包括聚苯乙烯泡沫塑料、聚氨酯泡沫塑料、聚氯乙烯泡沫塑料、聚乙烯泡沫塑料、酚醛泡沫塑料和脲醛泡沫塑料等。

2）碳化软木板。

3）纤维板。

4）蜂窝板。

5）硬质泡沫橡胶。

其他常用的有机保温隔热材料还有水泥刨花板（又叫水泥木丝板）、毛毡、木丝板、甘蔗板、窗用绝热薄膜（又叫新型防热片）等。

658. 什么是泡沫塑料？

泡沫塑料是高分子化合物或聚合物的一种，它保持了原有树脂的性能，并且比同种塑料具有表观密度小（一般为 $20 \sim 80kg/m^3$），热导率低 $[$一般为 $0.02 \sim 0.065W/(m \cdot K)]$，防震、吸声性能、电性能好，耐腐蚀、耐霉变，加工成型方便，施工性能好等优点。

几乎每种合成树脂都可以制成相应品种的泡沫塑料。因此，泡沫塑料的分类方法很多。

659. 什么是聚苯乙烯泡沫塑料？

聚苯乙烯泡沫塑料（简称 SF）是蜂窝状结构。表皮层不含气孔，而中心层含大量微细封闭气孔，孔隙率可达 98%。具有质轻、保温、吸声、防震、吸水性小、耐低温性能好等特点，有较强的弹性。聚苯乙烯泡沫塑料对弱酸、植物油都相当稳定。

聚苯乙烯泡沫塑料按原材料分，可分为普通型可发性聚苯乙烯泡沫塑料、自熄型可发性聚苯乙烯泡沫塑料和乳液聚苯乙烯泡沫塑料三种类型。可发性聚苯乙烯泡沫塑料的表观密度极小，可低至 $0.15 g/cm^3$，有优良的绝热性能及很好的柔性和弹性。

硬质聚苯乙烯泡沫塑料（简称 PB）强度大、硬度高，强度比可发性泡沫塑料高 10 倍以上。与聚氨酯泡沫塑料相比，聚苯乙烯泡沫塑料的缺点是高温下易软化变形，安全使用温度为 70℃，最高使用温度为 90℃，最低使用温度为 -150℃，并且其本身可燃，可溶于苯、酯、酮等有机溶剂，故在保管、运输和使用中应注意严禁烟火，并禁重压和用锋利物品冲击。因其毒性小，价格便宜，易加工，故仍是当前使用最广的一类硬质泡沫塑料。

660. 什么是聚氨酯泡沫塑料？

聚氨酯泡沫塑料按使用的原材料不同可分为聚酯型和聚醚型，聚醚型泡沫性能较好，价格较低，目前生产以其为主。

硬质聚氨酯泡沫塑料中气孔绝大多数为封闭孔（90% 以上），故而吸水率低，热导率小，力学强度也较高，具有十分优良的隔声性能和隔热性能。软质聚氨酯泡沫塑料具有开口的微孔结构，一般用作吸声材料和软垫材料，也可与沥青制成嵌缝材料和管子保温隔热材料。聚氨酯泡沫塑料的热导率受使用温度的影响而改变，并且与其泡沫中气体种类有关。

聚氨酯泡沫塑料的使用温度在 -100 ~ +100℃ 之间，200℃ 左右软化，250℃ 分解。聚氨酯泡沫塑料可耐碱和稀酸的腐蚀，且耐油，但不耐浓的强酸腐蚀。但由于其本身属可燃性物质，抗火性能较差。

661. 什么是聚氯乙烯泡沫塑料？

聚氯乙烯泡沫塑料是我国目前产量较多的泡沫塑料品种之一，按柔韧性可分为硬质泡沫塑料和软质泡沫塑料；按结构分为开孔型和闭孔型；按发泡方法分为机械发泡法和化学发泡法。其制造方法有发泡分解法、溶剂分解法和气体混入法。

聚氯乙烯泡沫塑料具有表观密度小、热导率低、吸声性能好、防震性能好、耐酸碱、耐油、不吸水、不燃烧等特点。由于其高温下分解产生的气体不燃烧，可以自行灭火，是一种自熄性材料，适用于防火要求高的地方。吸水性、透水性和透气性都非常小（在所用的泡沫塑料中水蒸气透过率最低），适用于潮湿环境下使用；并且强度和刚度很高，耐冲击和震动。缺点是价格昂贵。聚氯乙烯泡沫塑料的制品一般为板材。

662. 什么是聚乙烯泡沫塑料？

聚乙烯泡沫塑料是以聚乙烯为主要原料，加入交联剂、发泡剂、稳定剂等一次成型加工而成的泡沫塑料。除具质轻、吸水性小、柔软、隔热、吸声性能好等优点外，聚乙烯泡沫塑料吸震性能、耐化学性能和电性能优良，与热塑性泡沫塑料相比，交联聚乙烯泡沫塑料的耐老化性能最佳。聚乙烯泡沫塑料的水蒸气透过率低于聚氨酯和聚苯乙烯泡沫塑料，其使用温度低于前者而与后者相当。其缺点是易燃。聚乙烯泡沫塑料可用作减震材料、热绝缘材料、漂浮材料和电绝缘材料。在建筑工程中主要作保温、隔热、吸声、防震材料。

663. 什么是酚醛泡沫塑料？

酚醛泡沫塑料是热固性（或热塑性）酚醛树脂在发泡剂的作用下发泡并在固化促进剂（或固化剂）作用下交联、固化而成的一种硬质热固性的开孔泡沫塑料。

酚醛树脂可采用机械或化学发泡法制得发泡体。机械发泡制得的泡沫酚醛塑料的气孔多为连续、开口气孔，因而热导率较大，吸水率也较高；而化学发泡法所得的泡沫酚醛塑料的气孔多为封闭气孔，所以吸水率低，热导率也较小。

酚醛泡沫塑料的耐热、耐冻性能良好，使用温度范围为 $-150 \sim +150℃$。加热过程中由黄色变为茶色，强度也有所增加。但温度提高到 200℃ 时，开始碳化。酚醛泡沫塑料长期暴露在阳光下，也会有明显的老化现象，强度反而有所增加。酚醛泡沫塑料除了不耐强酸外，抵抗其他无机酸、有机酸的能力较强，强有机溶剂可使它软化。酚醛泡沫塑料不易燃，火源移去后，火焰自熄，而且其成本低，是其他泡沫塑料所无法比拟的。但是酚醛泡沫塑料质脆，密度低（$<0.064g/cm^3$），并且因其是开孔结构（开孔率达 70%），易吸收水分，在无蒸汽隔层的情况下，不能用作低温隔热材料。由于泡沫酚醛塑料具有上述良好的性能，且易于加工，因而可用作绝热材料、减震包装材料、吸声材料及轻质结构件的填充材料。在建筑中主要是用作保温、隔热、吸声、防震材料，并可用来制造高温（3300℃）耐火绝缘材料及用作核裂变材料容器的包装材料。

664. 什么是脲醛泡沫塑料?

脲醛泡沫塑料又称为氨基泡沫塑料，是以尿素和甲醛聚合而得的脲醛树脂为主要原料。脲醛树脂很容易发泡，将树脂液与发泡剂混合、发泡、固化即可得脲醛泡沫塑料。

脲醛泡沫塑料外观洁白、质轻（其表观密度一般在 $0.01 \sim 0.015 g/cm^3$ 范围内，甚至可制成密度为 $0.008 g/cm^3$ 的产品），价格也比较低廉，属于闭孔型硬质泡沫塑料。其缺点是吸水性高，质脆，力学强度低，尺寸稳定性较差，有甲醛气味。从性能而言，远比不上低成本的聚苯乙烯泡沫塑料和高性能的聚氨酯泡沫塑料，但其原材料成本极低，是建筑业中极具发展前景的保温隔热材料。目前在建筑工程中主要用于夹层中作为填充保温、隔热、吸声材料。

由于脲醛泡沫塑料本身和泡沫内的气体热导率都很低，所以脲醛的热导率也很小。

脲醛泡沫塑料耐冷热性能良好，不易燃，在 $100℃$ 下可长期使用而性能保持不变，但 $120℃$ 以上发生显著收缩。可在 $-200 \sim -150℃$ 超低温下长期使用。由于脲醛树脂发泡工艺简单，施工时常采用现场发泡工艺。可将树脂液、发泡剂、硬化剂混合后注入建筑结构空腔内或空心墙体中，发泡硬化后就形成泡沫塑料隔热层。脲醛泡沫塑料对大多数有机溶剂有较好的抗蚀能力，但不能抵抗无机酸、碱及有机酸的侵蚀，施工时应注意。

665. 什么是碳化软木板?

碳化软木是一种以软木橡树的外皮为原料，经适当破碎后在模型中成型，再经 $300℃$ 左右热处理而成，加热方式一般为过热蒸气加热。由于软木树皮层中含有大量树脂，并含有无数微小的封闭气孔，所以它是理想的保温、绝热、吸声材料，且具有不透水、无味、无臭、无毒等特性，并且有弹性，柔和耐用，不起火焰只能阴燃。

树皮的品种对碳化软木板的影响很大。一次皮和二次皮的配合比对表观密度、热导率和强度有很大的影响。当一次、二次皮比例为 60:40 时，所得制品的热导率最小；当一次、二次皮比例为 75:25 时，所得制品的强度最大。碳化软木板的表观密度为 $105 \sim 437 kg/m^3$，热导率一般为 $0.044 \sim 0.079 W/(m \cdot K)$，最高使用温度为 $130℃$，由于其低温下长期使用不会引起性能的显著变化，故常用作保冷材料，也可用于墙壁、地板、顶棚、包装箱、冷藏库等。

666. 什么是蜂窝板?

蜂窝板是以一层较厚的蜂窝状芯材与两块较薄的面板粘结而成的复合板材，

也称蜂窝夹层结构。蜂窝状芯材通常用浸渍过酚醛、聚酯等合成树脂的牛皮纸、玻璃布或铝片，经过加工粘合成六角形空腹的整块芯材，芯材的厚度在 1.5 ~ 450mm 范围内，空腔的尺寸为 10mm 左右。常用的面板为浸渍过树脂的牛皮纸、玻璃布或不经树脂浸渍的胶合板、纤维板、石膏板等。

蜂窝板的特点是强度大、热导率小、抗震性能好，可制成轻质高强的结构用板材，也可制成绝热性能良好的非结构用板材和隔声材料。如果芯材以轻质的泡沫塑料代替，则隔热性能更好。

667. 屋面保温隔热材料应如何选用？

工程上为了防止室内热量通过屋面散到室外和室外热量通过屋面传入室内，同时为了防止屋顶的混凝土层由于内外温差过大，在热应力的作用下产生龟裂，通常在屋顶设置保温层。在屋顶设置保温层时，对于所选用的保温隔热材料，除了必须热导率小以外，还应满足下列几点要求：

（1）吸水量小。

（2）不能因温度变化而发生翘曲或扭曲变形。

（3）应是非热老化材料。

膨胀珍珠岩、膨胀蛭石的表观密度和热导率较小，用作屋面保温层，可以减轻屋面荷载，是一种较理想的屋面保温隔热材料。一般可采用膨胀珍珠岩粉刷灰浆、膨胀蛭石灰浆、现浇水泥珍珠岩保温隔热层或现浇水泥蛭石保温隔热层等。

668. 如何配制膨胀珍珠岩粉刷灰浆？

膨胀珍珠岩灰浆用膨胀珍珠岩要求表观密度为 81 ~ 150kg/m³，常温热导率小于 0.0523W/(m·K)。胶结料采用强度等级为 42.5MPa 或 52.5MPa 普通硅酸盐水泥及石灰膏，后者要求稠度为 12cm，表观密度为 1344 ~ 1347kg/m³。用于一般内墙及平顶粉刷，采用的配合比为石灰膏：珍珠岩 = 1:4；水泥：石灰膏：珍珠岩 = 1:1:6。外墙粉刷采用的配合比为水泥：珍珠岩 = 1:3 或 1:4；水泥：石灰膏：珍珠岩 = 1:1:6。

669. 如何配制膨胀蛭石灰浆？

膨胀蛭石灰浆可采用人工粉刷或机械喷涂进行施工。为防止一次喷涂太厚使墙面产生龟裂，无论采用哪种方法均应分底、面两层施工。底浆用料配合比见表 2.11-3。底层喷抹一昼夜后方可再做面层，总厚度不宜超过 30mm。机械喷涂用灰浆的原料配合比见表 2.11-4。

表 2.11-3 底浆用料配合比

项 次	名 称	厚度/mm	适用部位
1	1:1.5 水泥细砂浆	2~3	地下坑壁
2	1:3 水泥细砂浆	2~3	墙面
3	水泥浆		顶棚

表 2.11-4 机械喷涂用灰浆的原材料配合比

项 次	材 料	底层配合比	面层配合比	适用部位
1	水泥:石灰膏:蛭石	1:1:5	1:1:6	墙面、地下坑壁
2	水泥:石灰膏:蛭石	1:1:12	1:1:10	墙面、顶棚

670. 如何配制现浇水泥蛭石保温隔热层？

现浇水泥蛭石保温隔热层是以蛭石为主体材料，水泥为粘结剂，按一定比例和水灰比搅拌制成浆料，再由现场施工而成。多用于平屋面上、夹壁之间和其他地方。当用作平屋面隔热层时，可减轻屋面重量，节约水泥用量，并可降低成本，目前已被广泛应用。

采用现浇水泥蛭石做保温隔热层时，设计施工均需注意其原料的选择、蛭石颗粒级配（5~20mm）、水泥与蛭石的配合比（一般为1:12）、水灰比（体积比为2.4~2.6）以及施工操作技术等，这些都会直接影响着其质量、性能和经济价值。另外，配合水泥蛭石保温隔热层施工的找平层，对整个水泥蛭石构造层的强度来讲，起着决定性作用。

671. 墙体保温隔热材料应采取什么措施？

墙体保温可采取如下措施：

（1）如外墙是空斗墙或混凝土空心制品，则可将保温隔热材料填在墙体的空腔内，此时宜采用散粒状材料，如粒状矿渣棉、膨胀珍珠岩、膨胀蛭石等。

（2）对外墙可不做一般的抹灰，而以珍珠岩水泥保温浆抹面。保温浆配合比为1:10:1.55（水泥:珍珠岩:水），并加1%的107胶，厚度为3cm。

（3）在外墙内侧也不做一般抹灰，用石膏板取代，并与砌体形成40mm厚的空气层。这种构造做法能使外墙的热阻增加 $0.0191(m^2 \cdot K)/W$。

（4）外墙板采用岩棉、混凝土复合构造形式，可使热导率减少42%，板重减轻15%，板厚减薄15%，而造价仅增2.6%。

对于外墙的绝热，应注意最好将保温层置于墙体外侧。优点有：①避免壁体受损；②不易产生内部结露；③室温变化小，尤其在供暖停止时，温降小，且夏天可以防止"烘烤"。

672. 什么是纤维增强硅酸钙板？

纤维增强硅酸钙板（简称：硅钙板）是以粉煤灰、电石泥等工业废料为主，采用天然矿物纤维和其他少量纤维材料增强，以圆网抄取法生产工艺制坯，经高压釜蒸养而制成的轻质、防火建筑板材。

该板纤维分布均匀，排列有序，密实性好，具有较好的防火、隔热、防潮，不霉烂变质，不被虫蛀，不变形，耐老化等优点。板的正表面较平整光洁，可任意涂刷各种油漆、涂料，印刷花纹，粘贴各种墙布、壁纸，并且具有与木板一样能锯、刨、钉、钻等可加工性，可根据实际需要裁截成各种规格尺寸。

该板主要用于一般工业和民用建筑的吊顶、隔墙等。硅钙板的主要技术指标见表 2.11-5。

表 2.11-5　硅钙板的主要技术指标

项目	计量单位	指标	备注
抗折强度	MPa	≥7.84	按 GB8040—1987 标准检测（常温气干）
干表观密度	kg/m³	900~1100	上海市建材科研所测
热导率	W/（m·K）	0.18	上海同济大学测
耐火极限	h	1.2	上海消防科研所测（7.5cm 厚双面复合墙）
隔声性能	dB	45	上海同济大学测（10cm 厚双面复合墙）
湿胀率	%	0.035	原国家建材局苏州水泥制品研究院测（干燥→饱水）
干缩率	%	0.030	原国家建材局苏州水泥制品研究院测（饱水→干燥）

673. 什么是耐火纸面石膏板？

石膏板材在我国轻质墙板使用中占很大比重，品种包括纸面石膏板、无纸面纤维石膏板、装饰石膏板、空心石膏板条等。

其中纸面石膏板具有轻质、表面平整、易于加工与装配、施工简便、调湿、隔声、隔热、防火等优点。其产品主要有普通纸面石膏板、耐水纸面石膏板和耐火纸面石膏板三种。

耐火纸面石膏板主要用于耐火性能要求较高的室内隔墙和吊顶及其他装饰装修部位，具体技术指标见表 2.11-6。

表 2.11-6　耐火纸面石膏板技术要求

项目	优等品	一等品	合格品
外观质量	不允许有波纹、沟槽、污痕和划伤等缺陷	存在不明显的波纹、沟槽、污痕和划伤等缺陷	存在明显的波纹、沟槽、污痕和划伤等缺陷，但不影响使用

（续）

项 目		优等品	一等品	合格品
尺寸允许偏差/mm	长度	0 ~ -5	0 ~ -6	
	宽度	0 ~ -4	0 ~ -5	0 ~ -6
	厚度	±0.5	±0.6	±0.8
楔形棱边深度/mm		0.6 ~ 2.5		
楔形棱边宽度/mm		40 ~ 80		
含水率	平均值	2		3
	最大值	2.5		3.5
遇火稳定时间/min		30	25	20

674. 什么是泰柏板？

泰柏板是由板块状焊接钢丝网笼和泡沫聚苯乙烯芯料组成。每块板的标准尺寸为 $1.22m \times 2.44m = 3m^2$。该板具有质量轻，不碎裂，不怕水，易于剪裁和拼接，可现场组装等特点。

该板主要适用于隔墙，特别适用于高层建筑，是一种多功能轻质复合墙板。具有防火、质量轻、强度高、抗震、隔声、隔热、节省能源等优点，是一种新型建筑构件。

其技术性能指标如下：

（1）质量 泰柏板面密度为 $3.9kg/m^2$，比半砖墙轻 64%。

（2）强度 轴向允许载荷：2.44m 和 3.66m 高的泰柏墙，其轴向允许荷载分别为 $74403kg/m^2$ 和 $62503kg/m^2$。

横向允许载荷：高度或跨度为 2.44m 和 3.05m 泰柏墙的横向允许载荷分别为 $1953.9kg/m^2$ 和 $1223.9kg/m^2$。

（3）防火 泰柏板的两面均涂以 20mm 厚的水泥砂浆层时，其耐火极限为 1.3h。泰柏板的两面均涂以 3.15mm 厚的水泥砂浆层时，其耐火极限为 2h。泰柏板之间均涂以 3.15mm 厚的水泥砂浆层再粘贴 30mm 厚之石膏板时，其耐火极限可达 5h。

（4）保温、隔热性 泰柏墙的热阻为 $0.640(m^2 \cdot K)/W$，用作围护结构时常可节省一部分取暖或空调的能源。

（5）隔声 100mm 厚泰柏墙建造的住房，其相邻间隔在互相关闭的情形下，1/3 倍频程声音阻隔效果实测值为 41 ~ 44dB。

除以上主要性能外，泰柏墙还具有防震、防潮，抗冰融化，耐久，易于装修、吊挂、敷设暗管等特点。

675. 什么是纤维增强水泥平板（TK板）？

TK板的全称是中碱玻璃纤维短石棉低碱度水泥平板。由上海市第二建筑材料工业公司研究所、上海石棉水泥制品厂协作，于1980年研制成功并通过技术鉴定。该产品在宝钢工程金山石化总厂、上海宾馆、海鸥饭店、友谊商店都有采用。

TK板是以 I 型低碱度水泥为基材，并用石棉、短切中碱玻璃纤维增强的一种薄型、轻质、高强、多功能的新型板材，具有良好的抗弯强度、抗冲击强度、不翘曲、不燃烧、耐潮湿等特性，表面平整光滑，有较好的可加工性，能截锯、钻孔、刨削、敲钉和粘贴墙纸、墙布，涂刷油漆、涂料。TK板可用于各种建筑的隔墙和吊顶，尤其适用于办公室和一些工业厂房中的操作室、试验室等。

TK板的规格尺寸一般为：长×宽×厚＝（1800～2800）×900×（4～6）

TK板的物理力学性能主要有：抗弯强度≥10MPa；抗冲击强度≥0.2J/cm²；吸水率≤32%。

676. 什么是滞燃型胶合板？

胶合板是建筑、家具、造船、航空车厢及其他部门常用的材料。因为木材可燃性是绝对的，所谓"防火"实质上是阻燃，只是在火灾发生时能起到阻止火焰迅速蔓延的作用。加工性能与普通胶合板无异，无论是锯、刨、刮、砂均不受影响。表面经涂饰后，其漆膜的附着力均达98%以上。滞燃型胶合板与金属接触不会加速金属在大气中的腐蚀速度。由于采用的阻燃剂无毒、无臭、无污染，所以滞燃型胶合板对周围环境无任何不良影响。

滞燃型胶合板适用于有阻燃要求的公共和民用建筑内部吊顶和墙面装修，也可制成阻燃家具或其他物品。

其主要技术性能指标均能符合有关国家标准（如物理力学性能、外观质量、加工方面要求等）。

677. 什么是难燃铝塑建筑装饰板？

难燃铝塑建筑装饰板是一种新型建筑装饰材料，它具有难燃、质轻、吸声、保温、耐水、防蛀等优点。性质优于钙塑泡沫装饰板。

该材料可广泛用于礼堂、影院、剧院、宾馆饭店、医院、空调车厢、重要机房、船艇舱室等的吊顶及墙面（作吸声板用）。该装饰板图案新颖，美观大方，施工方便。

678. 什么是阻燃剂和阻燃材料？

阻燃剂是用以提高材料抑制、减缓或终止火焰传播特性的物质。在建筑及日常生活中，为了预防火灾的发生，或者阻止或延缓火灾的发展，往往用阻燃剂对易燃、可燃材料进行阻燃处理。易燃、可燃材料经过阻燃处理后，其燃烧等级得以提高，变成难燃、不燃材料，即为阻燃材料。

679. 什么是阻燃墙纸及阻燃织物？

纸及纸制品的阻燃处理方法大致有四种，我国目前大多采用以下两种方法：

（1）纸制品的浸渍处理，这种处理方法与木材的浸渍处理方法大致类同。将已成型的纸及纸制品浸渍在一定浓度的阻燃剂溶液中，经一定时间后取出、干燥，即可获得阻燃制品。阻燃剂的载量应在 5%～15% 之间。这种处理方法将对纸的表面颜色、强度等性能有一定影响。

（2）纸制品的涂布处理，将不溶性或难溶性阻燃剂分散在一定溶剂中，借助于胶粘剂（树脂），采用涂布或喷涂的方法，将该阻燃体系涂布到纸及纸制品表面上，经加热干燥后得阻燃制品。此法简单可行，节省阻燃剂。

例如，将牛皮纸板浸渍在 $180～189℃$ 的 $(NH_4)_2SO_4$ 和 $Al_2(SO_4)_3 \cdot 24H_2O$ 混合物的熔融盐浴中，取出后干燥即得阻燃牛皮纸板。

680. 什么是材料的吸声系数和吸声材料？

材料吸声性能的优劣以吸声系数来衡量，吸声系数是指吸收的能量与声波传递给材料的全部能量的百分比，吸声系数的大小在 0～1 间。吸声系数与声音的频率及声音的入射方向有关，因此吸声系数指的是一定频率的声音从各个方向入射的吸收平均值，一般采用的声波频率为 125、250、500、1000、2000、4000Hz。一般对上述六个频率的平均吸声系数大于 0.2 的材料称为吸声材料。

681. 吸声材料（结构）是如何分类的？

吸声材料的吸声特性一般是材料本身所固有的，而吸声结构的吸声性能则随着结构的变化而变化。有些吸声结构是由很多小的吸声单元组成的，这些吸声单元称为吸声器元件，如空腔共振吸声结构，这一类吸声结构的吸声性能主要与吸声元器件的尺寸及其分布有关；有些吸声结构则依靠接声面的宏观形状或所处声场位置等来产生高效吸声，如吸声尖劈和空间吸声体。吸声材料和吸声结构的分类方法较多。

（1）根据外观和构造特征可以分为表 2.11-7 中的几类。

表 2.11-7 主要吸声材料的种类

名 称	例 子	主要吸声特性
多孔材料	矿棉、玻璃棉、泡沫塑料、毛毡	中高频吸声好,背后留空腔还能吸收低频
板状材料	胶合板、石棉水泥、石膏板、硬纤维板	低频吸收较好
穿孔板	穿孔的胶合板、石棉水泥、石膏、金属板	中频吸收较好
吸声天花板	矿棉、玻璃棉、软质纤维等吸声板	透气的同多孔材料,不透气的同板材
膜状材料	塑料薄膜、帆布、人造革	吸收中低频
柔性材料	海绵、乳胶块	气孔不连通,靠共振有选择地吸收中频

（2）按照材料性质，建筑中一般也将常用吸声材料按表 2.11-8 分类。

（3）从声学角度看，按照材料的吸声机理可以将吸声材料（结构）分为以下三类：①多孔性吸声材料；②共振吸声结构；③其他吸声结构，主要包括空间吸声体、吸声尖劈结构（强吸声结构之一）、帘幕吸声体等等。

表 2.11-8 建筑上常用吸声材料的种类

分类及名称		厚度/cm	密度/(kg/m³)	各频率下的吸声系数					
				125Hz	250Hz	500Hz	1000Hz	2000Hz	4000Hz
无机材料	吸声泥砖	6.5		0.05	0.07	0.10	0.12	0.16	
	石膏板	—		0.03	0.05	0.06	0.09	0.04	0.06
	水泥蛭石	4.0			0.14	0.46	0.78	0.50	0.06
	石膏砂浆	2.0	350	0.24	0.12	0.09	0.30	0.32	0.83
	水泥膨胀珍珠岩板	5.0		0.16	0.46	0.64	0.48	0.56	0.56
	水泥砂浆	1.7		0.21	0.16	0.25	0.40	0.42	0.48
	砖（清水墙面）	—		0.02	0.03	0.04	0.04	0.05	0.05
有机材料	软木板	2.5		0.05	0.11	0.25	0.63	0.70	0.70
	木丝板	3.0		0.10	0.36	0.62	0.53	0.71	0.90
	三夹板	0.3	260	0.21	0.73	0.21	0.19	0.08	0.12
	穿孔五夹板	0.5		0.01	0.25	0.55	0.30	0.16	0.19
	木花板	0.8		0.03	0.20	0.03	0.03	0.04	—
	木质纤维板	1.1		0.06	0.15	0.28	0.30	0.33	0.31
多孔材料	泡沫玻璃	4.4	1260	0.11	0.32	0.52	0.44	0.52	0.33
	脲醛泡沫塑料	5.0	20	0.22	0.29	0.40	0.68	0.95	0.94
	泡沫水泥	2.0		0.18	0.05	0.22	0.48	0.22	0.32
	吸声蜂窝板	—		0.27	0.12	0.42	0.86	0.48	0.30
	泡沫塑料	1.0		0.03	0.06	0.12	0.41	0.85	0.67

（续）

分类及名称		厚度 /cm	密度 /(kg/m³)	各频率下的吸声系数					
				125Hz	250Hz	500Hz	1000Hz	2000Hz	4000Hz
纤维材料	矿渣棉	3.1	210	0.10	0.21	0.60	0.95	0.85	0.72
	玻璃棉	5.0	80	0.06	0.08	0.18	0.44	0.72	0.82
	脲醛玻璃纤维板	8.0	100	0.25	0.55	0.08	0.92	0.98	0.95
	工业毛毡	3.0	—	0.10	0.28	0.55	0.60	0.60	0.56

682. 多孔性吸声材料是怎样分类的？

多孔性吸声材料大体上可以分为纤维、泡沫和颗粒等三大类。

（1）纤维类材料　纤维类材料包括超细玻璃棉、离心玻璃棉毡、树脂胶合的玻璃棉毡、岩棉、矿渣棉、化纤棉、织品毛毡等。其中超细玻璃棉（纤维直径一般为 0.1~4μm）应用较为广泛，其优点是质轻（密度一般为 15~25kg/m³）、耐热、抗冻、防蛀、耐腐蚀、不燃、隔热等。经硅油处理过的超细玻璃棉，还具有防水等特点。近年来，用离心法工艺加入粘结剂制成离心玻璃棉毡或板，不仅具有超细玻璃棉的优点，还具有外形美观、富有弹性、密度均匀、成型性好、热导率和吸湿率低等独特优点，可用作吸声隔热装饰材料。

（2）泡沫类材料　泡沫类材料包括氨基甲酸酯、脲醛泡沫塑料、聚氨酯泡沫塑料、海绵乳胶、泡沫橡胶等。材料的特点是质轻、防潮、富有弹性、易于安装、热导率小。缺点是塑料类材料易老化、耐火性能差，不宜用于明火以及有酸碱等腐蚀性气体的场合。

（3）颗粒类吸声材料　这类材料有膨胀珍珠岩、陶土吸声砖、泡沫水泥、泡沫玻璃等，它们既可制成砌块，也可制成板状。当砌体有足够的强度时，砌成墙体后不仅可以吸声，而且又是建筑的一部分，它具有使用寿命长、防腐蚀、防火、耐高温，不需要装饰面层材料，施工方便等优点。适用于某些特殊场合。

683. 多孔性吸声材料的吸声机理和吸声特性是怎样的？

多孔材料的吸声性能是通过其内部具有的大量内外连通的微小空隙和孔洞实现的。当声波沿着微孔或间隙进入材料内部以后，激发起微孔或间隙内的空气振动，空气与孔壁摩擦产生热传导作用，由于空气的粘滞性在微孔或间隙内产生相应的粘滞阻力，使振动空气的能量不断转化为热能而被消耗，声能减弱，从而达到吸声目的。

多孔性吸声材料的吸声频谱特性是吸声系数随频率的增大而增大，由低频向高频逐步升高，其间有不同程度的起伏，起伏幅度在高频位趋缓。

684. 影响多孔材料吸声特性的因素有哪些?

（1）材料的厚度　多孔材料一般对中高频吸声性能较好，对低频吸声效果较差。增大厚度可以提高材料对低频的吸声能力，对高频影响不大。

（2）空气流阻　空气流阻反映了空气通过多孔材料阻力的大小。当材料厚度不大时，则空气穿透量越小，吸声性能越低。

流阻的高低与材料的孔隙率有直接关系，一般密实性吸声材料容易形成很高的流阻。

（3）结构因子　结构因子是由多孔材料结构特性所决定的、反映材料内部微观结构的一个无量纲物理量，它与材料的内外部形状、孔隙率以及材料自身特性有关。

多孔材料内部的固体部分，在空间中组成骨架，称为筋络。在筋络间存在大量的孔隙，声波进入后，大部分在筋络间的孔隙内传播，小部分沿筋络传播。在孔隙内传播时，因空气的粘滞阻力使声能不断转化为热能而衰减。

（4）表观密度　同一种多孔材料容积密度越大，孔隙率越小；厚度不变，增加容积密度，可以使中低频吸声系数提高，不过比增加厚度的效果差。在同样用料情况下，若厚度不限，多孔材料以松散为宜。容积密度过大，材料密实，会引起流阻增大，减少空气穿透量，造成吸声系数下降。但同样容积密度，增加厚度，并不改变比流阻，所以吸声系数一般总是增大，只是当厚度增大到一定时，吸声性能的改善已经不显著。

（5）孔隙率　吸声性能较好的材料其孔隙率一般在70%~90%之间，孔隙的分布应均匀，孔隙之间相互连通，多孔颗粒内部的孔隙也应该是开放、连通的。孔隙率与流阻、结构因子、容积密度等因素有直接关系。孔隙率越大，容积密度就越小；如果孔隙率不均匀，会使结构因子不规则，所形成的流阻因波动而不能总处在最佳值范围内，进而影响吸声效果。

（6）背后空气层的影响　在多孔吸声材料背后留出空腔，能够非常有效地提高中低频的吸声效果。该空腔与用同样材料填满的效果近似，工程中常常利用这个特性来节省材料。一般材料的吸声能力越强，该空腔产生的吸声增强作用也越大，吸声系数随空腔中空气层的厚度增加而增加，但增加到一定值后就不明显了。由于空气层的共振作用，当空气层厚度为1/4波长的奇数倍时，吸声系数最大，当空气层厚度为1/2波长的整数倍时，吸声系数最小。

（7）材料吸水对吸声性能的影响　多孔材料一般都具有很强的吸湿、吸水性，当材料吸水后，其中的孔隙就会减少。材料含湿率提高首先使高频吸声系数降低，然后随着含湿量增加，受影响的频率范围向中低频进一步扩大，并且对低频的影响程度高于高频，在饱水情况下，其吸声性能会大幅度下降。

（8）护面层的影响　多孔材料一般很疏松，整体性差，故应用时，一般在其表面覆盖一层护面层。因护面层距有一定的声阻作用，对材料的吸声频率影响很大。

685. 多孔材料常用的护面层有哪些?

（1）网罩　常用的网罩有塑料窗纱、塑料网、金属丝网、钢板网等。网罩的穿孔率较高，薄而轻，其声质量和声阻都很小，可以忽略其影响。

（2）纤维织物　玻璃纤维布是应用最广泛的护面织物，其他还有尼龙布、棉麻织物、化纤织物以及金属纤维布等。与网罩相比，纤维布织物较细密，常用来包扎玻璃纤维等疏散的吸声材料。但玻璃丝布抗折强度很差，在折缝处长期使用易于破裂。此外，玻璃纤维布之类的织物本身没有骨架，装饰效果较差，常用于景观要求不高的场合，是一种廉价的护面材料。

（3）塑料薄膜：当吸声材料用于潮湿的环境中时，常用塑料薄膜作为护面层，它与纤维织物相比，薄膜不透气，主要依靠其自身的振动来传递声波。在低频段，薄膜对材料本身吸声性能的影响可以忽略，然而在高频，则会使背后材料的吸声系数下降。为此，可以在薄膜上开些小洞，减少这种影响。

（4）穿孔板：以金属薄板、硬质纤维板、胶合板、石膏板、塑料板等材料加工的穿孔板应用最为广泛。穿孔的形式以圆孔居多，也有槽缝和其他形状。穿孔板的穿孔程度常以板的穿孔面积与板未被穿孔时面积之比（称为穿孔率）来衡量。当板的穿孔率不太高时，穿孔板孔内空气形成的质量起主要作用，它与吸声层空间形成了共振吸声结构。当穿孔率较高时，例如超过20%，它的质量很小，对吸声层的吸声性能无明显影响。

对多孔材料进行防水或为美观而进行表面粉饰的时候，要防止涂料将孔隙封闭或使用硬质膜的涂料，宜采用水质涂料喷涂。

表面防水或粉饰层一般要求为不透气的封闭成膜物质，薄膜对吸声系数的影响除了与薄膜材质因素有关外，对吸声系数影响最大的是薄膜厚度。较小的厚度不降低吸声系数；适当的厚度则由于薄膜吸声结构的吸声作用可以提高吸声系数；较大的厚度因为堵塞多孔结构的通道，阻碍声波进入吸声材料后被吸收，从而减弱空腔共振吸声作用，所以最终导致吸声系数降低乃至严重降低。

在多孔木质板上喷一层油漆（表面涂层较薄）对于多数频段表现为提高吸声作用；刷一层油漆（表面涂层较厚）使在低频的吸声系数提高，在高频则吸声系数降低；刷两层油漆（表面涂层过厚）时，吸声板的吸声作用被严重削弱，已经失去了称之为"吸声材料"的意义。

686. 什么是矿棉防火装饰吸声板？

矿棉防火装饰吸声板是以不燃材料矿棉（岩棉）为主要原料，加入适当的粘结剂、防潮剂、防腐剂、增加剂等，采用湿法生产，经烘干加工而成。

矿棉防火装饰吸声板化学稳定性好，无毒，防虫蛀，不易腐蚀，不吸潮，能保湿隔热，降低能耗，能阻止火灾蔓延，减少损失。

矿棉防火装饰吸声板可用于工业与民用建筑需要安装吊顶的场所。

矿棉防火装饰吸声板表观密度小于 $500kg/m^3$，抗折强度 $>1.2MPa$，吸声系数平均为 0.59，热导率为 $0.046W/(m \cdot K)$，吸湿率 $<2\%$，防火性能达到难燃一级。

矿棉防火装饰吸声板表观密度轻，施工方便，可任意切割、刨、钉。工程需待全部土建完毕，充分干燥后，进行安装。安装后三天内，不能碰撞和调试空调设备，并要有防水措施。堆码不要过高，防止跌落破箱。包装纸箱不能长期存放在潮湿地面上，需加垫木隔开。

687. 什么是矿棉装饰吸声板？

矿棉装饰吸声板，具有密度低、强度高、吸声隔热、防火防水、防蛀不腐、使用方便等优良性能，是目前国内外较为理想的防火型室内装饰吊顶材料，其表观密度低于珍珠岩或石膏装饰板，而抗弯强度高于珍珠岩或石膏装饰板，吸水率低于软质纤维板，而平整度及翘曲变形（体积稳定性）均比软质纤维板为佳。由于矿棉的烧结温度为750℃，使用温度可达 650℃，所以用其制成的装饰吸声板具有优良的防火性能，其阻燃性要优于阻燃型塑料贴面板，并由于矿棉纤维的直径在 $6\mu m$ 左右，其制成板材的热导率要低于软质纤维板，而吸声效果又优于软质纤维板，所以矿棉装饰吸声板不仅有良好的保湿性能，而且还是一种防治噪声污染的良好材料，装于室内能使声音更为悦耳动听，并起到调节室温的作用。

矿棉装饰吸声板适用于公共、民用建筑内部吊顶、墙面装修及保温吸声材料，起到防火、消声、隔声、隔热和调节室内气温作用。

688. 什么是 STAR 矿棉装饰吸声板？

该吸声板为高级室内天棚装饰材料，可以控制和调整混响时间，改善室内音质，降低噪声，改善生活环境和劳动条件，并且有良好的不燃、隔热性能，可以满足建筑设计的防火要求。

其主要用于高级建筑的内装修，如宾馆、饭店、剧场、商场、会堂、办公室、播音室、计算机房及工业建筑等。

STAR 矿棉装饰吸声板的主要技术特性有：

1）不燃。矿棉吸声板是最理想的防火吊顶材料。

2）吸声。该板可以改善室内音质，营造寂静而舒适的环境。

3）隔热。该板具有比其他吊顶材料优越的保温隔热性能。

矿棉装饰吸声板在施工现场相对湿度达85%以上时不宜施工。室内要待全部土建工程完毕干燥后，方可安装。

矿棉装饰吸声板不宜用在湿度较大的建筑内，如浴室、厨房等。施工中要注意吸声板背面的箭头方向和白线方向，必须保持一致以保证花样、图案的整体性。对于强度要求特殊的部位（如吊挂大型灯具），在施工中按设计要求施工。安装吸声板时，需戴清洁手套，以防止将板面弄脏。

复合粘贴板施工后72h内，在胶尚未完全固化前，不能有强烈震动。装修完毕，交付使用前的房间，要注意换气和通风。

689. 空腔共振吸声结构有什么特点？在工程中如何应用？

这种吸声结构是结构中封闭有一定的空腔，并通过有一定深度的小孔与声场空间连通。

在各种穿孔板、狭缝板背后设置空气层以及专门制作的带孔颈的空心砖或空心砌块等形成的吸声结构，是对空腔共振吸声结构最常见的实际应用。穿孔板、狭缝板的主要材料有石膏板、石棉水泥板、胶合板、硬质纤维板、钢板、铝板等，它们通常还兼具装饰作用，因此使用较为广泛。这些薄板结构的共振频率多为80～300Hz，其吸声系数为0.2～0.5，因而可以作为低频吸声结构。如果在板内侧填充多孔材料或涂刷阻尼材料，可以增加板振动的阻尼损耗，提高吸声系数。

690. 薄板或薄膜共振吸声结构有什么特点？在工程中如何应用？

皮革、人造革塑料薄膜等材料具有不透气、柔软、手张拉时有弹性等特点。它们与其背后封闭的空气层形成共振系统。其共振频率与膜的单位面积质量、膜后空气层厚度以及膜的张力大小有关。实际中由于薄膜张力容易随时间而松弛，所以其共振频率会随时间变化。对于不受张拉或张拉很小的膜，其共振频率相对稳定。薄膜吸声结构的共振频率通常为200～1000Hz，最大吸声系数为0.3～0.4，一般可以作为中频范围的吸声材料。

691. 微穿孔板吸声结构有什么特点？在工程中如何应用？

板厚小于1mm的金属板上钻以孔径为0.8～1mm的微孔（穿孔率 P 仅为1%～5%）与其背后的空腔一起构成微穿孔吸声结构。当板后有一定间距的空气时，能起到穿孔共振吸声结构的作用。由于微孔板中微孔的声阻很大，既能代替吸声材料又能起到共振吸声结构的双重作用，因而是一种良好的宽频带吸声结构，特别适合在高温、高速气流和潮湿等恶劣环境下应用。单层微穿孔板有比较突出的吸声峰值，为了适应对宽频带的声能吸收，往往制成双层或多层组合结构。

692. 什么是隔声材料？它有什么特点？

隔声材料与吸声材料不同，吸声材料一般为轻质、疏松、多孔性材料，而隔声材料则多为沉重、密实性材料。通常隔声性能好的材料其吸声性能就差，同样吸声性能好的材料其隔声能力也较弱。但是，如果将两者结合起来应用，则可以使吸声性能与隔声性能都得到提高。如实际中常采用在隔声较好的硬质基板上铺设高效吸声材料的做法制作隔声墙，不但使声音被阻挡、反射回去，而且使声音能量大幅度降低，从而达到极高的隔声效果。

声音如果只通过空气的振动而传播，称为空气声，如说话、唱歌、拉小提琴、吹喇叭等都产生空气声；如果某种声源不仅通过空气辐射其声能，而且同时引起建筑结构某一部分发生振动时，称为撞击声或固体声，例如大提琴、脚步声以及电动机、风扇等产生的噪声为典型的固体声。对于空气声的隔声应选用不易振动的单位面积质量大的材料，因此必须选用密实、沉重的（如粘土砖、混凝土等）材料。对固体声最有效的隔声措施是结构处理，即在构件之间加设弹性衬垫如软木、矿棉毡等，以隔断声波的传递。

693. 声学材料（结构）的选用原则是什么？

对大多数室内环境来说，声学材料（结构）不但要具备吸声、隔声或声反射的功能，一般还要兼具内装修的功能。同时，要考虑到吸声材料（结构）的耐久性、成本以及与建筑结构的相容性等。

如果主要目的是要在整个音频范围内获得均匀的混响时间，则选择的内装修吸声材料应能在整个音频范围内产生均匀（不需要很高）的吸声特性。如果采用中频和高频吸声构造（穿孔板共振器或窄缝共振器）的效果较好，可以安装适当数量低频薄板吸声构造来平衡过量的中频和高频吸收。如果需要消除或避免有害的反射声（如回声、延迟时间很长的反射声），必须用高吸声的材料来处理有害的反射面。

694. 什么是共振吸声结构？有哪些类型？

空间的围蔽结构和空间中物体，在声波激发下会发生振动，振动着的结构和物体由于自身内摩擦和与空气的摩擦，要把一部分振动能量转变为热能而损耗。根据能量守恒定律，这些损耗的能量都来自激发结构和物体振动的声波能量，因此振动结构和物体都要消耗声能，产生吸声效果。结构和物体各自都有固有振动频率，当结构和物体的固有频率与声波频率相同时，就会发生共振现象，这样的结构就叫共振吸声结构。

在发生共振现象时，结构和物体的振动最强烈，振幅和振速达到最大值，从而引起的声能损耗也最多。因此，吸声系数在共振频率处最大。

利用共振原理设计的共振吸声结构一般分为三种：一种是空腔共振吸声结构，另一种是薄板或薄膜共振吸声结构，第三种称为微穿孔板吸声结构。

薄板结构的共振频率多为 80 ~ 300Hz，其吸声系数为 0.2 ~ 0.5，因而可以作为低频吸声结构。薄膜吸声结构的共振频率通常为 200 ~ 1000Hz，最大吸声系数为 0.3 ~ 0.4，一般可以作为中频范围的吸声材料。

695. 三合板、五合板是一种全方位的吸声材料吗？

三合板对声波频率在 125Hz、250Hz、500Hz 时的吸声系数为 0.21 ~ 0.73，是大于 0.2，因此，可以说，三合板对低频声波的吸声效果是较好的。但是，三合板对 1000Hz 以上的声波的吸声系数只有 0.19 ~ 0.08，故三合板不是一种全方位的吸声材料。而五合板及较厚的合板对中频声波的吸声效果是较好的。

在实际使用中，可将三合板与木质纤维板合用，因为木质纤维板对 1000 ~ 4000Hz 的声波吸声效果较好。另外，能对板材做吸声孔处理则效果更好。

696. 什么是纳米材料？它有哪些类型？

纳米是一种长度单位，1 纳米等于十亿分之一米。纳米材料是指粒尺寸为纳米级的超细材料。它的微粒尺寸处于 1 ~ 100nm（纳米）的范围内，其性能依其颗粒尺寸的不同而变化。

纳米材料的分类可从结构、化学组分、应用等进行分类。

（1）按结构分类　按结构可分为：具有原子簇和原子束结构的称为零维纳米材料，具有纤维结构的称为一维纳米材料（纳米丝），具有层状结构的称为二维纳米材料（纳米薄膜），在三维空间可以堆积成的纳米块体，以及以上各种形式的纳米复合材料。

（2）按化学组成分类　按化学组分可分为：纳米金属、纳米晶体、纳米陶瓷、纳米玻璃、纳米高分子（塑料）、纳米复合材料等。

（3）按应用范围分类　按应用范围可分为：纳米电子材料、纳米生物医用材料、纳米光电子材料、纳米储能材料、纳米建筑材料等。

697. 纳米材料有哪些性能？

由于纳米材料的特殊结构，使它产生出小尺寸效应、表面效应、量子尺寸效应等，从而具有传统材料不具备的特异的光、电、磁、热、声、力、化学和生物学性能。

（1）高力学性能　高力学性能是指纳米材料比传统材料所具有的强度、硬度、韧性以及其他综合力学性能更优越的性能。用纳米级微粒制成的金属或合金材料，其强度比普通金属材料提高 2~4 倍。普通的陶瓷具有高抗压强度、耐蚀、耐热、绝缘性好等特性，但脆且需要高温烧制。若将纳米陶瓷粉体材料，如氧化铝、氧化铁、碳化硅、氧化硅、氮化硅等添加到普通的陶瓷中，其脆性可大大降低，而韧性可提高到几倍甚至几十倍，热导系数可提高 20%，光洁度也大大地提高。有些纳米材料还具有能量转换、信息传递功能等。纳米涂料涂覆在金属上可增加其抗弯曲和抗冲击强度，涂覆在玻璃上，可以抗压、抗震、抗冲击。

（2）热学性能　纳米微粒的熔点、烧结温度和晶化温度比普通粉体低得多，在较低的温度下烧结就能达到致密化的目的。如纳米陶瓷材料的烧结温度比普通陶瓷材料的烧结温度低 100~400℃。

（3）光学性能　由于纳米材料的小尺寸效应，使它具有普通大块材料不具备的光学性能。普通金属材料由于对可见光范围各种颜色（波长）的反射和吸收能力不同，而具有不同颜色的光泽，纳米金属对可见光低反射率、强吸收率，如铂金纳米粒子的反射率为 1%，金纳米粒子的反射率小于 10%。因此，纳米金属或氧化物（ZnO、Fe_2O_3、TiO_2 等）可用于热反射玻璃和吸热玻璃，吸热、抗紫外线而又不影响透视。

纳米 Al_2O_3 粉体掺和到稀土荧光粉中，不仅可以提高日光灯的使用寿命，而且在不影响荧光粉发光效率的情况下，吸收对人体有害的紫外线。

纳米 SiO_2 和纳米 TiO_2 微粒的膜用于灯泡罩的内壁，不但透光率好，而且有很强的红外线反射能力，与传统的卤素灯相比可节约 15% 的电。

另外，纳米材料的发光强度和效率尽管尚未达到使用水平，但为未来室内照明提供了另一个新的发展思路。

（4）光催化功能　光催化功能是纳米材料独特的性能之一。纳米材料在光的照射下，通过把光能转变成化学能，催化降解有机物的活性。如含有 TiO_2 纳米膜层的"自洁玻璃"，用于窗或幕墙材料时，可分解空气中的污染物而达到"自洁"的目的。TiO_2 纳米粒子用于医院等公共场所的壁面涂料或地板可以自动灭菌。

698. 纳米材料在建筑装饰方面有什么应用？

（1）纳米塑料　纳米 SiO_2 粒子因其透光、粒度小，将其添加到塑料中，可使塑料致密，从而大大地提高塑料的耐磨强度、韧性、防水性以及透明度等。因此可用作防水塑料薄膜、地板材料，以及替代普通透明玻璃在门、窗、幕墙、栏杆栏板上的应用。

（2）纳米涂料　在各类涂料中添加纳米 SiO_2 可提高涂层的抗老化性能、光洁度，又因其颗粒极微小，因而比面积大，在涂料干燥时很快形成网络结构，从而成倍地增加涂层的强度、韧性和硬度。在碳钢上涂装（磁控溅射法）纳米复合涂层（$MoSi_2/SiC$），涂层硬度可达 20.8GPa，比玻钢提高了几十倍，而且具有良好的抗氧化、耐高温性能。

（3）纳米粘合剂和密封胶　将纳米 SiO_2 作为添加剂加入到黏合剂和密封胶中，使其固化速度加快，黏结力增强，密封性也大大提高。

纳米 Al_2O_3、纳米 TiO_2、纳米 SiO_2 和纳米 Fe_2O_3 的复合粉粒添加到织物纤维中，对人体红外线有强吸收作用，以增加保暖作用，减轻织物的质量。在化纤织物或地毯中加入金属纳米微粒，使静电效应大大降低，并能除味杀菌。

纳米氧化锑可以作为阻燃剂加入到天然或化纤织物、塑料等易燃的材料中，以提高阻燃防火性能。

纳米 Al_2O_3 微粒加入到橡胶中可提高橡胶的介电性和耐磨性，将其加入到普通玻璃中，可以改善玻璃的脆性。

第 三 篇

建筑基础知识

第一章　民用建筑设计基础

699. 构成建筑的基本要素是什么？

构成建筑的基本要素是指不同历史条件下的建筑功能、建筑的物质技术条件和建筑形象（即建筑艺术）。

（1）建筑功能　建筑功能一是要满足人体活动所需的空间尺度。二是要满足人的生理要求，即要求建筑应具有良好的通风、采光、保温、防潮、隔声和防水等的性能，为人们创造出舒适的生活环境。三是满足不同建筑使用特点的要求，即不同性质的建筑物在使用上又有不同的特点。

满足功能要求是建筑的主要目的，体现了建筑的实用性，在构成要素中起主导作用。

（2）建筑的物质技术条件　建筑的物质技术条件是建造建筑物的手段，一般包括建筑材料、土地、制品、构配件技术、结构技术、施工技术和设备技术等。建筑的物质技术条件是建筑发展的重要因素。建筑技术和建筑设备对建筑的发展同样起到重要作用。例如，计算机网络技术的应用产生了智能建筑，节能技术的出现产生了节能建筑等。

（3）建筑形象（艺术）　建筑除满足人们的使用要求外，又以它不同的空间组合、建筑造型、立面形式、细部与重点处理、材料的色彩和质感、光影和装饰处理等，构成一定的建筑形象。建筑的形象是建筑的功能和技术的综合反映。

以上是建筑构成的三要素，它们是相互联系、相互约束，而又不可分割的辩证统一关系。

700. 民用建筑按建筑物的使用性质是如何分类的？

民用建筑按建筑物的使用性质可分为：

（1）住宅建筑　例如，别墅、宿舍、公寓等。其特点是它的内部房间的尺度虽小但使用布局却十分重要，对朝向、采光、隔热和隔声等建筑物理问题有较高要求。

（2）公共建筑　例如，展览馆、影剧院、体育馆、候机大厅等。它是大量人群聚集的场所，室内空间和尺度都很大，人流走向问题突出，对使用功能及其设施的要求很高。经常采用将梁柱连接在一起的大跨度框架结构以及网架、拱、壳结构等为主体结构，层数以单层或低层为主。

（3）商业建筑　例如，商店、银行、商业写字楼等。由于它也是人群聚集的场所，因此有着与公共建筑类似的要求。但它往往可以做成高层建筑，对结构体系和结构形式有较高的要求。

（4）文教卫生建筑　例如，图书馆、实验楼、医院等。这类建筑有较强的针对性，如图书馆有书库、实验楼要安置特殊实验设备、医院有手术室和各种医疗设施。这种建筑物经常采用框架结构为主体结构，层数以 4 ~ 10 层的多层为主。

（5）办公建筑　机关及企事业单位的办公楼等。这类建筑一般以多层建筑为主。

（6）托幼建筑　托儿所、幼儿园等。这类建筑一般为三层以下的低层建筑，且四周应有一定规模的活动场所。

（7）旅馆建筑　如旅馆、酒店宾馆、招待所等。

（8）园林建筑及纪念性建筑　如公园、动物园、植物园、亭台楼榭、纪念堂、纪念碑、陵园等。

（9）其他建筑类。如监狱、消防站、大型游乐场等。

701. 民用建筑按建筑物结构所用的主材是如何分类的？

（1）砌体结构　采用砖、石、混凝土砌块等砌体形成。主要用于建筑物的墙体结构。

（2）砖混结构　由砖（石）砌墙体，钢筋混凝土做楼板和屋顶的多层建筑。

（3）砖木结构　由砖（石）砌墙体，木楼板、木屋顶的建筑。

（4）木结构　采用方木、圆木、条木连接而成。但木材主要用于制作建筑物结构所用的木梁、木柱、木屋架、木屋面板等。

（5）钢结构　采用各种热轧型钢、冷弯薄壁型钢或钢管通过焊接、螺栓或铆钉等连接方法连接而成。主要用于框架结构、剪力墙结构、筒体结构、拱结构等。

（6）钢筋混凝土结构　采用钢筋混凝土或者预应力混凝土做成。主要用于框架结构、剪力墙结构、筒体结构、拱结构、空间薄壳和空间折板结构等。

（7）薄壳充气结构　主要用于屋盖结构。

702. 民用建筑按建筑物的结构体系是如何分类的?

(1) 墙体结构 利用建筑物的墙体作为竖向承重和抵抗水平荷载(如风荷载或水平地震作用)的结构。墙体同时也起围护及室内空间分隔作用。

(2) 框架结构 采用梁、柱组成的框架作为房屋的竖向承重结构,同时承受水平荷载。其中,梁和柱整体连接,相互之间不能自由转动但可以承受弯矩时,称为刚接框架结构;如梁和柱非整体连接,其间可以自由转动但不能承受弯矩时,称为铰接框架结构。

(3) 筒体结构 利用建筑四周墙体形成的封闭筒体(或由房屋外围间距很密的柱与截面很高的梁,组成一个有许多窗洞的筒体)作为主要抵抗水平荷载的结构。也可以利用框架和筒体组合成框架-筒体结构。

(4) 错列桁架结构 利用整层高的桁架横向跨越房屋两外柱之间的空间,并利用桁架交替在各楼层平面上错列的方法增加整个房屋的刚度,也使居住单元的布置更加灵活,这种结构体系称为错列桁架结构。

(5) 拱结构 以一个由平面曲线(或平面折线)构件组成的拱式结构,来承受整个房屋的竖向荷载和水平荷载的结构。

(6) 空间薄壳结构 是一边缘构件为梁、拱或桁架的曲面形板的空间结构。

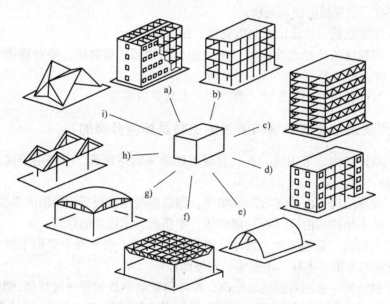

图 3.1-1 民用建筑结构体系各种形式
a) 墙体结构 b) 框架结构 c) 错列桁架结构 d) 筒体结构
e) 拱结构 f) 网架结构 g) 空间薄壳结构
h) 钢索结构 i) 空间折板结构

它能以较薄的板面形成承载能力高、刚度大的承重结构，并能覆盖大跨度的空间而无需在中间设柱。

（7）空间折板结构 由多块平板组合而成的空间结构，是一种既能承重又可围护，用料较省、刚度较大的薄壁结构。

（8）网架结构 由多根杆件按照一定的网格形式，通过节点连接而成的空间结构，具有空间受力、重量轻、刚度大、有较大跨度、抗震性能好等优点。

（9）钢索结构 楼面荷载通过吊索或吊杆传递到支承柱上去，再由柱传递到基础的结构，这种结构形式类似悬索结构的桥梁。

以上各结构体系形式见图 3.1-1。

703. 民用建筑按建筑物的层数或高度是如何分类的？

（1）住宅建筑按层数分类：一层至三层为低层住宅，四层至六层为多层住宅，七层至九层为中高层住宅，十层及十层以上为高层住宅。

（2）除住宅建筑之外的民用建筑高度不大于24m者为单层和多层建筑，大于24m者为高层建筑（不包括建筑高度大于24m的单层公共建筑）。

（3）建筑高度大于100m的民用建筑为超高层建筑。

按建筑物的层数或高度分类的主要依据是防火规范的有关规定。

704. 民用建筑的设计等级是如何划分的？

民用建筑设计等级一般分为特级、一级、二级和三级，见表 3.1-1。

表 3.1-1　民用建筑设计等级

类型	特 征	工程等级			
		特级	一级	二级	三级
一般公共建筑	单体建筑面积	80000m² 以上	20000~80000m²	5000~20000m²	5000m² 以下
	立项投资	2 亿元以上	4000 万元~2 亿元	1000 万元~4000 万元	1000 万元及以下
	建筑高度	100m 以上	50~100m	24~50m	24m 及以下
住宅、宿舍	层数		20 层以上	12~20 层	12 层及以下
住宅小区等	总建筑面积		100000m² 以上	100000m² 及以下	
地下工程	地下空间总建筑面积	50000m² 以上	10000~50000m²	10000m² 及以下	
	附建式人防（防护等级）		四级及以上	五级及以下	

（续）

类型	特 征	工程等级			
		特级	一级	二级	三级
特殊公共建筑	超限高层建筑抗震要求	抗震设防区特殊超限高层建筑		抗震设防区建筑高度100m 及以下的一般超限高层建筑	
	技术复杂，有声、光、热、振动、视线等特殊要求	技术特别复杂		技术比较复杂	
	重要性	国家级经济、文化、历史、涉外等重点工程项目		省级经济、文化、历史、涉外等重点工程项目	

705. 建筑物的耐久等级是如何规定的？

建筑物耐久等级是指建筑物的使用年限。使用年限的长短由建筑物的性质决定。影响建筑物使用寿命的主要因素是结构构件的材料和结构体系。例如，我国现行标准《建筑结构可靠度设计统一标准》（GB50068—2001）对结构设计的使用年限作了如下规定：

1 类：设计使用年限 5 年，适用于临时性的结构；

2 类：设计使用年限 25 年，适用于易于替换的结构构件；

3 类：设计使用年限 50 年，适用于普通房屋和构筑物；

4 类：设计使用年限 100 年，适用于纪念性建筑和特别重要的建筑结构。

706. 建筑物的危险等级是如何规定的？

危险的建筑物（危房）是指结构已经严重损坏，或者承重构件已属危险构件，随时可能丧失稳定性和承载力，不能保证居住和使用安全的房屋。建筑物的危险性一般分为以下四个等级：

A 级：结构承载力能满足正常使用要求，未发生危险点，房屋结构安全；

B 级：结构承载力基本满足正常使用要求，个别结构构件处于危险状态，但不影响主体结构；

C 级：部分承重结构承载力不能满足正常使用要求，局部出现险情，构成局部危房；

D 级：承重结构承载力已不能满足正常使用要求，房屋整体出现险情，构成整幢危房。

707. 建筑结构的安全等级是如何规定的？

我国现行标准《建筑结构可靠度设计统一标准》（GB50068—2001）规定，建筑结构设计时，应根据结构破坏可能产生的后果（危及人的生命、造成经济社会影响等）的严重性，采用不同的安全等级。建筑结构安全等级划分为以下三个等级：

一级：破坏后果很严重，适用于重要的房屋；

二级：破坏后果严重，适用于一般的房屋；

三级：破坏后果不严重，适用于次要房屋。

708. 建筑设计的主要内容有哪些？

建筑设计内容包括建筑设计、结构设计、室内设计和设备设计等内容。

（1）建筑设计 建筑设计主要是根据建设单位提供的任务书，在满足总体规划的前提下，对基地环境、建筑功能、材料设备、结构布置、建筑施工、建筑经济和建筑形象等方面做全面的综合分析，提出建筑设计方案，并将此方案绘制成建筑设计施工图。室内装饰设计部分随建筑性质而定，一般装饰要求较高的，可进行专门设计。

（2）结构设计 结构设计是在建筑设计的基础上选择结构方案，确定结构类型，进行结构计算与结构设计，最后完成结构施工图。

（3）室内装饰设计 室内装饰设计的主要内容有三点：一，室内空间组织和界面处理；二，室内光照、色彩设计和材质选用；三，室内家具、设备和绿化的设计。

（4）设备设计 设备设计包括给水排水、采暖通风、电器照明、通信、燃气、动力等专业的设计，确定其方案类型、设备选型并完成相应的施工图设计。

709. 施工设计图纸主要有哪些？

（1）设计说明 包括建设地点、建筑规模、建筑面积、抗震设计烈度、人防工程等级、主要结构类型，建筑总图绝对标高与相对标高的关系，建筑室内外各部分装饰做法，用料的说明等。

（2）总平面图 标明基地上建筑物、道路、绿化等位置的尺寸、标高，注明指北针及风玫瑰图。常用比例为1∶500、1∶1000或1∶2000。

（3）各层平面图 包括底层平面图（底层平面形状，各房间的平面布置情况，出入口、走廊、楼梯的位置和各种门窗的布置、室内外地面的标高、剖切线、轴线及编号、台阶、散水或明沟花台、花池及雨水管等）、楼层平面图（楼层平面图的图示方法与底层平面图相同，图中表明本层室内及室外的雨篷、遮阳板等）、屋顶平面图（屋顶的形状、屋面排水方向及坡度、檐沟、女儿墙、屋檐线、落水口、上人孔、水箱及其他构筑物的位置和索引符号等）。常用比例为1：50、1：100 或 1：200。

（4）立面图　房屋各方向的立面图应绘全，但差异小的可以不画。立面图上画出两端轴线及其编号，建筑物各部分建筑材料与色彩或节点详图索引，标注各剖面图上表示不出的各部位标高和高度，常用比例同平面图。

（5）剖面图　剖面图的剖切位置要选择在层高不同、层数不同，内外空间比较复杂，具有代表性的部位，要注明墙柱轴线及编号，剖视方向可见的所有建筑物配件的内容，标明建筑物配件的高度尺寸、相应标高。常用比例同平面图。

（6）详图　在建筑平面图、立面图、剖面图中未能表示清楚的一些局部构造、建筑装饰做法应绘制详图，表明该局部构造尺寸及详细做法。主要有墙身、檐口、楼梯、门窗以及各构件的连接节点和各部分的装饰等详图。常用比例为1：1、1：2、1：5、1：10、1：20 或 1：50。

（7）各专业施工图　各专业工种的施工图包括基础平面图、楼板及屋顶平面图和详图、结构构造节点详图，以及给水排水、电气照明、暖通空调、上下水等设备施工图。

710. 建筑设计的基本要求有哪些？

（1）建筑规划要求　布置应符合城市规划要求，并需考虑与周围环境的关系。

（2）建筑功能要求　建筑设计的首要任务是满足建筑物的功能要求，为人们的生活和工作创造适宜的环境。

（3）建筑技术要求　选择合适的建筑材料、合理的结构体系和施工方案等，是为了使建造既方便又快捷，使建筑既牢固又绿色。

（4）建筑经济要求　这是一个在经济领域中多方面的要求，既涉及人工、物资、机械和资金等，还需考虑土地、环境等经济效益。

（5）建筑美观要求　建筑的造型和色彩等，不仅在城市被誉为凝固的音乐，它们应给予人们在艺术和精神上的良好享受。

711. 建筑设计的依据主要有哪些？

（1）国家和行业的强制性标准的要求　建筑设计既不能违反国家的工程建设标准的强制性条文和各类设计技术规范，还应遵守相关的地方性法规和其他规范性文件。

（2）人体尺度和人体活动所需的空间尺度　建筑物是供人使用的，确定其空间尺度必须满足人体活动所需的空间尺度。门洞、走廊、楼梯的宽度和高度以及家具设备的大小等都与人体尺度有关。

（3）家具、设备要求的空间　在确定建筑物的平面及空间尺寸时，要考虑家具及设备所占用的尺度及人们使用中所需要的活动空间。

（4）环境及气象条件　气象条件是指大气中的温度、日照、雨雪、风向、云雾、风速等现象。建筑物中的保温、隔热、通风、采光、朝向、防水、排水以及建筑物体型组合等均与气象条件有关。在设计前应收集当地气象资料，作为设计依据。

（5）地形、地质、水文及地震烈度　建筑物基地地形的平缓或起伏对建筑物的剖面有较大影响。当地形平缓时，将房屋首层设在同一标高；当地形起伏较大时，可将房屋错层建造。

基地的地质构造、土质情况影响地基承载力，对房屋平面组合、结构布置产生影响。

水文条件是指地下水及水位高低。它直接影响建筑的基础埋深、地下室的防潮防水构造处理。

地震烈度表示震区房屋建筑将可能遭受地震破坏的程度。地震时，各地受到的影响不一样，震中区地震烈度较大，离震中越远则地震烈度越小。地震烈度直接影响建筑物的结构和构造。

712. 什么是建筑平面设计？

建筑平面设计是根据建筑的功能要求确定各房间合理的面积、形状，门窗的大小、位置及各部位的尺寸；满足日照、采光、通风、保温、隔热、隔声、防潮、防水、防火、节能等方面的要求；确保平面组合合理，功能分区明确；同时兼顾结构及施工的可行性。

713. 主要使用房间平面设计应考虑哪些主要问题？

（1）房间的面积、形状及尺寸　房间面积取决于房间人数、家具设备及人们活动使用面积、房间的交通面积三方面因素。

下面以中学普通教室为例加以说明。

确定房间的使用人数应根据房间的使用功能和相应的建筑标准确定。规范规定普通教室不应小于 $1.12m^2/$人，如果每班按 50 人计，则教室的使用面积不小于 $56m$。

房间的形状和尺寸应考虑使用特点、家具的布置方式、采光、通风、音响、结构形式及平面组合方式等。建筑设计规范中规定：中学普通教室前排边座的学生与黑板远端形成的水平视角不应小于 30°。教室第一排课桌前沿与黑板的水平距离不宜小于 2000mm，教室最后一排课桌后沿与黑板的水平距离不宜大于

8500mm，教室后面应设置不小于600mm的横向走道。根据教室的面积指标及上述各项要求，并考虑建筑结构及模数协调要求，中学普通教室平面尺寸的开间和进深多采用6600mm×9000mm或6300mm×9300mm。

（2）房间的门窗设置

1）门的设置 门的设置主要是确定门的宽度、数量、位置与开启方式。门的主要作用是通行，同时兼有采光和通风的功能。

2）窗的设置 窗的设置主要考虑窗的位置和尺寸的确定，而窗的设置主要取决于房间的采光和通风。

714. 民用建筑中门的宽度、数量是如何取定的？

门的宽度一般是由人流多少和搬运家具设备时所需要的宽度来确定的。单股人流通行的宽度尺寸为550mm，所以门的最小宽度为600～700mm，如住宅中的厕所、卫生间门等。大多数房间门的宽度考虑到一人携带物品通行，所以门的宽度为900～1000mm。《中小学建筑设计规范》中规定：中小学建筑中的教室安全出口的门洞宽度不应小于1000mm。合班教室的门洞宽度不应小于1500mm。

另外要遵循防火规范的规定（参见第一篇第五章）。

715. 民用建筑中门的位置和开启方式是如何取定的？

门的位置应根据室内人流活动特点和家具设备布置的要求，要考虑缩短交通路线，使室内有较完整的空间和墙面，有利于组织好采光和穿堂风等。

门的开启方式很多，如单开门、推拉门、折叠门、弹簧门、卷帘门等，在民用建筑中普遍采用的是平开门。平开门分外平开和内平开两种，对于人数较少的房间采用内开式，以免影响走廊的交通；使用人数较多的房间，如会议室、展览室、住宅单元入口门考虑安全疏散，门的开启方向应开向疏散方向。我国规范规定，对于幼儿园建筑，为保证安全，不宜设弹簧门；影剧院的观众厅疏散门严禁用推拉门、折叠门、转门、卷帘门等，应采用双扇外开门，门的净宽不小于1.4m；对有防风沙、保温要求或人员出入频繁的房间，可以采用转门或弹簧门。当房间门位置比较集中时，要协调好几个门的开启方向，以免开启时发生碰撞。

716. 民用建筑中窗的采光面积是如何取定的？

窗采光面积的大小是按采光面积比来确定的。采光面积比是指窗的透光面积与房间地板面积之比。不同使用性质的房间采光面积比不同。如学校教室、办公室采光比为1:6，门厅、走廊、厕所采光比为1:10。在设计中要结合具体情况来确定窗的面积，如我国南方炎热地区要考虑通风要求，窗口面积可大些；寒冷地区冬季为防室内热量从窗口散失过多，不宜开大窗。

717. 民用建筑中窗的位置和尺寸是如何取定的？

窗的位置要使房间进入的光线均匀和内部家具、设备布置方便。如学校中教室光线应自学生座位的左侧射入；当教室南向为外廊，北向为教室时，应以北向为主要采光面。并且窗间墙的宽度不应大于1200mm，以保证室内光线均匀，黑板处窗间墙要大于1000mm，避免黑板上产生眩光。窗的位置还要考虑通风的作用，要组织好室内通风，利用空气压力差通风换气，设计中应将门窗统一布置。

确定窗的位置及尺寸还要考虑结构和构造的可能性，而且建筑物造型、建筑风格往往也要通过窗的位置和形式加以体现。

718. 辅助使用房间平面设计应考虑哪些主要问题？

辅助房间一般是指为主要房间提供服务的房间，如厕所、卫生间、盥洗室、水暖电设备用房、厨房、储藏室等。辅助使用房间的平面设计原理和方法与主要使用房间基本相同，但因它的使用性质特殊，还应考虑辅助间与基本房间的联系是否方便。辅助房间在使用过程中易产生噪声、不良气味，会对附近使用房间造成影响。辅助使用房间的朝向在保证正常使用的情况下，尽量设在建筑物中较差的位置，并合理控制建筑面积、高度、室内装修等标准。

719. 民用建筑平面设计中卫生间的设计应考虑哪些主要问题？

卫生间的面积应根据其内各种设备的规格尺寸以及人们使用时所需的基本尺度确定。卫生间内主要卫生设备有大便器、小便池、洗手盆、污水池等。卫生设备数量取决于使用人数的多少。表3.1-2为部分民用建筑厕所需设备数量指标。

表 3.1-2　部分民用建筑厕所设备个数参考指标

建筑类型	男大便器 （人/个）	男小便器 （人/个）	女大便器 （人/个）	洗手盆或龙头 （人/个）	男女 比例	备　　注
旅馆	20	20	12			男女比例按设计要求
宿舍	20	20	15	15		男女比例按实际使用情况
中小学	40	40	25	100	1:1	小学数量应稍多

按照人体活动所需空间尺度，单独设置一个大便器的卫生间当采用外开门时所需的最小净尺寸为900mm×1200mm，内开门时为900mm×1400mm。

卫生间在建筑平面中的位置应隐蔽、使用方便、隔绝气味，常设在走道的两端或中部又比较隐蔽的部位，转角处朝向较差的位置。住宅厕所设计中，卫生间与厨房毗邻，以利于节约管道，不宜设在卧室、起居室和厨房的上层，以利于防水、消声、检修等。公共厕所的位置应具有良好的采光、通风，并设有前室，男女卫生间尽量组合在一起，不应设在有严格卫生要求和配电室的直接上层。公共厕所前室的进深通常为 1.2~2m，以利于防止气味扩散并遮挡视线，通常设置洗手盆、污水池等。公共厕所的布置方式一般有单排和双排两种。图 3.1-2 为卫生间设备尺寸及布置方式。

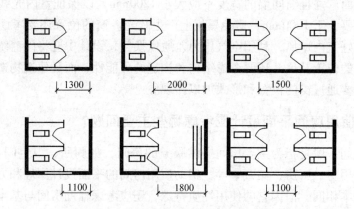

图 3.1-2 卫生间设备尺寸及布置方式

720. 民用建筑平面设计中厨房的设计应考虑哪些主要问题？

厨房设计应保持良好的采光和通风条件。厨房的墙面、地面应考虑防水、便于清洁；室内布置应符合操作流程，并保证必要的操作空间和贮藏空间。

一般住宅的厨房布置形式有单排、双排、L 形、U 形等几种，如图 3.1-3 所示。

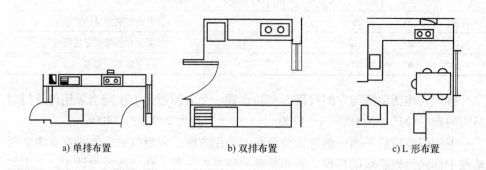

图 3.1-3 厨房布置形式

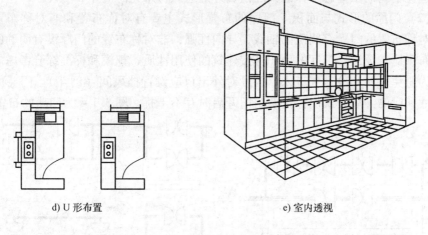

d) U 形布置　　　　　　　　e) 室内透视

图 3.1-3　厨房布置形式（续）

721. 交通系统的设计应考虑哪些主要问题？

交通系统是指在使用房间之间及房间内部之间的水平和垂直联系部分。其包括门厅、门廊、过厅、走道、楼梯、电梯、坡道等。交通系统的设计应满足路线短捷、明确、方便、适用、安全疏散及有利于建筑造型等要求。

（1）门厅　门厅是建筑物的主要出入口，是人流集散的交通枢纽。门厅在水平方向连接走道，垂直方向与楼梯或电梯连通。门厅根据建筑性质不同还兼有其他功能。如旅馆门厅有总服务台、小卖部、接待及休息空间。

（2）过厅　过厅是建筑内部的交通枢纽，同时联系几个走道和楼梯，有时也兼有其他功能，设计要求与门厅相似。

（3）走道　走道是连接各个房间、门厅及楼梯的水平交通设施。走道的设计主要是确定其宽度、长度及采光问题。

（4）楼梯　楼梯是建筑物中上、下各层的垂直交通设施。合理地选择楼梯的形式与位置、确定楼梯的尺度对建筑的使用、安全及立面效果有重要影响。

722. 门厅的设计应考虑哪些主要问题？

（1）在建筑设计中首先要将门厅设置在明显的位置上，与交通干线有明确的流向关系，妥善解决好其与水平交通、垂直交通及各部分功能之间的关系，使交通路线简捷、流畅，互不交叉干扰。为满足安全疏散，公共建筑设计应留有两个以上出入口，其中一个为主要出入口。次要出入口一般经过走廊端部或楼梯间与室外相连。其次由于门厅较大，设计中要解决好门厅面积与层高之间的比例关系，避免空间的压抑感，保证大厅内良好的通风与采光。

（2）门厅的形式与面积　门厅的布置形式主要有对称布置和非对称布置两种。对称布置的门厅有明确的轴线，导向性强；非对称布置的门厅没有明确的轴线，布置比较灵活。门厅的面积应按建筑的使用性质、规模和标准综合考虑。

为避免风沙和冷空气进入，门厅对外出口应设置挡风间（门斗）。门斗的最小尺寸和门的开启方式应保证两道门开启时互不干扰。图3.1-4为门斗的布置。

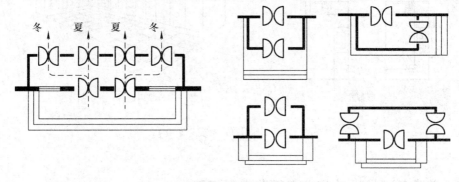

图 3.1-4　门斗的布置

723. 走道的设计应考虑哪些主要问题？

走道宽度的确定应按建筑物的耐火等级、层数和使用人数、安全疏散和空间感受等因素综合考虑。

一般情况下，走道宽度是根据人体尺度及人体活动所需空间尺寸确定，单股人流走道净宽为900mm，双股人流净宽为1100～1200mm，三股人流净宽为1500～1800mm。表3.1-3为学校、商店、办公楼等公共建筑疏散外门、楼梯、走道各自疏散宽度指标。安全疏散走道的宽度不应小于1100mm。

表 3.1-3　门、走道和楼梯的宽度指标

宽度指标（m/100 人） 层数	耐火等级 一、二级	三级	四级
一、二层	0.65	0.75	1.00
三层	0.75	1.00	
四层	1.00	1.25	

注：1. 每层疏散楼梯的总宽度应按本表规定计算。当每层人数不等时，其总宽度可以分层计算，下层楼梯的总宽度按其上层人数最多一层的人数计算。

2. 每层疏散门和走廊总宽度应按本表计算。

3. 底层外门的总宽度应按该层或该层以上人数最多的一层人数计算。

　　走道的长度是根据建筑平面房间的实际需要确定的，应符合防火安全疏散的要求。按走道与楼梯及建筑对外出入口相对位置的不同划分成袋形走道及位于两个对外出口之间的走道，见表 3.1-4。

表 3.1-4　房间门至外部出口或封闭楼梯间的最大距离　　　（m）

名　　称	位于两个外出口或楼梯间之间的房间[①]			位于袋形走道两侧或尽端的房间[②]		
	耐火等级			耐火等级		
	一、二级	三级	四级	一、二级	三级	四级
托儿所、幼儿园	25	20		20	15	
医院、疗养院	35	30		20	15	
学校	35	30		22	20	
其他民用建筑	40	35	25	22	20	15

①　非封闭楼梯间时，按本表减少 5m；
②　非封闭楼梯间时，按本表减少 2m。

724. 楼梯的形式有哪些？

　　楼梯按使用性质分为主要楼梯、次要楼梯和消防楼梯。主要楼梯设在门厅内明显的位置，或靠近门厅处；次要楼梯常设在次要入口附近。当建筑物内楼梯数量与位置未能满足防火疏散要求时，常在建筑物的端部设室外开敞式疏散楼梯。

　　楼梯的形式有直跑式、双跑式、双分式、双合式、转角式、三跑式、四跑式、八角式、螺旋式、曲线形、剪刀式和交叉式等。图 3.1-5 为各种楼梯形式。

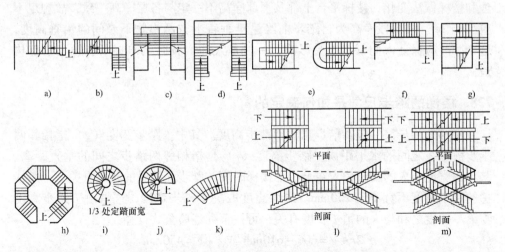

图 3.1-5　各种楼梯形式

　　a) 直跑式　b) 转角式　c) 双分式　d) 双合式　e) 双跑式　f) 三跑式　g) 四跑式
　　h) 八角式　i) 圆形　j) 螺旋式　k) 弧线形　l) 剪刀式　m) 交叉式

725. 楼梯的坡度是如何确定的?

楼梯的坡度是指楼梯段的坡度。它的表示方法有两种:一种是用斜面和水平面所夹角度表示;另一种表示方法是斜面的垂直投影高度与斜面的水平投影长度之比。楼梯的坡度一般为20°~40°。坡度小于20°时,采用坡道形式。坡度大于45°时,必须用手扶持扶手,这种楼梯通常叫爬梯。

726. 楼梯的宽度是如何确定的?

楼梯的宽度包括楼梯段的宽度和平台宽度。供日常交通用的楼梯,楼梯段净宽应根据建筑物使用特征,一般按每股人流宽为0.55m+0~0.15m的人流股数确定,并不应少于两股人流。楼梯梯段净宽在防火规范中按一股人流宽度为0.55m计,两股人流1.10m为疏散楼梯的最小净宽。楼梯梯段改变方向时,平台扶手处的最小宽度不应小于梯段净宽。为了搬运大件物品,有时还要加大平台的宽度。

楼梯梯段或平台的净宽,是指扶手中心线间的水平距离或墙面至扶手中心线的水平距离。有儿童经常使用的楼梯井净宽大于200mm时,必须采取安全措施。

727. 楼梯的净空高度是如何确定的?

楼梯的净空高度包括楼梯段的净高和平台过道处的净高。楼梯平台上部及下部过道处的净高不应小于2m。楼梯梯段净高不应小于2.20m。由于建筑空间处理和楼梯做法变化,楼梯平台上部及下部净高不一定与各层净高一致,故规定不应小于2m。楼梯段净高为自踏步前缘量至垂直上方凸出物下缘间的铅垂高度,这个净高应保证人们行走不受影响,一般是人的上肢向上伸直不能触及上部构造。

728. 楼梯的踏步尺寸是如何确定的?

楼梯的踏步尺寸包括踏步宽度和踏步高度。其中,踏步宽度(g)指相邻两踏步前缘线之间的水平距离。踏步高度(r)是指相邻两踏步之间的垂直距离。踏步面宽度与人的脚长和人在上、下楼梯时脚与踏步面接触的状态有关。一般楼梯的踏步宽度不宜小于250mm。踢面高度取决于踏步宽度,这是由于踏步高度与踏步宽度之和与人的踏步长度有关,可按下列经验公式计算:

$$2r + g = 600 \sim 610\text{mm} \text{ 或 } r + g = 450\text{mm}$$

729. 室内楼梯的扶手高度是如何确定的?

室内楼梯的扶手高度自踏步前缘线量起不宜小于900mm,靠楼梯井一侧水平扶手超过500mm时，其高度不应小于1m。儿童使用的楼梯扶手不能降低时，可采取在适当高度加一道扶手的做法。

730. 什么是建筑平面的组合设计？

建筑平面组合设计是将建筑物的单一房间平面通过一定的形式连接成一个整体建筑的过程。每一幢建筑物都是由若干房间组合而成。建筑平面组合涉及的因素很多，如基地环境、使用功能、建筑技术、建筑美观、经济条件等。进行组合设计时，必须在熟悉各组成部分的基础上，综合分析各种制约因素，分清主次，不断调整修改设计方案，使平面组合趋于完善。

建筑平面组合是在水平方向上确定建筑物内外空间关系，并进而构想建筑外部造型效果。因此，可以借助立体草图的方法，考虑建筑物在三度空间中可能出现的空间组合及其外部形象。

731. 影响建筑平面组合的因素主要有哪些？

（1）使用功能　一幢建筑物的合理性在很大程度上取决于各种房间按功能要求的组合。如教学楼设计中，如果教室、办公室之间的相互关系及走道、门厅、楼梯的布置不合理，就会造成人流交叉、使用不便。因此，满足使用功能是平面组合设计的核心问题。

（2）功能分区　功能分区是将建筑物若干部分按不同的功能要求进行分类，并根据它们之间的密切程度加以划分，使之分区明确，联系方便。在分析功能关系时，常借助于功能分析图来形象地表示各类建筑的功能关系及联系顺序。

（3）流线组织　流线可分为人流及货流两类。流线组织合理与否，直接影响平面组合是否紧凑、合理，平面利用是否经济等。所谓流线组织明确，即各种流线简捷、通畅，不迂回逆行，尽量避免相互交叉。如展览馆建筑，各展室常常是按人流参观路线的顺序连贯起来。

（4）结构类型　平面组合在考虑满足使用功能要求的前提下，应选择经济合理的结构方案，并使平面组合与结构布置协调一致。

（5）设备管线　民用建筑中的设备管线主要包括给水、排水、采暖、空气调节以及电气照明、通信等所需的设备管线。在进行平面组合时，应考虑设备的位置，恰当地布置相应的房间，如厕所、盥洗间、配电房、空调机房、水泵房等。

（6）建筑造型　建筑平面组合除受到使用功能、结构类型、设备管线的影响外，不同建筑的外部空间特征也会影响到平面布局及平面形状。一般说来，简洁、完整的建筑造型无论对缩短内部交通流线，还是对于结构简化、节约用地、降低造价以及提高抗震性能等都是极为有利的。

732. 建筑平面组合设计时房间的主次关系应如何考虑?

按房间的使用性质及重要性，明确建筑物的主要使用房间和次要使用房间，以及它们的相互关系。如居住建筑中的起居室是主要房间，厨房、厕所、贮藏室是次要使用房间。

平面组合中，一般是将主要使用房间布置在朝向较好的位置，靠近主要出入口，并有良好的采光通风条件，次要使用房间可布置在条件较差的位置。图 3.1-6、图 3.1-7 分别表示居住建筑、商业建筑房间的主次关系。

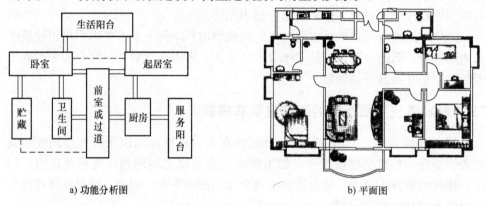

a) 功能分析图　　　　　　　　　b) 平面图

图 3.1-6　住宅单元的功能分析图

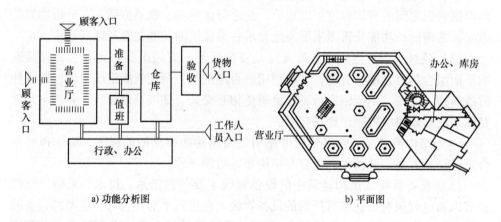

a) 功能分析图　　　　　　　　　b) 平面图

图 3.1-7　商业建筑的功能分析图

733. 建筑平面组合设计时房间的内外关系应如何考虑?

各类建筑的组成房间中，有的对外联系密切，直接为公众服务；有的仅供内部使用，相对封闭。如办公楼中的接待室、传达室是对外的，而各种办公室是对内的；影剧院的观众厅、售票房、休息厅、公共厕所是对外的，而办公室、管理室、贮藏室是对内的。平面组合时应妥善处理功能分区的内外关系，一般是将对外联系密切的房间布置在交通枢纽附近，位置明显，便于直接对外，而将对内性强的房间布置在较隐蔽的位置。

734. 建筑平面组合设计时房间的联系与分隔应如何考虑？

在分析功能关系时，常根据房间使用性质的特征进行功能分区，如"闹"与"静"、"洁"与"污"等方面的相互关系，使其既有分隔而互不干扰，又有适当的联系。如教学楼中的普通教室和音乐教室同属教学场所，它们之间联系密切，但为防止声音干扰又需要适当隔开；教室与办公室之间要求方便联系，但为了避免学生影响教师的工作也需适当隔开。因此，教学楼平面组合设计中，对以上三个不同要求部分的联系与分隔处理，是解决功能合理性的重要问题。

735. 民用建筑常用的结构类型——混合结构体系有什么特点？

混合结构房屋一般是指楼盖和屋盖采用钢筋混凝土或钢、木结构，而墙、柱和基础采用砌体结构建造的房屋。这种结构形式的优点是构造简单、造价较低，其缺点是砌体的抗压强度高而抗拉强度很低，适用于房间开间和进深尺寸较小、层数不多的中小型民用建筑，如住宅、中小学校、医院及办公楼等。

混合结构根据受力方式可分为横墙承重、纵墙承重、纵横墙承重三种方式。

736. 民用建筑常用的结构类型——框架结构体系有什么特点？

框架结构是由梁和柱刚接或者铰接而成的能承受垂直和水平荷载的平面结构或空间结构。它同时承受竖向荷载和水平荷载。其主要优点是建筑平面布置灵活，可形成较大的建筑空间，建筑立面处理也比较方便；主要缺点是侧向刚度较小，当层数较多时，会产生过大的侧移，易引起非结构性构件（如隔墙、装饰等）破坏，而影响使用。在非地震区，框架结构一般不超过15层。

737. 民用建筑常用的结构类型——剪力墙体系有什么特点？

剪力墙体系是利用建筑物的墙体（内墙和外墙）做成剪力墙来抵抗水平力。剪力墙一般为钢筋混凝土墙，厚度不小于140mm。剪力墙的间距一般为3～8m，适用于小开间的住宅和旅馆等。一般在30m高度范围内都适用。剪力墙结构的优点是侧向刚度大，水平荷载作用下侧移小；缺点是剪力墙的间距小，结构建筑平面布置不灵活，不适用于大空间的公共建筑，另外结构自重也较大。

因为剪力墙既承受垂直荷载，也承受水平荷载，对高层建筑主要荷载为水平荷载，墙体既受剪又受弯，所以称剪力墙。

剪力墙按受力特点又分为两种：

（1）整体墙和小开口整体墙 没有门窗洞口及洞口较小可以忽略其影响的墙称为整体墙，门窗洞口稍大一点的墙，可称为小开口整体墙。

（2）双肢剪力墙和多肢剪力墙 开一排较大洞口的剪力墙叫双肢剪力墙。开多排较大洞口的剪力墙叫多肢剪力墙。由于洞口开得较大，截面的整体性已经破坏。

738. 民用建筑常用的结构类型——框架-剪力墙结构有什么特点？

框架-剪力墙结构是在框架结构中设置适当剪力墙的结构。它具有框架结构平面布置灵活，有较大空间的优点，又具有侧向刚度较大的优点。框架-剪力墙结构，剪力墙主要承受水平荷载，竖向荷载主要由框架承担。框架-剪力墙结构一般宜用于 10~20 层的建筑。

横向剪力墙宜均匀对称布置在建筑物端部附近、平面形状变化处。纵向剪力墙宜布置在房屋两端附近。在水平荷载的作用下，剪力墙好比固定于基础上的悬臂梁，其变形为弯曲型变形，框架为剪切型变形。

739. 民用建筑常用的结构类型——空间结构有什么特点？

随着建筑技术、建筑材料和结构理论的进步。新型高效的建筑结构技术有了飞速的发展，出现了各种大跨度的新型空间结构，如壳体、悬索、网架、悬挑、索网等结构形式。这类结构不但受力合理，为解决大跨度的公共建筑提供了有利条件，而且建筑造型新颖，具有强烈的视觉震撼力和良好的城市景观形象。

740. 民用建筑常用建筑平面组合的形式主要有哪几种？

（1）走廊式组合 走廊式组合是利用走廊将房间连接起来，各房间沿走廊一侧或两侧布置。这种组合方式使各房间使用上保持独立性，而各房间又通过走廊联系在一起。走廊两侧布置房间的称为中间走廊式，走廊一侧布置房间的称为单面走廊式。这种组合方式常用于教学楼、办公楼、医院、旅馆、宿舍等建筑。

（2）套间式组合 套间式组合是将各使用房间穿套，穿套原则按使用上的流线要求而定。这种组合方式使各房间的使用顺序和连续性较强，各房间不需单独分隔，将使用面积和交通面积合为一体，但应该组织好人流路线，避免人流交叉。图 3.1-8 为某展览馆平面布置。这种组合常用于展览馆、纪念馆等。

（3）大厅式组合 大厅式组合是以一个大厅为主体，其余各房间均围绕大厅布置。其特点是大厅空间大，人流集中，视听要求高，需人工照明，其他房间面积小，便于自然采光通风，并提供辅助服务。图 3.1-9 为大厅式组合平面图。这种组合常用于体育馆、影剧院等。

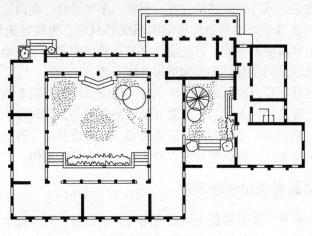

图 3.1-8 某展览馆平面

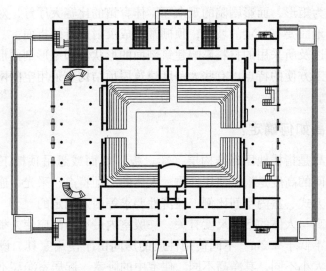

图 3.1-9 大厅式组合平面图

（4）单元式组合 单元就是将关系密切的房间组合在一起，成为一个相对独立的整体。其特点是功能分区明确，单元之间有独立性，布置灵活。这种组合方式常在住宅、托幼所、学校建筑中使用。

（5）混合式组合 由于功能上的要求，在建筑平面组合设计中往往是多种组合共存于一幢建筑中，这种组合称为混合式组合。

741. 为什么建筑平面组合前应先做好总平面设计?

任何一幢建筑物或一建筑群的位置、形状、平面组合、朝向、出入口的布置及建筑造型等都必然受到地基条件和周围环境的制约。为使建筑既满足使用要求，又能与基地环境协调一致，首先应结合城市规划的要求、场地的地形地质条件、朝向、绿化以及周围建筑等因素进行总体布置。

总平面设计首先要分析基地的交通条件。保证基地对外联系的顺畅便捷，合理地处理与周边环境的关系。总平面功能分区是将各部分建筑按不同的功能要求进行分类，将性质相同、功能相近、联系密切、对环境要求一致的部分划分在一起，组成不同的功能区，各区相对独立并成为一个有机的整体。

742. 房间的剖面形状如何确定?

房间的剖面形状主要是根据房间的使用要求确定的，同时也要考虑结构、材料、施工、采光通风、空间的艺术效果等因素的影响。

不同用途的房间，剖面形状相差较大。如住宅的居室、学校的教室、办公室等剖面形状多为矩形，而影剧院的观众厅、体育馆的比赛大厅等，对剖面形状有特殊要求，如地面要有一定的坡度，顶棚常做成反射声音的折面。

结构形式以及所采用的材料影响建筑剖面的形状。如矩形剖面形式具有结构布置简单、施工方便的特点。有些大跨度建筑屋顶结构多采用空间网架，形成特殊的剖面形状。

743. 房间净高如何确定?

房间的净高是指楼地面到结构层（梁、板）底面或悬吊顶棚下表面之间的垂直距离。房间的高度是根据使用性质、人体的活动特点、采光、通风、结构层的高度、构造方式、室内空间比例、经济性要求等因素确定的。

房间的净高与人体的活动尺度有关，一般室内最小净高应使人举手接触不到顶棚为宜，应不低于 2.2m。不同使用性质的房间由于使用家具、设备、人数不同，房间面积大小不同，其净高不同。住宅中的卧室、起居室净高不小于 2.4m，层高在 2.8m 左右；中学教室的净高一般取 3.4m 左右，层高在 3.6~3.9m 之间。

房间中光线的照射深度，主要靠侧窗的高度来解决。进深大的房间，为满足采光要求，常提高侧窗的上沿高度，则使其房间的高度增加。

744. 房间层高如何确定?

层高是指该层楼楼面到上一层楼面之间的垂直距离。

结构层的高度影响房间的层高。结构层高度指楼板、屋面板、梁和各种屋架占的高度。结构层越大层高越大，但净空相对越小。

745. 窗台高度如何确定？

窗台高度的确定主要是依据房间的使用要求、靠窗家具或设备的高度、人体尺度确定的，如靠窗台的家具（写字台）高度一般为 800mm。为保证光线充足，常将窗台高度定为 900 ~ 1000mm；幼儿园建筑结合儿童高度，窗台高度常设为 700mm；展览建筑中的展室，为沿墙布置展板，避免眩光，常设高窗。

746. 室内外地面高差如何确定？

为了防止室外雨水流入室内及室内防潮要求，底层室内地面应高于室外地面。室内外高差不低于 150mm，常取 450 ~ 600mm。

747. 建筑层数如何确定？

建筑层数的确定应依据建筑使用性质、基地环境、城市规划、结构类型、建筑防火、经济条件等要求。

（1）建筑使用性质 不同用途的建筑，对层数的要求不同。如幼儿园建筑，为保证幼儿活动安全方便，层数不超过 3 层；小学和中学教学楼分别不超过 4 层与 5 层。对于住宅、办公楼、旅馆等建筑采用多层或高层。

（2）结构、材料和施工的要求 建筑物建造时使用的结构类型和材料不同，层数也不同。如：砖混结构常用于 6、7 层以下的住宅、中小学教学楼等；钢筋混凝土框架剪力墙结构、筒体结构常用于多层或高层建筑；空间结构常用于单层、低层的大跨度建筑，如体育馆、影剧院等。

（3）防火要求 建筑层数应根据建筑的性质和耐火等级来确定。当耐火等级为一、二级时，层数不受限制；为三级时，最多允许建 5 层；为四级时，允许建 2 层。

748. 建筑剖面空间组合设计的原则是什么？

（1）依据使用要求组合 建筑设计中，房间所在的层数应依据使用要求确定。对于有较重设备的房间、人员出入较多的房间设置在底层；对外联系少、人员少、要求安静、无重设备的房间可放在上部。此外，根据各使用房间之间的联系密疏情况考虑是否布置在同一层。

（2）依据房间各部分高度组合 合理调整和组织不同高度的空间组合，使建筑各部分房间在垂直方向上协调统一。对高度相同或相近的房间组合在同一层。如教学楼中的普通教室和实验室组合在同一层。对高度相差较大的房间可根据各个房间实际需要的高度组合成不同等高的剖面形式。

749. 建筑剖面空间组合设计的形式有哪几种？

（1）单层的组合形式 当人流、货流进出较多，多采用单层的组合形式，如车站、影剧院等。

（2）多层和高层组合 根据节约用地、城市规划布局及使用要求，建筑设计中多采用多层或高层的组合形式。这种组合交通联系紧凑，垂直方向通过楼梯将各层联成一体。

（3）错层的组合形式 由于地形条件限制或使用要求不同，使建筑物内部出现高低差时，可采用错层组合方式。在衔接处设置的高差可采用踏步、楼梯、室外台阶等方式处理。

750. 建筑体型和立面设计有哪些要求？

（1）体型和立面特征要反映建筑功能要求 建筑的外部体型和立面设计应正确地反映建筑的功能特征。如影剧院建筑在体型上常以高耸封闭的舞台部分和宽广的休息厅形成对比；商业建筑常在底层设置大片玻璃面的陈列橱窗和大量人流明显的出入口。

（2）要结合材料、结构形式和施工特点 结构形式、材料性能、施工方法的不同，建筑会产生不同的外部形象。在设计中应将结构体系与建筑造型有机地结合起来，使建筑造型体现建筑结构的特点。如砖混结构，由于墙是承重构件，窗间墙要有一定宽度，因此具有稳定、朴实的外观；框架结构，因墙不承重，有条件开设大面积窗户，常用带状窗，因此具有轻巧、明快的外观。材料和施工技术对建筑体型和立面也具有一定的影响，如清水墙、混水墙、贴面砖墙、玻璃幕墙等给人以不同的感受。

（3）适应基地环境和规划的总体要求 单体建筑的形象应与周围的建筑及环境保持有机的联系，互相衬托，达到美化环境的目的。同时也要满足城市整体规划的要求。如风景区的建筑，应结合地形的起伏变化，使建筑高低错落、层次分明，与环境融为一体；在山区往往采用错层布置，产生多变的体型；在南方为满足通风要求，常采用遮阳板及透空花格，形成独特的建筑形象。

（4）符合建筑美学原则 建筑造型设计中的美学原则，是指建筑构图中的一些基本规律，如尺度、比例、均衡、统一、韵律、对比、变化等，综合运用这些规律来创造美好的建筑形象。

751. 建筑体型有哪些组合方式？

建筑体型基本上可归纳为单一体型和组合体型两大类。

单一体型是指整幢房屋基本上是一个比较完整的、简单的几何形体。平面形式多采用正方形、圆形、三角形、多边形、风车形、Y形等。这种组合给人留下完整、简洁、大方、轮廓明确的印象。

组合体型是由若干个简单体型组合在一起的体型。组合方式主要有对称体型和非对称体型两类。对称体型具有明确的中轴线，组合体的主从关系明确，出入口通常设在中轴线上，这种组合体给人以庄重严谨、匀称和稳定的感觉，如一些纪念性建筑、行政办公建筑通常采用对称体型。非对称体型没有明显的中轴线，体型组合灵活自由，与功能结合紧密，可以把不同规格的房间组合在一起，这种组合给人留下生动、活泼的印象。图 3.1-10 为组合体型的各种形式。

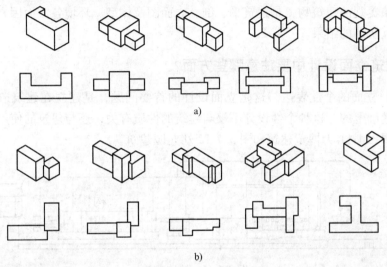

图 3.1-10　组合体型的各种形式

752. 建筑体型组合的基本要求是什么？

（1）比例适当、整体匀称　组合体型各部分之间的比例适当、整体匀称是建筑组合体型设计的基本要求。由于非对称体型需要在不对称的情况下达到此要求，组合时需要花更多的工夫。

（2）主次分明、交接明确　建筑体型的组合应按功能的要求，分为主要部分和附属部分。应处理好相互关系，使主次明确、交接清楚。组合体之间的连接要明确、自然，不能模糊不清。

753. 建筑的立面设计主要有哪些内容？

建筑立面是建筑物各个墙面的外部形象。立面设计要结合建筑内部空间、使用要求进行设计。建筑立面主要由墙面、外露梁柱、门窗、阳台、外廊、檐口、勒脚、台阶、花饰等组成。立面设计的任务是合理确定立面各组成部分的形状、色彩、比例关系、材料质感等，运用节奏、韵律、虚实对比等构图规律设计出完整、美观、反映时代特征的立面。

754. 建筑立面设计的步骤有哪些？

建筑立面设计的步骤是首先初步确定建筑平面、剖面关系，描绘出各个立面的轮廓，然后分析立面上各部分总的比例关系，如墙面、门窗的处理，最后对重点部位进行细部处理，如建筑入口、门廊、装饰等处理。

形象美观的建筑物，是建筑平、剖、立面图及体型、环境各方面因素有机结合、相互协调的结果。

755. 建筑立面设计中要注意哪些方面？

（1）立面的个性表达 这是立面设计的首要问题，是建立在建筑造型个性设计的基础上的。这种个性设计不仅与建筑的性质有关，还与建筑的使用对象有关。见图3.1-11为博览建筑和图3.1-12幼儿园建筑。

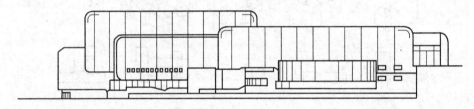

图 3.1-11 博览建筑

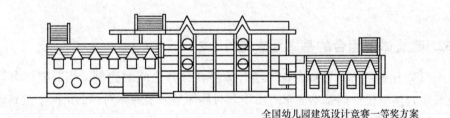

全国幼儿园建筑设计竞赛一等奖方案

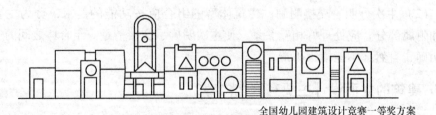

全国幼儿园建筑设计竞赛一等奖方案

图 3.1-12 幼儿园建筑

（2）立面的比例尺度处理　立面设计中合适的比例关系是立面设计成功的先决条件。恰当的尺度能反映出建筑的真实情况。

（3）立面虚实处理　建筑立面的虚实对比，经常利用墙面的凸凹起伏及实墙与洞口的比例来实现。如凸出的阳台、雨篷、柱子、挑檐，凹进的门洞、门廊等，形成强烈的明暗关系、虚实感觉，如图 3.1-13 所示。

（4）墙面划分处理　立面设计中通过构件或门窗等有规律地排列和变化，将墙面作不同方向的划分，体现出建筑的不同韵律和节奏。竖向划分建筑立面给人以挺拔、高耸、向上的气氛；横向划分建筑立面给人以亲切、舒展、轻快的感觉。在立面上同时采用横向与竖向两种划分手法称为混合划分。

（5）材料质感和色彩搭配　色彩和质感都是材料的某种属性，合理地选择和搭配材料的质感和色彩，使建筑立面更加丰富多彩。浅色使人感到清晰、宁静，暖色使人感到热烈兴奋。光滑的表面使人感到轻巧，粗糙的表面使人感到厚重。

图 3.1-13　立面虚实处理

（6）立面重点部位的细部处理　在立面处理中，对重点部位进行细部处理，可以对建筑立面形象起到画龙点睛的作用。如建筑物的主要出入口、台阶、檐口、窗洞、阳台、勒脚、雨篷等。

756. 什么是绿色建筑？

所谓绿色建筑，是一种象征，象征着节能的、环保的、健康的、高效的人居环境，它是现代建筑为满足人类生存与发展要求的必然产物。绿色建筑基于建筑必须考虑与外部环境的协调、共生，必须基于建筑与环境的整体系统观，充分考虑环境与建筑之间的关系，以尊重生态、尊重环境为基本出发点，结合生态设计原理创造出理想的人居环境。绿色建筑是以人、建筑和自然环境的协调发展为目标，在利用天然条件和人工手段创造良好、健康的居住环境的同时，尽可能地控制和减少对自然环境的使用和破坏，充分体现向大自然的索取和回报之间的平衡。

757. 绿色建筑有哪些特征?

绿色建筑有以下三大特征:

第一,尽可能节约对自然环境的占用,如对木材、水和土地资源的节约等。在建筑中采用节水型抽水马桶、无渗漏的水龙头及回收洗衣水等,这些都是绿色建筑的重要内容,日本对建筑物采取分质供水(优质水供饮用,中质水为生活用水,劣质水供冲厕)和水的循环再生利用。

第二,尽可能充分利用各种自然资源,如风能、太阳能等。采用大面积的玻璃墙体和明厅、明卧、明卫、明厨的设计以增加采光,采用节能灯具、节能电器能节省大量电能。新型保温隔热、蓄热功能墙体能够减少夏季空调及冬季取暖设备的开放时间。太阳能热水、太阳能发电、风能发电的采用,都是充分利用自然资源的好方法。

第三,尽可能减少对自然生态平衡的影响,坚持人、建筑与环境的共生。在建筑材料中尽可能地采用无环境污染、可再生、可循环利用的材料,在建筑工程中采用降低对环境影响的施工方法,对建筑与生活垃圾进行分类回收及无害化处理,研究对解体材料的再利用等。

758. 什么是绿色建筑的能源观——节能与环保?

据统计,全球能量的 50% 消耗于建筑物的建造和使用过程。为了减少对不可再生资源的消耗,绿色建筑主张调整或改变现行的设计观念和方式,使建筑由高能耗方式向低能耗方式转化,依靠技能技术提高能源使用效率和开发新能源,使建筑逐步摆脱对传统能源的过分依赖。

专家指出:在自然环境总体污染中,与建筑业有关的环境污染所占比例为 34%,包括空气污染、光污染和电磁污染等。因此,绿色建筑设计必须深入到整个建筑生命周期之中,考察、评估建筑能耗状况及其对环境的影响,建立全面的能源观。

首先必须研制新型保温材料,提高建筑热环境性能。如在建筑物的内外表面或外层结构的空气层中,采用高效热反射材料,可将大部分红外射线反射回去,从而对建筑物起保温隔热作用。目前,美国已大规模生产热反射膜。此外,还可运用高效节能玻璃。

其次,研制再生能源如太阳能、核能、风力和水力的利用。

759. 什么是绿色建筑的设计观——建筑与气候?

绿色建筑根据地区气候的特点以及它和建筑的关系进行设计。即根据当地特征,运用建筑物理的原理,合理选取和安排各种建筑因素,不仅有效地增强建筑自身的调节能力，而且是按人体的舒适要求和气候条件进行建筑设计的系统方法。

因此，从绿色建筑的设计观来看，大自然是主要的供给者，而辅助设备属于其次。大部分的照明可以由太阳光提供，制冷由流动的空气产生，采暖可以从人体以及办公设备中获得，这些资源还可以通过其他自然方式补充，如太阳能加热，以风压和太阳照射产生的压力差产生自然通风，以水的蒸发产生制冷。

地方气候特点的设计是一种可以在任何技术层次上使用的方法，因为在绿色建筑中，气候所包含的各种因素是当做资源来考虑的。充分利用气候资源，提高其利用率，是考虑地方气候特点的设计的本质，如果将其原理与未来智能技术、信息技术、自动控制技术以及其他节能技术结合在一起，可构成丰富多彩的未来绿色建筑。

760. 什么是绿色建筑的技术观——技术与形式？

绿色建筑是能源与环境相互作用、智能的、可调节的系统。因此，它要求建筑外层的材料和结构，一方面作为能源转换的界面，需要收集、转换自然能源，并且防止能源的流失；另一方面，外层必须具备调节气候的能力，以消除、减缓甚至改变气候的波动，使室内气候趋于稳定。为此，环保节能型材料是绿色建筑所必需的。必须对现有建筑材料和技术进行环保评估、节能评估，提出技术改良、更新措施，使之符合环保、节能的要求。

随着信息技术、自动化技术、新能源技术、新材料技术日益成熟，这些高新技术在绿色建筑中将得到广泛的运用。如在混凝土中预先埋设光导纤维，可以随时监视构件在荷载作用下的受力状况；建筑物表面材料通过多功能的组织进行呼吸，可净化建筑物内部的空气，并降低温度；形状记忆合金材料，可用于百叶窗的调整或空调系统风口的开闭，自动调节太阳光；建筑物表面的太阳能电池，可提供采暖和照明所需要的能源等。

再者，绿色建筑的形式必须利于能源的收集。建筑的外层将不再是"内部"与"外部"的分界线，而将逐步成为一种具有多种功能的界面。随着高新技术的发展，建筑业将最大限度地吸收各种先进技术，创造出能更适合人类生活、与大自然高度和谐的高科技（智能化）建筑环境。

761. 什么是绿色建筑设计理念？

绿色建筑设计是在建筑的整个生命周期内，以生态学为基础，以人与自然的综合进化为目标并优先考虑建筑的环境属性。绿色建筑设计时间跨度范围大，涵盖范围广，在进行绿色设计时不仅要考虑到建造、使用等问题，还要考虑到建筑废弃后的再利用或处理问题。

绿色建筑可以从 Reduce，Reuse，Reunite，Recycle（简称4R）来理解。

Reduce 有三个层次的含义，即节能、节省以及减少对环境的影响。

Reuse 即建筑的再利用。

Reunite 即建筑材料的再结合。

Recycle 即建筑材料的循环利用。

762. Reduce 三个层次的具体含义是什么？

（1）节能 在全球的能源消耗中，45%用于满足建筑的取暖、制冷和采光，5%用于建筑物的建造过程。因此，如果通过绿色设计降低建筑的能耗，就能减少全球的能耗，对整个生态系统的稳定有很大的作用。

从宏观上来说，应模仿和利用自然生态系统。大自然是主要的能源供给者，像太阳能、地热、水能、风能、潮汐能、生物质能等，应该很好加以利用。例如，英国推出一套既节约能源又有益环保的建筑系统，其制冷系统使用无氟氯烃作介质，冬天利用太阳能取暖，燃气炉作辅助系统；制冷系统采用水作制冷剂；从微观上来说，一是仿制生物体，可以对某些生物的结构进行研究、实验，创造具有新的特性和结构的环保节能型建筑材料。二是进行高技术新型材料的研究。如日本三洋公司推出的可利用太阳能发电的玻璃窗等。

同时还需考虑材料在生产过程中所消耗的能源。

（2）节省 即减少建筑结构系统的要素，通过精简优化组合达到改善建筑性能、节省材料的目的。例如，R. B. 富勒发明的张力杆穹窿，被称作迄今人类最强最轻最高的围合空间的手段，他对有限的物质资源进行充分、适宜的设计，满足了人类的长远需要，他的名言"少费多用"就很能说明这一点。

（3）减少对环境的影响 建筑物在建造、使用过程中产生的大量的废弃物，应采用集中回收处理的方法，以生物技术进行分解降解。在建筑形式方面应根据当地情况采取相应措施，如英国建筑师阿瑟·夸比于1969年建造的房屋镶嵌在坡地之中，四周以绿化坡地掩蔽的掩土建筑——山下别墅，使建筑与环境融为一体，并在节能、生态各方面寻求回归自然的一种成功尝试。另外，有许多建筑材料也会对环境产生不利影响，如新的加气混凝土会散发氡气等。

763. Reuse 的含义是什么？

Reuse 即建筑的再利用。可以减少不必要的投资和资源消耗，以及由于建造新建筑和拆除旧建筑所造成的环境污染。

764. Reunite 的含义是什么？

Reunite 即建筑材料的再结合。

建筑材料的再结合是对旧建筑解体后所产生的大量建筑垃圾和旧建材，我们应对其重新利用，进行分门别类地收集，集中处理，在建造新的建筑时，使其能够再次发挥作用，这样就不会为新建和生产新的建筑材料而消耗更多的自然资源，并减少环境污染。

我国每年生产建材耗能占全国总能耗的 25%，废气排放量 10965 亿 m^3，废水排放量为 355 亿 t，生产粘土砖每年要破坏土地 2 亿 m^3，这些数字是触目惊心的。我国作为一个发展中国家，一定程度上说，减少浪费、降低消耗就等于创造了价值。

765. Recycle 的含义是什么？

Recycle 即建筑材料的循环利用。

建筑材料的循环利用是按照生态学观点，在一个生态系统中，物质总是不断循环重复使用的，因此在绿色建筑中应体现循环使用，仿效自然生态系统内部的循环机制，使"建筑原料—建筑—建筑废料"循环不断，并加强循环中废气、废水、废渣的综合利用和技术开发，变废为宝。

总之，21 世纪绿色建筑将成为人类运用科技手段寻求与自然和谐共存、可持续发展的理想建筑模式。

766. 什么是生态建筑？

所谓生态建筑，是根据当地的自然生态环境，运用生态学、建筑技术科学的基本原理和现代科学技术手段等，合理安排并组织建筑与其他相关因素之间的关系，使建筑和环境之间成为一个有机的结合体，同时具有良好的室内气候条件和较强的生物气候调节能力，以满足人们居住生活的环境舒适，使人、建筑与自然生态环境之间形成一个良性的循环系统。

767. 生态建筑有哪些特点？

生态建筑具有节地、节水、节能、改善生态环境、减少环境污染、延长建筑物寿命等诸多特点，可以使经济效益、环境效益、社会效益得到较好的统一。

生态建筑将人类社会与自然界之间的平衡互动作为发展的基点，将人作为自然的一员来认识和界定自己及其人为环境在世界中的位置。

在科学研究的意义上，生态建筑依赖于许多相关技术的最新发展以及根据具体条件而对这些技术的最佳搭配，或称研究性技术组合。当然，无论使用何种技术，生态建筑总是立足于对资源的节约（reduce）、再利用（reuse）、循环生产（recycle）等几个方面的。

768. 什么是生态建筑的设计？

生态建筑的实现，首先依赖于成功的生态环境设计。只有我们生存的环境实现了生态化，达到了生态环境设计的要求，生态建筑的实现才有可能；

如何实现生态建筑，目前较为公认的基本原则为 3R 原则，即 Reduce（减少不利）、Reuse（重复使用）和 Recycle（循环使用）。Reduce 即尽量减少各种对人体和环境不利的影响；Reuse 即尽量重复使用一切资源或材料；Recycle 即充分利用经过处理能循环使用的资源与材料。

上述三项原则既能单独运用，也能综合使用，还可以结合传统建筑中的地形、气候等优秀经验综合运用。加拿大不列颠哥伦比亚大学内的亚洲研究院办公楼在这方面进行了大量尝试。该建筑尽量使天然光成为主要的光线来源。所有的灯具均有自动控制装置，由此可节约大量电能。尽量组织自然通风，窗户均能开启，中庭上部的小风扇则能帮助加速内外空气的流通。在选择材料时，尽量考虑选用内含能量较少的材料，屋顶上还设有太阳能弯曲锌板，待太阳能利用技术成熟，即可采用，从而从根本上解决使用不可再生能源的问题。

为了减少对环境的不利影响，整栋大楼的盥洗室采用相对集中的布置方式。盥洗室内的排泄物则通过不锈钢管滑落在垃圾箱，固体排泄物在一种红色虫的作用下，其体积将缩小到原来的 5% 左右，大大减少了对城市基础设施的压力。至于盥洗室中产生的腐殖质与混合肥料（主要指液体排泄物及污水）都是很理想的园艺肥料。

在材料的重复使用和循环使用方面，该办公楼 50% 左右的材料是重复使用的，同时还有 50% 左右的材料今后还能被重复使用与循环使用。例如，使用的柱与梁就利用了该大学内一座废弃的上世纪 30 年代的军械库的大木梁；外立面上的红砖也重复使用了市区一家建筑的废旧红砖。另外，选用的新材料，亦包含了不少可重复使用和可循环使用的可能性。

769. 绿色建筑与生态建筑有什么区别？

绿色建筑与生态建筑之间既有区别又有联系，一般认为生态建筑的意义更加广泛，因此比较合适的隶属关系应为：绿色建筑属于生态建筑的一种。

绿色建筑强调的节能包括提高能效和能源的综合利用两大部分；它强调的资源和材料的有效利用，包括自然能（如太阳能）的利用，日光、地热的应用以及无公害"绿色，材料的综合利用等。绿色建筑带给住户的将是舒适、良好的空气品质，高工作效率和低运转费用。

生态建筑期望运用生态学原理，通过高科技构建自然通风系统，追求贴近自然，建造出舒适宜人的建筑和生活环境。

生态建筑将古代建筑技术和现代应用技术相结合，采用综合设计的方式，把工程师、建筑师、科学家和居住者的种种考虑和要求结合起来，考虑自然生态和社会生态的需要，注重节省能源，减少污染，降低造价和居住费用，注意居住者对自然空间和人际交往的需求等。

770. 什么是智能建筑？

所谓"智能建筑"，是指综合了计算机、信息通信等方面最先进的技术，使建筑物内的电力、空调、照明、防灾、防盗、运输设备等，实现建筑物综合管理自动化、远程通信和办公自动化的有效运作，并使这三种功能结合起来的建筑。由于智能建筑具有高效、节能、舒适等突出优点，在世界各地迅速发展。

智能建筑的含义是随着科学技术的进步而不断完善的，它之所以至今在国内外尚无统一的定义，其重要原因之一是当今科学技术正处于高速发展阶段，其中很多高科技成果应用于智能建筑，它的内容与形式都在不断变化。

根据我国智能建筑专业委员会的建议，智能建筑是利用系统集成方法，将智能型计算机技术、通信技术、信息技术与建筑技术有机结合，通过对设备的自动监控、信息资源的管理和对使用者的信息服务及其与建筑的优化组合，所获得的投资合理、适合信息社会需要并且具有安全、高效、舒适、便利、灵活等特点的建筑物。

771. 美、日等国对智能建筑是如何定义的？

美国智能建筑学会（AIBI）定义"智能建筑"是：将结构、系统、服务和管理等四项基本要求，以及它们之间的内在关系，进行优化组合，来提供一个投资合理、高效、节能、舒适、便利的建筑物。这个定义比较概括而且有些抽象。

日本智能建筑研究会认为，"智能建筑"是指具备现代化信息与通信设备，并采用楼宇自动化技术，具有高度综合管理功能的建筑物。

新加坡规定"智能建筑"必须具备三个条件：一是具有保安、消防与环境控制等先进的自动控制系统，自动调节大楼内温度、湿度、灯光等参数的功能；二是具有良好的通信网络和通信设施，使各种数据能在大楼内进行运输和交换；三是能为客户提供足够的通信设备与良好的服务。

772. 智能建筑有哪些主要功能？

关于智能建筑的功能，着眼点不同，其功能也不尽相同。一是从建筑物内部工作环境方面考虑的功能，二是从居住人员接受服务方面考虑的功能，三是从建筑物设备方面考虑的功能。现从建筑物设备方面加以讨论。为使智能建筑做到舒适、高效、方便、适应、安全和可靠，建筑物应配置必要的机械设备。

773. 智能建筑的 4A 是指什么？

一座完整的智能大厦通常由 BA（建筑自动化）、CA（通讯自动化）、OA（办公自动化）和 SA（安全保卫自动化）组成。

BA（建筑自动化）是智能大厦的必备要素之一，如果没有 BA，就不能称之为智能大厦。它主要是对现代化大厦中的所有机电和能源实现智能化管理。BA 采用计算机软件对大厦的水、电、热力、空调及通气等系统进行检测、控制和管理，以达到舒适、安全、高效和节能的目的。实现 BA 能降低设备损耗，延长设备使用寿命，有效节约能源及减少管理人员，从而为智能大厦的主人创造直接的经济效益。

CA（通信自动化）是指利用电信网络、电视网络、计算机网络提供大厦内外的一切语言和数据通信，并使大厦内各用户之间根据各自需要相互传递信息。

OA（办公自动化）是指利用计算机实现的办公自动化，按照业务需要加上相应软件、应用软件等，来完成文字处理、文档管理、电子票据、电子邮件、电子数据交换（EDI）等基本功能。此外，还应有电子黑板、会议电视等功能。

SA（安全保卫自动化）通常是指利用机电一体化的设备（诸如电子门锁、电视监控、门窗安全防盗系统等），通过各种摄像头或光感探测器将所需讯号进行采集，经过图像处理器和显示系统处理后，通过中央控制系统进行识别，最后实施相应的操作（如对非法入侵采取启动录像、关闭出入口、通知保安人员等措施）。

774. 智能建筑在使用方面必须具有哪些特点？

（1）舒适性　在智能建筑中，空调、照明、背景、音乐及其他环境条件均能达到较佳或最佳状态。

（2）高效性　智能建筑具有高效信息服务功能，提高了办公业务、通信、决策方面的工作效率，节省人力、时间、空间、资源、能耗、费用，提高建筑物所属系统使用管理方面的效率。

（3）适应性　智能建筑对办公组织机构的变通、办公方法和程序的变更以及设备更新等适应性强，对服务设施的变更稳妥迅速，并不妨碍原有系统使用。

（4）安全可靠性　除了要保证生命、财产、建筑物安全外，还要防止信息的泄露和干扰，特别是防止信息、数据被破坏、删除或篡改，以及系统非法或不正确使用。并能尽早发现系统故障，力求影响面最小，如金融证券公司、银行、各企业商务等。

775. 智能建筑在设计时应满足哪些要求？

（1）智能建筑设计的主要目的在于创造一个令人心情愉快、健康、有安全感和工作效率高的舒适环境。因此，智能建筑的建筑环境要遵循都市化、生活化和媒体空间化三个原则。都市化就是建筑物中都市的功能较完善；生活化是指室内设计应体现家庭气氛，使工作人员有亲密感；媒体空间化是指室内设计应体现企业形象，具有宣传作用。就建筑设计本身来说，由于智能建筑的特殊性，因而建筑师要更加重视建筑环境的舒适性、结构的通融性以及空间的开阔性。

（2）室内设计要体现舒适性，还应考虑设备配置、色彩、空气流通、自然采光、盆景、绘画等，满足良好空调环境和视觉环境的要求，同时控制噪声在指标内，并设防静电防尘地毯。

（3）智能建筑由于大量使用计算机、网络通信设备及其他自动化设施，因而对供电、配电、空调、照明、防火、楼层负重提出一系列不同于常规建筑的新要求，如：

1）各种天线（包括高频天线、超高频天线、卫星广播接收天线等）一般安装在群楼顶部或主楼顶部，而且应与建筑物外观相协调。

2）保安室（各种监视、监控）、广播电视室、办公自动化系统控制室、建筑物自动化系统控制室、通信站一般可连在一起或合并成一监控中心，设在一层或地下一层。

3）智能建筑物内部应做成大空间开敞式，办公室照明、空调、消防等设施按照模块化布置，用户可自行分隔，提高建筑面积利用率及今后灵活变通能力。通常把设备和中央控制设备放在中间位置、把需要它服务的办公室设在外层，呈卫星状布置。

4）配线空间复杂，分为垂直方向和水平方向。大量的支干线和分干线是沿水平方向敷设的。由于需要在地板及顶棚布线，要求净高应不少于2.6m。

5）由于办公化设备多，工作人员平均使用面积大，高于一般办公大楼，平均每人 5~10m² 作为一个工作区。

（4）在结构方面，智能建筑由于采用了结构自动监控报警系统、自动化抗震系统等新技术，因而结构上可以更加安全、可靠、经济。一般楼板荷载应以自动化办公设备和通信设备集中放置的情形考虑，按500kg/m² 以上设计。

776. 智能建筑的主要发展趋势是什么？

（1）智能建筑的建设方法论研究 智能大厦的设计和建设是一项系统工程，急需创立方法论。智能大厦既然是一个智能化系统，应当应用系统工程开发方法。如系统分析、系统设计、系统实施及安装调度，以及在系统分析、设计、实施过程中的支持环境等。同时如何深化智能大厦的系统集成已是目前研究的热点。

（2）建立开放式的智能化建筑结构 智能建筑是一个动态的、发展的系统，在一个智能建筑的生命周期中，建筑结构具有最长的生命周期（约50年），一般的硬件和软件设备有5~7年的生命周期。如果智能大厦系统做成开放式系统，它就能不断吸收新的技术，更新旧的设备，从而使整个智能化系统设施运行得更好。

（3）多媒体技术的广泛应用 从文本文件和声音的传送到静止和动态图片传送，多媒体技术与通信技术日趋交叉在一起，形成多媒体通信。与此同时要进行人机接口（多媒体终端）的设计、开发和应用。多媒体会议电视在智能大厦得到广泛应用。

（4）互联网技术 未来互联网技术在智能建筑中的应用包括：

1）采用开放的网络传输协议 rcP/IP 和 I-ITTP，用浏览器服务器体系结构取代客户/服务器模式，降低信息系统软硬件投资、性能提升和维修的成本。

2）提高建筑物内员工的工作效率和管理人员的管理质量，提高建筑物物业管理层的决策和全局事件协助处理的能力，以实现远程监控和操作，以及综合信息数据库的访问。

3）能够增强自动控制系统（如防火系统）与信息系统（如办公自动化系统、物业管理系统）之间的信息与数据交换能力，与 Internet 可通过防火墙实现无缝连接。

4）信息与控制系统集成可直接使用建筑物中的综合布线系统，网络互联与扩展很容易实现，且维护和培训工作量小。

（5）智能卡技术 智能卡技术在智能建筑中的应用目前已较为成熟，主要有保安门进出系统的应用、保安巡逻管理系统的应用、车场付费与管理系统的应用、专业收费与管理系统的应用、商业收银系统的应用、人事考勤管理系统的应用。

（6）流动办公技术 流动办公技术就是利用网络技术、通信技术、可视化技术以及家庭智能化技术，向异地或移动的办公人员提供一个虚拟的办公环境。应用移动办公技术可以使在家或旅行途中的办公人员如同在自己的办公室里一样，可以随时随地进入公司的办公流程，参加公司召开的电视会议，甚至通过家庭智能化技术，远程操作办公室内的办公器材或遥控家中的设备。

（7）家庭智能化技术 家庭智能化技术提供的是一个由家庭智能化系统构成的高度安全性、生活舒适性和通信快捷性的信息化与自动化居住空间。

（8）数据卫星通信技术 数据卫星又称为小型数据卫星站，它的出现将通信终端延伸到办公室和家庭，其发展的本质是将通信卫星技术引向多功能、智能化、设备小型化，同时综合应用卫星多波束覆盖、星载处理技术，地面蜂窝移动通信和计算机软件技术。数据卫星通信技术在智能建筑中的应用包括：供 Internet/Intranet 网络的接入；供与 ISDN 网络的互联；提供专业局域网网络的接入，如证券、期货、银行；实现与移动通信系统的组合；实现远程多点电视会议；实现远程医疗和远程教学。

777. 什么是节能建筑？

节能建筑亦称适应气候条件的建筑，是指采取相应的措施利用当地有利的气象条件，避免不利的气象条件设计的低能耗的建筑。或者说，使设计的建筑在少使用或不使用采暖、制冷设备的前提下，让一年四季的室内气温尽可能地维持或接近在舒适的范围内。在这里，我们把只考虑在气候条件影响下的室内气温称为室内自然温度。如果保持室内自然温度处在舒适范围内的时间越长，相应的其他设备所消耗的能量就越小。事实上，我们所使用的采暖和制冷设备的主要任务就是辅助调整室内自然温度使之达到舒适的范围之内。

778. 国外节能建筑的节能途径有哪些？

（1）提高对建筑物的保温要求，确立经济合理的保温指标。

（2）提高对建筑物外墙气密性的要求。

（3）开发推广节能供暖技术和设备。

（4）设计技能型住宅。

（5）开发和应用高效的保温隔热材料。

建筑节能主要是材料生产的节能和通过使用新型材料以及保温材料达到的节能。

779. 我国节能建筑实现的途径有哪些？

（1）从源头上采取措施提高能源利用效率 从源头上，即从建筑维护结构、采暖系统以及运行管理上采取有效措施来节能。

（2）加强维护结构的保温隔热和气密性 建筑物内部有太阳辐射的热，人体散热、炊事散热，灯具和家用电器发热等热量，把这些热量适当蓄存好，减少向外散失，就可以大大降低采暖能耗，其措施是做好外围护结构的保温和气密性。高效绝热材料设在外侧的墙体由于热容量大，使房屋冬暖夏凉，居住舒适，是今后墙体保温材料发展的方向。另外，增加门窗的气密性，也是一条行之有效的办法。

（3）提高采暖系统的效率 应把城市全部采暖，包括集中供暖和锅炉房供暖统一安排建设，避免建起许多低效率的小锅炉房。

（4）设计节能型建筑，设计优化的建筑结构　在我国出现一些实例，如天津市轻工业设计院研究设计的"第四代异型柱框架轻型高效节能建筑"工程早在 1994 年已经竣工投入使用，主要采用节能墙体、玻璃幕墙等，反映良好。

780. 建筑节能的具体做法有哪些?

（1）选择建筑表面积小的住宅外形。表面积越小则建筑热损失也越小。

（2）合适的窗面积及方位。为了充分利用太阳辐射热和有利于夏季的通风，把南侧窗设计大些，北侧窗设计小些。

（3）调整日照。在南面窗户上做遮阳板或种植树木挡住日照，可减缓夏季的酷热。

（4）平面规划。在建筑周围植树，挡寒挡风挡尘等。

（5）防止缝隙进风。防止门窗缝隙的冷风渗透，加以密封。

（6）使用绝热材料。对地板、墙、顶棚以及屋顶进行绝热，以减少围护结构四周的传热系数，从而可有效地减少住宅的供暖、供冷的负荷量。

781. 如何实施节能建筑的外墙绝热?

利用更好的隔热砖来代替今天使用的热导率为 0.75W/（m·K）的传统实心砖已是一种发展趋势。目前欧洲使用的优化了空洞结构的砖热导率已达 0.44W/（m·K）。我国由大连铁道学院研制并将尝试的用装配式轻型砖砌筑的墙体孔洞率为 80% 的试验性房屋就是遵循了最大限度地减少耗能，同时变废为宝的一个原则。

对墙体实施复合保温是目前外墙节能的主要措施，它采用保温材料与基层墙体复合，从而提高外墙的保温和隔热性能。复合保温措施可根据保温材料在墙体中的位置分为内保温、中保温、组合保温和外保温四种。

外墙内保温是上海地区习惯使用的一种墙体保温措施，具有施工方便、造价较低等优点。内保温墙体一般用高效保温材料（常用岩棉板或自熄型聚苯板）复合，保温材料与主墙体之间可设或不设空气间层，其表面覆以纸面石膏板，这样墙体在满足承重要求后可适当减薄，轻质混凝土也可改用普通混凝土。

782. 如何实施节能建筑的门窗绝热?

（1）采用节能建筑玻璃　采用热反射镀膜玻璃，对波长在 0.3~2.5mm 范围内的太阳光有良好的反射和吸收能力，能够明显减少太阳光的辐射热能向室内传递，保持室内温度的稳定从而达到节能。

（2）加密封条或密封材料　单层窗上贴透明薄膜或采用单框双玻璃。

（3）采用保温户门和阳台门　在门窗中层可填充 25mm 厚的岩棉、保温性能与 370mm 的砖墙相近。

在阳台的门心板上贴 2.5cm 厚的聚苯板，保温效果良好。

783. 如何实施节能建筑屋面的节能措施？

上海从 20 世纪 80 年代起已有对屋面的保温隔热设计，但过去大多是平屋面，而且保温材料的应用及构造形式均比较落后，性能要求也较低。

平屋面节能应改变过去把保温层密封在屋面防水层与结构层之间的不利做法，并尽量采用高效保温材料作屋面保温层，如发泡聚苯板（EPS 板）或挤塑型聚苯板（XPS 板）等。

在屋面采用带铝箔的玻璃棉板，这种高效保温隔热材料可以大大提高屋面的传热阻值，有效地减少热量的流通量，保温隔热效果显著。

784. 如何实施节能建筑的遮阳板系统？

使用各种轻便、可调的遮阳设备可以有效地抵御夏季太阳间接或直接辐射对室内气温的影响，大大降低夏季室内温度。

根据美国研究人员对墙体与玻璃的太阳辐射热量通过情况进行比较，通过玻璃进入室内的太阳辐射量是墙体的 30 倍以上。但如果附近加了一定的遮阳措施，这种热量通过则明显减少，只占原先的 1/3 左右。

由此可见，适当的遮阳设计对减少太阳辐射进入建筑内部是十分必要和有效的。

785. 什么是建筑物构件的燃烧性能？

燃烧性能指组成建筑物的主要构件在明火或高温作用下，燃烧与否，以及燃烧的难易。按燃烧性能建筑构件分为非燃烧体、难燃烧体和燃烧体。

非燃烧体，指用非燃烧材料制成的构件。非燃烧材料是指在空气中受到火烧或高温作用时不起火、不微燃、不炭化的材料。如建筑中常用的金属材料和天然或人工的无机矿物材料（石材、砖、混凝土等）均为非燃烧材料。

难燃烧体，指用难燃烧材料制成的构件，或用带有非燃烧材料保护层的燃烧材料制成的构件。难燃烧材料指在空气中受到火烧或高温作用时难起火、难微燃、难碳化，当火源移走后燃烧或微燃立即停止的材料。如沥青混凝土、经过防火处理的木材、用有机物填充的混凝土和水泥刨花板等均为难燃烧材料。

燃烧体，指用燃烧材料制成的构件。燃烧材料是指在空气中受到火烧或高温作用时，立即能起火燃烧或微燃，且火源移走后仍继续燃烧或微燃的材料，如木材等。

786. 什么是建筑构件的耐火极限?

耐火极限指建筑构件遇火后能支持的时间。对任一建筑构件进行耐火试验,从受到火的作用起,到失去支持能力或完整性被破坏或失去隔火作用时为止的这段时间,即为该构件的耐火极限,用小时 (h) 表示。

建筑构件达到上述三个状态之一,就达到了耐火极限。失去支持能力指构件自身解体或垮塌,将导致房屋倒塌。完整性被破坏指楼板、隔墙等具有分隔作用的构件出现穿透裂缝或较大的孔隙,此时火焰会透过裂缝或空隙使火势蔓延。失去隔火作用指具有分隔作用的构件,背火面平均温度达到140℃(不包括背火面的起始温度),或背火面任意一点温度达到180℃,或背火面任一点的温度达到220℃,此时靠近背火面的构件将开始燃烧、微燃或炭化。

787. 保证建筑内人员安全疏散的基本条件有哪些?

(1) 限制使用严重影响疏散的建筑材料 火焰燃烧速度很快的材料、火灾时排放剧毒性燃烧气体的材料不得作为建筑材料使用,以避免火灾发生时有可能成为疏散障碍的因素。

(2) 保证安全的避难场所 安全避难场所被认为是"只要避难者到达这个地方,安全就得到保证"。因此,避难场所必须没有烟气、火焰、破损及其他各种火灾的危险。

原则上避难场所应设在建筑物的公共空间,即外面的自由空间中。常见的避难场所或安全区域有封闭楼梯间、防烟楼梯间、消防电梯、屋顶直升机停机坪、建筑中火灾楼层下面两层以下的楼层、高层建筑或超高层建筑中为安全避难特设的"避难层"、"避难间"等。

(3) 保证安全的疏散通道 在有起火可能性的任何场所发生火灾时,建筑物都必须保证至少有一条能够使全部人员都可以安全疏散的通道。从建筑物内人员的具体情况考虑,疏散通道必须具有足以使这些人疏散出去的容量、尺寸和形状,同时必须保证疏散中的安全,在疏散过程中不受到火灾烟气、火和其他危险的干扰。

(4) 布置合理的安全疏散路线 在发生火灾人们紧急疏散时,应保证有一个安全疏散路线,即人们从着火间或部位跑到公共走道,再到达疏散楼梯间,然后转向室外或其他安全场所,一步比一步安全,这样的疏散路线即为安全疏散路线。因此,在布置疏散路线时,要力求简捷,便于寻找、辨认。一般地说,靠近楼梯间布置疏散楼梯是较为有利的,因为发生火灾时,人们习惯跑向经常使用的电梯作为逃生的通道,当靠近电梯设置疏散楼梯时,就能把经常使用的路线与紧急疏散路线有机地结合起来。

第二章 民用建筑构造知识

788. 民用建筑的构造组成及作用有哪些？

一般民用建筑是由基础、墙或柱、楼地层、楼梯、屋顶、门窗等主要部分组成。图 3.2-1 所示即为一幢住宅构造的组成。

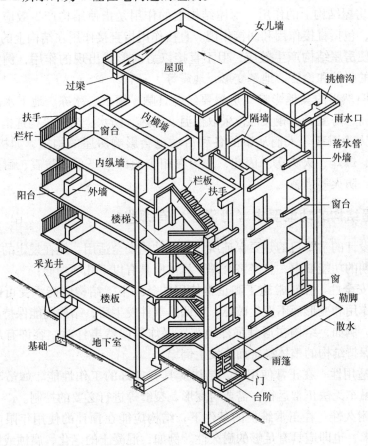

图 3.2-1 住宅的建筑构成

基础是房屋最下面的部分，它承受房屋的全部荷载，并把这些荷载传给下面的土层（地基）。

墙或柱是房屋的垂直承重构件，它承受楼地层和屋顶传给它的荷载，并把这些荷载传给基础，墙起承重、围护、分隔建筑空间的作用。

楼梯是房屋建筑中联系上下各层的垂直交通设施。

门是建筑物的出入口，它的作用是供人们通行，并兼有围护、分隔的作用。窗的主要作用是采光、通风、供人眺望。

房屋除上述基本组成外，还有台阶、散水、雨篷、雨水管、明沟、通风道、烟道等。

789. 影响建筑构造的因素有哪些？

建筑构造的影响因素包括自然界和人为因素的影响，主要体现在以下三个方面。

（1）房屋结构上的作用 房屋结构上的作用是指使结构产生效应的各种原因的总称，包括直接作用和间接作用。直接作用指直接作用在结构上的荷载；间接作用指使房屋结构产生效应，但不直接以力的形式出现的作用，例如温度变化、材料的收缩和徐变、地基变形、地震等。

（2）自然界的其他影响 房屋要经受日晒、雨水、冰冻、地下水的侵蚀等影响，因而，房屋要在相关部位采取保温、隔热、防水、防冻等构造措施。

（3）人为因素 人们从事的各种活动也会影响房屋的构造，如机械振动、化学腐蚀、爆炸、火灾等。因此，房屋在相应的部位要采取防震、耐腐蚀、隔声、防爆、防火等措施。

790. 房屋结构的功能要求（可靠性）有哪些？

结构设计的主要目的是要保证所建造的结构安全适用，能在规定的期限内满足各种预期的功能要求，且经济合理。具体应具有以下几项功能：

（1）安全性 在正常施工和正常使用的条件下，结构应能承受可能出现的各种荷载作用和变形而不发生破坏；在偶然事件发生后，结构仍能保持必要的整体稳定性。例如，结构在遇到强烈地震、爆炸等偶然事件时，容许有局部的损伤，但应保持结构的整体稳定而不发生倒塌。

（2）适用性 在正常使用时，结构应具有良好的工作性能。如吊车梁变形过大会使吊车无法正常运行，需要对变形、裂缝等进行必要的控制。

（3）耐久性 在正常维护的条件下，结构应能在预计的使用年限内满足各项功能要求，也即应具有足够的耐久性。例如，混凝土的老化、腐蚀或钢筋的锈蚀等影响结构的使用寿命。安全性、适用性和耐久性概括称为结构的可靠性。

791. 什么是房屋结构的耐久性？

房屋结构在自然环境和人为环境的长期作用下，发生着极其复杂的物理化学反应而造成损伤，随着时间的延续，损伤的积累使结构的性能逐渐恶化，以致不再能满足其功能要求。所谓结构的耐久性是指结构在规定的工作环境中，在预期的使用年限内，在正常维护条件下不需要进行大修就能完成预定功能的能力。房屋结构中，混凝土结构耐久性是一个复杂的、多因素综合问题，我国规范增加了专门对混凝土结构耐久性设计的基本原则和有关规定。

792. 房屋结构的耐久性要求有哪些？

（1）结构设计使用年限　设计使用年限是设计规定的一个时期，在这一时期内，只需正常维修（不需大修）就能完成预定功能，即房屋建筑在正常设计、正常施工、正常使用和维护下所应达到的使用年限。

表 3.2-1　设计使用年限分类

类别	设计使用年限/年	示　例
1	5	临时性结构
2	25	易于替换的结构构件
3	50	普通房屋和构筑物
4	100	纪念性建筑和特别重要的建筑结构

（2）混凝土结构耐久性的环境类别　在不同环境中，混凝土的劣化与损伤速度是不一样的，因此应针对不同的环境提出不同要求。

（3）混凝土保护层　对设计使用年限为 50 年的钢筋混凝土及预应力混凝土结构，最外层钢筋的保护层厚度应符合表 3.2-2 的规定。

表 3.2-2　纵向受力钢筋的混凝土保护层最小厚度　（单位：mm）

环境类别		板、墙、壳	梁、柱、杆
一		15	20
二	a	20	25
	b	25	35
三	a	30	40
	b	40	50

注：混凝土强度等级大于 C25 时，表中保护层厚度数值相应增加 5mm。

793. 在装饰装修过程中，如有结构变动或增加荷载时，应采取什么措施？

（1）在设计和施工时，必须了解结构能承受的荷载值是多少，将各种增加的装修装饰荷载控制在允许范围以内，否则应对结构进行重新验算，必要时应采取相应的加固补强措施。

（2）建筑装饰装修工程设计必须保证建筑物的结构安全和主要使用功能。当涉及主体和承重结构改动或增加荷载时，必须由原结构设计单位或具备相应资质的设计单位核查有关原始资料，对既有建筑结构的安全性进行核验、确认。

（3）建筑装饰装修工程施工中，严禁违反设计文件擅自改动建筑主体、承重结构或主要使用功能；严禁未经设计确认和有关部门批准擅自拆改水、暖、电、燃气、通信等配套设施。

794. 在楼面上加铺任何材料时，应采取什么措施？

（1）设计人员在确定楼面装修材料前，首先要了解该楼板能够承受多大荷载，住宅、办公楼、学校、旅馆各类建筑楼板承受荷载的标准是不一样的，只有了解清楚后，才能确定选择什么材料作楼面的装修。

（2）装配式楼板结构，为加强结构的整体性、抗震性能，常在楼板上做现浇的钢筋混凝土叠合层，厚度 50~80mm；严禁采用凿掉叠合层以减轻荷载的方法进行楼面装修。

（3）吊顶通常采用轻钢龙骨石膏板的做法。施工时，需要在楼板上打洞、下膨胀螺栓、焊钢筋吊杆，需要注意的问题是一般建筑采用预应力钢筋混凝土圆孔板作为楼层的结构，板与板之间的缝隙用现浇钢筋混凝土，以保证装配式楼板的整体性。在吊顶的过程中，不了解这种结构，把吊点的洞打在圆孔上，膨胀螺栓根本不起作用，而应该在钢筋混凝土的板缝处下膨胀螺栓。

795. 在室内增加隔墙、封闭阳台时，应采取什么措施？

（1）在室内增加隔墙，增加的荷载全部传递给楼板或梁。一般情况下，当采用轻型材料（如石膏板）作隔墙时，对结构的影响不是很大，当采用砌块墙体时，则影响很大。特别是隔墙的重量全部传递给一块楼板时，将使这块楼板的变形较大，影响结构安全。这种情况应对楼板进行加固，以满足承载力的要求。

（2）封闭阳台、在阳台四周作储物柜、花盆架，这些做法相当于在一个悬挑构件的最外端增加了连续的线荷载，这是对悬挑结构极为不利的。阳台装修时改变使用功能，应征求原设计单位的意见，或请有资质的单位重新设计。

796. 在室内增加装饰性的柱子（石柱），假山盆景和悬挂较大的吊灯时，应采取什么措施？

这些装修做法就是对结构增加了集中荷载，使结构构件局部受到较重荷载作用，引起结构的较大变形，造成不安全的隐患，应采取安全加固措施。如设置钢筋混凝土梁或条形板等。

797. 变动墙体时应采取什么措施？

（1）建筑物的墙体根据其受力特点分为承重墙、非承重墙。承重墙不得拆除。

（2）在承重墙上开设洞口，将削弱墙体截面，减少墙体刚度，降低墙体的承载能力。未经结构验算并采取加强措施是不允许随便在承重墙体上开洞的。

（3）墙体开洞时，应经设计确定开洞位置、大小和开洞方法。

798. 在楼板或屋面板上开洞、开槽时应采取什么措施？

无论发生哪种情况，都将削弱楼板截面、切断或者损伤楼板钢筋，预应力楼板因敲击楼板使混凝土松动，降低楼板的承载能力。开洞、开槽应经设计单位同意。

799. 变动梁、柱时应采取什么措施？

（1）在梁上开洞将削弱梁的截面，降低梁的承载能力。

（2）在原有梁上设置梁、柱、支架等构件时，不得将后加构件的钢筋或连接件与原有梁的钢筋焊接，这将损伤梁的钢筋，降低梁的承载能力和抵抗变形的能力，是十分危险的。

（3）凿掉梁的混凝土保护层，未能采取有效的补救措施时，梁的截面会受到削弱，钢筋暴露在大气环境中逐渐锈蚀。此时应采用比原有梁混凝土强度高一个等级的细石混凝土，重新浇筑混凝土保护层。

（4）梁下加柱相当于在梁下增加了支撑点，将改变梁的受力状态。在新增柱的两侧，梁由承受正弯矩变为承受负弯矩，这种变动是危险的。

（5）梁上增设柱子或梁，此种做法除了连接可能带来的结构问题以外，主要问题是增设的梁或柱将对原有的梁增加荷载。应对原梁进行结构验算。

（6）在柱子中部加梁（包括悬臂梁）将改变柱子的受力状态，增加柱子的荷载以及由此荷载引起的内力（包括轴力、弯矩等），如果不进行必要的结构验算并采用相应的结构措施，盲目地在柱子中部加梁将会引起严重的后果。

（7）在原有建筑的空间里加层，加层的结构与周围原有的柱梁进行连接，这种做法对原结构增加了相当大的荷载，特别是增加的梁与原有的柱连接时，会造成原结构的受力状态发生改变，与最初计算时考虑的受力状态不相符，是非常危险的。

处理这一类的问题的原则是，任何室内装修的做法，以不改变原结构最初受力状态为基准，新增构件应避免局部的加强，而导致结构刚度或强度的突变。否则就要重新调整设计方案，以确保结构的安全。

800. 房屋增层时应采取什么措施？

房屋增层是对原有结构的根本性的变动。房屋增层后即形成一种新的结构体系，要保证结构体系的安全必须进行如下几个主要方面的结构计算工作。

（1）验算增层后的地基承载力。

（2）将原结构与增层结构看作一个统一的结构体系，并对此结构体系进行各种荷载作用的内力计算和内力组合。

（3）验算原结构的承载能力和变形。

（4）验算原结构与新结构之间连接的可靠性。

801. 重物悬挂在桁架或网架结构上时，应采取什么措施？

桁架、网架结构的受力是通过节点传递给杆件的，不允许将较重的荷载作用在杆件上。在吊顶装修或悬挂重物时，注意主龙骨和重物的吊点应与桁架的结点采用常温情况的连接，避免焊接，以防止高温影响桁架杆件的受力。

802. 对房屋的基础有哪些要求？

基础承受着房屋的全部荷载，因此基础应具有足够的强度，才能稳定地把荷载传给地基，同时基础应满足耐久性要求。如果基础先于上部结构破坏，检查和加固都十分困难，而且还会影响房屋建筑的使用寿命。

803. 什么是基础的埋置深度？如何区分深、浅基础？

由室外设计地面到基础底面的距离，叫做基础的埋置深度。图 3.2-2 为基础的埋置深度。地基受到压力后有可能把四周的土挤走，使基础失去稳定，同时基础还易受各种侵蚀的影响，造成破坏，因此基础的埋深一般不小于0.5m。

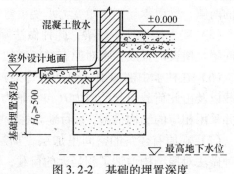

图 3.2-2 基础的埋置深度

基础的埋深大于 5m 时，称为深基础。基础的埋深不超过 5m 时，称为浅基础。

804. 影响基础埋置深度的因素主要有哪些？

（1）建筑物有无地下室、设备基础及基础的形式及构造等。

（2）作用在地基上的荷载大小和性质。

（3）工程地质和水文地质条件。

基础必须建造在坚实可靠的地基上。因为不同土层的特性及受力性能不同。

基础应尽量建造在地下水位以上，以减少特殊防水措施。如果地下水位很高，基础不能埋置在地下水位以上时，应将其埋置在最低地下水位 200mm 以下，且不能使基础底面处于地下水位变化的范围之内。

（4）地基土的冻结深度和地基土的湿陷。地基土冻胀时，会使基础隆起，冰冻消失又会使基础下陷，久而久之，基础就会被破坏。基础最好深埋在冰冻线以下200mm。湿陷性黄土性地基遇水会使基础下沉，因此基础应埋置深一些，避免被地表水浸湿。

（5）相邻建筑的基础埋深。基础埋深最好小于原有建筑的基础埋深。当基础深于原有建筑基础时，则新旧基础间的净距一般为相邻基础底面高差的1～2倍。

805. 基础有哪些构造类型？

基础的构造类型与建筑物的上部结构形式、荷载大小、地基的承载力以及它所选用的材料性能有关。基础按受力特点分有刚性基础和柔性基础；按其使用材料分有砖基础、毛石基础、混凝土基础、钢筋混凝土基础等；按构造形式分有条形基础、独立基础、整片基础和桩基础等。

806. 砖条形基础是如何构成的？

当建筑物上部结构采用墙体承重时，基础常采用连续的条形基础。砖条形基础由垫层、砖砌大放脚、防潮层和基础墙四部分组成。

基础垫层一般有灰土垫层、碎砖三合土垫层和混凝土垫层等。

807. 钢筋混凝土基础是如何构成的？

当墙下条形基础的上部荷载较大时，可采用钢筋混凝土条形基础。由于这种基础底部配有钢筋，钢筋的抗拉性能好，不受刚性角的限制。因此，不受刚性角限制的基础也称柔性基础，如图3.2-3所示。钢筋混凝土基础最薄处的厚度不小于200mm，钢筋直径不宜小于8mm，间距不宜大于200mm。基础混凝土的强度等级不宜低于C15，垫层厚度宜为70～100mm。

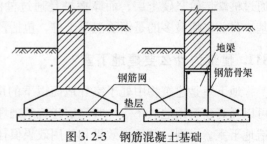

图3.2-3　钢筋混凝土基础

808. 什么是独立基础？

独立基础一般用于柱子下面，每一根柱子一个基础，往往单独存在，所以称为独立基础。其形式有台阶式、锥形等。

809. 什么是整片基础？

整片基础包括筏式基础和箱形基础。

当上部结构荷载较大，地基承载力较低，可选用整片筏式基础，以减少基底压力，降低地基沉降。整片筏式基础按结构形式分为板式结构和梁板式结构两类，如图 3.2-4a、b 所示。当钢筋混凝土基础埋深很大，为了加强建筑物的刚度，可用钢筋混凝土筑成有底板、顶板和四壁的箱形基础。箱形基础内部可用作地下室，如图 3.2-4c 所示。

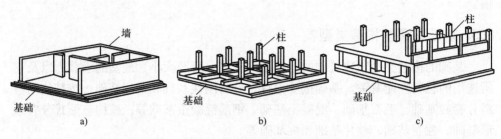

图 3.2-4　整片基础
a) 板式　b) 梁板式　c) 箱形

810. 什么是桩基础?

当建筑物荷载较大，地基的软弱土层厚度在 5m 以上，基础不能埋在软弱土层内时，可采用桩基础。

桩基础按其受力性能可分为端承桩和摩擦桩两种。端承桩是将建筑物的荷载通过桩端传给坚硬土层，而摩擦桩是通过桩侧表面与周围土壤的摩擦力传给地基。目前采用最多的是钢筋混凝土桩，包括预制桩和灌注桩两大类。

811. 建筑为什么要建地下室?

地下室是建筑物中处于室外地面以下的房间。在房屋底层以下建造地下室，可以提高建筑用地效率。一些高层建筑基础埋深很大，可充分利用这一深度来建造地下室。一则，其经济效果和使用效果俱佳；二则，对高层建筑而言，地下建筑越深，则抗震性能越强。

812. 地下室有哪些分类?

地下室的类型按功能分，有普通地下室和防空地下室。按结构材料分，有砖墙结构和混凝土结构地下室。按构造形式分，有全地下室和半地下室。地下室顶板的底面标高高于室外地面标高的称半地下室，这类地下室一部分在地面以上，可利用侧墙外的采光井解决采光和通风问题。地下室顶板的底面标高低于室外地面标高的，称为全地下室。

813. 地下室的结构组成是怎样的？

地下室一般由顶板、底板、侧墙、楼梯、门窗、采光井等组成。

地下室的顶板、外墙采用混凝土楼板。

地下室的门窗与地上部分相同。当地下室的窗台低于室外地面时，为了保证采光和通风，应设采光井。采光井由侧墙、底板、遮雨设施或铁箅子组成，一般每个窗户设一个，当窗户的距离很近时，也可将采光井连在一起。

地下室的楼梯可与地面部分的楼梯结合设置。一个地下室至少应设两部楼梯通向地面。

814. 地下室的防潮防水是如何处理的？

地下室的外墙和底板都深埋在地下，受到土中水和地下水的浸渗，因此，防潮防水问题是地下室设计中所要解决的一个重要问题。一般可根据地下室的标准和结构形式、水文地质条件等来确定防潮、防水方案。当地下室底板高于地下水位时可做防潮处理。当地下室底板有可能泡在地下水中时应做防潮防水处理。当地下室底板常年泡在地下水中时，地下室的外墙应做垂直防水处理，地板应做水平防水处理，目前采用的防水措施有卷材防水和混凝土自防水两种。

815. 墙体按在建筑物中的位置分有哪些种类？

墙体按在建筑物中的位置分，有外墙、内墙、窗间墙、窗下墙、女儿墙等。外墙指房屋四周用以分割室内外空间的围护构件；内墙是位于房屋内部的用以分割室内空间的隔离构件；窗间墙是窗与窗或窗与门之间的墙；窗洞下方的墙称为窗下墙；屋顶上高出屋面的墙称为女儿墙。

816. 按墙体的方向分有哪些种类？

墙体按方向分，有纵墙和横墙。纵墙指与房屋长轴方向一致的墙，而横墙则是与房屋短轴方向一致的墙。外横墙习惯上称为山墙。

817. 墙体按受力情况分有哪些种类？

墙体按受力情况可分为承重墙和非承重墙。承重墙指承受上部结构传来荷载的墙；非承重墙指不承受上部结构传来荷载的墙。非承重墙又可分为自承重墙、隔墙、填充墙和幕墙等。自承重墙仅承受自身荷载而不承受外来荷载；隔墙主要用作分隔内部空间而不承受外力；填充墙是用作框架结构中的墙体；悬挂在骨架外部或楼板间的轻质外墙称为幕墙。

818. 墙体按构造方式分有哪些种类？

按墙体构造方式分有实体墙、空体墙和组合墙。实体墙是用一种材料所砌成的实心无空洞的墙体；空体墙也叫空心墙，是用一种材料砌成的具有空腔的墙；组合墙是由两种及两种以上的材料组合而成的墙。

819. 墙体有哪几种承重方案？

墙体一般有以下四种承重方案：

（1）横墙承重方案　横墙承重方案是将楼板两端搁置在横墙上，荷载由横墙承受，纵墙只起围护和分隔的作用。此种承重方案楼板跨度小、房屋空间刚度大、整体性好，但建筑空间组合划分不够灵活，适用于小开间的建筑。

（2）纵墙承重方案　纵墙承重方案是将楼板两端搁置在内外纵墙上，荷载由纵墙承受。此种方案空间划分灵活，能分割出较大的房间，构件规格少，但门窗洞口尺寸受到一定的限制，且刚度较差，适用于需要较大房间的建筑。

（3）纵横墙承重方案　纵横墙承重方案是将楼板布置在纵横墙上，荷载由纵横墙承受。此种方案平面布置灵活，空间刚度好，但楼板类型较多，适用于开间和进深尺寸较大、平面复杂的建筑。

（4）半框架承重方案　半框架承重方案是在建筑内部采用梁、柱组成框架承重，四周采用墙体承重，楼板的荷载由梁、柱或墙共同承担。此种方案平面划分灵活，室内空间较大，空间刚度好，适用于内部需要较大空间的建筑。

820. 墙体的构造要求有哪些？

（1）满足强度和稳定性要求。墙体的强度取决于砌体的材料，其厚度应按计算确定。墙的稳定性与墙的长度、高度和厚度有关。

（2）满足热工、隔声、防火、防潮要求。

（3）满足减轻自重、降低造价、不断采用新材料和新工艺的要求。

墙体除以上基本要求外，对特殊建筑或房间还应满足特殊要求，如防火、防腐蚀、防射线等。

821. 墙体建筑构造的设计原则有哪些？

（1）在内外墙做各种连续整体装修时，如抹灰类、贴面砖等；主要解决与主体结构的附着，防止脱落和表面的开裂。根据结构的受力特点和变形缝的位置，正确处理装修层的分缝和接缝设计。

（2）在结构梁板与外墙连接处和圈梁处，由于结构的变形会引起外墙装修层的开裂，设计时应考虑分缝措施。

（3）当外墙为内保温时，在窗过梁，结构梁板与外墙连接处和圈梁处易产生冷桥现象，引起室内墙面的结露，在此处装修时，应采取相应措施，如外墙为外保温，则不存在此类问题。

（4）建筑主体受温度的影响而产生的膨胀收缩必然会影响墙面的装修层，凡是墙面的整体装修层必须考虑温度的影响，做分缝处理。

822. 砖墙有哪些类型？

砖墙按构造分，有实心砖墙、空斗墙、空心砖墙和复合墙等几种类型。实心砖墙由普通粘土砖或其他实心砖按照一定的方式组砌而成。空斗墙是由实心砖侧砌或平砌与侧砌结合砌成，墙体内部形成较大的空洞。空心砖墙是由空心砖砌筑的墙体。复合墙是指由砖或其他高效保温材料组合形成的墙体。

823. 勒脚的构造与作用是怎样的？

勒脚是外墙外侧与室外地面接近的部位。勒脚经常受到地面水、檐口滴水的浸溅，同时容易受碰撞，如不采取措施加以防护，就会影响房屋的坚固、耐久和美观。常见的构造做法是在勒脚部位将墙体适当加厚或用石材砌筑，还可在外侧抹水泥砂浆、水刷石等面层，或贴天然石材。勒脚的高度一般距室外地坪500mm 以上或考虑造型的要求与窗台平齐，如图 3.2-5 所示。

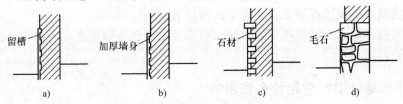

图 3.2-5　勒脚的构造

824. 散水的构造与作用是怎样的？

在房屋的四周室外地面与勒脚相接处，将勒脚附近的地面水排走，需设散水或排水沟。散水是将雨水散开到离房屋较远的室外地面上去，是自由排水的形式。散水的构造做法有砖散水、三合土散水、块石散水、混凝土散水、季节性冰冻地区散水等。散水的宽度一般为 600～1000mm，坡度 3%～5%，并应比屋顶檐口宽出 100～200mm。

825. 排水沟的构造与作用是怎样的？

在房屋的四周室外地面与勒脚相接处，将勒脚附近的地面水排走，需设散水或排水沟。排水沟是将雨水集中排入下水道系统中去，属有组织的排水形式。排水沟的构造做法有混凝土排水沟、砖砌排水沟和石砌排水沟等。

826. 踢脚板的构造与作用是怎样的?

踢脚板是室内地面与墙面相交处的构造处理。踢脚板所用的材料一般与地面材料相同。踢脚板的作用是保护墙面，防止污染墙身。踢脚板的高度一般为100mm 左右。室内装饰时，踢脚板的材料一般随地面材料而变，如用塑料或实木等。

827. 墙裙的构造与作用是怎样的?

墙裙是踢脚板的延伸，墙裙的高度为 1200 ~ 1500mm，一般建筑多采用水泥砂浆、水磨石或粘贴饰面砖等。室内装饰时，常用木料做墙裙。

828. 窗台的构造和作用是怎样的?

窗台是窗洞下部的排水构造，它的作用是排除窗外侧流下的雨水和内侧的冷凝水。

外窗台面层应用不透水的材料，并应自窗向外倾斜。窗台外缘应挑出墙面60mm 左右。窗台底面外缘处应做滴水，即做成锐角或半圆凹槽，可使雨水在滴水外侧或滴水斜面边缘滴下，不至于污染外墙面。

内窗台可用水泥砂浆抹面或预制水磨石及木窗台板等做法。内窗台台面应高于外窗台台面。

829. 什么是过梁? 它起什么作用?

墙体上开设洞口时，洞口上部的横梁叫过梁。过梁的作用是支撑洞口以上的砌体自重和梁、板传来的荷载，并把这些荷载传给洞口两侧的墙体。目前常用的过梁有砖过梁、钢筋砖过梁和钢筋混凝土过梁。当窗上部无结构梁时，一般采用过梁。

830. 砖过梁的构造是怎样的?

砖过梁常见的有平拱砖过梁和弧形拱砖过梁两种。

平拱砖过梁由砖侧砌而成，砖应为单数并对称于中心向两边倾斜。灰缝呈楔形上宽下窄，最宽不得大于20mm，最窄不小于5mm，过梁的跨度一般不超过1.2m，平拱的底面中心要较两端提高跨度的 1/100 ~ 1/50，称起拱。

弧形拱砖过梁立面呈弧形或半圆形，起拱高度一般为跨度的 1/15 ~ 1/10，过梁跨度为 2 ~ 3m。砖过梁不用钢筋，节约水泥，但施工麻烦，不宜用于上部有集中荷载、振动荷载较大、地基承载力不均匀的建筑和地震区。

831. 钢筋砖过梁的构造和作用是怎样的?

钢筋砖过梁是用砖平砌,并在灰缝中加适量钢筋。钢筋砖过梁的跨度不应超过 1.5m,砂浆强度等级不宜低于 M5.0。其做法是在第一皮砖下的砂浆层内放置钢筋,过梁的高度应经计算确定,一般不少于 5 皮砖,同时不小于洞口跨度的 1/5,钢筋的数量为 120mm 墙厚不少于 1ϕ5,钢筋每边伸入砌体支座内的长度不宜小于 240mm。

832. 钢筋混凝土过梁的构造和作用是怎样的?

当洞口跨度超过 2m,或荷载较大,或有可能产生不均匀沉降的房屋,应采用钢筋混凝土过梁。钢筋混凝土过梁有现浇钢筋混凝土过梁和预制钢筋混凝土过梁两种。

过梁的断面尺寸和配筋由计算确定。过梁的截面宽度与砖墙的厚度相适应,过梁的截面高度与砖皮数尺寸相配合,一般不小于 180mm,过梁长度为洞口宽度加 500mm。钢筋混凝土过梁的截面形状有矩形和 L 形两种。由于钢筋混凝土过梁的热导率比砖砌体的热导率大,过梁往往成为墙体中的热桥。在有保温要求的外墙中,为了减少热损失,应采用 L 形过梁。

833. 圈梁起什么作用?

圈梁是沿房屋外墙、内纵承重墙和部分横墙,在墙内设置的连续封闭的梁。它的作用是加强房屋的空间刚度和整体性,防止由于地基不均匀沉降、振动荷载等引起的墙体开裂,提高建筑物的抗震能力。

834. 圈梁的设置原则是什么?

(1) 砖砌体房屋,当檐口标高为 5~8m 时,应在檐口标高处设置圈梁一道;檐口标高大于 8m 时,应增加设置数量。

(2) 砌块及料石砌体房屋,当檐口标高为 4~5m 时,应在檐口标高处设置圈梁一道;檐口标高大于 5m 时,应增加设置数量。

(3) 多层砌体民用房屋,如宿舍、办公楼等,除在檐口标高处设置一道圈梁外,对于装配式钢筋混凝土楼盖,可每层设置现浇钢筋混凝土圈梁。(可参看《建筑抗震设计规范》(GB 50011—2010))

(4) 建筑在软土地基上的砌体房屋,除按以上规定设置圈梁外,尚应符合我国现行标准《建筑地基基础设计规范》(GB50007—2011) 中的有关规定。为防止地基的不均匀沉降,以设置在基础顶面和檐口部位的圈梁最为有效。当房屋中部沉降比两端大时，位于基础顶面的圈梁作用较大。当房屋两端沉降较中部大时，位于檐口部位的圈梁作用较大。

835. 圈梁的构造是怎样的？

（1）圈梁宜连续地设在同一水平面上并应封闭。当圈梁被门窗洞口截断时，应在洞口上方增设截面相同的附加圈梁。

（2）纵横墙交接处的圈梁应有可靠的连接。

（3）钢筋混凝土圈梁的宽度宜与墙厚相同，当墙厚 $h > 240$mm 时，圈梁宽度不宜小于 $2h/3$，圈梁高度不应小于 120mm。纵向钢筋不应少于 $4\phi10$。绑扎接头的搭接长度按受拉钢筋考虑，箍筋间距不宜大于 300mm。

（4）当圈梁兼作过梁时，过梁部分的钢筋应按计算单独配置。

（5）采用现浇钢筋混凝土楼（屋）盖的多层砌体结构房屋，当层数超过 5 层时，除在檐口标高处设置一道圈梁外，可每层设置圈梁，并与楼（屋）面板一起现浇。未设置圈梁的楼面板嵌入墙内的长度不应小于 120mm，并沿墙长配置不少于 $2\phi10$ 的纵向钢筋。

836. 构造柱起什么作用？

构造柱是指夹在墙体中沿高度设置的钢筋混凝土小柱。砌体结构设置构造柱后，可增强房屋的整体工作性能，提高墙体抵抗变形的能力，并使墙体在受震开裂后裂而不倒。

837. 构造柱应如何设置？

（1）构造柱设置部位，一般应符合表 3.2-3 的要求。

表 3.2-3　砖房构造柱设置要求（表中"度"是指"抗震设防烈度"）

房屋层数				设 置 部 位	
6 度	7 度	8 度	9 度		
四、五	三、四	二、三		外墙四角；错层部位横墙与外纵墙交界处；大房间内外墙交接处；较大洞口两侧	7、8 度时，楼梯、电梯间的四角；隔 15m 或单元横墙与外纵墙交接处
六、七	五	四			隔开间横墙（轴线）与外墙交接处；山墙与内纵墙交接处；7~9 度时，楼梯、电梯间的四角
八	六、七	五、六	三、四		内墙（轴线）与外墙交接处；内墙的局部较小墙垛处；7~9 度时，楼梯、电梯间的四角；9 度时横墙（轴线）与内纵墙交界处

（2）外廊式和单面走廊的多层房屋，应根据房屋增加一层后的层数，按表3.2-3 的要求设置构造柱。且单面走廊两侧的纵墙均应按外墙处理。

（3）教学楼、医院等横墙较少的房屋，应根据房屋增加一层后的层数，按表 3.2-3 的要求设置构造柱。当教学楼、医院等横墙较少的房屋为外廊式或单面走廊式时，应按要求设置构造柱，但 6 度不超过四层、7 度不超过三层和 8 度不超过二层时，应按（2）增加两层后的层数对待。

838. 构造柱的截面尺寸及配筋有何规定？

构造柱最小截面可采用 240mm × 180mm，纵向钢筋宜采用 4ϕ12，箍筋间距不宜大于 250mm，且在柱上下端宜适当加密；7 度时超过六层、8 度时超过五层和 9 度时，构造柱纵向钢筋宜采用 4ϕ12，箍筋间距不应大于 200mm；房屋四角的构造柱可适当加大截面及配筋。

839. 构造柱与其他构件如何连接？

（1）构造柱与墙连接处应砌成马牙槎，并应沿墙高每隔 500mm 设 2ϕ6 拉结钢筋，每边伸入墙内不宜小于 1000mm。

（2）构造柱与圈梁连接处，构造柱的纵筋应穿过圈梁，保证构造柱纵筋上下贯通。

（3）构造柱可不单独设置基础，但应伸入室外地面下 500mm，或与埋深小于 500mm 的基础。

840. 什么是变形缝？

房屋受到外界各种因素的影响，会产生变形、开裂，甚至导致破坏。为防止房屋破坏，常将房屋分成几个独立的部分，使各部分能独立变形，互不影响，各部分之间的缝隙称为变形缝。

变形缝包括伸缩缝、沉降缝和防震缝。伸缩缝是防止因温度影响产生破坏的变形缝。沉降缝是防止因荷载差异、结构类型差异、地基承载力差异等原因导致房屋因不均匀沉降而破坏的变形缝。防震缝是防止因地震作用导致房屋破坏的变形缝。变形缝的设置原则应符合国家规范的规定。

841. 伸缩缝应如何设置？

伸缩缝的设置应从基础的顶面开始，墙体、楼地层、屋顶均应设置。伸缩缝的间距与结构类型和对结构的约束有关。伸缩缝的宽度为 20 ~ 40mm，墙体在伸缩缝处断开。为避免风、雨对室内的影响和避免伸缩缝过多传热，伸缩缝可砌成企口式或错口式。缝内填充沥青麻丝或玻璃棉毡等有弹性的纤维保温材料，以使缝在温度变化伸缩时仍能填充缝隙。缝的外墙面上用铁皮、镀锌薄钢板、彩色薄钢板、铝皮等覆盖，内墙面用木制盖缝条或有一定装饰效果的金属调节盖板来装饰。

842. 沉降缝应如何设置？

沉降缝是在房屋适当位置设置的垂直缝隙，把房屋划分为若干个刚度一致的单元，使相邻单元可以自由沉降，而不影响房屋整体。沉降缝应包括基础在内，从屋顶到基础全部构件均需分开。沉降缝可以兼起伸缩缝的作用，但伸缩缝不能代替沉降缝。沉降缝的宽度随地基情况和建筑物的高度而不同，地基越软弱建筑物越高，缝宽越大。沉降缝的构造与伸缩缝的构造基本相同，由于沉降缝要保证缝两侧的墙体能自由沉降，所以盖缝的金属调节片必须保证在水平方向和垂直方向均能自由变形。

843. 防震缝应如何设置？

防震缝应沿房屋基础顶面以上全部结构进行布置，缝的两侧均应设置墙体，基础因埋在土中可不设缝。防震缝宽可采用 50～100mm。地震设防地区房屋的伸缩缝和沉降缝应符合防震缝的要求。防震缝构造要求与伸缩缝相似。

844. 隔墙的性能要求和类型有哪些？

隔墙是把房屋内部分割成若干房间或空间的墙。隔墙是不承重墙体。对隔墙的要求是重量轻、厚度薄、隔声且耐火、耐湿、便于拆装等。

隔墙按构造方式可分为块材式隔墙、立筋式隔墙、板材式隔墙三种。

845. 块材式隔墙的用材和构造是怎样的？

块材式隔墙指用普通砖、空心砖、加气混凝土砌块等块材砌筑的墙。

（1）砖隔墙 普通砖隔墙厚有 1/2 砖和 1/4 砖两种。

砌筑砂浆的强度等级一般不低于 M2.5。半砖隔墙的高度大于 3m、长度大于 5m 时，需采取加固措施。即沿高度方向每隔 10～15 皮砖放 $\phi 6$ 钢筋 1～2 根，并使其与承重墙拉结。在隔墙顶部与楼板相接处，用立砖斜砌，或留出 30mm 的缝隙并抹灰封口。隔墙上设门时，须用预埋铁件或木砖将门框拉结牢固。

（2）砌块隔墙 为了减轻隔墙自重，采用加气混凝土砌块、水泥矿渣空心砖、粉煤灰硅酸盐砌块。砌块厚度一般为 90～120mm。砌筑时应在墙下砌 3～5 皮普通砖。

846. 立筋式隔墙的用材和构造是怎样的?

立筋式隔墙也称为立柱式、龙骨式隔墙。它以木材、钢材或其他材料构成骨架,把面层钉结、涂抹或粘贴在骨架上形成隔墙。面层有抹灰面层和人造板面层。常用的骨架有木骨架、型钢骨架、轻钢骨架、铝合金骨架和石膏骨架等。

847. 板材式隔墙的用材和构造是怎样的?

板材式隔墙常用加气混凝土板、石膏珍珠岩板以及各种复合板等。安装时,板的下部先用小木楔顶紧,然后用细石混凝土堵严,板缝用胶粘剂粘结,并用胶泥刮缝,整平后再做表面装修。

848. 楼板的构造、作用和分类是怎样的?

楼板层包括楼板、楼层地面和顶棚三部分,楼板将房屋沿垂直方向分隔为若干层,将楼层的使用载荷及其自重通过楼板传递给墙或柱等构件再传给基础,所以楼板必须有足够的强度和刚度。

楼板按使用的材料不同分为木楼板、砖拱楼板、钢筋混凝土楼板和钢楼板等。目前广泛使用的楼板是钢筋混凝土楼板。

钢筋混凝土楼板按施工方法分为现浇钢筋混凝土楼板和预制钢筋混凝土楼板两种。现浇钢筋混凝土楼板是指在施工现场架设模板、绑扎钢筋和浇注混凝土,经养护达到一定强度后拆除模板而成的楼板。这种楼板的施工工序多,劳动强度大。它的优点是楼板整体性、耐久性、抗震性好,刚度大。

849. 现浇钢筋混凝土楼板有哪些类型?

常用的现浇钢筋混凝土楼板按结构类型分为板式楼板、梁板式楼板和无梁楼板三种。

(1) 板式楼板 当承重墙的间距不大时,将楼板的两端直接支承在墙体上,而不设梁和柱。

(2) 梁板式楼板 梁板式楼板一般由板、次梁、主梁组成。板支承在次梁上,次梁支承在主梁上,主梁支承在墙或柱上,次梁的间距即为板的跨度,如图3.2-6所示。当房间的形状近似方形时,可采用井式楼板。井式楼板是梁板式楼板的特殊形式,即主梁与次梁的截面相等。

(3) 无梁楼板 无梁楼板是将板直接支承在墙上或柱上,而不设梁的楼板。为减小板在柱顶处的剪力,常在柱顶加柱帽和托板等形式增大柱的支承面积。

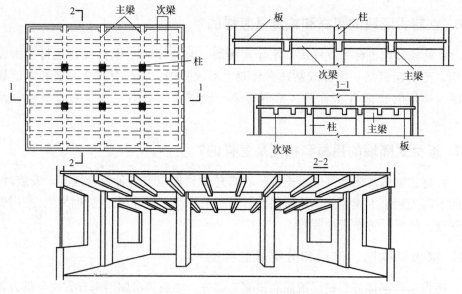

图 3.2-6 梁式楼板

850. 装配式钢筋混凝土楼板有哪些类型?

预制装配式钢筋混凝土楼板的板和梁是在工厂或现场预制而成,然后安装到房屋上去。

预制钢筋混凝土楼板按结构的应力状况,可分为普通钢筋混凝土楼板和预应力钢筋混凝土楼板两种。预制钢筋混凝土楼板类型有实心平板、槽形板和空心板等。

(1) 实心平板 实心平板的跨度一般在 2.5m 以内,板的厚度一般为 50 ~ 100mm,板宽为 600mm 或 900mm。实心平板制造简单,吊装安装方便,造价低,但隔声差。

(2) 槽形板 槽形楼板可以看成梁板合一的构件,即板的纵肋相当于小梁。正槽形板受力合理,板底有肋不平齐,故常在板下做吊顶棚。反槽形板受力不合理,但板底平整,槽内可填充轻质材料满足保温隔声要求。

(3) 空心板 空心板上下两面为平整面,空洞为方形、圆形、椭圆形等。空心板的跨度一般为 2.4 ~ 6m。当板跨度 ≤4200mm 时,板厚为 120mm;当板跨度为 4200 ~ 6000mm 时,板厚为 180mm。

预制楼板在吊装前,孔的两端应用砖块和砂浆或混凝土预制块堵塞,以避免支座处板端压碎,阻止灌缝材料流入孔内,同时增强隔声、隔热能力。

预制空心板为单向传递荷载,板的两端支承在墙或梁上,长边不能有支点。

板支承在墙上的长度不小于 110mm，板支承在梁上的长度不小于 80mm。为了增强房屋的整体刚度和抗震能力，板的四周缝隙应用 C20 细石混凝土灌缝，并根据抗震要求在板缝内配制钢筋或局部加钢筋网。

851. 顶棚构造和分类是怎样的？

顶棚也称天棚、天花板。在单层房屋中顶棚位于屋顶承重结构层的下面；在多层和高层房屋中，顶棚除位于屋顶承重结构下面外，还位于各层楼板的下面。顶棚按构造方式不同分为直接式顶棚和悬吊式顶棚两种类型。

852. 直接式顶棚的构造和特点是什么？

直接式顶棚是指在楼板下做装饰面层的顶棚。顶棚表面应光洁，有较好的反光性，以改善室内的照度。直接式顶棚构造简单，施工方便，造价较低。

顶棚抹灰的做法是将楼板底面的缝隙用水泥砂浆嵌平，用水泥砂浆抹底层，用水泥石灰砂浆或纸筋石灰浆罩面。如果楼板采用整间预制大楼板时，因底面平整，没有缝隙，可不抹灰，而直接在板底上喷浆。

853. 悬吊式顶棚的构造和特点是什么？

一些房间或走廊，有较高的隔声要求或视觉要求，要求顶棚底面平整，或者沿楼板底面敷设管道、电线，这些管线又不宜外露时，可以做悬吊式顶棚，也称吊顶。

吊顶由龙骨和面板组成。龙骨用来固定面板并承受荷载，它由主龙骨和次龙骨组成。主龙骨一般单向布置并通过吊筋与楼板连接，多采用轻钢龙骨和铝合金龙骨，按其截面形状可以为 V 形、T 形、H 形龙骨，次龙骨固定在主龙骨上。面板可直接搁放在龙骨上，或用自攻式螺钉固定在龙骨上，面板材料有胶合板、纤维板、刨花板、石膏板、膨胀珍珠岩装饰吸声板、铝合金吊板、不锈钢吊板、埃特板等。图 3.2-7 为 T 形金属龙骨吊顶构造。近几年，开敞式顶棚也颇为流行，顶棚面板不完全封闭，具有既遮又透的感觉，减少了吊顶的压抑感。

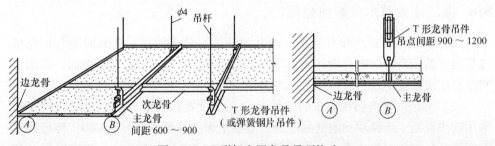

图 3.2-7　T 形轻金属龙骨吊顶构造

854. 楼地面构造有哪些要求？

人们在房屋内要和楼地面直接接触，所以地面质量的好坏，材料选择和构造处理是否合理应特别重视。对地面的要求是既要坚固、隔热、隔声、防水、防潮，又要平整、耐磨、不起尘、防滑、易于清洁等。

855. 楼地面由哪些构造层组成？

底层地面的基本构造层次为面层、垫层和地基。楼层地面的基本构造层次为面层和楼板。有特殊要求的地面要增设构造层，如结合层、找平层、防水层、防潮层、保温（隔热）层、隔声层等。

（1）面层 地面的名称是按面层材料确定的。面层按材料和施工方法的不同，分为整体面层、块料面层、木地面、卷材类地面等。

整体面层有水泥砂浆面层、细石混凝土面层、水磨石面层等。块料面层有瓷砖、缸砖、大理石、花岗岩等。木地面是由木板铺钉或粘合而成的地面。卷材类地面是用成卷的铺材铺贴而成，如塑料地毯、橡胶地毯以及其他各式地毯等。

（2）结合层 结合层是块料层与下层的结合体，用来固定块料面层或垫砌面层。结合层按材料分有胶凝材料和松散材料两大类。胶凝材料有粘结剂、水泥砂浆、沥青等；松散材料有砂、炉渣等。

（3）找平层 找平层是在垫层或楼板上起找平作用的构造层，用于上层对下层有平整要求的地面。找平层常用 1:3 水泥砂浆来找平。

（4）防水层 防水层一般是防止地面上的液体透过面层，防止地下水通过地面渗入室内的构造。

（7）隔声层 隔声层是隔绝楼层地面撞击声的构造层。

（8）垫层 垫层是承受面层传来的地面载荷并传给基层的构造层，分刚性和柔性两种。刚性垫层有足够的强度，如混凝土、碎砖三合土等；柔性垫层由松散的材料组成，如砂、碎石等。

856. 楼、地面防水应如何处理？

（1）厕浴间、厨房和有排水（或其他液体）要求的建筑地面面层与相连接各类面层的标高差应符合设计要求。有给水设备或有浸水可能的楼地面，其面层和结合层应采用不透水材料构造；当为楼面时，应加强整体防水措施。

（2）厕浴间和有防水要求的建筑地面必须设置防水隔离层。楼层结构必须采用现浇混凝土或整块预制混凝土板，混凝土强度等级不应小于 C20；楼板四周除门洞外，应做混凝土翻边，其高度不应小于 120mm。施工时，结构层标高和预留孔洞位置应准确，严禁乱凿洞。防水隔离层严禁渗漏，坡向应正确，排水通畅。防水隔离层不得做在与墙交接处，应翻边，其高度不宜小于 150mm。

（3）楼地面、墙面（或墙裙）、小便槽面层应采用不吸水、不吸污、耐腐蚀、易于清洗的材料。楼地面标高应略低于走道标高，并应有不小于 5% 的坡度坡向地漏或水沟。浴室和盥洗室地面尚应防滑。

（4）室内上下水管和浴室顶棚应防冷凝水下滴，浴室热水管应防止烫人。

（5）地层可加做保温层以减少或避免冷凝水。

（6）地漏四周、排水地沟及地面与墙面连接处的隔离层，应适当增加层数或局部采用性能较好的隔离层材料。

（7）有水或其他液体作用的地面与墙、柱等连接处，应分别设置踢脚板或墙裙。踢脚板的高度不宜小于 150mm。

（8）有水或其他液体流淌的楼层地面的孔洞四周和平台临空边缘，应设置翻边或贴地遮挡，高度不宜小于 100mm。

（9）有防水要求的建筑地面工程，铺设前必须对立管、套管和地漏与楼板节点之间进行密封处理；穿管处做泛水，热力管穿板时应先做套管。排水坡度应符合设计要求。

857. 常用地面的构造有哪几种?

（1）水泥砂浆地面 水泥砂浆地面构造简单，强度高，耐磨、防水性好，但热工性能较差。

（2）现浇水磨石地面 面层用大理石等中等硬度石料的石屑与水泥拌和，浇抹硬结后经磨光而成。水磨石地面具有耐磨、耐久、耐腐蚀和不渗水等特点，它磨光打蜡后具有与天然石材相似的光滑，不易染尘，易于清洁。

（3）缸砖、陶瓷锦砖、大理石、花岗岩地面砖地面 用缸砖、陶瓷锦砖、大理石、花岗岩等铺设的块材地面是在基层上找平，洒水润湿，刷素水泥浆一道，用 15~20mm 厚 1:2~1:4 干硬性水泥砂浆铺平拍实，砖块间灰缝宽度约 3mm。

（4）半硬质塑料地面 半硬质塑料地面是在其塑料板背面和地面找平层表面满涂粘合剂，待不沾手时粘贴，养护 24h。塑料地面具有耐磨、绝缘性好、吸水性小和一定的弹性等特点，但容易老化而失去光泽。

（5）木地面 木地面常用的构造方式有实铺式、空铺式和粘贴式三种。实铺木地面是在结构层上设置木龙骨，在木龙骨上钉木地板的地面。木龙骨断面一般为 50mm×50mm，每隔 800mm 左右设横撑一道。木地面有单层和双层两种做法。双层木地面是用 20mm 厚的普通木板与龙骨成 45° 方向铺钉，面层用硬木拼花地板。粘贴式木地面是采用石油沥青、环氧树脂、聚氨酯或聚醋酸乙烯等胶结材料将木地板粘贴在找平层上。为了防潮，可在找平层上涂热沥青一道。

858. 地面变形缝的构造是怎样的？

地面变形缝一般对应于建筑的变形缝部位设置。整体面层地面和刚性垫层地面在变形缝中填充沥青玛蹄脂或加盖金属板、塑料板等。对沥青类材料的整体面层地面、块料面层地面可以只在混凝土垫层或楼板中设变形缝。铺在柔性垫层上的块料面层地面可不设变形缝。

859. 阳台有哪些建筑类型？

阳台是多层建筑中与房间相连的室外平台，它提供了一个室外活动的小空间。阳台按与外墙的相对位置，可分为凸阳台（也叫挑阳台）、凹阳台、半凸阳台及转角阳台，如图 3.2-8 所示。

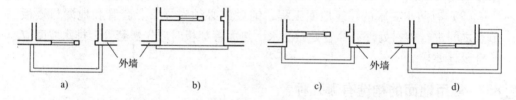

图 3.2-8 阳台的类型
a) 挑阳台 b) 凹阳台 c) 半凹半挑阳台 d) 转角阳台

860. 阳台的结构布置有哪些方式？

阳台的结构布置方式有墙承式、挑梁式和挑板式。

（1）墙承式是将阳台板直接搁置在墙上，其板形和跨度与房间楼板一致，多用于凹阳台。

（2）挑梁式是在阳台两端伸出挑梁，阳台板搁置在挑梁上。挑梁压入墙内的长度一般是挑梁长度的 1.5 倍左右。

（3）挑板式 挑板式是将阳台板悬挑。一种做法是将阳台板和墙梁现浇在一起，通过梁端部的墙体或楼板来平衡阳台，以防阳台倾覆；另一种做法是将房间楼板直接向外悬挑形成阳台板，悬挑阳台的挑出长度一般为 1.0~1.5m。

861. 阳台栏杆与栏板有哪些设计要求？

阳台栏杆与栏板是阳台的安全围护构件，应坚固、安全、美观、耐用。栏杆扶手高度不低于 1.05m，高层建筑不低于 1.1m。栏杆和栏板按材料可分为金属栏杆、钢筋混凝土栏板与栏杆、砖砌栏板及栏杆。栏杆和栏板的图案由建筑设计确定。

862. 阳台的排水如何处理？

为防止阳台的雨水流入室内，阳台的地面一般应比室内地面低 20 ~ 50mm。并在阳台一侧或两侧地面做出 1% 的坡度，以便将雨水排除。排水口一般埋设 ϕ50mm 的钢管或硬质塑料管，并伸出阳台栏板外面不小于 60mm，以防雨水落到下面的阳台上。

863. 雨篷的构造是怎样的？

雨篷是房屋入口处遮雨、保护外门的构件。雨篷常做成悬挑式，悬挑长度一般为 1 ~ 1.5m。为防止倾覆，把雨篷板与入口处过梁浇筑在一起。雨篷的排水口可以设在前面或两侧。雨篷上表面应用防水砂浆向排水口做 1% 的坡度，以便排除雨篷上的雨水。

864. 门窗按材料如何分类？

（1）木门窗 木门窗虽密封较好，但耐久性差，易变形，维护费用高，消耗木材资源大，因而常用于室内门窗。目前我国限制木质门窗的使用。

（2）钢门窗 钢门窗强度高，防火性较强，采光率高，但密封性、耐腐蚀性能和保温性能差。考虑到钢窗的维修不仅工作量大，且费用也高，有的城市因此对新建房屋禁止使用钢窗，如上海市。

（3）铝合金门窗 铝合金门窗造型美观，密闭性良好但成本高。

（4）塑钢门窗 塑钢门窗具有良好的气密性，水密性，隔声，耐受各种恶劣的气候，耐受各种化学腐蚀，使用寿命长，不需定期维护，近年来已被广泛采用。

（5）铝塑复合门窗 铝塑复合门窗是由单独的铝型材和塑料型材经过辊压机的辊压复合到一起的门窗。铝塑复合门窗是集铝合金、塑钢产品优点于一体，弥补二者材质之不足，是保温、节能效果、气密性、水密性、隔声性、抗压性能好的门窗，是 21 世纪绿色门窗，具有广阔的发展前景。

865. 门窗按开启方式如何分类？

门按开启方式分有半开门、弹簧门、推拉门、折叠门、转门、卷帘门等，如图 3.2-9 所示。

窗按开启方式可分为平开窗、悬窗、立转窗、推拉窗、固定窗、百叶窗、滑轴窗、折叠窗等，如图 3.2-10 所示。

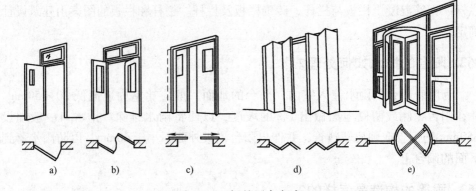

图 3.2-9　门的开启方式

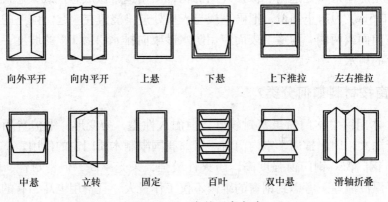

图 3.2-10　窗的开启方式

866. 门窗在设计时应注意些什么?

（1）窗

1）窗扇的开启形式应方便使用、安全、易于清洁。

2）高层建筑宜采用推拉窗；当采用外开窗时应有牢固窗扇的措施。

3）开向公共走道的窗扇，其底面高度不应低于 2m。

4）窗台低于 0.80m 时，应采取防护措施。

（2）门

1）外门构造应开启方便、坚固耐用。

2）手动开启的大门扇应有制动装置，推拉门应有防脱轨的措施。

3）双面弹簧门应在可视高度部分装透明玻璃。

4）旋转门、电动门和大型门的邻近应另设普通门。

5）开向疏散走道及楼梯间的门扇开足时，不应影响走道及楼梯平台的疏散宽度。

（3）天窗

1）应采用防破碎的透光材料或安全网。

2）应有防冷凝水产生或引泄冷凝水的措施。

（4）防火门、防火窗和防火卷帘构造的基本要求

1）防火门、防火窗应划分为甲、乙、丙三级，其耐火极限：甲级应为1.2h；乙级应为0.9h；丙级应为0.6h。

2）防火门应为向疏散方向开启的平开门，并在关闭后应能从任何一侧手动开启。

3）用于疏散的走道、楼梯间和前室的防火门，应具有自行关闭的功能。双扇和多扇防火门，还应具有按顺序关闭的功能。

4）常开的防火门，当发生火灾时，应具有自行关闭和信号反馈的功能。

5）设在变形缝处附近的防火门应设在楼层数较多的一侧，且门开启后不应跨越变形缝。

6）在设置防火墙确有困难的场所，可采用防火卷帘作防火分区分隔。当采用包括背火面温升作耐火极限判定条件的防火卷帘时，其耐火极限不低于3.0h；当采用不包括背火回温升作耐火极限判定条件的防火卷帘时，其卷帘两侧应设独立的闭式自动喷水系统保护，系统喷水延续时间不应小于3.0h。

7）设在疏散走道上的防火卷帘应在卷帘的两侧设置启闭装置，并应具有自动、手动和机械控制的功能。

867. 木门的构造是怎样的？

木门一般由门框、门扇、亮子、五金构件等组成，有的还有贴脸板、筒子板部分。

（1）门框　门框由两根边框和上槛、下槛、中槛组成。高度较小的门没有中槛。门一般不设下槛，但有保温、防风、防水和隔声要求的门应设下槛。

门框和墙的安装方法有先立口和后塞口两种。先立口法是在砌墙前先用支撑将门框立好，然后再砌墙。为使门框和墙体连接牢固，在门框的上框伸出120mm的端头，俗称羊角头，并在边框外侧每隔500～700mm设一木拉砖或铁脚砌入墙内。后塞口法是在墙砌好后再安装门框。砌墙时预留门洞口的宽度比门框宽出20～30mm，高度比门框高出10～20mm，门洞两侧砌墙时每隔500～700mm预理经防腐处理的木砖或预留缺口，以便用铁脚或水泥砂浆将门框固定，门框与墙体间的缝隙用沥青麻丝嵌填。

（2）门扇　门的名称是由门扇的名称决定的，门扇的名称反映了它的构造。门扇一般由上冒头、下冒头、中冒头、边缘、门芯板、玻璃等组成。常用的木门

门扇有镶板门、夹板门、镶玻璃门、纱门、百叶门等。

镶板门由骨架和门芯板组成。骨架由上、下冒头和两根边梃组成，有时有中冒头。骨架中镶填门芯板，门芯板可采用多层胶合板、硬质纤维板等材料。当把门芯板换成玻璃时，即为玻璃门。

夹板门门扇是用小规格木料做成骨架，在骨架两面粘贴胶合板、纤维板等人造板。

868. 平开木窗的构造是怎样的？

平开木窗由窗框、窗扇、五金件组成，根据不同要求还有贴脸板、窗台板、窗帘盒等附件。

（1）窗框 窗框由上框、下框组成，如有亮子时则加中横中竖框框住。窗框的安装方法与门框的安装方法相同。

（2）窗扇 窗扇由上下冒头、边梃、窗芯等组成。边梃和窗芯的尺寸与窗扇厚度方向均一致，一般为 35～42mm，上下冒头和边梃的宽度一般也都一样，取 55～60mm，下冒头为便于安装披水可适当加宽。

为了安装玻璃，应在扇窗上铲出宽 10mm、深 12～15mm 的铲口，安装玻璃的另一侧应做成各种线脚，以减少对光线的阻挡并增加装饰作用。

（3）窗的防水措施 外开窗上部和内开窗下部雨水容易流入室内，因此，外开窗在窗框的中槛上要做披水，内开扇在窗扇的下部要做披水。披水底面做滴水槽，以防雨水流入。在窗框上要做积水槽及排水孔。

869. 塑钢门窗的特点和分类是怎样的？

塑钢门窗是以改性聚氯乙烯（PVC）为主要原料制成的空腹多腔异型材，经焊接加工制成的门窗。为了增加门窗的强度及刚度，在型材中空腹腔内加入钢制型材加强筋，形成塑钢结构，所以称为塑钢门窗。塑钢门窗具有传热系数低、耐弱酸碱、不须油漆等优点，并有良好的气密性、水密性、隔声性能，是住房和城乡建设部推荐的节能产品。

塑钢门窗按开启方式分有平开门窗、推拉门窗、上提窗、悬窗、立转门窗等多种形式。按构造层次分，有单层玻璃门窗、双层玻璃门窗等。

870. 塑钢门窗的构造是怎样的？

塑钢门窗是由各种不同断面的 PVC 塑料中空异型材组装而成。中空型材按功能分，主要有主导型材和辅助异型材。主导型材是窗框和窗扇，辅助异型材是玻璃压条、扇封边、纱扇、拼接型材、披水板、连接件、密封条等。

（1）型材截面形式 异型材品种与几何形状是决定塑钢门窗开启方式的根

本因素。组成一个品种的门窗需要多种不同断面形状的异型材。推拉门窗框型材有 2~3 条平行轨道或沟槽，其截面为 U 形或 E 形，门窗扇型材呈 h 型或 b 型；平开门窗框型材的截面为 L 形，门窗扇型材的截面形状是对称的，为 T 形或 Z 形，其中一侧翼缘紧靠窗框，另一侧翼缘使用玻璃卡条安装玻璃。

（2）组装 塑钢门窗框与扇之间用框扇密封条密封。推拉门窗用密封毛刷条密封，平开门窗用空心或空心带尾的"0"形（橡胶）密封条。

门窗所用的加强型钢及紧固件的表面应经防锈处理，加强型钢壁厚度应不小于 1.2mm，装配时每根构件中装配螺钉数量不少于 3 个，其间距应≤500mm。

塑钢门窗玻璃的安装是在门窗扇异型材一侧嵌入密封条（K 形条），并在玻璃的四周安放橡塑垫块，待玻璃安装就位后，再将已镶好的密封的玻璃压条嵌装固定压紧，玻璃嵌条装配后，四角用氯丁腻子粘紧。

871. 塑钢门窗框是如何安装的？

塑钢门窗框与墙体的安装采用后塞口法。门窗框与墙体的连接固定有直接固定和连接铁件固定两种方法。

直接固定法是用木螺钉直接穿过门窗框型材，与墙体内木砖连接或用塑料膨胀螺钉直接穿过门窗框将其固定在墙体或地面上。

连接铁件固定法是门窗框通过铁件与墙体连接。将固定铁件的一端用自攻螺钉安在门窗框上，另一端用射钉或塑料膨胀螺钉固定在墙体上。

塑钢门窗与墙体之间必须是弹性连接，以确保塑钢门窗热胀冷缩时留有余地，一般采用在门窗框与墙体之间的缝隙处分层填入油毡卷或泡沫塑料，再用 1:2 水泥砂浆或麻刀白灰嵌实，用嵌缝膏进行密封处理。

872. 楼梯的组成一般包括哪些？

楼梯一般由楼梯梯段、平台和中间平台、栏杆或栏板三部分组成。

楼梯段由踏步组成。踏步的水平面称踏步的宽度，亦称踏面；踏步的垂直面称踏步的高度，亦称踢面。当人们连续上楼梯时易疲劳，每个楼梯段的踏步数量一般不超过 18 级。考虑人们行走时的习惯性，楼梯段的踏步数也不应少于 3 级。

平台是指连接楼地面与楼梯段端部的水平构件，也称之为楼层平台，平台面标高与该层楼面标高相同。中间平台是位于两层楼地面之间连接梯段的水平构件，也称之为中间休息平台，其主要作用是减少疲劳，转换梯段方向的作用。

873. 钢筋混凝土楼梯的特点和分类是怎样的？

钢筋混凝土楼梯具有强度高、刚度大、耐久、耐火，并且在施工、造型和造价等方面有较多的优点，所以被广泛采用。

钢筋混凝土楼梯按不同的施工方法分为现浇钢筋混凝土楼梯和预制装配式钢筋混凝土楼梯两种。

现浇钢筋混凝土楼梯，按楼梯梯段的传力特点分为板式楼梯及梁（板）式楼梯两种。

874. 板式楼梯有哪些特点？

板式楼梯是将楼梯梯段搁置在平台梁上，楼梯段相当于一块斜放的板，平台梁之间的距离即为板的跨度，如图 3.2-11 所示。板式楼梯结构简单、底面平整、施工方便，但自重较大，耗用材料多，适用于楼梯段跨度及荷载较小的楼梯。

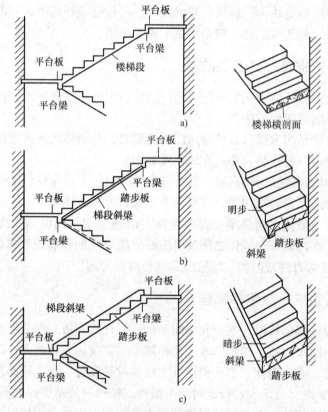

图 3.2-11　板式楼梯和梁板式楼梯
a）板式楼板　b）梁板式楼梯梁在下面　c）梁板式楼梯梁在上面

875. 梁（板）式楼梯有哪些特点？

梁板式楼梯是指楼梯段由板与梁组成，板承受荷载后传给梁，再由梁把荷载传给平台梁，楼梯段梁间的距离即为板的跨度。楼梯段梁的位置不同，有明步和暗步两种。明步是将斜梁设置在踏步板之下，如图3.2-11b所示；暗步楼梯是指斜梁和踏步板的下表面取平，如图3.2-11c所示。梁板式楼梯受力合理，比较经济，适用于各种长度的楼梯。

876. 什么是预制装配式钢筋混凝土楼梯？有哪些类型？

预制装配式钢筋混凝土楼梯是将组成楼梯的各种构件在预制厂或施工现场进行预制，再在现场进行安装。这种楼梯按楼梯构件的合并程度分为小型构件装配式和中型构件装配式与大型构件装配式楼梯。

877. 小型构件装配式楼梯的构成和分类是怎样的？

小型构件装配式楼梯是将各组成部分划分为若干构件，分别预制，然后进行装配。小型构件装配式楼梯按构造方式不同有梁承式、墙承式、悬挑式三种。

（1）梁承式楼梯　由斜梁和踏步构成楼梯段，由平台梁和平台板构成平台。踏步搁置在斜梁上面，斜梁搁置在平台梁上，平台梁搁置在楼梯间的墙上，平台板搁置在平台梁上和楼梯间纵横墙上。

预制踏步可以做成一字形、L形和三角形；斜梁可以做成矩形、L形和锯齿形。

（2）墙承式楼梯　是把预制踏步板搁置在两道墙上，构成楼梯段。从受力上讲，踏步简支在墙体上。

（3）悬挑式楼梯　是将L形或一字形踏步板的一端砌在楼梯间的侧墙内，另一端悬挑，并安装栏杆。由于悬挑式楼梯抗震性能较差，在地震区不宜采用。

878. 楼梯的细部构造（一）踏步面层有什么特点？

（1）楼梯踏步面层应耐磨、光滑、美观，便于清洁。踏步面层的材料常与门厅或走廊的楼地面材料一致。常用面层材料有水泥砂浆面层、水磨石面层、缸砖面层、大理石或人造石面层。

（2）踏步表面光滑容易滑倒，故踏步应有防滑措施。一般楼梯常在踏口部位设置防滑条或防滑槽。防滑条要求高出面层3~6mm，宽10~20mm，防滑条材料有水泥铁屑、水泥金刚砂、马赛克及铜、铝金属条等。

879. 楼梯的细部构造（二）栏杆、栏板、扶手有什么特点？

栏杆或栏板是楼梯的安全设施，设置在楼梯或平台临空的一侧。

栏杆多用方钢、圆钢、扁钢等型材焊接各种图案，既起防护作用又起装饰效果。栏杆高度不小于0.9m，一般为1~1.1m。栏杆垂直间的净空隙不应大于110mm，栏板是不透空构件，常用砖砌筑或用预制或现浇钢筋混凝土板做成。

楼梯与栏杆的连接方式是在所需部位预埋铁件或预留孔件上或插入楼梯段的预留孔洞内，然后用细石混凝土固定。

栏杆或栏板的上部都要设扶手，扶手可用硬木制作或用钢管、塑料制品，在栏板上缘抹水泥砂浆，或做成水磨石等。

880. 台阶的构造是怎样的？

台阶与坡道是建筑物出入口处连接室内外不同标高地面的构造。当有车辆通行或室内外高差较小时应采用坡道，或将台阶和坡道组合在一起。

台阶由踏步和平台组成，有室内和室外台阶之分。室外台阶宽度应比门每边宽出500mm左右。台阶踏步宽度不大于300mm，踏步高度不宜大于150mm，踏步数不少于2级。

台阶的形式有单面踏步式、三面踏步式，单面踏步式带方形石、花池或台阶，或与坡道结合等。

台阶的构造有垫层和面层两大部分。面层可采用地面面层的材料，如水泥砂浆、天然石材、缸砖等。垫层可采用混凝土材料，北方季节性冰冻地区可在混凝土垫层下加做砂垫层。

881. 坡道的构造是怎样的？

坡道有室内和室外坡道之分。室外坡道的坡度不宜大于1:10，室内坡道的坡度不大于1:8，无障碍坡道的坡度为1:12。

坡道的构造与地面相似，为保证人和车辆的安全，可将坡道做成锯齿形或设防滑条。

882. 屋顶的作用及设计要求有哪些？

屋顶是房屋最上层起承重和覆盖作用的构件。它的作用主要有三个：一是防御自然界的风、雨、雪、太阳辐射热和冬季低温等的影响；二是承受自重及风、沙、雨、雪等荷载及施工或屋顶检修人员的活荷载；三是屋顶是建筑物的重要组成部分，对建筑形象的美观起着重要的作用。

屋顶设计必须满足坚固、耐久、防水、排水、保温（隔热）、抵御侵蚀等要求。同时，还应做到自重轻、构造简单、施工方便，便于就地取材等。在这些要求中，防水、排水最为重要。

883. 屋面的坡度如何确定？

屋顶的防水和排水取决于屋顶材料和构造处理。防水是指屋面材料所具有的一定抗渗透能力，或采用不透水材料使屋顶不漏水。排水是使屋面雨水能迅速排除而不积水，以减少渗漏的可能性。

为了排除屋面上的雨水，屋顶表面应有一定的坡度，而坡度的大小又取决于屋面材料的防水性能。采用油毡、镀锌铁皮等单块面积大、接缝少的屋面材料，屋面坡度可以小一些。采用粘土瓦、小青瓦等单块面积小、接缝多的屋面材料时，坡度就必须大一些。

屋面坡度常用斜面的垂直投影高度与水平投影长度的比来表示，如 1:2、1:10 等；较大的坡度也可用角度表示，如30°、45°等；较小的坡度常用百分率表示，如2%、3%等。

884. 屋面的形式主要有哪几种？

由于屋面材料和承重结构形式的不同，屋顶有多种类型。按屋顶的坡度和外形分，有平屋顶、坡屋顶和其他形式屋顶，如图3.2-12所示。

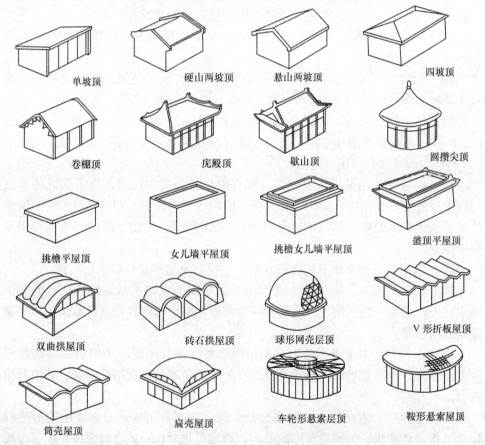

图 3.2-12　屋顶的类型

885. 平屋顶的构成是怎样的?

当屋面坡度小于5%时的屋顶称为平屋顶。平屋顶的坡度通常为2%~3%。平屋顶与坡屋顶相比具有结构简单、施工方便等优点,但平屋顶排水慢,易产生渗漏现象。

平屋顶包括结构层、找坡层、隔热层(保温层)、找平层、结合层、附加防水层、保护层。在北纬40°以北地区,室内湿度大于75%或其他地区室内空气湿度常年大于80%时,保温屋面应设隔汽层。

(1)结构层 屋顶的结构层主要采用钢筋混凝土现浇板或钢筋混凝土预制板。

(2)找坡层 屋顶坡度的形成可选择材料找坡或结构找坡。

1)材料找坡亦称垫置找坡。它是在水平的屋面板上利用材料做成不同的厚度以形成坡度。找坡材料多用炉渣等轻质材料加水泥或石灰形成。

2)结构找坡亦称搁置找坡。它是将屋面板搁置在有一定倾斜度的梁或墙上,以形成屋面的坡度。

(3)保温层 保温层常设置在承重结构层与防水层之间。常用的材料有聚苯乙烯泡沫塑料板、水泥珍珠岩、水泥蛭石、加气混凝土板等。

(4)找平层 找平层设置在结构层或保温层上面,常用15~30mm厚的1:2.5~1:3水泥砂浆做找平层,或用C15的细石混凝土做找平层。另外,也可用1:8的沥青砂浆做找平层。

(5)结合层 当采用水泥砂浆及细石混凝土为找平层时,为了保证防水层与找平层能更好地粘结,采用沥青为基材的防水层,在施工前应在找平层上涂刷冷底子油做基层处理(用汽油稀释沥青),当采用高分子防水层时,可用专用基层处理剂。

(6)防水层 防水层有刚性防水层、柔性防水层和涂料防水层三种。

(7)附加防水层 附加防水层用以加强屋面节点防水薄弱部位,对沥青类防水层可以增加一毡一油,对高聚物改性沥青卷材防水层宜采用防水涂膜增强层做附加防水层。

(8)保护层 对沥青类防水层用玛瑞脂粘结绿豆砂或冷玛瑞脂粘结块状材料做保护层,对高聚物改性沥青及合成高分子类防水层可用铝箔面层、彩砂及涂料等。

(9)隔汽层 卷材屋面的基层必须干燥,否则其所含水分在太阳辐射热的作用下将汽化膨胀,会使卷材形成鼓泡,鼓泡严重时将导致卷材破裂。在工程实践中,除设法控制基层材料的含水和设置隔汽层外,还应采取相应的构造措施,使防水层下形成的蒸汽有一个较大的扩散场所。例如,第一层卷材与基层间采取点状或条状粘贴的做法，保留蒸汽扩散流动的间隙，或将蒸汽集中排除。

886. 刚性防水层的构造是怎样的？

刚性防水层是用防水砂浆抹面或用细石混凝土现浇而成的整体防水层。水泥砂浆防水层采用1:2或1:3的水泥砂浆，掺入水泥用量3%～5%的防水剂抹两道而成。细石混凝土防水层用强度等级不低于C20细石混凝土，厚度不小于40mm，并应配置直径为$\phi4～6$，间距为100～200mm的双向钢筋网片。细石混凝土中宜掺膨胀剂（UEA）、减水剂、防水剂等。

细石混凝土防水层还可以采用浮筑防水层的构造做法。即在结构层上用砂浆找平，再用沥青、废机油或石灰水涂刷形成隔离层，再在隔离层做刚性防水层，也可以采用纸筋灰、麻刀灰、低强度等级砂浆及干铺卷材或松散材料形成隔离层，保证细石混凝土防水层热胀冷缩时可以自由伸缩，防止其开裂。

为了防止刚性防水层产生无规律裂缝，在刚性防水层中应设置分格缝，分格缝位置在结构层的支座处，分格缝纵横向距离不宜大于6m。

887. 柔性防水层的构造是怎样的？

柔性防水层又称卷材防水层，是利用防水卷材与粘结剂结合，形成连续的大面积的构造层来防水的屋顶。常用的防水卷材有沥青类的石油沥青油毡、焦油沥青油毡，高聚物改性沥青类的SBS改性沥青卷材、APP改性沥青卷材，合成高分子类的三元乙丙丁基橡胶卷材、聚氯乙烯卷材等。如石油沥青油毡用粘结剂的选择应与使用的防水卷材材料相匹配，如石油沥青玛瑞脂粘结剂、氯丁橡胶防水卷材可用CY—409液粘结，高聚物改性沥青卷材可以热熔、自粘等。

888. 涂料类防水层的构造是怎样的？

涂料类防水层是指用可塑性和粘结力较强的高分子防水涂料直接涂刷在屋面基层上，形成不透水的薄膜层来达到防水目的。防水涂料有水乳型橡胶沥青涂料、水乳型氯丁橡胶沥青涂料、氯丁胶乳沥青涂料、聚氨酯防水涂膜等。其做法是在平整干燥的基层上，分多次涂刷防水材料，直至厚度达到1.2mm以上。在成膜后撒细砂做保护层，或加入适量银粉、颜料做着色保护涂料。

889. 平屋顶的排水方式有哪几种？

平屋顶的排水方式有无组织排水和有组织排水两大类。

（1）无组织排水 无组织排水是指屋面的雨水由檐口自由滴落到室外地面，因不用天沟、雨水管导流，又称自由落水。无组织排水方式要求屋檐必须挑出外墙面，以防屋面雨水顺外墙面漫流而浇湿和污染墙体。当建筑物较高时，不宜采取自由落水方式。

（2）有组织排水 当房屋较高或年降雨量较大时，应采用有组织排水。有组织排水是设置与屋面排水方向垂直的纵向天沟，雨水经过雨水口和雨水管有组织地排到地面或排入下水系统。有组织排水可分为外排水和内排水。

内排水用于多跨房屋、高层建筑，以及有特殊需要，此时雨水由屋面天沟汇集，经雨水口和室内雨水管排入下水系统。

外排水是沿房屋四周做外檐沟，或沿四周做女儿墙，女儿墙与屋面相交形成内檐沟。为了避免雨水沿山墙方向溢出，山墙处也要设女儿墙或设挑檐。檐沟底面应向雨水口方向做出不小于 0.5% 的纵向坡度，檐沟的坡度也不宜大于 1%，以避免檐沟过深。

雨水口的数量一般根据屋面集水面积、不同直径雨水管的排水能力计算确定，保证排水通畅，做到防水排水结合。在工程实践中，雨水口的适用间距为 10～15m。对有高低跨的屋面，在高跨雨水管出水口的低跨非上人屋面上应做 1000mm×1000mm×30mm 厚的 C20 细石混凝土板，保证低跨屋面不被雨水冲刷破坏。

890. 平屋顶的细部构造有哪些？

（1）泛水 屋面防水层与垂直墙面相交处的构造处理称为泛水。如女儿墙，出屋面的水箱室、楼梯、烟囱等与屋面防水层相交处部位均需做泛水。泛水做法一般是将卷材压入凹槽，再用水泥钉钉压条固定后用密封材料嵌封，外抹水泥砂浆。如图 3.2-13 为平屋顶泛水构造。

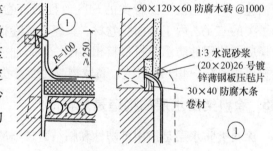

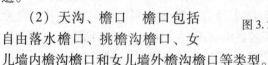

图 3.2-13 平屋顶泛水构造（女儿墙）

（2）天沟、檐口 檐口包括自由落水檐口、挑檐沟檐口、女儿墙内檐沟檐口和女儿墙外檐沟檐口等类型。

檐口卷材收头在沟帮顶部，由于卷材铺贴较厚，转弯不服贴，易发生翘边脱落，故采用压条用水泥钉钉压，密封材料密封。

（3）变形缝 平屋顶变形缝的构造处理原则是既不能影响屋面的变形，又要防止雨水从变形缝处渗入室内。

（4）雨水口 雨水口有水平雨水口设在天沟、檐沟底部和垂直雨水口设在女儿墙上两种。雨水口采用铸铁或塑料制品的漏斗形定型配件，上设格栅罩。雨水口周围直径 500mm 范围内坡度不应小于 5%，并应用防水涂料或密封材料涂封，其厚度不应小于2mm，水平雨水口与基层接触处应留宽20mm、深20mm的凹槽，嵌填密封材料。

891. 平屋顶的保温层和隔热层是如何做的？

在寒冷地区，为防止冬季室内热量通过屋顶向外散失，一般需设保温层，即在结构层上铺一定厚度的保温材料。常用的保温材料有膨胀珍珠岩、膨胀蛭石、泡沫塑料类、微孔混凝土和炉渣等。设计时根据建筑的使用要求、屋面的结构形式等选用保温材料，并经热工计算确定保温层的厚度。

在我国南方地区，屋顶的隔热是建筑物必须采用的措施。常采用的构造做法有实体材料隔热屋面、架空隔热屋面、蓄水隔热屋面、种植隔热屋面等。

892. 怎样定义坡屋顶？

当屋面坡度大于5%时的屋面叫做坡屋顶。

坡屋顶主要由承重结构层和屋面两部分组成。必要时还应增设保温层、隔热层及顶棚等。

893. 坡屋顶承重结构有哪三种方式？

坡屋顶的承重结构方式有砖墙承重、屋架承重、钢筋混凝土梁板承重三种。

（1）砖墙承重 砖墙承重又叫硬山搁檩，是将房屋的内外横墙砌成尖顶状，在上面直接搁置檩条来支承屋面的荷载。适用于开间较小的房屋。

（2）屋架承重 屋顶上搁置屋架，用来搁置檩条以支承屋面荷载。通常屋架搁置在房屋的纵向外墙或柱上，使房屋有一个较大的使用空间。屋架的形式较多，有三角形、梯形、矩形、多边形等。

（3）钢筋混凝土梁板承重 钢筋混凝土承重结构层按施工方法有两种：一种是现浇钢筋混凝土梁和屋面板，另一种是预制钢筋混凝土屋面板直接搁置在山墙上或屋架上。

894. 坡屋顶的屋面构造是怎样的？

（1）平瓦屋顶 当坡屋顶的屋面由檩条、椽子、屋面板、防水材料、顺水条、挂瓦条、平瓦等层次组成时，叫平瓦屋面。其中当檩条间距较小（一般小于800mm）时，可直接在檩条上铺设屋面板，而不使用椽子，如图3.2-14所示。常用的平瓦屋面做法有三种：

1）冷摊瓦屋面是在檩木上搁置椽子，再在椽子上直接钉挂瓦条后挂瓦。

2）屋面板平瓦屋面是在檩条或椽子上钉屋面板，屋面板的厚度为15～

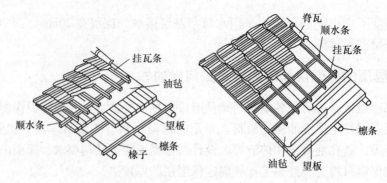

图 3.2-14 平瓦屋面的一般构造

25mm，板上铺一层卷材，其搭接宽度不宜小于 100mm，并用顺水条将卷材钉在屋面板上，顺水条的间距为 500mm，再在顺水条上铺钉挂瓦条挂瓦。

3）钢筋混凝土挂瓦板平瓦屋面是指用钢筋混凝土挂瓦板搁置在横墙或屋架上，用以替代檩条、椽子、屋面板和挂瓦条。

（2）现浇钢筋混凝土梁板坡屋面防水构造

现浇钢筋混凝土梁板坡屋面的构造组成有瓦材及瓦材铺设层、找平层、保温隔热层、卷材或涂膜防水层和隔汽层等，其钢筋混凝土板起主要防水作用。

第三章 建筑装饰构造知识

895. 墙面装饰构造一般有哪些种类？

墙面装饰构造的分类见表 3.3-1。

表 3.3-1 墙面装饰分类

类别	室 外	室 内
抹灰类	水泥砂浆、水泥石灰混合砂浆、聚合物水泥砂浆、拉毛灰、水刷石、干粘石、水磨石、斩假石（剁斧石）、保温隔热材料、喷涂、滚涂等	麻刀灰、纸筋灰、石膏灰膨胀珍珠岩水泥砂浆、水泥砂浆、水泥石灰混合砂浆、拉毛灰、拉条等
贴面类	外墙面砖、马赛克、人工石板、天然石板等	釉面砖、人工石板、天然石板等
涂料类	石灰浆、水泥浆、溶剂型涂料、乳液涂料、彩色胶砂涂料、彩色弹涂等	大白浆、石灰浆、油漆、乳胶漆、水溶性涂料、弹涂等
裱糊类	—	纸基织物壁纸、麻草壁纸、塑料墙纸、棉纺装饰墙布、高级装饰墙布、金属面墙纸等
铺钉类	各种金属、塑料饰面板、玻璃、石棉水泥板等	各种木夹板、木纤维板、石膏板、装饰面板等

896. 墙面装修的作用和分类是什么？

墙面装修的作用是为满足使用功能、耐久性及美观等要求。

墙面装修按其所处的部位不同可以分为室外装修和室内装修两类。墙面装修按所用的材料和施工方法不同可分为抹灰、贴面、涂刷、裱糊和铺钉五类。

897. 抹灰类墙面装修的构造是怎样的？

抹灰类墙面是指用石灰砂浆、水泥砂浆、水泥石灰砂浆、聚合物水泥砂浆、膨胀珍珠岩水泥砂浆，以及麻刀灰、纸浆灰、石膏灰等作为饰面层的装修做法。标准较高的抹灰分底层、中层、面层。一般标准的装修由底层和面层构成。底层抹灰的作用是与墙体表面粘结和初步找平；中层抹灰的作用是进一步找平和弥补底层砂浆的干缩裂缝；面层抹灰的作用是装饰，故应平整、均匀。

抹灰层的总厚度依位置不同而异，室外一般为 15～25mm，室内为 15～

20mm，室内顶棚抹灰均为 12～15mm。

898. 涂刷类墙面装修的构造是怎样的？

涂刷类是指利用各种涂料涂敷于基层表面，形成完整牢固的膜层，起到保护墙体和美观的一种饰面做法。

涂刷类装饰的材料一般是外墙用水泥浆、溶剂型涂料、乳液涂料、硅酸盐无机涂料等。内墙用石灰浆、大白浆、可赛银、乳胶漆、油漆和水溶性涂料等。

899. 贴面类墙面装修的构造是怎样的？

贴面类是指利用各种天然石材或人造板、块，通过绑挂或直接粘贴于基层表面的饰面做法。常用的贴面材料有大理石板、花岗岩板、水磨石板、瓷砖、面砖等。

900. 裱糊类墙面装修的构造是怎样的？

裱糊是指将各种装饰性墙纸、墙布等裱糊在墙上的一种饰面做法。常用的裱糊材料有塑料壁纸、织物壁纸、无纺贴壁纸、玻璃纤维壁布等。

901. 铺钉类墙面装修的构造是怎样的？

铺钉类是指利用天然板条或各种人造薄板借助于钉、胶粘等固定方式对墙面进行的饰面做法。铺钉类墙面装修的材料有木板、塑料饰面板、富丽板、镜面板、不锈钢板等。铺钉类墙面装饰的做法是先在墙面上干铺油毡一层，再钉木骨架，将面板钉在或粘贴在骨架上。

902. 抹灰类墙面有什么特点？

抹灰类墙面是指用石灰砂浆、水泥砂浆、水泥石灰混合砂浆、聚合物水泥砂浆、膨胀珍珠岩水泥砂浆及麻刀灰、纸筋灰、石膏灰等作为饰面层的装修做法。其主要优点是材料的来源广泛、施工操作简便和造价低廉，主要缺点是耐久性差、易开裂、湿作业为主、劳动强度高、工效低等。一般抹灰按质量要求分为普通抹灰和高级抹灰二级。

为保证抹灰层与基层连接牢固，表面平整均匀，避免裂缝和脱落，在抹灰前应将基层表面的灰尘、污垢、油渍等清除干净，并洒水湿润。同时还要求抹灰层不能太厚，并分层完成。普通标准的抹灰一般由底层和面层组成，装修标准较高的房间，当采用中级或高级抹灰时，还要在面层与底层之间加一层或多层中间层。

903. 墙面抹灰层各层厚度与平均总厚度是多少？各层起什么作用？

墙面抹灰层的平均总厚度，施工规范中规定不得大于以下规定：

1）外墙普通墙面20mm，勒脚及突出墙面部分25mm。

2）内墙普通抹灰20mm，高级抹灰25mm。

3）石墙墙面抹灰35mm。

底层抹灰，简称底灰，它的作用是使面层与基层粘牢和初步找平，厚度一般为5~15mm。底灰的选用与基层材料有关，对粘土砖墙、混凝土墙的底灰一般用水泥砂浆、水泥石灰混合砂浆或聚合物水泥砂浆。轻质混凝土砌块墙的底灰多用混合砂浆或聚合物水泥砂浆。板条墙的底灰常用麻刀石灰砂浆或纸筋石灰砂浆。另外，对湿度较大的房间或有防水、防潮要求的墙体，底灰宜选用水泥砂浆。中层抹灰是底层和面层的粘结层，其厚度一般为5~10mm，作用在于进一步找平，减少由于底层砂浆开裂导致的面层裂缝。中层抹灰的材料可以与底灰相同，也可根据装饰要求选用其他材料。面层抹灰，也称罩面，主要起装饰作用，要求表面平整、色彩均匀、无裂纹等。

904. 室内抹灰墙裙的构造是怎样的？

在室内抹灰中，对人群活动频繁、易受碰撞的墙面，或有防水、防潮要求的墙身，常做墙裙对墙身进行保护。墙裙高度一般为1.5m，有时也做到1.8m以上。常见的做法有水泥砂浆抹灰、水磨石、贴瓷砖、油漆、铺钉胶合板等。同时对室内墙面、柱面及门窗洞口的阳角，宜用1:2水泥砂浆做护角，高度不小于2m，每侧宽度不应小于50mm。

905. 一般抹灰砂浆的制备应注意些什么？

（1）砂浆材料配合比　不同品种砂浆（灰浆）的材料配合比，通常是由设计做出规定，必要时需根据当地气候条件、建筑物及其空间界面的使用要求掺入外加剂，其配合比应经过试验确定。表3.3-2为一般抹灰砂浆配合比，可供参考。

表 3.3-2　一般抹灰砂浆的参考配合比

砂浆组成材料	配合比（体积比）	应用范围
石灰:砂	1:2~1:3	砖石墙（檐口、勒脚、女儿墙及潮湿房间的墙除外）面层
水泥:石灰:砂	1:0.3:3~1:1:6	墙面水泥混合砂浆打底
水泥:石灰:砂	1:0.5:1~1:1:4	混凝土顶棚抹水泥混合砂浆打底

（续）

砂浆组成材料	配合比（体积比）	应用范围
水泥:石灰:砂	1:0.5:4 ~ 1:3:9	板条顶棚水泥混合砂浆抹灰
水泥:石灰:砂	1:0.5:4.5 ~ 1:1:6	檐口、勒脚、女儿墙外角及比较潮湿处
水泥:砂	1:3 ~ 1:2.5	潮湿房间墙裙或地面基层
水泥:砂	1:2 ~ 1:2.5	地面、顶棚或墙面面层
水泥:砂	1:0.5 ~ 1:1	混凝土地面随抹随压光
水泥:石膏:砂:锯末	1:1:3:5	吸声墙面抹灰
石灰:麻刀	100:2.5（重量比）	木板条顶棚抹灰底层、中层
石灰:麻刀	100:1.3（重量比）	木板条顶棚抹灰面层（或100kg石灰掺3.8kg纸筋）
石灰:纸筋	0.1m³:3.6kg	墙面或顶棚的较高级抹灰

（2）砂浆稠度及骨料粒径　按抹灰饰面的不同构造层次及其作用，要求底层砂浆必须具有较好的保水性、抗裂性和较强的粘结力，其骨料粒径略大；中层砂浆的作用重在粘结与找平，其骨料粒径可与底层砂浆相同或稍小，而稠度可适当略小；面层砂浆作为装饰层时要压平抹光，且具有抗收缩、抗裂性能及粘结力，厚度较小，要求采用较细的砂或不掺砂。一般抹灰砂浆的稠度及骨料最大粒径，参见表3.3-3。

表 3.3-3　一般抹灰砂浆的稠度及骨料最大粒径

抹灰层名称	稠度/cm	骨料最大粒径/mm
底层	10 ~ 12	2.5
中层	7 ~ 9	2.5
面层	7 ~ 8	1.2

注：砂浆稠度即其流动性。

906. 装饰抹灰砂浆的制备应注意些什么？

（1）彩色水泥粉及骨料的制备　装饰抹灰砂浆的配合比由设计给定，对于无具体配比要求的局部工程，其彩色砂浆可参考表3.3-4进行试配并做出样板，确定标准配合比。

表 3.3-4　彩色砂浆参考配合比（体积比）

设计颜色	普通水泥	白水泥	石灰膏	颜料（按水泥量%）	细纱
土黄色	5		1	氧化铁红（0.2 ~ 0.3） 氧化铁黄（0.1 ~ 0.2）	9
咖啡色	5		1	氧化铁红（05）	9

（续）

设计颜色	普通水泥	白水泥	石灰膏	颜料（按水泥量%）	细纱
淡黄色		5		铬黄（0.9）	9
浅桃色		5		铬黄（0.4）镉红（0.3）	9（白色细砂）
浅绿色		5		氧化铬绿（20）	9（白色细砂）
灰绿色	5		1	氧化铬绿（2.0）	9（白色细砂）
白色		5			9（白色细砂）

注：彩色砂浆的配制亦可采用商品彩色水泥。彩色水泥系以水泥熟料在粉磨过程中掺入颜料外加剂共
　　同粉磨而成，特别适用于配制装饰抹灰色浆。主要品种有米色（灰白）、米黄、樱黄、银灰、深
　　灰、浅绿、深绿、浅蓝、孔雀蓝、桃红、砖红、深红、咖啡、黑色和白色等。

　　配制彩色砂浆时，要先将水泥与颜料按试验确定的配比干拌均匀；彩色石粒也应按石粒的色调进行不同颜色和大小比例的搭配。材料的配比应采用重量比，如果采用体积比也应由重量比换算为体积比。

　　（2）聚合物彩色水泥砂浆的制备　要在干拌彩色水泥粉和骨料的同时，按先后顺序加入化学附加剂、水和聚醋酸乙烯乳液（或其他性能优良的建筑胶粘剂材料），要避免化学附加剂与聚醋酸乙烯乳液（或其他胶粘剂）直接混合以防止失效。

907. 什么是扒拉石?

　　扒拉石是一种用钉粗子对罩面层进行扒拉的施工方法，扒拉后的面层有一种细凿石材的质感。因为扒掉砾石的地方出现一个凹坑，而未有砾石的地方有一个凸出的水泥丘。扒拉石面层为水泥细石浆，细石以 3~5mm 绿豆砂为宜。一般采用贴分格条的办法，水泥细石浆稍稠，一次抹够厚度，找平后用铁抹子反复压实压平，并按设计要求四边留出 4~6mm 不扒拉作边框。扒拉时间以不粘钉粗为准。

908. 什么是拉条灰?

　　拉条灰是将带凹凸槽形模具在罩面层上下拉动，使墙面呈现规则的细条或粗条、半圆条、波形条、梯形条等。面层抹灰前按设计弹墨线，用纯水泥浆贴10mm×20mm 木条。或从上到下加钉一条 18 号铁线作滑道，让木模沿直线滑动。罩面砂浆按设计的条形采用不同的砂浆，操作时应按竖格连续作业，一次抹完，上下端灰口应齐平。

909. 什么是假面砖?

　　假面砖是指采用彩色砂浆和相应的工艺处理，将抹灰面抹制成陶瓷饰面砖分

块形式及其表面效果的装饰抹灰做法。

（1）彩色砂浆配制　按设计要求的饰面色调配制数种做出样板，以确定标准配合比，表 3.2-4 所列彩色砂浆配合比可作参考。

（2）假面砖施工　底、中层抹灰采用 1∶3 水泥砂浆，表面达到平整并保持粗糙，凝结硬化后洒水湿润，即可进行弹线。先弹宽缝线，用以控制面层划沟（面砖凹缝）的顺直度。然后抹 1∶1 水泥砂浆垫层，厚度 3mm；接着抹面层彩色砂浆，厚度 3～4mm。

面层彩色砂浆稍收水后，即用铁梳子沿靠尺板划纹，纹深 1mm 左右，划纹方向与宽缝线相垂直，作为假面砖密缝；然后用铁皮刨或铁钩沿靠尺板划沟（也可采用铁辊进行滚压划纹），纹路凹入深度以露出垫层为准，随手扫净飞边砂粒。

910. 什么是搓毛灰？

搓毛灰是罩面灰初凝时用硬木抹子从上到下搓出一条细而直的纹路，也可从水平方向搓出一条 L 形细纹路。杭州"楼外楼"餐馆外墙就是这种装饰。搓毛时，不允许干搓，如墙面太干应边洒水边搓毛。

911. 什么是拉毛灰？

拉毛灰是用铁抹子、硬棕毛刷子或白麻缠成的圆形刷子，把面层砂浆拉出一种天然石质感的饰面。拉毛灰有拉长毛、短毛、粗毛和细毛多种，其墙面吸声效果好。

面层为纸筋石灰时，应两人配合，一人先抹纸筋灰，另一人随即用硬棕毛刷垂直拍拉。面层厚度以拉毛长度而定，一般为 4～20mm。

面层为水泥石灰砂浆时，也是两人配合，但用白麻的圆形刷子拉毛，把砂浆一点一带，带出毛疙瘩来。

面层用水泥石灰加纸筋灰时，根据石灰膏和纸筋的掺入量分别拉粗毛（5%石灰膏和石灰膏重量 3% 的纸筋）、中毛（10%～20% 石灰膏和其重量 3% 的纸筋）和细毛（25%～30% 石灰膏和适量砂子）。拉粗、中毛时用铁抹子，拉细毛或中毛用棕毛刷。一般这种面层适用于内墙。

另外，还可用专用刷子，在水泥石灰砂浆拉毛的墙面上，蘸 1∶1 水泥石灰浆刷出条筋。条筋比拉毛面凸出 2～3mm。

912. 什么是洒毛灰？

洒毛灰与拉毛灰工艺相似，是用茅草、高粱穗或竹条绑成的茅柴帚，蘸罩面砂浆，往中层砂浆面上洒，也有的在刷色的中层上，不均匀地洒上罩面灰浆，并用抹子轻轻压平，部分露出底色，形成云朵状饰面。面层灰一般用 1:1 水泥砂浆。

913. 什么是仿石抹灰？

仿石抹灰（或仿假石）是在墙面上按设计要求大小分格，一般为矩形格。然后用竹丝帚人工扫出横竖毛纹或斑点，形成石的质感。

914. 什么是水刷石？

（1）底、中层抹灰 水刷石装饰抹灰不同基体的基层处理和底、中层抹灰材料配合比等要求，应按设计规定。一般多采用 1:3 水泥砂浆进行底、中层抹灰，总厚度约为 12mm。

（2）水刷石面层施工

1）抹水泥石粒浆 待中层砂浆凝结硬化后，按设计要求弹分格线并粘贴分格条，然后根据中层抹灰的干燥程度适当洒水湿润，用铁抹子满刮水灰比为 0.37 ~ 0.40（内掺适量的胶粘剂）的聚合物水泥浆一道，随即抹面层水泥石粒浆。

面层水泥石粒浆的批抹厚度，通常是根据所用石粒的粒径确定，一般为石粒粒径的 2.5 倍。每一个分格内均应从下边抹起，凹凸处及时修理并将露出平面的石粒轻轻拍平。

2）修整 罩面水泥石粒浆层稍干无水光时，先用铁抹子抹理一遍，将小孔洞压实、挤严，然后用软毛刷蘸水刷去表面灰浆，并用抹子轻轻拍平石粒，再刷一遍再次拍压，如此将水刷石面层分遍拍平压实，使石粒较为紧密且均匀分布。

3）喷水冲刷 冲水是确保质量的重要环节之一，当罩面层凝结，即可开始喷水冲刷。喷刷分两遍进行，第一遍先用软毛刷蘸水刷掉面层水泥浆露出石粒；第二遍随即用喷浆机或喷雾器将四周相邻部位喷湿，然后由上往下顺序喷水。将面层表面及石粒间的水泥浆冲出，使石粒露出表面 1/3 ~ 1/2 粒径，达到清晰可见。喷刷完成后即可取出分格条，并用水泥浆勾缝。

915. 什么是斩假石装饰抹灰？

斩假石又称剁斧石，是在水泥砂浆抹灰中层上批抹水泥石粒浆，待其硬化后用剁斧、齿斧及钢凿等工具剁出有规律的纹路，使之具有类似经过雕琢的天然石材的表面形态。

（1）面层抹灰

1）抹面层前要湿润中层，并满刮水泥浆（可掺胶粘剂）一道，分格弹线、粘贴分格条。

2）抹面层　面层采用 1∶1.25 的水泥石粒（屑）浆，铺抹厚度为 10 ~ 11mm。用 2mm 左右的米粒石，内掺 30% 粒径为 0.15 ~ 1.0mm 的石屑。材料应干拌均匀后待用。

罩面操作一般分两次进行。先薄抹一层灰浆，稍收水后再抹一遍灰浆与分格条齐平；用刮尺赶平，然后再用木抹子反复压实，达到表面平整，阴阳角方正；最后用软毛刷顺剁纹方向轻扫一遍。面层抹灰完成后 24h 进行养护，常温养护 2 ~ 3d，其强度控制在 5MPa，即水泥强度尚不大，较容易斩剁而石粒又剁不掉的程度为宜。

（2）斩剁操作　斩剁要先弹纹路线（线距约为 100mm），以避免操作中剁纹走斜。斩剁时应保持表面湿润，以防止石屑爆裂。斩假石的质感效果有立纹剁斧、花锤剁斧等，由设计确定。为便于操作并增强装饰性，棱角和分格缝周圈宜留设 15 ~ 20mm 宽度的镜边。镜边也可与天然石材的处理方式相同，改为横向剁纹。

916. 什么是拉假石装饰抹灰？

"拉假石"为斩假石装饰抹灰纹路效果的一种简易做法，面层灰浆可采用 1∶2.5 的水泥石英砂（或白云石屑）浆，抹 8 ~ 10mm 厚，收水后用木抹子搓平，然后压实、压光。抹灰层终凝后，用抓耙（可用废锯条制作）依着靠尺板按同一方向耙拉，在抹灰层表面划出清晰的纹理（石材细琢面）效果。

917. 什么是干粘石装饰抹灰？

干粘石是将彩色石粒直接粘在砂浆层上的一种装饰抹灰做法。干粘石通过采用彩色和黑白石粒掺合作骨料，使抹灰饰面具有天然石料质地朴实、凝重或色彩优雅的特点。干粘石的石粒，也可用彩色瓷粒及石屑所取代，使装饰抹灰饰面更趋丰富。

干粘石的手工操作步骤：

（1）底、中层抹灰　同水刷石。

（2）抹粘结层砂浆　刷水泥浆结合层一道，弹线分格，用水泥浆粘贴分格条，干粘石抹灰饰面的分格缝宽度一般不小于 20mm。

粘结层砂浆可采用聚合物水泥砂浆，其稠度不大于 8cm，铺抹厚度一般为 4 ~ 6mm，机喷石屑抹灰中为 2 ~ 3mm 的石屑。其粘结砂浆可采用聚合物白水泥砂浆（或以石粉代砂），稠度为 12cm 左右；粘结砂浆中可掺入木质素磺酸钙、甲基硅醇钠；喷粘石屑的颜色及配合比按设计规定。要求涂抹平整，不显抹痕；按分格大小，一次抹一格或数格，避免在格内留槎。

（3）甩粘石粒与拍压平整　待粘结层砂浆干湿适宜时，即进行甩粘石粒。

如发现石粒分布不匀或过于稀疏，可以用手及抹子直接补粘。

在粘结砂浆表面均匀地粘嵌上一层石粒后，用抹子或橡胶辊轻拍、压一遍，使石粒埋入砂浆的深度不小于 1/2 粒径，拍压后石粒应平整坚实。等候 10 ~ 15min，待灰浆稍干时，再做第二次拍平，用力稍强，但仍以轻力拍压和不挤出灰浆为宜。但应注意，先后的粘石操作不要超过 45min，即在水泥初凝前结束。

（4）起分格条及勾缝　干粘石饰面达到表面平整、石粒饱满时，即可起出分格条，起时不要碰动石粒。随手清理分格缝并用水泥浆勾抹修整，使分格缝达到顺直、清晰，宽窄一致。

918. 什么是干粘石的机喷施工？

机喷干粘石是指采用压缩空气将石粒喷撒在墙面尚未硬化的水泥浆粘结层上，成为干粘石抹灰饰面。与手工甩石相比，机喷石的施工效率高，但其粘结分布密度相对较低，有时会出现透底，应及时用手工配合进行补粘处理。

（1）机喷石粒　在墙面基层处理、洒水湿润、设置标筋、抹 1:3 水泥砂浆底中层灰等工序完成后，弹分格线，按线粘贴浸水湿透的布条，用布条分出区格，再按分区格满刮水灰比为 0.37 ~ 0.40 的水泥浆一道，接着抹聚合物砂浆（材料配合比由设计确定）粘结层，厚度为 4 ~ 5mm(2 ~ 3mm)。为了延缓粘结砂浆的凝结时间，以满足喷粘石粒的操作，可以在砂浆中掺入水泥重量 0.3% 的木质素磺酸钙。

粘结砂浆抹完一个格区，即可喷射石粒。

（2）勾分格缝　相邻格区滚压完成后即可揭掉分格布条，应修整好分格缝，取出粘结不良的石渣飞粒，用水泥浆勾好分格缝，做到横平竖直，宽窄一致。

919. 贴面类墙面装饰有哪些特点和类型？

贴面类是指将各种天然石材或人造板块绑、挂或直接粘贴于基层表面的饰面做法。这类装修具有耐久性好、施工方便、装饰性强、质量高、易于清洗等优点。常用的贴面材料有陶瓷面砖、马赛克及水磨石、水刷石、斩假石等水泥预制板和天然的花岗岩、大理石板等。其中，质地细腻、耐候性差的材料常用于室内装修，如瓷砖、大理石板等。而质感粗放、耐候性较好的材料，如陶瓷面砖、马赛克、花岗岩板等，多用于室外装修。

920. 陶瓷面砖、马赛克类装修的墙面构造是怎样的？

对陶瓷面砖、马赛克等尺寸小、重量轻的贴面材料，可用砂浆直接粘贴在基层上。贴外墙面时，其构造多采用 10 ~ 15mm 厚 1:3 水泥砂浆打底找平，用 8 ~ 10mm 厚 1:1 水泥细砂浆粘贴各种装饰材料。粘贴面砖时，常留 1 ~ 2mm 左右的缝隙，以增加材料的透气性，并用1:1水泥细砂浆勾缝。在内墙面时，多用10~15mm厚1:3水泥砂浆或1:1:6水泥石灰混合砂浆打底找平，用8~10mm厚1:0.3:3水泥石灰砂浆粘贴各种贴面材料。

921. 贴面砖预排应遵循怎样的原则？

（1）同一墙面只能有一行（或列）非整砖，且非整砖应排在次要部位或阴角处。

（2）对内墙面，接缝宽度一般应在1~1.5mm间调整。在管线、灯具、卫生设备支承部位应用整砖套割吻合，不应用非整砖拼凑。

（3）在有脸盆、镜箱的墙面，应按脸盆下水管部位分中，向两边排砖。肥皂盒可按预定尺寸和砖数排砖。

（4）当按第一条原则产生的非整砖宽度小于1/2整砖宽度时，易采用增加一行（或列）非整砖，使它们宽度相等且都大于1/2整砖宽，以改善"窄条"对美观的影响。

（5）对外墙面，一般应使水平缝与门窗旋脸、窗台、腰线齐平。外墙面砖应沿着水平线，按"平上不平下"的原则镶贴。

922. 天然或人造石板类墙面的绑扎法构造做法是怎样的？

天然石板墙面的构造做法，应先在墙身或柱内预埋中距500mm左右、双向的$\phi 8$"Ω"形钢筋，在其上绑扎$\phi 6 \sim \phi 10$的钢筋，再用16号镀锌钢丝或铜丝穿过事先在石板上钻好的孔眼，将石板绑扎在钢筋网上。固定石板用的横向钢筋间距应与石板的高度一致，当石板就位、校正、绑扎牢固后，在石板与墙或柱面的缝隙中，用1:2.5水泥砂浆分层灌缝，每次灌入高度不应超过200mm。石板与墙柱间的缝宽一般为30mm。

人造石板装修的构造做法与天然石板相同，但不必在板上钻孔，而是利用板背面预留的钢筋挂钩，用铜丝或镀锌钢丝将其绑扎在水平钢筋上，就位后再用砂浆填缝。

近几年，为节省钢材，降低石板类墙面装修的造价，各地出现了不少新的构造方式，如用射钉枪按规定部位，将钢钉打入墙身或柱内，然后在钉头上直接绑扎石板。

923. 天然或人造石板类墙面的干挂法构造做法是怎样的？

细琢面或毛面的大理石、花岗石板材及有线脚断面的块材，由于面块较厚，一般采用干挂法，即通过镀锌锚固件与基体连接。干挂法的工序比较简单，装配的牢固程度比绑扎法高，但是锚固件比较复杂，一般要求专业施工队施工操作。

锚固件有扁钢锚件、圆钢锚件和线型锚件等。因此，根据其锚固件的不同，板材开孔的形式也各不相同。

924. 天然或人造石板类墙面的粘贴法构造做法是怎样的？

对于碎的磨光花岗石片、大理石片以及青石板的安装，因其规格较小，一般可采用粘贴的方法安装。

小型石板的粘贴与粘贴外路面砖的做法相似。其基体处理、抹找平层砂浆与抹灰层的操作是相同的。石板浸透后，取出阴干备用。粘结砂浆采用聚合物水泥砂浆，常用1:2水泥砂浆内掺入水泥量5%~10%的108胶。全部石板粘贴完毕后，应将板面清理干净，并按板材颜色调制水泥浆嵌缝，边嵌边擦净。要求缝隙密实，颜色统一。

925. 建筑涂料有哪些涂装方法？

一般地说，建筑涂料可以通过刷涂、滚涂和刮涂等方法以及这些方法的综合使用进行涂装。除上述方法外，过去还采用弹涂方法，但随着施工技术的进步目前已极少使用。

（1）刷涂法 刷涂法是采用漆刷和排笔将涂料均匀地涂装于基层上，在建筑涂料施工中除了墙面涂料外其他溶剂型涂料广泛采用刷涂法涂装，例如各种乳胶漆、溶剂型涂料和水性涂料等。

（2）滚涂 滚涂施工方法是使用不同类型的辊具将涂料滚涂到基层上，主要用于墙面涂料的施工。根据涂料的不同类型和装饰质感，滚涂分为一般滚涂与艺术滚涂两大类。

艺术滚涂是使用各种不同形式的辊筒在墙面上印上各种图案花纹或形成立体质感强烈的凹凸花纹的一种施工方法。

（3）刮涂 刮涂施工是使用刮板或带弹性的钢质刮刀，将稠厚的涂料均匀地批刮到施工面上，形成厚度达0.5~2mm的厚涂层。这种施工方法常用于地面涂料、防水涂料和仿瓷涂料的涂装。在刮涂地面施工时为了增加涂层的装饰效果，往往用划刀或记号笔刻画有席纹、仿木纹等各种花纹。

（4）喷涂法 喷涂是使用喷枪或喷斗涂装的一种施工方式，大部分建筑涂料都可以采用喷涂法施工。例如，各种类型的水性、溶剂型薄质涂料，可以喷涂成平面状薄质涂层，砂壁状建筑涂料、复层建筑涂料和绝热涂料等，可以喷涂出相应的厚质涂层。

（5）综合法 综合法即是将不同施工方法综合使用。例如，施工内、外墙涂料时，先用辊筒滚涂，接着用长杆羊毛排笔顺一遍的综合施工方式；再例如，施工复层涂料时底涂层采用滚涂，主涂层采用喷涂，面涂层采用或喷或滚的综合施工方法。

926. 裱糊工程壁纸与墙布的处理有哪些步骤和要求？

（1）裁剖下料 墙面或顶棚的大面裱糊工程，应采用整幅裱糊。对于细部及其他非整幅部位需要进行裁割时，要根据材料的规格及裱糊面的尺寸统筹规划，并按裱糊顺序分幅编号。壁纸墙布的上下端宜各自留出50mm的修剪余量；对于花纹图案具体的壁纸墙布，要事先明确花饰效果及其图案特征，确定采用对口拼缝或是搭口裁割拼缝的具体拼接方式。裁割后的材料边缘应平直整齐，不得有飞边毛刺。下料后的壁纸墙布应卷起平放，不能立放。

（2）浸水润纸 也叫闷水，主要是针对纸胎的塑料壁纸。对于玻璃纤维基材及无纺贴墙布类材料，遇水无伸缩，故无需进行湿润；而复合纸质壁纸则严禁进行闷水处理。

1）聚氯乙烯塑料壁纸遇水或胶液浸湿后随即膨胀，约5～10min胀足，干燥后自行收缩，掌握和利用这一特性是保证塑料壁纸裱糊质量的重要环节。如果将未经润纸处理的此类壁纸直接上墙粘贴，由于壁纸虽然被胶固定但其继续吸湿膨胀，因而裱糊饰面就会出现难以消除的大量气泡、皱折。闷纸处理的一般做法是将塑料壁纸置于水槽中浸泡2～3min，取出后抖掉多余的水，再静置10～20min，然后再进行裱糊操作。

2）对于金属壁纸，在裱糊前也需适当进行润纸处理，但闷水时间较短。将其浸入水槽1～2min即可取出，取出后抖掉明水，静置5～8min，然后再上墙裱糊。

3）复合纸基壁纸的湿强度较差，严禁裱糊前的浸湿处理。为达到利于裱糊的目的，可在壁纸背面均匀涂刷胶粘剂，然后将其胶面对胶面自然对折静置5～8min，即可上墙裱糊。

4）带背胶的壁纸，应在水槽中浸泡数分钟，取出后，由底部开始图案面朝外卷成一卷，静置1min，再进行裱糊。

5）纺织纤维壁纸不能浸泡，可先用洁净湿布在其背面稍作擦拭，然后进行裱糊操作。

927. 水泥砂浆楼地面有什么特点？

（1）材料要求 面层的厚度一般为15～20mm，宜采用强度等级≥32.5的普通水泥与中砂或粗砂配制，配合比按1：2.5（体积比），砂的含泥量不得大于3%。砂浆应是干硬性的，用手捏成团稍出浆即可。

（2）基层处理

1）基层应干净、平整而非光滑（对光滑基层应打毛处理或涂刷界面处理剂)。

2)在施工之前按设计测定地面标高位置,在四周墙上弹出水平基线(50线或一米线)。

3)做灰饼标筋。

水泥砂浆地面构造简单,施工方便,造价低,且耐水,是目前应用最广泛的一种地面做法。其缺点是易起灰,无弹性,热传导性高,且装饰效果较差。为改善其装饰效果,可在水泥砂浆中掺入少量矿物颜料,如氧化铁红等,但装饰效果也不太理想。为了提高水泥砂浆地面的耐磨性和光洁度,可用干硬性的水泥砂浆作面层,用磨光机打磨,或用水泥和石屑(不掺砂)作面层等。

928. 细石混凝土楼地面有什么特点?

细石混凝土楼地面可以克服水泥砂浆楼地面干缩性大的缺点,这种地面强度高,干缩值小,耐磨、耐久性好,不易开裂翻砂。

(1)厚度 厚度一般较大,为25mm。但要视建筑物的用途而定,一般住宅和办公楼为30~50mm,厂房车间为50~80mm。

(2)材料要求 混凝土的配合比水泥:砂:石子=1:2:4,混凝土强度等级不低于C20,坍落度不大于3cm,采用强度等级32.5的普通硅酸盐水泥,中砂或粗砂和5~15mm的碎石或卵石配制而成。

929. 现浇水磨石地面有些什么特点?

(1)材料要求

1)水泥:深色水磨石面层,可采用强度等级32.5以上的硅酸盐水泥,普通硅酸盐水泥或矿渣硅酸盐水泥;白色或浅色水磨石面层应采用强度等级32.5以上的白水泥。

2)石碴:应用坚硬的岩石(如白云石、大理石等)加工而成。颗粒应有棱角,且洁净。普通水磨石地面宜采用4~12mm石碴,大粒径石子彩色水磨石地面宜采用3~7mm、10~15mm、20~40mm三种规格的石子组合。石碴使用前应用水冲洗干净、晾干。

3)颜料:应采用耐碱、耐光的矿物颜料,掺入量宜为水泥重量的3%~6%。不论何种色粉都应经试配确定和试件强度试验。同一彩色面层应使用同厂同批颜料。

4)分格条:一般采用玻璃条或铜条,也可采用铝条、不锈钢条、硬质聚氯乙烯条。

5)地板蜡:为天然蜡或石蜡溶化配制而成(0.5kg配2.5kg煤油加热后使用)。

(2) 现浇水磨石特点 水磨石地面坚硬、耐磨、光洁、不透水，而且由于施工时磨去了表面的水泥浆膜，避免了起灰，有利于保持清洁，装饰效果也优于水泥砂浆地面；但造价高于水泥砂浆地面，且施工较麻烦，弹性差，吸热性强，常用于人流量较大的交通空间和房间，如公共建筑的门厅、走廊、楼梯及营业厅、候车厅等。对装修要求较高的建筑，可用彩色水泥或白水泥加入各种颜料代替普通水泥与彩色大理石石屑组成各种色彩和图案的地面，即美术水磨石地面，它比普通的水磨石地面具有更好的装饰性，但造价更高。

930. 大理石和花岗石楼地面有什么特点？

大理石地面的常见做法是先用 20~30mm 厚 1:3 或 1:4 干硬性水泥砂浆找平，再用 5~10mm 厚 1:1 水泥砂浆作结合层铺贴大理石板，板缝宽不大于 1mm，洒干水泥粉浇水扫缝，最后用草酸打蜡。另外，还可利用大理石碎块拼贴，形成碎大理石地面，此做法可以充分利用边脚料，既能降低造价，又可取得较好的装饰效果。经表面打磨光滑的磨光花岗石板多用作室内地面，它的耐磨程度高于大理石板，但价格昂贵，应谨慎选用。花岗石地面有灰白、红、青、黑等颜色，其构造做法同大理石地面。

人造石板有预制水磨石板、人造大理石板等，其规格尺寸及地面的构造做法与天然石板基本相同，而价格低于天然石板，多用于规格较低的室内地面或室外地面。

931. 地面砖楼地面有什么特点？

用作地面的陶瓷板块有陶瓷锦砖和缸砖、陶瓷彩釉砖、瓷质无釉砖等各种陶瓷地砖等。陶瓷锦砖又称马赛克，是以优质瓷土烧制而成的小块瓷砖，具有多种颜色和几何形状，可拼成各种图案。陶瓷锦砖色彩丰富、鲜艳、尺寸小、面层薄、自重轻、不易踩碎。

缸砖是用陶土烧制而成的，可加入不同的颜料烧制成各种颜色，以红棕色缸砖最为常见。缸砖可根据需要做成方形、长方形、六角形和八角形等，并可组合拼成各种图案，其中方形缸砖应用较多，其尺寸一般为 100mm×10mm、150mm×150mm，厚度为 10~15mm。

陶瓷彩釉砖和瓷质无釉砖是较理想的新型地面装修材料，其规格尺寸一般较大，如 400mm×400mm、600mm×600mm 等。瓷质无釉砖又称仿花岗石砖，它具有天然花岗石的质感。陶瓷彩釉砖和瓷质无釉砖可用于门厅、餐厅、营业厅等。

陶瓷板块地面的特点是坚硬耐磨、色泽稳定，易于保持清洁，而且具有较好的耐水和耐酸碱腐蚀的性能，一般适用于用水的房间及有腐蚀的房间，如厕所、盥洗室、浴室和实验室等，也可以用在公共建筑和居住建筑之中。这种地面弹性差、消声性能差、吸热性大，故不宜用于人们长时间停留并要求安静的房间。陶瓷板块地面的面层属于刚性面层，只能铺贴在整体性和刚性较好的基层上，如混凝土垫层或钢筋混凝土楼板结构层。

932. 木质面层地面的一般构造是怎样的？

木质面层地面一般由面层和基层构成。面层有条板面层、拼花面层和板块面层。条板面层是木地板中应用最多的一种，常用规格为50～150mm宽。拼花面层是用较短的小板条，以不同的组合形式拼成各种图案，常见的有正方格、斜方格和人字拼花等。板块面层是用整张的细木工板、硬质纤维板作为面层，在一些住宅装修中被采用。

基层有木基层、水泥砂浆或混凝土基层等。木基层有架空式和实铺式两种，如图3.3-1、图3.3-2所示。

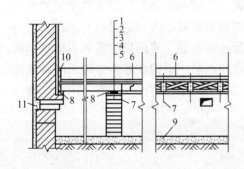 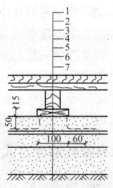

图 3.3-1　架空木地面
1—压缝条20×20　2—松木地板条23×100
3—木搁栅（木梁）500×100中～中400
4—干铺油毡一层　5—砖地垄墙厚240mm、
每1500mm一道　6—剪刀撑40×40中～中1500
7—12号绑扎钢丝　8—垫（压檐木）50×75
9—房心三七灰土100厚　10—木踢脚板
23×150　11—通风洞120×180

图 3.3-2　实铺式木地板构造（首层）
1—双层或单层木地板　2—木搁栅、
用12号钢丝与"几"形预埋铁件绑扎
牢固　3—60mm厚100号细石混凝土
预埋"几"形铁件　4—毡油防潮层
5—40mm厚细石混凝土刷冷底子油一道
6—100厚3：7灰土　7—素土夯实

水泥砂浆或混凝土基层一般多用于薄木地板地面，薄木地板是利用木材加工过程剩余的材料加工而成。薄板是用胶粘剂与基层粘结的。有些木地面对减震及整体弹性要求较高，如舞台、室内运动场，为此可用橡胶垫放在木搁栅下来达到此目的。

933. 木条板面层铺设构造和基层材料要求是怎样的？

木条板面层有单层和双层两种。单层即普通木地板，是将条板直接钉在木搁栅上；双层是在木搁栅上先钉一层毛地板，再钉一层硬木企口板。木搁栅有空铺和实铺两种，空铺是将搁栅搁在墙内的垫木上，并用剪刀撑支持在木搁栅之间；实铺是将木搁栅直接铺在钢筋混凝土楼板或混凝土垫层上，木搁栅间填上炉渣等隔声材料。

基层材料要求：木搁栅所用木料断面尺寸，对于空铺式应按设计地垅墙的间距而定；对实铺式的梯形断面木龙骨一般为上 50mm、下 70mm，矩形断面为 70mm×70mm。毛地板宽应不大于 120mm，厚为 22~25mm。毛地板的含水率控制在 15% 以下，南方地区可控制在 18% 以下。

934. 塑料面层楼地面有什么特点？常用哪些塑料面层？

塑料面层是采用塑料板块、卷材以粘贴、干铺和现浇塑料涂布在水泥类基层上而成。板块有半硬质和软质两种，而卷材只有软质。常用的材料有：聚氯乙烯树脂塑料、聚氯乙烯—聚乙烯共聚塑料、聚乙烯树脂、聚丙烯树脂和石棉塑料板等。现浇整体式塑料涂布面层有环氧树脂涂布面层、不饱和聚酯涂布面层和聚酯酸乙烯塑料面层等。塑料地面具有脚感舒适、噪声小、防滑、耐磨、耐化学腐蚀等特点，多用于室内公共场所。

935. 地毯有哪些铺设方式？

（1）活动式铺设　活动式铺设是将地毯明摆浮搁在基层上，即随时可以把它从基层上平移或提起。这种铺设方法简单，便于清洁，也便于更换。一般适用以下几种情况：

1）装饰性的工艺地毯主要起一个装饰作用，一般在满铺的固定式地毯上或其他装饰地面上铺放一块艺术地毯，起到一种美化和营造一种气氛的作用。

2）方块地毯一般是不加任何固定的，而是采用紧密铺设的方式，使之稳定在基层上。

3）在人们活动较少的房间，或者地毯的部分可用较重的家具压住时，也可用活动式铺设地毯。

（2）固定式铺设

1）用倒刺板条固定。在地毯的下面加设一层垫层。常用的垫层有波纹状的绵波垫和杂毛毡垫两种。波纹垫一般是泡沫塑料，10mm 厚左右。倒刺板可用市售的铝合金倒刺收口条，也可自制胶合板倒刺条。倒刺板条通常是沿着墙的四周安置。

2）胶粘剂固定。当用胶粘剂固定地毯时，要求基层必须平整密实。粘结固定地毯的胶可选用铺贴塑料地板时用的地板胶。

936. 直接式顶棚装修常见的有哪几种处理方式？

直接式顶棚指直接在钢筋混凝土楼板下喷、刷、粘贴装修材料的一种构造方式，多用于工业与民用建筑中。直接式顶棚装修常见的有以下几种处理方式：

（1）直接喷、刷涂料　当楼板底面平整时，可用腻子嵌平板缝，直接在楼板底面喷或刷大白浆涂料或 106 装饰涂料，以增加顶棚的光反射作用。

（2）抹灰装修　当楼板底面不够平整，或室内装修要求较高时，可在板底进行抹灰装修。抹灰分水泥砂浆抹灰和纸筋灰抹灰两种。

水泥砂浆抹灰是将板底清洗干净，打毛或刷素水泥浆一道后，抹 5mm 厚1:3 水泥砂浆打底，用 5mm 厚 1:2.5 水泥砂浆粉面，再喷刷涂料。

纸筋灰抹灰是先以 6mm 厚混合砂浆打底，再用 3mm 厚纸筋灰粉面，然后喷、刷涂料面层。

（3）贴面式装修　对某些装修要求较高，或有保温、隔热、吸声要求的建筑物，如商店门面、公共建筑的大厅等，可于楼板底面直接粘贴适用于顶棚装饰的墙纸、装饰吸声板及泡沫塑胶板等。

937. 吊式顶棚按所采用材料等不同有哪两种构造形式？

吊顶按所采用材料、装修标准及防火要求的不同有木质骨架和金属骨架之分。

（1）木龙骨吊顶　木龙骨吊顶主要是借助预埋于楼板内的金属吊件或锚栓将吊筋（又称吊头）固定在楼板下部，吊筋间距一般为 900～1000mm，吊筋下固定主龙骨（又称吊档），其截面均为 45mm×45mm 或 50mm×50mm。主龙骨下钉次龙骨（又称平顶筋或吊顶搁栅）。次龙骨截面为 40mm×40mm，间距为 400mm、450mm、600mm。间距的选用视下面装饰铺材的规格而定。具体构造如图 3.3-3 所示。

木龙骨吊顶因其基层材料具有可燃性，加之安装方式多为铁钉固定，顶棚表面很难做到水平。因此，在一些重要的工程或防火要求较高的建筑中已极少采用。

（2）金属龙骨吊顶　根据防火规范要求，顶棚宜采用不燃材料或难燃材料构造。

金属吊顶主要由金属龙骨基层与装饰面板所构成。金属龙骨由吊筋、主龙骨、次龙骨和横撑龙骨组成。吊筋一般采用中 6 钢筋或 8 号钢丝或 φ6 螺栓，中

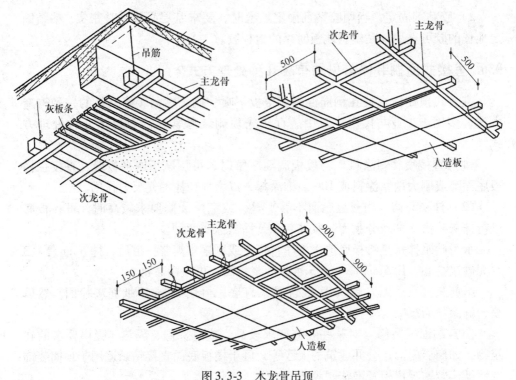

图 3.3-3 木龙骨吊顶

距 900~1200mm，固定在楼板下。吊筋头与楼板的固结方式可分为吊钩式、钉入式和预埋件式。然后在吊筋的下端悬吊主龙骨。当主龙骨系〔形截面时，吊筋借吊挂配件悬吊主龙骨。如果主龙骨为⊥形截面时，则吊筋可钩在主龙骨上。然后再于主龙骨下悬吊吊顶次龙骨。为铺钉装饰面板，还应在龙骨之间增设横撑，横撑间距视面板规格而定。横撑截面可为口形，亦可为⊥形。最后在吊顶次龙骨和横撑上铺钉装饰面板。

装饰面板有各种人造板和金属板之分。人造板包括纸面石膏板、矿棉吸声板、各种穿孔板和纤维水泥板等。装饰面板可借沉头自攻螺钉固定在龙骨和横撑上，亦可放置在上形龙骨的翼缘上。

金属面板包括铝板、铝合金型板、彩色涂层薄钢板和不锈钢薄板等。面板形式有条形、方形、长方形、折棱形等。条板宽 60~300mm，块板规格为 500mm、600mm 见方，表面呈古铜色、青铜色、金黄色、银白色及各种烤漆颜色。

938. 吊式顶棚在设计与安装时应注意些什么?

在吊顶的设计中，应考虑:

(1) 大面积吊顶因温度的影响会引起顶棚的开裂，需设置分缝。

（2）为隔断振动传声，应在吊杆与结构连接之间、四周墙之间设置弹性阻尼材料，减少或隔绝振动传声。

（3）对演出性厅堂和会议室等有音质要求的室内，吊顶应采用吸声扩散处理。

（4）大量管道和电气线路均安装在吊顶内部；吊顶材料和构造设计根据规范要求，应考虑防火、防潮、防水的处理，并应防止产生冷凝水。

（5）吊杆的设置：在装配式楼板结构中，应预埋在板缝处。

（6）抹灰吊顶应设检修人孔及通风口。

（7）高大厅堂和管线较多的吊顶内，应留有检修空间，并根据需要设走道板。

939. 铝合金单体构件的构造是怎样的?

（1）铝合金格栅单体构件　格栅式单体构件是开敞式吊顶中应用较多的一种形式。格栅单体质量较小，一个标准格栅单体只需用手轻轻一托即可安装就位。因此这种单体构件不用骨架支撑，而直接用吊杆与结构相连。在工程中为了减少吊杆的数量，通常用通长的钢管作为吊杆与单体的连接件。

格栅单体构件常见的尺寸是 610mm×610mm，是用双层 0.5mm 厚的薄板加工而成的，每个小格的高度为 50.8mm，长×宽尺寸有 78mm×78mm、113mm×113mm 和 143mm×143mm 等。

（2）铝合金装饰板单体构件　用铝合金装饰板加工成型的单体构件，安装时将每一标准单体构件用卡具连成一个整体，再同通长的悬吊钢管相连。其表面已作氧化或烤漆等处理，并具有花纹图案和各种色彩。一个整体构件尺寸通常为 600mm 见方或 625mm 见方，或 600mm×1200mm。

940. 饰面板与龙骨的连接形式一般有哪几种?

（1）钉接　木龙骨一般用铁钉连接面板，型钢龙骨用螺钉，钉距视面板情况而定。

（2）粘结　用各种胶粘剂将板材粘结在龙骨或基层板上。如矿棉吸声板可用 1:1 水泥石膏粉加适量 108 胶粘贴；钙塑板可用 401 胶粘贴在石膏板基层上。若用粘钉结合的方法则连接更牢固。

（3）搁置　对于 T 型薄壁轻钢龙骨和铝合金龙骨，可将面板直接搁在龙骨翼缘上。但为防止轻质面板被风掀起，应用小木条压住或用钢卡子夹住。

（4）卡紧　用龙骨本身或另用卡具将面板卡在龙骨上。这种做法多用轻钢、型钢龙骨；板多为金属板、石棉水泥板等。

（5）挂住　利用金属挂钩龙骨将板材组成的单体构件挂于其下，组成开敞式吊顶。

941. 顶棚发光带与发光顶棚安装应注意些什么？

发光带与发光顶棚与组装式吸顶灯相同的是采用组合的日光灯管或白炽灯与建筑装饰构件组装而成，不同的是表现形式不一样，且前者布置面积较大。尤其是在开敞式吊顶中，往往选用装饰灯具来配合单体构件或直接由装饰灯具担当单体构件。

做发光带时，灯具一般在型钢吊梁上滑动安装，形成长形的发光带，其面板一般采用磨砂玻璃或彩色玻璃等。做发光顶棚时，一般采用组合灯具，常用的安装布置形式有四种：

（1）高吊式布置 将灯具布置在吊顶上部，同吊顶表面保持一定距离。这种做法因吊顶单体构件的遮挡形成漫射光，使光照显得均匀而柔和。

（2）嵌入式布置 将灯具嵌入单体构件内，灯具同吊顶面保持同一水平。光照的效果不仅与灯具的形式有关，还与单体构件的形式有关。

（3）吸顶式布置 一组日光灯组成的灯具，固定在吊顶的下面。这种布置有行列式及交错式两种。因灯具在吊顶面以下，所以选择灯具时可不受单体构件尺寸的限制。

（4）吊挂式布置 可以是吊链式的直吊式灯具，也可以是斜撑式的悬挂灯具。光源的选择和组合形式较多。

942. 轻质隔墙一般有哪几种类型？一般轻质隔墙工程应注意些什么？

轻质隔墙是指非承重轻质内隔墙，此类工程所用材料的种类和隔墙的构造方法很多，国家标准 GB50210—2001《建筑装饰装修工程质量验收规范》将其归纳为板材隔墙、骨架隔墙、活动隔墙和玻璃隔墙四种类型。其他如加气混凝土砌块、空心砌块及各种小型砌块等砌体类轻质隔墙不在本节讨论范围内。

轻质隔墙的构造、固定方法应符合设计要求。轻质隔墙与顶棚和其他墙体的交接处，应采取防开裂措施。当轻质隔墙下端用木踢脚板覆盖时，饰面板应与地面留有 20～30mm 缝隙；当采用大理石板、瓷砖或预制水磨石板等作踢脚板时，饰面板下端应与踢脚板上口齐平，接缝应严密。工程中所用木质材料，应进行防火、防腐处理，施工前应对其进行复验，并检验人造木板的甲醛含量。工程中所用胶粘剂，应按饰面板的品种选用；现场配制的胶粘剂，其配合比应由试验确定。

943. 什么是钢丝网架夹芯板隔墙？

钢丝网架夹芯墙板是以三维构架式钢丝网为骨架，以膨胀珍珠岩、阻燃型聚苯乙烯泡沫塑料、矿棉、玻璃棉等轻质材料为芯材，由工厂制成面密度为 4 ~ 20kg/m² 的钢丝网架夹芯板，然后在其两面喷抹≥20mm 厚水泥砂浆面层的新型轻质墙板。此类墙板在应用技术原理以及制品结构与所用原材料等方面，基本上并无太大差异，但其产品名称和称谓各有不同，如"钢丝网节能墙板"（钢丝网聚苯乙烯泡沫塑料或玻璃丝棉毡夹芯复合墙板，见图 3.3-4）、"泰柏墙"（TIP 板，钢丝网聚苯乙烯泡沫塑料夹芯复合墙板）、"舒乐舍板"（Structural Rein-forced Concrete，简称 SRC，钢丝网聚苯乙烯泡沫塑料夹芯复合墙板）、"GY 板"（钢丝网岩棉夹芯复合墙板），以及"三维板"等。

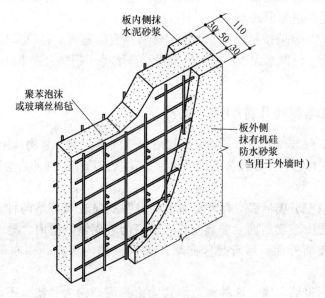

图 3.3-4　钢丝网架夹芯板产品
—钢丝网节能墙板

944. 什么是骨架式隔墙工程？对其墙体龙骨一般有哪些要求？

采用轻钢龙骨（或木龙骨、石膏龙骨等其他材料的龙骨）为墙体骨架，以 4 ~25mm 厚的建筑平板为罩面板，可以组装成建筑物内部的非承重轻质墙体，称为龙骨平板墙体，或是所谓"立筋式隔墙"墙体。此类隔墙罩面平板产品，主要有纸面石膏板、纤维增强水泥建筑平板和蒸压硅钙板等。

945. 什么是玻璃砖隔墙工程？

玻璃砖或称特厚玻璃，有实心砖和空心砖之分。用于室内整体式轻质隔墙的应为空心玻璃砖，砖块四周有 5mm 深的凹槽，按其透光及透过视线效果的不同，可分为透光透明玻璃砖、透光不透明玻璃砖、透射光定向性玻璃砖，以及热反射玻璃砖等。在实际工程中，常根据室内艺术格调及装饰造型的需要，选择不同的玻璃砖品种进行组合砌筑。

946. 幕墙构造的特点与分类有哪些？

（1）特点 幕墙是以板材形式悬挂于主体结构上的外墙，犹如悬挂的"幕"而得名。幕墙构造不承重，但要承受风荷载，并通过连接件将自重和风荷载传到主体结构。幕墙装饰效果好，安装速度快，施工质量也容易得到保证，是外墙轻型化、装配化的理想形式。

（2）分类 幕墙按材料可分为轻质幕墙和重质幕墙。轻质幕墙有玻璃幕墙、金属板材幕墙、纤维水泥板幕墙、复合板材幕墙等。钢筋混凝土外墙挂板则属于重质幕墙。

947. 玻璃幕墙有哪几种构造形式？

（1）全隐框玻璃幕墙 其构造是将玻璃框固定在铝合金构件组成的框格上，即框的上框挂在铝合金框格体系的横梁上，其余三边用不同的方法固定在框格的竖杆及横梁上。

（2）半隐框玻璃幕墙 有竖隐横明和竖明横隐玻璃幕墙两种。前者只是铝合金竖杆隐在中玻璃后面，玻璃安放在横杆的玻璃镶嵌槽内，槽外加盖铝合金压板，盖在玻璃外面；后者是竖向采用玻璃嵌槽内固定，横向采用结构胶粘贴。

（3）明框玻璃幕墙 这种构造形式无论是用型钢为骨架，还是用特殊的铝合金型材作为玻璃框和骨架的兼用材料，在整个幕墙平面上都显示竖横铝合金框架。

（4）挂架式玻璃幕墙 这是采用四爪式不锈钢挂件与立柱焊接，挂件的每个爪与一块玻璃的一个孔相连接，即两个挂件同时与四块玻璃相连接，或者说一块玻璃固定在四个挂件上。玻璃的四角各钻一孔，一般为 $\phi20$ 的孔。

（5）无骨架玻璃幕墙 又称结构玻璃，通常是以一定间隔距离的吊钩或以特殊的型材从上部将玻璃悬吊起来。用钩或特殊型材固定在槽钢主框架上，再将槽钢悬吊于梁或板底下。同时，在上下部各加设支撑框架和支撑横档，以增强玻璃墙的刚度。这种幕墙多用于建筑物首层，类似落地窗。

948. 构件式玻璃幕墙构造有哪些特点？

构件式玻璃幕墙是在施工现场将金属边框（铝合金、铜合金、不锈钢）、玻璃、填充层和内衬墙，以一定顺序进行安装组合而成。玻璃幕墙通过边框把自重和风荷载传递到主体结构，有两种方式：通过垂直方向的竖梃或通过水平方向的横档。采用后一种方式时，需将横档支搁在主体结构立柱上，由于横档跨度不宜过大就要求立柱间距也不能太大，所以实际工程中并不多见，而多采用前一种方式（图 3.3-5）。

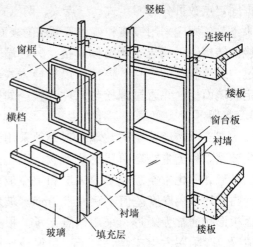

图 3.3-5　构件式玻璃幕墙构造

幕墙玻璃可考虑选择吸热玻璃、反射玻璃、中空玻璃、钢化玻璃、夹层玻璃、夹丝玻璃等。

构件式玻璃幕墙施工速度较慢，但其安装精度要求不很高。目前，这种幕墙在国内应用较广。

949. 无框式玻璃幕墙构造有哪些特点？

这种玻璃幕墙在视线范围不出现铝合金框料，又称为全玻璃幕墙。

为增强玻璃刚度，每隔一定距离用条形玻璃板作为加强肋板，玻璃板加强肋垂直于玻璃幕墙表面设置。因其设置的位置如板的肋一样，又称为肋玻璃。玻璃幕墙称为面玻璃，面玻璃和肋玻璃有多种交接方式。同时，面玻璃与肋玻璃相交部位宜留出一定的间隙。间隙用硅酮系列密封胶注满。间隙尺寸可根据玻璃的厚度而略有不同。此种类型的玻璃幕墙所使用的玻璃多为钢化玻璃和夹层钢化玻璃，以增大玻璃的刚度和加强其安全性能。为了使其通透性更好，通常分格尺寸较大，否则就失去了这种玻璃幕墙的特点。

950. 点支承玻璃幕墙构造有哪些特点？

点支承玻璃幕墙（图 3.3-6）可形成非常通透的空间效果，并且构件精巧，结构美观。

点支承玻璃幕墙由玻璃面板、支承结构、连接玻璃面板与支承结构的支承装置组成。

其中，支承结构可分为杆件体系和索杆体系两种。杆件体系是由刚性构件组成的结构体系。索杆体系是由拉索、拉杆和刚性构件等组成的预拉力结构体系。常见的杆件体系有钢立柱和钢桁架，索杆体系有钢拉索、钢拉杆和自平衡索桁架。不同的支承体系其特点和适用范围各不相同。

连接玻璃面板与支承结构的支承装置由爪件、连接件及转接件组成。爪件根据固定点数可分为四点式、三点式、两点式和单点式。它常采用不锈钢制作，如果不是，则应采用镀铬和镀锌等可靠的表面处理。爪件通过转接件与支承结构连接。转接件一端与支承结构焊接，另一端通过内螺纹与爪件套接。连接件以螺栓方式固定玻璃面板，并通过螺栓与爪件连接，如图3.3-6 所示。

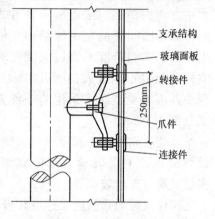

图3.3-6 点支承玻璃幕墙构造

点支承玻璃幕墙的玻璃面板必须采用钢化玻璃。种类主要有单层钢化玻璃、钢化夹层玻璃和钢化中空玻璃等。夹层和中空玻璃的内外片玻璃厚度差值不宜大于2mm。玻璃面板形状通常为矩形、采用四点支承。根据情况也可采用六点支承，对于三角形玻璃面板可采用三点支承。玻璃面板的分格尺寸和玻璃厚度应根据计算确定。其厚度一般不小于12mm，分格尺寸不宜太小，通常在1.5～3.0m之间。玻璃面板拼接时，须留有至少10mm的间隙，并嵌填耐候密封胶。

951. 木楼梯构造形式是怎样的?

（1）明步楼梯 明步楼梯是指在侧面外观时由踏步板和踢脚板形成的齿状梯级效果明露。它的宽度以800mm为限，超过1000mm时，中间需加设一根斜梁，在斜梁上钉三角木。三角木可根据楼梯坡度及踏步尺寸预制，在其上铺钉踏脚板和踢脚板。踏脚板的厚度为30～40mm，踢脚板的厚度为25～30mm；如果有挑口线，则应挑出30～40mm。为防滑和耐磨，可在踏脚板上口加钉铁板。踏步靠墙处的墙面也需做踢脚板，以保护墙面和遮盖竖缝。

在斜梁上应镶钉外护板，用以遮盖斜梁与三角木的接缝，而使楼梯外侧立面美观。斜梁的上下两端做吞肩榫，与楼梯搁栅（或平台梁）及地搁栅相结合，同时用铁件进一步加固。

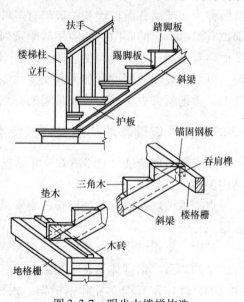

图3.3-7 明步木楼梯构造

在底层斜梁的下端也可做凹槽，将其压在垫木（或称枕木）上。明步楼梯的构造如图3.3-7所示。

（2）暗步楼梯 暗步楼梯是指其踏步被斜梁遮掩，其侧立面外观梯级效果藏而不露。暗步楼梯的宽度一般可达1200mm，其结构特点是在安装踏脚板一面的斜梁上开凿凹槽，将踏脚板和踢脚板逐块镶入，然后与另一根斜梁合拢敲实。踏脚板应挑出踢脚板的部分与上述明步楼梯相同；踏脚板应比斜梁稍有缩进。楼梯背面可做板条抹灰，也可铺钉纤维板等，进而采用涂料涂饰或其他面层处理。暗步楼梯的构造如图3.3-8所示。

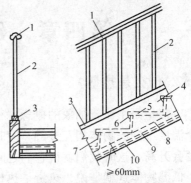

图3.3-8 暗步木楼梯构造
1—扶手 2—立杆 3—压条
4—斜梁 5—踏脚板 6—挑
口线 7—踢脚板 8—板条筋
9—板条 10—粉刷

（3）栏杆与扶手 在明步楼梯构造中，其上部做凸榫插入木扶手，下端凸榫插入踏脚板上；在暗步楼梯构造中，木栏杆的上端出榫也是插入木扶手，其下端凸榫则是插入斜梁上的压条上，如果斜梁不设压条，即直接插入斜梁。木栏杆之间的距离，一般不超过150mm，有的还在立杆之间加设横档连接。在传统的木质材料楼梯中，还有一种不露立杆的栏杆构造，称为实心栏杆，实际上是栏板。其构造做法是将板墙木筋钉在楼梯斜梁上，再以横撑加固，而后即在骨架两边铺钉木质胶合板或纤维板，以装饰线条盖缝并加以装饰，最后做油漆涂饰。

第四章　建筑物理基础知识

952. 什么是热量?

热量是个比较抽象的概念,很难用一两句话来简单地界定。实验指出,当两个温度不同的物体相互接触一段时间后,高温物体的温度会降低,低温物体的温度会升高,这时我们就说它们之间发生了热传递,或者说有热量从高温物体传到了低温物体这就是说,热量是热传递过程中所传递的能量,用 Q 表示,其单位为焦 (J)

一般地说,物体获得热量后温度会升高,放出热量后温度会降低物体获得的热量 Q:

$$Q = mc\Delta T = mc\Delta t$$

式中,m 为物体的质量,单位为千克 (kg);c 为物体的比热容,代表每千克物质温度升高 1 度所吸收的热量,单位为焦/(千克·度)(J/(kg·K));$\Delta T = T_2 - T_1$ 为物体吸热前后的温度差(增量),单位为开 (K)。

953. 什么是导热?

前已指出,如果两个温度不同的物体相互接触,经过一段时间后便会有热量从高温物体自动流向低温物体;或者,若一个物体各部分的温度不同,则过一段时间后便会有热量从高温部分自动流向低温部分,这样的现象称为导热。

导热现象的发生可用分子动理论来解释。按照分子动理论,物体温度越高,其分子(或原子)的平均平动能就越大,当它们与低温物体分子碰撞时便会发生能量交换,使得高温物体分子的平均动能减少,低温物体分子的平均动能增加,在宏观上便表现出有热量从高温物体传到低温物体,即发生了导热。建筑热工学中经常碰到的围护结构多为长和宽远大于厚度的壁层,称为平面壁,简称为平壁,它有单层、多层及组合层之分。

954. 建筑传热的基本方式有哪些? 与传热有关的要素有哪些?

根据传热机理的不同,传热的基本方式分为传导、对流和辐射三种。建筑物的传热大多是辐射、对流和传导三种方式综合作用的结果。

与传热有关的要素有:

(1) 材料的热导率　参看本书 319 题中的导热性介绍。

（2）材料的蓄热系数 材料的蓄热系数，就是表示材料储蓄热量的能力。重度大的材料蓄热系数大，材料储藏的热量就越多，其蓄热性能好；重度小的材料，蓄热系数小，其蓄热性能差。轻型围护结构热稳定性差，其原因就在于此。

（3）体形系数 S 体形系数为建筑物与室外大气接触的外表面积 F_0 所包围的体积 V_0 的比值（面积中不包括地面和不采暖楼梯间隔墙与户门的面积）。对同样体积的建筑物，在各面外围护结构的传热情况均相同时，外围护结构的面积越小，则传出去的热量越小。

如建筑物的高度相同，则其平面形式为圆形时体型系数最小，依次为正方形、长方形以及其他组合形式。随着体形系数的增加，单位面积的传热量也相应加大。建筑的长宽比越大，则体形系数就越大，耗热量比值也越大。

955. 什么是湿度？它有哪些类型和特性？

（1）湿度 空气的干、湿程度称为湿度。依据描述侧重面的不同，湿度有绝对湿度与相对湿度之分，它们各有各的特性和用途。

（2）绝对湿度 每立方米湿空气所含水蒸气的重量称为绝对湿度，用 f 表示，其单位为 g/m^3，绝对湿度越大，说明空气中所含水蒸气的重量也越大。因此，绝对湿度从一个侧面反映了空气的干湿特性——水蒸气含量的多少。

（3）饱和绝对湿度 相应于饱和状态下的绝对湿度称为饱和绝对湿度，用了 f_{max} 表示，其单位与绝对湿度的单位相同。饱和绝对湿度代表着每立方米空气所能含有水蒸气量的极大值，它与绝对湿度之差反映出绝对湿度为 f 的空气每立方米还能接受水蒸气的能力。

饱和绝对湿度并不为常量，而是一个随空气温度变化而变化的量。例如，18℃ 时空气的饱和绝对湿度为 $153g/m^3$，而 30℃ 时则为 $301g/m^3$。因此，对于绝对湿度 $f = 153g/m^3$ 的空气，在气温为 18℃ 的情况下，其湿度已达极大，不具备再吸收水蒸气的能力，但若气温达到 30℃，则其最大湿度（饱和绝对湿度）值便上升为 $301g/m^3$，说明这时的空气仍是很干燥的，还有极大的吸收水蒸气的能力。可见，绝对湿度虽然能够反映空气每单位体积（$1m^3$）所含水蒸气含量的多少，但却不能科学地反映空气的干湿程度。为此，还须引进一个更为科学的反映空气干湿程度的物理量。

（4）相对湿度 空气的绝对湿度 f 与同温同压下的饱和绝对湿度 f_{max} 之比称为相对湿度，用 ϕ 表示。可见，ϕ 是一个无量纲（无单位）的纯数（现称量纲为一的量）。ϕ 值越大，f 与 f_{max} 越接近，这时的湿空气就越接近饱和；$\phi = 0$，说明 $f = 0$，这时的空气为干空气，具有极大的吸水蒸气的能力；$\phi = 1$（100%），说明 $f = f_{max}$，此时湿空气包含水蒸气的量已达极大，不具备任何再吸收水蒸气的能力，即空气的湿度已达极大值。可见，相对湿度的大小能较好地反映出空气的干湿程度。

956. 什么是露点（温度）？

饱和空气的水蒸气分压力 p 随着空气温度而变化，空气温度越低，相应的饱和蒸汽压越小。因此，当空气达到某一饱和绝对湿度时，在气压及含湿（水蒸气）量不变的前提下，若使空气降温，则相应的气压值就下降，使空气出现"超饱和"状态，从而迫使"超饱和"部分的水蒸气量凝结成水珠从空气中析出，形成露水，这种现象称为结露。相应于这种状态的温度称为露点温度，简称为露点，用 t_d 表示，其单位为℃，它是一个随机而变的变量。

957. 影响室内气候的主要因素有哪些？

一个地方较长时间内天气变化的总规律称为气候，室内气候取决于当地的气候条件。因此，要通过当地的一些气象资料及地面状况来分析当地的气候特点和主要气候要素的变化规律。影响室内气候的主要因素有：太阳辐射、气温、风、空气湿度和降水。

958. 什么是太阳辐射？它对大地气候有什么影响？

太阳以电磁波的形式将大量的光和热射向地球的现象称为太阳辐射，它是影响地球气候的主要因素。

太阳辐射通过大气层时，其辐射能一部分被反射回宇宙空间，一部分被其他气体吸收，还有一部分被尘埃等物质散射，致使到达地面的辐射强度大大减弱。地面接收到的太阳辐射由两部分组成：其一为直接辐射，即太阳直接射达地面的部分；其二为散射辐射，是经大气散射后抵达地面的部分，到达地球表面的太阳辐射强度随太阳高度角的大小而变化，同时受到大气透明度的影响，直接辐射强度与太阳高度角、大气透明度成正比；散射辐射强度与太阳高度角成正比，与大气透明度成反比，高纬度地区的太阳高度角小，且太阳斜射地球表面，太阳光线通过的大气层较厚，所以直接辐射较弱；而低纬度地区则恰好相反，太阳直接辐射较强。高海拔地区（如西藏及云贵高原等地区）由于空气稀薄，且空气中的水蒸气、尘埃较少，故直接辐射强而散射辐射弱。

959. 如何定义"气温"？它是如何产生对大地气候影响的？

气温是大气温度的简称，是评价气候的主要指标和热工设计的重要依据。

大气温度随离开地面高度的增加而减少（近地部分，每 100m 高差减少

1℃左右）为此，气象部门规定离地面 1.5m 高处的大气温度为气温计量的依据。

影响地球表面附近气温的主要因素是太阳辐射，地球通过吸收太阳的热辐射而使其表面增温。与此同时，又向周围大气辐射热量，使周围大气也增温。

另外，气温有明显的日变化与年变化。

960. 如何定义"风"？它对大地气候有什么影响？

大气的定向运动称为风，它是由地球表面受热不均匀而产生的。风有两种：大气环流和地方风，大气环流是由于太阳辐射热在地球上照射不均匀而引起赤道和两极间出现温差，从而引起大气从赤道到两极和从两极到赤道的经常性活动，它是造成各地气候差异的主要原因之一。地方风是由于地表水陆分布、地势起伏、表面覆盖等地方性条件的不同而引起的局部大气运动，如海陆风：白天，陆地上方较暖和较轻的空气上升，而海面上较冷较重的空气就流入取而代之，形成从海洋吹向陆地的海风；夜晚，水面上较暖和较轻的空气上升，陆地上方较冷较重的空气就流入取而代之，形成从陆地吹向海洋的陆风。又如山谷风：白天，山谷的空气变暖、变轻，沿着山谷上方的山坡上升，形成谷风；夜晚，靠近山侧的空气冷得快，山上较冷较重的空气顺着山坡流向山谷，形成山风。这两种地方风都是由局部地方昼夜受热不均匀引起的，都以一昼夜为周期。季风则是由于海陆间季节性气温的差异引起的。冬季，大陆强烈冷却，气压增高，季风从大陆吹向海洋；夏季，大陆增温快，气压降低，季风由海洋吹向大陆。因此，季风的变化以年为周期。

961. 什么是风向玫瑰图？

风常用风向和风速两个指标来表示，风向一般分8个或16个方位观测，累计某一时期中（如一月、一年、一季或多年）各个方位风向的次数，并以各个风向次数所占该时期不同风向的总次数的百分比值（即风向频率）来表示。再按一定的比例，在各个方位的射线上点出，最后将各点连接起来，即为某地这一时期的风向玫瑰图。也可用同样的方法，测定各风向的风速值，按照每个风向的风速累计平均值，绘制成风速玫瑰图。根据我国各地一月、七月和全年的风向玫瑰图，按其相似形状进行分类，可分为季节变化、主导风向、双主导风向、无主导风向和准静止风五大类，为不同类型区域的规划和建筑设计提供直接的依据。

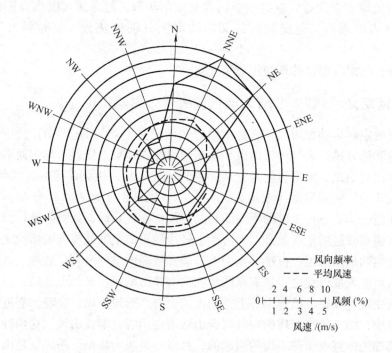

图 3.4-1 风向频率与平均风速度

962. 如何避免室内结露、潮湿？

产生室内表面冷凝结露的原因是由于室内空气湿度过高和壁面的温度过低。故应采取以下措施：

（1）应尽可能使外围护结构内表面附近的气流畅通，家具、壁橱等不宜紧靠外墙布置。为防止供热不均匀而引起围护结构内表面温度的波动。围护结构内表面层宜采用蓄热系数大的材料，利用它蓄存的热量起调节作用，减少出现周期性冷凝的可能性。

（2）降低室内湿度，应有良好的通风换气设施。

（3）夏季防止结露的方法有：

1）利用架空层或空气层，将地板架空对防止首层地面、墙面的夏季结露有一定作用。

2）用热容量小的材料装饰房屋内表面和地面，如铺设地板、地毯，以提高表面温度，减少夏季结露的可能性。

3）利用有控制的通风，防止夏季结露。

963. 空气湿度对大地气候有什么影响？

空气湿度通常以绝对湿度和相对湿度来表示。相对湿度日变化趋势与气温日变化趋势相反。年变化规律也是这样。一年中相对湿度在冷季最大，热季最小，但季风影响区有例外。我国因受海洋气候影响，南方大部分地区相对湿度在一年内以夏季为最大，秋季为最小。绝对湿度日变化呈现与气温相似的规律，年变化规律也是这样。一年中，绝对湿度最大值出现在最热月，最小值出现在最冷月。

湿度的大小对居民是否有舒适的温热感的居住环境，有较大的关系。

964. 如何定义"降水"？它对大地气候有什么影响？

大气层中的水蒸气经凝结后降落到地面的过程称为降水，其形式有雨、雪和冰雹。降水通常由降水量、降水时间和降水强度三个指标来表示。降水量是指降落到地面的雨、雪、冰雹融化后，未经蒸发和渗透流失而积累在水平面上的水层厚度（mm）。降水时间是指一次降水过程从开始到结束的持续时间（h 或 min）。降水强度是指单位时间内的降水量（mm/h 或 mm/min）。降水量的分布受很多因素的影响。气温、大气环流、地形、海陆分布及洋流等对降水规律都有影响。我国降水量大体是由东南向西北递减，且大部分地区受季风影响，夏季多雨，且时有暴雨。雨量的多少及降水强度对城市排水设施有较为突出的影响。

965. 什么是室内气候？影响室内气候的因素有哪些？

建筑物经常受到室内、外各种气候因素的作用，其中室内空气的温度、湿度、流态以及生活中散发的热量和水分等因素综合作用，构成了室内热环境，形成了不同的室内气候。

影响室内气候的因素主要有：室内、外的热湿作用，建筑规划与设计，材料性能及构造方法，设备措施等。一定的室外热湿作用对室内气候的影响程度和过程，主要取决于围护结构材料的物理性质和构造方法。此外，房屋的朝向、间距、环境绿化、房屋的群体组合以及单体建筑的平剖面形式都对室内气候有不同程度的影响。

有时候，为了使室内气候合乎标准，还需配备适当的设备，进行人工调节。房间内部热湿散发量的多少及其分布状况，在某些建筑中也可能成为决定室内气候的主要因素。如一些热加工厨房，尽管采取建筑和设备上的一系列措施，房间内的温度仍然很高。这一类建筑，内部热湿作用对室内气候将起决定作用。而在一般民用建筑和冷加工房间内，只有人体及生活、生产设备散发的为数不多的热量和水分，其室内气候主要决定于室外热湿作用。因此，对这一类建筑主要是防止室外热湿作用对室内气候的不利影响。

966. 设计自然通风时应注意哪些问题？

（1）设计好建筑物的朝向 建筑物应结合当地的地理与气候条件，充分引进主导风。我国南方地区夏季多吹南风或东南风，因此，南方地区的建筑物宜以朝南为迎风面。在以水陆风、山谷风为主导风的地区，其建筑则应取朝向地方风为主。

（2）保持必要的间距

1）要从风的风向、风速、间距、土地的利用来综合考虑，平衡风速与间距的关系。

2）利用和防范"高楼风"。近年来，我国高层建筑日益增加，对自然通风有很大的影响，①高层建筑具有良好的引导自然风的能力，对其房间通风有利；②高层建筑会增大"风影区（建筑背后无风区域）"，对附近房屋自然通风有影响；③高层建筑会将上空高速风能引向地面，会在迎风面2/3高度以下处引起风涡流，在建筑物两侧形成强风区，设计时亦应引起注意。

（3）精心设计平面布置图 从自然通风角度来考虑，显然错列式要比行列式好。如果由于地理条件的限制而使房间的进风口位置不能正对夏季主导风向，则应采用台阶式平面布置，改变气流方向，引风入室。

（4）开口的设计 自然通风效果的好坏，由风量与风速两个物理量来衡量。风口大，进风量增加，但风速变慢；风口小，进风量减小，但风速增大。因此，开口的大小存在一个优化组合的问题。试验表明，开口宽度为房间开间宽度的1/3 ~ 2/3，开口面积为房间总面积的15% ~ 25% 为最好。

此外，开口的相对位置对通风效果也有很大的影响，宜根据房间的使用功能来确定。通常多在相对的两墙位置上开进风口和出风口，且其相对位置以错开为好。

967. 结构的隔热设计原则有哪些？

（1）次第原则 由于屋顶所受太阳辐射最强烈，其次是西墙和东墙，因此，外围护结构的隔热设计应以屋顶为主，西墙及东墙次之。

（2）降温和隔温原则 夏季室内过热的主要原因来自室外综合温度。因此，隔热设计宜以降低室外综合温度为原则。

1）外表面采用浅色平滑的饰面材料并粉刷，以增加对太阳辐射的反射，从而减少对太阳辐射的吸收。

2）在屋顶和墙面外侧设置遮阳物，以减少对太阳辐射的吸收，降低室外综合温度。

　　3）在屋顶和墙面外侧设置隔热材料。

　　（3）通风原则　在外围护结构（墙与屋顶）内部设置通风层，并令其与室内或室外大气相通，以便利用风力带走室内的热量，减少输入室内的热量，做到白天隔热效果好，夜间散热速度快。

　　（4）转化原则　室内过热的能源来自太阳能的传入，可通过在屋顶蓄水或种植植被（如种草等），利用水的蒸发及植物的光合作用将部分太阳能吸收和转化，减少其对室内的传入。

968. 建筑隔热的措施主要有哪些？

　　（1）加隔热材料层　在空气间层内铺设反辐射材料，如铝箔等，以减少辐射带来的热量。或在屋顶外侧加一层隔热性能极好的绝热材料（如塑料泡沫混凝土、炉渣等）。试验表明，在平屋顶中加一层 80mm 厚的塑料泡沫混凝土，则在炎热的夏季屋顶内表面的最高气温比不加隔热材料层的低 10℃ 左右。

　　（2）设置风道　即在屋顶实体材料层上加盖一层悬空隔热板，使板下空气沿通道直接与室外空气连通，由于空气具有较大的热阻，因此，架空层既能部分阻挡太阳辐射进入室内，又能通过风压及热压作用，形成风，带走部分热量，起到良好的隔热作用。所以，近年来很多地方都在进行"平改坡"的设计。

　　（3）设置屋顶蓄水池　即在屋顶建一蓄水池，利用水的比热大、蒸发时能带走大量热的特性来隔热。如果水源充足，允许用自来水充水，从隔热与散热效果综合考虑，蓄水层深宜取 3 ~ 5cm；如果用天然雨水蓄水，辅以少量自来水，且为避免水中孳生蚊蝇，则蓄水层深宜在 10cm 左右，并可在水中养殖浅水鱼或栽培浅水植物。用蓄水池隔热要特别注意防水，否则屋顶长期漏水就会后患无穷。

　　（4）屋顶植被　即在屋面板上铺土，种草种树。草及树都能进行光合作用，可吸收并转化部分太阳能。此外，土坡也有一定的蓄热能力，且其中保持的水分蒸发时也能吸收部分太阳热能，使进入室内的热量大大减少，因而起到很好的隔热作用。

　　（5）浅白色反光隔热　有的科学家提出，在低纬度地区的建筑屋面采用浅色或白色屋面材料，以利于反射阳光，起到隔热作用。

969. 外墙结构隔热措施主要有哪些？

　　常见的外墙结构大体上有 4 种形式，现就其隔热问题分述如下：

　　（1）粘土砖墙　粘土砖墙的隔热性能较好，理论计算与实践表明，对于厚 24cm 的砖墙，只要内外各抹灰 2cm，则不论用于西墙还是东墙，均能满足基本的隔热要求。

（2）空心砌块墙 以矿渣、煤渣、粉煤灰等工业废料为主要原料制作的空心砌块，它有单、双排孔之分。试验表明，对于单排孔小砌块，一般不能满足隔热要求，不宜用做外墙。对于双排孔小砌块墙，只要两面各抹灰 2cm，便可满足隔热要求。

（3）钢筋混凝土空心大板墙 常采用高、宽、厚分别为 300cm、420cm、16cm 的钢筋混凝土圆孔（直径 11cm）大板作墙面。试验及理论分析表明，这种板材用于西墙不能满足隔热要求，但若加光滑外粉刷层或刷白灰水，则可满足隔热要求。

（4）轻型板墙 墙板有单质板及复合板之分。由同一种轻质、高强、多孔材料制成墙板称为单质板，用多种材料（如石棉水泥矿棉等）制成的墙板称复合板，上述两种墙板一般均能起到一定的隔热要求。

970. 窗口遮阳会产生哪些效果？

（1）遮阳系数 在直射阳光照射的时间内，有遮阳与无遮阳的同一窗口的太阳辐射热量之比称为遮阳系数，其大小与遮阳形式、构件材料、颜色、安装等均有关系。遮阳系数越小，则说明遮阳防热的效果越好。试验表明，广州地区的西向、南向窗口的遮阳系数较小，分别为 17% 及 45%。由此可见，西向及南向窗口的遮阳效果非常好。

（2）降低室内气温 据广州进行的对比试验表明，在闭窗情况下，遮阳后室内气温相对无遮阳的气温平均要低 1.4℃。在开窗情况下，室内气温平均亦低 1℃。

（3）防止产生眩光 窗口遮阳后阻止了强烈的太阳先直接进入室内，使室内照度均匀分布，防止了眩光的产生，有利于保护眼睛。

不过，遮阳也有不利的一面，那就是会在一定程度上影响采光及通风。因此，设计时应该适当注意此点。

971. 窗口遮阳主要有哪些形式？

（1）水平式遮阳 遮阳板面与室内地面呈平行形状的遮阳为水平式遮阳。这种遮阳能有效地阻挡高度角较大、辐射强度亦大的阳光从窗口上方射入室内，适于南向或接近南向窗口的遮阳。

（2）垂直式遮阳 遮阳板既与室内地面垂直，也与窗面垂直的遮阳形式称为垂直式遮阳。这种形式有效地挡住从窗侧面射来的高度角较小的阳光，较适合于北向或东北、西北向的窗口。

（3）综合式遮阳 水平式与垂直式遮阳的组合称为综合式遮阳。这种形式能挡住从窗口上方及侧方射入的、高度角变化范围较广的阳光，适合于东南及西南朝向的窗口。

（4）挡板式遮阳　由平行及垂直窗面，并从正面挡住窗口的遮阳形式称为挡板式遮阳。这种形式的优点是能有效地挡住从窗正面入射的较小高度角的阳光，缺点对通风及采光有较大的影响，主要适用于东西朝向的窗口。

972. 保温设计的一般原则是什么？

（1）充分利用自然条件　使房间保持必要的温度主要有两条途径：一是增加房间的供热量，二是减少房间的热损失。

1）充分利用太阳能。太阳是人类最巨大的能源，它既不会污染环境，又兼有消毒、杀菌、干燥、照明等多项功能。一方面，要通过设计房屋的朝向及房屋间距，以使房间在冬季时节获得尽可能多的日照；另一方面，辐射到墙壁及屋顶上的太阳能还会使围护结构温度升高，减少房间的热损失，同时，围护结构白天吸收蓄存的能量会在夜间缓慢放出，起到向房间缓慢供热保温的作用。

2）防止冷风的不利影响。冷风对保温的不利影响主要有二：一是通过门窗、孔隙渗入室内，使房间迅速降温；二是作用于围护结构的外表面，增大对流换热系数，增强了外表面的散热量。

为此，保温设计中必须尽量不使大面积的围护结构外表面朝向冬季的主导风向，并尽量不使门窗、洞孔出现在迎风面上。对于严寒地区还可用设置门斗的方法来减轻冷风的影响。同时应注意，在进行保温设计时要保持房间的一定换气量，以免造成较小房间过于密闭，不利于健康和内部干燥。

3）选择合理的建筑体型及平面形式。应该尽量选择合理的建筑体型及平面形式，以使整个建筑物的外表面积为最小，从而降低采暖费用及能源消耗。保温要求尽量减少建筑物的曲折凹凸形状，当出于艺术造型的考虑时，也应尽量处理好两者间的关系。

（2）做到经济热阻、最小总热阻　一种既能满足建筑保温要求，又能使相应的建筑及其维护费用最低的结构总热阻被称为经济热阻，它既涉及建筑的构架，又涉及能源的消耗。由于建材及燃料价格比含有诸多变数，因此，对我国来说，采用经济热阻标准来设计尚有困难，而应改用最小热阻标准。

最小总热阻就是最低的保温要求，是不使室内墙壁结露（即防冷凝）的标准，因为结露既影响卫生，会加快建筑结构的损坏，增加墙壁对人体的冷辐射，使人易出现血压升高，心跳加快，感觉寒冷，尿量增加，甚至诱发心肌梗等病症。必须注意，最小热阻是从保温角度要求的最低限度的热阻，只能大，不能小，也就是说，保温设计的目的是保证结构的总热阻要大于或等于结构的最小总热阻。

973. 保温层有哪些构造类型？

（1）单设保温层 仅起保温作用，不起承重作用的保温层称为单设保温层。其优点是选材灵活性大，板状、纤维状、松散颗粒状等保温材料均可选用；缺点是不能承重。

（2）封闭空气间层保温层 利用封闭空气做保温材料的保温层称为封闭空气间层保温层。其优点是保温材料可以"就地取材"，不必"另行开支"；缺点是不能按要求来调节其保温性能。为了提高其保温能力，可在间层表面涂贴铝箔类强反射材料，但应注意对铝箔采取防蚀、防潮措施，其常用方法是在铝箔面上进行涂塑保护。

（3）保温与承重相结合的保温层 具有保温、承重双重功能的保温层称为保温与承重相结合保温层，如空心板、空心砌块等，其优点是构造简单，施工方便，耐久性强。

（4）混合保温层 由实体（保温）层、空气层和承重层混合而成的保温层称为混合保温层。其优点是保温（绝热）性能好；缺点是构造复杂，因而仅在对保温要求较高的房间（如恒温室等建筑结构）中采用。

974. 如何做好门窗的保温？

试验表明：门窗的热损失（单位时间从单位面积上损失的热量）约为砖墙的 3 倍。门窗的热损失主要有两条途径：一是通过玻璃、门窗框架等的热传递；二是通过户外冷空气经由门窗缝隙的渗透。因此，门窗的保温必须注意做好如下三方面的工作（并可参看 782 题）：

（1）提高框架的保温性能 经由门窗框架的热损失大小与框架的热导率有关。由于木材和塑料的热导率较之钢材和铝合金要小得多，因此应尽量选用木材或塑料（塑钢）做框架。如果出于其他方面的考虑，需要使用钢材或铝合金做框架时，则应尽量将它做成空心断面，以提高门窗框架的保温性能。

（2）改善玻璃部分的保温能力 由于单层玻璃的热阻很小，因此，提高或改善玻璃部分的保温能力非常重要，其方法大致有三：

1）增加窗扇层数（如采用两层或三层窗）可通过窗层间空气层提高窗户的保温能力。

2）在玻璃上涂贴对辐射有选择性吸收及穿透的材料层（如二氧化锡等），以保证最大限度地向室内透射阳光以及尽可能少地向室外辐射热量。

3）在窗的内侧加挂窗帘。试验表明：若在窗的内侧加挂铝箔隔热窗帘，其窗户的热阻可提高 2.7 倍。

（3）提高气密性，减少冷空气的渗透

　　提高门窗的气密性，可在门窗缝隙处设置橡皮、毡片等密封条，或在框与墙之间用保温砂浆或泡沫塑料等充填密封。

975. 什么是热桥？热桥的保温如何做？

　　围护结构中嵌有钢筋、圈梁等构件，其特点是热阻小，热量易于通过，损失大，在建筑物理中将之形象地称为"热桥"。若热桥的两侧分别与室内外空气直接连通，这样的热桥称为贯通式热桥。对待热桥的保温必须看其内表面是否有可能会结露。其主要依据是看热桥内表面的温度是否会低于室内空气的露点温度。

　　对于贯通式热桥，通常是在内侧加保温层，其宽度 L 视桥宽及结构主体厚度之值而定，一般 L 应取结构主体厚度的两倍。非贯通式热桥的保温处理，原则上可分两步进行：首先应尽可能将热桥置于室外一侧；其次按贯通式热桥的方法来处理。

976. 地板的保温应如何处理？

　　与墙及屋顶不同，地板是直接与人的脚接触的建筑部件，可直接与人体进行热传递。试验表明，人裸体站在地板上时，从脚板直接传走的热量约为从身体各部位传走热量总和的 1/6，从中可见地板保温设计的重要。试验表明，地板对人体冷热舒适感觉影响最大的是 3~4mm 厚的表面材料层。因此，做地板保温设计时，要尽量选用热导率小的材料做地板面层。

　　现常用的小热导率材料主要有：木地板、塑料地板或楼地面上铺地毯等。

977. 光的基本视觉性质有哪些？

　　(1) 光源　光是一种电磁辐射。任何能发光（产生电磁辐射）的物体均称为光源。

　　(2) 热光源　太阳、白炽灯的发光需要在一定温度下才能进行，这类光源称为热光源。

　　(3) 冷光源　日光灯等的发光是通过内部气体的放电来实现的，这类光源称为冷光源。

　　(4) 可见光　建筑光学中所讨论的光通常是指可见光，它是一种波长变化范围在 400~760nm 之间的电磁波谱——光谱。波长不同，其颜色也不相同，从红、橙、黄、绿、青、蓝到紫，波长从 760nm、630nm、600nm、570nm、500nm、450nm、430nm 到 400nm。我们平常所见到的太阳光实际上是七种颜色光的混合光——白光。

　　(5) 红外光　波长 >760nm 的光称为红外光，它有很好的热效应。

　　(6) 紫外光　波长 <400nm 的光称为紫外光，它有极强的杀菌消毒能力。

上述两种光均属不可见光，一般不在建筑光学的讨论范围内。

（7）明视觉与暗视觉 人眼对光的感知反应称为视觉。它主要通过人眼的感光细胞来实现。生理学告诉我们，人的视网膜上分布有两类感光细胞：一种为锥状感光细胞，主要在明环境中起作用，给人以光明的感觉，称为明视觉，具有分辨物体颜色及巨细的本领；另一种为杆状细胞，主要在暗环境中起作用，给人以模糊、黑暗的感觉，称为暗视觉。它既没有分辨颜色的本领，也没有分辨物体细节的能力，且对外部亮度变化的适应能力较差。

（8）光视效能 试验表明，人眼对不同波长的光的明亮感觉不一样，在辐射功率相等的各单色光（波长单一的光）中，波长为 555nm 的黄绿光最明亮，且明亮程度向波长短的紫光和波长长的红光方向依次对称递减。眼睛的这一视觉特性称为光视效能。

（9）光效率 光的客观辐射功率转换成人眼感知的主观功率有一个"转换效率"问题，这一效率称为光谱光效率，简称光效率，其大小随波长 λ 而变化，用 $V(\lambda)$ 来表示。

（10）眩光 参看本书 217 题、225 题对此的说明。

978. 什么是辐射通量？

众所周知，光的传播过程也就是能量的传递过程，发光体（光源）在发光时要失去能量，而吸收到光的物体就要增加能量。发光体在单位时间内辐射出来的光（包括红外线、可见光和紫外线）的总能量就是光源的辐射通量。有时为了研究光源表面某一个面积元的辐射情况，可以用面积元辐射通量概念。所谓面积元辐射通量就是单位时间内由该光源面积元实际传送出的所有波长的光能量，常用 Φ_e 表示。由此可见，辐射通量是一个物理学中的纯客观物理量，它具有功率的量纲，常用单位是瓦特。例如，在地面上跟太阳光垂直的面上每平方米所得的太阳辐射通量是 1320 瓦特。

979. 什么是光通量？它与辐射通量有什么关系？

光通量概念起源于辐射通量概念，或者说，光通量概念是在辐射通量概念基础上发展、建立起来的，两者有着紧密的联系及相似点。因此，要能透彻理解光通量概念，还得先从辐射通量说起。

辐射通量虽然是一个反映光辐射强弱程度的客观物理量，但是，它并不能完整地反映出由光能量所引起的人们的主观感觉——视觉的强度（即明亮程度）。因为人的眼睛对于不同波长的光波具有不同的敏感度，不同波长的数量不相等的辐射通量可能引起相等的视觉强度，而相等的辐射通量的不同波长的光，却不能引起相同的视觉强度。例如，一个红色光源和一个绿色光源，若它们的辐射通量相同，则绿色光看上去要比红色光光亮些。原因是人眼对黄绿光最敏感，对红光和紫光较不敏感，而对红外光和紫外光，则无视觉反应。前面我们了解过"光视效能"的概念，它表示人眼对光的敏感程度随波长变化的关系。光度学上，把辐射通量与相应的光视效能的乘积称为"光通量"，可用 Φ 表示。因为人眼对波长为 $0.550\mu m$ 的"绿色光"最敏感，故常把它作为标准，并把这个波长的光视效能 $V(\lambda)$ 定为1。这样，对于"绿色光"而言，其辐射通量就等于光通量，其他波长的视见函数都小于1。于是，光通量也就小于相应的辐射通量。显然，光通量也是有功率的量纲，但其常用的单位是"流明"（lm）。流明和瓦特有着一定的对应关系（或称光功当量），经实验测定：当光波长为5550埃时，1瓦特相当于683流明，当光波长为6000埃时，1瓦特相当于391流明。由此可见，同样发出1流明的光通量，波长为6000埃光所需的辐射通量约为波长为5550埃光的1.75倍左右。

综上所述，尽管光通量与辐射通量的量纲相同，但是，辐射通量是一个辐射度学上的概念，是一个描述光源辐射强弱程度的客观物理量。而光通量是一个光度学概念，是一个属于把辐射通量与人眼的视觉特性联系起来评价的主观物理量。或者可以说，光通量是按光对人眼所激起的明亮感觉程度所估计的辐射通量。总之，光通量与辐射通量是两个不同的光学概念，决不能混为一谈。

980. 什么是发光强度？

发光强度是描述点光源发光强弱的一个基本度量。以点光源在指定方向上的立体角元内所发出的光通量来度量。发光强度简称光强，国际单位是 candela（坎德拉）简写 cd，其他单位有烛光，支光。发光强度是针对点光源而言的，或者发光体的大小与照射距离相比较小的场合。这个量是表明发光体在空间发射的汇聚能力的。可以说，发光强度就是描述了光源到底有多亮。

981. 什么是照度？

照度（Luminosity）指物体被照亮的程度，光照度是对被照地点而言的，但又与被照射物体无关。一个流明的光，均匀射到 $1m^2$ 的物体上，照度就是1lx。照度的测量，用照度表，或者叫勒克斯表（lux 表）。为了保护眼睛便于生活和工作，在不同场所下到底要多大的照度都有规定，照度是以垂直面所接受的光通量为标准，若倾斜照射则照度下降。

为了对照度的量有一个感性的认识，下面举一例进行计算，一只100W的白炽灯，其发出的总光通量约为1200lm，若假定该光通量均匀地分布在一半球面上，则距该光源1m和5m处的光照度值可分别按下列步骤求得：半径为1m的半球面积为 $2\pi \times 1^2 = 6.28m^2$，距光源1m处的光照度值为：$1200lm/6.28m^2 =$

191lux。同理，半径为5m的半球面积为：$2\pi \times 5^2 = 157m^2$，距光源5m处的光照度值为：$1200lm/157m^2 = 7.64lux$。

982. 确定照度的原则有哪些？

应根据工作、生产的特点和作业对视觉的要求确定照度；对于公共建筑还要根据其用途考虑各种特殊要求，如商场除要求工作面适当的水平照度外，还要有足够的空间亮度，给顾客一种明亮感和兴奋感，不同商品销售区，要求不同照度，以渲染促销重点商品；又如宾馆等建筑，常常运用照明来营造一种气氛，所使用的照度以至色表，都有特殊要求。

（1）识别对象的大小：即作业的精细程度。

（2）对比度：即识别对象的亮度和所在背景亮度之差异，两者亮度之差越小，则对比度越小，就越难看清楚，因此需要更高照度。

（3）场地的光照效果：各种光照场地对光照有各种不同的要求，如商场，除看清商品细部和质地外，还要有激发顾客购买欲望，促进销售的作用；工业生产场所的照度会对产品的质量、差错率、工伤事故率有一定影响。

（4）其他因素：包括视觉的连续性（长时间观看），识别速度，识别目标处于静止或运动状态，视距大小，视看者的年龄等。

983. 采光设计一般有哪些步骤？

（1）收集资料

1）了解客户的采光要求：生活和工作特点、主要活动范围、工作面位置、工作对象的表面状况等。

2）其他要求：采暖、通风、造型及经济等。

3）周围环境：房间周围建筑物和构筑物、山丘、树木的高度以及它们到房间的距离等均会影响房间的采光、窗户的布置及开启。

（2）确定采光口 采光设计主要体现在采光口上，它对室内光环境的优劣起着决定的作用。

1）选择采光口的形式。采光口的形式主要有侧窗及天窗之分，宜根据客户要求、房间大小、朝向、周围环境及生产状况等条件综合而定。例如，进深大的车间，其边跨可用侧窗，而中间几跨则可用天窗或人工照明来解决采光问题。

2）确定采光口的位置。侧窗常置于南北侧墙之上，宜尽量多开。天窗常作侧窗采光不足之补充。

3）估算采光口的尺寸。采光口的面积（尺寸）主要根据房间的视觉工作分级，按照相应的窗地比来确定。

4）布置采光口。采光口的布置宜根据采光、通风、泄爆、日照、美观、维护方便等要求来考虑。

984. 按发光形式分照明光源主要有哪些类型?

（1）热辐射光源　任何物体，只要其温度高于绝对零度均会向四周辐射能量，这种现象称为热辐射。当物体的温度高于 1000K 便可发出可见光，温度越高，其可见光在总辐射中所占的比例越大。实验指出，当电流通过金属丝（如钨丝）时，可将金属加热到 2000K 以上，导致金属丝因热而发光，这种由电流流经导电物体，使之在高温下辐射光能的光源称热辐射（电）光源。包括白炽灯和卤钨灯两种。

（2）气体放电光源　电流流经气体或金属蒸气，使之产生气体放电而发光的光源。气体放电有弧光放电和辉光放电两种，放电电压有低气压、高气压和超高气压 3 种。弧光放电光源包括：荧光灯、低压钠灯等低气压气体放电灯，高压汞灯、高压钠灯、金属卤化物灯等高强度气体放电灯，超高压汞灯等超高压气体放电灯，以及碳弧灯、氙灯、某些光谱光源等放电气压跨度较大的气体放电灯。辉光放电光源包括利用负辉区辉光放电的辉光指示光源和利用正柱区辉光放电的霓虹灯，二者均为低气压放电灯；此外还包括某些光谱光源。

（3）电致发光光源。在电场作用下，使固体物质发光的光源。它将电能直接转变为光能。包括场致发光光源和发光二极管两种。

985. 什么是声波、超声波和次声波?

声源体发生振动会引起四周空气振荡，那种振荡方式就是声波。声以波的形式传播着，我们把它叫做声波。声波借助各种媒介向四面八方传播。在开阔空间的空气中，传播方式像逐渐吹大的肥皂泡，是一种球形的阵面波。声音是指可听声波的特殊情形，例如对于人耳的可听声波，当阵面波达到人耳位置的时候，人的听觉器官会有相应的声音感觉。

人对声音的感觉有一定的频率范围，大约每秒钟振动 20 次到 20000 次范围内，即频率范围是 20Hz ~ 20000Hz，在声频范围内，将频率低于 300Hz 的声音称作低频声；300 ~ 1000Hz 的声音称作中频声，1000Hz 以上的声音称作高频声。

如果物体振动频率低于 20Hz 或高于 20000Hz 人耳就听不到了，高于 20000Hz 的频率就叫做超声波，而低于 20Hz 的频率就叫做次声波。所以说不是所有物体的振动所发出的声音我们都能听到的。另外要能听到声音也必须有传播声音的介质。

986. 什么是听阈和痛阈（域）?

（1）人耳刚能感觉到其存在的声音的声压称为听阈，听阈对于不同频率的声波是不相同的。人耳对 1000Hz 的声音感觉最灵敏，其听阈声压为 $P_0 = 2 \times 10^{-5}Pa$（称为基准声压）。

（2）使人产生疼痛感的上限声压为痛阈，对 1000Hz 的声音为 20Pa。

987. 什么是声压级？

从听阈到痛阈，声压的绝对值之比为 $1:10^6$，即相差一百万倍，因此，用声压的绝对值表示声音的强弱很不方便。加之人耳对声音大小的感觉，近似地与声压呈对数关系，所以，通常用对数值来度量声音，称为声压级，单位为分贝（dB）。

988. 声波的几何特征有哪些？

（1）声波面 声波存在的空间称为声场。某一时刻声波到达的空间各点的包迹面称为声波面，处在最前面的声波面称为声波前。声波面有无数个，而声波前则只有一个。

（2）平面声波和球面声波 波面为平面的或球面的声波分别被称为平面声波或球面声波，点声源产生的声波为球面声波，离声源有足够远的局部范围内则可近似地视为平面声波。

（3）波线 声波的传播方向称为声波线（简称为波线）。

989. 声波有哪些物理量？

（1）周期与频率 物体完成一次完全振动所需的时间称为周期，用 T 表示，其单位为秒（s）。每秒钟完成的振动次数称为频率，用 f 表示，其单位为赫[兹]（Hz）。周期与频率互为倒数，即

$$T = 1/f$$

声波的周期与频率和声振动的周期与频率相同。它们是声波时间周期性的反映——每经过 T 时间，空间就传播一个完整的声波。

（2）波长 声波在一个周期内所传播的距离称为声音的波长，用 λ 表示，其单位为米（m）。在波形图上，波长对应的是振动状态完全相同的两个相邻点之间的距离。因此，波长反映了声波的空间周期性——每隔长度 λ 波形就重复一次。

（3）声速 单位时间内，声波在媒质中的传播距离称为声速，用 c（或 u）表示，其单位为米/秒（m/s）。声速的大小与媒质的物理特性有关：媒质不同，其声速也不相同。一般而言，声波在固体中的传播速度最快，液体中次之，空气中最慢。此外，对于同种媒质，如果温度不同，则其声速也不相同。对于空气而言，其声速随温度增加而增加。在常温（$t = 20℃$）条件下，空气中的声速为常

量，其值约为340m/s。

从声速的概念容易得出，它与频率、波长的关系为

$$c = \lambda/T = f\lambda$$

由上式可以看出，声波波长与频率成反比，频率越高，波长越短。

990. 声波的主要特性有哪些？

（1）声波的能量　前已说明，声波是声振动的传播。媒质振动时既有速度，又有形变，因此，振动的传播必伴有能量的传播。换言之，声波具有能量（称为声能），其大小既与声波的频率、波幅（即声源的振幅）有关，又与时间及声波通过的面积有关。

（2）声波的反射与衍射

1）声波的反射。声波在传播过程中遇到尺度比其波长大很多的障碍物时将有部分声波被反射回原媒质，这种现象称为声反射，其规律与光的反射定律相似，称为声波反射定律，主要包括两方面内容：①入射声波与反射声波分居法线的两侧；②入射角等于反射角。利用上述规律，通过几何作图法，很容易从已知入射声波的方向，求出反射声波的方向。如果反射面为平面，则反射线的反向延长线必相交，且在与声源对称位置上生成虚声像。如果声波在凹面上反射则反射波便会相交（会聚）生成"实"声像，使声场的声音因会聚而加强，如果反射在凸面上进行，则反射声波将呈发散状，声场的声音亦因发散而减弱。

2）回声与混响。回声是一种特殊的反射声。在某些情况下，当传到人耳的入射声与从较远的障碍物反射回来的反射声的时差大于50ms时，便可清楚地听到两种非常相似的声音——原声与反射声，这样的反射声称为回声。

回声以外的其他反射声的总和（叠加）称为混响（声），它对音质的好坏有很大的影响。

（3）声波的干涉与声驻波

1）声波的干涉。如果频率和振幅相等的两列声波叠加，其叠加结果可使声场中某些区域质点的振动加强，而某些区域质点振动削弱，此种现象称为干涉。

2）声驻波。是由两列波的干涉形成的，它们的振幅和频率相等，且在媒质中沿着一条直线反向传播，有固定的零振幅位置（节点）和最大振幅位置（腹点），而媒质处于稳定振动。

991. 产生回声的两个必备条件是什么？回声有什么益与害？

回声的产生必须具备两个条件：一是要有足够的时间差，即传到人耳的原声与反射声的时间差必须大于50ms，否则便不可能分清原声与反射声；二是要有足够的声压级差，即某个反射声的声压级必须要比其他反射声的声压级大，否则

这个反射声将被其他反射声所湮灭，分辨不出来。

回声有益也有害。有益的是：可以利用回声来测距（因为 340m/s 的音速可视为已知）；有害的是：回声的存在会严重干扰听觉，影响声音效果及质量。

992. 噪声的概念是如何定义的？

噪声的概念有多种，通常将对人们的生活、学习及工作有妨碍的嘈杂声统称为噪声，亦称噪音。噪声是个相对的概念，甲乙交谈，与丙无关，对丙来说，甲乙的交谈声就属于噪声。音乐厅内美妙动听的歌声，对厅内专心致志听音乐的听众来说是一种美好的享受，但对近旁正在埋头学习的人来说却有一定的妨碍，因此，歌声这时也就成了噪声。

依据来源的不同，噪声可分为多种形式：有机械噪声、交通噪声、电磁噪声、背景噪声、干扰噪声及环境噪声等。

993. 什么是背景噪声、干扰噪声及环境噪声？

背景噪声是指听者周围的噪声，一般的室内噪声，或自室外传入室内的交通噪声均属于背景噪声，它是难于避免的一般噪声。

干扰噪声是指外界噪声或是由房间围护结构传递来的噪声，其大小与建筑围护结构及施工技术均有一定的关系。为此，国家曾对房屋建筑的不同使用要求提出了不同的评价标准：对于医院病房，其围护结构传入病房的噪声级不得超过35dB；对于营业餐厅，则规定传入其内的噪声级不得高于 50dB。

环境噪声是指某种环境中所有噪声的总和。因此，自然界中，任何地方存在的噪声均可视为环境噪声。换言之，环境噪声是客观存在的，其区别仅在于强度不同而已。

994. 噪声有哪些危害？

（1）损害听力 试验表明，在强噪声作用下，人的听力会变得迟钝，引起听阈上移，这种现象称为听觉疲劳。经过一定时间后，听觉便可恢复正常，但若在 85dB 以上的噪声环境中长期工作，则听觉疲劳难以恢复，致使听觉器官发生质变，造成耳聋，这样的耳聋称为噪声性耳聋。如果人们在某些特殊的环境条件下，突然受到 140dB 以上的极强噪声作用，则可立即引起鼓膜破裂，造成一次性耳聋，这样的耳聋称为爆震性耳聋。长期工作在 80dB 以下的噪声环境中工作是不会犯噪声性耳聋的毛病的。

（2）影响人们的正常生活及工作 睡眠能够调节人的新陈代谢，使人的大脑得到休息，从而消除疲劳，恢复体力。因此，睡眠对人们的生活及健康是极为重要的。试验表明，40dB 以上的噪声即可干扰人们的正常睡眠，使人多梦，熟睡时间缩短。突发的噪声易使人从睡眠中惊醒、影响休息。背景噪声会提高人的听阈，影响人们的相互交谈及电话通信。

噪声易使人心烦意乱，注意力分散，反应迟钝，因而工作起来容易疲劳，且会增大差错率，使生产效率降低，弄不好还会出工伤事故。

（3）影响健康　试验还表明，噪声会引起人体紧张反应，使肾上腺素增加，从而引起人的心率改变和血压升高。噪声还能引起消化系统方面的疾病。研究表明，在嘈杂环境中工作的人，其溃疡病的发病率要比在安静环境下工作的人高5倍。

此外，噪声还能引起头昏、脑涨、失眠、心慌、神经衰弱、消化不良、食欲不振等疾病。

（4）影响幼儿发育成长　资料表明，日本曾对1000多名初生婴儿进行过研究，发现嘈杂城区婴儿体重普遍要比安静城区婴儿体重轻。分析判断，这很可能是由于噪声影响胎儿发育的荷尔蒙偏低的缘故。一些科技工作者还对噪声与儿童智育进行调研，得出的结论是嘈杂环境下儿童智力的发育要比安静环境下儿童智力的发育低20%。

995. 什么是隔声和结构的隔声特性？

对于一个建筑空间，它的围蔽结构受到外部声场的作用或直接受到物体撞击而发生振动，就会向建筑内空间发射声能，于是空间外部的声音通过围蔽结构传到建筑空间中来，这称为"传声"。传进来的声能总是或多或少地小于外部的声音或撞击的能量，所以说围蔽结构隔绝了一部分作用于它的声能，这称为"隔声"。围蔽结构隔绝的若是外部空间声场的声能，称为"空气声隔绝"；若是使撞击的能量辐射到建筑空间中的声能有所减少，称为"固体声或撞击声隔绝"。这与隔振的概念不同，前者最终得到的是到达接受者的空气声，后者最终得到的是接受者感受到的固体振动。但采取隔振措施，减少振动或撞击源对围蔽结构（如楼板）的撞击，可以降低撞击声本身。

996. 如何用窗帘布（帘幕）来隔声？

窗帘布是具有通气性能的纺织品，一般均可视为帘幕材料。从本质上说，绝大部分纺织品均可视为多孔材料，但是，由于纺织品一般较薄，因此，仅靠纺织品本身来吸声效果不很理想。如果将它做成帘幕等形式，在离开墙面或窗洞的一定距离上安装，便形成了类似于多孔材料背后设置空气层的结构，对中高频的声能具有较好的吸声效果。

帘幕的吸声效果除了与帘幕离墙的距离（取1/4入射声波长的奇数倍效果较好）有关外，还与帘幕材料的品种和褶裥有关。例如，利用较深的褶（50%

~100%）使帘幕的有效厚度增加或使帘幕距墙的距离保持10cm以上，就可使吸声性能有较大的提高。

997. 什么是室内混响时间？各种房间对混响时间的要求一般为多少？

室内混响时间是指当室内声场达到稳态，声源停止发声后，声音衰减60dB所经历的时间。它是影响室内设计的一个重要物理量指标，与房间的容积成正比，与房间的内表面吸声量成反比。

混响时间计算会受到声源的指向性，房间形状（如比例狭长，平顶较低或室内有大小二空间相耦合等）等的影响。

另外，对于一些设有观众厅的建筑，因观众席上的吸收要比墙面、顶棚大得多。且为了消除回声，常在后墙作强吸收处理，故使得室内吸收分布很不均匀。也会影响混响时间计算的正确性，其计算结果与实测值一般会有10%左右的误差。

各种房间对混响时间的要求如下：

以语言为主的房间（话剧院、报告厅、大教室等），其混响时间在1.2~1.4s（500Hz）；

以电声为主的房间（电影院、歌舞厅等），其混响时间在0.8~1.0s（500Hz）；

以音乐为主的房间（音乐厅、歌剧院等），其混响时间在1.5~2.1s（500Hz）。

混响是一种十分普遍的声学现象，其时间长短是衡量室内音质好坏的重要参数。它关系到语言及音乐的清晰及丰满度。混响时间不能过长，否则会使前后声音混淆，听不清楚。但是，混响时间也不能过短，过短会使音乐缺乏"回味"，听起来显得单调"干涩"。这就是说，混响时间应该不长不短，处于最佳。这样的时间称为"最佳混响时间"。

最佳混响时间主要是根据大量已建房间的试验测定，并通过人们的主观评价以及统计归纳而得到的。试验表明，房间用途不同，其最佳混响时间也不相同：主要用于语言的房间，其最佳混响时间要比主要用于音乐的房间短一些。此外，房间容积不同，其最佳混响时间也不相同：房间容积大的，最佳混响时间要比容积小的长一些。

998. 什么是质量定律（质量效应）？

材料的隔声，一般都服从于质量定律。即墙板的单位面积质量越大，隔声效果越好，单位面积质量每增加一倍，隔声量增加6dB，这一规律通常称为"质量定律"。同时质量定律还告诉我们，入射声频率每增加一倍，隔声量也增加6dB。

当墙体的单位面积质量或入射声的频率增加一倍时，隔声量的实际测量结果通常达不到增加6dB，一般前者为4~5dB，后者为3~5dB。如果声波是无规则入射，则墙的隔声量大致比正入射时的隔声量低5dB。

999. 建筑中如何采用轻型墙体来实施空气声隔绝？

建筑中，尤其是在高层建筑和框架式建筑中大量采用轻型结构和成型板材，但根据质量定律，一般，它们的隔声性能较差，必须通过一定的构造来提高其隔声效果，主要措施有：

（1）采用夹层结构，若能在夹层中填充吸声性能好的轻质吸声材料则效果更佳。

（2）按照不同板材所形成的固有的吻合临界频率进行合理的组合使用，以避免吻合临界频率落在重要声频区（100~2500Hz）的范围内，例如25mm厚纸面石膏板的吻合临界频率为1250Hz，如分成两层12mm厚的板叠合起来，吻合临界频率约为2600Hz，提高了一倍多。

（3）轻型板材常常是固定在刚性龙骨上的，其"声桥"作用明显。如果在板材和龙骨之间垫上弹性垫层，则隔声量会有较大提高。

简单地说，提高轻型墙隔声量的措施就是多层复合、双强分立、薄板叠合、弹性连接、加填吸声材料、增加结构阻尼等。

1000. 门窗一般应采用哪些措施来隔声？

一般门窗结构轻薄，而且存在较多缝隙，因此门窗的隔声能力往往比墙体低得多，形成隔声的"薄弱环节"。如果要提高门窗的隔声，一方面可以采用比较厚重的材料或采用多层结构制作门窗，另一方面，要密封缝隙，减少缝隙透声。

双道门由于其间的空气层而得到较大的附加隔声量，形成"门斗"，在门斗内的空间表面做吸声处理，产生更高的隔声效果，称为"门闸"。

采用双层或多层玻璃不但能大幅度提高保温效果，而且对于提高隔声很有利。双层玻璃间应留有较大的间距（一般不少于50~70mm）但应注意，为了减少吻合效应的影响，最好选厚度不同的两种玻璃，且使厚玻璃朝向声源一侧。为了改善共振的影响，两层玻璃不要平行排列，且应使朝向声源一侧的玻璃倾斜85°左右。同样，如果能在玻间设置吸声材料，则隔声效果更佳。

1001. 什么是固体声（撞击声）隔绝？

撞击声是建筑空间围蔽结构（通常是楼板）在外侧被直接撞击而激发的，楼板因受撞击而振动，并通过房屋结构的刚性连接而传播，最后振动结构向接收空间辐射声能形成空气声传给接受者。因此，撞击声的隔绝措施主要有三条：一是使撞击楼板的振动源的振动减弱，这可以通过振动源治理和采取隔振措施来达到，也可以在楼板上面铺设弹性面层来达到。二是阻隔振动在楼层结构中的传播，通常可在楼板面层和承重结构之间设置弹性垫层来达到，这种做法通常称为"浮筑楼面"。三是阻隔振动结构向接受空间辐射的空气声，这通常通过在楼板下做隔声吊顶来解决。具体措施有：

（1）在楼板表面铺设弹性面层。常用的材料是地毯、橡胶板、地漆布、塑料及木质地板等。这通常对中高频的撞击声级有较大的改善，对低频要差一些；但如果材料的厚度大且柔性好，则对低频撞击声的改善效果也较好。

（2）浮筑楼面是在楼板面层和结构层之间设置弹性垫层的做法，它可以减弱面层传向结构层的振动。浮筑楼面的四周和墙交接处不能做刚性连接，而应以弹性材料填充，整体式浮筑楼面层要有足够的强度和必要的分缝，以防止面层裂开。

（3）在楼板下做隔声吊顶可以减弱楼板向接收空间辐射的空气声。吊顶必须是封闭的，其隔声可以按质量定律估算。隔声效果同样是单位面积质量越大越好；吊顶内铺设吸声材料较好；楼板与吊顶之间采用弹性连接比采用刚性连接好。

1002. 室内音质设计的原则有哪些？

（1）背景噪声要低 低的背景噪声是保证室内听闻的主要条件。连续的噪声会掩盖室内音乐和语言，不连续的噪声会破坏室内宁静的气氛。因此，音质设计要求尽量降低噪声干扰，将噪声级控制在允许值（称为允许背景噪声）之下：对录音演播室，其背景噪声不应高于20dB，对影剧院则不应大于35dB。

（2）响度要合适 合适的响度是音质设计的基本要求，只有在听得见的情况下才有可能谈得上音质的其他属性。一般而言，语言和音乐的响度高于环境噪声才能听得见。试验表明，正常的观众噪声为35dB左右。因此，为了使语言和音乐听起来既不费劲，又不感觉过响而显得吵闹，室内语言或音乐的响度宜控制在60或70方（phon）左右。

（3）混响时间要最佳 混响时间是衡量音质状况的重要物理量，它关系到语言的清晰度和音乐的丰满度。混响时间过短，则声音听起来干涩；过长，则声音听起来浑浊不清。对以音乐为主的厅堂，过短的混响时间将会使声音的丰满度受到影响，也就是说，厅堂的混响时间既不能过长，也不能过短，因而存在有一"最佳值"（称为最佳混响时间），其大小与厅堂体积大小、座位多少、频率特性等因素有关。

（4）声场分布要均匀 应使室内各处听到的声音大小基本相同，其差别不超过6dB。这就要求必须消除各种声学缺陷，例如回声、颤动回声、声聚焦、长延迟反射声、声影、声失真、室内声共振等。其解决办法主要依靠厅堂平剖面的合理设计，以及吸声材料和吸声结构的合理选择与布置。

（5）音节清晰度要高　语言和音乐均要求声音清晰，否则就什么也听不清，自然就无所谓音质良好可言。语言的清晰程度常用"音节清晰度"来表示，其定义为正确听到的音节数与发出的全部音节数之比的百分数，即

$$音节清晰度 = 正确听到的音节数/发出的全部音节数 \times 100\%$$

只有当音节清晰度达到 75% 以上时，人们才会感觉到语言的清晰度是良好的。

参 考 文 献

[1] 高祥生，韩巍，过伟敏. 室内设计师手册（上、下）［M］. 北京：中国建筑工业出版社，2001.

[2] 齐伟民. 室内设计发展史［M］. 合肥：安徽科学技术出版杜，2004.

[3] 谷彦彬，张守. 现代室内设计原理［M］. 呼和浩特：内蒙古大学出版杜，1999.

[4] 田永复. 编制建筑与装饰工程预算问答［M］. 北京：中国建筑工业出版社，1995.

[5] 全国一级建造师执业资格考试用书编写委员会. 装饰装修工程管理与实务［M］. 北京：中国建筑工业出版社，2011.

[6] 朱保良，朱钟炎. 室内环境设计［M］. 上海：同济大学出版社，1991.

[7] 焦燕. 建筑外观色彩的表现与设计［M］. 北京：机械工业出版社，2003.

[8] 房志勇，林川. 建筑装饰——原理·材料·构造·工艺［M］. 北京：中国建筑工业出版社，1992.

[9] GB 50045—1995 高层民用建筑设计防火规范（2005 版）［S］. 北京：中国计划出版杜，2006.

[10] GB 50222—1995 建筑内部装修设计防火规范［S］. 北京：中国建筑工业出版社，2001.

[11] 民用建筑工程室内环境污染控制规范 中国计划出版社，2002.

[12] 赵方冉. 装饰装修材料［M］. 北京：中国建筑工业出版杜，2002.

[13] 李继业. 建筑装饰材料［M］. 北京：科学出版社，2002.

[14] 何平. 装饰材料［M］. 南京：东南大学出版杜，2002.

[15] 马保国，刘军. 建筑功能材料［M］. 武汉：武汉理工大学出版社，2004.

[16] 薛健. 建筑装饰工程手册［M］. 北京：中国矿业大学出版社，2001.

[17] 侯建华. 建筑装饰石材［M］. 北京：化学工业出版社，2004.

[18] 何新闻. 室内设计材料的表现与运用［M］. 长沙：湖南科学技术出版社，2002.

[19] 石玉梅，赵孟彬. 建筑涂料与涂装技术 400 问［M］. 北京：化学工业出版社，1996.

[20] 中国建材科学研究院. 绿色建材与建材绿色化［M］. 北京：化学工业出版社，2003.

[21] 田胜泉. 家庭装饰 315 问［M］. 北京：机械工业出版社，2001.

[22] 中国建筑装饰协会. 建筑装饰实用手册［M］. 3 版. 北京：中国建筑工业出版杜，1996.

[23] 安素琴. 建筑装饰材料［M］. 北京：中国建筑工业出版社，2000.

[24] 杨静. 建筑材料与人居环境［M］. 北京：清华大学出版社，2001.

[25] 沈百禄. 建筑施工 1000 问［M］. 2 版. 北京：机械工业出版社，2009.

[26] GB 50016—2012 建筑设计防火规范［S］. 北京：中国计划出版社，2012.

[27] 杨天佑. 建筑装饰工程施工［M］. 3 版. 北京：中国建筑工业出版社，2003.

[28] 李朝阳. 装修构造与施工图设计［M］. 北京：中国建筑工业出版社，2005.

[29] 李继业. 刘福臣，孟文梯. 现代建筑装饰工程手册［M］. 北京：化学工业出版社，

2006.

[30] GB 50210—2001 建筑装饰装修工程质量验收规范 [S]. 北京：中国建筑工业出版社，2001.

[31] 孙犁. 建筑工程概论 [M]. 武汉：武汉理工大学出版社，2004.

[32] 董黎. 房屋建筑学 [M]. 北京：高等教育出版社，2006.

[33] 廖耀发. 建筑物理 [M]. 武汉：武汉大学出版社，2003.

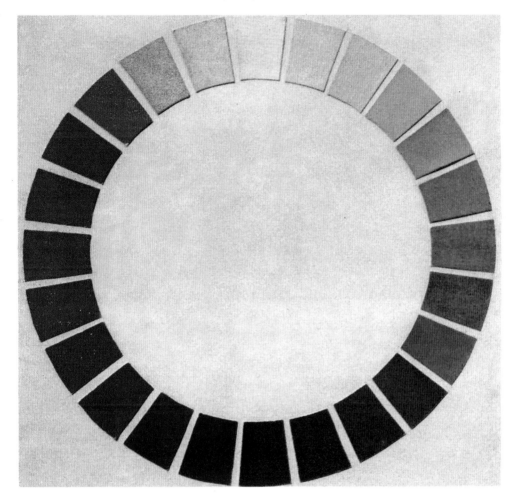

图 1.3-14

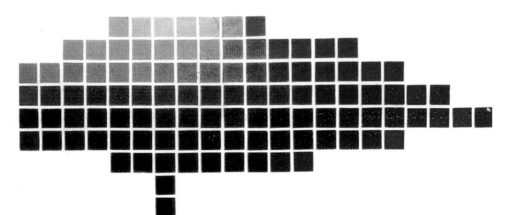

图 1.3-15

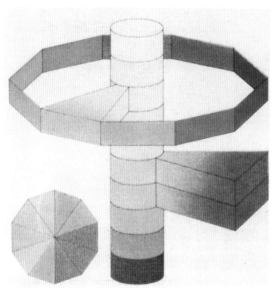

图 1.3-16

建筑工程 1000 问系列

室内装饰设计 1000 问

沈百禄 编著

机械工业出版社

本书共有三篇二十章：其中，室内装饰设计篇有 5 章，分别为室内设计风格、室内设计原理、视觉效应与装饰设计、采光、照明与环境设计、建筑防火、防水、防污染工程的设计原理和规范；建筑装饰材料篇有 11 章，分别为建筑装饰材料概述、建筑装饰石材、建筑装饰陶瓷、建筑装饰玻璃、建筑装饰塑料、建筑装饰石膏、装饰水泥砂浆、装饰混凝土及其制品、建筑木材及其装饰制品、建筑涂料、建筑装饰纤维织物与制品、金属装饰装修材料、建筑装饰功能性材料；建筑基础知识篇有 4 章，分别为民用建筑设计基础、民用建筑构造知识、建筑装饰构造知识、建筑物理基础知识等内容。

　　本书的内容包含了室内设计和建筑装饰装修中常见的基本概念和规范要求，新的室内设计知识和基本的建筑设计知识，各种装饰装修材料的概念和建筑物理基础知识的介绍。因此，本书不仅可以作为室内装饰装修人员、室内设计专业人员的工作工具书，也可以作为大、中专和职业高中相关专业学生的教学辅导书。

图书在版编目（CIP）数据

室内装饰设计 1000 问/沈百禄编著. —北京：机械工业出版社，2012.10（2014.3 重印）

（建筑工程 1000 问系列）

ISBN 978 - 7 - 111 - 39510 - 2

Ⅰ.①室…　Ⅱ.①沈…　Ⅲ.①室内装饰设计 – 问题解答

Ⅳ.①TU238 - 44

中国版本图书馆 CIP 数据核字（2012）第 195470 号

机械工业出版社（北京市百万庄大街 22 号　邮政编码 100037）
策划编辑：薛俊高　责任编辑：薛俊高
版式设计：姜　婷　责任校对：张莉娟　胡艳萍
封面设计：马精明　责任印制：刘　岚
北京京丰印刷厂印刷
2014 年 3 月第 1 版·第 2 次印刷
169mm × 239mm·37.25 印张·2 插页·730 千字
标准书号：ISBN 978 - 7 - 111 - 39510 - 2
定价：68.00 元

凡购本书，如有缺页、倒页、脱页，由本社发行部调换

电话服务　　　　　　　　　　　网络服务
社服务中心：(010) 88361066　教材网：http://www.cmpedu.com
销售一部：(010) 68326294　机工官网：http://www.cmpbook.com
销售二部：(010) 88379649　机工官博：http://weibo.com/cmp1952
读者购书热线：(010) 88379203　**封面无防伪标均为盗版**